张家口森林与湿地资源丛书

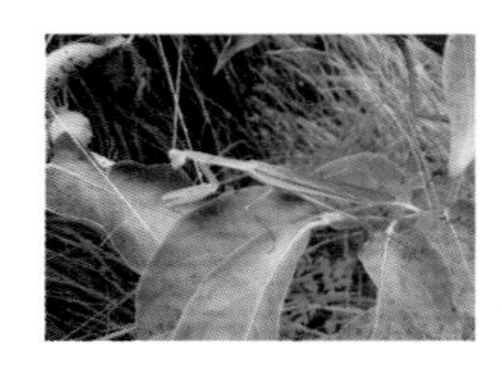

张家口林果花卉昆虫

梁傢林　姚圣忠　主编

中国林业出版社

图书在版编目（CIP）数据

张家口林果花卉昆虫 / 梁傢林, 姚圣忠主编.
-- 北京 : 中国林业出版社, 2016.7
（张家口森林与湿地资源丛书）
ISBN 978-7-5038-8591-4

Ⅰ. ①张… Ⅱ. ①梁… ②姚… Ⅲ. ①森林昆虫学－张家口市－图谱 Ⅳ. ①S718.7-64

中国版本图书馆CIP数据核字(2016)第139638号

中国林业出版社·生态保护出版中心
策划编辑：刘家玲
责任编辑：刘家玲　贺　娜

出　版　中国林业出版社
（100009 北京西城区德内大街刘海胡同 7 号）
网　址　www.lycb.forestry.gov.cn
发　行　中国林业出版社
电　话　(010) 83143519
印　刷　北京卡乐富印刷有限公司
版　次　2016 年 10 月第 1 版
印　次　2016 年 10 月第 1 次
开　本　889mm × 1194mm　1/16
印　张　39
字　数　1000 千字
定　价　600.00 元

张家口森林与湿地资源丛书

张家口市林业局　主持

《张家口林果花卉昆虫》编写组

主　编　梁傢林　姚圣忠

副主编　丛　林　翟金玲　郝　敏

编　委（按姓氏笔画排序）

牛玉柱　艾连民　刘　臣　刘　恋　刘建敏　李　硕

李连锁　吴海生　宋淑霞　张　鹏　屈金亮　高泽敏

曹维林　崔　文　崔建军　梁亚男　韩献华　谢　升

路丽萍　戴明国

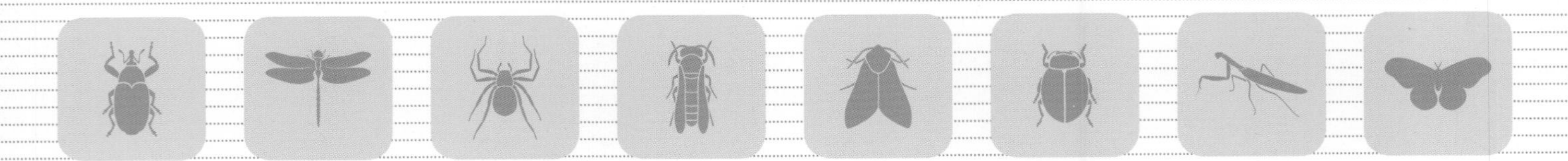

序 FOREWORD

张家口位于河北省西北部，地处首都北京上风上水，是西北风沙南侵的主要通道，同时还是北京的重要水源地，官厅水库入库水量的80%、密云水库入库水量的50%来自张家口。特殊的生态区位使得张家口成为京津冀地区重要的生态屏障和水源涵养功能区。

据史料记载，张家口历史上曾经森林茂密、水草丰美，但由于长期过度开垦和经受多次战争，林草植被遭到严重破坏，1949年仅存有林地162万亩，森林覆盖率下降到2.9%。新中国成立后，全市广大干部群众坚持造林绿化，整治山河，为改变风大沙多、植被稀少的面貌进行了艰苦卓绝的努力，森林资源逐步恢复。尤其是21世纪以来，全市把生态建设作为实现跨越发展和绿色崛起的重大举措，认真实施“三北”防护林体系建设、退耕还林、京津风沙源治理、京冀水源保护林建设等生态工程，积极创建国家森林城市和全国绿化模范城市，生态建设取得了显著成效。2015年，全市有林地面积达2046万亩，森林蓄积量达2490万立方米，森林覆盖率达37%，森林资源资产总价值达7219亿元,每年提供的生态服务价值达312亿元。目前，全市生态防护体系已经基本建成，林草植被快速恢复，水土流失得到有效控制，风沙危害明显减轻，湿地资源得到有效保护，空气质量持续改善。监测结果显示，在全国74个监测城市中，空气质量始终排在前十位左右，在长江以北城市中保持最佳。

为详细记录和准确反映全市丰富的生物资源，更好地推进生态建设和保护工作，张家口市林业局组织编纂了《张家口树木》、《张家口花卉》、《张家口野生动物》、《张家口林果花卉昆虫》。编写组的同志通过深入调查、采集标本和影像、查阅资料、内业整理、研讨修改等工作，历经3年的不懈努力，这套丛书即将付梓，实现张家口几代务林人的夙愿。丛书共计记载树种约390种，花卉约470种，陆生野生动物约420种，林果花卉昆虫约1000种，种类齐全，内容全面，简明扼要，全面展示了张家口市丰富的生物多样性资源，集中体现了多年来全市生态建设和保护工作取得的巨大成就。相信这套丛书的编辑出版，既可以为冀西北及周边地区林业发展、建设京津冀水源涵养功能区提供科学依据，又可以为张家口筹办冬季奥运会、实现绿色崛起和跨越发展做出积极贡献。

张建斌

2016年7月

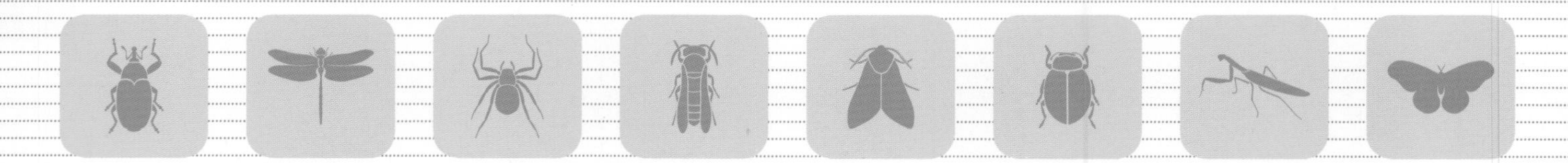

前言 PREFACE

在刚懂得学知识、了解世界的孩童时，我们就知道“丝绸之路”中的丝是由家蚕生产的；吃的蜂蜜是由蜜蜂生产的；特别是近年来中央电视台播放的动物世界中有许多介绍昆虫的纪录片，使我们对昆虫有了更多的了解。每当我们在山川旅游或在花园散步或在田野踏青时，会无意中碰到很多美不可言甚至终生难忘的奇妙的昆虫，有时会为昆虫美丽、奇特的外形而驻足观赏，沉醉在自己的“无知”中。有时也会为在树林或果园中不小心碰到“洋辣子”而暴怒。但我们看到昆虫想的最多的是它们叫什么名字、它们吃什么、它们活多长时间，冬天它们在哪等问题。当今网络信息很发达，如果我们知道这个虫子的名字，我们就可以在网络上查询，反之就似大海捞针。

河北张家口有着丰富的昆虫资源，目前仍然是家底不清的状态，有待于我们去研究和发现。对于种类的识别，图片一目了然，常常胜于文字的描述。本书主要以我国北方地区特别是张家口区域绿化树木的主要害虫为主，收录了主要林果花卉昆虫 17 目 158 科 1025 种，收录图片 3500 余幅。全书力求澄清一些容易混淆的种类，有部分种类系初次发表。昆虫学名均按命名法和公认分类确定。本书集科学性、欣赏性、实用性于一体，提高了本书的应用价值。不仅可作为从事昆虫、森保科技工作者使用，也适用高职、高等院校等学生作为参考教材使用。鉴定物种是专业性很强的工作，需要查阅大量资料、核对或解剖标本才能正确鉴定。本书图文并茂，便于读者识别，有个初步的科或属的鉴定，也会对后续的鉴定大有帮助。

本书有三大特点：第一，在书中展现的不是死气沉沉的昆虫标本，你将看到它们最自然的状态——生态照片，如采蜜的蜜蜂、捕食的螳螂、吸水的蜻蜓、啃食叶片的毛虫，是清晰的物种展示和唯美的视觉享受的有机结合，在欣赏中学习掌握新的昆虫知识。第二，本书中展示了多种昆虫完整生活史的图片。第三，对每个种的地理分布、形态特征均做了较详尽的记述，同时对其生活习性和寄主植物以及当前先进的防治方法做了介绍。

在对本书的写作、出版、昆虫调查、照片拍摄等过程中，得到了许多人士的帮助和支持，在此表示衷心的感谢。

由于作者水平有限，书中难免有不妥之处，欢迎读者批评指正。

编著者

2016 年 6 月

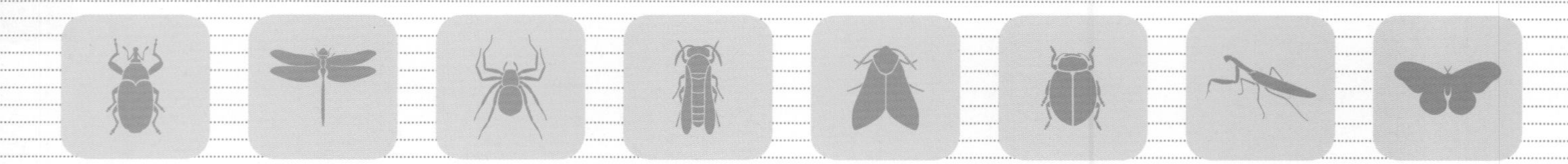

目 录 CONTENTS

张家口林果花卉昆虫

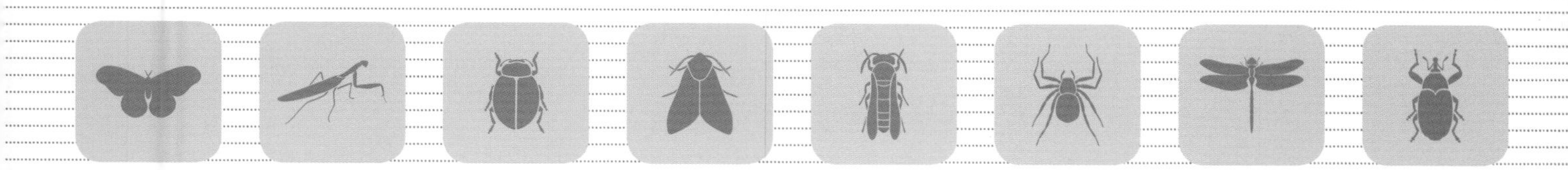

FOREWORD 引　言

昆虫是最早出现在地球上的动物，四亿年前就生活在我们这颗星球上了，在经历了五次大规模的地球灾难仍生生不息，是一种生命力非常顽强的小动物。昆虫种类繁多、形态各异，是地球上数量最多的动物群体，在所有生物种类（包括细菌、真菌、病毒）中占比超过 50%，它们的踪迹几乎遍布世界的每一个角落。

昆虫不但种类多，而且同种的个体数量也十分惊人。昆虫的分布面之广，没有其他纲的动物可以与之相比，几乎遍及整个地球。分有不同的种类，据统计全世界已知的昆虫种类已达 100 万种。我国幅员辽阔，地形、地貌、气候、土壤等自然条件复杂多样，既有古老的地质历史，也有未受第四季冰川覆盖的特殊环境，是世界上生物多样性最为丰富的国家之一。我国已知的昆虫种类已经超过 8 万种，而未知的种类估计会超过这个数字。

依据动物区系物种组成的共同特点及其亲缘关系的远近，科学家把世界大陆划分为若干主要动物地理区，即古北区、新北区、东洋区、埃塞俄比亚区、新热带区和澳洲区。

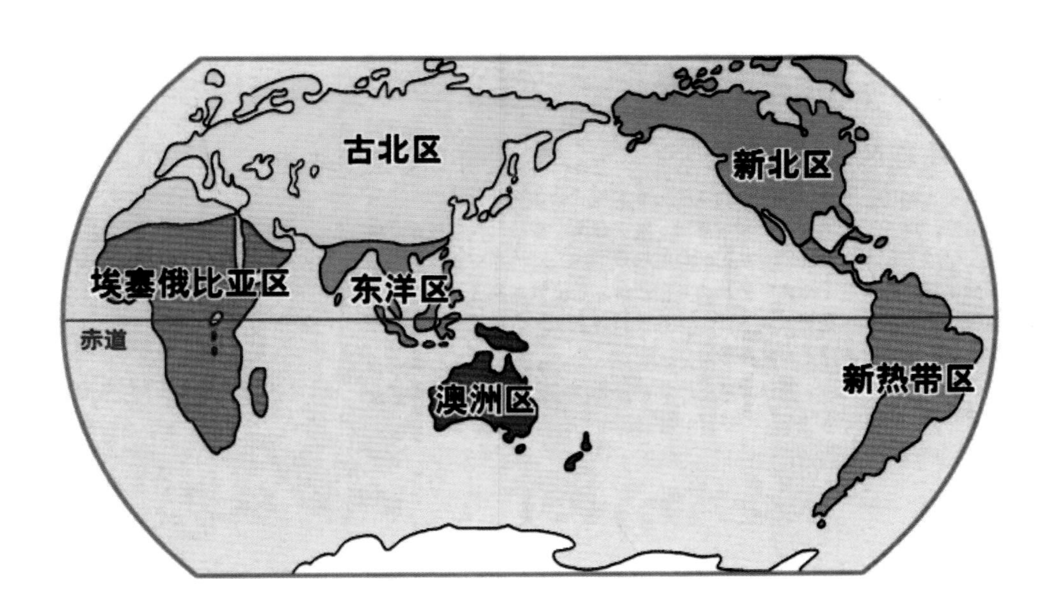

古北区：包括欧洲、北回归线以北的非洲和阿拉伯半岛的大部分，喜马拉雅山—秦岭山脉以北的亚洲大陆以及本区域内的岛屿。本区是 6 大动物区系中最大的一个，地域广阔，没有热带的森林和稀树草原以及不适于多数动物生活的荒漠、高原、苔原等景观占据的广

大面积。本区特有的昆虫有荨麻蛱蝶、蓝丽天牛、蒙古光甲。

新北区：包括墨西哥以北的北美洲广大区域。特有昆虫有在地下度过长达17年的十七年蝉、美洲大蠊。本区内有相当数量的动物与古北区相同或相近，也间接地证实了东北亚与阿拉斯加曾有大陆桥的存在。

东洋区：包括我国秦岭山脉以南的广大地区，以及印度半岛、马来半岛、斯里兰卡岛、菲律宾群岛、苏门答腊岛、爪哇岛及加里曼丹岛等地区，地处热带、亚热带，气候温热潮湿、植被极其茂盛，动物种类繁多。本区特有昆虫包括六足伸直后可达57cm的世界最长的昆虫——陈氏直竹节虫、著名的观赏昆虫——翠叶红颈凤蝶，以及被称作"人面蝽"的红显蝽。

埃塞俄比亚区：包括撒哈拉沙漠以南的非洲大陆、阿拉伯半岛的南部和位于非洲西边的许多小岛，其区系特点是区系组成的多样性和拥有丰富的特有种群。2001年才建立的昆虫新目螳目所有的现生种类都飞行在本区。此外特有的昆虫还有世界上最大的甲虫帝王大角花金龟、最漂亮的蛾子马达加斯加燕蛾，以及奇异的卡锥角螳螂和毛土吉丁虫等。

新热带区：包括整个南美、中美和西印度群岛。本区长相特殊的昆虫非常多。著名的观赏昆虫包括长牙秋甲、海伦娜闪蝶、彩虹长臂天牛等。

澳洲区：包括澳洲大陆、新西兰、塔斯马尼亚岛及其附近的太平洋岛屿。这一区系是现今动物区系中最古老的，至今还保留着很多中生代的特点。特有的昆虫种类包括巨大的维多利亚鸟翼凤蝶，体长17cm，身大如鼠的新西兰巨沙螽。

在世界动物地理区划基础上，我国著名的昆虫地理学家马世俊先生综合现代生态和人类生产实践的因素将我国划分为7个动物地理区系：东北区、蒙新区、华北区、华中区、华南区、西南区和青藏区。

昆虫纲有34个目。昆虫纲种类繁多，形态各异，但是拥有外骨骼、三对足是它们的共同特征。其中许多种类是我们熟识的："朝生暮死"的蜉蝣目——蜉蝣，凶猛的螳螂目——螳螂；无所不在的蜚蠊目——蟑螂；令人讨厌的虱目——体虱。昆虫的适应能力很强，不管你喜欢与否，它们都在我们的生活中占有一席之地。

昆虫种类这么多，因此，它们的生活方式与生活场所必然是多种多样的，而且有些昆虫的生活方式和生活本能的表现很有研究价值。可以说，从高山到深渊，从赤道到两极，从海洋、河流到沙漠，从草原到森林，从野外到室内，从天空到土壤，到处都有昆虫的身影。不过，要按主要虫态的最适宜的活动场所来区分，大致可分为五类。

（1）在空中生活的昆虫：这些昆虫大多是白天活动，成虫期具有发达的翅膀，通常有发达的口器，成虫寿命比较长。如蜜蜂、马蜂、蜻蜓、苍蝇、蚊子、牛虻、蝴蝶等。昆虫在空中活动阶段主要是进行迁移扩散，寻捕食物，婚配求偶和选择产卵场所。

（2）在地表生活的昆虫：这类昆虫无翅，或有翅但已不善飞翔，或只能爬行和跳跃。有些善飞的昆虫，其幼虫期和蛹期也都是在地面生活。一些寄生性昆虫和专以腐败动植物为食的昆虫（包括与人类共同在室内生活的昆虫）也大部分在地表活动。在地表活动的昆虫占所有昆虫种类的绝大多数，因为地面是昆虫食物的所在地和栖息处。这类昆虫常见的有步行虫（放屁虫）、蟑螂等。

（3）在土壤中生活的昆虫：这些昆虫都以植物的根和土壤中的腐殖质为食料。由于它们在土壤中的活动和对植物根的啃食而成为农业、果树和苗木的一大害。这些昆虫最害怕光线，大多数种类的活动与迁移能力都比较差，白天很少钻到地面活动，晚上和阴雨天是它们最适宜的活动时间。这类昆虫常见的有蝼蛄、地老虎（夜蛾的幼虫）、蝉的幼虫等。

（4）在水中生活的昆虫：有的昆虫终生生活在水中，如半翅目的负子蝽、田鳖、龟蝽、划蝽等，鞘翅目的龙虱、水龟虫等。有些昆虫只是幼虫（特称它们为稚虫）生活在水中，如蜻蜓、石蛾、蜉蝣等。水生昆虫的共同特点是：体侧的气门退化，而位于身体两端的气门发达或以特殊的气管鳃代替气门进行呼吸作用；大部分种类有扁平而多毛的游泳足，起划水的作用。

（5）寄生性昆虫：这类昆虫的体型比较小，活动能力比较差，大部分种类的幼虫都没有足或足已不再能行走，眼睛的视力也减弱了。有些寄生性昆虫终生寄生在哺乳动物的体表，依靠吸血为生，如跳蚤、虱子等。有的则寄生在动物体内，如马胃蝇。另一些昆虫寄生在其他昆虫体内，对人类有益，可利用它们来防治害虫，称为生物防治。这些昆虫主要有小蜂、姬蜂、茧蜂、寄蝇等。在寄生性昆虫中，还有一种叫作重寄生的现象。就是当一种寄生蜂或寄生蝇寄生在植食性昆虫身上后，又有另一种寄生性昆虫再寄生于前一种寄生昆虫身上。有些种类还可以进行二重或三重寄生。这些现象对昆虫来说，只是为了生存竞争的一种本能。

在昆虫的世界中，许多昆虫具备不可思议的本领。例如：小小的跳蚤，奋力一跃的高度，居然能超过自己身高的200倍。还有蟋蟀和蝗虫，跳跃能力也十分出色。更令人惊讶的是，蚂蚁可以举起相当于自身体重52倍的物体。就连看上去躯体纤弱的蝴蝶，有的也能像候鸟一样，迁飞时连续飞几百米或上万千米，甚至更远的路程。

昆虫之所以有如此惊人的力量，秘密就在于它们有特别发达的肌肉组织。根据科学家的研究，昆虫的肌肉不仅结构特殊，而且数量多。例如人类有600多块肌肉，而鳞翅目昆虫的肌肉，竟有2000多块。昆虫的肌肉除了能帮助跳高、跳远外，还能帮助远距离飞翔。例如蜻蜓、蝴蝶、蜜蜂、飞蛾等，之所以能飞得很远，就是依靠它们胸背之间连接翅膀的那部分肌肉。

昆虫对人类的重要性是无法估量的。一些昆虫自身的产物，如蜂蜜、蚕丝、白蜡等是人类的食品及工业的原料；昆虫又是2/3有花植物的花粉传播者；一些昆虫能分解大量的废物，把它们送回土壤完成物质循环；一些昆虫在维持某些动植物之间的平衡起着重要作用。另一方面，在某种意义上说，昆虫是人类生存的主要竞争者，它们大量地毁掉人类的粮食及农产品（收获前与收获后），世界上每年至少有20%~30%的农产品被昆虫吃掉，它们破坏房屋建筑，传播多种人畜疾病，造成人畜死亡。总之，昆虫对人类的利害关系是十分密切的。

昆虫同人类的关系是十分复杂的，构成复杂关系的主要因素之一是昆虫食性的异常广泛。根据前人的估计，昆虫中有48.2%是植食性的；28%是捕食性的，捕食其他昆虫和小型动物；2.4%是寄生的，寄生在其他昆虫动物体外和体内；还有17.3%食腐败的生物有机体和动物排泄物。这个为我们大致划出了昆虫的益害轮廓。但是这只不过是个自然现象，而人的益害观是从对人的经济利益的观点出发的，因而要复杂得多。

昆虫在自然生态中起重要作用。它们帮助细菌和其他生物分解有机质，有助于生成土壤。昆虫和花一起进化，因为许多花靠昆虫传粉。某些昆虫提供重要产品，如蜜、丝、蜡、染料、色素，因而对人有益，但由于取食各类有机物，对农业造成巨大危害。害虫毁坏自然界或贮存的谷物或木材，在谷物、家畜和人之间传播有害微生物。

蜉 蝣 目

四节蜉 | 四节蜉科

学名 *Baetidae* sp.

分布 河北等地。

寄主和危害 食性复杂。各种水体都有分布。

形态特征 成虫：复眼分明显的上下两部分，上半部分成锥状突起，橘红色或红色；下半部分圆形，黑色。后翅极小或缺如。

生物学特性 河北成虫见于6月下旬至7月下旬。

四节蜉成虫

细裳蜉 | 细裳蜉科

学名 *Leptophlebia* sp.

分布 全国各地。

寄主和危害 大部分时间在水中。

形态特征 成虫体长10mm以下。体态轻盈，为昆虫家族唯一有2个有翅成虫期的昆虫，也就是有1个亚成虫期，等蜕一次皮后，才变为有翅成虫期。成虫不食，在空中飞翔，寿命极短，一般1~2小时，多则几天。

生物学特性 河北其生活史有长有短，多数种类一年2~3代，有的种类生活史可长达三年1代。一般生活于急流的底质中或石块表面，在静水中也能采到。滤食性为主，少数括食性。

细裳蜉成虫

细裳蜉成虫

蜻蜓目

红蜻 | 蜻科

学名 *Crocothemis servilia* Drury

分布 全国各地。

寄主和危害 各种小型昆虫。

形态特征 成虫腹长27~32mm，后翅长32~36mm。刚羽化时雌、雄为金黄色，但腹部各节背面中部有很细的黑色条纹。老熟雄性为红色，翅基部有红色琥珀斑；雌性为黄色，翅前缘和基部出现淡黄色，且雌性背面的细黑色条纹比雄性更加醒目。

生物学特性 河北一年发生1代，5~10月成虫发生期。喜停于一个地点觅食或等待配偶。雌虫点水产卵，有时也会产卵于草上。

红蜻成虫

闪蓝丽大蜻 | 蜻科

学名 *Epophthalmia elegans* Brauer

闪蓝丽大蜻成虫

分布 河北、北京、湖南、广东、四川。

寄主和危害 小型昆虫。

形态特征 成虫腹长55~66mm，后翅长约50~55mm。头部颜面金属蓝黑色，具黄白色宽纹及黄斑，合胸密布绒毛，具强烈的青蓝色金属光泽。胸侧面有3条黄色带，第三条较短。翅面透明，雌性略带烟色。腹部黑色具黄斑。

生物学特性 河北成虫发生期5~9月，成虫多沿着水边往返飞行。稚虫栖息于池塘、水库等静态水域。

黄蜻

蜻科
学名 *Pantala flavescens* Fabricius

分布 吉林、辽宁、北京、河北、河南、山东、山西、陕西、甘肃、江苏、浙江、福建、安徽、广东、海南、广西和云南等。

寄主和危害 各种小型昆虫。

形态特征 成虫体长32~40mm。身体赤黄至红色；头顶中央突起，顶端黄色，下方黑褐色，后头褐色。前胸黑褐，前叶上方和背板有白斑；合胸背前方赤褐，具细毛。翅透明，赤黄色；后翅臀域浅茶褐色。足黑色、腿节及前、中足胫节有黄色纹。腹部赤黄，第一腹节背板有黄色横斑，第四至第十背板各具黑色斑一块。肛附器基部黑褐色，端部黑褐色。

生物学特性 河北1~2年发生1代。成虫产卵于水草茎叶上，孵化后生活于水中。若（稚）虫以水中的蜉蝣生物及水生昆虫的幼龄虫体为食。成虫飞翔于空中，捕捉蚊、蝇等小型昆虫。幼虫多在静水中生活。

黄蜻成虫

黑翅丽蜻

蜻科
学名 *Rhyothemis fuliginosa* Selys

分布 河北、河南、山东、安徽、江苏、福建、浙江、广东、广西等。

寄主和危害 不详。

形态特征 成虫翅展约70mm。腹长约27mm。体黑色具蓝色金属光泽，腹部较为粗短，前翅前端1/3与后翅前端小部分透明，其余部分均呈黑色，且具蓝色闪光，又因后翅宽大如蝶翅，飞行时具有类似蝴蝶而非蜻蜓通常的飞行方式，故有“蝶形蜻蜓”之称。此种蜻蜓飞行缓慢。

生物学特性 河北一年发生1代。自然野生。

黑翅丽蜻成虫

黑翅丽蜻成虫

夏赤蜻 | 蜻科

学名 *Sympetrum darwinianum* Selys

分布 河北、湖南、四川、浙江、台湾；日本、朝鲜。

寄主和危害 成虫在飞行中捕食飞虫。

形态特征 成虫雄虫腹长25mm，后翅长30mm。未成熟的雄虫上下唇、上下唇基及额鲜黄色；额无眉斑；头顶褐色，具“M”形黑色基线；复眼黄褐色；翅胸鲜黄色，侧板3条条纹清晰，第二条纹粗短；翅透明，翅痣褐色，前后翅肩片橙黄色；足基节、转节黄色，其余黑褐色；腹黄色。成熟雄虫上下唇、上下唇基黄褐色，额赤红色；复眼红褐色；翅胸红褐色；翅透明无色。

生物学特性 河北一年发生1代。7~8月见成虫。

夏赤蜻成虫

大陆秋赤蜻 | 蜻科

学名 *Sympetrum depressiusculum*

分布 河北以及东北等地。

寄主和危害 小型昆虫。

形态特征 成虫腹长20~24mm，后翅长23~28mm。头部下唇中叶黑色。胸黄色至黄褐色，侧面有3条黑细纹，第一、三条黑纹较长，第二条较短，但与第一条相连。雄性翅透明，雌性翅略淡褐色。老熟雄性腹部为深红色，4~7腹节侧缘有黑斑。

生物学特性 河北成虫发生期7~9月。喜在长有植物的池塘附近游戏。

大陆秋赤蜻成虫

竖眉赤蜻

蜻科
学名 *Sympetrum eroticum ardens* Maclachlan

分布 华北、西北、华中、华东、华南的部分地区。

寄主和危害 初熟的个体都在树林里觅食，待秋叶红时，陆续飞到水边繁殖。

形态特征 成虫雄虫腹长27mm，后翅长31mm。未成熟时上下唇，上下唇基及额鲜黄色，额具2个大型黑色眉斑。头顶黑色，具黄斑。复眼黄褐色。成熟时上下唇变褐，复眼黑褐色。未成熟时翅胸鲜黄色，沿翅胸脊具明显的“人”字形褐纹，侧板第一条纹完整，第二条纹中断，第三条纹中段细小。成熟时翅胸暗褐。翅透明，前后翅肩橙黄色，翅痣褐色，足黑褐色，基节、转节及腿节内侧黄褐色。腹部未成熟时鲜黄色，成熟时赤红色，上肛附器上翘。雌虫与未成熟的雄虫在体形和体色上相似。

生物学特性 河北一年发生1代。成虫发生期在7~9月。

竖眉赤蜻成虫

竖眉赤蜻（成虫嬉耍）

小黄赤蜻

蜻科
学名 *Sympetrum kunckeli* Selys

分布 河北、北京、上海、江西等。

寄主和危害 幼虫（稚虫）在水中发育。捕食性，成虫在飞行中捕食飞虫。食蚊及其他对人有害的昆虫，食性广。

形态特征 成虫雄性腹长23mm，后翅长25mm，翅痣长2.5mm，肛附器长1mm。头部、下唇黄色，上唇黄褐色，前、后唇基及额淡黄带橄榄色，前胸黑色，具黄色斑纹，合胸背前方黄色，具黑色条纹，合胸侧面黄带橄榄色，具黑色条纹。翅透明，翅痣黄褐色。足基、转节和前足腿节下方黄色。腹部红或红褐色，具黑色斑纹。

生物学特性 河北一年发生1代。成虫发生期7~9月。

小黄赤蜻成虫

大黄赤蜻

蜻科
学名 *Sympetrum uniforms* Selys

分布 华北、华东等地。

寄主和危害 捕食性天敌，菜田昆虫。

形态特征 成虫翅展66mm。全体黄褐色，腹背中部深褐色，翅略呈烟黄色，向前缘渐深。翅痣褐黄色。

生物学特性 河北一年发生1代。栖息于长有挺水植物的湿地、沼泽或水田旁。成虫发生期8~9月。

大黄赤蜻成虫

大黄赤蜻成虫

晓褐蜻

蜻科
学名 *Trithemis aurora* (Burmeister)

分布 河北、福建、湖北、湖南、广东、广西、贵州、四川、重庆、云南、海南。

寄主和危害 产卵在水中或水草上。幼虫水栖。通常分布在低地和丘陵区域，杂草丛生的池塘、沼泽、渠道。

形态特征 成虫腹长约25mm，后翅长约30mm。雄虫体色紫红，额头有蓝黑色金属光泽，翅脉红色，翅基部有红褐斑，腹末节有小黑斑。

生物学特性 经常栖息于旷野、池塘、河流等地。其产卵在水中或水草上。幼虫水栖，经1~5年成熟，成熟时爬出水面，附着草茎或其他物体上，做最后一次蜕皮。

晓褐蜻成虫

透顶单脉色蟌

色蟌科
学名 *Matrona basilaris basilaris* Selys

分布 河北、北京、福建、江西、云南。

寄主和危害 小型昆虫。

形态特征 成虫雄性腹长51~55mm，后翅长38~41mm；雌性腹长50~53mm，后翅长43~45mm。头部和胸部有强烈的金属绿色光泽。雄性翅为黑色，基部有蓝色光泽，端部半透明；雌性翅为褐色，有白色的伪翅痣。

生物学特性 河北6~8月见成虫。栖息于山间植物丰茂、溪流潺潺的动态水域。

透顶单脉色蟌雌成虫

透顶单脉色蟌雌成虫

透顶单脉色蟌雌成虫

透顶单脉色蟌雌成虫

矛斑蟌

蟌科
学名 *Coenagrion lanceolatum* (Selys)

分布 河北以及东北。

寄主和危害 小型昆虫。

形态特征 成虫体长27mm，翅展30mm。雄性胸部蓝色，具黑色条纹；翅脉褐色，翅痣白色，略带褐色；足淡黄绿色，具黑色刺；腹部背面褐色，第二至六节有蓝色环，第八至九节完全蓝色。

生物学特性 河北成虫发生期6~7月。栖息于山地挺水植物生长茂盛的湿地和沼泽旁。

矛斑蟌成虫

长叶异痣蟌

蟌科
学名 *Ischnura elegans* (Vanderl)

分布 河北以及东北。

寄主和危害 小型昆虫。

形态特征 成虫腹长23~25mm，后翅长18~20mm。头顶有明显的蓝色单眼后色斑。合胸前方黑色，具有1对黄绿色肩条纹，胸侧面青绿色至淡蓝色，斑纹较少。腹部第二腹节背面有金属蓝色光泽，第七、九腹节下方淡蓝色，第八腹节全部为淡蓝色，其余各节背面黑色，侧缘黄色。

生物学特性 河北6~9月成虫期。雌虫单独把卵产在近水面的植物组织内。栖息于植物生长茂盛的池塘、湖泊、水渠附近。

长叶异痣蟌成虫

长叶异痣蟌成虫

透翅绿色蟌

蟌科

学名 *Mnais andersoni* (McLachlan)

分布 华北、华中、华南、华东、西南等地的部分地区。

寄主和危害 栖息于山地林间有洁净溪流的动态水域。

形态特征 成虫腹长 32~35mm，翅长 42~ 45mm。身体除胸后方为黄色外，其余部分为金属绿色。老熟雄性合胸前方、后方及腹部都被有白粉。雄性翅面 2 种色型，翅透明的个体称为“透明型”，翅面有金属至黄褐色的个体可称为“棕色型”，翅痣红褐色；雌性翅面透明，翅痣白色。

生物学特性 成虫发生期 5~7 月。

透翅绿色蟌成虫

透翅绿色蟌成虫

白扇蟌

蟌科

学名 *Platycnemis foliacea* Selys

分布 河北、北京、浙江、江西等地。

寄主和危害 水稻。

形态特征 腹长 32mm，后翅长 21mm。雄性头部黑色具有白色小斑点。合胸黄绿色至白色。胸前方黑色，扇条纹黑色，较细，因此在扇条纹的两旁形成 2 条下方相连的黄绿条纹；胸后方大部分黄绿色。雄性中后足胫白色膨大如扇状，雌性足正常，翅痣红色。腹部黑色，第三至第七腹节背面都各具有黄白色斑纹。雌性色泽如雄性。

生物学特性 栖息于水旁植被旺盛的池塘及水速缓慢的河流附近。成虫发生期 7~9 月。

白扇蟌成虫

白扇蟌成虫

蜚 蠊 目

冀地鳖 | 地鳖科

学名 *Polyphaga plancyi* Bolivar

分布 河北、山西、北京。

寄主和危害 生活于阴暗、潮湿、腐殖质丰富的松土中。喜食新鲜的食物，最喜吃麸皮、米糠，其次为玉米面、碎杂粮、花生饼、豆粕、杂鱼、肉及各种青草菜叶、瓜果皮、鸡、牛粪等粗料。

形态特征 成虫体长13~30mm，宽12~24mm。前端较窄，后端较宽，背部紫褐色，具光泽，无翅。前胸背板较发达，盖住头部；腹背板9节，呈覆瓦状排列。腹面红棕色，头部较小，有丝状触角1对，常脱落，胸部有足3对，具细毛和刺。腹部有横环节。质松脆，易碎。气腥臭，味微咸。

生物学特性 在河北地鳖完成一个世代，需要经过卵、若虫和成虫三个阶段。雄虫从若虫到长出翅膀，约需8个月，雌虫无翅，成熟约需9~11个月。雄虫交尾后5~7天死亡。雌虫交尾后一周即可产卵，且一次交尾终生产卵。

冀地鳖成虫

美洲大蠊 | 蜚蠊科

学名 *Periplaneta americana*

分布 河北以及东北、西北、华东、华南、西南。

寄主和危害 食品、纸张、药材。

形态特征 成虫体长38~42mm，头顶及复眼黑褐色。复眼间距雄虫窄雌虫宽。前胸背板略呈梯形，前缘几乎平直，后缘弧形，中央有一黑褐色大斑。前翅赤褐色；后翅色较淡，除尾须外完全覆盖腹部。足赤褐色至黑褐色。

生物学特性 河北生活于户外或黑暗、暖和的室内环境（如地下室和有火炉的房间）。成年期长约1年半。雌体可产卵荚50个或更多，每个卵荚内含卵约16枚，45天后孵出若虫。若虫期长11~14个月。美洲大蠊（美国蟑螂）原产于热带美洲及亚热带美洲，翅发育良好，能飞很长一段距离。

与其他昆虫源起于泥盆纪，为腐食动物，喜昼伏夜出，居住在洞穴内。经得起酷热及严寒的考验，至今分布相当广泛。蟑螂是这个星球上最古老的昆虫之一，曾与恐龙生活在同一时代。根据化石证据显示，原始蟑螂约在4亿年前的志留纪出现于地球上。

美洲大蠊成虫

美洲大蠊成虫

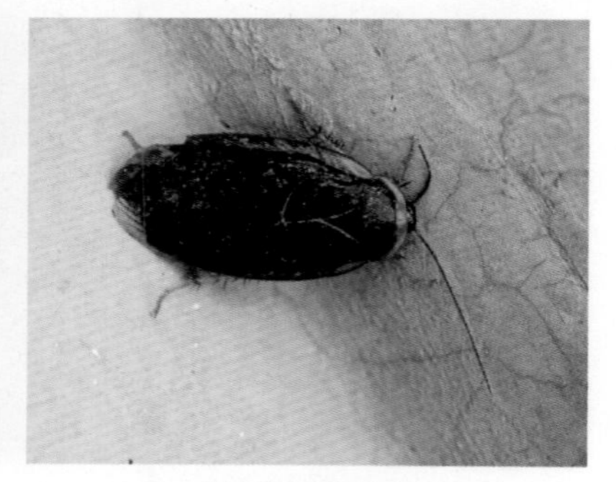
美洲大蠊成虫

螳 螂 目

广斧螳

蝗科
学名 *Hierodula patellifera* Serville

分布 河北、北京、广东、广西、贵州、台湾、福建、湖南、江苏、河南、山东、吉林、上海。

寄主和危害 捕食各类昆虫。

形态特征 成虫体长雌 57~63mm，雄 51~ 56mm。绿色或紫褐色。前胸背板短粗，与前足基节约等长，横沟处明显膨大，侧缘具细齿，前半部中纵沟两侧光滑；前胸腹板平，基部有 2 个褐色斑纹。前翅前缘区宽，胫脉处有一浅黄色翅斑；后翅与前翅等长。

生物学特性 非常凶猛，捕食多种昆虫（包括同类）。树栖性，低龄若虫栖息于较低处，4 龄后逐渐移到树上，多栖息在榆、枣树上。

广斧螳成虫

广斧螳卵鞘

广斧螳若虫

广斧螳成虫

薄翅螳

▶ 螳科
学名 *Mantis religiosa* Linnaeus

分布 全国各地。

寄主和危害 捕食昆虫。

形态特征 成虫雄虫体长48~60mm，雌虫43~88mm。前足基节内侧具一黑色斑或茧状斑，腿节内侧靠近爪沟处具一黄色斑。体色以绿色型居多。

生物学特性 习性同中华大刀螳。

薄翅螳成虫

小刀螳

▶ 螳科
学名 *Statilia maculate* Thunberg

分布 河北、北京、广东、福建、台湾、江苏、浙江、山东。

寄主和危害 捕食松毛虫、柳毒蛾等多种昆虫。

形态特征 成虫体长雌46~58mm，雄39~45mm。暗褐、灰褐或绿色。前胸背板细长、棱形。前翅窄长。前足基节和腿节内面中央各有一块大的黑色漆斑，腿节的漆斑嵌有白色的斑纹。

生物学特性 栖息生境较多样，但更多见于较低的植被中，常见其在近地面处的草丛中和灌木上栖息。

小刀螳成虫

中华大刀螳

螳科

学名 *Tenodera sinensis* Saussure

分布 河北、北京、广东、广西、四川、台湾、福建、浙江、江苏、河南、山东、陕西、辽宁。

寄主和危害 松毛虫、蚜虫、槐舟蛾、柳毒蛾、槐尺蛾。

形态特征 成虫体长雌74~90mm，雄68~77mm。暗褐色或绿色。前胸宽阔，头显的较小。前胸背板前半部中纵沟两侧排列许多小颗粒，侧缘齿列明显。后翅具有黑斑。

生物学特性 河北一年发生1代，栖息生境十分多样，喜在较低处活动，平时静伏不动，伺机捕食走到跟前的猎物；性凶猛。

中华大刀螳成虫

中华大刀螳卵

中华大刀螳成虫

中华大刀螳卵鞘

中华大刀螳成虫交尾

革翅目

迷卡球螋

球螋科
学名 *Forficula mikado* Burr

分布 河北、山东、河南。

寄主和危害 捕食小型昆虫，危害树木幼根、嫩芽。

形态特征 成虫体长9~15.5mm，体形狭长，褐红色或褐色，头部深红色，鞘翅和尾铗褐红色或浅褐色。头部较大，复眼小。触角12节。雌、雄尾铗有明显区别，而且尾铗有长型和短型之分。

生物学特性 河北常生活在石块下、树皮或垃圾中，夜间出来活动，杂食性。

迷卡球螋成虫（长型）

迷卡球螋成虫（短型）

斯氏球螋

球螋科
学名 *Forficula tomis scudderi* Bormans

分布 河北、河南、辽宁、黑龙江、陕西、山西、宁夏；日本、朝鲜、俄罗斯。

寄主和危害 捕食小型昆虫，危害树木幼根、嫩芽。

形态特征 成虫体长约14~21mm。尾铗长5.5~14.5mm。体稍扁平，暗褐色，头与前胸背板约等宽。前翅稍长于前胸背板；后翅退化，不长于前翅。足较粗壮。腹部延长，中部稍扩宽。

生物学特性 河北成虫见于7~8月下旬。

斯氏球螋成虫

斯氏球螋成虫

直 翅 目

中华蚱蜢

蝗科
学名 *Acrida chinensis* Westwood

分布 河北、上海、河南、云南、贵州、四川、陕西、甘肃、宁夏等地。

寄主和危害 寄主植物广泛，有高粱、小麦、水稻、棉花、各种杂草、甘薯、甘蔗、白菜、甘蓝、萝卜、豆类、茄子、马铃薯等作物、蔬菜、花卉。常将叶片咬成缺刻或孔洞，严重时将叶片吃光。

形态特征 成虫体长 80~100mm，常为绿色或黄褐色，雄虫体小，雌虫体大，背面有淡红色纵条纹。前胸背板的中隆线、侧隆线及腹缘呈淡红色。前翅绿色或枯草色，沿肘脉域有淡红色条纹，或中脉有暗褐色纵条纹；后翅淡绿色。

生物学特性 河北一年发生 1 代，以卵在土层中越冬。成虫产卵于土层内，成块状，外被胶囊。若虫（蝗蝻）为 5 龄。成虫善飞。

防治方法 秋后翻地破坏产卵场所；人工捕捉成虫、若虫。

中华蚱蜢成虫

短额负蝗

蝗科
学名 *Atractomorpha sinensis* Bolivar

分布 华北、东北、西北、华中、华南、西南以及台湾。

寄主和危害 菊花、一串红、海棠、六月雪、香樟、木槿、禾本科植物。以成虫、若虫食叶，影响植株生长、降低蔬菜商品价值。

形态特征 成虫体长 20~30mm，头至翅端长 30~48mm。绿色或褐色 (冬型)。头尖削，绿色型自复眼起向斜下有一条粉红纹，与前、中胸背板两侧下缘的粉红纹衔接。体表有浅黄色瘤状突起；后翅基部红色，端部淡绿色；前翅长度超过后足腿节端部约 1/3。

生物学特性 河北一年发生 1 代，以卵在沟边土中越冬。5 月下旬至 6 月中旬为孵化盛期，7~8 月羽化为成虫。喜栖于地被多、湿度大、双子叶植物茂密的环境，在灌渠两侧发生多。

防治方法 1. 秋季、春季铲除田埂、地边 5cm 以上的土及杂草，把卵块暴露在地面晒干或冻死。2. 保护利用麻雀、青蛙、大寄生蝇等天敌进行生物防治。3. 人工捕杀。

短额负蝗成虫

短额负蝗成虫

短额负蝗若虫

云斑车蝗

蝗科
学名 *Gastrimargus marmoratus* (Thunberg)

分布 河北、山东、江苏、安徽、浙江、福建、台湾、广东、江西、陕西、四川。

寄主和危害 禾本科植物。

形态特征 成虫体长雄 26~33mm，雌 36~51mm；前翅长雄 26~32.5mm，雌 36~46.5mm。体型较大，体色绿色、黄褐色和暗褐色。触角褐色。复眼的前下方具有黑色斑点，其后有较狭的淡色纵条纹。前胸背板中隆线呈片状隆起。上缘褐色呈弧形，侧片中部有较大的黄褐色斑块。前翅密布云状暗色斑纹。后腿节顶端暗色，上侧绿色或黄绿色，外侧黄褐色，内侧和底侧污黄色，沿内侧上隆线和下隆线均有黑色小点；后腿节较粗短，基部较宽，上侧的上隆线有细齿。后胫节鲜红色，顶端无外端刺，胫节刺顶端黑色。

生物学特性 河北一年发生 1 代，以卵在土中越冬。跳蝻 5 月间开始孵化。7~8 月见成虫。

防治方法 1. 开展绿化，减少飞蝗产卵的适生场所。2. 用混有农药的尿液装入竹槽，放到林间，诱杀成虫。

云斑车蝗成虫

云斑车蝗雄成虫

云斑车蝗雄成虫

黄胫小车蝗

蝗科
学名 *Oedaleus infernalis* Sauss.

分布 河北、北京、黑龙江、吉林、辽宁、山东、江苏、福建、台湾、安徽、河南、广西、四川、贵州、陕西、甘肃、宁夏、青海。

寄主和危害 水稻、粟、小麦、玉米、高粱、大豆、花生、棉花、甘薯、马铃薯等。

形态特征 成虫体长雄 20~27mm，雌 30~39mm；前翅长雄 22~26mm，雌 26~34mm。体黄褐色至绿褐色。前翅超过后足腿节顶端，具褐斑；后翅宽大，基部淡黄色，主要脉不染蓝色，中部具暗色横带纹，常达或接近后缘；翅顶暗色。后足腿节底侧及后足胫节：雄红色，雌黄色。

生物学特性 河北一年发生 2 代，以卵在土中越冬。越冬卵于 5 月下旬至 6 月中旬孵化，6 月下旬至 7 月下旬成虫羽化，7 月中旬开始产卵。第二代蝗蝻于 8 月上中旬孵化，第二代成虫于 9 月中下旬羽化，10 月上中旬产卵。

黄胫小车蝗成虫

短角斑腿蝗

斑腿蝗科

学名 *Catantops brachycerus* Will.

短角斑腿蝗成虫

短角斑腿蝗成虫

分布 河北、北京以及西北、华中、华东、华南、西南。

寄主和危害 肉桂、板栗、八角、罗汉果、猕猴桃、桃、柚子、甜竹、金花茶、木麻黄等植物。成虫和若虫均可咬食龙眼树的新梢幼叶，被害叶呈缺刻和孔口。

形态特征 成虫体长17~29mm。体黄褐色或暗褐色。后胸前侧片上具淡黄色纵条纹。前翅褐色，密具黑褐色斑点；后翅透明，后足胫节外侧黄褐色，具2个黑斑。

生物学特性 河北一年发生1代，跳蝻6~7月出现。9~10月成虫期。

防治方法 1. 发现初孵若虫集中危害叶片的症状，随时捕杀。2. 发生严重危害时喷洒48%乐斯本乳油3500倍液。

笨蝗

癞蝗科

学名 *Haplotropis bruneriana* Saussure

分布 河北、山东、内蒙古、山西、河南、陕西、江苏、安徽。

寄主和危害 杨、柳、刺槐、国槐等种苗及农作物。

形态特征 成虫体长37~43mm，体黄褐色、褐色、暗褐色。体粗壮，体表具粗颗粒。前胸背板呈片状隆起。前翅十分短小，呈鳞片状，侧置；前翅顶端刚刚达到或不达到腹部第一节背板后缘。

生物学特性 河北一年发生1代，以卵在土中越冬。跳蝻一般在4月中下旬开始出现，共5龄。6月中下旬为成虫活动盛期。成虫喜在向阳坡及土埂上产卵。行动迟缓，不善跳跃。

防治方法 发生严重危害时喷洒48%乐斯本乳油3500倍液。

笨蝗成虫

日本条螽

露螽科

学名 *Ducetia japonica* (Thunberg)

分布 河北及辽宁以南地区。

寄主和危害 成虫、若虫危害桃、刺槐、豆类、瓜类、蔬菜等。

形态特征 成虫体形细狭长。体长15~20mm，从头顶上至翅端可达35~40mm。触须黄色或黄褐色，也有一种为枯色的，称为枯色型。翅上有黑色的斑点。后翅长而发达，叠在前翅下面，并且超出前翅；前翅狭长，超过后足股节端。头部背面黄褐色，此色素延伸至前胸、背板和前翅背面。日本条螽后足细长。雄虫生殖板狭长，分叉，尾须长片状，末端呈刀状。雌虫产卵瓣宽短，呈镰刀形向上弯曲。

生物学特性 河北成虫见于8~10月。

日本条螽成虫

日本条螽成虫

懒螽

螽斯科

学名 *Deracantha onos* (Pallas)

分布 河北、陕西、北京、内蒙古。

寄主和危害 刺槐、玉米等。

形态特征 成虫雄性体长约35mm，雌性40mm体形粗壮肥硕，偏大。雄性翅膀短小，透明，隐藏在颈部底下，只有鸣叫时才会露出，靠摩擦翅膀上的发生器鸣叫以吸引雌性；雌性翅膀同雄性一样，与其他种类螽斯不同的是，雌性也会鸣叫。雌性产卵管粗短，呈镰刀形。体色通常为褐色或棕色，腹部、颈部略带橘色条纹。

生物学特性 成虫出现在盛夏，可一直延续到8~9月，寿命2~3个月（不算卵期）。它们常出没于丘陵或山地的乱石、野草及缝隙之中。性情凶猛，受惊时无论是雄性还是雌性，都会使劲鸣叫示威。

懒螽成虫

优雅蝈螽

▶ 螽斯科
学名 *Gampsocleis gratiosa* Brunner von Wattenwyl

分布 华北、西北、华东等地。

寄主和危害 寄主植物广。

形态特征 成虫体长约35~40mm，体型粗壮，中等偏大。雄性后翅较短，前翅退化，靠摩擦翅膀上的发生器鸣叫以吸引雌性；雌性翅膀退化，仅有翅芽，有较长的产卵管。体色通常为草绿或褐绿色。头大，前胸背板宽大，似马鞍形，侧板下缘和后缘镶以白边。前翅较短，仅到达腹部一半。

生物学特性 成虫出现在盛夏，可一直延续到9月底，寿命3个月左右。交配后3~14天左右雌性就会产卵，把产卵器插入土中。

优雅蝈螽成虫

优雅蝈螽成虫

暗褐蝈螽

▶ 螽斯科
学名 *Gampsocleis sedakovii* Obscura

分布 我国各地，尤其是北方居多。

寄主和危害 食性为杂食肉食性，以小型昆虫及植物为食，危害植物。

形态特征 成虫外形与优雅蝈螽（P35）相似，但比其小。体长约35~40mm，体型粗壮，中等偏大，头大。翅超长，超过身体。前胸背板宽大，似马鞍形，侧板下缘和后缘镶以白边。前翅较长，超过腹端，翅端狭圆，翅面具草绿色条纹并布满褐色斑点，呈花翅状，故也称“花叫”；雌性颜色偏绿。

生物学特性 成虫出现在初夏，可一直延续到8~9月，寿命2~3个月（不算卵期）。出现比优雅蝈螽早，6月初即端午节就可在上海市场见到成虫，因此亦称“夏叫”。

暗褐蝈螽成虫

暗褐蝈螽成虫

暗褐蝈螽成虫

东方蝼蛄

蝼蛄科
学名 *Gryllotalpa orientalis* Burmelster

分布 全国各地。

寄主和危害 甜菜、茄子、辣椒、马铃薯、甘薯、豆类、瓜类、玉米、棉、麻等。若虫均在土中活动，取食播下的种子、幼芽或将幼苗咬断致死，受害的根部呈乱麻状。

形态特征 成虫体长 30~35 mm，灰褐色，全身密布细毛。头圆锥形，触角丝状。前胸背板卵圆形，中间具一暗红色长心脏形凹陷斑。前翅灰褐色，较短，仅达腹部中部；后翅扇形，较长，超过腹部末端。腹末具 1 对尾须。前足为开掘足，后足胫节背面内侧有 4 个距。

生物学特性 河北三年发生 1 代，以成虫及各龄若虫在冻土层以下越冬。翌年 4~5 月上升到地表面，危害春播作物，卵期 15~18 天。

防治方法 1. 施用充分腐熟的粪肥，减少产卵，可减轻危害。2. 灯光诱杀。利用蝼蛄趋光性，设黑光灯诱杀成虫。3. 堆马粪堆诱杀。于蝼蛄发生期在田间堆新鲜马粪堆，并在堆内放少量农药，招引蝼蛄，并可杀死。

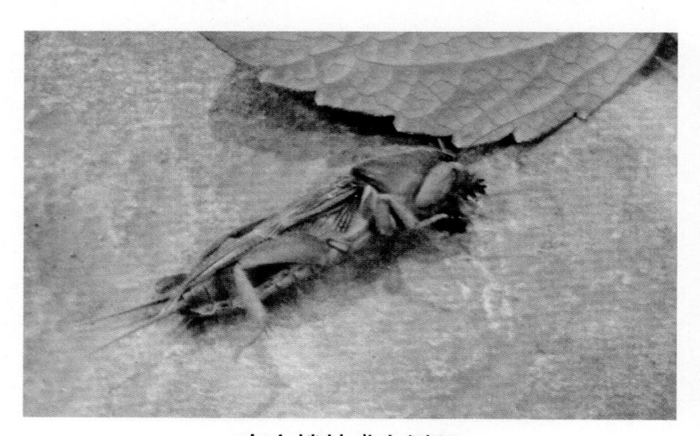

东方蝼蛄成虫侧面

东方蝼蛄成虫

斗蟋蟀

蟋蟀科
学名 *Gryllodes hemelytrus* Saussure

分布 全国各地。

寄主和危害 多种禾本科植物、公路绿化树苗。

形态特征 成虫体长 14mm，黑褐色。头圆球形，额宽，颜面圆形隆起。雄前翅的斜脉 2 条，镜区方形，分脉呈角度。雄生殖板略尖，雌产卵器向上弯曲。

生物学特性 河北成虫 8 月初出现。白天常栖息于草丛、土石缝下。

防治方法 1. 细致整地，及时清除圃内及周围杂草，营造不利于害虫越冬、栖息的环境条件。2. 撒毒饵、毒土毒杀若虫和成虫。

斗蟋蟀成虫

斗蟋蟀成虫

大扁头蟋

蟋蟀科
学名 *Loxoblemmus doenitzi* Stein

分布 河北、河南、山东、陕西、山西、安徽、江苏、浙江、广西、四川。

寄主和危害 豆类、甘薯、草莓、花生、芝麻、棉花、蔬菜和果树苗木。

形态特征 成虫体长雄15~20mm，雌16~20mm；前翅长9~12mm，体中型黑褐色。雄虫头顶明显向前凸，前缘黑色弧形，边缘后具1条橙黄色至赤褐色横带，颜面深褐色至黑色，扁平倾斜，中央具1个黄斑；中单眼隐藏在其中，两侧向外突出呈三角形；前胸背板宽于长，侧板前缘长，后缘短，下缘倾斜，下缘前有1黄斑；前翅长于腹部，内无横脉，斜脉2条或3条，侧区黑褐色，前下角及下缘浅黄色，具四方形发音镜；后翅细长伸出腹端似尾，脱落后仅留迹痕；足浅黄褐色，其上散布黑色斑点；前足胫节内、外侧都有听器。雌性仅头顶稍向前凸，向两侧凸出，致面部倾斜，前翅短于腹部，在侧区亚前缘脉具2分枝，有6条纵脉；产卵管较后足股节短。

大扁头蟋成虫

生物学特性 河北一年发生1代，以卵在土壤中越冬，卵期长达7~8.5个月，长江以北，黄河一带于5月上中旬孵化，5月下旬至6月上旬若虫大量出土，若虫期62天，7~8月出现成虫，鸣声大作，以7音节为主，成虫期56天，9月中下旬产卵，产卵期持续34~45天，雌虫平均产卵量为131粒。

防治方法 1. 早春或秋后耕翻土壤。2. 清除绿化区及其附近的杂草，破坏若虫活动栖息的场所。3. 撒毒饵、毒土毒杀成虫和若虫。

大扁头蟋成虫

黄脸油葫芦

蟋蟀科
学名 *Teleogryllus emma* (Ohmachi et Matsumura)

分布 河北、北京、东北、华南、华东。

寄主和危害 刺槐、泡桐、杨、草坪草。

形态特征 成虫体长27mm左右。体褐色或黑褐色，有光泽。头大，圆球形；复眼上方具淡黄色眉状纹，从头部背面看，两条眉状纹呈“人”字形。前胸背板黑褐色。

生物学特性 河北一年发生1代。以卵在土中越冬。7、8月成虫大量出现；有趋光性。

黄脸油葫芦成虫

蚤蝼

蚤蝼科
学名 *Tridactylus* sp.

分布 河北及全国各地。

寄主和危害 植食性昆虫。

形态特征 成虫体长4~5mm。体色深黑褐，是体型微小的直翅目昆虫。前胸背板大，后足跳跃式。翅长短不一，有时无翅。前翅为覆翅，皮革质，有亚缘脉；雌虫有发达的产卵器。尾须短，分节不明显。常有发达的发音器和听器。后脚腿节非常粗大，跳跃能力惊人。

生物学特性 河北7月可见成虫。

蚤蝼成虫

缨 翅 目

瘦管蓟马

▶ 管蓟马科
学名 *Giganothrips* sp.

分布 河北及全国大部分地区。

寄主和危害 危害茄子、黄瓜、芸豆、辣椒、西瓜等作物。

形态特征 成虫体长 0.5~2mm，很少超过 7mm；黑色、褐色或黄色。头略呈后口式，口器锉吸式，脉纹最多有 2 条纵脉。足的末端有泡状的中垫，爪退化。雌性腹部末端圆锥形，腹面有锯齿状产卵器，或呈圆柱形，无产卵器。

生物学特性 一年四季均有发生。春、夏、秋三季主要发生在露地，冬季主要在温室大棚中。发生高峰期在秋季或入冬的 11~12 月，3~5 月则是第二个高峰期。雌成虫主要进行孤雌生殖，偶有两性生殖，极难见到雄虫。

瘦管蓟马成虫

同 翅 目

蚱蝉

▶ 蝉科
学名 *Cryptoympana atrata* (Fabricius)

分布 河北、河南、陕西、山东、江苏、安徽、浙江、湖南、福建、台湾、广东、四川及云南。

寄主和危害 杨、柳、榆、元宝枫、樱花、槐、桑、白蜡、梨、苹果、桃、杏、李、樱桃等。成虫产卵于枝条上，造成当年生枝条死亡。

形态特征 成虫体长约55mm，翅展约124mm。体黑色有光泽，局部密生金色纤毛。头稍宽于中胸背板，前缘及额顶各有1块黄褐色斑；复眼琥珀色。前胸背板短于中胸背板，侧缘斜微外突，外片有皱褶，两侧有褐斑，内、外片上有红褐色斑，中间有隆起的“X”形纹，其前方角各有1个暗纹。腹部各节侧缘黄褐，背瓣完全盖住发音器，腹瓣大，呈舌状，缘区红褐色。前、后翅透明，基部呈烟褐色，脉纹黄褐色。雄虫第1～2腹节有鸣器，雌虫无。

生物学特性 河北4~5年发生1代，以卵在枝条上和若虫在树下土内过冬，但每年均有一次成虫发生。若虫均在土内生活，每年6月中下旬若虫出土（即所谓的知了猴）多在落日后，出土后爬到树干上或树干基部的树枝上蜕皮，羽化为成虫，刚蜕皮的成虫为黄白色，经数小时后变黑褐色并爬到树冠的高枝上刺吸汁液，不久雄史即可鸣叫，声音很大。成虫寿命60~70天，有趋光性。

防治方法 1. 在春季结合修剪将被产卵而枯死的枝条剪掉，集中烧毁，以杀死卵。2. 在若虫出土期发动小孩捉“知了猴”，捉住杀死。每天早晨捕捉刚羽化的成虫集中杀死。3. 诱捕成虫，每晚无月亮的黑天在果园或防风林内燃篝火扑蝉。

蚱蝉成虫

蚱蝉成虫

蚱蝉蜕

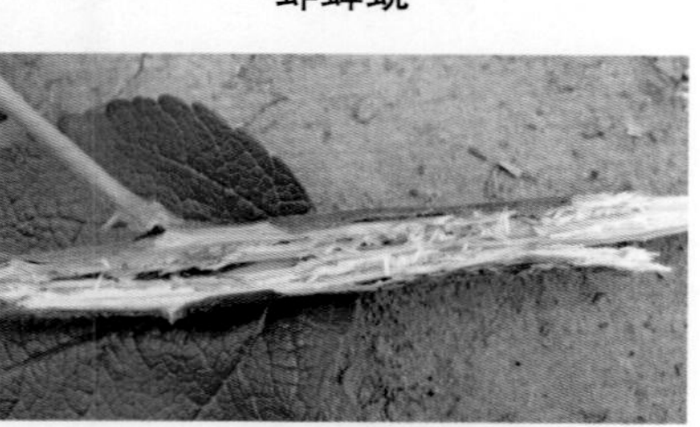
蚱蝉卵危害状

蚱蝉成虫

蚱蝉被菌感染

蚱蝉危害状

鸣鸣蝉

蝉科
学名 *Oncotympana maculaticollis* Motschulsk

分布 华北、东北、华中、华东。

寄主和危害 悬铃木、油桐、茶、白蜡、刺槐、椿、榆、桑、杨、梧桐、樟、柑橘、梅、樱花、蜡梅、桂花、桃、苹果等。

形态特征 成虫体长35mm左右，翅展110~120mm，体粗壮，暗绿色。有黑斑纹，局部具白蜡粉，复眼大暗褐色，头部3个单眼红色，呈三角形排列。前胸背板近梯形，后侧角扩张成叶状，宽于头部，背板上横列5个长形瘤状突起，中胸背板前半部中央具一“W”形凹纹。翅透明，翅脉黄褐色。卵梭形，长1.8mm左右，宽约0.3mm，乳白色渐变黄，头端比尾端略尖。若虫体长3mm左右，黄褐色，有翅芽，形似成虫，额显著膨大，触角和喙发达。

生物学特性 河北多年发生1代。以若虫和卵越冬，但每年均有一次成虫发生，若虫在土中生活数年，每年6月中下旬开始在落日后出土，爬到树干或树干基部的树枝上蜕皮，羽化为成虫。以卵越冬。

防治方法 1. 黑光灯诱杀成虫。2. 人工捕捉老熟若虫和成虫。3. 及时剪除有卵枝条。4. 喷洒25%除尽悬浮剂1000倍液。

鸣鸣蝉成虫

蟪蛄

蝉科
学名 *Platypleura kaempferi* (Fabricius)

分布 河北、辽宁、河南、四川、陕西、广东，以及华中、华东。

寄主和危害 杨、柳、榆、苹果、梨、梅、桃、李、核桃、柿、桑。

形态特征 成虫体长20~25mm，宽短。头、前胸和中胸背板暗绿色，有时带黄褐色，斑纹黑色；前胸前端平截，两侧叶突出，背中有纵带1条，中胸前面有道圆锥纹2对。腹部多黑色，后缘暗绿色。前翅端室8个，翅面布满黑色云状斑，只留出少数半透明斑。前足腿节中部有黄褐色环。

生物学特性 河北5~7月出现成虫，成虫全天发出鸣声“徐、徐、徐……”。

防治方法 1. 人工捕杀成虫。2. 若虫期喷洒3%高渗苯氧威乳油3000倍液。

蟪蛄成虫

大青叶蝉

叶蝉科
学名 *Cicadella viridis* (Linnaeus)

分布 全国各地。

寄主和危害 杨、柳、榆、白蜡、沙枣、刺槐、泡桐、梧桐、桑、核桃、柿、苹果、桃、梨、扁柏等。以成虫和若虫危害叶片，刺吸汁液，造成退色、畸形、卷缩，甚至全叶枯死。

形态特征 成虫体长7.5~10mm。身体青绿色，其中头部、前胸背板及小盾片淡黄绿色。头的前方有分为两半的褐色皱纹区，接近后缘处有1对不规则的长形黑斑。前胸背板的后半呈深绿色。前翅绿色并有青蓝色光泽，前缘色淡，端部透明，翅脉黄褐色，具有淡黑色窄边；后翅烟黑半透明。足橙黄色，前、中足的跗爪及后足胫节内侧有黑色细纹，后足排状刺的基部为黑色。

生物学特性 河北一年发生3代。以卵在树干或嫩枝皮层内越冬。翌年4月中旬至5月初孵化。各代成虫发生期分别为6月、7~8月和9~10月。成虫趋光性强，遇惊动快速飞逃。

防治方法 1. 秋季清除林内杂草，减少虫口密度；产卵前进行树干涂白，防止和减少产卵。2. 冬季剪除产卵密度大的枝条。春季绿化时剔除带越冬卵的植株或杀卵后再植。3. 黑光灯诱杀成虫。4. 若虫期可喷洒25%扑虱灵可湿性粉剂1000倍液或48%乐斯本乳油3500倍液 。

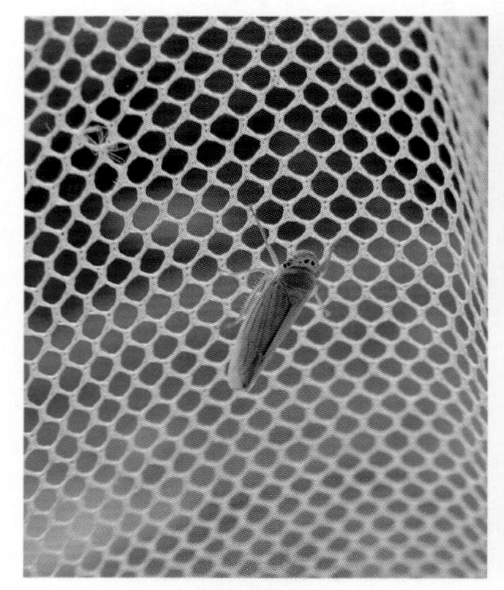
大青叶蝉成虫

大青叶蝉成虫

大青叶蝉危害状

大青叶蝉卵

大青叶蝉若虫

小绿叶蝉

叶蝉科
学名 *Empoasca flavescens* (Fabricius)

分布 全国各地。

寄主和危害 桃、杨、桑、樱桃、李、梅、杏、苹果、葡萄、茶、木芙蓉、柳、柑橘、泡桐、月季、草坪草等。成、若虫吸汁液，被害叶初现黄白色斑点渐扩成片，严重时全叶苍白早落。

形态特征 成虫体长 3.3~3.7mm，淡黄绿至绿色。复眼灰褐至深褐色，无单眼；触角刚毛状，末端黑色。前胸背板、小盾片淡鲜绿色，常具白色斑点。前翅半透明，略呈革质，淡黄白色，周缘具淡绿色细边；后翅透明膜质。各足胫节端部以下淡青绿色，爪褐色；跗节 3 节；后足跳跃式。腹部背板色较腹板深，末端淡青绿色。头背面略短，向前突，喙微褐，基部绿色。

生物学特性 河北一年发生 4~6 代。以成虫在落叶、杂草或低矮绿色植物中越冬。翌春桃、李、杏发芽后出蛰，飞到树上刺吸汁液，经取食后交尾产卵，卵多产在新梢或叶片主脉里。

防治方法 1. 成虫出蛰前清除落叶及杂草，减少越冬虫源。2. 生长期清除植株周围的杂草。3. 虫害发生初时（5 月初）喷洒 25% 扑虱灵可湿性粉剂 1000 倍液或 25% 阿克泰水分散粒剂 5000 倍液，每周 1 次，连续 2~3 次。

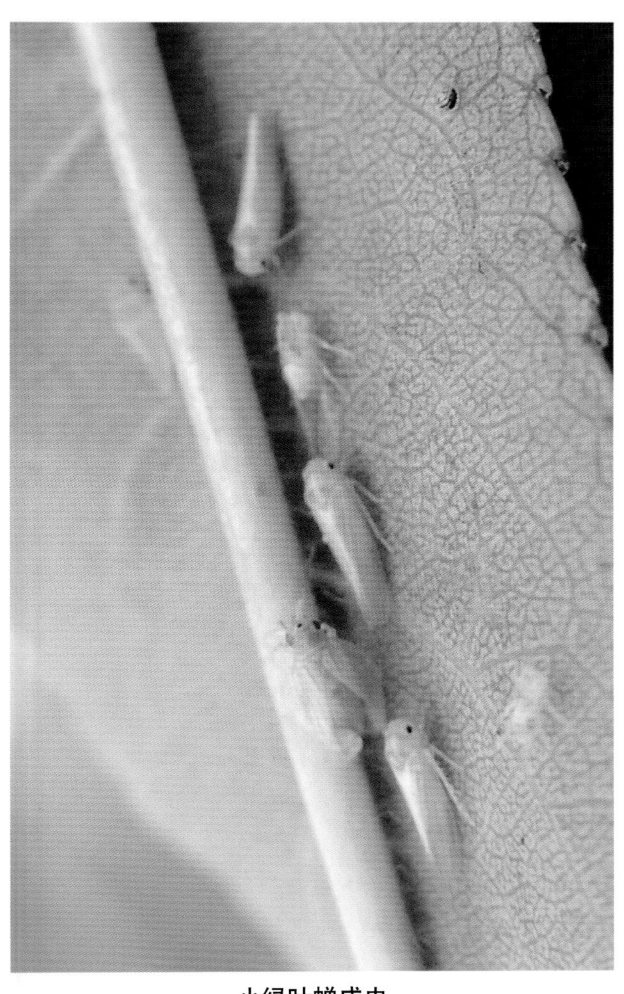

小绿叶蝉成虫

小绿叶蝉若虫

葡萄二星叶蝉

叶蝉科
学名 *Erythroneura apicalis* Nawa

分布 我国葡萄产区均有发生。

寄主和危害 葡萄、苹果、梨、桃及花卉。成虫和若虫在叶背面吸汁液，被害叶面呈现小白斑点。严重时叶色苍白，以致焦枯脱落。

形态特征 成虫体长2.5mm，连同前翅3.5mm。淡黄白色，复眼黑色，头顶有2个黑色圆斑。前胸背板前缘，有3个圆形小黑点。小盾板两侧各有一三角形黑斑。翅上或有淡褐色斑纹。

生物学特性 在河北北部一年发生2代。成虫在果园杂草丛、落叶下、土缝、石缝等处越冬。翌年3月葡萄未发芽时，气温高的晴天，成虫即开始活动。先在小麦、毛叶苕等绿色植物上危害。葡萄展叶后即转移到葡萄上危害，喜在叶背面活动。

防治方法 1. 冬季清除杂草、落叶、翻地消灭越冬虫。夏季加强栽培管理，中耕、锄草，保持良好的风光条件。第一代若虫发生期比较整齐，掌握好时机，防治有利。

二星叶蝉成虫

葡萄二星叶蝉危害状

凹缘菱纹叶蝉

叶蝉科
学名 *Hishimonus sellatus* (Uhler)

分布 河北、山西、陕西、山东、江苏、安徽、浙江、江西、河南、湖南、湖北、福建、四川、重庆、广西、广东、台湾等地。

寄主和危害 食性庞杂，以枣树、酸枣、芝麻、月季等为嗜食之物，并在上面产卵繁殖。成虫在幼嫩茎上产卵，产卵时产卵器刺破皮层，将卵产于皮下，皮层破坏，很快抽干死亡，影响植株的正常发育。

形态特征 雌成虫体长3.0~3.3mm，至翅端长3.7~4.2mm；雄成虫体长2.6~3.0mm，至翅端长3.8~4.0mm。体淡黄绿色。头部与前胸背板等宽，中央略向前突出，前缘宽圆，在头冠区近前缘处有一浅横槽；头部与前胸背板均为淡黄带微绿，头冠前缘有1对横纹，后缘具2个斑点，横槽后缘

凹缘菱纹叶蝉成虫

又有2条横纹。前胸背板前缘区有一列晦暗的小斑纹，中后区晦暗，其中散布淡黄绿色小圆点，小盾板淡黄色，中线及每侧1条斑纹为暗褐色，在有些个体中整个小盾板色泽近于一致。前翅淡白色，散生许多深黄褐色斑，当翅合拢时合成菱形纹，其三角形纹的三角及前缘围以深黄褐色小斑纹，致使菱纹显著；翅端区浅黑褐色，其中有4个明显的小白圆点。胸部腹面淡黄或淡黄绿色，少数个体腹面有淡黄褐色网状纹。雄性外生殖器的阳茎端半部分二叉为宽片状，片的外缘中部显然凹入，故称凹缘菱纹叶蝉。

生物学特性 河北一年发生3代。以成虫在枣园附近的松柏树上越冬，少数以散产在枣树、酸枣嫩皮下的卵越冬。但不在松、柏树上繁殖世代。9月中旬迁移越冬进入盛期，10月松、柏树上虫口已达高峰；翌年4月中旬转移活动，5月上旬枣芽萌发期间全部迁离松、柏树，返回枣树上取食、产卵。成虫将卵产在幼嫩茎上，产卵痕不明显，可看到一个被刺破的圆点，稍微突起。卵期11~16天，越冬代成虫寿命较长，个别可活到7月，6月中旬为羽化盛期。8月下旬开始逐渐迁往松、柏树上越冬。

防治方法 1. 清除杂草和枣园内的病源树。2. 改善生态环境，枣园内选择凹缘菱纹叶蝉不喜食的间作物。成、若虫发生危害期喷洒10%吡虫啉可湿性粉剂2000倍液。

窗耳叶蝉

叶蝉科
学名 *Ledra auditura* Walker

分布 华北、东北、华东、广东。

寄主和危害 杨、柳、刺槐、蒙古栎、苹果、梨。

形态特征 成虫体长15~18，体深灰褐色，足灰粉色。头扁平，前伸呈钝圆形突出，头冠有刻点，前部散生颗粒状突起，中部及两侧区凸起似“山”字形，两侧各有大小凹陷区1个，颜面中央有黑色纵带1条。体表散生粗大的颗粒状突起。后足胫节扩延扁平。前胸背板暗褐色，两侧隆突直立向上，具耳状突出构造。

生物学特性 河北一年发生1代，以卵越冬。翌年6月孵化为若虫，吸取树木汁液。成虫喜地头和林缘，有趋光性。

防治方法 1. 灯光诱杀成虫。在产卵刻槽处点涂48%乐斯本乳油3500倍液或20%康福多浓可溶剂3000倍液。

窗耳叶蝉成虫

窗耳叶蝉成虫

大禾圆沫蝉成虫

松针胸沫蝉 | 沫蝉科

学名 *Aphrophora flavipes* Uhler

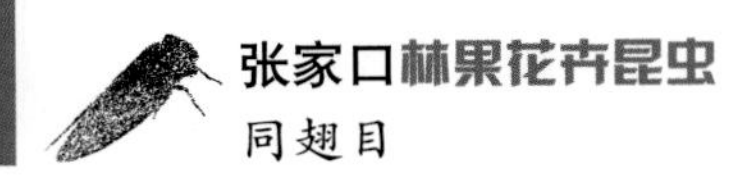

张家口林果花卉昆虫
同翅目

女贞沫蝉 | 沫蝉科

学名 *Mesoptyehus nigrifrons* Matsumura

女贞沫蝉成虫

分布 河北。

寄主和危害 木犀科植物。

形态特征 成虫体长约 9mm。前翅近中部有 1 条黄白色横宽带，顶角处有 1 个黄白色近椭圆形斑。

生物学特性 河北一年发生 1 代成虫见于 6 月中旬至 7 月下旬。

缘纹广翅蜡蝉 | 广翅蜡蝉科

学名 *Ricania marginalis* (Walker)

分布 华北以及湖北、广东、浙江、江苏。

寄主和危害 小叶黄杨、连翘、卫矛、桑、朴、桃、咖啡、油茶。若虫刺吸危害芽梢，并分泌蜡丝。成虫刺吸危害夏秋季嫩梢，并刺裂枝梢皮层产卵导致芽梢枯竭。

形态特征 成虫体长 7mm，翅展 21mm 左右。体褐色至深褐色。前翅深褐色，后缘颜色稍浅，前缘有一三角形透明斑，后缘则有一大一小 2 个不规则透明斑，翅缘散布细小的透明斑点，翅面散布白色蜡粉；后翅黑褐色半透明。

生物学特性 河北一年发生 1 代。以卵成行在枝条上越冬。若虫腹末蜡柱能作褶扇状开张，善跳，常群栖排列于嫩枝上危害，地面落有一层“甘露”。7 月成虫发生盛期，善跳，静止时翅覆于体背呈屋脊状。

防治方法 1. 冬季向寄主植物喷洒 3~5 波美度石硫合剂，杀灭越冬卵。2. 若虫群集枝上危害期，喷洒 10% 吡虫啉可湿性粉剂 2000 倍液或 48% 乐斯本乳油 3500 倍液。3. 人工扫捕成虫。

缘纹广翅蜡蝉成虫

伯瑞象蜡蝉

象蜡蝉科
学名 *Dictyophara patruelis* (Stål)

分布 河北、北京、广东、黑龙江、湖北、吉林、江苏、辽宁、山东、浙江、云南。

寄主和危害 桑、苹果、樱花、海棠、梨、李、甘蔗、水稻等植物。

形态特征 成虫体长 8~11mm，翅展 18~22mm。身体大部分绿色。头部明显向前突出，略呈长圆柱形，前端稍窄，顶长约与头胸之和相等。胸部背面、侧面都有橙色条纹。翅透明，翅痣褐色。腹部背面暗色，侧面及腹面绿色。

生物学特性 河北一年发生 1 代，6~7 月成虫期。

防治方法 1. 冬初向寄主植物喷洒 3~5 波美度石硫合剂，杀灭越冬卵。2. 若虫发生严重时，喷洒 48% 乐斯本乳油 3500 倍液。

伯瑞象蜡蝉成虫

伯瑞象蜡蝉成虫

东北丽蜡蝉

蜡蝉科
学名 *Limois kikuchii* Kato

分布 河北、北京、山西、内蒙古、辽宁、吉林、黑龙江。

寄主和危害 杨。

形态特征 成虫体长约 10mm，翅展 33mm 左右。头胸部青灰褐色，分布大小不等的黑斑。前胸背板有圆形黑斑，中胸背板侧脊线外有大黑斑 1 个。前翅近基部 1/3 处黄色，散生褐斑，外侧有不规则大型斜纹褐斑，其余部分透明。

生物学特性 河北一年发生 1 代。成虫见于 7 月下旬至 8 月中旬。

东北丽蜡蝉成虫

东北丽蜡蝉成虫

斑衣蜡蝉

蜡蝉科
学名 *Lycomd delicatuld* (White)

分布 华北、华东、华中、华南、西南以及陕西等。

寄主和危害 臭椿、香椿、千头椿、刺槐、杨、柳、悬铃木、榆、槭属、栎、女贞、五角枫、合欢、苦楝、珍珠梅、海棠、桃、葡萄、李、黄杨等。若虫或成虫取食时口器深深刺入植物组织吸取汁液。被刺组织伤口常流出树液。受害树木易引起煤污病的发生，影响生长发育。

形态特征 成虫体长 14~22mm，翅展 40~ 52mm，隆起，附有白色蜡质粉。头小，顶锐角。前翅长卵形，基部 2/3 淡褐色，上有黑斑 10~20 个，端部 1/3 黑色，脉纹白色；后翅扇形，膜质，基部一半红色，上有黑斑 7~8 个，翅中有倒三角形白区。

生物学特性 河北一年发生 1 代。以卵在树干阳面越冬。翌年 4 月下旬(臭椿发芽，黄刺玫初开花)卵开始孵化为若虫，5 月上旬孵化盛期，若虫共 4 龄。6 月末出现成虫，8 月下旬开始交尾、产卵。

防治方法 1. 避免营造臭椿纯林，在严重发生区应营造混交林。2. 人工刮除越冬卵块。3. 若虫孵化初期（5 月初）喷洒 48% 乐斯本乳油 3000 倍液。

斑衣蜡蝉成虫

斑衣蜡蝉幼虫

斑衣蜡蝉 1 龄若虫

斑衣蜡蝉 4 龄若虫

斑衣蜡蝉 4 龄若虫

斑衣蜡蝉尚未孵化的卵块

斑衣蜡蝉蜕皮羽化

斑衣蜡蝉成虫（刚羽化）

黑圆角蝉

角蝉科
学名 *Gargara genistae* Fabricius

黑圆角蝉成虫

分布 除青海外，广布全国各省。

寄主和危害 苜蓿、大豆、棉花、烟草、枸杞、桑、柿、柑橘、三叶锦鸡儿、枣、杨、柳、槐。

形态特征 成虫体长 7mm，翅展 21mm，黄绿色，顶短，向前略突，侧缘脊状褐色。额长大于宽，有中脊，侧缘脊状带褐色。喙粗短，伸至中足基节。唇基色略深。复眼黑褐色，单眼黄色。前胸背板短，前缘中部呈弧形，前突达复眼前沿，后缘弧形凹入，背板上有 2 条褐色纵带；中胸背板长，上有 3 条平行纵脊及 2 条淡褐色纵带。腹部浅黄褐色，覆白粉。前翅宽阔，外缘平直，翅脉黄色，脉纹密布似网纹，红色细纹绕过顶角经外缘伸至后缘爪片末端；后翅灰白色，翅脉淡黄褐色。

生物学特性 河北一年发生 1 代。以卵在枝梢内越冬。7~8 月羽化为成虫，成虫白天活动，能飞善跳，9 月开始交配产卵，卵散产在当年生枝条的顶端皮下。

苹果红脊角蝉

角蝉科
学名 *Machaerolypus mali* Chou et Yuan

分布 河北、陕西、北京。

寄主和危害 吸食各种蔷薇科小灌木。

形态特征 成虫体小型。胸部特化，基部刺状延伸，胸部背面鲜红色。前翅常黑色，善跳跃。

生物学特性 河北一年发生 1 代。成虫见于 6~7 月。

苹果红脊角蝉成虫

合欢羞木虱

木虱科
学名 *Acizzia jamatonmca* (Kuwayama)

分布 河北、辽宁、河南、陕西、甘肃、宁夏、贵州，以及华中、华东。

寄主和危害 合欢、山楂。

形态特征 成虫体长约2.5mm，绿、黄绿、黄或褐色（越冬体）。触角黄至黄褐色，头胸等宽，前胸背板长方形，侧缝伸至背板两侧缘中央。胫节端距5个（内4外1），跗节爪状距2个。前翅痣长三角形。

生物学特性 河北一年发生2代，以成虫在落叶内、杂草丛中、土块下越冬。成、若虫群体危害，造成叶黄和大量提前落叶。

防治方法 1. 冬季消灭越冬成虫。2. 于5月成虫交尾产卵时或若虫发生盛期，向枝叶喷洒10%吡虫啉可湿性粉剂2500倍液，48%乐斯本乳油3500倍液。

合欢羞木虱成虫

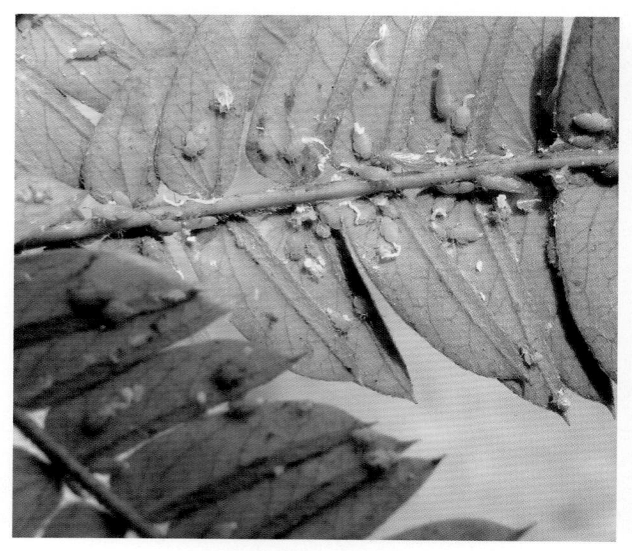

合欢羞木虱若虫

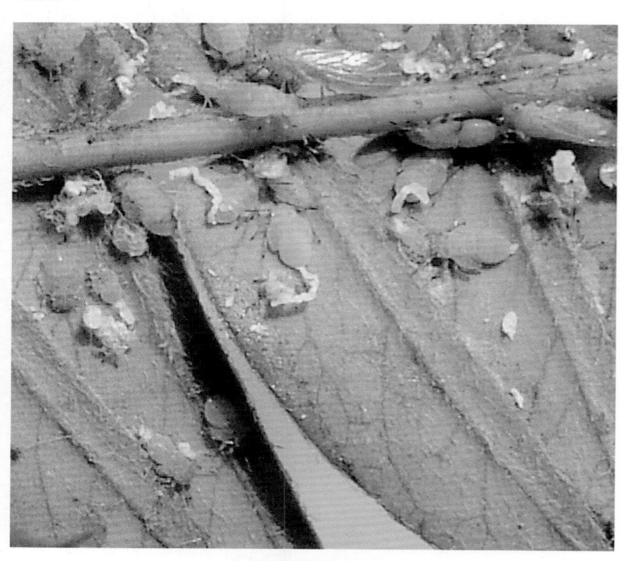

合欢羞木虱若虫

黄栌丽木虱

木虱科
学名 *Calophya rhois* Loew

分布 河北、辽宁、山东、陕西、宁夏、安徽、湖南。

寄主和危害 黄栌。此虫严重危害黄栌，引起早期落叶，影响树势。

形态特征 成虫体小而短粗，分冬、夏两型。冬型体长约2mm，褐色稍具黄斑，头顶黑褐色，两侧及前缘稍淡，颊锥黄褐色，眼橘红色；触角10节，1~6节黄褐色，7~10节黑色，8~10节膨大，9~10节具长刚毛3根；后足胫节无基齿，端距4个；前翅透明，浅污黄色，脉黄褐色；臀区具褐斑，缘纹3个，腹部褐色。夏型体长约1.9mm，除胸背橘黄色，腿节背面具褐斑外，均鲜黄色，美丽。

生物学特性 河北一年发生2代，以成虫在落叶内、杂草丛中、土块下越冬。翌年黄栌发芽时成虫出蛰活动、交尾产卵。4月下旬第一代卵孵化盛期，第一、二代若虫危害分别为5月下旬至6月上旬和7月。成虫产卵于叶背绒毛中、叶缘卷曲处或嫩梢上，每雌产卵约200粒。卵期3~5天，若虫5龄，历期25天左右。若虫多聚集于新梢或叶片。

防治方法 1. 冬季清除杂草落叶，消灭越冬成虫。2. 成虫交尾产卵时或若虫发生盛期喷洒48%乐斯本乳油3500倍液。

黄栌丽木虱成虫

黄栌丽木虱若虫

黄栌丽木虱若虫

梧桐裂木虱

木虱科
学名 *Carsidara limbara* (Enderlein)

分布 河北、陕西、甘肃、宁夏、云南，以及华中、华东。

寄主和危害 梧桐。

形态特征 成虫体长5.6~7mm，粗大，被毛，黄绿色，具黑或黑褐色斑纹。头部横宽，顶深裂，黄色，两侧及前缘深黄色，中缝黑色，额显露；复眼褐色，半球形突出；触角10节，第一、二节及第三节基黄色，其他棕色。胸部黄色，具黑或黑褐色斑，中胸盾片具黑褐色纵纹6条，小盾片黄色，后小盾片黑色，后胸盾片有圆锥形小突起2个。翅无色透明，翅脉茶黄色，翅痣厚不透明。足黄色，爪黑色，腹背淡褐色，各节前缘褐色带状。

生物学特性 河北一年发生2代。世代不整齐，重叠现象严重，以卵在树皮缝或枝条基部阴面越冬。4月下旬至5月上旬第一代若虫出现，爬至嫩梢或叶背危害，并分泌蜡毛和黏液，污染叶面和地面。若虫3龄历期约30天。6月上旬第一代成虫开始出现，6月下旬为羽化盛期，成虫善跳能飞。6月下旬第二代若虫出现，7月中旬为活动盛期，8月上旬第二代成虫大量羽化，9月上旬第三代若虫危害，9月成虫逐渐产卵于枝干，以卵越冬。

防治方法 1. 保护寄生蜂和草蛉等天敌。2. 若虫初孵化和成虫羽化盛期进行防治，清水冲洗或喷施10%吡虫啉可湿性粉剂2000倍液或0.5%苦参碱乳油1000倍液。

梧桐裂木虱成虫

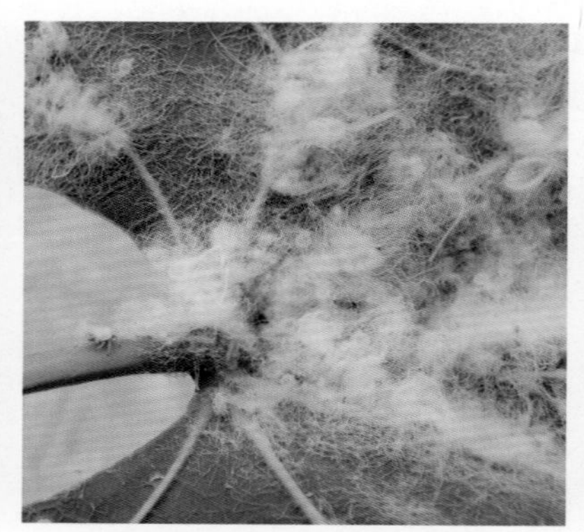
梧桐裂木虱若虫及分泌物

梧桐裂木虱危害状

槐豆木虱

木虱科
学名 *Cyamophila willieti* (Wu)

分布 河北、辽宁、河南、陕西、甘肃、宁夏、广东，以及华中、华东。

寄主和危害 国槐。

形态特征 成虫体长3.8~4.5mm，浅绿色至黄绿色，冬型深褐至黑褐色。触角基2节绿色，鞭节褐色，第四至第六节端、第七节大部及第8~10节黑色。胸背具黑色条纹，前胸背板长方形，侧缝伸至背板侧缝中央。后足胫节具基齿，端距5个。前翅透明，长椭圆形，中间有主脉1条，3分支，外缘至后缘有黑色缘斑6个。

槐豆木虱成虫

生物学特性 河北一年发生4代，以成虫在树洞、

冠下杂草、树皮缝处越冬。3月末开始活动，卵多产于嫩梢、嫩叶、嫩芽、花序、花苞等处，产卵量约100粒。4月中旬卵开始孵化，若虫刺吸植物叶背、叶柄和嫩枝的幼嫩部分，并在叶片上分泌大量黏液，诱发煤污病。5月成虫大量出现，5~6月干旱和高温季节发生严重，雨季虫量减少，9月虫口量又回升，10月越冬。

防治方法 1. 发生初期向树根部喷施3%高渗苯氧威乳油1000倍液，毒杀成虫。2. 若虫期喷洒清水冲洗树梢。3. 保护利用天敌，如瓢虫、草蛉等。

梨木虱

木虱科

学名 *Psylla chinensis* Yang et Li

分布 国内各梨产区均有发生，尤以东北、华北、西北等北方梨区发生普遍。

寄主和危害 以成、若虫刺吸芽、叶、嫩枝梢汁液进行直接危害，分泌黏液，招致杂菌，使叶片造成间接危害、出现褐斑而造成早期落叶，同时污染果实，影响品质。

形态特征 成虫分冬型和夏型。冬型体长2.8~3.2mm，体褐至暗褐色，具黑褐色斑纹；夏型成虫体略小，黄绿色，翅上无斑纹，复眼黑色，胸背有4条红黄色或黄色纵条纹。

生物学特性 河北一年发生6~7代。以冬型成虫在落叶、杂草、土石缝隙及树皮缝内越冬。以冀中南部为例，在早春2~3月出蛰，3月中旬为其出蛰盛期。在梨树发芽前即开始产卵在枝叶痕处，发芽展叶期将卵产在幼嫩组织茸毛内叶缘锯齿间、叶片主脉沟内等处。若虫多群集危害，在果园内及树冠间均为聚集型分布。若虫有分泌黏液的习性，在黏液中生活、取食及危害。直接危害盛期为6~7月，因各代重叠交错，全年均可危害。到7~8月，雨季到来，由于梨木虱分泌的黏液招致杂菌，在相对湿度大于65%时，发生霉变。致使叶片产生褐斑并坏死，造成严重间接危害，引起早期落叶。

防治方法 1. 彻底清除树的枯枝落叶杂草，刮老树皮、严冬浇冻水，消灭越冬成虫。2. 在3月中旬越冬成虫出蛰盛期喷洒4.5%苦参碱乳油1000倍液，控制出蛰成虫基数。3. 在梨落花95%左右，即第一代若虫较集中孵化期，也就是梨木虱防治的最关键时期，喷洒无公害农药。

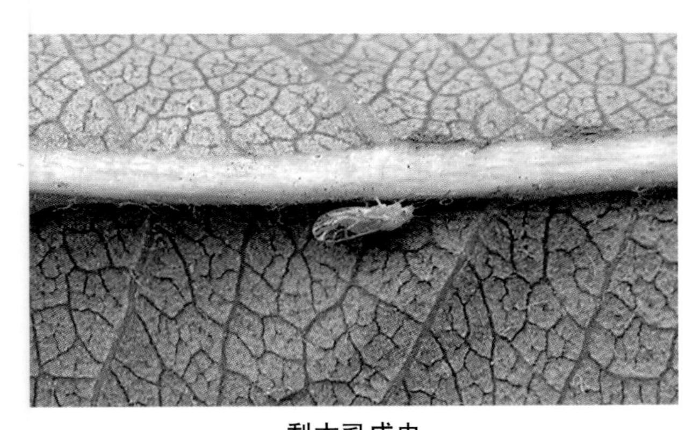

梨木虱成虫

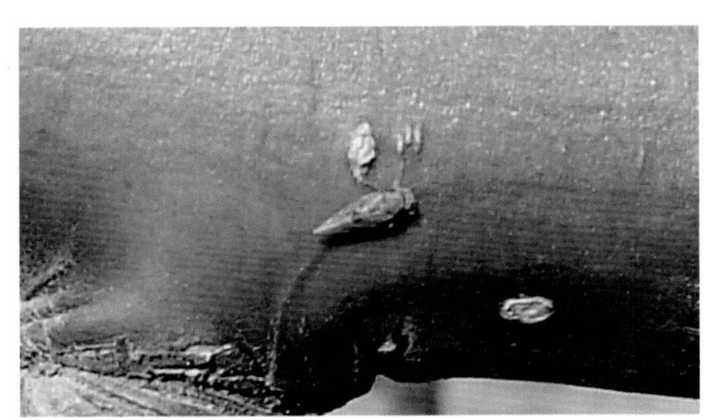

梨木虱越冬成虫

梨木虱卵

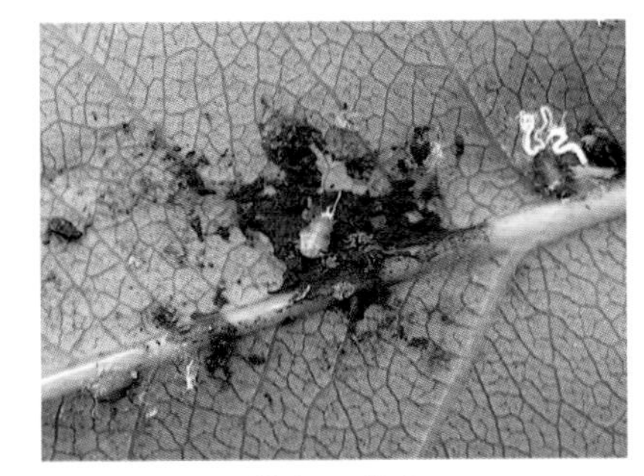

梨木虱若虫

梨木虱危害状

落叶松球蚜

球蚜科
学名 *Adelges laricis*s Vallot

分布 河北、山东，以及东北、华北、西北。

寄主和危害 云杉、落叶松。以成若虫在枝干吸食危害，并在枝芽处形成虫瘿，致使被害部以上枝梢枯死，严重影响树木生长、成林、成材。

形态特征 干母成虫体圆形，肥大，密被一层很厚的白色絮状分泌物。卵棕红色。越冬若虫体长椭圆形，长 0.4~0.5mm，宽约 0.2mm。伪干母成蚜体长 1~2mm，棕黑色，体膨大，半球形，背部 6 条纵列疣明显而有光泽，越冬若虫体卵圆形，黑褐色，长 0.5mm，宽 0.2mm。体表裸露，无分泌物。

性母：初孵若蚜至 2 龄无分泌物；3 龄后亮而棕褐色，胸部两侧微隆；4 龄体色更浅，胸部两侧翅芽明显，背面 6 纵列疣粒清晰。成虫黄褐至褐色，腹部背面蜡片行列整齐。所产卵橘红色，孵化后即干母。

生物学特性 河北二年发生 1 代。以性蚜若虫在云杉芽上和有翅瘿蚜若蚜在落叶松上越冬。翌年 4 月云杉上若蚜活动，分泌蜡质；6 月干母刺激开始萌动的云杉冬芽，导致针叶和主轴变形，形成虫瘿，内居瘿蚜；8 月虫瘿开裂，有翅瘿蚜飞离云杉到落叶松上，孤雌产卵，8 月孵化，以此越冬。翌年 5 月瘿蚜飞离落叶松迁回云杉，8 月性蚜卵孵化并越冬。

防治方法 1. 避免云杉与落叶松混交或近距离栽植。2. 秋冬季修剪附卵枝及虫瘿，集中烧毁，减少越冬卵。3. 在瘿蚜迁飞期内喷洒 10% 吡虫啉可湿性粉剂 2500 倍液，害虫发生期喷洒 0.5% 苦参碱 1000 倍液。

落叶松球蚜成虫

落叶松球蚜危害云杉形成虫瘿

落叶松球蚜有翅蚜

柳瘤大蚜

大蚜科
学名 *Tuberolachnus salignus* Gmelin

分布 河北、辽宁、云南，以及西北、华北、华中、华东等地。

寄主和危害 柳树。成蚜、若蚜常密集在幼树枝干表皮上吸食危害，严重时枝叶枯黄。

形态特征 无翅孤雌胎生蚜：体长3.5~4.5mm，灰黑或黑灰色，全体密闭细毛。复眼黑褐色。触角6节，黑色，上着生毛。口器针状，长达腹部。腹管扁平，圆锥形，尾片半月形。足暗红褐色，密生细毛，后足特长。

有翅孤雌胎生蚜：体长约4mm，头、胸部色深，腹部色浅。翅透明，翅痣细长。第三腹节有大而圆亚生感觉孔10个，第四节有3个。

生物学特性 河北一年发生10多代，以成虫在主干下部的树皮缝隙内越冬。翌年3月开始活动，4~5月大量繁衍盛发，形成灾害，7~8月数量明显减少，9~10月再度猖獗危害，11月中旬以后开始潜藏越冬。主要在枝桠分叉处群集危害。大量发生时所分泌的蜜露纷纷飘落如微雨，地面恰似喷洒上一层褐色胶汁。常诱发煤污病，严重时枝枯叶黄。

防治方法 1.安置黄色胶板或黄色灯光诱杀。2.剪除和烧毁聚生危害的虫枝。3.喷洒10%吡虫啉可湿性粉剂2000倍液或烟草水50~100倍液，每周1次，连续喷2~3次。

柳瘤大蚜有翅蚜和若蚜刺吸柳叶汁液

柳瘤大蚜无翅孤雌胎生蚜和有翅蚜刺吸柳叶汁液

柳瘤大蚜无翅孤雌胎生蚜和若蚜刺吸柳叶汁液

柳瘤大蚜无翅孤雌胎生蚜和有翅蚜刺吸柳叶汁液

苹果绵蚜

绵蚜科
学名 *Eriosoma lanigerum* Hausmann

分布 河北、辽宁、山东、陕西、河南、江苏、云南、西藏。

寄主和危害 苹果、山定子、海棠、花红、沙果等。以虫体群聚在枝干非愈伤组织、剪锯口、新梢、叶腋、果梗、果实萼洼以及根部或露出地表的根迹等处危害。吸取汁液，使树势衰弱。

形态特征 无翅孤雌胎生蚜：体长约 2mm，椭圆形赤褐色，体侧有瘤状突起并着生短毛，体背披白色絮状蜡质物。头无额瘤，触角 6 节，复眼黑红色，有眼瘤。腹背有 4 条纵列的泌蜡孔，分泌白色蜡质物；腹管退化。

有翅孤雌胎生蚜：体长 1.7~2mm，翅展 5.5mm。头、胸部黑色，身体暗褐色披白色絮状蜡质物。复眼红色，有眼瘤。触角 6 节，第三节长并有环状感觉孔 24~28 个，第四节上有环状感觉孔 3~4 个，翅透明。翅脉及翅痣棕色，腹管退化。

有性雌蚜：体黄褐色，长约 1mm，触角和足黄褐色。触角 5 节，口器退化，腹部红褐色。

有性雄蚜：体长约 0.7mm，黄绿色，触角 5 节，口器退化，腹部各节中央突起，有明显的沟痕。

生物学特性 河北一年发生 12~14 代。以 1~2 龄若蚜越冬。越冬场所在树干的粗皮裂缝、树干上各种病虫害形成的伤疤、剪锯口等处越冬。全年以 5 月下旬至 7 月上旬繁殖最盛。进入 7~8 月，因苹果绵蚜天敌——日光蜂繁殖迅速、大量寄生，使苹果绵蚜种群数量突然减少。9 月中旬以后日光蜂渐少，而苹果绵蚜数量又趋上升，至 10 月间形成一年中的第二次发生盛期。11 月以后，气温逐渐下降，苹果绵蚜也随之进入越冬期。

防治方法 1. 加强检疫，严禁疫区苗木、接穗未经消毒外运。2. 加强人工防治。用刀刮、刷子刷来消灭越冬部位的 1~2 龄若虫。3. 该虫发生初期喷 48% 乐斯本乳油 1500 倍液等药进行防治。

苹果绵蚜若蚜

苹果绵蚜无翅孤雌胎生蚜

苹果绵蚜无翅孤雌胎生蚜

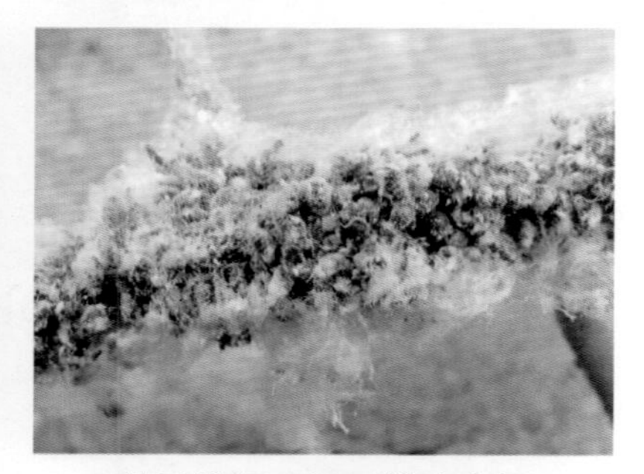

苹果绵蚜无翅孤雌胎生蚜

苹果绵蚜有翅孤雌胎生蚜

苹果绵蚜有翅孤雌胎生蚜

苹果绵蚜有翅孤雌胎生蚜

杨平翅绵蚜

绵蚜科

学名 *Phloeomyzus passerlnli zhangwuensis* Zhang

分布 华北、东北以及山东。

寄主和危害 杨。

形态特征 无翅孤雌胎生蚜：体长约1.6mm，灰黄、灰黄绿至灰白色，被白粉及蜡丝。触角6节。头部与前胸愈合，前、中胸间有灰黑色节间斑1个，第七腹节侧缘有大蜡片2个，第八腹节有中斑1对，第七、八腹节有缘瘤。腹管小环状，尾片5毛。与尾板末端均为圆形。

有翅孤雌胎生蚜：体长约1.8mm，椭圆形，头、胸黑色，腹暗黄绿色，无斑纹和节间斑。体背毛少而短。前翅中脉分2叉，脉镶粗黑晕，静止时翅平置于体背。腹管环形孔状，尾片短圆锥形，毛8~9根，尾板舌形。

有翅雄性蚜：体长约1.5mm，椭圆形。胸黑色，腹淡色而有灰黑斑，第一至七腹节有缘斑。腹管短截形，尾板长方形。

生物学特性 河北以卵越冬。在树干、根基部及树皮缝中危害，蚜体被有蜡粉及蜡丝，易发现，以受伤或修剪的枝干受害重，较少发生有翅蚜，秋季发生产卵的有翅雌、雄性蚜，交配、产卵越冬。

防治方法 向发生期枝、干喷洒10%吡虫啉可湿性粉剂2500倍液，或0.5%苦参碱乳剂1000倍液。

杨平翅绵蚜若蚜

杨平翅绵蚜危害状

杨平翅绵蚜若蚜

杨平翅绵蚜危害主干

女贞卷叶绵蚜

绵蚜科
学名 *Prociphilus ligustrifoliae* (Tseng et Tao)

分布 河北、辽宁。

寄主和危害 白蜡、女贞。

形态特征 有翅孤雌胎生蚜：体长约3.4mm，椭圆形，头、胸黑至黑褐色，腹部蓝灰黑色。

雄性蚜：体长0.8mm，深绿色，狭长。

雌性蚜：肥圆，黑褐色、墨绿色或黄绿色，无翅。

干母：体圆形，体长约4mm，活体灰褐色，被蜡粉和蜡丝。

生物学特性 河北一年发生2代。以卵在白蜡越冬。4月初干母孵化，4月中旬发生严重，被害叶螺旋状反向纵卷，蚜体群居在内，大量分泌蜡丝。繁殖力强，每头可孤雌胎生若蚜近千头；5月干母后代全部产生有翅干雌，全部转移至中间寄主；9月迁回白蜡产卵越冬。

防治方法 1.冬季向寄主植物喷洒3~5波美度石硫合剂，杀灭越冬卵。2. 4月上旬向嫩叶喷洒10%吡虫啉可湿性粉剂2000倍液，毒杀干母。3.保护瓢虫、草蛉、食蚜蝇、蚜茧蜂等天敌。4.剪除有虫卷叶。

女贞卷叶绵蚜虫体

女贞卷叶绵蚜卵

女贞卷叶绵蚜危害状

女贞卷叶绵蚜若蚜

女贞卷叶绵蚜胎生蚜

榆瘿蚜

绵蚜科

学名 *Tetraneura akinire* Sasaki

分布 新疆、宁夏、陕西、内藏古、辽宁、山西、河北、河南、江苏、浙江和安徽等地区。

寄主和危害 榆、白榆、垂榆、钻天榆、榔榆等及禾本科植物。

形态特征 干母：体长约 0.7mm，黑色，在虫瘿中蜕皮变绿色。

无翅孤雌蚜：体长为 2mm 左右，黄绿色或黑绿略带红色，被有白色蜡粉，无腹管。

有翅孤雌蚜：头和胸黑色，腹部绿色。翅透明，前翅中脉不分叉，共 4 条。性蚜体较大，黑绿色。卵椭圆形，棕褐色，有光泽。除干母 1 龄若蚜和性蚜外，其他体被白色绵状蜡质物。

生物学特性 河北一年发生多代，以卵在榆树枝干裂缝等处越冬。翌年 4 月下旬越冬卵孵化为干母（有翅蚜）并危害榆树幼叶。被害部分初期为小红点，后逐渐组织增生，叶正面形成虫瘿，初期绿色逐渐变为红色。一般 1 个虫瘿有 1 个干母蚜，个别的也有 2 个以上干母。在瘿囊内产生干雌蚜，繁殖几代后，产生有翅蚜（迁移蚜）。迁移蚜于 5 月下旬至 6 月上旬从虫瘿裂口外出，迁飞到禾本科植物和杂草根部危害，并进行孤雌胎生雌蚜（侨居蚜），危害期为 6~9 月。9~10 月产生有翅蚜（性母蚜）飞回榆树上，在皮缝处胎生有性蚜（雌蚜和雄蚜）。性蚜无翅，口器退化，不取食，交配产卵后死亡，以卵越冬。该蚜一年完成一次循环，有 2 个寄主，即越冬寄主为榆树，夏季寄主为禾本科植物根部。

防治方法 1. 苗圃地幼苗期发生该虫初期，可人工摘掉虫瘿叶片。2. 及时修剪陡长枝、过密枝，加强通风透光。3. 在早春干母产卵之前喷施 10% 吡虫啉可湿性粉剂 2500 倍液。

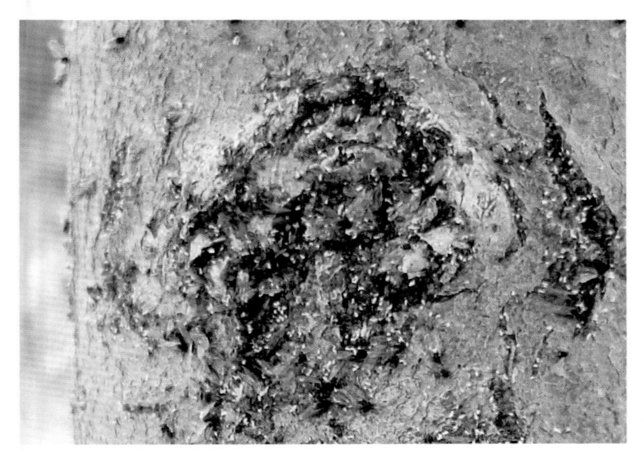

榆瘿蚜雌雄成虫

瓢虫捕食榆瘿蚜

榆瘿蚜有翅蚜

榆瘿蚜有翅蚜

杨花毛蚜 | 毛蚜科 学名 *Chaitophorus* sp.

分布 河北以及东北、华北、西北等。

寄主和危害 毛白杨、河北杨、北京杨、大官杨、箭杆杨、小叶杨和唐柳等，其中以毛白杨受害严重。成、幼蚜群集在叶片、幼枝和嫩芽。

形态特征 有翅孤雌胎生蚜：体长约 2.4mm，胸部黑色，前胸和中胸足浅黄绿色。翅痣黑色，大而明显。腹部绿色，背部有 8 条黑色横带。

无翅孤雌胎生蚜：长约 2.2mm，头和前胸赤褐色，其余黄绿色。腹背部有赤褐色大型斑 2 个。

若蚜：黄绿色，后期背部出现赤褐斑。

生物学特性 河北一年发生 10 多代，以卵在芽腋等处越冬。翌年春季杨树叶芽萌发时，卵孵化。干母多在嫩叶和叶柄上危害，干母出现后约 20 天就可见到大量有翅孤雌胎生蚜，飞迁到四周毛白杨幼林或幼苗上危害。整个生长期若蚜多群集在嫩枝上危害，叶背发生量少些。秋季比春季发生严峻。常引起嫩枝变形，枝干变黑。10 月下旬开始产卵，卵产在当年生的新条芽腋处，随着气温下降，11 月下旬全面越冬。

防治方法 1. 保护和利用天敌。春季发生量少时喷清水冲蚜，既消灭蚜虫，又能保护后期的天敌，如蚜茧蜂、七星瓢虫、异色瓢虫、龟纹瓢虫、中华草蛉、丽草蛉、蚜小蜂、食蚜蝇和食虫虻等天敌。2. 利用黄胶板或黄绿色高压黑光灯诱杀成虫，可减少对后期的危害。大发生时，喷施 10% 吡虫啉可湿性粉剂 2500 倍液，或 0.5% 苦参碱乳剂 1000 倍液。

杨花毛蚜成虫

杨花毛蚜被瓢虫捕杀

朝鲜毛蚜 | 毛蚜科

学名 *Chaitophorus populeti* (Panzer)

分布 河北、吉林、辽宁、河南、陕西、新疆、四川以及华中、华东。

寄主和危害 杨。

形态特征 无翅孤雌胎生蚜：体长约2.2mm，绿色，体被淡色长毛，背有墨绿色斑纹。触角6节。腹管短截形，有网状纹，尾片瘤状，长于腹管，有毛7~10根。

有翅孤雌胎生蚜：体长2.3mm，头、胸墨色，腹部深绿或绿色，背有黑斑。体毛粗长而尖。触角6节。脉正常。

生物学特性 河北一年发生10多代，以卵在寄生枝干和皮缝内越冬。翌年毛白杨叶芽萌动时卵孵化，全年在叶背、叶柄和嫩梢危害，与杨白毛蚜混合发生，4~6月危害重，以幼树和大树的根生枝条重。10月产生性蚜，交尾产卵越冬。

防治方法 4月至5月中旬喷洒10%吡虫啉可湿性粉剂2000倍液防治。

朝鲜毛蚜干母

朝鲜毛蚜干母

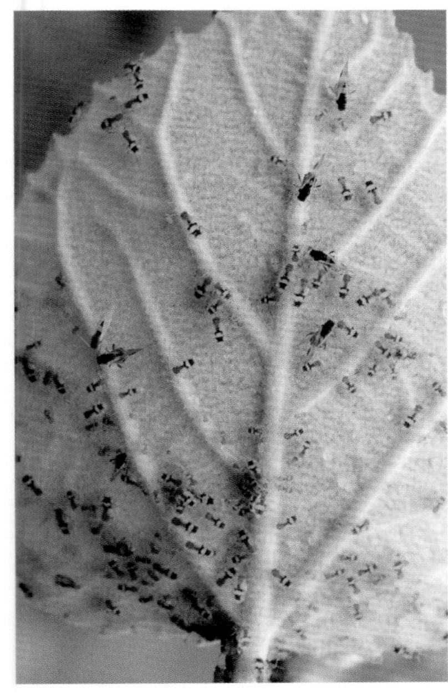

朝鲜毛蚜无翅孤雌胎生蚜及有翅孤雌胎生蚜

朝鲜毛蚜无翅孤雌胎生蚜

蚂蚁捕食朝鲜毛蚜无翅孤雌胎生蚜

杨白毛蚜

毛蚜科
学名 *Chaitophorus populialbae* (Boyer de Fonscolombe)

分布 河北、河南以及东北、西北、华北、华中、华东。

寄主和危害 毛白杨、河北杨、北京杨、大官杨等。

形态特征 无翅孤雌胎生蚜：体长约1.9mm，白至淡绿色。胸背面中央有深绿色斑纹2个，腹背有5个。体密生刚毛。

有翅孤雌胎生蚜：体长约1.9mm，浅绿色，头部黑色，复眼赤褐色。翅痣灰褐色，中、后胸黑色，腹部深绿或绿色，背面有黑横斑。

若蚜：初期白色，后变为绿色，复眼赤褐色，体白色。

干母：体长约2mm，淡绿或黄绿色。

卵：长圆形，灰黑色。

生物学特性 河北一年发生10多代，以卵在芽腋、皮缝等处越冬。翌年春季杨树叶芽萌发时，越冬卵孵化为干母。干母多在新叶背面危害，5~6月产生有翅孤雌胎生蚜扩大危害，尤其叶背面和瘿螨危害的畸形叶群内发生量大，受害严重，6月后易诱发煤污病。10月发生性母，孤雌胎生蚜、雄性蚜，交尾产卵越冬。

防治方法 4~5月中旬喷洒10%吡虫啉可湿性粉剂2000倍液防治。

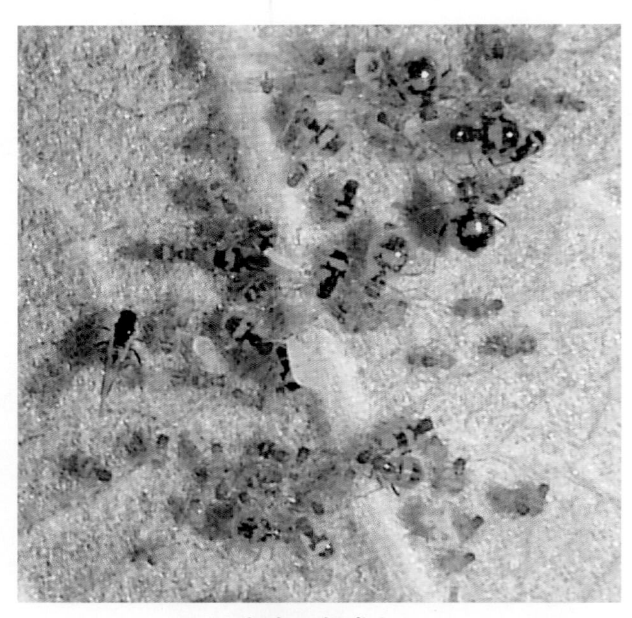

杨白毛蚜成虫

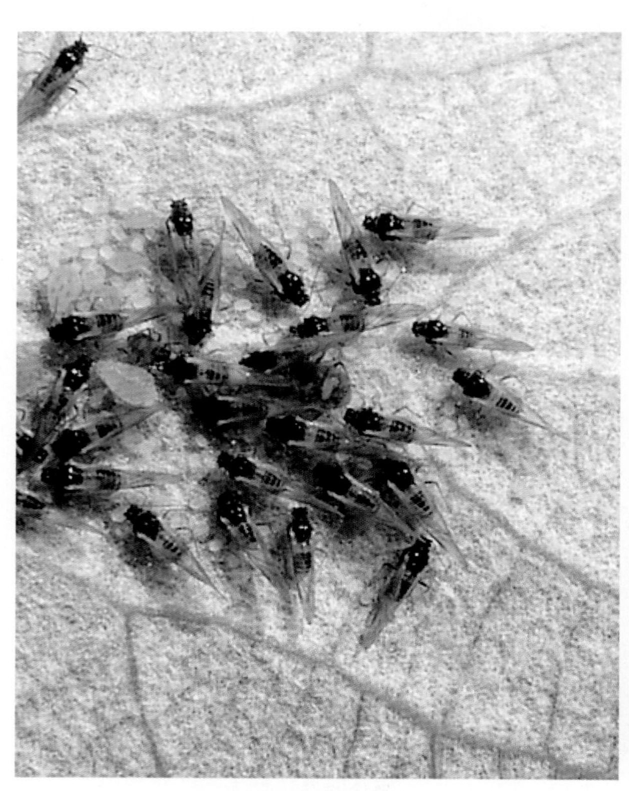

杨白毛蚜有翅蚜

杨白毛蚜干母若蚜

柳黑毛蚜

毛蚜科
学名 *Chaitophorus saliniger* Shinji

分布 河北、四川、宁夏、陕西以及东北、华东、华中、华南等地。

寄主和危害 垂柳、柳、杞柳、龙爪柳。

形态特征 无翅孤雌胎生蚜：体长约1.4mm，黑色。后足胫节基部稍膨大，有伪感觉圈，表皮有微刺组成互状纹，毛尖锐。部分分岔。端节有次生刚毛2对。触角6节，为体长的1/2，第三节毛5根。第一至七腹节背片有愈合的背大斑1个；腹管截断形，有网纹；尾片瘤状，毛6~7根。

有翅孤雌胎生蚜：体长1.5mm，黑色，附肢淡色。体毛尖锐。触角6节。腹背有大斑。翅脉正常，有晕。腹管短筒形，有缘突和切迹。尾片瘤状，毛7~8根。

生物学特性 河北一年发生20多代。以卵在枝上越冬，翌年3月柳树发芽时越冬卵孵化，在柳叶正反面沿中脉危害，严重时常盖满叶片，盛发时虫体在枝干、地面爬行，大量落叶。5~6月大量发生，多数世代为无翅孤雌胎生蚜，仅5月下旬至6月上旬发生有翅孤雌胎生蚜，扩散迁飞，雨季种群数量下降，10月下旬雌、雄性蚜出现，交配后在柳枝上产卵越冬。

防治方法 4月至5月中旬是防治有利时机，喷洒10%吡虫啉可湿性粉剂2000倍液、1.2%苦烟乳油1000倍液或3%高渗苯氧威乳油3000倍液。

柳黑毛蚜成虫

柳黑毛蚜无翅孤雌胎生蚜

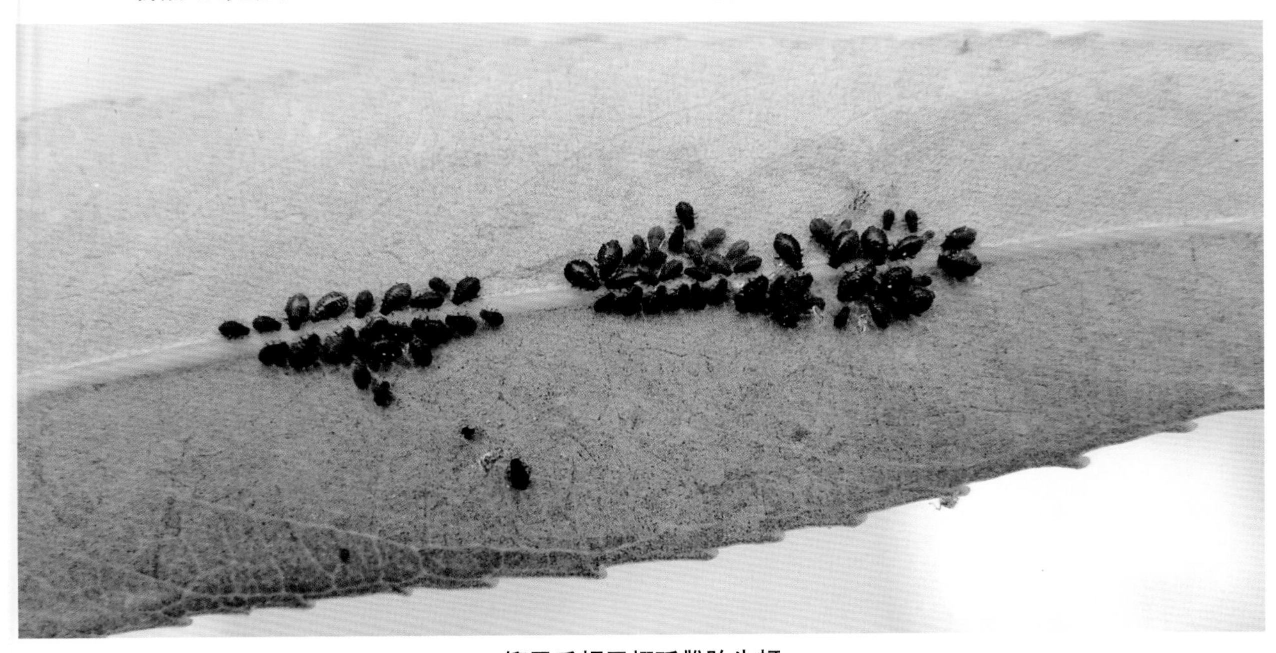

柳黑毛蚜无翅孤雌胎生蚜

京枫多态毛蚜

毛蚜科
学名 *Periphyllus diacerivorus* Zhang

分布 河北、辽宁、山东。

寄主和危害 五角枫。

形态特征 无翅孤雌胎生蚜：体长约 1.7mm，卵圆形，绿褐色，有黑斑。触角 6 节。前胸黑色，背中央有纵裂；后胸及腹部各背片均有大块状毛基斑。腹背片毛基斑联合为中、侧、缘斑，有时第四至第八腹节中侧斑联合为横带。腹管短筒形，端有网纹，缘突明显，毛 4~5 根。尾片半圆形，有粗刻点；尾板末端平，元宝状，毛 13~16 根。

生物学特性 河北一年发生数代，以卵在枝干上越冬。翌春五角枫蚜萌发时卵孵化为干母，4 月孤雌胎生干雌，5 月产生有翅孤雌胎生蚜，后发生滞育型 1 龄若蚜，9 月滞育解除，恢复正常生长雌雄性蚜，交配产卵越冬。

防治方法 1. 危害初期向枝叶上喷洒 10% 吡虫啉可湿性粉剂 2500 倍液。2. 保护利用天敌。

京枫多态毛蚜深色无翅蚜

京枫多态毛蚜绿色型无翅蚜

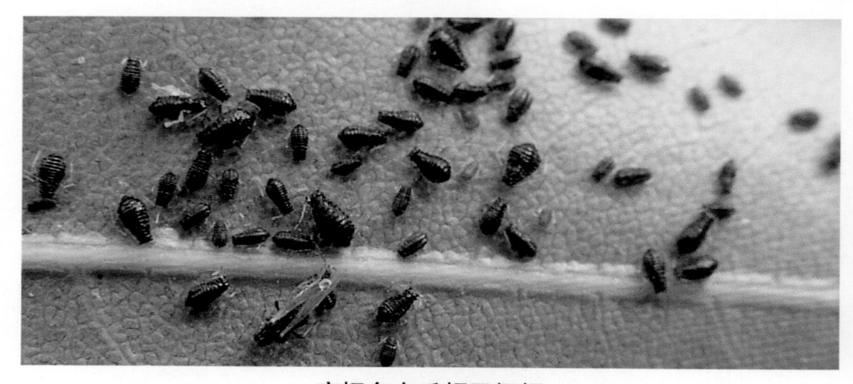
京枫多态毛蚜无翅蚜

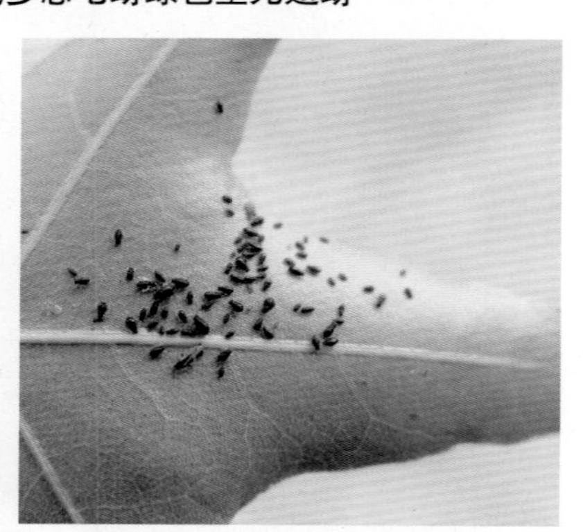
京枫多态毛蚜无翅蚜

京枫多态毛蚜无翅蚜

京枫多态毛蚜无翅蚜

栾多态毛蚜 | 毛蚜科

学名 *Periphyllus koelreuteriae* Takahashi

分布 河北、辽宁、陕西以及华中、华东。

寄主和危害 栾树、黄山栾。以成、若虫刺吸植物汁液造成危害。

形态特征 无翅孤雌胎生蚜：体长约3mm，长卵圆形，活体黄绿色，背面多毛，有深褐色“品”字形大斑。头前部有黑斑。触角、喙、足、腹管、尾片、尾板和生殖板黑色，腹管间有长毛27~32根，触角第三节有毛23根和感觉圈33~46个。

有翅孤雌胎生蚜：体长约3.3mm，头胸黑色，腹部浅色，1~6腹节中、侧斑融合成各节黑带。

干母：体长2.2~2.8mm，深绿或暗褐色，腹、背部有明显缘斑。

若蚜：滞育型白色，体小而扁，腹背有明显斑纹。

无翅性母：体长1.7~2.3mm，褐色。

有翅性母：体长2.5~2.9mm，黄绿色。

雌性蚜：体长3.2~4mm，长菱形，褐或灰褐色，足短粗，腿节膨大。

雄性蚜：体长2.2~2.7mm，狭长，褐色，1~8腹节各具中缘斑。

生物学特性 河北一年发生4代，以卵在幼树芽苞附近、树皮伤疤、裂缝处越冬。早春芽苞开裂时干母雌虫危害幼树枝条及叶背面，造成卷叶，是全年的主要危害期。4月下旬至5月中旬有翅蚜大量发生，5月中旬大量滞育型若蚜开始发育，10月雌雄交尾后产卵。

防治方法 1. 合理修剪，保持通风透光，以减少虫口密度。2. 冬末在树体萌动前喷洒1~2波美度石硫合剂。3. 春初萌发幼叶时喷洒10%吡虫啉可湿性粉剂2500倍液。

栾多态毛蚜有翅蚜

栾多态毛蚜有翅蚜

栾多态毛蚜无翅胎生蚜

栾多态毛蚜若蚜

栾多态毛蚜若蚜

核桃黑斑蚜

斑蚜科
学名 *Chromaphis juglandicola* Kaltenbach

分布 辽宁以及华北。

寄主和危害 核桃。

形态特征 有翅孤雌胎生蚜：体长约2mm，椭圆形，活体淡黄色。额瘤不显，喙粗短。体背毛短而尖锐。翅脉淡色，中肘脉基部镶色边。尾片瘤状，尾板分裂为2片。

性蚜：雌成蚜无翅，淡黄绿至橘红色，头前胸背板有淡褐色斑纹，中胸、第三至第五腹节有黑褐色大斑；雄成蚜头胸部灰黑色，腹部淡黄色，第四、五腹节背面各有黑色横斑1对。

卵：椭圆形，黄绿至黑色，表面有网纹。

若蚜：1龄体长椭圆形，胸部和第一至七腹节背面各有灰黑色椭圆形斑4个，第八腹节背横斑大；3、4龄灰褐色斑消失。

生物学特性 河北一年发生10多代，以卵在枝条皮缝、蚜基、节间等处越冬。4月孵化高峰。干母发育17~19天，5~9月均有有翅孤雌胎生蚜，秋季出现性蚜，每雌产卵7~21粒。

防治方法 1. 黄板粘杀。2. 严重时喷洒10%吡虫啉可湿性粉剂2000倍液防治。3. 保护天敌。如瓢虫、草蛉、食蚜蝇和蚜小蜂等。4. 合理修剪，通风透光。

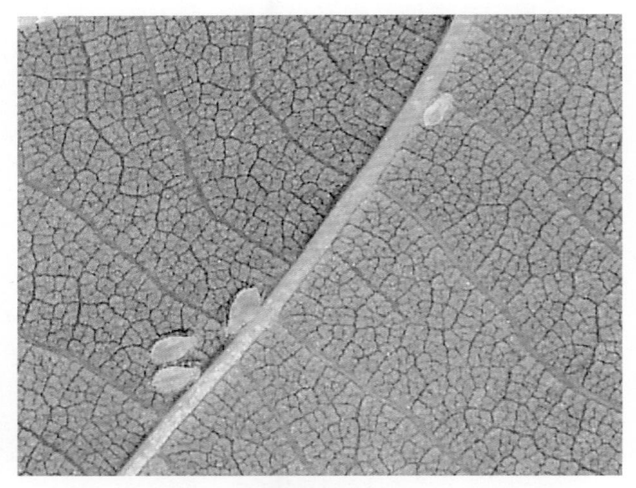

核桃黑斑蚜成虫

榆华毛斑蚜

斑蚜科
学名 *Sinochaitophorus maol* Takahashi

分布 山东及华北、东北。

寄主和危害 榆。

形态特征 无翅孤雌胎生蚜：体长约1.5mm。卵圆形，黑色，背中带白绿色，附肢淡色。头、胸和第一至六腹节愈合一体呈大斑；前胸、第一至七腹节有馒头形缘瘤；体背长毛分叉。触角6节。腹管短筒形，微显瓦纹，无缘突和切迹。尾片瘤状，端圆，毛8~10根；尾板分2片呈瘤状。

生物学特性 河北一年发生数代，以卵在榆枝芽苞附近越冬。翌年早春孵化，5~10月均有危害，有翅蚜极少。

防治方法 1. 冬季喷洒3~5波美度石硫合剂，消灭越冬卵。2. 若虫、成虫发生期向叶背喷洒10%吡虫啉可湿性粉剂2500倍液。3. 保护天敌。4. 合理修剪，保持通风透光。

榆华毛斑蚜成虫

竹纵斑蚜

斑蚜科
学名 *Takecallis arundinariae* (Essig)

分布 河北以及华东、华中、华南、西南。

寄主和危害 竹。

形态特征 有翅孤雌胎生蚜:体长约 2.3mm,淡黄、淡绿色,背被薄白粉。触角 6 节,长于身体,全节分泌短蜡丝。头、胸背有纵褐色纵斑,第一至七节腹节背每节各有倒“八”字形纵斑 1 对,背片各有淡色缘瘤,中瘤隆起,额瘤外倾,额有明显“V”字形加厚部分。前翅中脉 3 叉。腹管短筒形,黑褐色,无缘突,基部有长毛 1 根。尾片黑褐色,瘤状,中央收缩,毛 11~14 根。

生物学特性 河北一年发生数代,以卵越冬。在叶背取食,尤以叶基部为多,5~6 月种群密度最大。

防治方法 1. 冬季喷洒 3~5 波美度石硫合剂。2. 发生初期向叶背喷洒 10% 吡虫啉可湿性粉剂 2500 倍液。3. 保护天敌。4. 经常向树叶喷洒水。

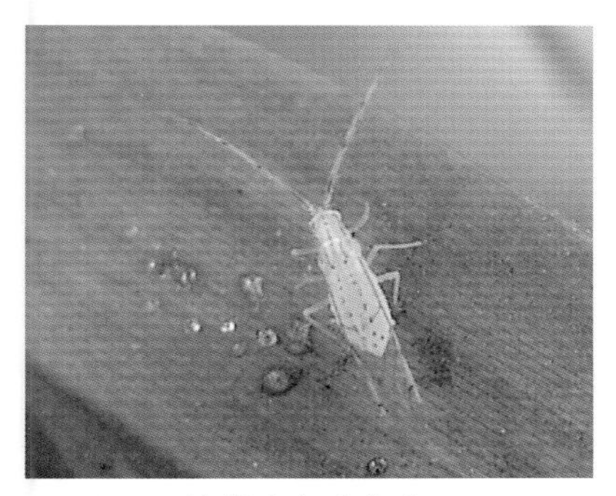
竹纵斑蚜有翅蚜

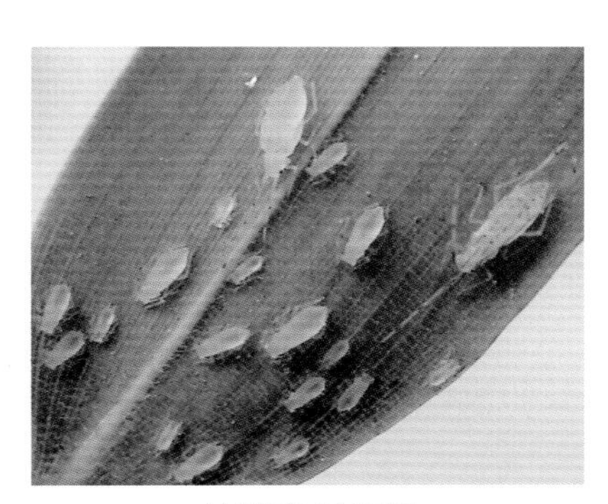
竹纵斑蚜若蚜

竹纵斑蚜成虫

竹梢凸唇蚜

斑蚜科
学名 *Takecallis taiwanus* Takahashi

分布 河北、四川、云南、陕西以及华东。

寄主和危害 竹。

形态特征 有翅孤雌胎生蚜:体长约 2.3mm,长卵形,淡绿色或绿褐色,无斑纹。头部毛瘤 4 对。触角 6 节,短于体。前胸和第一至五腹节各有中毛瘤 1 对,第六至八腹节中毛瘤较小,第一至七腹节各具缘瘤 1 对,每瘤生毛 1 根,腹部无斑纹。翅脉正常。腹管短筒形,基部无毛,中毛每节 2 根,无缘突,有切迹。尾片瘤状,中部收缩,毛 10~17 根;尾板分 2 片。若蚜体较小,背毛粗长,顶端扇形。

生物学特性 河北一年发生数代,以卵越冬。在未伸展的幼叶上危害,发生量大,威胁幼竹生长,是常见害虫。

防治方法 1. 冬初喷洒 3~5 波美度石硫合剂,杀灭越冬卵。2. 若虫、成虫发生期初期向叶背喷洒 10% 吡虫啉可湿性粉剂 2500 倍液,或 0.5% 苦参碱乳剂 1000 倍液。3. 保护天敌。如瓢虫、草蛉、食蚜蝇和蚜虫蜂等。4. 株间疏密合理,通风透光。

竹梢凸唇蚜成虫

三叶草彩斑蚜

斑蚜科
学名 *Therioaphis trifolii* (Monell)

分布 河北、宁夏、北京、吉林、辽宁、山西、河南、云南。

寄主和危害 苜蓿。

形态特征 有翅蚜：体长 2.0mm，腹宽 0.7mm，黄绿色，有花斑。触角第一、二节及三节大部为黄绿色，余为黑色；第三节基半部略粗，有长圆形感觉孔 6~9 个，排成 1 行。头部绿褐色，有小斑 2~3 对，有时不明显；复眼鲜红色。中后胸盾板灰褐色。腹部卵圆形，背面毛斑灰黑色，斑上毛“钉”形。腹管短筒形，灰色。尾片圆形，黑色，上生长短刚毛 11 根；尾板“凹”形，上生刚毛各 7 根。前翅微呈黄色，胫脉及翅痣黄色，各脉两侧有灰色晕，尤以脉端较深。各足黄色，唯胫节端及爪暗色。

无翅蚜：长 2mm，宽 0.7mm，长卵形，黄至黄绿色。背面有灰色毛斑，各斑上有 1 根黑色“钉”形刚毛。触角第一、二节前侧各生 1 根钉状小刚毛，第三至六节长度比为 5.5、3.3、3.3、3.5，第三节基部略粗，有感觉孔 6~10 个，排成 1 行。复眼红色，头顶有毛 3 对。胸部背中斑较大，长圆形或近方形。腹部第一至五节缘斑圆形，突出，第六至七节缘斑较小。尾片黑色，生有长、短刚毛 11 根，端部 1 对最长，毛端膨大；尾板凹形，两边端部各生刚毛约 4 根。

生物学特性 河北以卵在田间寄主根茬等处越冬。5~7 月危害苜蓿颇重，蚜虫群集叶背及嫩梢吸食，并排泄大量黏液，叶小、梢枯，严重抑制苜蓿的生长和开花结实。

防治方法 在 4 月下旬至 5 月上旬，作好田间蚜情观察，发生较普遍时，可用药在花前 (保护蜂类) 喷治 1~2 次，控制危害。

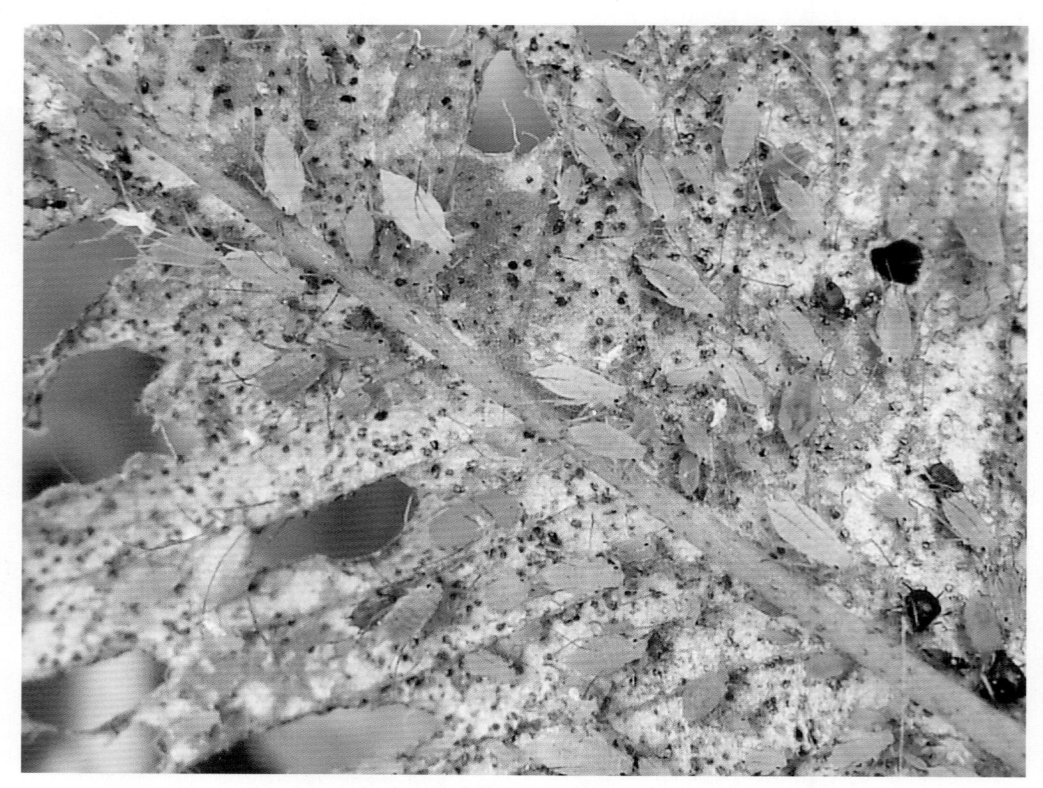

三叶草彩斑蚜成虫

紫薇长斑蚜

斑蚜科
学名 *Tinocallis kahawaluokahani* (Kirkaldy)

分布 河北、北京、上海、江苏、浙江、台湾等地。

寄主和危害 紫薇。该虫对紫薇的危害年年都会发生，常常是嫩叶的背面布满害虫，危害后新梢扭曲，嫩叶卷缩，凹凸不平，影响花芽形成，并使花序缩短，甚至无花，同时还会诱发煤污病，传播病毒病。

形态特征 有翅孤雌蚜：体为黄色，斑纹黑色，体宽三角形，长 2.1mm，宽 1.1mm。腹部淡黄色，各节均有 1 对黑色中瘤，其中第二节的 1 对最大，且基部相连。体背有斑纹，触角顶端及鞭节黑色。

无翅孤雌蚜：体黄绿色，体长 1.5mm，体形浑圆形，布有黑点，复眼橘黄色。有翅胎生雌蚜与无翅胎生雌蚜相似，虫体稍长，其背面有黑褐色斑纹，腹部第二节有 1 个黑色横斑。

生物学特性 河北一年发生 10 多代，以卵在芽腋、芽缝及枝杈等处越冬。翌年春天当紫薇萌发的新梢抽长时，开始出现无翅胎生蚜，至 6 月以后虫口不断上升，并随着气温的增高而不断产生有翅蚜，迁飞扩散危害。但不久便产生两性蚜，雌雄交尾后，产卵越冬。

防治方法 1. 修剪萌发枝及清理枝丫处翅裂的皮层，清除烧毁，以减少越冬蚜卵。2. 保护和利用天敌昆虫，例如黑带食蚜蝇、大草蛉、异色瓢虫等。3. 大发生期喷洒 10% 吡虫啉可湿性粉剂 2500 倍液。

紫薇长斑蚜引发煤污病

紫薇长斑蚜危害状

紫薇长斑蚜若蚜

紫薇长斑蚜有翅蚜、无翅蚜

紫薇长斑蚜有翅蚜

梨黄粉蚜

根瘤蚜科
学名 *Aphanostigma jakusuiensis* (Kishida)

分布 全国梨区。

寄主和危害 梨。以成虫和若虫集中在果实等洼处取食危害，刺吸汁液，并大量繁殖。果面受害处呈黄色凹陷的小斑，以后斑扩大变黑褐色，严重时病斑龟裂。潮湿时果易腐烂。

形态特征 成虫：体卵圆形，长约 0.8 mm，全体鲜黄色，有光泽。腹部无腹管及尾片，无翅。行孤雌卵生。包括干母、普通型。性母均为雌性。喙均发达。有性型体长卵圆形，体型略小，雌 0.47mm 左右，雄 0.35 mm 左右，体色鲜黄，口器退化。

生物学特性 河北一年发生 10 多代。以卵在树皮裂缝或枝干上残附物内越冬。翌年梨树开花时卵孵化，若虫先在翘皮或嫩皮处取食危害，以后转移至果实萼洼处危害，并继续产卵繁殖。梨黄粉蚜的生殖方式为孤雌生殖，雌蚜和性蚜都为卵生，生长期干母和普通型成虫产孤雌卵，过冬时性母型成虫孤雌产生雌、雄不同的 2 种卵，雌、雄蚜交配产卵，以卵过冬。

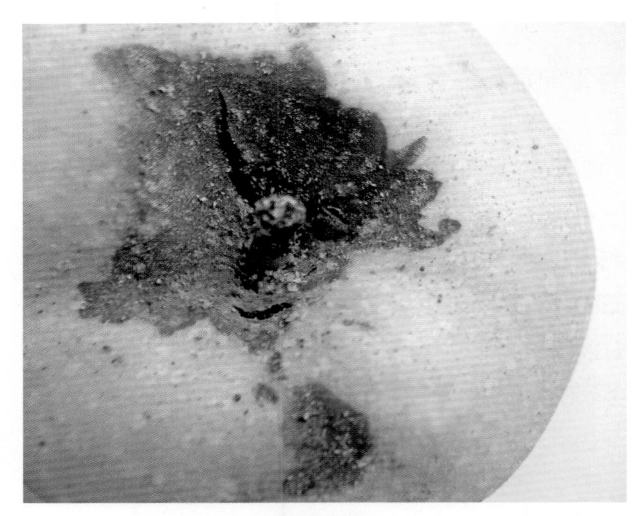

梨黄粉蚜

防治方法 1. 早春人工刮粗树皮及清除残附物，重视梨树修剪，增加通风透光。2. 转运的苗木，如有此虫，可将苗木泡于水中 24 小时以上，再阳光暴晒，可杀死其上的虫和卵。

梨黄粉蚜成虫

绣线菊蚜

蚜科

学名 *Aphis citricola* van der Goot

分布 河北、河南、陕西、山东、内蒙古、浙江等。

寄主和危害 绣线菊、樱花、丁香、榆叶梅、白兰、木瓜、石楠及苹果、梨、山楂等。群集在幼叶、嫩梢及芽上，被害叶片向下弯曲或稍横向卷曲。

形态特征 无翅孤雌胎生蚜：体长1.6mm左右，体多为黄色，腹管与尾片黑色，足与触角淡黄至灰黑色。腹管圆管形，有瓦纹，基部较宽尾板端圆。

有翅孤雌胎生蚜：体长约1.5mm，近纺锤形，头、胸、腹管、尾片黑色，腹部绿色或淡绿至黄绿色，有黑色斑纹。触角丝状，较体短。

卵：椭圆形，长0.5mm，初淡黄至黄褐色，后漆黑色，具光泽。

若虫：鲜黄色，触角、足、腹管黑色。

生物学特性 河北一年发生多代。以卵在寄主植物枝条缝隙及芽苞附近越冬。翌年3~4月越冬卵孵化。4~6月为发生盛期，5月为高峰期，群集于幼叶、嫩枝及芽上，被害叶向下弯曲或横向卷缩。6月中旬后蚜量减少，9月中旬又有所增加，11月下旬产卵越冬。

防治方法 1. 可在早春刮除老树皮及剪除受害枝条，消灭越冬卵。2. 保护和利用天敌。适当栽培一定数量的开花植物，引诱并利于天敌活动，蚜虫的天敌常见的有瓢虫、草蛉、食蚜蝇、蚜小蜂等。3. 在花卉栽植地或温室内，可放置黄色胶粘板，诱粘有翅蚜虫。

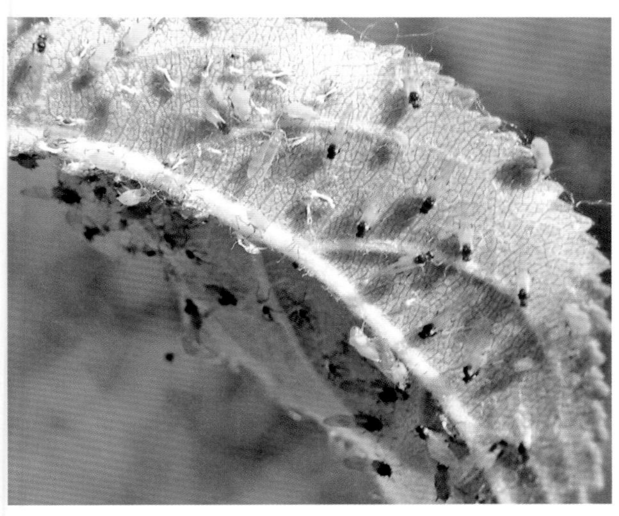

绣线菊蚜有翅孤雌胎生蚜

绣线菊蚜无翅孤雌胎生蚜

瓢虫捕食绣线菊蚜

蚂蚁捕杀绣线菊蚜无翅孤雌胎生蚜

棉蚜

蚜科
学名 *Aphis gossypii* (Glover)

分布 全国各地。

寄主和危害 石榴、梨、杏、李、梅、柳、楝树、柚木、冬瓜、西瓜、棉花、大豆、花椒、马铃薯等100多种植物。以刺吸口器插入叶片背面或嫩头部分组织吸食汁液，受害叶片向背面卷缩。

形态特征 无翅孤雌胎生蚜：体长1.5~1.9mm，春季多为深绿色、棕色或黑色，夏季多为黄绿色。触角仅第五节端部有1个感觉圈。腹管短，圆筒形，基部较宽。

有翅孤雌胎生蚜：体长1.2~1.9mm，黄色、浅绿色或深绿色。前胸背板黑色，腹部两侧有3~4对黑斑。触角短于虫体，第三节有小圆形次生感觉圈4~10个，一般6~7个。腹管黑色，圆筒形，基部较宽，有瓦楞纹。无翅型和有翅型体上均被有一层薄薄的白色蜡粉。尾片均为青色，乳头状。

卵：椭圆形，长0.5~0.7mm，深绿色至漆黑色，有光泽。

无翅若蚜：夏季为黄白色至黄绿色，秋季为蓝灰色至黄绿色或蓝绿色。复眼红色，无尾片。触角1龄时为4节，2~4龄时为5节。

有翅若蚜：夏季为黄褐色或黄绿色，秋季为蓝灰黄色。有短小的黑褐色翅芽，体上有蜡粉。

生物学特性 河北一年可发生20~30代。以卵在木槿、花椒和石榴等植物的枝条基部越冬。翌年3月越冬卵孵化为干母，气温升至12℃以上时开始繁殖。在早春和晚秋19~20天完成1代，夏季4~5天即可完成1代。繁殖的最适宜温度为16~22℃。

防治方法 1.冬、夏季结合修剪，剪除被害枝或有虫、卵的枝梢，主干和大枝不能剪除时可将虫、卵刮除。生长季节抹除零星抽发的新梢。2.设置黄色粘虫板可粘捕到大量的有翅蚜。保护利用天敌蚜虫有多种有效天敌，3.药剂防治蚜虫的药剂防治指标可掌握在1/3以上的新梢有蚜虫发生。但当新梢叶片转为深绿色或有翅蚜比例显著增加时可不用药。

棉蚜群栖

棉蚜无翅雌性蚜

棉蚜无翅孤雌胎生蚜

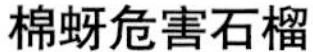
棉蚜危害石榴

棉蚜危害凌霄

东亚接骨木蚜

蚜科
学名 *Aphis horii* Takahashi

分布 河北、辽宁、山东。

寄主和危害 接骨木。

形态特征 有翅孤雌胎生蚜：体长约2.4mm，长卵形，黑色有光泽。足黑色。触角第六节鞭部长于第四节。腹部有缘瘤；腹管长于触角第三节。

无翅孤雌胎生蚜：体长约2.3mm，卵圆形，黑蓝色，具光泽。触角第六节基部短于鞭部的1/2，长于第四节。前胸和各腹节分别有缘瘤1对。足黑色，体毛尖锐。腹管长筒形，长为尾片的2.5倍，喙几达后足基节。尾片舌状，毛14~18根；尾板半圆形。

生物学特性 河北一年发生多代。以卵在接骨木上越冬。翌年4月孵化，群集于寄主嫩梢和嫩叶背面危害；5~6月危害重。

防治方法 1. 冬季喷洒3~5波美度石硫合剂，杀灭越冬卵。2. 发生初期喷洒10%吡虫啉可湿性粉剂2500倍液 。

东亚接骨木蚜成虫

东亚接骨木蚜成虫

梨粉蚜

蚜科
学名 *Aphis odinae* V.D.Goot

分布 全国梨区。

寄主和危害 梨。成虫和若虫多群集叶背刺吸汁液，被害叶向背面不规则地卷曲，常使叶片的一部分向背面呈三角形卷折。

形态特征 无翅孤雌胎生蚜：体长1.8~2mm，近长卵形、略扁平，暗褐至暗黑绿色，全体疏被白色蜡粉。腹部蜡粉较厚，中央部分色暗，体表生有许多长毛，腹部较肥大。

有翅孤雌胎生蚜：体长1.5~1.9mm，略呈长椭圆形，暗黑绿色。腹部疏被白色蜡粉，体表生有许多长毛，胸部较发达。翅膜质透明，翅脉淡黄白色；前翅较宽大。

若虫：与无翅孤雌胎生蚜相似，暗黄褐色至暗黑绿色；有翅若蚜胸部较发达，具翅芽。

生物学特性 河北发生期较梨二叉蚜稍晚。一般6月间发生数量最多，成虫和若虫群集叶背危害，致使被害叶向叶背成不规则的卷曲，一般多为叶片的一部分向背面成三角形卷折，影响枝叶的生长，削弱树势。以后发生情况及越冬情况均不明。

防治方法 1.发生数量不多的情况下，结合管理及时摘除被害卷叶，消灭其中蚜虫。2.危害期喷洒10%吡虫啉可湿性粉剂2500倍液等有良好效果。

梨粉蚜无翅孤雌胎生蚜危害状

梨粉蚜成虫

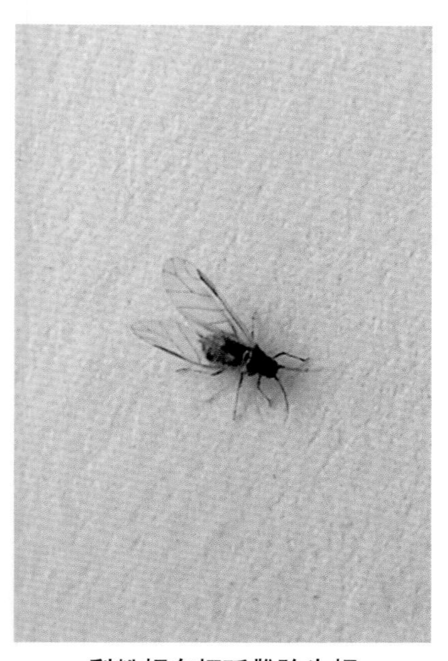

梨粉蚜有翅孤雌胎生蚜

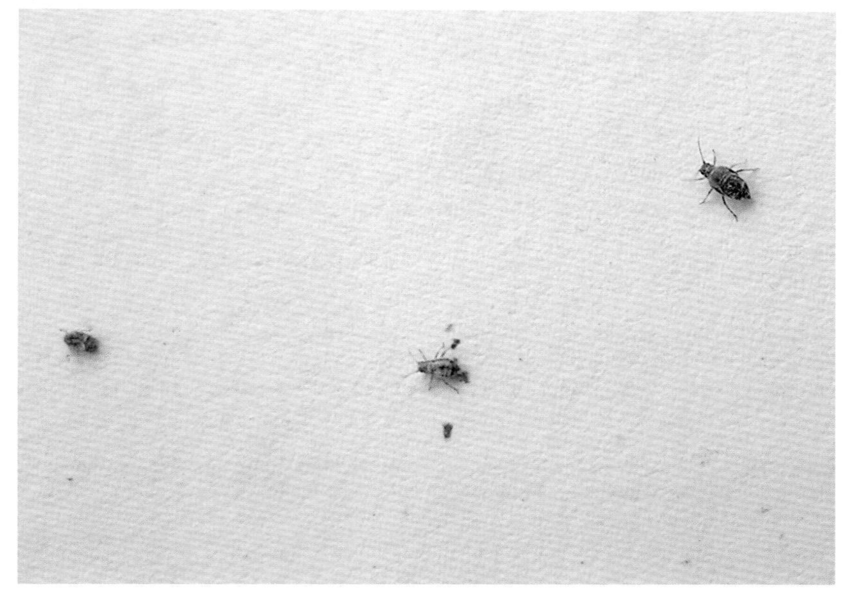

梨粉蚜无翅孤雌胎生蚜

刺槐蚜

蚜科

学名 *Aphis robiniae* Macchiati

分布 东北、西北、华北、华东、华中、华南。

寄主和危害 刺槐、紫穗槐。

形态特征 有翅孤雌胎生蚜：体长卵圆形，体长约 1.6mm，黑或黑褐色，腹部色稍淡，有黑色横斑纹。卵长约 0.5mm，黄褐或黑褐色。

无翅孤雌胎生蚜：体长约 2mm。卵圆形，漆黑或黑褐色，稍有黑绿色。

生物学特性 河北一年发生 10 多代。多以无翅孤雌胎生蚜在地下、野苜蓿等杂草根际等处越冬，少数以卵越冬。翌年 3~4 月在杂草等寄主上繁殖，4 月中旬产生有翅孤雌胎生蚜，5 月初（刺槐花期）迁飞至刺槐上繁殖和危害，5 月是严重危害期，喜危害嫩梢、嫩叶和嫩芽，受害枝枯萎卷曲和弯垂。秋末迁向杂草根际越冬。

防治方法 1. 蚜虫初迁至树木繁殖危害时，随时剪除树枝。2. 发生初期向幼树根部喷施 10% 吡虫啉可湿性粉剂 2500 倍液。3. 保护天敌。常见捕食类有瓢虫、食蚜蝇、草蛉、小花蝽等，寄生类有蚜茧蜂等。

刺槐蚜成虫

槐蚜

蚜科
学名 *Aphis sophoricola* Zhang

分布 河北、山东、四川以及西北。

寄主和危害 刺槐、国槐和紫穗槐等。

形态特征 有翅胎生雌蚜：体长 1.6mm，椭圆形，黑色或黑褐色。腹背色稍淡，有黑色横斑纹。

无翅胎生雌蚜：体长 2mm，卵圆形，漆黑或黑褐色。卵长约 0.5mm，黄褐或黑褐色。

生物学特性 河北一年发生 20 代，多以胎生雌蚜在地丁、野苜蓿等杂草根际等处越冬，翌年 3~4 月在寄主上繁殖，4 月中、下旬产生有翅雌蚜，5 月初迁飞至国槐上繁殖和危害，5 月为严重危害期。喜危害嫩梢、嫩叶和嫩芽，受害枝梢枯萎、卷缩和弯垂。

防治方法 1. 危害初期向国槐喷洒 10% 吡虫啉可湿性粉剂 2500 倍液。2. 保护天敌。

槐蚜无翅孤雌胎生蚜

槐蚜无翅孤雌胎生蚜

槐蚜无翅孤雌胎生蚜

紫藤否蚜

蚜科
学名 *Aulacophoroides hoffmanni* (Takahashi)

分布 河北、北京、辽宁、上海、浙江、江苏、山东、河南、湖北、湖南、四川、贵州等地。

寄主和危害 紫藤。以成、若蚜群集于紫藤嫩梢、幼叶背面危害，常布满整个嫩梢，被害叶卷曲，嫩梢扭曲；危害严重时可造成枝梢枯死。

形态特征 无翅孤雌胎生蚜：体长约3.3mm，宽约2.0mm，棕褐色，卵圆形，中额隆起。触角比体稍长，第三节有小圆形次生感觉圈2~4个。头及前、中胸黑褐色，后胸有零星斑纹。第一、二至第六腹节均有大型缘斑及1对中斑，第六至第八节侧斑呈横带。体表粗糙，有不规则的粗糙纹。腹管长筒形，有瓦纹。尾片短、锥形，有长毛12~16根；尾板末端圆形，有毛32~34根。

有翅孤雌胎生蚜：体卵圆形，头、胸黑色，腹部褐色有黑斑，大小与无翅孤雌蚜相似。触角比体长，第三节有次生圆形感觉圈7~10个。翅脉正常，黑色；前翅2对肘脉镶黑边。腹管端部有网纹2~3排。尾毛有长毛11根。

生物学特性 河北一年发生8代。以卵在紫藤上越冬。5月开始发生，危害紫藤嫩梢和嫩叶，以无翅胎生雌虫进行卵胎生大量繁殖。

紫藤否蚜有翅孤雌胎生蚜

防治方法 1. 适当修剪，使之通风透光，可减轻危害。2. 个别枝梢发生时，可摘除或剪除虫枝，以免蔓延危害。3. 保护和利用天敌昆虫，例如七星瓢虫等。4. 发生早期，喷洒10%吡虫啉可湿性粉剂2500倍液或0.5%苦参碱乳剂1000倍液。

紫藤否蚜有翅孤雌胎生蚜

柳二尾蚜

蚜科
学名 *Cavariella salicicola* (Matsumura)

分布 全国各地。

寄主和危害 柳、垂柳等柳属植物，芹菜、水芹、胡萝卜等。

形态特征 无翅孤雌胎生蚜：体长2mm，宽1.1mm，粉绿色或赤褐色，无斑纹，有小环及曲环形构造，腹面光滑。复眼黑色。中额瘤平，额瘤微隆。触角6节、淡绿色，端部2节黑色，第三节有短毛4~5根，各节有瓦纹，第八腹节背面向后呈指状突起，端部有2根短毛，此突起与尾片上下重叠，如同2个尾片。腹管圆筒形，中部微膨大，顶端收缩并向外微弯，有瓦纹，有缘突，切迹不显。尾片圆锥形，有6根毛，上尾片宽圆锥形，中部收缩，顶端有毛1对；尾板末端圆形，有毛6~7根。卵长椭圆形，深褐色。

有翅孤雌胎生蚜：体长1.8~2.2mm，宽1.1~1.5mm，黄绿色或赤褐色。头、胸黑色，腹部第一节背面有小型毛基斑，第二至四节各有断续横带，第五至八节斑呈横带，第八节斑横贯全节，各节均有缘斑，第一至五节及第七节各有小圆形缘瘤。触角黑色，长达胸部后缘，第三节有感觉圈25~30个，散乱排列，第四节感觉圈3~7个，单行排列，第五节感觉圈0~3个。尾片长圆形，黑褐色，上生5根刚毛。腹管黑褐色，略弯向外方，有覆瓦状花纹。各足黄色，唯胫节端部及跗节黑色。

生物学特性 河北一年发生多代。以单个卵或成堆卵在旱柳、垂柳的芽腋或枝条的裂缝处越冬，翌年3月上旬，平均气温高于5℃时，孵化为干母，变干雌后在柳树上进行几代孤雌胎生，4月上中旬开始产生有翅蚜迁飞到芹菜上，因此芹菜上这时主要是有翅蚜，以后又在芹菜上进行孤雌胎生繁殖，5月上中旬至10月上旬，在芹菜上有2个高峰，危害叶片、叶柄、茎秆或嫩梢，11月中旬产生雌雄性蚜，迁飞到柳树上交尾产卵，越冬。

防治方法 1. 冬季喷洒3~5波美度石硫合剂，杀灭越冬卵。2. 保护天敌。3. 黄板诱杀有翅蚜。4. 喷洒10%吡虫啉可湿性粉剂2500倍液。

柳二尾蚜成虫

柳二尾蚜成虫

柳二尾蚜成虫

松大蚜

蚜科
学名 *Cinara pinitabulaeformis* Zhang et Zhang

分布 河北、北京、辽宁、河南、山东、陕西、山西、内蒙古和华南等地。

寄主和危害 松树。成虫、若虫危害松属树种的1~2年嫩梢或幼树的干部，吸食树木汁液，影响树木生长。

形态特征 成虫：体型大，赤黑至黑褐色。复眼黑色，突出于头侧。触角刚毛状，6节，第三节最长。无翅型均为雌性，体粗壮，腹部圆。其上散生黑色粒状突瘤，有时体上被有灰白色蜡粉；有翅型身体短棒状，体长2.6~3.1mm，全体黑褐色，其上着生许多黑色刚毛，足上尤多。腹末稍尖，翅膜质、透明。卵黑色，长椭圆形，长1.8~2.0mm，宽1.0~1.2mm。若虫体态与无翅成虫相似。干母蚜胎生虫体浅棕褐色，体长约1.2mm，后渐变黑褐色。

生物学特性 河北一年发生10代左右。以卵在松针上越冬。4月上旬卵孵化，5月中旬出现无翅雌成虫，进行孤雌胎生繁殖，6月上旬出现有翅胎生雌蚜（迁移蚜），迁移传播繁殖危害，10多天即可完成1代。10月中旬出现性蚜（有翅的雌、雄成虫），11月上旬有翅性蚜交配产卵，以卵越冬。越冬卵常常8粒为一组，整齐排在松针上。尤其在秋季时节，油松、华山松、白皮松受害最为严重。此时蚜虫密集，顺枝干流蜜水，并易引起煤污病，严重影响树木生长与观赏价值。

防治方法 1. 冬季向叶面喷洒3~5波美度石硫合剂。2. 秋末在主干上绑缚塑料薄膜环，阻隔落地后爬向树冠产卵成虫。3. 危害盛期，向树冠喷洒10%吡虫啉可湿性粉剂2000倍液、1.2%苦烟乳油1000倍液。4. 发生数量少时喷清水冲虫，有利于保护瓢虫、食蚜蝇、蚜茧蜂、草蛉等天敌。5. 干旱年份要及时适量灌水，以提高树生长势。

松大蚜成虫

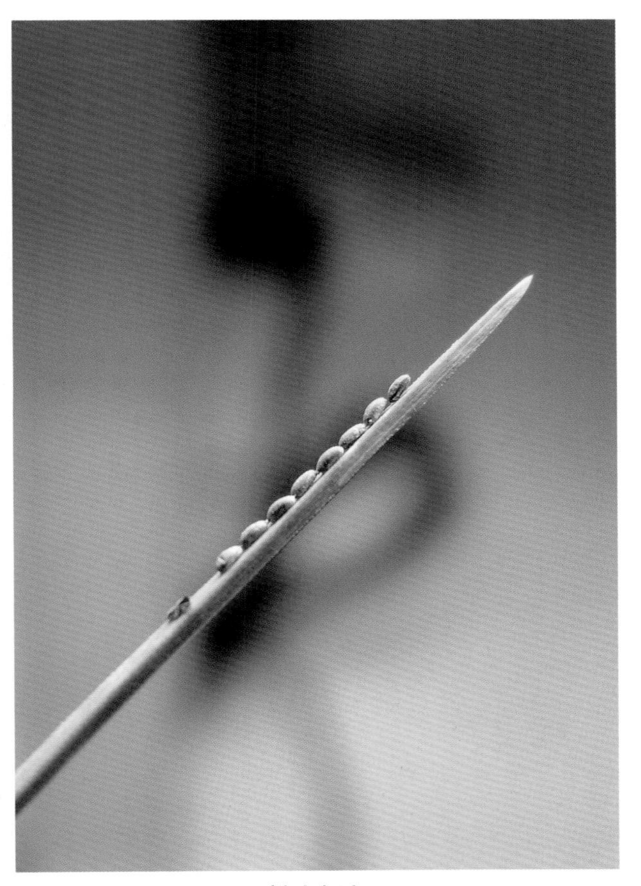

松大蚜卵

柏大蚜

蚜科
学名 *Cinara tujafilina* Guercio

分布 河北、北京、辽宁、河南、陕西、山东等。

寄主和危害 侧柏、垂柏、千头柏、龙柏、铅笔柏、洒金柏和金钟柏等。对侧柏绿篱和侧柏幼苗危害性极大。嫩枝上虫体密布成层，大量排泄蜜露，引发煤污病，轻者影响树木生长，重者幼树干枯死亡。

形态特征 有翅孤雌蚜：体长约3mm，腹部咖啡色，胸、足和腹管墨绿色。

无蚜翅孤雌：体长约3mm，咖啡色略带薄粉。额瘤不显，触角细短。卵椭圆形，初产黄绿色，孵前黑色。若蚜与无翅孤雌蚜似同，暗绿色。

生物学特性 河北一年发生10代左右。以卵在柏枝叶上越冬。翌年3月底至4月上旬越冬卵孵化，并进行孤雌繁殖。5月中旬出现有翅蚜，进行迁飞扩散，喜群栖在二年生枝条上危害，10月出现性蚜，11月为产卵盛期，每处产卵4~5粒，卵多产于小枝鳞片上，以卵越冬。特别是侧柏幼苗、幼树和绿篱受害后，在冬季和早春经大风吹袭后，失水极容易干枯死亡。

防治方法 1.保护和利用天敌，如七星瓢虫、异色瓢虫、日光蜂、蚜小蜂、大灰食蚜蝇、草蛉和食蚜虻等。2.发生严重时，喷施25%阿克泰水分散粒剂或20%康福多浓可溶剂5000倍液。体型较大，全年危害。防治可喷洒10%吡虫啉可湿性粉剂2000倍液防治。

柏大蚜成虫

柏大蚜有翅孤雌蚜及无蚜翅孤雌

柏大蚜无翅蚜

柏大蚜有翅孤雌蚜

柏大蚜成虫

桃粉蚜 | 蚜科

学名 *Hyaloptera amygdali* Blanchard

分布 华北、华东、东北各地。

寄主和危害 桃、杏、李、榆叶梅、芦苇等。

形态特征 有翅孤雌胎生蚜：体长 2~2.1mm，翅展已 6mm 左右，头胸部暗黄至黑色，腹部黄绿色，体被白蜡粉。

无翅孤雌胎生蚜：体长 2.3~2.5mm，体绿色，被白蜡粉。复眼红褐色。腹管短小，黑色。尾片长大，黑色，圆锥形，有曲毛 5~6 根。

卵：椭圆形，长 0.6mm，初黄绿后变黑色。

生物学特性 河北一年发生 10 余代。生活周期类型属侨迁式，以卵在桃等冬寄主的芽，裂缝及短枝叉处越冬，冬寄主萌芽时孵化，群集于嫩梢、叶背危害繁殖。5~6 月间繁殖最盛危害严重，大量产生有翅胎生雌蚜，迁飞到夏寄主（禾本科等植物）上危害繁殖，10~11 月产生有翅蚜，返回冬寄主上危害繁殖，产生有性蚜交尾产卵越冬。

防治方法 1. 早春喷药防治，大约在桃萌芽后，当卵的孵化率达到 80% 时喷药防治，此时虫态整齐，而且最不抗药，还可以避免药害的发生。2. 春季药剂涂干，在开花前 20 天，可采用刻条涂抹法进行防治。3. 保护和利用自然天敌进行生物防治，常见的天敌昆虫有瓢虫类、草蛉类、小花蝽类、蚜茧蜂类等。

桃粉蚜成虫

桃粉蚜有翅孤雌胎生蚜和若蚜

桃粉蚜无翅孤雌胎生蚜

瓢虫捕食桃粉蚜

栗大蚜

蚜科
学名 *Lachnus tropicalis* van der Goot

分布 河北、江苏、浙江、四川、河南、山东、辽宁等地。

寄主和危害 板栗、白栎、麻栎等。成虫和若虫群集在新梢、嫩枝和叶背面吸食汁液。

形态特征 无翅孤雌胎生蚜：体长3~5mm，黑色，体背密被细长毛。腹部肥大呈球形。

有翅孤雌胎生蚜：体略小，黑色，腹部色淡。翅痣狭长，翅有两型：一型翅透明，翅脉黑色；另一型翅暗色，翅脉黑色，前翅中部斜至后角有2个、前缘近顶角处有1个透明斑。

卵：长椭圆形，长约1.5mm，初为暗褐色，后变黑色，有光泽。单层密集排列在枝干背阴处和粗枝基部。

若虫：体形似无翅孤雌蚜，但体较小，色较淡，多为黄褐色，稍大后渐变黑色，体较平直，近长圆形。有翅蚜胸部较发达，具翅芽。

生物学特性 河北一年发生10多代。以卵在栗树枝干芽腋及裂缝中越冬。翌年3月底至4月上旬越冬卵孵化为干母，密集在枝干原处吸食汁液，成熟后胎生无翅孤雌蚜和繁殖后代。4月底至5月上、中旬达到繁殖盛期，也是全年危害最严重的时期，并大量分泌蜜露，污染树叶。5月中下旬开始产生有翅蚜，部分迁至夏寄主上繁殖。9~10月又迁回栗树继续孤雌胎生繁殖，常群集在栗苞果梗处危害，11月产生性母，性母再产生雌、雄蚜，交配后产卵越冬。

防治方法 1. 消灭越冬卵冬季或早春发芽前喷洒机油乳剂50~60倍液，或涂刷成片的卵。2. 药剂防治在板栗展叶前越冬卵已孵化后，选喷10%吡虫啉2000倍液。

栗大蚜成虫

蚂蚁捕食栗大蚜

月季长尾蚜

蚜科
学名 *Longicaudus trirhodus* (Walker)

分布 河北、辽宁以及华东。

寄主和危害 月季等蔷薇属植物。以成虫和若虫群集在植株嫩梢上吸汁危害。大量发生时，虫体铺满嫩梢。

形态特征 无翅胎生雌蚜：体黄绿或灰绿色，长2.6mm。体表光滑，腹部第七、八节瓦纹状；触角第三节很长；腹管短筒形，有瓦纹，尾片长圆锥形，表有微刺突组成横纹，有短毛14根。

有翅胎生雌蚜：头胸黑色，腹部绿色，体长2mm。触角6节，第三节有圆形突起的感觉圈54~88个。尾片末端尖细，有毛9~14根。

生物学特性 河北一年发生多代。以卵在蔷薇属植物嫩梢上越冬。分冬寄主和夏寄主。翌年早春，月季和蔷薇发芽抽梢时，越冬卵孵化，若虫、成虫危害月季等嫩梢。初夏有翅蚜迁飞至夏寄主(唐松草）上危害。入秋产生有翅雄蚜和无翅雌蚜交配产卵在蔷薇属植物上越冬。

防治方法 1. 冬季喷洒3~5波美度石硫合剂，消灭越冬卵。2. 保护天敌。3. 黄板诱杀有翅蚜。4. 喷洒0.5%苦参碱乳油800~1000倍液。

月季长尾蚜成虫

月季长尾蚜成虫

月季长尾蚜成虫

菊小长管蚜

蚜科
学名 *Macrosiphoniella sanborni* (Gillette)

分布 河北、辽宁、山东、北京、河南、江苏、浙江、广东、福建、台湾、四川等。

寄主和危害 菊科。以若蚜、成蚜危害菊花，群集危害幼茎嫩叶，有的在叶背危害，使叶片卷缩，影响茎叶正常生长发育。开花前，还可群集危害花梗，影响开花。

形态特征 无翅孤雌胎生蚜：体深红褐色，长2.0~2.5mm。触角、腹管和尾片暗褐色。腹管圆筒形，末端渐细，表面呈网眼状。尾片圆锥形，表面有齿状颗粒，并长有11~15根毛。

有翅孤雌胎生蚜：体暗红褐色，具翅1对。腹部斑纹较无翅型显著；腹管、尾片形状同无翅型，尾片毛9~12根。

若蚜：体赤褐色。体态似无翅成蚜。

生物学特性 河北一年发生10~20代。以无翅孤雌胎生蚜在留种菊花的叶腋和芽旁越冬。在温暖地区不发生有性蚜，北方寒冷地区冬季在温室或暖房中越冬。到3月初即开始活动繁殖。4月中旬至5月中旬为繁殖盛期，5月上旬有翅蚜开始上升，5月中旬至为有翅蚜盛发期，6月下旬至7月下旬田间的虫口密度较低，8月初开始回升。9月中旬到10月下旬为第二次繁殖盛期，虫口密度出现第二个峰值。从11月中旬起以无翅孤雌胎生蚜集中向留种株或菊茬上越冬。当平均温度为20℃、相对湿度65%~70%时，完成一代历时约为10天。

防治方法 1.苗期、花期喷洒10%吡虫啉可湿性粉剂2500倍液，或0.5%苦参碱乳剂1000倍液。2.保护利用天敌昆虫，发挥天敌控制作用。

菊小长管蚜

蔷薇长管蚜

蚜科
学名 *Macrosiphum rosae* (Linnaeus)

分布 全国各地。

寄主和危害 月季、蔷薇、丰花月季、藤本月季、玫瑰、野蔷薇等。

形态特征 无翅孤雌胎生蚜：体长约3mm，长卵形。头部浅绿色，胸、腹部草绿色，有时略带红色。腹管和尾片浅黄色，尾片较长，圆锥形，着生曲毛7~9根。

有翅孤雌胎生蚜：体草绿色，尾片上有曲毛9~11根。

若蚜：体形似无翅成蚜，无翅。

生物学特性 河北一年发生10多代。以卵在寄主幼枝等处越冬。翌年月季萌芽时孵化，危害新梢幼叶，5月后产生有翅孤雌胎生蚜迁移到杂草危害与繁殖。秋季又迁回月季等蔷薇科花木上危害与产卵。以5~6月和9~10月危害严重。

防治方法 1.温室和花卉大棚内，采用黄绿色灯光或黄色粘虫板诱粘有翅蚜虫。2.发生严重时喷洒10%吡虫啉可湿性粉剂7000倍液。3.保护天敌，如寄生性小蜂类和捕食性瓢虫类。

蔷薇长管蚜成虫

蔷薇长管蚜成虫

月季长管蚜

蚜科
学名 *Macrosiphum rosirvorum* Zhang

分布 东北、华北、华东、华中等地。

寄主和危害 月季、野蔷薇、玫瑰、十姐妹、丰花月季、藤本月季、白鹃梅、七里香、梅花等。该蚜在春、秋两季群居危害新梢、嫩叶和花蕾，使花卉生长势衰弱，不能正常生长，乃至不能开花。招致煤污病和病毒病的发生。

形态特征 无翅孤雌蚜：体型较大，长4.2mm，体长卵形，淡绿色。缘瘤圆形，位于前胸及第二至第五腹节。头部黄色至浅绿色，胸、腹部草绿色，有时橙红色。背面及腹部腹面有明显瓦纹，头部额瘤隆起，并明显地向外突出呈"W"形。触角6节，丝状，色淡，全长3.9mm，第三节有次生感觉圈6~12个。腹管黑色，长圆筒形，端部有网纹，其余为瓦纹，全长1.3mm，约为尾片的2.5倍。尾片圆锥形，淡色，表面有小圆突起构成的横纹，具曲毛7~9根。

有翅孤雌蚜：体长3.5mm，草绿色。中胸土黄色。腹部各节有中斑、侧斑、缘斑，第八节有大而宽的横带斑。触角长2.8mm，第三节有40~45个圆形感觉圈，排列重叠。翅脉正常。腹管长0.76mm，有毛14~16根。

若蚜：较成蚜小，初孵若芽体长约1mm，色淡，初为白绿色，渐变为淡黄绿色，腹眼红色。

生物学特性 河北一年发生10~20代。以成蚜和若蚜在花茎干残茬间越冬。春季月季萌发后，越冬成蚜在新梢嫩叶上繁殖，从3~4月开始危害嫩梢，花蕾及叶反面有时可盖满一层。5月中旬是第一次繁殖高峰，7~8月高温和连续阴雨天气，虫口密度下降。9~10月虫口回升。平均气温约20℃，气候干燥，相对湿度70%~80%时繁殖速度最快，危害最严重。

防治方法 1. 10月下旬至11月上旬剪除有蚜枝，再喷1次3波美度石硫合剂。2. 保护和利用天敌，主要有异色瓢虫、草蛉、食蚜蝇等。3. 发生严重时可使用0.5%苦参碱乳油800~1000倍液喷雾防治。

月季长管蚜成虫

月季长管蚜成虫

月季长管蚜无翅雌性蚜

苹果瘤蚜

蚜科

学名 *Myzus malisutus* Matsumura

分布 东北、华北、华东、中南、西北、西南及台湾。

寄主和危害 苹果、梨、沙果、海棠、山荆子等。以成虫和若虫群集在嫩芽、叶片和幼果上吸食汁液。

形态特征 无翅孤雌胎生蚜：体长约1.5mm，近纺锤形，暗绿色，头部额瘤明显。

有翅孤雌胎生蚜：体长1.5mm左右，卵圆形。头、胸部均为黑色，腹部暗绿色；头部额瘤明显。

若虫：体小似无翅蚜，体淡绿色。其中有的个体胸背上具有1对暗色的翅芽，此型称翅基蚜，日后则发育成有翅蚜。

卵：长椭圆形，黑绿色而有光泽，长径约0.5mm。

生物学特性 河北一年发生10多代。以卵在一年生枝条芽缝、剪锯口等处越冬。翌年4月上旬越冬卵孵化，自春季至秋季均孤雌生殖，发生危害盛期在6月中下旬。10~11月出现有性蚜，交尾后产卵，以卵态越冬。

防治方法 1. 夏季，蚜虫的天敌很多，主要有瓢虫、草蛉和食蚜蝇等，其中瓢虫是其主要捕食类群，此时应减少果园喷药，以保护这些天敌。2. 重点抓好蚜虫越冬卵孵化期的防治。3. 幼树采用树干涂内吸药防治，不伤害天敌，杀蚜效果好。

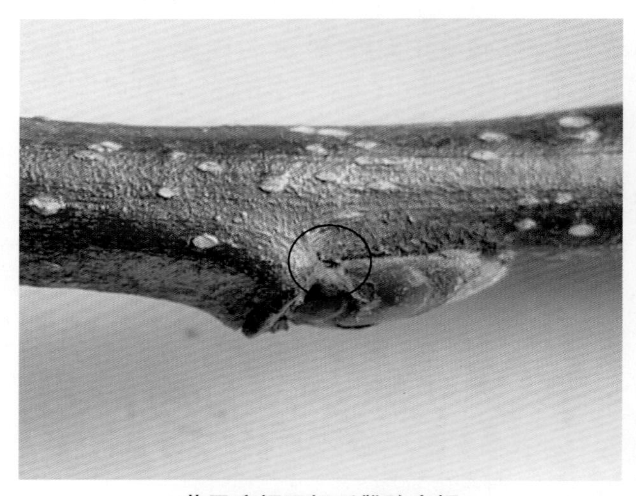

苹果瘤蚜无翅孤雌胎生蚜

苹果瘤蚜有翅孤雌胎生蚜

苹果瘤蚜越冬卵

苹果瘤蚜危害状

桃蚜

蚜科
学名 *Myzus persicae* (Sulzer)

分布 全国各地。

寄主和危害 梨、桃、李、梅、樱桃等蔷薇科果树等；夏寄主（次生寄主）作物主要有白菜、甘蓝、萝卜、芥菜、芸苔、芜菁、甜椒、辣椒、菠菜等多种作物。成、若虫群集芽、叶、嫩梢上刺吸汁液，被害叶向背面不规则的卷曲皱缩。

形态特征 无翅孤雌胎生蚜：体长约2.6mm，宽1.1mm，体色有黄绿色，洋红色。腹管长筒形，是尾片的2.37倍。尾片黑褐色，两侧各有3根长毛。

有翅孤雌胎生蚜：体长2mm。腹部有黑褐色斑纹。翅无色透明，翅痣灰黄或青黄色。

有翅雄蚜：体长1.3~1.9mm，体色深绿、灰黄、暗红或红褐。头胸部黑色。

卵：椭圆形，长0.5~0.7mm，初为橙黄色，后变成漆黑色而有光泽。

若蚜：似无翅孤雌胎生蚜，淡粉红色，仅体较小；有翅若蚜胸部发达，具翅芽。

生物学特性 河北一年发生20~30代。生活周期类型属乔迁式。以卵于桃、李、杏等冬寄主的芽旁、裂缝、小枝杈等处越冬，卵开始孵化为干母，群集芽上危害，展叶后迁移到叶背和嫩梢上危害、繁殖，陆续产生有翅胎生雌蚜向苹果、梨、杂草及十字花科等寄主上迁飞扩散；5月上旬繁殖最快，危害最盛，并产生有翅蚜飞往烟草、棉花、十字花科植物等夏寄主上危害繁殖，并产生有性蚜，交尾产卵越冬。

防治方法 1. 加强果园管理。结合春季修剪，剪除被害枝梢，集中烧毁。2. 保护天敌。瓢虫、食蚜蝇、草蛉、寄生蜂等，对蚜虫抑制作用很强。3. 春季卵孵化后，桃树未开花和卷叶前，及时喷洒无公害药剂。

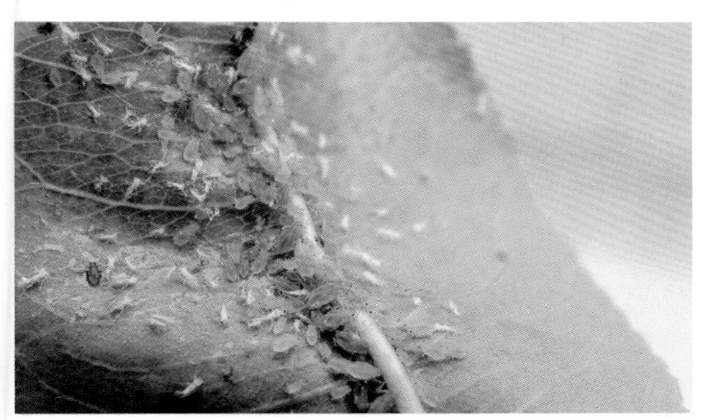
桃蚜无翅孤雌胎生蚜及若蚜

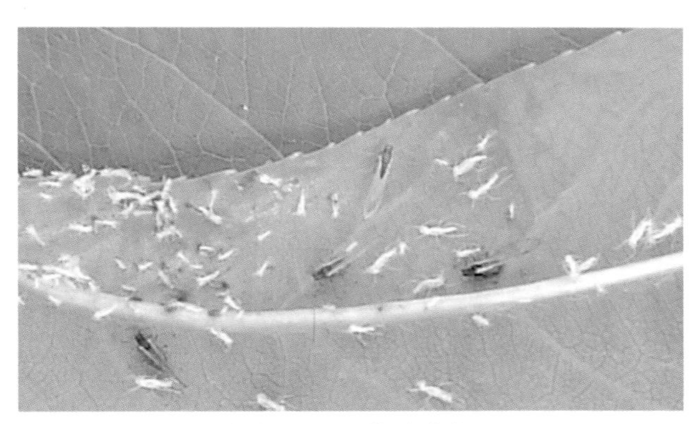
桃蚜无翅孤雌胎生蚜

桃蚜无翅孤雌胎生蚜

捕食桃蚜

胡萝卜微管蚜

蚜科
学名 *Semiaphis heraclei* (Takahashi)

分布 河北、陕西、宁夏、北京、吉林、辽宁、山东、河南、四川、浙江、江苏、江西、福建、广东、台湾。

寄主和危害 金银花、黄花忍冬、金银木、芹菜、茴香、香菜、胡萝卜、白芷、当归以及香根芹、水芹等多种伞形花科植物。

形态特征 有翅蚜：体长1.5~1.8mm，宽0.6~0.8mm。活体黄绿色，有薄粉。头、胸黑色。腹部淡色。第二至第六腹节均有黑色缘斑，第五、六节缘斑甚小，第七、八节有横贯全节的横带。触角黑色，但第三节基部1/5淡色，腿节端部4/5黑色，中额瘤突起，额瘤突起不高于中额瘤。触角第三节很长，大于第四、五节与第六节基部之和。触角第三节有稍隆起的小圆至卵形感觉圈26~40个，第四节6~10个，第五节0~3个。翅脉正常。腹管短弯曲，无瓦纹。

无翅蚜：体长2.1mm，宽1.1mm。活时黄绿色至土黄色，有薄粉。头部灰黑色，胸、腹部淡色。前胸中斑与侧斑合为中断横带，有时与缘斑相接，第七、八腹节有背中横带。触角、足近灰黑色，触角第三、四节淡色，第五、六节及胫节端部1/6和跗节黑色，腹管黑色，尾片、尾板灰黑色。前胸背有皱纹，第七、八腹节有横网纹。缘瘤不显。背毛尖锐。中额瘤及额瘤平微隆。触角有瓦纹。腹管光滑短弯曲，无缘突和切迹，为尾片的1/2。其他特征与有翅蚜相似。

胡萝卜微管蚜成虫

生物学特性 河北一年发生10多代。以卵在忍冬属植物金银花等枝条上越冬。翌年3月中旬至4月上旬越冬卵孵化，4~5月间严重危害芹菜和忍冬属植物，5~7月间迁移至伞形花科蔬菜和中草药如当归、防风、白芷等植物上严重危害。10月间产生有翅性蚜和雄蚜由伞形花科植物向忍冬属植物上迁飞。10~11月雌、雄蚜交配，产卵越冬。

防治方法 1.早春可在越冬蚜虫较多的越冬芹菜或附近其他蔬菜上施药，防止有翅蚜迁飞扩散。2.冬季喷洒3~5波美度石硫合剂，消灭越冬卵。3.黄色板诱杀有翅蚜。4.保护天敌。

胡萝卜微管蚜若蚜

胡萝卜微管蚜若蚜

梨二叉蚜

蚜科
学名 *Toxootera piricola* Matsumura

分布 河北、辽宁、山东和山西等梨区。

寄主和危害 梨。以成虫、幼虫群居叶片正面危害，受害叶片向正面纵向卷曲呈筒状。

形态特征 无翅孤雌胎生蚜：体长约 2mm，绿、暗绿或黄褐色，常疏被白色蜡粉，头部额瘤不明显，口器黑色，背中央有 1 条深绿色纵带。

有翅孤雌胎生蚜：体长 1.5mm 左右，翅展约 5mm，头胸部黑色，腹部绿，额瘤微突出，口器黑色，复眼红色，前翅中脉分二叉，故称二叉蚜。若蚜与无翅胎生雌蚜相似，体小，有翅若蚜胸部较大，具翅芽。

生物学特性 河北一年发生 10 多代。以卵在梨树芽腋或小枝裂中越冬，翌年梨花萌动时孵化为若蚜，群集在露白的芽上危害，展叶期集中到嫩叶正面危害并繁殖，致使叶片纵卷成筒状，到落花后半月左右开始出现有翅蚜，5~6 月间转移到其他寄主上危害，到秋季 9~10 月间产生有翅蚜由夏寄主返回梨树上危害，11 月产生有性蚜，交尾产卵于枝条皮缝和芽腋间越冬。

防治方法 1. 在发生数量不太大时，早期摘除被害叶集中处理，消灭蚜虫。2. 抓好开花前喷药防治。在越冬卵全部孵化而又未造成卷叶时，喷浓度 10%吡虫啉 2500 倍液。

梨二叉蚜有翅孤雌胎生蚜

梨二叉蚜有翅孤雌胎生蚜

桃瘤蚜

蚜科
学名 *Tuberocephalus momonis* (Matsumura)

分布 河北、北京、辽宁、河北、山东、河南、江苏、浙江、江西、福建、台湾。

寄主和危害 危害桃外，还危害李、杏、梅、樱桃、梨等，夏秋寄主为艾蒿及禾本科植物。以成、若虫群集叶背吸食汁液。受害叶的边缘向背后纵向卷曲，卷曲处组织肥厚，凸凹不平，初呈现淡绿色，后变红色，严重时整叶卷成细绳状，最后干枯脱落。

形态特征 无翅孤雌胎生蚜：体椭圆形，较肥大，长 2.1mm。体色深绿或黄褐色，头部黑色，额瘤显著，向内倾斜。

有翅孤雌胎生蚜：体长 1.8mm，较无翅者小。体色淡黄褐色。额瘤显著，向内倾斜。翅透明，绿黄色。

卵：椭圆形，黑色。

生物学特性 河北一年发生 10 代。以卵在桃、樱桃等枝条的腋芽处越冬，翌年春当桃芽萌动后，卵开始孵化。成、若蚜群集叶背面繁殖、危害。北方果区 5 月始见蚜虫危害，6~7 月大发生，并产生有翅胎生雌蚜迁飞到艾草上，晚秋 10 月又迁飞到桃、樱桃等果树上，产生有性蚜，产卵越冬。

防治方法 1. 及时发现并剪除受害枝梢烧掉是防治桃瘤蚜的重要措施。2. 桃瘤蚜在卷叶内危害，叶面喷雾防治效果差，喷药最好在卷叶前进行，或喷洒内吸性强的药剂，以提高防治效果。3. 保护利用昆虫天敌，如龟纹瓢虫、七星瓢虫、大草蛉、中华草蛉、小花蝽等。4. 展叶后，用药剂涂抹树干，先绕树干刮去 3~4cm 宽的树皮，然后涂药剂。涂后用废报纸包扎。

桃瘤蚜成虫

桃瘤蚜危害状

桃瘤蚜若蚜

桃瘤蚜成虫

草履蚧

绵蚧科

学　名 *Drosicha corpulenta* (Kuwana)

别名 树虱子、草履硕蚜、桑虱。

分布 河北、河南、北京、天津、山东、辽宁、山西、江西、江苏、福建等均有分布。

寄主和危害 月季、梨、苹果、柿、核桃、板栗、枣、樱桃、桃、香椿、桑、杨、刺槐、国槐、悬铃木、泡桐、柳、白蜡等。以若虫和雌成虫吸食嫩芽和枝条的汁液，轻者削弱树势，重者致枝条或树木死亡，是园林花卉的重要害虫之一。

形态特征 雌成虫体长 7.8~10mm，椭圆形，背面有皱褶，隆起似草鞋，体黄褐色，周缘和腹面淡黄色，被白色蜡粉和微毛；触角、口器、足为黑色，触角 8 节；腹部气门 7 对，肛门较大，横裂。雄成虫体长 5~6mm，体紫红色，头、胸淡黑色；触角黑色，10 节；前翅淡黑色，具多条伪横脉，停落时呈“八”字形；腹部末端有 4 个较长的突起。

生物学特性 河北一年发生 1 代。多以卵囊在树皮缝、树洞或树木附近的建筑物缝隙、碎土块下、砖石堆等处越冬，极少数以 1 龄若虫越冬。

防治方法 1. 秋冬季结合松土、施肥等田间管理，清理灭除白色卵囊，2 月初刮老树皮，消灭卵囊内的卵和若虫。2. 涂粘虫胶。柳树吐绿前，即若虫上树前或 6 月中旬雌成虫下树前，可在树干下部围树干刮除老皮，涂 10cm 宽的黏虫胶带，粘杀若虫上树或找产卵越冬场所的成虫。3. 诱杀或毒杀。雌虫下树产卵时，在树干周围 30cm 处挖深 20~30cm、宽 30cm 的沟，沟内放草诱集，后集中沤肥或烧毁，或按细土与敌百虫 10 ∶ 1 的比例配成毒土，于树干根颈周围撒施，毒杀下树雌虫。

草履蚧成虫

草履蚧成虫

阻隔法防治草履蚧

蚂蚁取食草履蚧

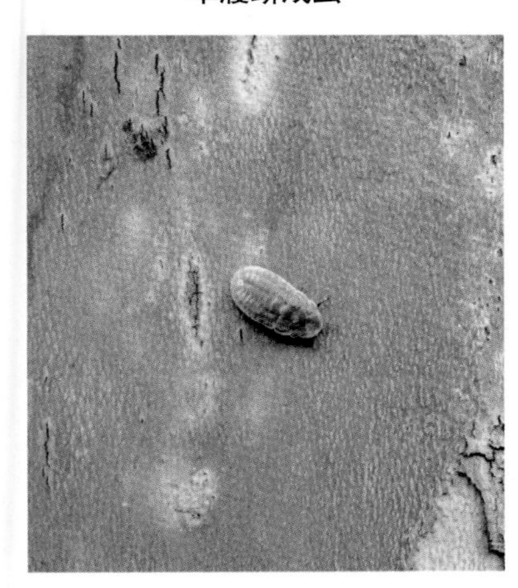

草履蚧若虫

草履蚧雄成虫

草履蚧与瓢虫

吹绵蚧

绵蚧科
学名 *Icerya purchase* (Maskell)

分布 东北、华北、西北、华中、华东、华 南、西南。

寄主和危害 苹果、梨、葡萄、桃、蔷薇、大豆、樱桃、枇杷、杨梅、龙眼、柿、栗、无花果、石榴、玫瑰、海棠、刺槐、月季、台湾相思、茄子、辣椒等 50 余科的 250 多种植物。

形态特征 雄成虫体长 3mm，翅长 3~ 3.5mm。虫体橘红色；触角 11 节，每节轮生长毛数根；胸部黑色；翅紫黑色；腹部 8 节，末节有瘤状突起 2 个。雌成虫体长 6~7mm；身体橙黄色，椭圆形；无翅；触角节，黑色两性虫体腹部扁平，背面隆起，上被淡黄白色蜡质物，腹部周缘有小瘤状突起 10 余个并分泌遮盖身体的绵团状蜡粉，故很难见其真面目。

生物学特性 河北一年发生 2 代。主要以若虫和未带卵囊的雌成虫越冬。卵产于卵囊内，初孵若虫在卵囊内停留一段时间后爬出，分散到叶片的主脉两侧固定危害。若虫每次蜕皮后都迁移到一个新的地方危害，2 龄后多分散至枝叶、树干和果梗等处。雌若虫经 3 龄后变为雌成虫，雄若虫第二次蜕皮后潜入树干缝隙和疤痕处成为前蛹，再经蛹变为成虫。吹绵蚧各代发生很不整齐。

防治方法 1. 人工防治。随时检查，用手或用镊子捏去雌虫和卵囊，或剪去虫枝、叶。2. 生物防治。保护或引放大红瓢虫、澳洲瓢虫，捕食吹绵蚧，这是在生物防治史上最成功的事例之一，因其捕食作用大，可以达到有效控制的目的。3. 在初孵若虫散转移期，可喷施 10% 吡虫啉可湿性粉剂 2500 倍液。

吹绵蚧成虫

吹绵蚧成虫

月季白轮盾蚧

▶ 盾蚧科
学名 *Aulacaspis rosarum* Borchesnius

月季白轮盾蚧雌成虫介壳

月季白轮盾蚧雌成虫介壳及寄生状

分布 河北、北京、四川、浙江、安徽、江苏、上海、广州等地。

寄主和危害 月季、蔷薇、玫瑰、九里香、十姐妹、苏铁、米兰、黄刺玫、白玉兰等花木。成虫、若虫铺满茎干吸汁危害，影响植株生长、开花及花形，甚者全株枯死。

形态特征 雌成虫介壳长 2mm 左右，近圆形，白或灰白色。壳点 2 个，位于一端。雄介壳长形，白色，纵脊 3 条。

生物学特性 河北一年发生 2 代，以受精雌成虫越冬。北京地区每年 5~6 月、8~9 月为若虫孵化盛期，也是防治最佳时机。每雌成虫平均产卵 100 多粒。若虫孵化后从母体壳下爬出，经一段爬行后固定刺吸危害。

防治方法 1. 加强养护绿化地、苗圃或温室内发生轻时，结合养护管理，剪除有虫枝，并及时烧毁，以消灭虫源。2. 花木发芽前喷施晶体石硫合剂 50 倍液，或蚧螨灵石油乳剂 150 倍液，消灭越冬虫体。若虫孵化期及时喷施 40% 速扑杀（速蚧克）2000 倍液，或 45% 灭蚧 100 倍液防治。

黑褐圆盾蚧

▶ 盾蚧科
学名 *Chrysomphalus aonidum* (Linnaeus)

分布 华东、华北、华南、西南。

寄主和危害 山茶、剑兰、玫瑰、桂花、夹竹桃、金橘等花木。以危害叶部为主，尤其是叶正面为多，枝条上少；危害严重时，早期落叶，叶片黄萎，并能诱发煤污病。

形态特征 雌成虫体黄褐色，圆形，略突；老熟时前体部膜质或有时仅稍硬化，倒卵形，在胸部两侧各有一个刺状突起；雌虫介壳色泽似有变化，但趋于极暗色或黑色，圆形，蜡质坚厚，中央隆起，周围向边缘略倾斜，壳面环纹密，而且显著，略似锥形草帽，附有灰褐色边缘，壳点两个，位于介壳中央顶端，第一壳点圆形，第二壳点也是圆形，色较淡。雄成虫体黄色，长约 0.8mm，翅展 2mm 左右，透明。雄介壳色泽与质地同雌介壳，椭圆或卵形，壳点偏于一端，长约 1mm。

生物学特性 河北温室一年发生数代，世代重叠，室外不能越冬，温室内常年危害，无明显越冬现象。寄生在叶、枝条和果实上，每头雌虫产卵 80~145 粒，雌性多在叶背，雄性多在叶面。

防治方法 1. 加强花卉的养护管理，使之通风透光，减少蚧害。2. 抓住初孵若虫盛期，喷洒 95% 蚧螨灵乳剂 400 倍液或 10% 吡虫啉可湿性粉剂 7000 倍液。3. 保护天敌。如草蛉、瓢虫等。

黑褐圆盾蚧各虫态介壳

松针蚧

盾蚧科
学名 *Fiorinia japonica* Kuwana

分布 河北、北京、河南、山东、江苏、四川、广东、福建。

寄主和危害 油松、马尾松、樟子松、罗汉松、黑松、雪松、云杉。虫体固着在针叶上刺吸危害。针叶初现黄色斑点，随后黄斑扩大使针叶出现一段段的黄斑，致使整个针叶变黄脱落。

形态特征 成虫：雌虫体长卵形，长 0.78~ 0.85mm，宽 0.39~0.45mm，第三、四腹节两侧突出，臀板淡褐色。臀叶 2 对，中臀叶凹入臀板内，第二臀叶为二叶，内叶大，外叶小而尖。雄虫体长 0.77mm，橘红色，单眼黑色，触角和足发达，前翅透明，后翅为平衡棒。交尾器细长。

生物学特性 河北一年发生 2 代。以雌成虫和若虫在针叶上越冬。越冬若虫死亡率很高。翌年 4 月底至 5 月下旬产卵。每雌产卵数十粒。5 月中旬至 6 月底为第一代若虫孵化期，孵化盛期在 6 月中旬。初孵若虫爬行 1 天左右后选择针叶基部两叶间固定刺吸危害。5 月下旬雄成虫开始羽化，7 月下旬至 9 月第二代若虫孵化，至 10 月仍有个别孵化的若虫。7 月下旬至 8 月见有雄成虫羽化。发生严重时几乎所有针叶的两叶之间都布满虫体，致使叶黄脱落，树势衰弱，易招致小蠹虫等弱寄生性害虫的危害。该蚧世代不整齐。

防治方法 1. 加强检疫，严禁带虫苗木外运和引进。2. 树木萌发期，用草把或刷子抹杀主干或枝上的越冬雌虫和抹杀茧内雄蛹。3. 保护利用天敌。

松针蚧成虫

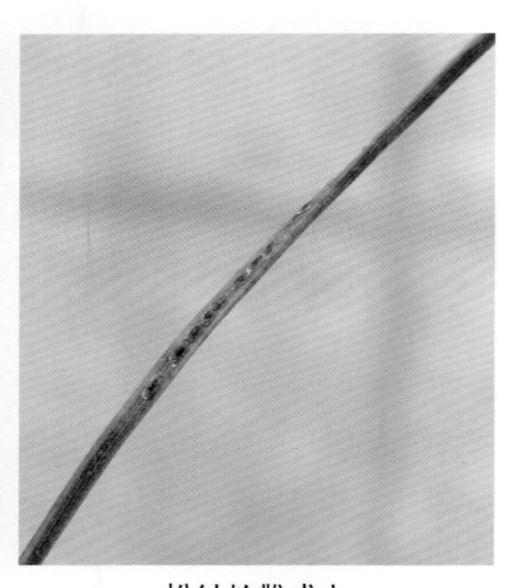
松针蚧雌成虫

松针蚧危害状

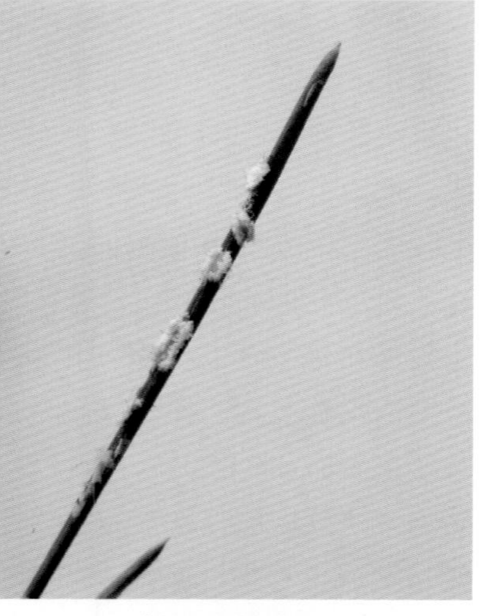
松针蚧雄成虫

苏铁牡蛎蚧

▶ 盾蚧科
学名 *Lepidosaphes cyeadicola* Kuwana

分布 河北、辽宁、广东、海南、宁夏、福建、台湾。

寄主和危害 苏铁、散尾葵、黄荆、秋枫、金桂等。

形态特征 成虫：雌介壳长 3mm，宽 0.7mm，略弯，前狭后宽。褐色，壳点突于前端。雌成虫呈白色，纺锤形，长为宽的 2 倍，臀前腹节侧缘突明显。前胸背面近侧缘有 2 个疤连成“8”字形，腹部第一、二、四节的边缘也各有 1 个侧疤。第三、四腹节间侧缘有一骨化距。头部腹面有小腺管。前气门腺分内、外 2 小群，内群 1~3 个，外群 2~4 个。有 2 对发达的臀叶。雄介壳较小而直，色泽、形状、质地同雌介壳。

生物学特性 在河北代数不详。

防治方法 1. 加强检疫，严禁带虫苗木外运和引进。2. 在温室管理中，合理疏枝，保持通风透光的良好环境，结合修剪，剪除虫枝集中烧毁。3. 人工及时刮擦除掉枝条、叶片上的蚧虫。

苏铁牡蛎蚧成虫

柳蛎盾蚧

盾蚧科
学名 *Lepidosaphes salicina* Borchsenius

分布 河北、北京、山西、内蒙古、辽宁、吉林、黑龙江、山东、云南、甘肃、青海、宁夏、新疆。

寄主和危害 杨、柳、榆、核桃楸及多种绿化树种和果树等植物。该虫是一种重要的枝干害虫。若虫和雌虫刺吸枝干，引起枝、干畸形和枯萎。

形态特征 成虫：雌介壳长3.2~4.3mm，微弯曲，前端尖后端渐膨大，呈牡蛎形，暗褐色或黑褐色，边缘灰白色，表面附有一层灰白色粉状物；雌成虫体长1.3~2.0mm，黄白色，长纺锤形，前狭后宽；臀板黄色；触角短，具2根长毛；复眼、足均消失，无翅，口器为丝状口针。雄介壳狭长为“I”形，较雌壳稍小；雄成虫黄白色，体长约1mm，翅展1.3mm，淡紫色，触角10节，念珠状，淡黄色，胸部淡黄褐色；复眼膨大，口器退化；有1对膜质翅，翅脉简单，后翅退化成平衡棍；腹部末端有长形的交尾器。

生物学特性 河北一年发生1代。以卵在雌介壳内越冬。5月中下旬开始孵化，6月初为孵化盛期。若虫孵化后从母介壳尾端爬出，行动非常活跃，常沿树干枝条爬行，选择适宜场所固定取食。6月上旬初孵若虫均已固定于枝干上，逐渐形成介壳。活动若虫有向上的趋性。在林内若虫多布满整个树干，在林缘、孤立木或郁闭度较小的疏林内，则多寄生在树干北面或背风面。雄若虫蜕一次皮后就进入前蛹期，约经8~10天化蛹，蛹期为10天左右。雄成虫7月上中旬羽化，羽化后以介壳后端爬出，常在雌介壳上爬行，寻找交尾机会。雄成虫飞翔能力不强，交尾后1~2天死亡。

防治方法 1. 加强检疫检验。柳蛎盾蚧的介壳较大，冬、春季直观检验树干，枝条及带皮小径木表面即可发现。要注意检查杨、柳大苗、幼树以及新采伐的带皮小径木；对家榆和核桃楸也要严格检查。2. 结合树木修剪，剪除被害严重的虫枝，并及时处理或将树皮剥下烧毁。3. 在若虫期和成虫产卵前期，在树干胸高处刮去表皮，形成宽10cm圆环，涂50%辛硫磷或40%氧化乐果乳油10~15倍液，效果良好。4. 保护和利用天敌如跳小蜂、红点唇瓢虫。

柳蛎盾蚧成虫

柳蛎盾蚧成虫

考氏白盾蚧

▶ 盾蚧科
学名 *Pseudaulacaspis cockerelli* Cooley

分布 华东、华中、华南、西南。

寄主和危害 含笑、广玉兰、山茶花、络石、夹竹桃、白兰花、君子兰、鹤望兰等多种观赏植物。主要以若虫和雌成虫寄生于小枝和叶上，抽吸汁液，使叶上形成黄色斑块。

形态特征 成虫：雌虫介壳扁平，呈长梨形，长约3.5mm，宽约1.5mm，灰白色；1、2龄若虫介壳淡黄褐色，伸出介壳以外。雄虫介壳长形，白色，有纵脊，长约1.3mm，壳点黄色，伸出介壳外。雌成虫长卵圆形，淡黄色，长约0.2mm。

生物学特性 河北温室一年发生2~3代。以若虫或雌成虫越冬。翌年四、五月间开始产卵于雌介壳下，一只雌虫可产卵百粒左右，由于它陆续产卵，所以孵化也不整齐，初孵若虫从雌虫介壳下爬出，雌虫单个寄生于叶子正面，雄虫群集寄生于叶背，随虫体成长逐渐形成介壳。雄虫老熟后化蛹、羽化，飞到雌虫介壳上与它交尾。当气温适宜时，一个多月即可发生一代，但它的发生期很不整齐，几乎同时可见到雌成虫、卵和初龄若虫等各种虫态。

防治方法 1. 保护栽培环境的通风透光，适当疏枝，合理密植，可减少虫口。2. 少量发生时，用手或竹片剔除它。

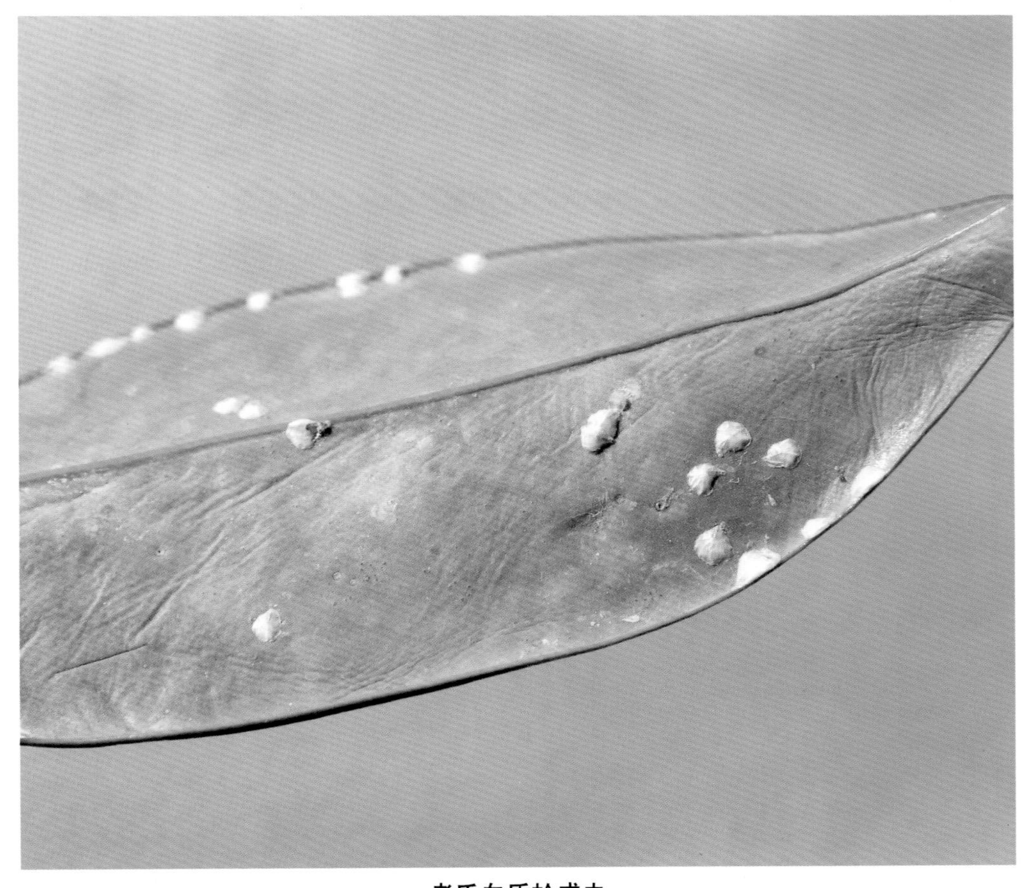

考氏白盾蚧成虫

桑白盾蚧

▶ 盾蚧科
学名 *Pseudaulacaspis pentagona* Targioni

分布 从海南、台湾至辽宁，华南、华东、华中、西南各地均有发生。

寄主和危害 桃、李、杏、樱桃、苹果、梨、葡萄、核桃、梅、柿、枇杷、醋栗、柑橘、桑等。

形态特征 雌成虫无翅，介壳白色或灰白，圆形或椭圆形，背面隆起；中央有一橙黄壳点，直径1.5~2.8mm，虫体淡黄或橙黄，梨形，体长1.4mm。雄成虫介壳白色，似长椭圆形小茧，前端有橙黄色壳点，背面有3条隆起线，长约1.2mm；虫体橙赤，头部稍尖；前翅膜质透明，有2条翅脉，白色卵孵出若虫白色，雄性。

生物学特性 河北一年发生2代。以受精雌虫在寄主上越冬。春天，越冬雌虫开始吸食树液，虫体迅速膨大，体内卵粒逐渐形成，遂产卵在介壳内，每雌产卵50~120余粒。卵期10天左右（夏秋季节卵期4~7天）。

防治方法 1. 结合修剪剪除被害严重的有虫枝条，消灭枝条上的越冬成虫。2. 冬春季采用硬毛刷或钢刷刷掉并捏杀枝干上的虫体，可大大降低虫口基数。3. 生物防治。主要天敌为红点盾瓢虫，对抑制其发生有一定作用。

桑白盾蚧雌成虫

桑白盾蚧雌成虫介壳

桑白盾蚧雄成虫介壳及分泌物

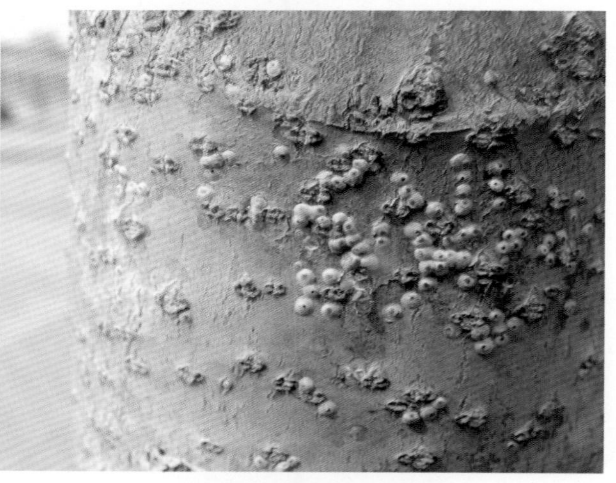
桑白盾蚧雌成虫危害椿树

杨圆蚧

盾蚧科
学名 *Quadraspidiotus gigas* (Thiem et Gerneck)

分布 河北、北京、山西、内蒙古、辽宁、吉林、黑龙江、甘肃、青海、宁夏、新疆、江苏、河南。

寄主和危害 杨。因其刺吸危害，加之枝干介壳密布，使树叶发黄或变小，有的收缩呈瓢形，枝条和新干部有瘤状突起，凹凸不平。

形态特征 雌成虫倒梨形，浅黄色；臀板黄褐色，老熟时壁硬化；体长 1.5mm，宽 1.2mm；瘤状触角具毛 1 根；气门附近无盘腺；臀叶 3 对各具 1 个外凹切，臀栉很小；臀板上背腺 4 纵列，每列不规则双行。雄成虫橙黄色，体长 1~1.2mm；单眼 4 个，触角丝状，9 节；膜质翅 1 对，后翅为平衡棒；交配器细长。

生物学特性 河北一年发生 1 代。以 2 龄若虫越冬，4 月中旬树液流动时恢复取食。雌、雄成虫于 5 月中旬开始羽化，6 月上旬开始产卵，6 月中旬若虫孵化，下旬为孵化盛期。此蚧发育不甚整齐，各虫态出现期延续长大 1~2 个月，雌虫产卵可延续至 9 月。8 月上旬为 1 龄若虫脱皮盛期，脱皮后，足、触角退化，危害一段时间后即进入越冬期。但也有少数雌成虫当年不产卵，而进入第二次越冬。雄成虫体小，飞翔能力弱，但爬行很活跃。

防治方法 1. 加强检疫，严禁带虫苗木外运和引进。2. 树木萌发期，用草把或刷子抹杀主干或枝上的越冬雌虫和抹杀茧内雄蛹。3. 保护利用天敌。

杨圆蚧成虫

杨圆蚧危害状

杨圆蚧成虫及初孵若虫

杨圆蚧成虫及初孵若虫

梨圆蚧 | 盾蚧科

学名 *Quadraspidiotus perniciosus* (Comstock)

分布 国内各果树产区均有发生。

寄主和危害 梨、苹果、桃、李、山楂、杏、葡萄等及林木 150 多种。以若虫或雌成虫刺吸枝干、叶、果实的汁液，轻则树势削弱，重者可枯死。

形态特征 雌成虫介壳近圆形稍隆起，直径约 1.7mm，灰白色，具同心轮纹，中央黄色至黄褐色。雄成虫介壳长椭圆形，长 1.2~1.5mm，介壳上具 3 条轮纹；雄成虫体长 0.6mm，有污白色翅 1 对，能飞翔。

生物学特性 河北一年发生 2~3 代。多以 2 龄若虫和少数受精雌成虫在枝干及部分果实上越冬。翌年 3 月中旬树液开始流动时恢复危害并发育。4 月上旬开始可辨雌雄介壳，4 月中下旬雄虫化蛹，5 月上旬雄虫羽化、交尾。雌虫 5 月中旬始胎生第一代若虫于母体介壳下，5 月下旬至 6 月上旬是第一代若虫发生盛期。产出的若虫很快钻出壳体爬向小枝、叶片及果实上，选择合适部位，将口器插入寄生组织内吸食汁液，固着 1~2 天后分泌蜡质形成介壳。

防治方法 1. 初发生果园常是点片发生，可采取人工清除有虫枝条或刷抹有虫枝，以免其蔓延。2. 在果树休眠期、发芽前喷洒 3~5 波美度石硫合剂。 3. 6 月上中旬第一代若虫发生期较集中，是生长期防治的关键时期。可用 40% 速扑杀乳油或 20% 蚧死净乳油 1 000 倍液喷施，效果明显。

梨圆蚧危害梨果

卫矛矢尖盾蚧

▶ 盾蚧科
学名 *Unaspis euonymi* (Comstock)

分布 全国各地。

寄主和危害 卫矛、大叶黄杨、木槿、忍冬、丁香、瑞香、南蛇藤、山梅花、富贵草、鸢尾、冬青等。

形态特征 雌成虫介壳长1.4~2mm，长梨形，褐至紫褐色，前端尖，后端宽，常弯曲，背有浅中脊1条；壳点2个，位于前端，黄褐色；虫体宽纺锤形，长约1.4mm，橙黄色，体前部膜质；臀叶3对，中叶大而突，端部略叉开，内缘略长于外缘，有细锯齿，第二和第三叶相仿，均双分，呈球状突出；背腺稍小于缘腺，每侧60余个，按节排成不太整齐的亚缘、亚中组；第一至二腹节之腹面有腺瘤，中胸至第一腹节腹面侧缘各有小管腺1群，缘腺7对，板缘刺成双排列；围阴腺5群。雄成虫介壳长条形，长约1mm，白色，溶蜡状，背面有纵脊3条；壳点1个，位于前端，黄褐色。

生物学特性 河北一年发生2代。以受精雌成虫越冬。若虫孵化期分别是4月下旬至6月中旬、7月上旬至8月下旬。每雌产卵约50粒。第一代发育较整齐，第二代发育极不整齐，各虫态重叠现象严重，成、若虫危害枝叶，以内层隐蔽处小枝上分布最多。

防治方法 1. 加强树木养护管理，使之通风透光。2. 冬季对植株喷洒3~5波美度石硫合剂，杀光越冬蚧体。3. 抓住初孵若虫盛期，喷施95%蚧螨灵乳剂400倍液。4. 保护天敌，如草蛉、七星瓢虫。

卫矛矢尖盾蚧雄成虫寄生大叶黄杨

白尾安粉蚧

▶ 粉蚧科
学名 *Antonina crawii* Cockerell

分布 华北、华东、华中、华南、西南及甘肃。

寄主和危害 竹。成、若蚧寄生在竹分枝芽腋内，影响生长并诱发煤污病。

形态特征 成虫雌体椭圆形，长约2mm，暗紫色，包被于一白色蜡质卵球形的卵袋内，顶端伸出1~2根很长的白色蜡丝，呈现于腋芽外。

生物学特性 河北一年发生2代。以雌成虫和三龄若虫越冬。翌年3月开始孕卵，孕卵至孵化长达2个月，第一代若虫孵化从5月上旬开始，盛期在5月中下旬，孵化可延续到6月上旬。始、盛、末期的物候相为溲疏盛花，海桐花始谢；石榴初花至盛花；合欢初花至盛花。第二代若虫见于8月中旬，第三代出现在9月。

防治方法 1. 改善竹林通风、透光条件，及时剪除重害枝条。2. 喷洒10%吡虫啉可湿性粉剂3000倍液。

白尾安粉蚧雌成虫卵囊

山西品粉蚧

粉蚧科
学名 *Peliococcus shansiensis* Wu

分布 河北、辽宁以及华中、华东、西南。

寄主和危害 金叶女贞、紫叶小檗、连翘、桑树、黄杨、丁香、茶、柑橘、梧桐、菊花等。

形态特征 成虫：雌体长2~3mm，椭圆形，少数宽卵形，粉红或绿色，体外覆盖白色蜡粉，常现露体节；触角9节，第二节最长，第三、九节次之，第八节最短，胸足爪下有小齿1个；体缘周有白色细棒状短蜡丝18对，呈辐射状伸出，长度从头端向后端渐长，腹末最后1对拉丝短，仅稍长于其他蜡丝；背裂2对，有大型腹裂1个；体背为大管腺1种，多孔腺成群分布于背、腹面，产卵时分泌棉絮状卵囊；腹面无硬化板，臀瓣突出。雄体细长，长约1.2mm，触角10节；胸足3对，翅1对，发达。

生物学特性 河北一年发生3代。以卵及未成熟成虫在枝干及卷叶内越冬。产卵于缀叶的叶片正面或枝杈处。卵期约2周，5月若虫孵化，初孵若虫在卵囊内活动，2~3龄后转移至叶柄、叶梗基部和小枝断处、裂缝和地下根危害，后在叶上危害，大多为孤雌生殖，9~10月雄成虫出现。以危害绿篱为重。

山西品粉蚧成虫

防治方法 1. 加强养护管理，保持绿篱透风透光，避免绿篱过宽过密，创作不利于此蚧发生发展和促进林木健康的环境条件。2. 冬季剪除虫枝和喷洒5波美度石硫合剂。3. 初孵若虫期喷洒10%吡虫啉可湿性粉及2500倍液。4. 保护天敌。

山西品粉蚧卵囊

山西品粉蚧卵囊

山西品粉蚧若虫

山西品粉蚧雌成虫

山西品粉蚧雄成虫

山西品粉蚧危害状

白蜡绵粉蚧

粉蚧科
学名 *Phenacoccus fraxinus* Tang

分布 河北、北京、山西、河南等地。

寄主和危害 白蜡、核桃、椴树、椿等。枝叶布满虫体，树势严重削弱。

形态特征 雌成虫体长4~6mm，椭圆形，背面略隆起，紫褐色，被白色蜡粉；触角9节；足细长，爪下有齿；刺孔群18对，腹裂5个，背裂2对，肛环刺毛6根；成熟时分泌绵状、灰白色卵囊，长4~7mm，表面光滑，或长7~55mm，表面有3条纵脊。雄成虫黑褐色，前翅透明，腹末圆锥形，具2根白色蜡丝。

生物学特性 河北一年发生1代。以若虫在树皮缝、皮下、芽鳞等处越冬。翌年3月中旬若虫开始取食，3月下旬雌雄分化，雄虫分泌蜡丝结茧化蛹。4月上、中旬成虫羽化交尾，雌成虫在枝干或叶片分泌卵囊，4月下旬为产卵盛期。初孵若虫爬行到叶背叶脉两侧固定取食并越夏，9月落叶前若虫转移到枝干隐蔽处越冬。

防治方法 1. 春季树木发芽前，对枝干喷洒5波美度石硫合剂，杀灭越冬若虫。2. 成虫期过后，喷洒化学农药，毒杀若虫。

白蜡绵分蚧卵囊及若虫

白蜡绵粉蚧卵

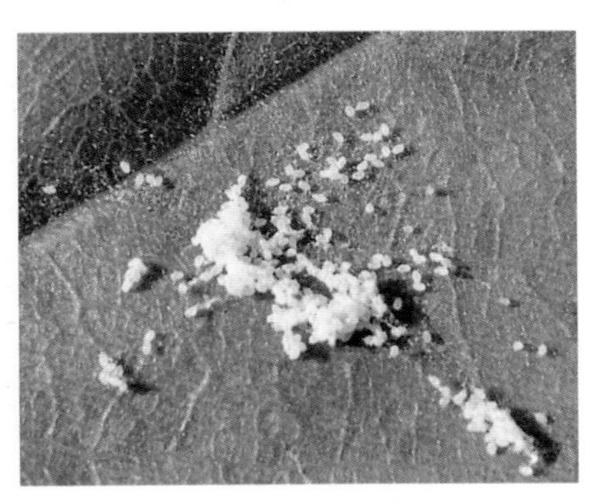
白蜡绵粉蚧卵粒

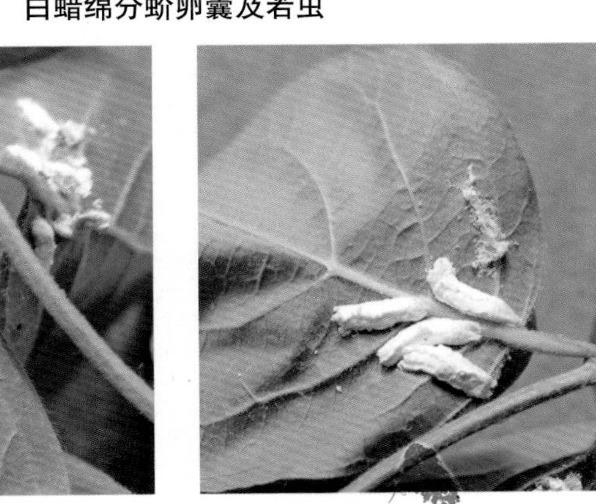
白蜡绵粉蚧卵囊

白蜡绵粉蚧卵囊及卵

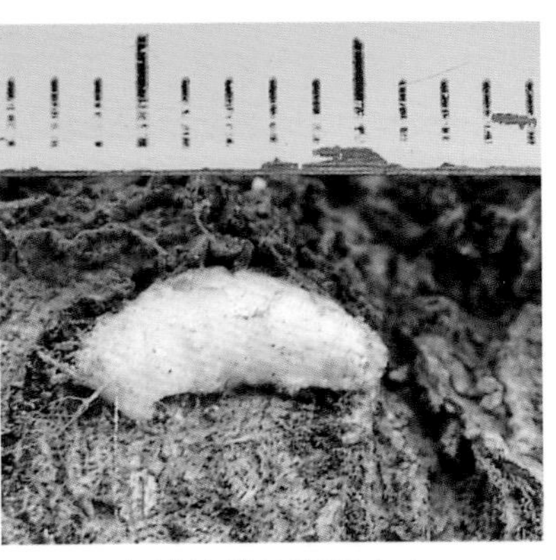
白蜡绵粉蚧卵囊大小

康氏粉蚧

粉蚧科
学名 *Pseudococcus comstocki* (Kuwana)

分布 河北、黑龙江、吉林，辽宁、内蒙古、宁夏、甘肃、青海、新疆、山西、山东、安徽、浙江、江苏、上海、江西、福建、台湾、广东、广西、云南、四川。

寄主和危害 刺槐、樟树、佛手瓜、苹果、梨、桃、李、杏、山楂、葡萄、君子兰、麒麟掌、竹节万年青、常春藤、茉莉、糖槭等。

形态特征 雌成虫椭圆形，较扁平，体长3~5mm，粉红色，体被白色蜡粉，体缘具17对白色蜡刺，腹部末端1对几乎与体长相等；触角多为8节；腹裂1个，较大，椭圆形;肛环具6根肛环刺;臀瓣发达，其顶端生有1根臀瓣刺和几根长毛；多孔腺分布在虫体背、腹两面；刺孔群17对，体毛数量很多，分布在虫体背腹两面，沿背中线及其附近的体毛稍长。雄成虫体紫褐色，体长约1mm，翅展约2mm，翅1对，透明。

生物学特性 河北一年发生3代。以卵囊在树干及枝条的缝隙等处越冬。各代若虫孵化盛期为5月中下旬，7月中下旬和8月下旬。若虫发育期，雌虫为35~50天，雄虫为25~37天。雄若虫化蛹于白色长形的茧中。每头雌成虫可产卵200~400粒，卵囊多分布于树皮裂缝等处。在花木上，成虫和若虫多聚集在幼芽、嫩枝上危害。

康氏粉蚧危害苹果

防治方法 1. 注意保护和引放天敌。有瓢虫和草蛉。2. 9月开始，在树干上束草把诱集成虫产卵，入冬后至发芽前取下草把烧毁消灭虫卵。

康氏粉蚧成虫

东方盔蚧

坚蚧科

学名 *Parthenoleconiun corniorienlalm* Borchs

分布 北方地区。

寄主和危害 葡萄、桃、李、苹果、山楂。成虫、若虫刺吸枝条汁液，树势衰弱。排泄糖蜜状黏液，引起黑霉菌寄生，叶、果污黑。

形态特征 雌成虫长径6mm，短径4.5mm。扁椭圆形，背部稍隆起，有皱褶，似龟甲状。黄褐色或褐色。腹部末端有臀裂缝。

生物学特性 河北一年发生1代。2龄若虫在枝干裂皮缝隙内越冬。3月出蛰，转移到枝条上取食危害，固着一段时间后，可反复多次迁移。4月上旬虫体开始膨大，以后逐渐硬化。5月初开始产卵，5月末为第一代若虫孵化盛期，爬到叶片背面，以及新梢上固着危害。第二代若虫8月间孵化，中旬为盛期，10月迁回，在适宜场所越冬。天敌种类很多，主要有黑缘红瓢虫和寄生蜂等。

防治方法 1. 葡萄萌动出土后，喷布5波美度石流合剂，也可结合刮除老翘皮，消灭越冬若虫。2. 若虫孵化盛期和虫体膨大前喷布0.3波美度石硫合剂。3. 保护利用天敌，进行生物防治。

东方盔蚧雌成虫及卵

东方盔蚧雌成虫

柿树白毡蚧

毡蚧科
学名 *Asiacornococcus kaki* (Kuwana)

分布 东北、华北、西北、西南、华中、华南、华东等地区。

寄主和危害 柿树、梧桐、桑。

形态特征 雌成虫体长约1.5~2.5mm，扁，椭圆形，暗紫或红色；体节较明显，背面分布圆锥形刺，刺短小，粗壮，顶端稍钝，侧面观略呈三角形；腹面平滑，具长短不等体毛；触角短，3~4节，第三、四节细柱状，同形同长，有时合并为1节，其上生有粗细长短不等的刺毛约10根；腹缘有白色细蜡丝。雄成虫体长1~1.2mm，紫红色；触角9节，各节有刺毛2~3根，翅暗白色；腹末有余体等长的白色蜡丝1对，性刺短。

生物学特性 河北一年发生4代。以若虫在树皮裂缝、芽鳞等处隐蔽越冬。寄生在叶、枝和果上，叶片出现多角形黑斑，叶柄变黑，畸形生长和早落，严重落果。4月末越冬若虫爬至叶部危害，5月中旬雌成虫体表开始产生白色蜡丝，形成白色蜡质囊壳，交配后卵囊由纯白变暗白色，即开始产卵，卵囊后缘稍微翘张则为产卵盛期，后缘大张并微露红色为孵化盛期，7月中旬、8月下旬和9月下旬分别为2、3、4龄若虫孵化危害，10月越冬。

防治方法 1. 加强苗木检疫。2. 加强肥水管理，提高树木抗性。3. 秋季人工刷除枝干上越冬若虫。4. 发芽前喷洒1~2波美度石硫合剂。5. 保护天敌。

柿树白毡蚧成虫

柿树白毡蚧雌成虫寄生在柿树果实上

柿树白毡蚧雌成虫和雄茧

柿树白毡蚧雌成虫和雄茧

槭树绒蚧

毡蚧科
学名 *Eriococcus aceris* Sign

分布 河北、宁夏。

寄主和危害 槭、杨、柳树。受害树木常伴有煤污病发生。

形态特征 雌成虫长椭圆形，暗紫色，长3.4mm，包于白色毡状蜡囊中；触角7~8节，有刚毛，第五节最长；足胫节与跗节约等长。雄成虫刚羽化淡红色，后变为褐色，体长1.5mm；眼黑色突出；触角念珠状，10节；口器退化；胸足发达；前翅半透明，具1分叉翅脉，后翅退化为平衡棍；腹末前1节有2个凹腺囊，分泌出比体长的白色蜡丝。

生物学特性 河北一年发生1代。以2龄显露雌若虫和具白色毡状蜡囊的蛹固定于枝干的缝隙中或枝杈处越冬，翌春4月雌若虫开始取食危害，蛹开始羽化。2龄雌若虫再蜕皮1次直接变为雌成虫。5月上旬雌成虫开始产卵，每雌产卵145~340粒，5月下旬若虫开始出现，6月中旬为孵化盛期。

防治方法 保护天敌。

槭树绒蚧成虫

槭树绒蚧雄茧

槭树绒蚧若虫

石榴囊毡蚧

毡蚧科
学名 *Eriococcus lagerostroemiae* Kuwana

分布 华北、华东、华中、华南、西南。

寄主和危害 紫薇、石榴、女贞、扁担杆子和叶底珠等。该虫刺吸寄主的嫩梢、幼芽和叶片汁液，使叶片枯黄，提早落叶，影响开花结果，并诱发煤污病。

形态特征 雌成虫体长 3mm，体深紫红色；老熟时将身体包于白色毡状蜡囊中，外观似大米粒。雄成虫紫红色，有翅 1 对。若虫椭圆形，紫红色，虫体周围有刺突。柿绒蚧体态类似石榴毡蚧。

生物学特性 河北一年发生 2 代。以幼龄若虫在枝干缝隙及空蜡囊内越冬。翌年 4 月越冬若虫开始活动，后雌雄分化，体背陆续分泌蜡质。雌成虫和若虫寄生在芽腋。叶片和枝干上刺吸汁液危害，诱发煤污病，早期落叶，枝条枯死，严重时整体死亡；5 月下旬雌成虫开始产卵，6 月上旬为产卵盛期，6 月中旬，8 月中旬至 9 月初分别为各代若虫孵化盛期，每雌虫产卵 30~90 粒，第一代生活史较整齐，第二代不整齐。

防治方法 1. 加强花木养护。结合冬季整枝修剪，剪除有虫枝。家庭盆栽观果花木发生虫害轻时，可用牙签剔除。2. 保护和利用天敌。迁引和利用其优势种天敌，如红点唇瓢虫等。3. 发生严重时，若虫盛期喷施 10% 吡虫啉可湿性粉剂 2500 倍液。

石榴囊毡蚧若虫

石榴囊毡蚧雄茧

石榴囊毡蚧雌成虫寄生状

白蜡蚧

蜡蚧科
学名 *Ericerus pela* (Chavannes)

分布 东北、华北、西北、华东、华中、西南。

寄主和危害 女贞、小叶女贞、白蜡树、水蜡树、秦皮、漆树及木槿等。以成虫、若虫在大叶女贞枝条上刺吸危害，造成树势衰弱，生长缓慢，甚至枝条枯死。

形态特征 雌成虫体受精前背部隆起，形似蚌壳，受精后体显著膨胀成半球形，长约10mm，高7~8mm，亦有更大者；活体背面黄褐、淡红褐至红褐色，上面散生大小不等的淡黑色斑点，覆盖一层极薄的白色蜡层，腹面黄绿色，产卵后虫体近球形，体壁硬，暗褐、红褐、棕褐或褐色，光亮，黑斑大而不显，腹面膜质柔软、平坦或内陷；触角6节，其中第三节最长；足小，转节的刺毛较长；跗节和胫节的长度略相等。雄成虫体黄褐色，长约2mm，翅1对，翅展约5mm，近于透明，具虹彩闪光；头淡褐至褐色，触角丝状，10节；腹部灰褐色，末端有白蜡丝2根。

生物学特性 河北一年发生1代。以受精而尚未成长的雌成虫在枝条上越冬。翌年3月下旬越冬成虫开始活动，胸背隆起成球形，腹壁凹陷成内腔以藏卵粒；4月上旬雌成虫从肛门排出露状糖球，俗称“吊糖”，4月下旬吊糖变为淡褐色，虫体变为绯红色，开始产卵，先产雌卵，后产雄卵；5月上旬吊糖变为血红色，为产卵盛期；吊糖变为黑褐色，逐渐干固，产卵结束。6月上旬雌成虫开始孵化。

防治方法 1. 初冬季或春季树木休眠期向枝干喷洒3~5波美度石硫合剂，杀灭越冬若虫。2. 初孵若虫期进行及时防治，喷洒高渗苯氧威1500倍液。3. 保护天敌。4. 冬季和夏季对树木进行合理修剪，剪除过密枝和虫枝，利于通风透光，减少虫口密度。

白蜡蚧危害白蜡

白蜡蚧雄若虫

白蜡蚧雄若虫

角蜡蚧

蚧科

学名 *Ceroplastes ceriferas* (Anderson)

分布 河北、黑龙江、辽宁、山东、陕西、山西、江苏、浙江、上海、江西、湖北、湖南、福建、广东、广西、贵州、云南、四川。

寄主和危害 山茶花、苏铁、石榴、木兰、月桂、大叶黄杨、白玉兰、法桐、雪松、三角枫、酸木瓜、佛肚树、垂丝海棠、冬青、常春藤、丝棉木、悬铃木、海棠、樱花、菊花、扶芳藤、珊瑚、月季、正木、重阳木、白兰花、木槿、含笑、榉、蜡梅、广玉兰、红桐、木桃、鸡爪枫、天竺葵、法国冬青、十大功劳、刺梨、云南山茶、卫矛、大头兰、杏叶梅、山楂、侧柏、柳、枫杨、白榆、罗汉松、桑等。以成、若虫危害枝干。

形态特征 雌成虫短椭圆形，长6~9.5mm，宽约8.7mm，高5.5mm，蜡壳灰白色，死体黄褐色微红；周缘具角状蜡块：前端3块，两侧各2块，后端1块圆锥形较大如尾，背中部隆起呈半球形；触角6节，第三节最长；足短粗，体紫红色。雄成虫体长1.3mm，赤褐色，前翅发达，短宽微黄，后翅特化为平衡棒。

角蜡蚧雌成虫蜡壳

生物学特性 河北一年发生1代。以受精雌虫于枝上越冬。翌春继续危害，6月产卵于体下，卵期约1周。若虫期80~90天，雌蜕3次皮羽化为成虫，雄蜕2次皮为前蛹，进而化蛹，羽化期与雌同，交配后雄虫死亡，雌继续危害至越冬。

防治方法 1. 冬季向枝干喷洒3~5波美度石硫合剂。2. 在未形成蜡质或刚开始形成蜡质层时喷洒95%蚧螨灵乳剂400倍液。3. 保护天敌。

角蜡蚧雌成虫蜡壳

日本龟蜡蚧

蚧科
学名 *Ceroplastes japonicus* Green

分布 河北、黑龙江、辽宁、内蒙古、甘肃、北京、山西、陕西、山东、河南、安徽、上海、浙江、江西、福建、湖北、湖南、广东、广西、四川、贵州、云南。

寄主和危害 法桐、毛白杨、白蜡、欧美杨、喜树、杉、板栗、悬铃木、榆树、罗汉松、五针松、马尾松、雪松、黑松、金钱松、龙爪槐、白杨、大叶柳、河柳、垂柳、桃、李、枇杷、杏、山楂、苹果、梨、玫瑰、白兰、含笑、木兰、山茶、小檗、海桐、樱桃、红叶李、垂丝海棠、蜡梅、杜仲、紫荆、紫藤、合欢，构树、无花果、芍药、胡颓子、枫杨、唐菖蒲等。若虫和雌成虫刺吸枝、叶汁液，排泄蜜露常诱致煤污病发生，削弱树势重者枝条枯死。

形态特征 雌成虫成长后体背有较厚的白蜡壳，呈椭圆形，长 4~5mm，背面隆起似半球形，中央隆起较高，表面具龟甲状凹纹，边缘蜡层厚且弯卷由 8 块组成；活虫蜡壳背面淡红，边缘乳白，死后淡红色消失，初淡黄后现出虫体呈红褐色；活虫体淡褐至紫红色。雄成虫体长 1~1.4mm，淡红至紫红色，眼黑色，触角丝状，翅 1 对白色透明，具 2 条粗脉，足细小，腹末略细，性刺色淡。

生物学特性 河北一年发生 1 代。以受精雌虫主要在 1~2 年生枝上越冬。翌春寄主发芽时开始危害，虫体迅速膨大，成熟后产卵于腹下。

防治方法 1. 做好苗木、接穗、砧木检疫消毒。2. 保护引放天敌。3. 剪除虫枝或刷除虫体。4. 冬季枝条上结冰凌或雾凇时，用木棍敲打树枝，虫体可随冰凌而落。5. 初孵若虫分散转移期喷洒 10% 吡虫啉可湿性粉剂 2500 倍液。

日本龟蜡蚧雄若虫蜡壳

日本龟蜡蚧成虫蜡壳

日本龟蜡蚧雄若虫蜡壳（枣树）

日本龟蜡蚧雄若虫蜡壳（大叶黄杨）

日本龟蜡蚧（白蜡）

广食褐软蚧

蚧科
学名 *Coccus hesperidum* Linnaeus

分布 北方温室和南方各地。

寄主和危害 象牙红、朱顶红、米兰、君子兰、白玉兰、广玉兰、万年青、桂花、夹竹桃、龟背竹、月季、山茶、栀子花等多种花木，造成枝、叶枯萎，花木生长缓慢，排泄物诱发煤污病。

形态特征 雌成虫体长卵形或卵形，扁平或略隆起，体长3~4mm，左右不对称；后端比前端稍膨大，体背中央有1纵隆起，体边缘薄，紧贴植物体表面。虫体背面颜色变化大，常由棕色、黄色、黄褐色、绿色等构成不规则的格子形图案。体背软或略硬化。触角7~8节，较细弱。体缘毛通常尖锐或顶端具齿状分裂。气门较小，气门刺3根，中刺长度为两旁侧刺长度的3~4倍。多格腺少，仅分布在阴门附近，管状腺缺。腹末凹陷成臀裂，肛板三角形。雄成虫少见。

生物学特性 河北在温室中一年发生4~5代，以雌成虫或若虫越冬。翌春气温回升后开始活动危害，发生期不整齐，世代重叠，各代若虫发生期均在2月下旬、5月下旬、7月下旬和9月下旬。多孤雌生殖，卵胎生，6月间繁殖最盛。每雌可产仔70~100头。初龄若虫多分散转移于嫩枝和叶上群集危害，一旦固定便不再移动。

防治方法 1. 严格检疫。不出卖不购进带虫花木。发现虫情，要进行灭疫处理。2. 虫口密度小时，可用硬刷子等人工刷除虫体。3. 剪除多虫枝叶。4. 保护和利用天敌。

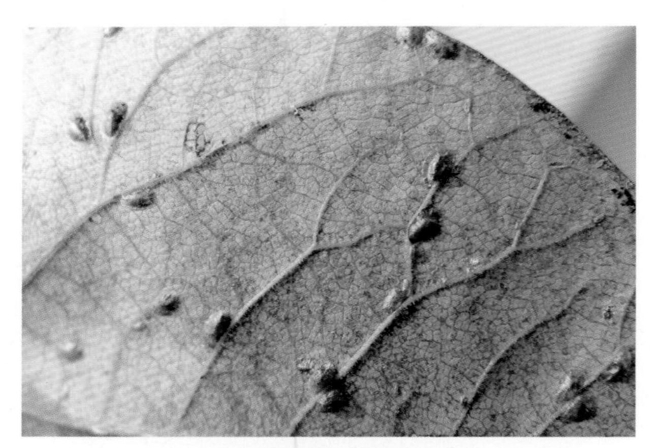
广食褐软蚧成虫

广食褐软蚧成虫

朝鲜毛球蚧

蚧科
学名 *Didesmococcus koreanus* Borchsenius

分布 东北、西北、华北、河南、华东、华中等地。

寄主和危害 杏、李、桃、梅、樱桃等蔷薇科植物。

形态特征 雌成虫体长约 4.5mm，宽约 4mm，高约 3.5mm，近球形，黑褐色，略带光泽，背部向上高度隆起，背后垂直，前、侧面下部亚缘区凹入；初孕卵时体壁较软，黄褐色，产卵后死体高度硬化，背面体壁较大凹点呈 2 纵列，体表常覆盖透明薄蜡片。雄成虫体长约 1.5mm，翅展 2.5mm，头胸部红褐色，腹部淡黄褐色，触角丝状。

生物学特性 河北一年发生 1 代，以 2 龄若虫在枝干白色毡状蜡质下越冬。翌年 3 月中下旬越冬若虫活动，从蜡堆中爬出，群居在枝条上危害，4 月上旬成虫羽化始期，几天后进入盛期；4 月下旬至 5 月上旬成虫交尾，后雌成虫体迅速膨大，逐渐硬化。5 月下旬为产卵盛期，产卵于母体下面，每头雌成虫产卵 1200~2000 粒，卵期 6~19 天，平均约 9 天，6 月初孵化若虫爬出母壳后在枝条缝隙处固定，直至翌年春季，固定后进入生长缓慢期，10 月后开始越冬。

防治方法 1. 严格植物检疫，防止人为进行传播。2. 加强林间养护管理，增强树体自身抗御能力。3. 初冬或早春向树体喷洒 3~5 波美度石硫合剂，杀灭越冬虫体。4. 若虫活动盛期向干枝喷洒 95% 蚧螨灵乳剂 400 倍液或 10% 吡虫啉可湿性粉剂 2000 倍液。5. 保护天敌。

朝鲜毛球蚧雌成虫

朝鲜毛球蚧幼龄若虫

朝鲜毛球蚧孕卵雌成虫及分泌物

朝鲜毛球蚧若虫

枣大球坚蚧

▶ 蚧科
学名 *Eulecanium gigantean* (Shinji)

分布 河北、辽宁、河南、山西、宁夏等地。

寄主和危害 梨、枣、核桃、苹果、桃、槐等。以雌成虫、若虫固定于枝干上刺吸汁液进行危害。寄主被害后，大量落果导致减产。

形态特征 雌成虫半球形，体长8~18mm，状似钢盔；成熟时体背红褐色，有整齐的黑灰色斑纹。雄成虫体长2~2.5mm，橙黄褐色，前翅发达白色透明，后翅退化为平衡棒，交尾器针状较长。

生物学特性 河北一年发生1代，以2龄若虫在寄主枝条上越冬。翌年3月下旬至4月上旬越冬若虫开始吸取枝条汁液危害，4月下旬出现成虫，雄虫起飞找雌虫交尾，雌虫不孤雌生殖。5月中旬至6月上旬雌虫抱卵，6月上中旬为卵期，6月中旬若虫开始孵化。在10月寄主落叶前可自动转移到叶柄基部的枝条上固定下来，继续危害，并在此处越冬。

防治方法 1. 夏季虫体膨大期至卵孵化前，人工刷抹虫体。2. 5月中下旬若虫孵化期喷80%敌敌畏1500倍液，或0.2~0.3波美度石硫合剂。

枣大球坚蚧初孵若虫

枣大球坚蚧成虫

槐花球蚧

▶ 蚧科
学名 *Eulecanium kuwanai* (Kanda)

分布 华北、华中、东北、华东、西南各地。

寄主和危害 国槐、合欢、刺槐、龙爪槐、柳、悬铃木、白榆、桃、苹果等。以若虫刺吸树叶和枝条的汁液，造成树木长势削弱，甚至死亡。

形态特征 雌成虫体球形，直径6~6.7mm，黄色或象牙色，具整齐的紫黑色花斑，斑纹在背中为宽纵带且两端扩大，其两侧各有1排黑斑点，体缘为锯齿状带。产卵后黑斑消失，体壁皱缩，呈暗黄色。触角7节，气门路由5孔腺组成，每条约20枚。体缘毛呈小刺状。臀裂浅，肛环刺毛8根。

生物学特性 河北一年发生1代，以2龄若虫在枝条上越冬。次春继续危害，4月中旬虫体膨大。雌雄分化。5月上旬成虫羽化、交尾，5月底至6月上中旬若虫孵化。初孵若虫爬行转移到叶片和嫩枝上取食，10月若虫全部转移到新枝上越冬。

防治方法 1. 注意造林树种选择。2. 保护天敌。3. 早春树木发芽前或秋季落叶后对树干喷洒5波美度石硫合剂。

槐花球蚧成虫

桦树绵蚧

▶ 蚧科
学名 *Pulvinaria betulae* (Linnaeus)

分布 华北、东北、西北。

寄主和危害 杨柳科、桦木科、木犀科、蔷薇科等。

形态特征 雌成虫体长约7mm，宽约5mm，椭圆形；活体灰褐色，背中线色深，腹部中线两侧散布许多黑斑，产卵后死体暗褐或暗黄色，有许多小灰瘤，沿中线为多；触角多为8节，少数9节；每气门路五格腺为78~115个，气门刺3根，中刺长为侧刺2倍，中刺基粗于侧刺基；多格腺在中、后足基之后和阴门附近成群，在第二至第三腹节腹板上成横列。体背有圆形亮斑，斑距为斑径的2~3倍，体缘毛尖细，排成2列，毛间距离等于或小于毛长。

生物学特性 河北地区一年发生1代。以受精雌成虫在枝干上越冬。翌年5月雌成虫开始分泌白色蜡丝，边分泌体后部边抬起，以藏卵粒，产卵后的死体与枝干的夹角45°~90°。6月是产卵盛期。若虫孵化后寻找嫩枝或叶片固定危害，发育很缓慢，9月上旬虫体爬回枝条，发育为成虫，交配后雄虫死去。

防治方法 1. 合理修剪，增加树体的通风透光程度，减少虫口密度。2. 若虫盛期喷洒95%蚧螨灵乳剂400倍液、10%吡虫啉可湿性粉剂2000倍液。3. 保护天敌，如跳小蜂、红色唇瓢虫和异色瓢虫等。

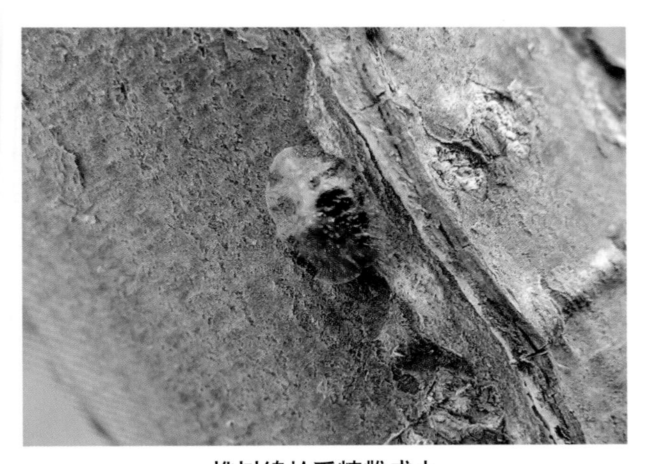

桦树绵蚧受精雌成虫

桦树绵蚧产卵雌成虫及卵囊

桦树绵蚧成虫密集寄生于杨树枝

桦树绵蚧产卵雌成虫及卵囊

桦树绵蚧产卵雌成虫及卵囊

日本纽绵蚧

蚧科
学名 *Takahashia japonica* Cockerel

分布 华北、华中、华东、华南、西南等地。

寄主和危害 桑、国槐、核桃、合欢、三角枫、枫香、榆、朴、重阳木、地锦等。若虫集中在枝条和叶背危害。

形态特征 雌成虫体长3~7mm，卵圆形或长圆形，红褐色、深棕色、浅灰褐色或深褐近黑色，背面隆起，具黑褐色脊，不太硬化，缘褶明显；触角短，7节。

生物学特性 河北一年发生1代。以受精雌成虫在枝条上越冬。翌年3月末成虫开始活动和危害。5月成虫产卵盛期，6月上旬为卵孵化盛期。初孵若虫先集中在枝条和叶背危害，2龄若虫转移到枝条上寄生。

防治方法 1. 适时修剪，增加树体的通风透光程度。2. 若虫盛期喷洒10%吡虫啉可湿性粉剂2000倍液。3. 保护天敌。

日本纽绵蚧雌成虫

日本纽绵蚧雌成虫卵囊

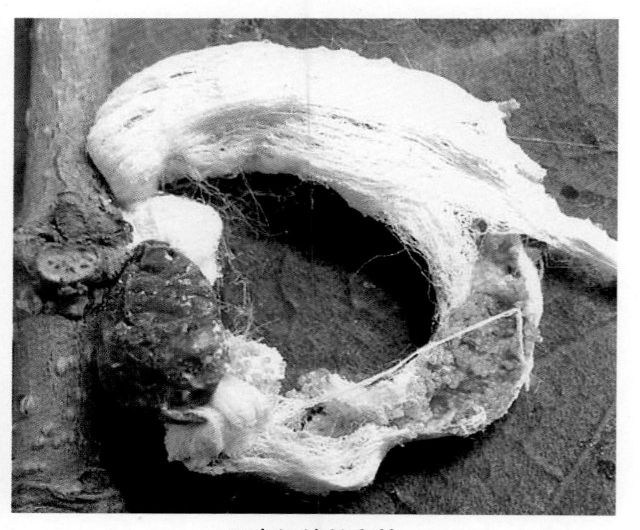

日本纽绵蚧卵块

日本纽绵蚧雌成虫卵囊群体及初孵若虫

日本纽绵蚧越冬受精雌成虫

半 翅 目

水黾蝽 | 黾蝽科 学名 *Aquarius elongates*

水黾蝽成虫交尾

分布 河北、山西、内蒙古、北京、天津、台湾、广东、海南、广西及杭州等地。

寄主和危害 以落入水中的小虫体液、死鱼体或昆虫为食。

形态特征 成虫体长 8~20mm。体黑褐色，头三角形。前胸延长，背面多为暗色而无光泽，无鲜明的花斑，前翅革质，无膜质部。身体腹面覆有一层极为细密的银白色短毛，外观呈银白色丝绒状，具有拒水作用。前足较短，中、后足很长，向四周伸开，后足腿节多远伸过腹部末端。前足明显较短。

生物学特性 栖息于静水面或溪流缓流水面上。身体细长，非常轻盈；前脚短，可以用来捕捉猎物；也能够在陆地上生活一段时间。

黾蝽 | 黾蝽科 学名 *Gerris* sp.

分布 河北。

寄主和危害 寄主昆虫有稻飞虱、稻叶蝉等，主要危害水稻等作物。

形态特征 成虫体长 10.0mm，体宽 2.0mm，触角长 4.0mm，体黑和灰黑色。头胸部被短金黄色绒毛，头部黑色，基部有 1 个弧形黄褐斑。触角 4 节，第一节最长，第四节次之；黄褐色，第三节端部和第四节黑褐色。前胸背板黑色，很长；具背中脊，脊前端黄褐，后端灰白；离基部 2/3 处各有一角突。前翅灰黑，翅脉黑色，并密布金黄色绒毛。足大体黄褐，各胫节端部及跗节色深；中后足股节极长，跗节 2 节。腹部背板侧缘黄褐，其余褐色。

生物学特性 终生生活于水面，借助体下的拒水性毛和伸开的肢体等适应性性状，不致下沉或被水沾湿。在水面上划行主要依靠中足和后足的动作，前足在行动时举起，不用以划行，主要用于捕捉猎物。黾蝽以掉落在水上的其他昆虫、虫尸或其他动物的碎片等物为食。栖居环境包括湖泊、池塘等静水水面以及溪流等流动的水面，为昆虫中极少数正常在海上生活的类群之一。

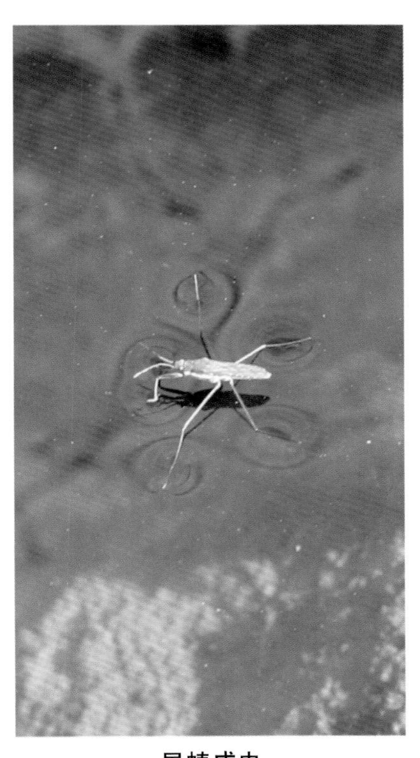
黾蝽成虫

淡带荆猎蝽

猎蝽科
学名 *Acanthaspis cincticrus* Stål

分布 河北、北京、山西、山东、江苏、浙江、安徽、江西、福建。

寄主 成虫食性较广，主要捕食蚜虫、叶蝉和鳞翅目幼虫，在水稻区可捕食多种水稻害虫、尤喜稻螟蛉的幼虫；若虫则主要捕食蚂蚁和小蜘蛛类。故本种基本上是一种有益的捕食性天敌，应加以保护。

形态特征 成虫体长约16mm。体黑褐色，长卵圆形，具黄褐色软毛。头较细窄，长约为前胸背板的2/3,表面粗糙,眼后部分细长,略收窄成颈状。触角4节，细长，上具黑色细毛，前胸背板粗糙，前叶隆起，上具若干大小不等的瘤突，后叶有很多皱褶，革片上具1条黄白色外弯的斜宽带，是本种最为显著的特征。足黑色，具细毛，前腿节略膨大，各足腿节近端部及胫节有黄白色斑点或环纹。

生物学特性 河北一年发生1代。以成虫在杂草的根茬、土壤裂缝和石块下越冬，翌年4月下旬开始活动，6月上旬始见若虫，10月上旬起，成虫逐渐进入越冬场所。

淡带荆猎蝽成虫

中国螳瘤蝽

猎蝽科
学名 *Cnizocoris sinensis* Kormilev

分布 华北地区。

寄主 多生活于山区的植物上。捕食为主。

形态特征 雄成虫体长约9mm，宽约3mm，比雌虫略短，较窄；棕色的外缘具有白斑。雌成虫体长约11mm，宽约5mm；腹部椭圆形，草绿色，外缘大部分显露于前翅之外，头部由侧面观长大于高；眼及单眼红色，触角红棕色；前胸背板的侧角向侧方突起，翅棕褐色，前足似螳螂的捕捉足。

生物学特性 河北一年发生1代。成虫发生期8~10月。喜欢在花序或树梢周围伏击其他昆虫为食。

中国螳瘤蝽成虫

中国螳瘤蝽成虫

黑红猎蝽

猎蝽科
学名 *Haematoloecha nigroufa* Stål

分布 河北、吉林、山西、内蒙古、北京、天津、浙江、上海、江苏、四川、福建、江西、山东、陕西、广东、广西。

寄主 捕食多种农林害虫，应加以保护利用。

形态特征 成虫体长 12mm，宽 4.5mm。除触角、胫节端部及跗节多毛外，全体光滑少毛。头小，紫黑色，触角黑色，第一节最短，第二节最长，3、4 节细而短。前胸背板紫红色，有光泽，中央有“十”字形沟，近后侧角有纵沟。小盾片黑色，端部延伸成叉状突起。前翅革片前缘与膜片交界附近紫红色，其余黑色，膜片几乎伸达腹部末端。腹部背面中央略凹陷，腹面隆起如船底形，侧接缘各节前半部、体下周缘或有时中间小部分为紫红色，其余紫黑，有光泽。足紫黑色，有光泽；前足腿节较膨大。

生物学特性 河北自 4 月初到 10 月上旬，都有成虫活动。

黑红猎蝽成虫

独环真猎蝽

猎蝽科
学名 *Harpactor altacus* Kiritschenko

分布 河北、内蒙古、北京、陕西；蒙古。

寄主 多种鳞翅目的幼虫。

形态特征 成虫体长 13~14.5mm，宽 4.8~5.5mm。体黑色，被浅色短毛。头腹面、前胸背板侧缘及后缘、前足及中足基节、腿节基部均为红色。侧接缘红、黑两色相间。翅黑色。

生物学特性 河北一年发生1代，成虫见于6~7月。

独环真猎蝽成虫

独环真猎蝽成虫

短斑善猎蝽

猎蝽科
学名 *Oncocephalus confusus* Hsiao

短斑善猎蝽成虫

分布 河北、黑龙江、北京、江苏、上海、浙江。

寄主 捕食性天敌。捕食多种小昆虫。

形态特征 成虫体长18mm左右。体褐黄色，具褐色斑纹。头顶后方具1个斑点,头两侧眼的后方、小盾片、前翅中室内的斑点、膜片外室内的斑点均为褐色。头两侧眼的后方、前胸背板的纵直条纹、胸侧板及腹板、腹部侧接缘各节端部均带褐色。触角第一节端部、喙第二和三节、腿节的条纹、胫节基部2个环纹及顶端均为浅褐色。前胸背板前角呈短刺状向外突出。小盾片向上鼓起，端刺粗钝，向上弯曲。前足腿节具12个小刺。腹部腹面纵脊达第六腹节后缘。前翅可达腹部末端，膜片外室内黑斑短，约占翅室的1/3。

生物学特性 河北一年发生1代。成虫见于6月上旬至7月中旬。

茶褐盗猎蝽

猎蝽科
学名 *Pirates fulvescens* Lindberg

茶褐盗猎蝽成虫

分布 河北、北京,天津、上海、山东、江苏、浙江、湖北、湖南。

寄主 捕食性天敌，喜好棉蚜。

形态特征 成虫体长约14~17mm，宽3~4mm。体黑色，具光亮的白色及黄色短细毛，前翅革片黄褐色，膜片内室端半部及外室深黑色、只有1个大型黑色斑点。雄虫前翅较雌虫长，略微超过腹部末端。抱器较大，长三角形。

生物学特性 河北一年发生1代。成虫见于6月下旬至7月中旬。生活在地面石块、杂草、土堆周围，捕食性，距离人类住所较近。捕猎时先向猎物注入麻醉液令其动弹不得，而后向猎物注入消化酶溶解肌肉并饱饮。偶有误咬伤人事件发生，被咬奇疼。

黑腹猎蝽

猎蝽科
学名 *Reduvius fasciatus* Reuter

分布 河北、北京、山东、甘肃。

寄主 捕食多种农林害虫。

形态特征 成虫体长 13.5~15mm。体长形，黑色，前胸背板后叶、前翅革片侧缘、前翅膜片外室顶端及内室中部为橘黄色。触角第一节显著超过头的前端。前胸背板前叶鼓起，中央纵沟几达前叶后缘，前叶稍短于后叶，侧角钝圆。后缘在小盾片的前方几近平直。小盾片端刺短，向后上方翘起。雄虫前翅超过腹部末端，雌虫前翅不达腹部末端。

生物学特性 河北 4~8 月均能见成虫。

黑腹猎蝽成虫

黑腹猎蝽成虫

猎蝽

猎蝽科
学名 *Reduvius* sp.

分布 河北。

寄主 不详。

形态特征 成虫体长约 16mm。本种似黑腹猎蝽，但前胸背板后叶非橘黄色，而与其有异，前胸背板后叶为黑色。是否为黑腹猎蝽的变异，需待研究。

生物学特性 不详。

猎蝽成虫

环斑猛猎蝽

猎蝽科
学名 *Sphedanolestes impressicollis* Stål

分布 河北、山东、江苏、浙江、安徽、福建、江西、湖北、湖南、广东、广西、四川、贵州、云南、台湾。

寄主 捕食森林害虫；灵活机敏，行动迅速，性情凶猛。捕食性，其食物多为森林害虫，是一种很好的天敌昆虫。

形态特征 成虫体长17~18mm，宽5.0~5.4mm。体黑色，被短毛，光亮，具黄色斑环。触角第一节2个环斑、腿节2~3个环斑、胫节1个环斑和腹部腹面中部及侧接缘各节端半部均为黄色或浅黄褐色。头的横缢前端显著长于后部，前胸背板前叶成两半球形，其近中央后部具小短脊；后叶显著大于前叶，中央具浅纵沟，后缘平直。腹部腹面密被白色短毛。卵长1.5mm，直径0.7mm，长椭圆形，棕赭色，卵盖厚，色浅，卵壳领状缘白色。

生物学特性 河北室内饲养观察，一年发生1代。以4龄若虫越冬。卵期(9.9±1.1)天。若虫共5龄，历期（315.0±4.9）天。成虫羽化后7~25天交配，交配后22~23天开始产卵。

环斑猛猎蝽成虫

环斑猛猎蝽卵

环斑猛猎蝽成虫捕食瓢虫

环斑猛猎蝽成虫交尾

三点盲蝽

盲蝽科
学名 *Adelphocoris fasiaticollis* Reuter

分布 东北、华北、西北以及山东、江苏、浙江、安徽、江西、河南、湖北；蒙古、欧洲。

寄主和危害 枣、杨、柳、榆、芦苇、棉花、苜蓿、豆类、芝麻、马铃薯、向日葵、大麻、蓖麻、洋麻。为多食性昆虫，危害植物种类甚多，其中以棉花受害最重，棉花从苗期至蕾、铃期均可受害。

形态特征 成虫体长5~7mm，宽2.4~2.7mm。体褐色或浅褐色。复眼较大，突出，暗紫色。触角4节，紫褐色，略短或等于体长。前胸背板胝区（在蝽类昆虫前胸背板的前部常有略为隆起的区域称为胝）有2个长形黑斑，前胸背板的后端有1长条形黑色横纹。小盾片黄绿色与前翅楔片黄绿色形成3个黄绿色斑点，故称三点盲蝽。

生物学特性 河北一年发生2~3代。以卵在杨、柳、榆、刺槐、杏树等树皮内越冬，卵多产在茎皮组织及疤痕处。越冬卵于4月下旬至5月上旬孵化，5月下旬至6月上旬羽化。

防治方法 1. 冬季向寄主植物喷洒3~5波美度石硫合剂，杀灭越冬卵。2. 若虫严重发生期，喷洒48%乐斯本乳油3500倍液、10%吡虫啉可湿性粉剂2000倍液。

三点盲蝽成虫

甘薯跳盲蝽

盲蝽科
学名 *Halticus minutus* Reuter

分布 河北、陕西、河南、江西、浙江、福建、广东、广西、台湾、四川、云南等地。

寄主和危害 甘薯、萝卜、白菜、菜豆、花生、黄瓜、丝瓜、豇豆、大豆、茄子等。成、若虫吸食老叶汁液，被害处呈现灰绿色小点。

形态特征 成虫体长2.1mm，宽1.1mm。体椭圆形，黑色，具褐色短毛。头黑色，光滑，闪光；眼突与前胸相接，颊高，等于或稍大于眼宽；喙黄褐色，基部红色，末端黑色，伸达后足基节。触角细长，黄褐色，第一节膨大，第二节长与革片前缘近相等，第三节端半和第四节褐色。前胸背板短宽，前缘和侧缘直，后缘后突成弧形。小盾片为等边三角形。足黄褐至黑褐色。后足腿节特别粗，内弯，胫节黄褐，近基褐色。腹部黑褐，具褐色毛。

生物学特性 河北一年发生多代。以卵在寄主组织里越冬，卵多斜向产在叶脉两侧，部分外露，卵盖上常具粪便，世代重叠。翌年5月中孵化，先危害豇豆、茄子、小白菜等，5月下旬危害凉薯，一代5月下旬至7月下旬，二代6月下旬至8月下旬，三代7月下旬至9月下旬，四代8月中旬至10月下旬，五代5月中旬至12月上旬发生。

防治方法 1. 发生严重时，喷洒10%吡虫啉可湿性粉剂2000倍液。2. 引入和保护利用天敌，该虫的卵寄生蜂有蔗虱缨小蜂和盲蝽黑卵蜂，它们的寄生率均较高。

甘薯跳盲蝽成虫

甘薯跳盲蝽危害状

绿盲蝽

盲蝽科
学名 *Lygocoris lucorum* (Meyer-Dur)

分布 全国各地。

寄主和危害 果树、棉花、桑、麻类、豆类、玉米、马铃薯、瓜类、苜蓿、蒿类、十字花科蔬菜、药用植物、花卉等。成、若虫刺吸棉株顶芽、嫩叶、花蕾及幼铃上汁液。

形态特征 成虫体长5mm，宽2.2mm。体绿色，密被短毛。头部三角形，黄绿色，复眼黑色突出，无单眼。触角4节丝状，较短，约为体长2/3，第二节长等于3、4节之和，向端部颜色渐深，1节黄绿色，4节黑褐色。前胸背板深绿色，布许多小黑点，前缘宽。小盾片三角形微突，黄绿色，中央具一浅纵纹。前翅膜片半透明暗灰色，余绿色。足黄绿色，后足腿节末端具褐色环斑，雌虫后足腿节较雄虫短，不超腹部末端，跗节3节，末端黑色。

生物学特性 河北一年发生3~5代。以卵在棉花枯枝铃壳内或苜蓿、蓖麻茎秆、茬内、果树皮或断枝内及土中越冬。翌春3~4月卵开始孵化。第一、二代多生活在紫云英、苜蓿等绿肥田中。成虫寿命长，产卵期30~40天，发生期不整齐。成

虫飞行力强，喜食花蜜，羽化后6~7天开始产卵。非越冬代卵多散产在嫩叶、茎、叶柄、叶脉、嫩蕾等组织内，外露黄色卵盖，卵期7~9天。

防治方法 1. 早春越冬卵孵化前，清除棉田及附近杂草，当卵已孵化则应在越冬虫源寄主上喷洒杀虫剂，可减少越冬虫源。2. 多雨季节注意开沟排水、中耕除草，降低园内湿度。3. 搞好管理（抹芽、副梢处理、绑蔓），改善通风透光条件。对幼树及偏旺树，避免冬剪过重；多施磷钾肥料，控制用氮量，防止徒长。

绿盲蝽成虫

绿盲蝽危害状

赤须盲蝽 | 盲蝽科

学名 *Trigonotylus ruficornis* Geoffroy

分布 河北、青海、甘肃、宁夏、内蒙古、吉林、黑龙江、辽宁等地。

寄主和危害 主要危害羊草、赖草、芦苇、苏丹草、无芒雀麦、大麦、黑麦、玉米、高粱、谷子等禾本科牧草和饲料作物的叶子，有时也危害其茎和穗。成若虫刺吸叶片汁液。

形态特征 成虫体长：雄性5~5.5mm，雌性5.5~ 6.0mm。全身绿色或黄绿色。头部略呈三角形，顶端向前突出，头顶中央有一纵沟，前伸不达顶端。复眼黑色半球形，紧接前胸背板前角。触角细长，分4节，等于或略短于体长，第一节短而粗，上有短的黄色细毛，第二、三节细长，第四节最短。触角红色，故称赤须盲蝽。

赤须盲蝽成虫

生物学特性 河北一年发生3代。以卵在禾草茎、叶上越冬。3月下旬当年多年生禾本科牧草返青以后，越冬卵开始孵化，5月初为孵化盛期。第一代成虫于5月中旬开始羽化，下旬达羽化盛期。5月中下旬成虫开始交配产卵。雌虫在叶鞘上端产卵成排，第一代卵从6月上旬开始孵化。

防治方法 1. 搞好管理。与非寄主植物实行轮作；科学肥水管理，提高植株抗性；收割时尽量留低茬，并彻底清洁田园，清除越冬场所，减少翌年虫源数量。2. 种子处理。在播种前半月（之前3~4周用根瘤菌拌种）采用药剂混合拌种，即80%可湿性福美双粉剂+68%可湿性七氯粉剂（3~4kg/t）。

赤须盲蝽成虫

膜肩网蝽

网蝽科
学名 *Hegesidemus habrus* Drake

分布 河北、北京、陕西、山西、河南、浙江、湖北、江西、广东、四川、甘肃。

寄主和危害 毛白杨、垂柳等。发生严重。以成、若虫群集于叶背刺吸植物汁液，导致叶片褪色发白，提早落叶，植物长势衰弱。本地主要发生期为5~10月。

形态特征 成虫体长2.5~3.0mm，宽1.0~ 1.2mm，长椭圆形。头兜屋脊状，末端有2个深褐斑，中间具3条灰黄色纵脊，两侧脊端半部与中纵脊平行。触角4节，细长，浅黄褐色，第四节端半部黑色。侧背板薄片状，向上强烈翘伸；前胸背板浅黄褐、黑褐色，遍布细刻点。前翅长椭圆形，长过腹部末端，浅黄白色，有许多透明小室；具有深褐色"大"字形或鱼形斑。腹部黑褐，侧区色淡，足淡黄色。

生物学特性 河北一年发生3代，世代重叠，以成虫在枯枝落叶下或树皮缝中越冬。翌年5月越冬成虫活动，成行产卵于叶背主脉和侧脉内，并用黏稠状黑液覆盖产卵处。卵期9~11天，一、二、三代若虫期分别为20、15、17天。成、若虫具有群集危害习性。

防治方法 建造树种多样化的绿地。清除冠下枯枝落叶。大发生时喷洒10%吡虫啉可湿性粉剂2000倍液或惠新净3000倍液。

膜肩网蝽成虫

膜肩网蝽若虫

膜肩网蝽成虫和卵

梨冠网蝽

网蝽科
学名 *Stephanitis nashi* Esaki et Takeya

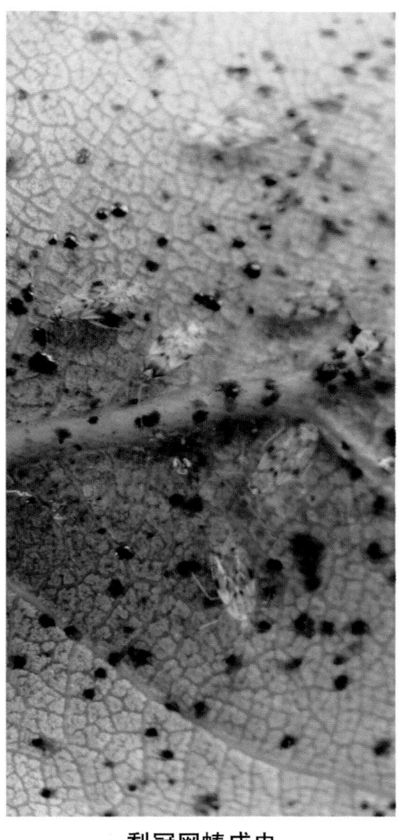
梨冠网蝽成虫

分布 河北、黑龙江、吉林、辽宁、河南、山西、山东、陕西、湖北、湖南、安徽、江苏、浙江、福建、广东、广西、四川、台湾、江西等地。

寄主和危害 梨、苹果、花红、槟沙果、沙果、海棠、山楂、桃、李、杏、樱桃等多种植物。

形态特征 成虫体长2.85~3.7mm。体扁暗褐色，头小红褐色。触角丝状浅黄褐色，4节，其中第三节特长，第四节端部呈扁球状。复眼暗褐色。前胸背板向后延伸呈三角形，盖住中胸，两侧缘及背中央各具一耳状突。表面具与前翅类似的网纹。前翅中央具一纵隆起，翅脉网纹状，两翅合拢时，翅面黑褐色斑纹常呈“X”形。

生物学特性 河北1年发生3~4代，以成虫于枯枝落叶、枝干翘皮、土石块下、杂草丛中越冬。

防治方法 1. 晚秋和早春，结合防治其他害虫，彻底清理园内及附近的落叶、杂草集中处理，树冠、行间平整耙实及刮树皮涂白，或结合深翻措施和树干束草，消灭越冬虫源。2. 越冬成虫出蛰上树，第一代卵孵化完毕，但第一代成虫仅个别羽化时，可结合卷叶虫的防治喷药。

横带红长蝽

长蝽科
学名 *Lygaeus equestris* (Linnaeus)

横带红长蝽成虫

分布 河北、内蒙古、黑龙江、吉林、辽宁、山西、陕西、宁夏。

寄主和危害 白菜、油菜、甘蓝等十字花科蔬菜。成虫和若虫群集于嫩叶上刺吸汁液，导致叶片枯萎。

形态特征 成虫体长12~13mm。红色具黑色斑纹，头中叶末端，眼内侧斜向头基部中央的斑点，触角、喙、前胸背板前叶及其在中纵线两侧向后的突出部、后缘2条近三角形横带及小盾片黑色。头胸下方黑，喙伸达或接近后足基节。前胸背板侧缘弯，后缘直。胸部侧板各节具2个较底色更黑的圆斑，其一在后背侧面上，另一个在基节臼上，不和后缘横带相连。小盾片“T”形，脊显著。前翅红，爪片中部具椭圆形光裸黑斑，端部黑褐色。在接近革片端缘两端的2个斑点、中部的圆斑以及边缘白色。

生物学特性 河北一年发生1~2代。以成虫在土中越冬。翌春5月中旬开始活动，6月上旬交配产卵，6~8月为发生盛期，各虫态并存。成虫有群集性，于10月中旬陆续越冬。

防治方法 及时冬耕和清理绿地，以消灭部分越冬成虫。在林间发现卵块要及时摘除。使用灭杀毙乳油4000倍液喷雾防治。

角红长蝽

长蝽科
学名 *Lygaeus hanseni* Jakovlev

角红长蝽成虫

分布 河北、黑龙江、内蒙古、辽宁、吉林、天津、甘肃；俄罗斯。

寄主和危害 不详。

形态特征 成虫体长8~10mm。前胸背板后部具角状黑斑。足黑色。小盾片黑，横脊宽。前翅暗红或红色，近端部的圆斑和革片中部的圆斑黑色；膜片黑色，外缘灰白。

生物学特性 河北7月可见成虫。

红脊长蝽

长蝽科
学名 *Tropidothorax elegans* Distant

分布 河北、北京、天津、江苏、河南、浙江、江西、广东、广西、四川、云南和台湾。

寄主和危害 以成、若虫群集于嫩茎、嫩瓜、嫩叶上刺吸汁液，刺吸处呈褐色斑点，严重时导致枯萎。

形态特征 成虫体长10mm左右，长椭圆形。头、触角和足黑色，体赤黄色。前胸背板后缘中部稍向前凹入，纵脊两侧各有1个近方形的大黑斑；小盾片黑色，三角形。前翅爪片除基节和端部赤黄色外基本上为黑色，革片和缘片的中域有一黑斑；膜质部黑色，基部近小盾片末端处有1个白斑，其前缘和外缘白色。

生物学特性 河北一年发生2代，以成虫在石块、土穴中或树洞里成团越冬。翌年4月中旬开始活动，5月上旬交尾。第一代若虫于5月底至6月中旬孵出，7~8月羽化产卵。第二代若虫于8月上旬至9月中旬孵出，9月中旬至11月中旬羽化，11月上中旬进入

红脊长蝽成虫

越冬。成虫怕强光，以上午 10 时前和下午 5 时后取食较盛，卵成堆产于土缝里、石块下或根际附近土表，一般每堆 30 余粒，最多达 200~300 粒。

防治方法 冬耕和清理菜地，可消灭部分越冬成虫。根据成虫产卵习性，可人工摘除卵块。在成虫成团未分散前，喷洒 48% 乐斯本乳油 3500 倍液，10% 吡虫啉可湿性粉剂 2000 倍液。

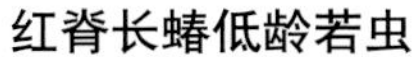

红脊长蝽低龄若虫

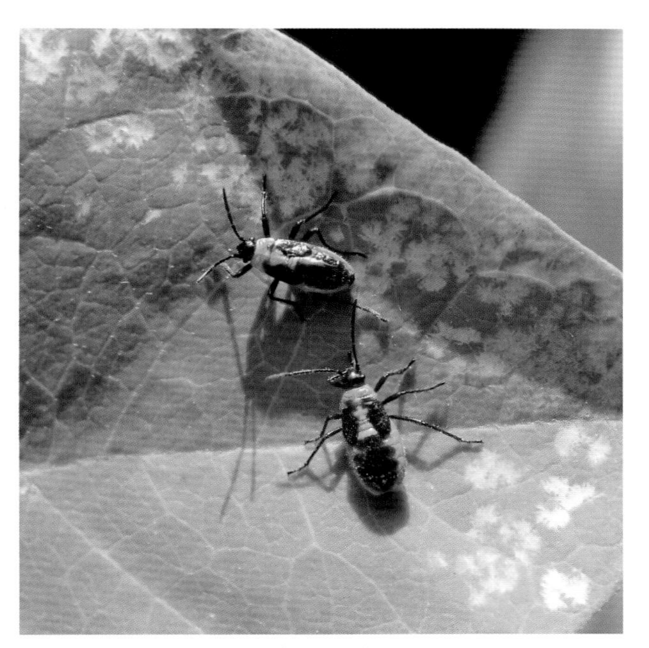

红脊长蝽若虫

角带花姬蝽

姬蝽科

学名 *Prostemma hilgendorffi* Stein

分布 河北、北京、天津、山东、浙江、江西、河南、上海、四川。

寄主和危害 棉蚜、棉叶螨、棉叶蝉、棉盲蝽。

形态特征 成虫体长 6~7mm，黑色，具浅红棕色及黄色斑，被刚毛及短细毛。触角和足黄褐色，前胸背板后叶、小盾片（除基部黑色外）端部 2/3 及前翅基半部浅红棕色或红色，前翅端半部黄色具褐色斑块。

生物学特性 河北 8 月下旬至 9 月上旬可见成虫。

角带花姬蝽成虫

地红蝽

红蝽科
学名 *Pyrrhocoris tibialis* Stål

分布 河北、辽宁、内蒙古、北京、天津、山东、江苏、上海、浙江、西藏、四川。

寄主和危害 十字花科植物。

形态特征 成虫体长8~10.5mm，前胸背板宽3~3.6mm。体椭圆形，常灰褐色具棕黑色刻点。头中叶纵带及头顶由4块近方形斑和基部中央一纵短带构成的“V”形淡褐色。触角、前胸背板、小盾片基角和近基部中央2个小圆斑、腿节及身体腹面棕黑色至黑色。前胸背板侧缘，革片前缘、胸腹面侧缘、侧接缘、胫节及跗节灰棕色。各足基节外侧及后胸侧板后缘白色。前胸背板稍伸长，其前缘几与头等宽。小盾片顶端具刻点。革片无明显黑色圆斑，顶角钝圆，前翅膜片翅缘呈乱网状。

生物学特性 河北7~8月见成虫。

地红蝽成虫

地红蝽成虫交尾

红背安缘蝽

缘蝽科
学名 *Anoplocnemis phasiana* Fabricius

分布 河北、江西、福建、广东、广西、云南。

寄主和危害 豆类、花生、合欢等。

形态特征 成虫体长约21~26mm，棕褐色。腹部背面红色，雄虫后足腿节腹面基部具短锥状突起。

生物学特性 河北一年发生1代，成虫见于7月上旬。

红背安缘蝽成虫

刺缘蝽

缘蝽科
学名 *Centrocoris volxemi* Puton

刺缘蝽成虫

分布 河北、新疆；俄罗斯。

寄主和危害 锦鸡儿。

形态特征 成虫体长约9mm，黄棕色至黑褐色。前胸背板侧缘具小齿，侧叶后缘锯齿状。头背面具许多棘刺。触角第一节粗，第二节最长。前胸背板、前翅革片、腹部腹面均散生褐色不规则斑。

生物学特性 成虫见于8月中旬。

稻棘缘蝽

缘蝽科
学名 *Cletus punctiger* (Dallas)

分布 河北、河南、湖北、江西、湖南、上海、广东、安徽、江苏、浙江、云南、贵州、西藏等。

寄主和危害 柳、泡桐、枫香、竹、水稻。成、若虫以口针刺吸汁液，被刺部位出现针尖大小褐点，影响产量和品质。

形态特征 成虫体长9.5~11mm，宽2.8~3.5mm。体黄褐色狭长，点刻密布。头顶中间具短纵沟，头顶、前胸背板前缘有黑色小粒点。触角第三节明显短于第一节，向外稍弯，复眼褐红色。前翅革片侧缘色浅，膜片淡褐色，透明，腹部腹板每节后缘具6个小黑点列一横排。

生物学特性 河北一年发生2代。以成虫在枯枝落叶下或杂草丛中越冬，翌年4月开始活动，4月下旬至6月中下旬产卵，产卵期13~19天。在寄主叶、穗上，8月出现第二代，1月中下旬越冬。若虫期28~31天，成虫寿命18~25天，越冬代长达7~10个月。羽化后1周开始交配，经4~5天产卵。卵散产或数粒间隔呈平行排列，产卵期3~96天，产卵量12~385粒，平均198粒。卵孵化，若虫蜕皮，成虫羽化多在夜间进行。初孵若虫经4~6小时后方可取食，成虫需补充营养，一生交尾多次，每次3~48小时。

防治方法 利用其假死性人工振落捕杀。在低龄若虫期，喷洒10%吡虫啉可湿性粉剂2000倍液。

稻棘缘蝽成虫交尾

波原缘蝽

▶ 缘蝽科
学名 *Coreus potanini* Jakovlev

分布 河北、山西、陕西、甘肃、四川、北京。
寄主 桦、苜蓿、马铃薯。
形态特征 成虫体长12~14mm，黄褐色至褐色。头小，中叶向下曲折，背面不可见。触角基内侧各具一棘刺，两者向对向前伸。触角基部3节三棱形，第二节最长，第四节长纺锤形最短。喙达中足基节。前胸背板侧角近于直角。前翅达腹部末端，膜质部分淡褐色透明。腹部向两侧显著扩展，侧接缘不为前翅覆盖。各足腿节腹面有2列棘刺，前足更显，腿节上有黑褐色斑，胫节上之黑褐色斑几成环形。
生物学特性 河北一年发生1代，以成虫在石块、杂草枯叶中越冬。翌年5月开始危害。
防治方法 清除林间、绿地杂草，消灭越冬成虫。严重地区植株喷洒48%乐斯本乳油3500倍液。

波原缘蝽成虫

波原缘蝽成虫交尾

波原缘蝽成虫群集交尾

亚姬缘蝽

▶ 缘蝽科
学名 *Corizus albomarginatus* Blöte

分布 河北、内蒙古、山西、黑龙江、贵州、西藏。
寄主和危害 桦、栎、苜蓿、铁杆蒿、蒲公英、鸦葱。
形态特征 成虫体长8.8~11.0mm，宽2.7~3.9mm。长椭圆形，红色，布显著黑色斑纹，密被浅色长毛。头三角形，在眼后突然狭窄，侧缘黑，中央红色部分呈菱形，中叶长于侧叶，触角基顶端外侧向前突出呈刺状。触角黑褐或黑色，各节间色稍浅，第一节短粗，约为第二节长的一半，第二、三节圆柱状，约等长，第四节长纺锤形，长于其他各节。单眼间距为单眼至复眼间距的2.7倍。前胸背板

亚姬缘蝽成虫

亚姬缘蝽成虫

亚姬缘蝽成虫交尾

亚姬缘蝽成虫交尾

刻点密，前端2块黑斑通常界限清楚，后端4块纵长黑斑有时连接成2块横长的肾形斑；颈片界限清楚，具1列密集的刻点。小盾片基半部黑色。前翅爪片黑，革片内侧具不规则黑斑。腹部第一、二、六、七节背板黑，其余红色。雌虫第七腹节背板后缘窄，外弓，稍长于腹板。头下方中央及前胸背板中央黑。中胸腹板两侧各具4块大黑斑。各节侧板前端黑，后胸侧板中央具1个黑斑。腹部腹板各节中央及两侧具1个黑色斑点，第七腹板3个黑斑通常清晰。雄生殖节后缘内凹，后角钝圆，抱握器。

生物学特性 河北一年发生1代，以成虫在石块、杂草枯叶中越冬。5~7月为成虫发生盛期，9月下旬开始越冬。

防治方法 清除绿地内杂草和残枝，杀灭部分越冬成虫。若虫发生严重时喷洒48%乐斯本乳油3000倍液。

离缘蝽

缘蝽科
学名 *Cuorosoma macilentum* Stål

分布 河北、陕西、山西、新疆、内蒙古、甘肃等。

寄主和危害 麦类、糜子、谷子、高粱。

形态特征 成虫体长约40mm。较为活跃。

生物学特性 河北一年发生1代。成虫见于8月。多在草丛中生活。

离缘蝽成虫

广腹同缘蝽

缘蝽科
学名 *Homoeocerus dilatatus* Horvath

分布 河北、陕西以及东北、华东、华中、华南。

寄主和危害 紫穗槐、榆及大豆等豆类作物和柑橘。

形态特征 成虫体长13.5~14.5mm，宽约10mm。体褐色至黄褐色，密布黑色小刻点。触角4节，前3节与体同色，三棱形，第二、三节显著扁平，第四节色偏黄，纺锤形。前胸背板前角向前突出，侧角稍大于90°。前翅不达腹部末端，革质部中央有1个小黑点。腹部两侧较扩展露出翅外。

生物学特性 河北一年发生1代，以成虫在石块下、土壤、落叶枯草中越冬。7~9月成虫发生盛期。

防治方法 秋季清除林间杂草，消除越冬成虫。若虫严重发生期，喷洒48%乐斯本乳油3000倍液。

广腹同缘蝽若虫

广腹同缘蝽成虫

同缘蝽

缘蝽科
学名 *Homoeocerus* sp.

分布 河北。

寄主和危害 苜蓿类植物。

形态特征 成虫体长约12mm。

生物学特性 河北一年发生1代。成虫见于6月下旬。

同缘蝽成虫

波赭缘蝽

缘蝽科
学名 *Ochrochira potanini* Kiritshenko

分布 河北、湖北、四川、甘肃、西藏。

寄主和危害 油松、榆、核桃楸。

形态特征 成虫体长20~23mm，宽8mm，腹部宽9mm左右。黑褐色，被白色短毛。触角第四节棕黄色，第一节稍短于第四节，第二、三节约等长。前胸背板侧缘略向内成弧形弯曲，锯齿甚小成小疣状；侧角圆形，向上翘折。腹部背面黑褐色，腹板正常。后足胫节背面向端部逐渐扩展。雄虫后足腿节无巨刺。

生物学特性 河北6~7月见成虫。

防治方法 清除地内杂草和人工扫网，消灭成虫。

波赭缘蝽成虫

波赭缘蝽成虫交尾

刺肩普缘蝽

缘蝽科
学名 *Plinachtus dissimilis* Hsiao

分布 河北、山东、山西、陕西、四川、江苏、湖北、浙江、江西。

寄主和危害 幼虫取食丝棉木、卫矛、芍药的花等。

形态特征 成虫体长14~15.5mm，宽4~4.5mm。体背面黑褐色，被浓密细小深色刻点，腹面黄色，触角4节；前胸背板侧角突出呈刺状。侧接缘各节黑黄相间。

生物学特性 河北一年发生2代。7月可见成虫。

刺肩普缘蝽产卵

刺肩普缘蝽交尾

钝肩普缘蝽

缘蝽科
学名 *Plinachtus stai bicoloripes* Scott.

分布 河北、山东、山西、陕西、四川、江苏、湖北、浙江、江西。

寄主和危害 幼虫取食丝棉木、卫矛、芍药的花等。

形态特征 成虫体长 14~15.5mm，宽 4~4.5mm。体背面黑褐色，被浓密细小深色刻点，腹面黄色，触角 4 节。前胸背板侧角钝状没刺尖。侧接缘各节黑黄相间。

生物学特性 河北一年发生 2 代。7 月可见成虫。

钝肩普缘蝽成虫

钝肩普缘蝽成虫

黄伊缘蝽

缘蝽科
学名 *Rhopalus maculatus* (Fieber)

分布 河北、内蒙古、黑龙江、吉林、辽宁、山东、河南、新疆、江苏、安徽、湖北、四川、浙江、江西、贵州、广东、云南、甘肃。

寄主和危害 松、黄粟、高粱，也能危害麦、稻和其他禾本科甚至其他科、属的一些植物。

形态特征 成虫体长 7~8mm，宽 2.5~5mm。体橙黄色。头三角形、表面粗糙，被白色绒毛，前胸背板有 1 条横隆线，前端细缩如颈状，中胸背板和小盾片上的刻点褐色，足橙黄色。鞘翅革区散生黑褐色斑点，膜片浅橘黄色，足橙黄色，腹部背线红色。

生物学特性 河北 6~8 月见成虫。

黄伊缘蝽成虫

黄伊缘蝽成虫

条蜂缘蝽

缘蝽科
学名 *Riptortus linearis* Fabricius

分布 河北、山东、河南、安徽、江苏、浙江、四川、江西、贵州、云南、福建等地。

寄主和危害 蚕豆、豌豆、菜豆。成虫和若虫均刺吸花果或豆荚汁液，也危害嫩茎、嫩叶。被害蕾、花凋落，果荚不实；嫩茎、嫩叶变黄，受害严重时植株死亡、不结实，对产量影响大。

形态特征 成虫体长13~15mm，宽3mm。体狭长，棕黄色。头在复眼前部成三角形，后部细缩如颈。复眼大且向两侧突出，黑色；单眼突起在后头，赭红色。触角4节，第四节长于第二、三节之和，第二节最短。前胸背板向前下倾，前缘具领，后缘呈2个弯曲，侧角刺状，表面及胸侧板密布疣点和刻点。头、胸两侧有光滑完整的带状黄色横条斑。后胸腹板后缘极窄，几乎成角状。腹部背面浅黄棕色，各节端部有黑色斑。后足腿节基部内侧有1个明显的突起，腿节腹面具一列黑刺，胫节稍弯曲，其腹面顶端具1齿，雄虫后足腿节粗大。臭腺道长向前弯曲，几乎达于后胸侧板前缘。前翅革片前缘的近端处稍向内弯，腹部第一节较其余节窄。

生物学特性 河北一年发生2代，以成虫在枯草丛中、树洞和屋檐下等处越冬。越冬成虫5月下旬开始活动，6月上旬产卵，6月中下旬孵化，7月上旬羽化为成虫，7月至8月中旬产卵。第二代若虫8月下旬孵化，10月下旬至11月下旬陆续越冬。成虫和若虫白天极为活泼，早晨和傍晚稍迟钝，阳光强烈时多栖息于寄主叶背。初孵若虫在卵壳上停息半天后，即开始取食。成虫交尾多在上午进行。卵多产于叶柄和叶背，少数产在叶面和嫩茎上，散生，偶聚产成行。每雌每次产卵5~14粒，多为7粒，一生可产卵14~35粒。

防治方法 冬季结合积肥，清除田间枯枝落叶，可消灭部分越冬虫源。在成虫、若虫危害期，可采用广谱性杀虫剂，均有毒杀作用。

条蜂缘蝽成虫

条蜂缘蝽若虫

条蜂缘蝽低龄若虫

点蜂缘蝽

缘蝽科
学名 *Riptortus pedestris* Fabricius

分布 河北、河南、江苏、浙江、安徽、江西、湖北、四川、福建、云南、西藏。

寄主和危害 小灌木、农作物。

形态特征 成虫体长15~17mm，腹部宽3.2~3.5mm。体黄棕至黑褐色。前胸背板、胸侧板散生明显黑色粒状点。头的侧面及前、中、后侧板具黄色斑，有时此黄斑几乎消失。腹部腹面具黑色小点，侧接缘端部3/4处黑色，基部1/4暗黄色；腹背板各节常具黑斑，深色个体腹部背面除中部黄斑外均为黑色。头三角状，前端向下倾斜，头后部宽于前胸背板的前部。喙达中足基节。触角着生于眼的前方，第一节与前胸背板约等长。前胸背板侧角成刺状伸向后侧方。后足股节粗，内侧具8~9根排成一列的小刺突；后足胫节向内弯曲。

生物学特性 河北一年发生1代。以成虫在石块、杂草和枯枝落叶中越冬。

防治方法 结合秋季清洁田园，清除田间杂草，集中处理。在低龄若虫期喷2.5%功夫乳油2000~5000倍液、2.5%敌杀死（溴氰菊酯）乳油2000倍液、10%吡虫啉可湿性粉剂1500倍液。

点蜂缘蝽成虫

双痣圆龟蝽

龟蝽科
学名 *Coptosoma biguttula* Motschulsky

分布 河北、北京、山西、吉林、辽宁、黑龙江、浙江、四川；日本。

寄主和危害 刺槐、紫穗槐等。

形态特征 成虫体长3~4mm。近圆形，黑色具光泽，背面圆鼓，有细微刻点。头小，前胸两侧缘各具纹1条，中部具横缢。小盾片阔圆两端各具较小的卵圆形黄斑1枚。足黄色，腿节基部褐色。腹部腹面黑色，光亮具刻点，侧缘及各节逗号形斑点黄色。

生物学特性 河北一年发生1代。以成虫在植物残茬、土缝、土块下越冬。翌年6月产卵于寄主植物叶背。卵期约10天。

防治方法 清除绿地内的杂草和植物残体，以消灭越冬成虫。

双痣圆龟蝽成虫

双痣圆龟蝽成虫

显著圆龟蝽

龟蝽科

学名 *Coptosoma notabilis* Montandon

分布 河北、浙江、福建、江西、湖北、广东、四川。

寄主和危害 葛藤等。成虫、若虫在茎秆上吸食汁液，有一定的群集性，影响植株生长发育。

形态特征 成虫体长2~3.5mm，宽2~3.4mm。近圆形，黑色发亮，背面密披小刻点。头小，侧叶与中叶等长，侧叶中部黄色。触角基部黄色，端部褐色。前胸背板侧缘前方具黄色线状纹。小盾片基胝具2个略呈横长方形的淡橘黄色斑点，侧胝黑色；两侧缘及后缘具黄边，两侧的黄边常不达小盾片的基部。足褐色，腿节顶端及胫节淡褐。前翅前缘基部黄色。腹部腹面侧缘黄色，侧缘内侧每节又各具1枚纵长形黄斑。雄虫生殖节略扁，稍窄于头的宽度。

生物学特性 河北一年发生1代。以成虫越冬。翌年4月中下旬开始交尾、产卵，第一代成虫于7~8月交尾、产卵。

显著圆龟蝽成虫

显著圆龟蝽成虫群集

阿蠋蝽

蝽科

学名 *Arma* sp.

分布 河北。

寄主和危害 鞘翅目等昆虫。

形态特征 成虫体长约13mm。前胸背板侧角伸出不远，伸出部分的长度明显小于爪片基部的宽，不上翘。触角第四节端部2/3为黑色。小盾片两基角处各有1个明显的凹陷小黑点。

生物学特性 成虫见于5月。

阿蠋蝽成虫

阿蠋蝽准备捕食象虫

辉蝽 | 蝽科

学名 *Carbula obtusangula* Reuter

分布 华北、华东、华中、华南、西南。

寄主和危害 胡枝子和鸡血藤以及禾本科杂草。成虫和若虫喜在花穗及嫩叶上吸食汁液。

形态特征 成虫体长10.1~11.2mm，宽6.8~7.2mm。近卵圆形，深紫黑褐色，有铜或紫铜色光泽，密布黑刻点。头长形，色深暗，侧叶稍长于中叶。触角第四、五节除基部外黑色，其余各节颜色较淡。前胸背板前缘内凹，侧角末端相对较尖，小盾片末端钝圆。前翅革质部基侧缘淡黄色。小盾片基缘有横列小白点3个。

生物学特性 河北一年发生1代，以成虫在石块、土缝、落叶枯草中越冬，翌年6月产卵于叶背及花序上，卵2列，卵块12~18粒。卵期约10天，成虫期约200天。

防治方法 清除地内杂草和人工扫网，消灭部分越冬成虫。成、若虫期喷洒3%啶虫脒1000倍液。人工捕杀。

辉蝽成虫

辉蝽若虫

北方辉蝽 | 蝽科

学名 *Carbula putoni* (Jakovlev)

北方辉蝽成虫

分布 河北、山东、黑龙江；俄罗斯。

寄主和危害 鸡血藤类及禾本科植物。

形态特征 成虫体长10mm左右。小盾片基角有明显的黄白色圆斑。头及前胸背板无显著而较长的毛。前胸背板侧角不尖锐，不显著向后弯。体深紫黑褐色，体有铜质光泽。头部色深。

生物学特性 河北一年发生1代。成虫见于7月上旬至8月中旬。

紫翅国蝽

蝽科
学名 *Carpocoris purpureipennis* (De Geer)

分布 河北、黑龙江、吉林、陕西等。

寄主和危害 梨。

形态特征 成虫体长12~13mm，宽7~8mm。宽椭圆形，黄褐色至棕紫色。触角第一节淡色，其余4节黑色。前胸背板前半部有4条宽纵黑带。腹部侧接缘黄黑相间，腹面及足黄褐色、红褐色或黄褐微显青绿色。

生物学特性 成虫见于7月。

紫翅国蝽成虫

东亚国蝽

蝽科
学名 *Carpocoris seidenstuckeri* Tamanini

分布 河北、吉林、内蒙古、辽宁、北京、山东、陕西；日本、朝鲜等。

寄主和危害 杏树等。

形态特征 成虫体长12~13mm，宽7~8mm。宽椭圆形，黄褐至棕紫色。头部侧叶与中叶齐平。前胸背板前半有4条黑灰色宽纵带，前胸背板基半及翅革片常呈紫红色。腹部侧接缘黄黑相间。体下及足常呈黄褐、红褐或黄色而呈微青绿色。

生物学特性 河北一年发生1代。成虫见于6月下旬至7月下旬。

东亚国蝽成虫

东亚国蝽成虫

斑须蝽

蝽科
学名 *Dolycoris baccarum* (Linnaeus)

分布 华北、东北、西北以及山东。

寄主和危害 杨、柳、蒙古栎、醋栗、落叶松等成虫和若虫刺吸嫩叶、嫩茎及穗部汁液。茎叶被害后，出现黄褐色斑点，严重时叶片卷曲，嫩茎凋萎，影响生长，减产减收。

形态特征 成虫体长8~13.5mm，宽约6mm。体椭圆形，黄褐或紫色，密被白绒毛和黑色小刻点。触角黑白相间。喙细长，紧贴于头部腹面。小盾片末端钝而光滑，黄白色。前胸背板前侧缘略上翘，淡黄色，后部暗红色。前翅革片淡红色或暗红色；腹片黄褐透明，侧接缘外露，黄褐相间。

生物学特性 河北一年发生2代，以成虫在田间杂草、枯枝落叶、植物根际、树皮及屋檐下越冬。4月初开始活动，4月中旬交尾产卵，4月底5月初幼虫孵化，第一代成虫6月初羽化，6月中旬为产卵盛期；第二代于6月中下旬7月上旬幼虫孵化，8月中旬开始羽化为成虫，10月上中旬陆续越冬。卵多产在作物上部叶片正面或花蕾、果实的苞片上，多行整齐纵列。卵期约5天。初孵若虫群聚危害，2龄后扩散危害。若虫期约40天。

防治方法 清除田间及四周杂草和枯枝落叶，消灭在其中越冬之成虫。发生严重时，在成虫期间向寄主植物喷洒48%乐斯本乳油3500倍液或90%敌百虫晶体1000倍液。

斑须蝽成虫

斑须蝽将孵化卵块

斑须蝽初孵若虫

斑须蝽成虫交尾

斑须蝽成虫交尾

麻皮蝽

蝽科
学名 *Erthesina fullo* (Thunberg)

分布 全国各地。

寄主和危害 危害多种阔叶树木。

形态特征 成虫：体长21~24mm，较宽大，黑色，密布黑刻点和不规则细黄斑。头部狭长，前端至小盾片中央有明显的黄细纵线1条。前胸背板前缘和前侧缘有黄色窄边，前侧缘前半部锯齿状侧角，三角形，略突出；胸部腹板黄白色，密布黑刻点；臭线沟香蕉状。腹面中央具1条纵沟，长达第五腹节；腹部各节侧接缘中间具小黄斑。

卵：长圆形，光亮，淡绿色至深黄白色，顶部中央多数有颗粒状小突起1枚。

若虫：体扁，洋梨形，有白色粉末；触角4节，黑褐色，节间黄红色；侧缘具浅黄色狭边，第三至第六腹节间各有黑色斑1个。

生物学特性 河北一年发生1代，以成虫在屋檐下、墙缝、树皮缝等处越冬。5~7月产卵于叶背，块状，每卵块约含卵12粒，排成4行。卵期约10天，1龄若虫围在卵块周围，若虫期约50天。成虫飞翔力强，趋光性弱。

防治方法 成虫期，特别是秋天寻找越冬场所时期，人工捕杀室内寻找越冬场所的成虫（用捕虫网扫落）。成、若虫期向树冠喷洒25%阿克泰水分散粒剂5000倍液。

麻皮蝽初孵若虫

麻皮蝽成虫

菜蝽

蝽科
学名 *Eurydema dominulus* (Scopoli)

分布 华北、东北、华东、华中、华南、西南。

寄主和危害 刺槐、菊花和十字花科花卉植物。以成虫、若虫刺吸植物汁液，尤喜刺吸嫩芽、嫩茎、嫩叶、花蕾和幼荚。其唾液对植物组织有破坏作用，影响生长，被刺处留下黄白色至微黑色斑点。幼苗子叶期受害则萎蔫甚至枯死；花期受害则不能结荚或子粒不饱满。此外，还可传播软腐病。

形态特征 成虫体长6~9mm，椭圆形，橙黄、橙红色。头黑，侧缘上卷，橙黄或橙红色。前胸背板有黑斑6块，前2块横，后4块斜。小盾片基部中央有三角形大黑斑1个，近端部两侧各有小黑斑1个。足黑黄相间，侧接缘黄、橙与黑相间。腹下每节两侧各有黑斑1个，中央靠前缘处各有黑横斑1块。

生物学特性 河北一年发生3代，少数1或2代，以成虫在石块下、土缝、落叶枯草中越冬。4月下旬至8月上旬产卵于叶背，约100粒，卵期约12天，成虫寿命约300天。

防治方法 秋季清除绿地内杂草和残叶，以消灭部分越冬成虫。成虫期用黑光灯诱杀、扫网捕杀成虫。在田间发现卵块应及时摘除。

菜蝽成虫

菜蝽成虫

菜蝽成虫和若虫

横纹菜蝽

蝽科
学名 *Eurydema gebleri* Kolenati

分布 河北以及东北、西北、华东、西南。

寄主和危害 刺槐、苹果、十字花科花卉植物。

形态特征 成虫体长6~9mm，椭圆形，黄、红色，具黑斑。头部蓝黑色略带闪光。前胸背板有4个大黑斑，中央有一隆起的黄色“十”字形纹。小盾片黑色，上有黄色“丫”形纹。前翅末端有1条横长的黄色斑。

生物学特性 河北一年发生1代，以成虫在石块下、土洞中越冬。翌年4月在叶背产卵成双行，卵期约10天，1~3龄若虫有假死性。

防治方法 清除绿地内杂草和残叶，消灭部分越冬成虫。成虫期用黑光灯诱杀或扫网捕杀成虫。成、若虫期喷洒48%乐斯本乳油3500倍液。

横纹菜蝽成虫

横纹菜蝽交尾

扁盾蝽

蝽科
学名 *Eurygaster tesudinarius* (Geoffoy)

分布 河北、黑龙江、山西、陕西、山东、江苏、四川、江西、湖北、浙江。

寄主和危害 禾本科植物。

形态特征 成虫体长9~10mm，宽6mm左右。体较扁平。小盾平相对较窄，前翅露出部分最宽处约为小盾片基部宽的1/3。体黄褐色至灰褐色，密被褐色及黑褐色刻点，这些刻点常组成各种隐约的斑纹，在前胸背板上组成数条不显著的黑褐色纵带。腹部各节侧缘后呈黑色。

生物学特性 河北一年发生1代。成虫见于6~7月。

扁盾蝽成虫

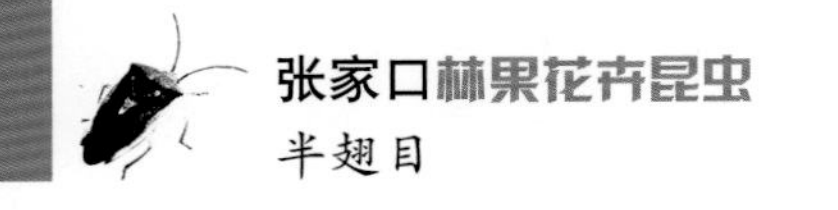

二星蝽

蝽科
学名 *Eysarcoris guttiger* (Thunberg)

二星蝽成虫

分布 河北、山西、陕西、山东、河南、江苏、安徽、浙江、湖北、湖南、江西、四川、贵州、福建、台湾、广东、广西、海南、青海、云南、西藏、甘肃。

寄主和危害 桑、榕树、竹类、无花果、稻、小麦、玉米、高粱、甘薯、大豆、茄子。

形态特征 成虫体长5mm左右，卵圆形，黄褐色，密被黑色刻点。头部黑色，少数个体头基部具浅色短纵纹。触角浅黄褐色，具5节。口器喙状，适合刺吸。小盾片基角具2个黄白色光滑的小圆斑。

生物学特性 河北一年发生4代，以成虫在杂草丛中、枯枝落叶下越冬，翌年3~4月开始活动危害，卵产于叶背面、穗芒上，数十粒排成1~2纵行，有的不规则，成虫有趋光性。

防治方法 成虫集中越冬或出蛰后集中危害时，利用成虫的假死性，振动植株，使虫落地，迅速收集杀死。喷洒20%灭多威乳油1500倍液。

赤条蝽

蝽科
学名 *Graphosoma rubrolineatd* (Westwood)

分布 全国各地。

寄主和危害 榆、栎、黄檗以及多种蔬菜。

形态特征 成虫体长9~13mm，橙红色，黑条纵贯全身，头部2条，前胸背板6条，小盾片4条；体表粗糙而密布细密刻点和白色短绒毛；侧接缘具黑橙相间点状纹。

生物学特性 河北一年发生1代，以成虫在枯枝落叶、杂草丛和土块下越冬。翌年5~7月产卵于寄主植物花序或果序表面，聚生成块，双行排列，每块约15粒，卵期9~13天，若虫期约40天，初龄若虫聚集危害，2龄后分散。

防治方法 初冬深翻发生地土壤和清除杂草，消灭越冬成虫。成虫产卵期人工摘除卵块或若虫群。低龄若虫严重发生期喷洒48%乐斯本乳油800倍液或森得保可湿性粉剂1000倍液。

赤条蝽成虫

赤条蝽成虫腹面

赤条蝽成虫群集

赤条蝽成虫交尾

茶翅蝽

蝽科
学名 *Halyomorpha halys* (Stål)

分布 华北、东北、西北、华中、华东以及四川。

寄主和危害 梨、泡桐、丁香、榆、桑、海棠、山楂、樱桃、樱花、桃、苹果等。

形态特征 成虫体长约15mm，近椭圆形，扁平，灰褐带紫红色。触角5节，第二节短于第三节，第四节两端和第五节基部黄色。前胸背板前缘横列有黄褐色小点4个。小盾片基部有横列小点5个。腹部两侧黑白相同。

生物学特性 河北一年发生1代，以成虫在屋檐下、窗缝、墙缝、草丛、草堆等处越冬。翌年5月上旬成虫开始活动，刺吸植物汁液，卵产于叶背,成块状,每卵块含卵约20粒。7月初若虫孵化，危害叶、果，受害叶片褪绿，果实畸形。7月下旬成虫羽化，9月开始越冬。

防治方法 冬季清除枯枝落叶和杂草，集中烧毁，消灭越冬成虫。成虫、若虫危害期清晨振动树干或扫网成虫。若虫期喷洒3%高渗苯氧威乳油3000倍液。保护天敌如卵寄生蜂。

茶翅蝽卵块

茶翅蝽若虫

茶翅蝽成虫交尾

弯角蝽

▶ 蝽科
学名 *Lelia decempunctata* Motschulsky

分布 华北、东北、华东以及陕西、四川、西藏。

寄主和危害 葡萄、糖槭、核桃楸、榆、杨、醋栗、刺槐、槭属等。

形态特征 成虫体长16~22mm。椭圆形，黄褐色，密布小黑刻点。前胸背板侧角大而尖，外突稍向上，侧角后缘有小突起1个，中区有等距排成一横列的黑点4个；前缘侧稍内凹，有小锯齿。小盾片基中部及中区各有黑点2个，基角上各有下陷黑点1个。

生物学特性 河北一年发生1代，以成虫在石块下、土缝、落叶枯草中越冬。产卵成块，卵块六边形，6~7行，每块70~90粒卵不等。

防治方法 人工扫捕成虫。若虫严重发生期，喷洒48%乐斯本乳油3500倍液或3%高渗苯氧威乳油3000倍液。

弯角蝽成虫

弯角蝽若虫

弯角蝽成虫交尾

紫蓝曼蝽

▶ 蝽科
学名 *Menida violacea* Motschulsky

分布 河北、黑龙江、吉林、辽宁、内蒙古、北京、山西、陕西、新疆等地。

寄主和危害 桦、梨、海棠、杨、柳、榆、栎、山楂等。

形态特征 成虫体长9~11mm，宽4~6mm。体椭圆形，蓝紫色，有金绿色光泽，满布黑色刻点。头部中片基部后面有2条纵向的短细白纹。单眼红色，复眼棕黑色。触角黑色，基部黄褐色。喙黑褐色，基部2节黄色。前胸背板后区、前缘、前侧缘、小盾片末端为黄白色。腹部腹面黄褐色，基部中央有1个黄色锐刺，伸达中足基节前。足黄褐色，布有黑色点刻。

生物学特性 河北一年发生1代，以成虫越冬。

紫蓝曼蝽成虫

紫蓝曼蝽若虫

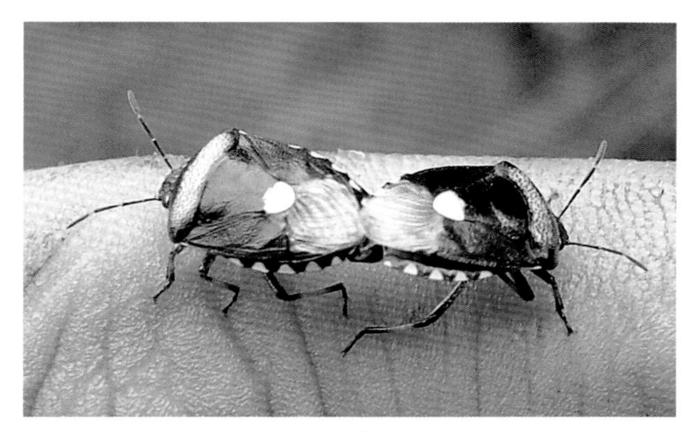
紫蓝曼蝽成虫交尾

稻绿蝽

蝽科
学名 *Nezara viridula* (Linnaeus)

分布 全国各地。

寄主和危害 桃、梨、苹果等。以成虫和若虫吸食柑橘嫩梢叶片、幼果和成熟果的汁液。是一种寄主植物极杂的害虫。

形态特征 成虫体长13~17mm，长椭圆形，青绿色。头近三角形，触角5节，喙4节，达后足基节。前胸背板边缘黄白色，侧角圆，稍突出体侧。小盾片基部有横列小黄白色点3个，侧接缘绿色，腹下浅绿色，密布黄色斑点。

生物学特性 河北一年发生1代，以成虫在杂草、土缝及林木茂密处越冬。翌春活动，卵产于寄生植物叶表呈块状，卵块70~90粒，规则排成3~9行。

防治方法 喷洒3%高渗苯氧威乳油3000倍液或森得保可湿性粉剂20克/亩（1亩=1/15hm^2，下同）。

稻绿蝽成虫

稻绿蝽成虫

稻绿蝽全绿型

蝽科
学名 *Nezara viridula forma typical* (Linnaeus)

分布 河北、山西、河南、安徽、江苏、浙江、湖南、江西、湖北、四川、贵州、福建、陕西、广东、广西、台湾；日本、越南。

寄主和危害 苹果、梨及多种农作物。

形态特征 成虫体长12~16mm，宽7~9mm。全体鲜绿色，有时前胸背板前缘具极狭的黄边，触角第一至三节绿色，第五节端部具一黑色纹。头部中叶与侧叶平齐前胸背板饱满，前侧缘略扁薄但不卷起，侧角圆钝，不伸出。

生物学特性 河北一年发生1代。成虫见于6~7月。

稻绿蝽全绿型成虫

浩蝽

蝽科
学名 *Okeanos quelpartensis* Distant

分布 河北、陕西、江西、四川、云南。

寄主和危害 柳。

形态特征 成虫体长12~16.5mm，宽7~9mm。长椭圆形，红褐或酱褐色，有光泽。前胸背板基缘、小盾片侧区、翅革片外域呈墨绿色，有金属光泽，密布黑刻色，前胸背板侧角后半漆黑色。前胸背板前半及小盾片端部淡黄褐或淡黄白色，几无刻点。头部中叶与侧叶末端平齐。前胸背板前缘中央深后凹，前角域小，角状向前斜伸，前侧缘光滑，前半略向内弯曲，后半几平直；侧角伸出，伸出部分稍宽于翅革片基部，末端圆钝而略平截。前胸背板及小盾片有一隐约的中纵脊。小盾片端部较狭长而渐尖，伸过翅革片内角甚多，革片的端角则远伸过小盾片末端。翅革片前缘淡黄白至淡黄褐色，有些个体，特别是活体也有淡绿白色的。触角及足黄褐色。体下同侧接缘一色：淡黄白至淡黄褐色，有较强光泽而无刻点。雄虫生殖节常为鲜红色。腹基刺粗，不伸达前足基节。

生物学特性 河北一年发生1代。以成虫在石块、墙缝和杂草枯枝落叶中越冬。

浩蝽成虫

浩蝽成虫

宽碧蝽

蝽科
学名 *Palomena viridissima* (Poda)

分布 河北、黑龙江、山东、陕西、山西、甘肃、青海；俄罗斯、印度、北非及欧洲。

寄主和危害 玉米、麻等。

形态特征 成虫体长12~13.5mm，宽8mm。宽椭圆形，鲜绿至暗绿色。触角第一节不伸出头末端，第二节显著长于第三节，1~3节绿色；第四节除基部为绿色外，与第五节均为红褐色。前胸背板后半色泽有时更加鲜绿。足淡绿色，胫节端部色泽变深。

生物学特性 河北一年发生1代。5月下旬至8月上旬可见成虫。

宽碧蝽成虫

金绿真蝽

蝽科
学名 *Pentatoma metallifera* (Motschulsky)

分布 河北、黑龙江、吉林、辽宁、内蒙古、北京、陕西；西伯利亚东部、蒙古。

寄主和危害 杨、榆。

形态特征 成虫体长17~21mm，宽11~13mm。体金绿色。触角黑或绿黑色。体下褐色，具浅刻点。头部中叶与侧叶末端平齐。前胸背板前侧缘有甚明显的锯齿，前角尖锐，向前外方斜伸。腹基突起短钝，伸达后足基节。喙伸过第二个可见腹节的中央。

生物学特性 河北一年发生1~2代，以成虫在杂草、枯枝落叶及植物根际越冬。5月开始产卵，6~9月各虫态均存在。

防治方法 成虫期用捕虫网捕杀成虫或向树冠喷洒48%乐斯本乳油3500倍液。

金绿真蝽成虫

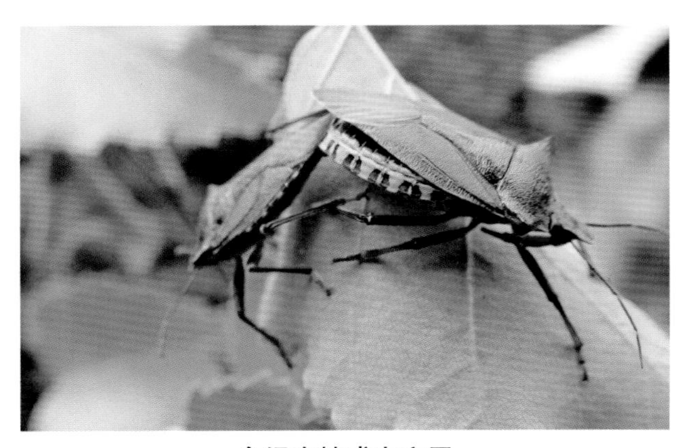
金绿真蝽成虫交尾

红足真蝽

蝽科
学名 *Pentatoma rufipes* (Linnaeus)

红足真蝽成虫

红足真蝽成虫刺吸松毛虫

分布 河北、北京、山西、内蒙古、辽宁、吉林、黑龙江、陕西、青海、新疆。

寄主和危害 小叶杨、柳、榆、花楸、桦、橡树、山楂、醋栗、杏、梨、海棠。

形态特征 成虫体长15.5~17.5mm，宽9~9.5mm。椭圆形，深紫黑色，略有金属光泽，密布黑刻点。头部侧缘弧圆，略向上卷，侧叶长于中叶，并相交于其前，以后又分开。以致头部前端有一小裂口。触角棕黑色，第一节色淡。复眼棕黑，单眼红色。喙伸达第二或第三可见腹节处，黄褐色，末端棕黑。前胸背板侧角扁阔，黑色，向外突出，并略上翘，其前部圆，向后呈菱角状略弯；前侧缘强烈内凹，边缘色淡，具小锯齿。侧接缘淡红褐色，各节前后缘黑色，两色相间成条纹。小盾片甚大，末端橙红。足深红褐，爪黑褐色。前翅膜片长于腹端，淡褐色。体下暗红褐色，腹部气门黑色。

生物学特性 河北一年发生1代。以成虫越冬，6月初产卵，6月下旬孵化，6~8月成虫、若虫均可采到。

防治方法 清除地内杂草和人工扫网，消灭部分越冬成虫。成、若虫期喷洒3%啶虫脒1000倍液。

褐真蝽

蝽科
学名 *Pentatoma semiannulata* (Motschulsky)

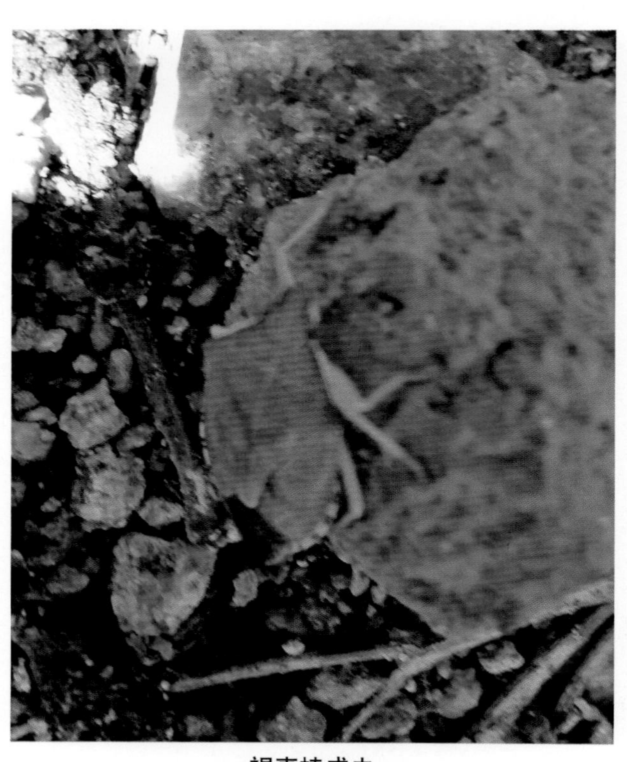
褐真蝽成虫

分布 河北、北京、山西、内蒙古、辽宁、吉林、黑龙江、四川、陕西；朝鲜、俄罗斯。

寄主和危害 梨及桦树等植物。

形态特征 成虫体长17~20mm。前胸背板宽10~11mm。椭圆形，红褐至黄褐色，无金属光泽，具棕黑色粗刻点，局部刻点联合成短条纹。头近三角形侧缘具边，色多深暗，微向上折翘，侧叶与中叶几等长，在中叶前方不会合。触角细长黄褐至棕褐色，第三至第五节除基部外棕黑色。前胸背板中央无明显横沟，胝区较光滑，其中央仅有少量黑刻点。前胸背板前侧缘有较宽的黄白色边，腿节和胫节有棕黑色斑。腹部侧接缘各节基部和端部有不规则黑色横斑纹，节缝黄色。

生物学特性 河北一年发生1代。成虫在林间枯叶、砖石下及洞穴内过冬，翌年5月出蛰，7月间交配。成虫和若虫均危害梨、桦树等。

益蝽 | ▶ 蝽科
学名 *Picromerus lewisi* Scott.

益蝽捕食幼虫

分布　河北、黑龙江、吉林、北京、陕西、江苏、浙江、江西、湖南等地。

寄主和危害　捕食鳞翅目的幼虫。

形态特征　成虫体长11~ 16mm，宽 7~9mm。暗黄褐色。触角第三节末端、第四和第五节端半暗色。头部侧叶稍长于中叶，但在中叶前不会合。小盾片基角处有1个淡色斑。侧接缘黄黑相间。

生物学特性　成虫见于6月上旬至7月上旬。

珀蝽 | ▶ 蝽科
学名 *Plautia fimbriata* (Fabricius)

分布　河北、辽宁以及华东、华南、西南。

寄主和危害　栎、柿、桃、梨、杏、枫杨、楸、泡桐、马尾松、柑橘、杉。

形态特征　成虫体长 8~12mm，卵圆形，绿色，具光泽，密被黑色或与体同色细刻点。头鲜绿，近三角形。触角 5 节，第二节绿色，3~5 节绿黄色，末端黑色。前胸背板两侧角较圆，略凸起，与后侧缘同为红褐色，小盾片绿色，末端色淡。腹部各节后侧角有黑斑 1 个，侧接缘后角尖锐，黑色；体下黄绿色；前翅革片暗红色。

生物学特性　河北一年发生 2 代，以成虫在枯草丛、林木茂密处越冬。卵成块产于叶背，双行或不规则紧凑排列。成虫趋光性强。

防治方法　成虫期黑光灯诱杀成虫。清除林地内杂草和枯枝或者扫网消灭部分越冬成虫。

珀蝽成虫

耳蝽

蝽科
学名 *Troilus luridus* (Fabricius)

分布 河北、甘肃、四川、云南、西藏；俄罗斯、印度等。

寄主和危害 松。

形态特征 成虫体长约10mm。黑褐色，密被黑色刻点。前胸背板前半部有4条隐约的纵向横带，侧角黑色。小盾片末端呈淡白色，足淡红褐色，密布黑色小点，侧接缘黄黑相间。

生物学特性 成虫见于7月上旬至8月中旬。

耳蝽成虫

金绿宽盾蝽

盾蝽科
学名 *Poecilocoris lewisi* Distant

分布 东北、华北和西部。

寄主和危害 葡萄、松、柏、石榴、荆条、刺梨、枫杨、栎类和臭椿等植物。以吸食寄主的嫩芽、叶汁液为生。

形态特征 成虫体宽椭圆形，长13.5~16mm，宽9~11mm。体金绿色，斑纹赭红色，少数个体略带蓝紫色。头金绿色，中叶尖端金黄色。侧叶稍短于中叶，缘微弱上卷。复眼黑色，单眼红色。触角细长，基节黄褐色，其余4节蓝黑色。喙黄褐色，末端棕黑色，至腹部第四节前缘。腹面侧缘金绿色，其余黄色。足及下体黄褐色带金绿光泽。气门上有一黑点。

生物学特性 河北一年发生1代，以5龄若虫在寄主的落叶和石块下越冬，翌年4月上中旬陆续从越冬处爬出，取食嫩叶。5月中旬5龄若虫开始羽化，6月初为羽化高峰期，6月中下旬羽化期结束，5~8月为成虫期，7月底到8月中旬交配产卵，8~9月若虫由1龄发育至5龄，9月中下旬为5龄若虫高峰期，11月5龄若虫开始转移越冬。

防治方法 清除林间杂草，消灭越冬若虫。若虫严重发生期间喷洒48%乐斯本乳油3500倍液。

金绿宽盾蝽成虫

金绿宽盾蝽成虫

金绿宽盾蝽刚孵化若虫及卵壳

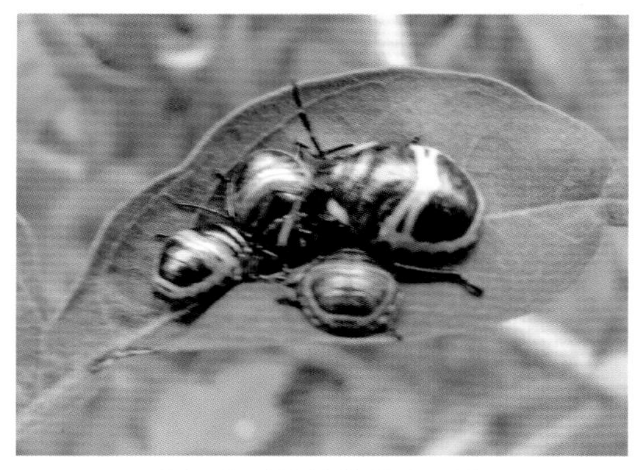

金绿宽盾蝽幼龄若虫群集

金绿宽盾蝽 5 龄若虫

亮壮异蝽

异蝽科
学名 *Urochela distincta* Distant

分布 河北、山西、陕西、浙江、江西、福建、贵州、云南。

寄主和危害 榆科植物。

形态特征 成虫体长9.0~11.0mm。体浅棕褐色，前胸背板、小盾片及前翅革片具黑色刻点，前胸背板侧缘及革片前缘着红色泽。触角第一、二、三节为黑褐色，第四、五两节的基半部淡黄色、端半部为黑色，第四节最长。前胸背板侧缘近基部的1个深色斑、前翅前缘的2个深色斑及中域的2个斑均为黑色。腹部侧接缘近中部亦为黑色。前翅长略超过腹部末端。

生物学特性 河北一年发生1代。成虫见于5月下旬至7月上旬。

亮壮异蝽成虫

红足状异蝽

异蝽科
学名 *Urochela quadrinotata* Reuter

分布 华北、东北以及陕西等地。

寄主和危害 榆、榛。

形态特征 成虫体长约15mm，背扁平，赭色略带红色。头、胸部及体腹面土黄或浅赭色；背部除头外均有黑刻点。头小，触角长，头、触角基后方中央有横皱纹。前胸背板胝部有斜行线斑2枚，侧缘中部向内凹陷成波状，背侧缘向中部凹入，前、后胸侧板后缘有细而稀疏的黑刻点。小盾片基角呈一黑椭圆刻痕；侧接缘有黑、黄相间的长方形斑。翅上有黑点2个；翅革质部发达，上有黑斑2个。足红褐色。

生物学特性 河北地区一年发生1代，以成虫在石块下、土缝、落叶枯草中越冬。7~9月成虫发生盛期。

防治方法 清除林间杂草，消除越冬成虫。若虫严重发生期，喷洒48%乐斯本乳油3500倍液。保护卵寄生蜂。

红足状异蝽成虫

娇异蝽

异蝽科
学名 *Urostylis* sp.

分布 河北及温带和亚热带地区。

寄主和危害 以乔木为主。成、若虫以小群集于嫩芽、嫩叶上吸食汁液。

形态特征 成虫体长11mm左右。体长椭圆形。体色多绿色。背腹略扁平。足和触角细长。前胸背板约与腹部等宽。单眼退化为新月形。雄虫触角细长，往往超过体长。

生物学特性 河北一年发生1代，6~7月成虫期。

防治方法 清除林间杂草减少越冬场所。若虫严重发生期，喷洒48%乐斯本乳油3500倍液。保护卵寄生蜂。

娇异蝽成虫

娇异蝽成虫交尾

黑背同蝽

同蝽科
学名 *Acanthosoma nigrodorsum* Hsiao et Liu

分布 河北、山西、四川。

寄主和危害 桦、栎等。

形态特征 成虫体长 14mm，宽 6.5mm，窄椭圆形。头黄褐色，侧叶及头顶具黑色粗刻点，眼与单眼之间光滑，触角第一节棕黄色，第二节棕色，第三、四节棕红色，第五节暗棕色，前胸背板中域淡黄绿色，后缘浅棕色，侧角鲜红色，末端尖锐，强烈弯向前方，其基部具黑色粗刻点，前缘光滑、颜色稍浅，后部刻点较细小。小盾片暗棕绿色，具黑色稀疏刻点，顶端光滑，黄褐色。革片外域及顶角黄绿色，刻点较稀少，内域浅棕色，刻点较细密，膜片淡褐色，半透明。中胸隆脊低平。足黄褐色，胫节黄绿色，跗节浅棕色。腹部背面黑色，末端鲜红色，侧接缘完全黄褐色；腹面棕黄色，光滑。

生物学特性 河北一年发生 1 代。以成虫越冬。

黑背同蝽成虫

泛刺同蝽

同蝽科
学名 *Acanthosoma spinicolle* Jakovlev

分布 河北、四川以及东北、西北、华中。

寄主和危害 梨、漆树。

形态特征 成虫体长 14~18mm，窄卵形，灰黄绿色。头黄褐色，有横皱纹及墨刻点。喙黄绿色，末节黑色，达后足基节，前胸背板前缘有黄绿色横带 1 条，侧角形状及色泽变异大，后缘红棕色。小盾片具黑色粗密刻点，中央有暗棕色斑，端角稍延伸，黄白色。腹部腹面和侧接缘黄褐色。

生物学特性 河北一年发生 1 代，以成虫在石块下、土缝、落叶枯草中越冬。7~9 月成虫发生盛期。

防治方法 清除林间杂草，消除越冬成虫。若虫严重期，喷洒 48% 乐斯本乳油 3500 倍液。

泛刺同蝽成虫

宽肩直同蝽

同蝽科
学名 *Elasmostethus humeralis* Jakovlev

分布 河北、吉林、北京、陕西、四川；日本、俄罗斯。

寄主和危害 油松、榆。

形态特征 成虫体长11mm，宽5.5mm左右。雌虫稍大。黄绿色或棕绿色，具棕红色。触角第一节超过头的前部。前胸背板基部、小盾片基部中央、爪片、革片顶缝内侧为棕红色。前胸背板侧角稍突出，其后部黑色。

生物学特性 成虫见于7~8月。

宽肩直同蝽成虫

曲匙同蝽

同蝽科
学名 *Elasmucha recurva* (Dallas)

分布 河北、北京、陕西、四川、云南、甘肃。

寄主和危害 醋栗、蔷薇科植物。

形态特征 成虫体长约10mm，椭圆形，绿褐至棕褐色，有黑色粗刻点。头、触角黄褐色。前胸背板前角刺突状，侧角强烈延伸呈粗刺状，深棕红色，末端常黑。小盾片基部有深棕色斑，刻点粗密；顶端稍延伸。

生物学特性 河北一年发生1代，以成虫在石块下、土缝、落叶枯草中越冬。7~9月成虫发生盛期。

防治方法 严重时可以扫网，人工灭杀成虫。

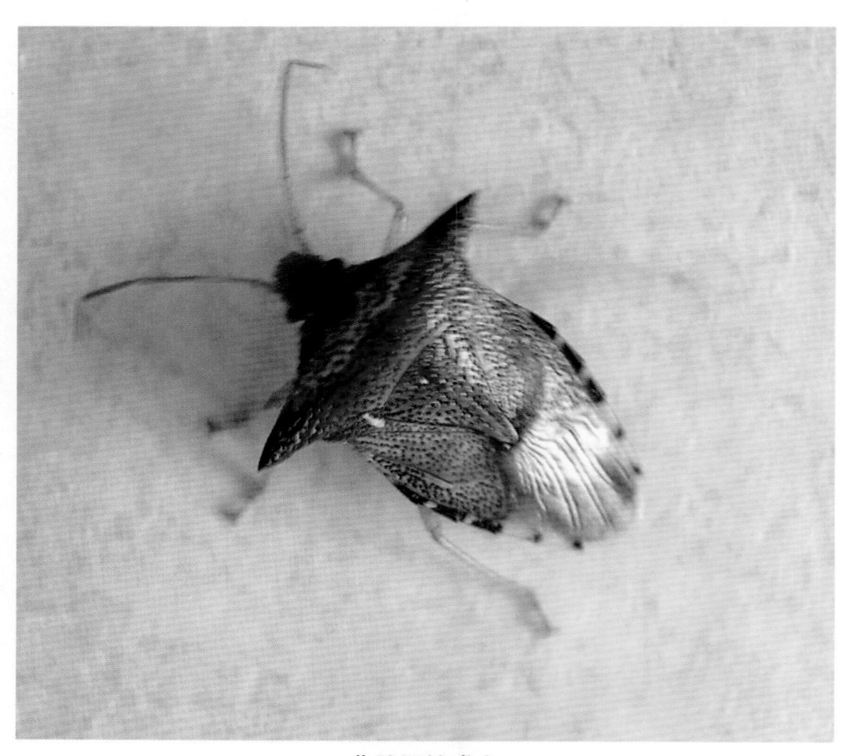

曲匙同蝽成虫

匙同蝽

同蝽科
学名 *Elasmucha* sp.

分布 河北、黑龙江、河南、四川、青海、甘肃等地。

寄主和危害 榆、柞、竹类。

形态特征 成虫体长约13mm。革片近顶缝中央有1个黑色圆斑。

生物学特性 河北一年发生1代。成虫见于6月下旬至8月。

匙同蝽成虫

匙同蝽成虫

副锥同蝽

同蝽科
学名 *Sastragala edessoides* Distant

分布 河北、北京、山西、陕西、四川、云南；印度。

寄主和危害 扶桑、锦葵、月季等花卉。

形态特征 成虫体长14~16mm，宽9~12mm。触角第一至第三节基部黄褐色或绿褐色，其余各节棕褐色。前胸背板中域暗黄绿色，后棕色，侧角强烈延伸呈较粗的长刺，末端尖锐，伸向侧前方，刺前缘通常橘红色，刺基部中央具黑色粗大刻点。小盾片黄绿色或浅褐色，具分布不均匀的黑色刻点，端部光滑，黄白色；革片刻点较细密、均匀，外域及顶角绿色或黄褐色；膜片淡棕色半透明。中胸隆脊高起。气门黑色。侧接缘黄褐色。腹刺伸达前足基节。

生物学特性 河北一年发生2代。成虫见于6月或10月。

副锥同蝽成虫

副锥同蝽成虫

负子蝽

负子蝽科
学名 *Lethocerus indicus*

分布 河北及中国南方。

寄主和危害 捕食能力很强。以小鱼、小虫、虾、蛙类、蝌蚪为捕食对象。

形态特征 成虫体长15~16mm。体卵形，褐色。背面平坦，腹面稍突出。头部尖，复眼黑色。身体呈流线型。前足特化为捕捉足，中后足有游泳毛。腹部末端呼吸管较短。

生物学特性 河北一年发生1代。7月下旬至8月中旬见成虫。此虫从夏季到秋季都生活在水中，但有时也会到陆地上过冬，常藏身在水边的草丛之中。雌虫把卵产在雄虫的背上，并分泌一种胶质粘着。

负子蝽成虫

蝎蝽

蝎蝽科
学名 *Nepa chinensis* Hoff

分布 河北、辽宁、江苏、浙江、江西、山东、湖北、湖南。

寄主和危害 以水生小动物为食。

形态特征 成虫体长25~40mm。体形扁平，深褐色。头小，复眼黑色，球形。前足为捕捉足。腹部腹面中央隆起，腹末有细长呼吸管。

生物学特性 成虫一般分布在河流、池塘、湖泊等水域中，冬天来临时，它们会跑到底层石缝处或泥土中过冬。翌年3月出蛰活动；5月间交配并产卵于水生植物茎秆中，下旬若虫孵化。

蝎蝽成虫

蝎蝽成虫

广 翅 目

东方巨齿蛉

齿蛉科
学名 *Acanthacorydalis orientalis* (Mclachlan)

分布 河北、四川、湖北、福建、广东等地。

寄主和危害 是一种专门捕食农业害虫的昆虫，其双钳力量很大，主要以毛虫、蠕虫，如蝴蝶、飞蛾等为食。

形态特征 成虫体长65~70mm，前翅长72~80mm，后翅长62~70mm。体翅暗黑褐色。头部宽大，后头细狭如胫，头侧各有一刺状突，头顶有1对齿状突起。头顶大部为黑色。触角黑色。上颚发达，内侧有一大齿，端部尖而弯有2个小齿。翅淡褐色半透明，翅脉深褐色有明显的褐色斑纹。足黑色。

生物学特性 河北一年发生1代。成虫见于7月上旬至8月下旬。夜间有趋光性，东方巨齿蛉幼虫的生活需要非常洁净的水质。

东方巨齿蛉成虫

东方巨齿蛉成虫

蛇 蛉 目

蛇蛉

蛇蛉科
学名 *Agulla xiyue* Yang et Chou

分布 全国各地。

寄主和危害 成虫可见于花、叶片、树干等处，取食蚜虫、鳞翅目幼虫等。幼虫可见于松动的树皮下，尤其是针叶树的树皮下，捕食其他小型软体昆虫。

形态特征 成虫头小，前胸细长如“颈”。触角丝状，咀嚼口器，两对翅形状相似。网状脉。雌体有细长的产卵管。头部延长，后方收缩成三角形，下口式。前足位于前胸后端。

生物学特性 幼虫陆生，主要生活在山区，有分节的触角、发达的胸足，但腹部无突起或附肢。幼虫生活于针叶林树皮下，捕食其他昆虫。成虫也是捕食性。

蛇蛉成虫

脉 翅 目

褐纹树蚁蛉

蚁蛉科
学名 *Dendroleon pantherius* Fabricius

分布 河北、陕西、江苏、江西、福建。

寄主和危害 捕食昆虫。

形态特征 成虫体长17~25mm，前翅长22~31mm，后翅长21~30mm。翅透明，具明显花斑，翅脉褐色，部分为黄色，前翅褐斑多，分布在翅尖及后缘，以后缘中央的弧形纹和下面的褐斑最为醒目。后翅则褐斑较前翅为少，均在翅端部，前缘翅痣旁的一个褐斑最大，翅尖的呈三角形。

生物学特性 河北一年内完成3个世代。成虫见于7~8月。

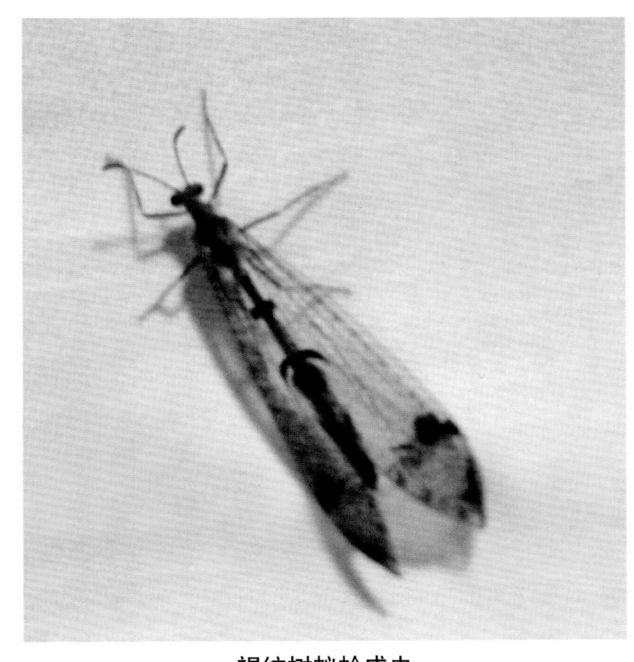

褐纹树蚁蛉成虫

褐纹树蚁蛉成虫

条斑次蚁蛉

蚁蛉科
学名 *Deutoleon lineatus* (Fabricius)

分布 河北、吉林、辽宁、内蒙古、山西、山东；朝鲜。

寄主和危害 幼虫捕食多种昆虫。

形态特征 成虫体长30~38mm，前翅长33~41mm，后翅长32~40mm。头黄色，头顶具2列横列黑斑。触角、复眼黑色，下颚须及下唇须黄色。前胸背板黄色，两侧缘黑色，背中央有2条黑色纵带，其中部稍宽大，中后胸黑色，中胸背面有黄斑，后缘有黄边，翅透明，翅痣黄色，翅脉大部分为黄色。雌虫后翅端部约1/4处的下部有明显的黑褐色条斑。

生物学特性 河北一年发生1代。成虫见于7月中旬至8月中旬。

条斑次蚁蛉成虫

条斑次蚁蛉成虫

蚁狮

蚁蛉科
学名 *Myrmeleon formicarius*

分布 河北及全国大部分地区。

形态特征 蚁蛉的幼虫被称作“蚁狮”，它们在地面的沙地上做一个漏斗状的穴，蚁狮伏在沙中，只在巢的底部伸出其口器，以捕食过路的小虫。河边的沙地，蚁狮的巢变成了巨无霸。蚁狮口器为双刺吸式，用以吸食落入陷阱的昆虫体液。

蚁狮成虫

黄花蝶角蛉

蝶角蛉科
学名 *Ascalaphus sibiricus* Eversmann

分布 河北、山西、山东、内蒙古、陕西、辽宁、吉林、黑龙江等。

寄主和危害 小麦。捕食性天敌。幼虫捕食小虫。

形态特征 成虫体长17~25mm，前翅长18~28mm，后翅长16~26mm。体黑色多毛。头部黑色密生长毛，头顶及额中央的毛为灰黄色。翅长三角形；前翅大部分透明，基部1/3黄色不透明，在中脉与肘脉间有1条褐色纵脉；翅痣褐色二角形，内有横脉；翅脉褐色，翅基黄色部分中的脉为黄色：后翅中间大部分为黄色，基部1/3褐色；

生物学特性 河北一年发生1代。成虫见于5月下旬至7月中旬。成虫栖息于山区。

黄花蝶角蛉成虫

螳蛉

螳蛉科
学名 *Paratenodera sinensis* Saussure

分布 华北、华东、华中、西北等地。

寄主和危害 捕食小型昆虫。

形态特征 成虫体纤细，前腿有刺，外形像小螳螂一样，它们的第一胸节延长，2对狭窄的翅大小基本相等。前足为捕捉式，基节大而长，腿节粗大，腹缘有齿列及1个大而粗的刺状齿，胫节细长而弧弯，跗节短而紧凑。翅2对相似，翅痣长而特殊，前翅前缘在痣以前弧凸，翅有1或2组阶脉，翅基有轭叶。

生物学特性 河北一年发生1代。成虫见于7月下旬至8月。螳蛉的卵具有短柄（为雌虫分泌的能够迅速凝结的胶状物），聚产在树皮上多达数百粒；幼虫寻找蜘蛛卵囊去寄生，少数在胡蜂巢内寄生，大幼虫体粗而弯，头部小，胸足的爪单一。

螳蛉成虫

丽草蛉

草蛉科
学名 *Chrysopa formosa* Brauer

分布 河北、黑龙江、辽宁、吉林、北京、天津、山东、山西、河南、湖北、甘肃、新疆、上海、四川、陕西。

寄主和危害 蚜虫、鳞翅目的卵和幼虫；捕食性天敌。

形态特征 成虫体长 9~10mm，前翅长 14~15.5mm，后翅长 11~13mm。体绿色，下颚须和下唇须均为黑色。触角比前翅短，黄褐色，第一节与头部颜色相同，第二节黑褐色。头部有 9 个黑色斑纹（中斑 1 个、角上斑 1 对、角下斑 1 对呈新月形、颊斑 1 对、唇基斑 1 对）呈长形。前胸背板长略大于宽，中部有 1 横沟，横沟两侧各有 1 褐斑。中胸和后胸背面也有褐斑，但常不显著。足绿色，胫节及跗节黄褐色。翅端较圆，翅痣黄绿色，前后翅的前缘横脉列的大多数均为黑色（以此点区别叶色草蛉），径横脉列仅上端一点为黑色，所有的阶脉为绿色，翅脉上有黑毛。腹部为绿色，密生黄毛，腹端腹面则多生黑毛。

生物学特性 河北一年发生 4 代，以预蛹期在茧内越冬。翌年 4 月上旬开始化蛹，4 月下旬至 5 月上旬为化蛹盛期。羽化盛期在 5 月上中旬。产卵盛期在 5 月下旬至 6 月上旬。9 月中旬以后陆续进入预蛹期并开始越冬。

防治方法 保护利用。

丽草蛉成虫

丽草蛉 3 龄幼虫

丽草蛉 2 龄幼虫

丽草蛉幼虫捕食梨木虱

大草蛉

草蛉科
学名 *Chrysopa sepempunctata* Wesmael

分布 全国各地。

寄主和危害 捕食性天敌。

形态特征 成虫体长13~15mm，前翅长17~18mm，后翅长15~16mm。体型较大。体黄绿色，胸部背面有黄色中带。头部黄绿色，有黑斑2~7个，常见4或5斑。触角较前翅为短，黄褐色。下颚须及下唇须均为黄褐色。腹部绿色,密生黄毛。翅痣黄绿色，多横脉，翅脉大部分为黄绿色，但前翅前缘横脉列及翅后缘基半的脉多为黑色，两组阶脉各脉的中央黑色；后翅前缘横脉及径横脉的大半段为黑色，后缘各脉均为绿色，阶脉与前翅相同。

生物学特性 河北一年发生3代，以老熟幼虫在茧内越冬。卵有长丝柄，10多粒集在一处像一丛花蕊。大草蛉成虫多在傍晚羽化，刚羽化的成虫色泽较浅，取食后绿色逐渐变深。成虫需补充营养，交尾以午夜至凌晨为多。

防治方法 保护利用。

大草蛉成虫

大草蛉卵

中华草蛉

草蛉科
学名 *Chrysopa sinica* Tieder

分布 河北、黑龙江、吉林、辽宁、北京、陕西、山西、山东、河南、湖北、湖南、四川、江苏、江西、安徽、上海、广东、云南。

寄主 棉铃虫、棉红蜘蛛、蚜虫;棉花、小麦、蔬菜、玉米、烟草、大豆。捕食性天敌。

形态特征 成虫体长9~10mm，前翅长13~14mm，后翅长11~12mm，展翅30~31mm。体黄绿色。胸部和腹部背面两侧淡绿色，中央有黄色纵带。头部淡黄色，颊斑和唇基斑黑色各1对，但大部分个体每侧的颊斑与唇基斑连接呈条状。下颚和下唇须暗褐色。触角比前翅短，呈灰黄色，基部两节与头部同色。翅窄长，端部较尖，翅脉黄绿色，基部两节与头部同色，前缘横脉的下端，径分脉和径横脉的基部、内阶脉和外阶脉均为黑色，翅基部的横脉也多为黑色，翅脉上有黑色短毛。足黄绿色，跗节黄褐色。

生物学特性 河北一年发生5代，以成虫越冬。主要在背风向阳的山坡上的杂草和枯叶内越冬。10月下旬即可看到越冬成虫。越冬时，体色由绿色变为黄绿色再变为褐色，最后变为土黄色。体色由绿变黄为越冬的标志。成虫一般在植物的叶背、根际或杂草丛内越冬。此时，只要气温上升到19℃以上，并有阳光，成虫就可活动，但不能产卵。翌春活动较早，成虫寿命较长，自交配后在整个生活过程中有连续产卵的习性，因而造成世代重叠。

中华草蛉卵

中华草蛉成虫

中华草蛉成虫

鞘 翅 目

多型虎甲铜翅亚种

虎甲科
学名 *Cicindela hybrida iransbaicalica* Motschulsky

分布 河北、辽宁、新疆、甘肃、内蒙古、陕西、江苏。

寄主和危害 捕食棉铃虫、地老虎、红铃虫。

形态特征 成虫体长11.50~13.50mm，宽5~5.50mm。体背面铜色，具紫色或绿色光泽。体腹面具强烈金属光泽。前中胸侧片紫金色；后胸侧片紫色，边缘蓝绿色。腹部宝蓝色或蓝紫色。胸部腹面、足和下唇须具白毛。与多型虎甲红翅亚种的主要区别：体型较小；翅呈铜色，斑纹较宽；上唇较横宽，宽超过长3倍，中部突起不明显，前缘中央齿较小。足长7~8mm左右。

生物学特性 河北二年发生1代，多生于潮湿地带。

多型虎甲铜翅亚种成虫

多型虎甲铜翅亚种成虫

多型虎甲红翅亚种

虎甲科
学名 *Cicindela hybrida nitida* Lichtenstein

分布 河北、山西、江西、江苏、安徽、甘肃、内蒙古、黑龙江、吉林、辽宁、新疆；俄罗斯。

寄主和危害 蝗虫等多种昆虫。

形态特征 成虫体长16mm，宽7mm。体带有金属光泽，头和前胸背板翠绿并带蓝色。鞘翅紫红色，腹面蓝绿色。触角丝状，复眼大而突出，额具纵皱纹，头顶具横皱纹。鞘翅密被小颗粒，每翅具8个黄色斑纹。体腹面、下颚须和足密被粗长白毛。

生物学特性 河北两年发生1代。以3龄幼虫在土中越冬。翌年夏末秋初成虫羽化，此时性未成熟，但活动、取食，再以成虫在土中进行越冬，至第三年春季成虫性成熟，出土取食、交配和繁衍后代。雌虫以产卵管掘土穴，卵产于土穴内。幼虫期约1年，成虫期约10个月。

多型虎甲红翅亚种成虫

暗广肩步甲

▶ 步甲科
学名 *Calosoma lugens* Chaudoir

分布 河北。

寄主和危害 捕食昆虫。

形态特征 成虫体长 25mm 左右，宽 10.5mm 左右。全体黑色。前头多皱纹，头部在复眼后方微凹陷。前胸背板近似心形，前缘微凹，侧缘边明显。鞘翅近长方形，侧缘有边，基部无边，肩胛方形，自基部向端部渐宽，最宽处在端部近 1/3 处，表面密布较扁平的颗粒状隆起，纵向近似成行。

生物学特性 河北一年发生 1 代，成虫见于 6 月上旬至 7 月中旬。有假死性，受惊后“假死”落地，随即迅速潜入草丛中。成虫一般在夜间取食。

防治方法 在步甲危害初期至盛期进行人工捕捉。

暗广肩步甲成虫

中华广肩步甲

▶ 步甲科
学名 *Calosoma maderae chinense* Kirby

分布 河北、黑龙江、辽宁、山西、江苏。

寄主和危害 捕食性天敌，如捕食黏虫、切根虫。

形态特征 成虫体长 26~35mm，宽 10~13mm。为大型步甲，黑色，背面幽暗但常闪烁铜色光泽（尤其在刻点间），腹面明亮。每鞘翅有 4 行金色粗刻点，最后一行靠近翅缘，刻点排列较密。前胸背板横宽，两侧缘在中部膨出呈弧形。鞘翅近于长方形，肩胛方形，自基部微向后加宽，最宽处在翅后端 1/3 处；鞘翅表面被小颗粒，无排列规则的明显条纹。

生物学特性 河北一年发生 1 代。成虫见于 7 月上旬至 8 月上旬。

中华广肩步甲成虫

中华广肩步甲成虫

黑广肩步甲

步甲科
学名 *Calosoma maximoviczi* Marz

分布 河北、山东、辽宁、河南、湖北等地。

寄主和危害 一种捕食柞蚕的重要害虫。1~5 龄柞蚕均能被其捕食，以 2~3 龄柞蚕受害最重。成虫食蚕时，从柞蚕背部或体侧咬破吸食血液，并将脂肪食掉大半，有时只咬不食。该虫除食害柞蚕外，还捕食舟蛾、刺蛾、夜蛾等幼虫。主要天敌有青蛙、蟾蜍等。

形态特征 成虫体长 25~35mm，宽 13~17mm。体黑色有光泽。上颚发达。前胸背板横宽，两侧外缘成弧形。鞘翅较宽，各有隆起纵线 15 条、第四、八、十二条线上各有数目不定、间距不等的铜绿色带光泽的凹点。雄虫前足第一、二、三跗节比雌虫大。

生物学特性 河北一年发生 1 代，以成虫于柞蚕场土中越冬，翌年 5~6 月间有极少数成虫出土活动，8 月上旬成虫大量发生。成虫一般在下午 3 时后开始活动，20~23 时活动最盛，24 时活动渐少。成虫对甜味、腥味有一定的趋性。

防治方法 1. 在步甲危害初期至盛期，进行人工捕捉。2. 避虫放养，用历年步甲发生少的柞场作蚁场，发生多的柞场作营茧场，避开虫期，减轻危害。

黑广肩步甲成虫

麻步甲

步甲科
学名 *Carabus brandti* Faldermann

麻步甲成虫

分布 河北、北京、东北、内蒙古、河南。

寄主和危害 最爱吃蜗牛，还可以夹杂一些其他昆虫如毛虫、菜青虫。

形态特征 成虫体长 16~4mm，宽 9.8~11mm。体黑色或蓝黑色；头顶密布细刻点和粗皱纹；上颚较短宽，内缘中央有 1 粗大的齿。前胸背板宽大于长，最宽处在中部之前。鞘翅卵圆形，翅面密布大小疣突。

生物学特性 河北 6~7 月见成虫。

绿步甲

▶ 步甲科
学名 *Carabus smaragdinus* Fischer

分布 河北、北京、河南、山东、湖北。

寄主和危害 捕食鳞翅目昆虫幼虫。

形态特征 成虫前胸背板暗铜色，鞘翅金绿色，疣突黑色，体腹面略带蓝色光泽。

生物学特性 河北一年发生1代。5月下旬至6月上旬见成虫。

绿步甲成虫

碎纹粗皱步甲

▶ 步甲科
学名 *Carabus* (*Pagocarabus*) *crassesculptus* Kraatz

碎纹粗皱步甲成虫

碎纹粗皱步甲成虫

分布 河北、北京、河南、山西、陕西、四川、青海。

寄主和危害 该种一般在地面捕食，也偶尔有上树捕食的习性。主要食物为毛虫、蚯蚓，也吃一些死亡的动物。

形态特征 成虫体长约22mm，鞘翅最宽为7mm。头部向前伸，且略斜向下。复眼黑色，半球状向外突出。虫体背面从头至鞘翅末端都有金属蓝色光泽。前胸背板上密布小黑色刻点。鞘翅上的刻点有大有小，排列较为整齐，如同粗皱的碎纹一般。

生物学特性 河北一年发生1代，成虫主要于6~8月活动，其中7月为高峰期。白天隐藏于岩石落叶等隐蔽物下，夜间及傍晚活动。因不能飞行，故扩散能力有限。主要分布在有一定海拔高度的山区森林中，一般需要有较高的湿度，有一定的落叶堆积。

点沟青步甲

▶ 步甲科
学名 *Chlaenius proefectus* Bates

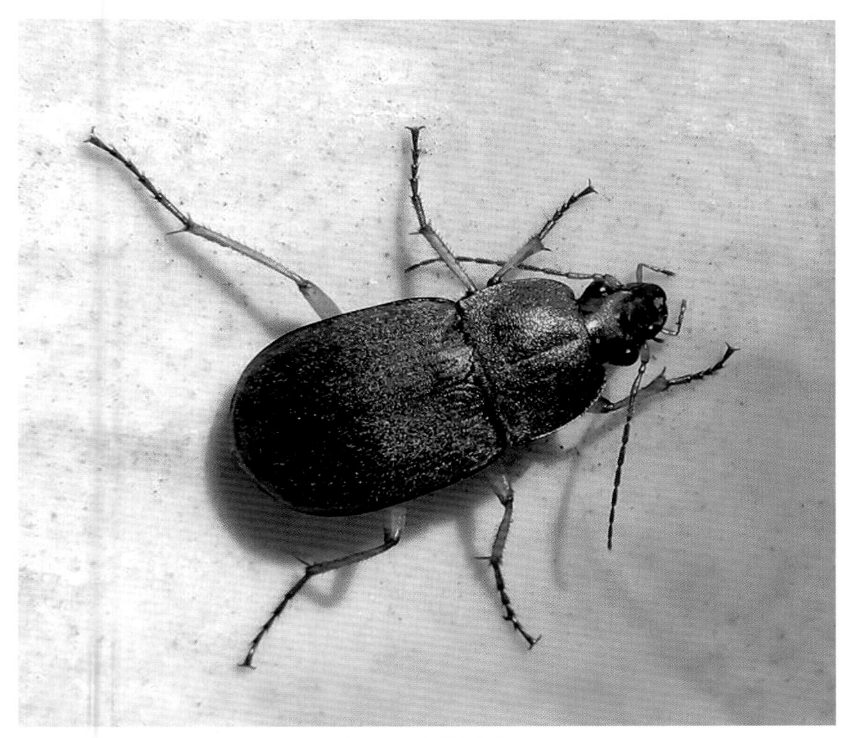
点沟青步甲成虫

分布 河北、辽宁、湖北、四川。

寄主和危害 不详。

形态特征 成虫体长18mm左右。头部额面具皱纹和小刻点，头顶刻点较粗且深。前胸背板红铜色，微具绿色光泽；前胸背板宽略大于长，最宽处在中部前方。中央纵沟明显，不达到前、后缘；背板上刻点较粗，具横皱纹，后缘前方具纵皱纹；背板后方两侧有凹陷，底部较宽。鞘翅黑色，无绿色光泽。鞘翅行距上有密的细刻点。

生物学特性 河北7月可见成虫。

逗斑青步甲

▶ 步甲科
学名 *Chlaenius virgulifer* Chaudoir

分布 河北、江西、广东、云南。

寄主和危害 水稻。

形态特征 成虫体长13mm，宽5mm。体黑色，头及前胸背板具深绿色的金属光泽，鞘翅具绿色光泽；触角基部2节、上唇前缘、腹部末端及足棕黄色；前胸背板两侧缘、鞘翅缘折棕红色。鞘翅端部各有1个黄斑，其端部达鞘翅末端，跨及第六、七、八沟距，最宽处跨及第三沟距。头部有小刻点，额中央光滑，近眼侧有一些纵走皱纹；额陷较深，上唇前端平截；眼突出。触角第一节的长度与第四节相似，相当于第二节的2倍。前胸背板近于方形，比头宽1/3，前缘略窄于后缘，前后缘均平截，侧缘弧形，近前角处向下倾斜，有疏刻点，刻点基部较密，在中线的两侧各有一行不达边缘的不规则的小刻点，近基缘两侧各有一纵陷。鞘翅稍突起，每一鞘翅的宽度相当于前胸背板的3/5，在翅尖之前略呈波状，纵沟上有明显的刻点，沟距平坦，具密而小的刻点，鞘翅上密披黄色绒毛。腹面光滑，有光泽，前腹突端部有镶边，前腹片中部有少数刻点，后腹片两侧刻点较粗而密，后胸前侧片近于光滑，在外缘处有一凹沟。

生物学特性 白天潜伏于土中，夜间活动，有趋光性。

逗斑青步甲成虫

蠋步甲

步甲科
学名 *Dolichus halensis* Schall

分布 河北、黑龙江、吉林、辽宁、山东、陕西、山西、新疆、浙江、安徽。

寄主和危害 小麦、棉花、玉米、豆类及各种旱生蔬菜等。是多种蚜虫、鳞翅目幼虫、卵和蝼蛄等的重要捕食性天敌。

形态特征 成虫体长16~20mm，宽5~6.5mm。体黑色；触角基部3节，足的腿节和胫节黄褐色；触角大部、口须、复眼间2个圆形斑，前胸背板侧缘，鞘翅背面的大斑纹，以及足的跗节和爪均为棕红色。跗节和爪节为棕红色；鞘翅狭长，末端窄缩，中部有长形斑，两翅合成舌形大斑，每鞘翅上有9条具刻点条沟。

生物学特性 河北一年发生1代，以老熟幼虫在土深50mm左右处越冬，翌年4月化蛹。4月底至5月初成虫初见，一般5月中旬为成虫羽化高峰期，7月上中旬至8月中旬在阴凉的环境中越夏，8月底至9月初成虫开始交尾，9月上旬初见卵，10月上旬为产卵高峰期。

蠋步甲成虫

蠋步甲成虫

黄鞘婪步甲

步甲科
学名 *Harpalus pallidipennis* Morawitz

黄鞘婪步甲成虫

分布 河北、北京。

寄主和危害 不详。

形态特征 成虫体长9.5~11mm，宽3.5~4mm。黄色、无毛、有光泽。触角、唇、颚、足黄色。头部光滑，触角长度超过前胸背板。前胸背板颜色稍深，宽大于长，两侧膨出。中部之前有1根毛，前角向前伸，使前胸前缘微凹，后角大于直角，基缘截直，基部及侧缘密布刻点。鞘翅有9条较深的沟，无毛。雄虫前、中足跗节1~4节扩大，腹面的黏毛排成2行，后跗节第一节不比第二节长。

生物学特性 河北6~8月见成虫。

屁步甲

步甲科
学名 *Pheropsophus occipitalis* Macleay

分布 河北、北京、辽宁、上海、云南、重庆、湖北等地。

寄主和危害 捕食性天敌，是金龟子的天敌。

形态特征 成虫体长13~20mm。头、前胸背板棕黄色；头顶有心形黑斑；小盾片和鞘翅黑色。各鞘翅肩部和中部有1黄色斑；各鞘翅有7条纵隆脊。受惊和捕食时会由肛门放出一种有毒雾气。

生物学特性 河北一年发生1代。成虫见于7月中下旬。

屁步甲成虫

蝼步甲

步甲科
学名 *Scarites acutides* Chaudoir

分布 河北、黑龙江、辽宁、吉林、内蒙古。

寄主和危害 喜欢捕食活的直翅目昆虫。

形态特征 成虫体长23~26mm，宽7.5~9mm。体黑色有光泽；触角末端、口须末端、足胫节和跗节略带暗红褐色；中足胫节外缘近端部有2个刺突。体形类似雌性锹甲，但比较细长，有光泽。

生物学特性 河北成虫见于7~8月。

蝼步甲成虫

皱纹琵琶甲

拟步甲科
学名 *Belopus rugosa* Gebler

分布 河北、内蒙古、甘肃、宁夏；俄罗斯。

寄主和危害 危害林木幼苗。

形态特征 成虫体长19mm，宽9mm左右。长椭圆形，头部有刻点，触角的端部4节球形。前胸背板长宽相当，后端扁平，前端向下倾斜并略窄，后角稍突出。鞘翅布满刻点和横皱纹，翅端有后突出呈尾状。

生物学特性 河北一年发生1代。成虫见于7月上旬至9月下旬。

皱纹琵琶甲成虫

朽木甲

拟步甲科
学名 *Cteniopius* sp.

分布 河北及全国各地。

寄主和危害 成虫常见于花或叶上，幼虫生活在朽木或腐殖土中。

形态特征 成虫体中等大小，长15~20mm，通常卵形；前基节窝关闭；爪下具栉齿；雄性触角长或较长；复眼突出。幼虫体细长，触角3节，肛节尖削或有角状突起。

生物学特性 河北一年发生1代。通常土栖或钻蛀朽木，对植物根部及植物发育或竹木材产生危害。

朽木甲成虫

朽木甲成虫

蒙古高鳖甲

拟步甲科
学名 *Hypsosoma mongolica* Men

分布 河北、北京、辽宁、山西。

寄主和危害 不详。

形态特征 成虫体长 9~11mm。体较短而略扁，不发光，漆黑色。头部密布刻点。触角间有横向浅的凹陷。前胸宽大于长，密布刻点，中部隆起圆形，两侧扁，前胸背板有 1 对不明显的凹，四周有边，鞘翅略似卵形，微扁，密布小圆刻点，沟纹不明显，至末端逐渐消失。

生物学特性 河北一年发生 1 代。成虫见于 6 月上旬至 8 月上旬。

蒙古高鳖甲成虫

蒙古高鳖甲成虫

齿棱颚锹甲

锹甲科
学名 *Prismognathus davidis* Segúy

分布 河北及华北部分地区和东北部分地区。

寄主和危害 喜欢吸食树汁。

形态特征 成虫体长 15~20mm。通体黑色，有光泽。雄虫上颚前伸，端部分叉。雌虫上颚正常，前胸背板较平滑，不如雄虫。

生物学特性 河北一年发生1代。白天不喜欢活动，有趋光性。

齿棱颚锹甲成虫

黄褐前凹锹甲

锹甲科
学名 *Prosopocolius blanchardi* Segúy

分布 华北、华东、西北、华中及台湾。

寄主和危害 取食树液。

形态特征 成虫体长 22.5~45mm(不含上颚)。鞘翅缝、小盾片黑褐色。前胸背板两侧有黑褐色圆斑，其余部分基本都是褐色。本种雌雄差别较大，雄性上颚发达，雌性上颚小。

生物学特性 河北一年发生 1 代。有趋光性。

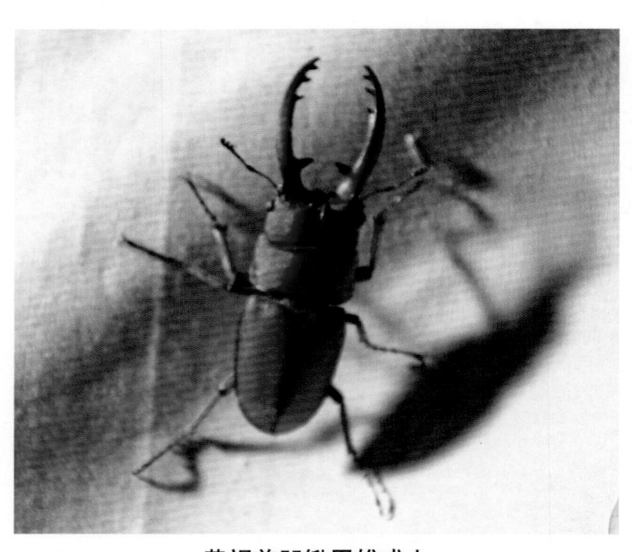
黄褐前凹锹甲雄成虫

黄褐前凹锹甲雌成虫

扁锯颚锹甲

锹甲科
学名 *Serrognathus platymelus* (Saunders)

分布 河北、山西、江苏、上海、福建、广东、广西、台湾。

寄主和危害 杨、柳、榆、栎、构、梨、柑橘等。成虫喜在寄主树干伤口处活动。

形态特征 成虫雌雄异型，雄虫体长 35~40mm，宽 12~28mm；体扁，深棕褐色至黑褐色，有光泽。上颚发达，较扁阔，端部明显内弯，近基部有三角形齿 1 枚，端部有 1 小锥齿。雌虫体长 21~40mm，上颚不发达。

生物学特性 河北 6~7 月见成虫。

扁锯颚锹甲成虫

扁锯颚锹甲成虫

滨尸葬甲

埋葬甲科
学名 *Necrodes littoralis*

分布 河北及全国大部分地区。

寄主和危害 取食腐蚀性物体。

形态特征 成虫体长形，略扁平，黑色。触角末端3节黄色。鞘翅较柔软，方形，后端略宽，具3条平行的脊。

生物学特性 河北一年发生1代。成虫具有趋光性。

滨尸葬甲成虫

滨尸葬甲成虫

黑葬甲

埋葬甲科
学名 *Nicrophorus concolor* Kraatz

分布 河北。

寄主和危害 取食腐蚀性物体。

形态特征 成虫体长45mm；复眼鼓凸，前胸背板中央明显隆拱，鞘翅平滑，后部近1/3处微向下弯折呈坡，末端2~3节腹部背板外露。常飞到灯下，具有假死性。

生物学特性 河北一年发生1代。成虫见于7月中下旬。

黑葬甲成虫

大红斑葬甲

埋葬甲科
学名 *Nicrophorus japonicus* Harold

分布 河北、北京、河南、黑龙江、内蒙古、甘肃、贵州、江西等地。

寄主和危害 不详。

形态特征 成虫体长23mm左右。体黑色。头部粗，布细微刻点，头顶为赤黄色，两侧各有1个纵沟。触角黑褐色，末端3节赤黄色，雌触角端部呈球状，两侧各有一纵沟。前胸背板的中央纵沟很浅。鞘翅上各有1对相互平行的红褐色云斑。足黑褐色，跗节赤褐色，后足转节大，末端有针状突出，胫节弯曲如弓状。腹末端露3节。

生物学特性 河北4月见成虫。强趋光性。

防治方法 灯光诱杀成虫。

大红斑葬甲成虫

大红斑葬甲成虫

中国黑芫菁

芫菁科
学名 *Epicauta chinensis* Laporte

分布 河北、山西、内蒙古、河南、陕西、宁夏、北京。

寄主和危害 国槐、紫穗槐、豆类、甜菜、向日葵。

形态特征 成虫体长18mm左右。体黑色。头深橙色。触角丝状，长达鞘翅之半，雄虫触角中部数节膨大为栉状，第四、五节等长，宽为长的3倍。前胸背板有较密的刻点和短毛，前端狭窄如颈。跗节很长。

生物学特性 河北一年发生1代，以“假蛹”在土中越冬。翌年春季化蛹，5~8月为成虫期，上午和下午活动取食，中午多在叶下或草丛中栖息。成虫具有群栖和假死性，成群取食叶片，受惊时足基部分泌有毒黄液。成虫产卵于土中。

防治方法 1. 人工捕杀成虫。2. 在严重发生区的成虫期可喷洒3%高渗苯氧威可湿性粉剂1000倍液。

中国黑芫菁成虫

小黑芫菁

芫菁科
学名 *Epicauta megalocephala* Gebler

分布 河北、内蒙古、山西、宁夏、辽宁、吉林等地。

寄主和危害 大豆、马铃薯、菠菜、甜菜、花生、苜蓿。

形态特征 成虫体长8mm。体黑色。头黑色，鞘翅黑色内外缘末端和前胸背板均有灰白色组成的纵条，有时前胸和鞘翅中央白纵纹消失，则成全黑。触角丝状。

生物学特性 河北一年发生1代。成虫见于5月中旬至8月上旬。

小黑芫菁成虫

小黑芫菁成虫交尾

红头黑芫菁

芫菁科
学名 *Epicauta sibirca* Pallas

分布 河北、内蒙古、山西、黑龙江、吉林、辽宁、甘肃、浙江、江西；俄罗斯、日本、蒙古。

寄主和危害 苜蓿、甜菜、豆类、马铃薯、南瓜、向日葵、糜子。

形态特征 成虫体长16~19mm。体黑色。头部在触角基部有1对反光的黑瘤，接近复眼内侧处黑色，其余红色。雌虫触角丝状，每节特别是基部各节有很多毛。雄虫触角中部各节扩大为锯齿状，第四节长为宽的2倍。鞘翅外缘及末端有白色纹。

生物学特性 河北一年1代。成虫见于4月末至7月下旬。

红头黑芫菁成虫

绿芫菁

芫菁科
学名 *Lytta caragane* Pallas

分布 华北、东北、西北、华东、华中。

寄主和危害 国槐、刺槐、紫穗槐、锦鸡儿、荆条、柳、梨等。

形态特征 成虫体长 11.5~17mm。体蓝绿色。头部三角形，有稀疏刻点，额中央有略呈菱形的橙红色斑 1 个。触角黑色，念珠状。前胸背板宽大于长，有稀疏细刻点，背中沟明显，后缘略波状。鞘翅绿色，有金属光泽，具细小刻点和皱纹。体腹及足均被短毛。幼虫复变态，形态多变。

生物学特性 华北一年发生 1 代，以假蛹在土中越冬。翌年蜕皮化蛹，5~9 月为成虫危害期，成虫早晨群集在枝梢上食叶危害，严重时把叶片吃光，有假死性，受惊时足部分泌对人体有毒的黄色液体。

防治方法 1. 清晨人工捕捉成虫。2. 发生严重时喷洒 2.5% 高渗苯氧威 500 倍液。

绿芫菁成虫

绿芫菁成虫交尾

绿边芫菁

芫菁科
学名 *Lytta suturella* Motschulsky

分布 河北、黑龙江、吉林、辽宁、青海、宁夏、甘肃。

寄主和危害 水曲柳、锦鸡儿。主要危害水典柳苗木和幼树，常将叶食光，影响树木生长。幼虫取食蝗虫卵。

形态特征 成虫体长 17~20mm，宽 4~6mm。头、胸、腹部绿色，闪金属光泽。触角黑色，光滑；雄虫触角锯齿状，达体长之半；雌虫触角仅比头胸略长。前胸背板呈僧帽形，两侧角隆起突出，胸面不平整。鞘翅赤褐色，内缘相接绿色，形成一绿色纵纹，此纹前宽后窄，具金属光泽，鞘翅外缘亦绿色；每鞘翅中部红褐色带的中部有一隆脊纵贯全翅，在红绿两色交界处亦有一脊与此平行，两纵脊至近翅端即消失。

生物学特性 河北 6~8 月见成虫。有群集性和假死性。

防治方法 1. 利用成虫的群集性和假死性可采用捕捉方法，消灭成虫。2. 在苗圃或幼林大发生时，可用敌杀死、敌敌畏等杀虫剂杀灭成虫。

绿边芫菁成虫

绿边芫菁成虫

圆胸地胆

▶ 芫菁科
学名 *Meloe corvinus* Marseul

分布 河北、黑龙江、吉林、辽宁。

寄主和危害 太平花等灌木。

形态特征 成虫体长17~27mm，宽6~11mm。全体黑色，并有蓝黑光泽。头、前胸背板和鞘翅均有粗大刻点。鞘翅宽短，内缘向翅端斜弯；后翅退化，腹背大部外露。前胸背板长与宽约等长。

生物学特性 河北5~6月见成虫。

防治方法 此虫是中药材。破血消火，攻毒蚀疮，引赤发泡。用于消除肿块，积年顽癣，瘰疬，赘疣，痈疽不溃，恶疮死肌。

圆胸地胆成虫

圆胸地胆成虫

腋斑芫菁

▶ 芫菁科
学名 *Mylabris axillars* (Billberg)

分布 河北、山东、北京、内蒙古、新疆、江苏、湖北。

寄主和危害 成虫取食刺槐等豆科植物，幼虫捕食性。

形态特征 成虫体长18mm左右。体黑色，被长毛。头部密布细刻点。触角短，棒状。前胸背板宽略大于长，密布刻点，中央有1条纵纹。鞘翅黄褐色，自鞘翅基部至外缘的1/4处有1个稍呈弧形的黑纹其内侧和偏下有1个黑色圆斑，鞘翅中部有1个黑色横纹，鞘翅端部的1/4处外侧有1个黑色大斑，其内侧有1个略小的黑色圆斑，鞘翅端部边缘内侧有1个弧形窄黑线。

生物学特性 河北一年发生1代。成虫见于5月中旬至7月下旬。

腋斑芫菁成虫

腋斑芫菁成虫

平斑芫菁

芫菁科
学名 *Mylabris calida* Palla

分布 河北、北京、黑龙江、山东、河南、湖北、新疆、江苏等地。

寄主和危害 锦鸡儿、苹果、沙果、桔梗的花;幼虫食蝗虫的卵。

形态特征 成虫体长 11~23mm，宽 3.6~7.0mm。体黑色，被黑色竖立长毛。鞘翅具黑斑，基部约 1/4 处有 1 对黑色圆斑，中部和端部 1/4 处各有 1 个横斑，又是端部横斑。

生物学特性 河北 5~6 月为成虫期。

平斑芫菁成虫

斑芫菁

芫菁科
学名 *Mylabris* sp.

分布 河北。

寄主和危害 菊科植物。

形态特征 成虫体长15mm左右。

生物学特性 河北一年发生1代。成虫见于 5~8 月。

斑芫菁成虫

异色郭公虫

郭公虫科
学名 *Tillus notatus* Klug

分布 河北、山东、北京、山西、湖北。

寄主和危害 是侧柏、桧柏等柏科树木的主要蛀干害虫之一。

形态特征 成虫体长5~8mm，宽1.5~2.5mm。体色变化较多，一般头、胸部黑色，密被灰色或黑色绒毛。触角第一节黑色，较长，略呈圆柱形；第二至第四节鞭状，赤褐色；第五至第十节稍似三角形；第十一节有白色毛形成的窄横纹，在黑色部分中部有1条白色较宽的横带；鞘翅上9条刻点纹基部刻点较深。跗节5节。

生物学特性 河北一年发生1代，以幼虫及成虫越冬。

异色郭公虫成虫

红斑郭公虫

郭公虫科
学名 *Trichodes sinae* Chevrolat

分布 河北、宁夏、内蒙古、河南、江西、湖北、青海、山东、山西。

寄主和危害 胡萝卜、萝卜、苦豆、蚕豆、枸杞、甜菜、葱、十字花科蔬菜等。该虫喜欢在胡萝卜、苦豆、蚕豆顶端花上食害花粉，是害虫，别于有益的郭公虫。

形态特征 成虫体长雄10~14mm，雌14~18mm。全体深蓝色具光泽，密被软长毛。头宽短黑色，向下倾。触角丝状很短，仅为前胸1/2，赤褐色，触角末端数节粗大如棍棒，深褐色，末节尖端向内伸似桃形。复眼大赤褐色。前胸背板前较后宽，前缘与头后缘等长，后缘收缩似颈，窄于鞘翅。鞘翅狭长似芫菁或天牛，鞘翅上具3条红色或黄色横行色斑。足蓝色5跗节。幼虫狭长，橘红色，3对胸足，前胸背板黄色几丁化，胴部柔软，被有淡色稀毛，第九节背面具1硬板，腹端附有1对硬质突起。

生物学特性 河北以蛹在土中越冬。幼虫多栖息在蜂类巢内，食其幼虫。成虫在夏秋季发生。该虫有趋光性。

防治方法 1. 冬季深翻发生地土壤，消灭越冬蛹。2. 夏秋季用黑光灯诱杀成虫。

红斑郭公虫成虫

红斑郭公虫成虫

蓝负泥虫

负泥虫科
学名 *Lema concinnni penni* Baly

分布 河北、北京、河南、陕西、江苏、浙江、湖北、江西、福建、台湾、广西、四川。

寄主和危害 菊、蓟等。

形态特征 成虫体长4.3~6mm，宽2~3mm。体长形，体背金属蓝色，腹面及足黑蓝色，有些个头最后3节腹节为黄褐色。触角第五节明显短于第三、四节之和。头顶呈三角形拱隆，中央有深纵沟。前胸背板宽略大于长，两侧中部收缩较深。鞘翅基部凸，雄虫第一腹节基部有纵隆线。

生物学特性 河北6~8月为成虫盛期。

蓝负泥虫成虫

枸杞负泥虫

负泥虫科
学名 *Lema decempunctata* Gebler

枸杞负泥虫成虫

分布 华北、西北及长江流域。

寄主和危害 枸杞，也危害颠茄等药材。成虫和幼虫取食叶片，造成不规则的缺刻和孔洞，严重时全叶吃光，并在枝条上排泄粪便，严重影响枸杞的产量和品质。

形态特征 成虫体长4.5~6.0mm，头胸狭长。头部、触角、前胸背板、小盾片和体节腹面为蓝黑色，腹节两侧和末端红褐色。头部密布细刻点。前胸背板圆筒形，刻点较细，两侧中央凹入，背面中央后缘处有一凹陷。鞘翅黄褐色至红褐色，有2~10个黑色斑点，并有粗黑点纵列。

生物学特性 河北一年发生5代，宁夏、内蒙古、新疆一年3~5代，以成虫和幼虫在枸杞根部附近的土下越冬，以成虫越冬为主。

防治方法 1. 春季越冬幼虫和成虫复苏活动时，结合田间管理灌溉松土，破坏其越冬环境，以消灭越冬虫口。幼虫期向树冠喷洒3%高渗苯氧威乳油3000倍液。

蓝翅距甲

▶ 负泥虫科
学名 *Poecilomorpha* (*Clytraxeloma*) *cyanipennis* (Kraatz)

蓝翅距甲成虫

分布 河北、黑龙江、辽宁、甘肃、北京、陕西、江苏、浙江、江西、福建。

寄主和危害 豆科植物。

形态特征 成虫体长 9~10mm，宽 3.5~4.2mm。头、胸腹面和足红褐色，鞘翅金属蓝紫色。头、颈部和前胸背板中央有大黑斑。

生物学特性 河北一年发生1代。5月下旬至8月可见成虫。

榆紫叶甲

▶ 叶甲科
学名 *Ambrostoma quadriimpressum* (Motschulsky)

分布：河北、黑龙江、吉林、辽宁、山东、河南等地。

寄主和危害 成虫、幼虫均取食叶片危害，以 4 龄幼虫危害最为严重，常将树叶吃光，对榆树的生长影响极大，轻则使之成为小老树，重则使林成片枯死。

形态特征 成虫体长 10.5~11mm。近椭圆形。鞘翅从中部趋向后面渐宽。背面呈弧形隆起。体表呈紫红色和金绿色相间的五彩光泽，尤以翅面显著，呈现 5 条光泽带。头部及足深紫色，有蓝色光泽。触角细长，棕褐色。前胸背板矩形，宽约为长的 2 倍，两侧扁凹，有粗而深的刻点。鞘翅上密被刻点，小盾片光滑；后翅鲜红色。

生物学特性 河北一年发生 1 代。以成虫在浅土层中越冬。翌年 4 月上旬出蛰，4 月下旬至 5 月中旬为最盛期，并在这时大量交尾产卵。5 月上旬幼虫孵出，6 月上中旬化蛹，中下旬开始羽化。

防治方法 1. 避免营造大面积榆树林，以减少虫口数量，减轻危害。2. 利用成虫不善于飞翔，在 4 月上中旬、8 月下旬成虫发生，进行捕杀。3. 保护天敌，榆紫叶甲的天敌较多，如卵期赤眼蜂、跳小蜂，幼虫期的寄蝇，成虫期的蟾蜍、鸟等。

榆紫叶甲成虫

旋心异跗萤叶甲

叶甲科
学名 *Apophylia flavovirens* (Fainnaire)

分布 河北。

寄主和危害 甜菜等。

形态特征 成虫体长8mm左右。头、前胸背板橘黄色。鞘翅深黑蓝色，有金属光泽。

生物学特性 河北一年发生1代。成虫见于6月上旬至8月中旬。

旋心异跗萤叶甲成虫

女贞飘跳甲

叶甲科
学名 *Argopites tsekooni* Chen

分布 河北、北京、河南。

寄主和危害 主要危害金叶女贞叶部，成虫取食叶片，导致叶片出现圆形或不规则形小斑点，幼虫潜入皮下，在表皮下钻出弯曲虫道，破坏叶绿体结构，削弱光合作用，使大量叶片枯焦而影响绿地景观效果。

形态特征 成虫体长2~3mm。椭圆形或圆形，黑色，背面有金属光泽。翅鞘上有2个赤色圆斑。

生物学特性 河北一年发生3代。以老熟幼虫在土层中越冬，翌年4月下旬成虫羽化，5月至6月中旬一代，6月下旬至7月下旬1代，8月下旬至9月第三代幼虫出现。

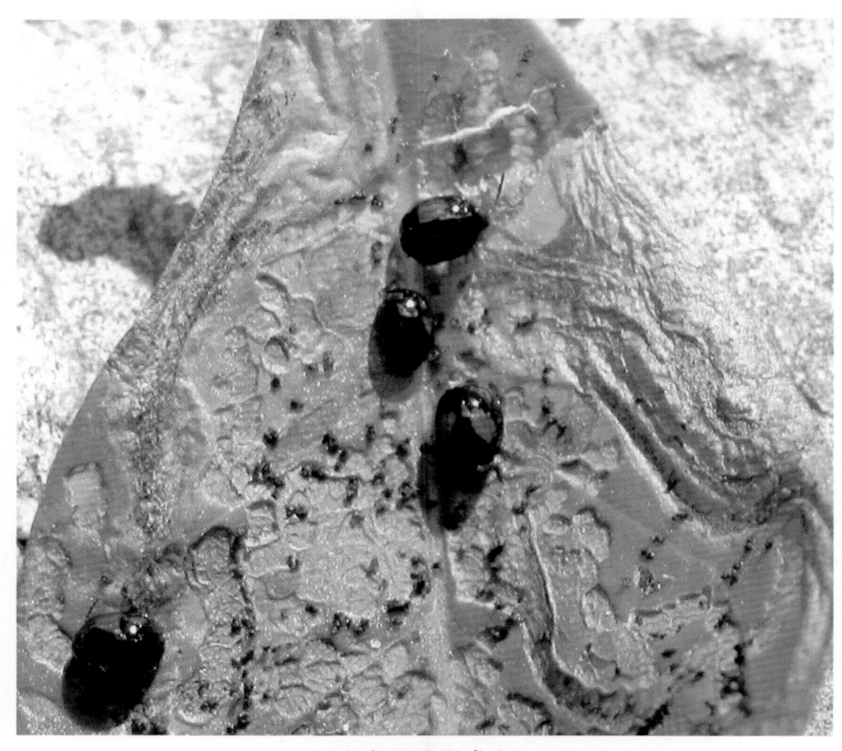

女贞飘跳甲成虫

杨叶甲

▶ 叶甲科
学名 *Chrysomela populi* Linnaeus

分布 华北、东北、西北及西南各地。

寄主和危害 杨、柳。幼虫咀食嫩叶，仅残留叶脉。有群栖习性，在枝、叶上倒悬化蛹。为杨柳科植物重要害虫。

形态特征 成虫体长 11mm 左右，最宽处 6mm 左右。体蓝黑色或黑色，椭圆形，背面隆起。鞘翅红色或红褐色，具光泽。中缝顶端常有 1 小黑点。头、胸、小盾片、身体腹面及足均为黑蓝色，并有铜绿色无泽。前胸背板侧缘微弧形，前缘内陷，肩角外突，盘区两侧隆起。小盾片呈舌状，较光滑。翅鞘沿外缘上翘。

生物学特性 河北一年发生 2 代。成虫干枯叶、泥土或石缝中过冬。产卵于叶片上，呈黄色并呈堆状；翌春杨、柳发芽时成虫开始出蛰，成虫白天活动，不善飞，喜爬行，具假死性。卵多成块产在叶背或嫩枝叶柄处，卵期 4~12 天，5~6 月进入产卵盛期，1~2 龄幼虫群集取食叶肉，残留表皮、叶脉，呈纱网状，2 龄后分散，3~4 龄能食尽叶片，危害期长。幼虫老熟后在叶片或嫩枝上化蛹，1 周后羽化为成虫。于 9 月底 10 月初潜入枯枝落叶或土中越冬。

防治方法 1. 利用成虫假死习性，振落捕杀。2. 在幼虫期可喷洒 3% 高渗苯氧威乳油 3000 倍液。

杨叶甲成虫

杨叶甲卵

杨叶甲群集幼虫

杨叶甲老熟幼虫

杨叶甲交尾

柳十八斑叶甲

叶甲科
学名 *Chrysomela salicivorax* Fairmaire

分布 河北、北京、辽宁、山西等地。

寄主和危害 柳等。初龄幼虫咬食叶片成刻点状、网状、缺刻状，老熟幼虫危害严重时将叶片咬成仅留叶脉，大发生可将叶片全部吃光。

形态特征 成虫体长6~8mm，体长卵形。头部、前胸背板中部、小盾片和腹面深青铜色。前胸背板两侧和腹部两侧黄至棕红色。头具光泽，顶中央具纵沟1条，刻点粗密。触角端末5节黑色，基部棕黄色；鞘翅棕黄或草黄色，中缝黑蓝色，每翅上有黑蓝色斑9个(少数7~8个) 或无或小。足棕黄色。

生物学特性 河北一年发生2代。以成虫在枯枝落叶层内、土缝或树皮缝内越冬，翌年4月下旬越冬成虫出蛰，产卵于叶背或叶面，产卵成块状，排列整齐，每卵块有卵20~54粒。5月上旬幼虫孵化，上树危害，6月可见各种虫态，6月下旬出现第一代成虫，7月为危害盛期；7月下旬至8月上旬出现第二代成虫，并在树上危害到10月下旬下树越冬。每年7月上中旬为该虫危害盛期。

防治方法 1. 摘除卵块。早春振落成虫，利用其假死性进行捕杀。2. 幼虫严重危害期向树冠喷洒2.5%高渗苯氧威可湿性粉剂3000倍液。3. 保护和利用天敌，如猎蝽、大腿蜂、螳螂、蜘蛛等。

柳十八斑叶甲成虫

柳十八斑叶甲成虫交尾

柳二十斑叶甲

叶甲科
学名 *Chrysomela vigintipunctata* (Scopoli)

分布 西北、华北、华中、华东以及吉林、辽宁、四川、云南。

寄主和危害 柳。成、幼虫咬食叶片成刻点状、网状、缺刻状，老熟幼虫危害严重时将叶片咬成仅留叶脉，严重降低了它们的观赏价值，而且影响树势，也对林业生产造成很大损失。

形态特征 成虫体长7~9.5mm。体黑蓝色，铜绿光泽。头小,头顶中央略凹,密布粗点刻。触角粗短，端6节黑色，3~4节褐色。前胸背板两侧红棕色，中部绿蓝色，两侧缘中部各有黑点1个。鞘翅以棕红色为多，刻点明显，每鞘翅有长形青铜色斑10个。足腿节端部、胫节基部和跗节黑色，腹面大部绿蓝色。

生物学特性 河北一年发生1代，以成虫在枯枝落叶下和土缝内越冬。翌年5月初成虫上树取食，5月中旬交尾、产卵，卵产于叶面，块状排列，5月下旬幼虫孵化、危害，6月中旬在叶上化蛹，成虫羽化，成虫一直危害到10月越冬。

防治方法 1. 利用成虫假死性捕杀成虫。2. 幼虫期喷洒3%高渗苯氧威乳油3000倍液。

柳二十斑叶甲成虫

柳二十斑叶甲成虫

二纹柱萤叶甲

叶甲科
学名 *Gallerucida bifasciata* Motschulsky

分布 河北、黑龙江、吉林、辽宁、甘肃、陕西、河南、江苏、湖北、浙江、江西、湖南、福建、广西、重庆、四川、云南、贵州、台湾等地。

寄主和危害 荞麦、桃、酸模、蓼、大黄等。主要危害荞麦属以及蒿属植物。此虫以成虫、幼虫取食荞麦叶片和花序，致使荞麦叶片受害率高达100%。

形态特征 成虫体长8~11mm，宽4.5~6mm。鞘翅橙红色，具多个黑色带或斑点是这种叶甲的显著特征。基部有2个斑点，中部之前具不规则的横带，未达翅缝和外缘，有时伸达翅缝，侧缘另具1个小斑；中部之后一横排有3个长形斑；端末具1个近圆形斑。

生物学特性 河北一年发生1代，以成虫越冬，翌年4月上旬开始活动，5月中旬产卵，6月上旬幼虫孵化，6月中旬老熟幼虫入土化蛹，7月上旬羽化出土活动至8月下旬开始越冬。卵期为10~12天。

防治方法 1. 春季当成虫出现时，进行叶面喷施农药或采取农药拌种等方式捕杀成虫。2. 卵期进行中耕除草破坏卵块生态环境，从而达到减少田间卵块量，以控制大量幼虫危害。

二纹柱萤叶甲成虫

二纹柱萤叶甲成虫

核桃叶甲

叶甲科
学名 *Gastrolina depressa* Baly

分布 河北、河南、陕西、湖北、湖南、江苏、浙江、广西、广东、四川、福建、甘肃。

寄主和危害 核桃、楸树、核桃楸。以成虫和幼虫群集叶片危害，取食叶肉，叶片呈网状缺刻，严重时仅留叶脉，全叶被食光。影响果树的光合作用，导致果树减产。

形态特征 成虫体长 7~8mm。体扁平，长方形，青蓝色至黑蓝色，有光泽。触角黑色或紫蓝色，第一节粗壮，第二节较粗约为第三节的 1/2，第三节和末节约等长，第七节以后稍宽阔。硬壳翅膀，前胸背板两侧为黄褐色，且点刻较粗，纵列于翅面，有纵行棱纹。腹部黄褐色。

生物学特性 河北一年发生 1 代。以成虫在地被覆物中越冬。越冬成虫在核桃展叶后开始取食危害，群集于嫩叶上，将嫩叶食成网状或破碎状。将卵产在叶背面，聚集成块。幼虫孵化后群集于树叶背面，咬食叶肉，导致叶片枯黄。4~6 月为幼虫危害盛期。6 月中、下旬是成虫危害盛期。6 月下旬老熟幼虫，成串垂钓倒挂在叶面上化蛹，蛹期 4~5 天，成虫羽化后，进行短期取食，进入越冬期。

防治方法 1. 加强果园管理，增强树势，提高树体抵抗力。2. 成虫期利用黑光灯诱杀。3. 保护和利用天敌。

核桃叶甲雌成虫

核桃叶甲雄成虫

核桃叶甲幼虫及危害状

核桃叶甲成虫交尾

二点钳叶甲

叶甲科
学名 *Labidostomis bipunctata* (Mannerheim)

分布 河北、山西、内蒙古、北京、天津、黑龙江、吉林、辽宁、陕西、山东。

寄主和危害 杨、榆、胡枝子。

形态特征 成虫体长8~10mm。体长方形，蓝绿到靛蓝色，具金属光泽。头大，顶高凸，刻点细密，上颚强大、钳形，前伸至头顶；额唇基前缘凹切双齿状，齿间平截，上唇黑色，近方形，前缘凹切。前胸背板光滑无毛，刻点细密，不规则排列。鞘翅黄褐色，肩胛上各有黑斑1个。前足胫节内侧前缘有毛束1排。体腹面被白竖毛。

生物学特性 河北一年发生1代，5~7月为成虫期。成、幼虫均取食叶片成缺刻。

防治方法 成虫期喷洒3%高渗苯氧威乳油3000倍液或0.5%苦参碱1000倍液。

二点钳叶甲成虫

二点钳叶甲成虫

中华钳叶甲

叶甲科
学名 *Labidostomis chinensis* Lefevre

分布 河北、黑龙江、辽宁、青海、陕西、内蒙古、北京、山西、山东、甘肃。

寄主和危害 胡枝子属、青杨。成、幼虫啃食叶片。

形态特征 成虫体长6~9mm，宽3mm。体细长方形，蓝绿色，有金属光泽。鞘翅土黄或棕黄色，肩部无黑斑。上唇黄色或棕黄色。触角基部4节黄褐色，锯齿节具蓝紫色闪光。头、胸和体腹面着生浓密的白毛。雄虫体形较瘦长。头长方形、斜向前伸。雌虫体形略宽短，头部向下，上颚不前伸。触角较短，约达前胸背板后缘，第一节粗大、长卵形，第二节球形与第三节略等长而稍宽，第四节长于第三节，自第五节起锯齿状。前胸背板横宽，刻点细小而较稀，分布均匀。鞘翅刻点粗密，不规则排列；前足粗大，胫节内弯，无毛束。

生物学特性 河北一年发生1代，6~8月成虫期。成、幼虫取食叶片成缺刻。

防治方法 成、幼虫期喷洒3%高渗苯氧威乳油3000倍液或森得保可湿性粉剂。

中华钳叶甲成虫

中华钳叶甲成虫交尾

薄翅萤叶甲

叶甲科
学名 *Pallsiola absintnii* Pallas

分布 河北、内蒙古、新疆、吉林、辽宁、甘肃、四川。

寄主和危害 驴驴蒿、合头草等，大发生年份虫口密度达75~440头/m²。

形态特征 成虫体长6.5~7.5mm，宽3~4mm，全身披黄褐色毛。头顶中央有1条纵沟，复眼小。触角念珠状，11节。足除胫节端部和跗节为黑色外均为黄色。鞘翅基部外侧隆起，每翅具3条黑色纵脊。雄虫腹节末端中央凹陷。

生物学特性 河北一年发生1代。以卵在土中越冬。5月上旬卵开始孵化，中旬为孵化盛期，初龄幼虫群聚在牧草茎基部，取食植物生长点、幼叶。6月中旬为危害盛期，6月底至7月初，老熟幼虫入土做土室化蛹，8月上旬为羽化盛期，中旬交尾产卵，卵产于植物根基土表越冬。

防治方法 1. 加强草地管理。及时清除田间杂草，并铲除地块边际直径50m内的蒿类、大蓟等杂草，切断成虫食源。2. 加强预测预报，及时用药防治。

薄翅萤叶甲成虫

薄翅萤叶甲成虫

杨梢叶甲

叶甲科
学名 *Parnops glasunowi* Jacobson

分布 河北、山西、内蒙古、北京、天津、辽宁以及西北。

寄主和危害 杨、柳、梨。以成虫咬食杨、柳等林木新梢或叶柄危害为主，常造成大量落叶，苗圃幼树及片林受害较重。

形态特征 成虫体长6~7.5mm。体长椭圆形。头、前胸背板和鞘翅黑褐色，表面密被黄色或黄绿色绒毛，体下绒毛灰白色。前胸背板矩形，前缘稍弯曲，侧边平直，前角圆形，稍前突，后角为直角。鞘翅两侧平行，端圆，基稍隆起。足粗、长、黄色。

杨梢叶甲成虫

生物学特性 河北一年发生 1 代。以幼虫在土中越冬。翌年 4 月下旬开始化蛹，蛹期约 1 周。5 月上旬至 6 月上旬出现成虫，5 月中旬是盛发期。

防治方法 成虫期向枝叶喷洒 10% 吡虫啉可湿性粉剂 2000 倍液或 3% 高渗苯氧威乳油 3000 倍液。

杨梢叶甲危害状

柳蓝叶甲

叶甲科
学名 *Plagiodera versicolora* (Laicharting)

分布 河北、山东、黑龙江、吉林、辽宁、山西、陕西、甘肃、江苏、安徽、河南。

寄主和危害 柳。幼虫群集啃食叶肉。被害处叶片呈网状。

形态特征 成虫体长 3~5mm。全体深蓝色，具金属光泽，体色变异很大，还有完全棕黄色。鞘翅铜绿色，椭圆形。头部横阔。触角第一至第六节细小，褐色；第七至十一节粗大，深褐色，有细毛。复眼黑褐色。前胸背板光滑，横阔；前缘呈弧形凹入。体腹面色较深，具金属光泽。

幼虫：老熟幼虫体长约 6mm，扁平，灰黄色，头部黑褐色，前胸背板中线两侧各有 1 块褐色大斑。

生物学特性 河北一年发生 5~6 代。世代重叠。以成虫在落叶及表土中越冬。翌年柳树发芽时出蛰活动，交配产卵。卵块状产于叶背或叶表，单雌产卵量约 1000 余粒。幼虫共 4 龄。

防治方法 1. 早春成虫上树期，利用其假死性，振树扑杀。2. 幼虫发生期，喷洒 10% 吡虫啉 2000 倍液。

柳蓝叶甲成虫

柳蓝叶甲成虫及卵

柳蓝叶甲幼虫

榆蓝叶甲

叶甲科
学名 *Pyrrhalta aenescens* Fairmaire

别名 榆绿毛萤虫甲、榆毛胸萤叶甲、榆绿叶甲、榆兰金花虫。

分布 河北、内蒙古、辽宁、黑龙江、吉林、北京、山西、山东、江苏、陕西、甘肃、河南、湖南、四川、安徽等适宜栽植榆树的区域。

寄主和危害 危害榆树类树种。以成虫、幼虫取食榆树叶片，将叶片食成网状，严重时整株叶片被食光，削弱生长势，连年危害可将榆树致死。是榆树的重要害虫之一。

形态特征 成虫体长方形，体长7.0~8.5mm，宽约3mm。头淡黄褐至黄褐色，中央纵沟明显。触角线状，第一至六节黄褐色，背面常为黑色，其余各节黑色。前胸背板淡黄褐至黄褐色，中部略隆起，中纵沟短。鞘翅绿色，具金属光泽，有时此光泽为蓝色，刻点略呈横皱状，被灰白色短毛。

生物学特性 河北一年发生2代。以成虫在屋檐、墙缝、树皮缝、砖石堆、杂草间及土缝内越冬。翌春3~4月间，4月下旬始见幼虫，5月中旬开始化蛹，5月下旬第一代成虫出现，6月上旬第二代幼虫出现，7月下旬下树化蛹，7月上旬第二代成虫出现，8月上旬成虫寻找越冬场所。天敌有草蛉、壁虱等。

防治方法 1. 注意不要大面积栽植榆树纯林，宜与其他阔叶树种混合栽植。2. 药剂防治。一是抓好第一代蛹的除治，在幼虫群集于树干化蛹后，用刷子或棍棒扫刷涂抹蛹致死。

榆蓝叶甲成虫

榆蓝叶甲幼虫

榆蓝叶甲危害状

榆黄毛萤叶甲

▶ 叶甲科
学名 *Pyrrhalta maculicollis* (Mots.)

分布 华北、东北、西北、华东等地。

寄主和危害 榆、榔榆、白榆、垂榆。

形态特征 成虫体长约6.5~7.5mm，宽3~4mm。体近长方形，棕黄色至深棕色。头顶中央具一桃形黑色斑纹。触角大部、头顶斑点、前胸背板3条纵斑纹、中间的条纹、小盾片、肩部、后胸腹板以及腹节两侧均呈黑褐色或黑色。触角短，不及体长之半。

生物学特性 河北一年发生2代。以成虫在墙缝内、石块下或表土中越冬。翌年4月成虫出现，较榆绿莹叶甲出现稍晚。

榆黄毛萤叶甲成虫

酸枣光叶甲

▶ 叶甲科
学名 *Smaragdina mandzhura* (Jacobson)

酸枣光叶甲成虫

分布 河北、吉林、辽宁、内蒙古、山西、陕西、山东、江苏、浙江。

寄主和危害 榆树及芒属植物。

形态特征 成虫体长3mm，宽1~1.5mm。体小，狭长圆筒形，金绿或深蓝色具金属光泽。触角第一节金绿或深蓝色。鞘翅中后部略宽，表面隆凸，刻点粗密，靠近中缝和端部略呈纵行排列。肩胛显突，光亮无刻点。腹面毛被纤细而稀疏。各足跗节微带褐色。雌虫腹末节中央具浅的圆形凹窝。

生物学特性 河北一年发生1代。6~8月为成虫发生期。

防治方法 成虫期喷洒3%高渗苯氧威乳油3000倍液。

黑额光叶甲

叶甲科
学名 *Smaragdina nigrifrons* (Hope)

分布 河北、辽宁、北京、山西、陕西、山东、河南、江苏、安徽、浙江、湖北、湖南、江西、福建、台湾、广东、广西、四川、贵州等地。

寄主和危害 柳、榛、栗、酸枣、黄荆、紫薇、夹竹桃、大叶黄杨、朴、栎、垂杨等。成虫危害嫩叶。

形态特征 成虫体长7mm左右。体长方形至长卵形。头漆黑，前胸红褐色，有的生黑斑，全身光亮。小盾片、鞘翅黄褐色至红褐，鞘翅上具黑色宽横带2条。触角细短，除基部4节黄褐色外，余黑色至暗褐色。腹面颜色雌雄差异较大，雄多为红褐色，雌虫除前胸腹板、中足基节间黄褐色外，大部分黑色至暗褐色。本种背面黑斑、腹部颜色变异大。

生物学特性 河北一年发生1~2代。6~8月为成虫期。成、幼虫取食叶片成缺刻。

防治方法 成虫期喷洒3%高渗苯氧威乳油3000倍液，也可人工捕杀。

黑额光叶甲成虫

黑额光叶甲成虫

褐足角胸肖叶甲

肖叶甲科
学名 *Basilepta fulvipes* (Motschulsky)

分布 全国各地。

寄主和危害 紫薇、千屈菜、樱桃、梨、苹果、梅、李、枫杨和棉、麻作物等。

形态特征 成虫体长4.5~5mm。小型，卵形或近于方形。体色变异极大，鞘翅有铜绿型、蓝绿型、黑红胸型、红棕型、黑足型和标准型（体背铜绿型，足、触角褐黄色，小盾片黑红色）。头部刻点密。触角丝状，11节，黄褐色，前4节淡棕色，余者黑色，具细短毛。足腿节较膨大。腹部和足有稀疏细毛。

生物学特性 河北一年发生1代。6~8月危害盛期。成虫善弹跳，取食嫩芽、嫩叶，造成缺刻。

防治方法 人工捕捉成虫或发生期喷洒3%高渗苯氧威乳油3000倍液。

褐足角胸肖叶甲成虫

褐足角胸肖叶甲成虫

中华萝藤叶甲

肖叶甲科
学名 *Chrysochus chinensis* Baly

分布 河北、黑龙江、辽宁、吉林、内蒙古、甘肃、青海、陕西、山西、山东、河南等地。

寄主和危害 茄、芋、甘薯等。

形态特征 成虫体长 7.2~13.5mm，宽 4.2~7mm。体粗壮，长卵形，金属蓝、蓝绿色。触角黑色。此种变异较大。触角基部各有一光滑而隆起的瘤。前胸背板长大于宽。小盾片心形或三角形。

生物学特性 河北成虫见于 5~8 月。

中华萝藤叶甲成虫

中华萝藤叶甲成虫交尾

亚洲锯角叶甲

肖叶甲科
学名 *Clytea asiatica* Chujo

分布 河北、辽宁、甘肃、江苏、山东、江西、云南；朝鲜。

寄主和危害 不详。

形态特征 成虫体长 8.7mm，宽 4.5mm 左右。略呈长方形，头釉黑色光亮，垂直向下，头顶球面形。触角粗短，仅达前胸背板的 1/2 左右，基部 4 节红褐色，其余各节黑褐色。前胸背板横宽，棕黄色光亮，中央有 1 前缘微凹的大黑斑。鞘翅上刻点稀、浅，不太明显，鞘翅基部有 2 个相连的方形黑斑但不在两鞘翅中缝处会合，后部黑带纹中部不收缩。足粗壮，腿节黑色。

生物学特性 河北 7 月可见成虫。

亚洲锯角叶甲成虫

光背锯角叶甲

肖叶甲科
学名 *Clytra laeviuscula* Ratzeburg

光背锯角叶甲成虫

分布 河北、黑龙江、吉林、陕西、内蒙古、北京、山西、山东、江苏、江西、甘肃。

寄主和危害 杨、桦、榆、柳。

形态特征 成虫体长11~13mm。体长方形，黑色，光亮。头部刻点粗密，头顶刻点小，中央具纵沟，密生银白毛。前胸背板隆凸，横宽，侧缘边框狭窄，除前缘两侧、后缘和后侧角有小刻点外，盘区光滑无点。鞘翅刻点细弱，麦秆黄到棕黄色，肩胛处黑斑1个，中部稍后有宽黑横斑1个，腹面被银白色毛。

生物学特性 河北一年发生1代。5~7月为成虫期，成、幼虫取食叶片成缺刻。

防治方法 成虫期喷洒3%高渗苯氧威乳油3000倍液。

柳隐头叶甲

肖叶甲科
学名 *Cryptocephalus hieracii* Weise

分布 河北、黑龙江、吉林、辽宁、内蒙古、河北。

寄主和危害 柳等。

形态特征 成虫体长4.4~5.2mm，宽2.2~2.3mm。体较狭长。体背金属蓝色，很少绿色或铜色，体腹面和足蓝黑色，有时腿节基部略染成黑褐色。触角基部4节淡棕黄，其中第一节背面黑褐色。其余各节为黑色。

生物学特性 河北5~8月见成虫。

柳隐头叶甲成虫

艾蒿隐头叶甲

肖叶甲科
学名 *Cryptocephalus koltzei* Weise

分布 河北、吉林、辽宁、黑龙江、内蒙古、甘肃、山西、陕西、江苏等。

寄主和危害 蒿属植物。

形态特征 成虫体长 2~5mm，宽 1.8~2.7mm。体黑色。前胸背板前缘和侧缘黄色。每个鞘翅一般具 5 个大黄斑。

生物学特性 河北一年发生1代。4月末至6月末见成虫。

艾蒿隐头叶甲成虫

斑额隐头叶甲

肖叶甲科
学名 *Cryptocephalus kulibini* Gebler

斑额隐头叶甲成虫

斑额隐头叶甲成虫

分布 河北、黑龙江、吉林、辽宁、陕西、内蒙古、山西、山东、甘肃。

寄主和危害 枣、榆、胡枝子。

形态特征 成虫体长 3.5~5mm，宽 1.8~2.7mm。背面金属绿色，个别蓝紫色。前胸背板侧缘、前缘、鞘翅侧缘基部1/2或2/3淡黄色。有时前胸背板前缘为红褐色、褐色，甚至墨绿色。鞘翅侧缘完全绿色。足棕黄色，前、中足腿节端部略淡，后足有时墨褐色。头大部分黄色。触角基部有 1 对金属绿色（个别蓝色）小斑，头顶后方亦为绿色，有时头完全金属绿色，仅唇基黄色；触角基部 5 节黄或棕黄，其余各节黑褐色，第一节棒状，第二节球状，3、4、5 节各节长于前一节，短于后一节，6 节以后约等长。头部刻点小而清楚，额的刻点较大，前胸背板横宽，表面光亮，刻点细小，侧缘弧形。

生物学特性 河北 5~8 月成虫活动。

防治方法 及时清除杂草、落叶，减少虫源。

槭隐头叶甲

肖叶甲科
学名 *Cryptocephalus mannerheimi* Gebler

分布 河北、黑龙江、辽宁、内蒙古、山西、甘肃；朝鲜、日本等地。

寄主和危害 榆树、茶条。

形态特征 成虫体长 6~7.8mm，宽 3.5~4.4mm。体黑色，体背光亮。前胸背板和鞘翅具黄斑，颊上有一黄斑。触角黑色。鞘翅黄斑常有变化，一般每个鞘翅有 4 个斑，在基缘中央有 1 个三角形斑，中部有 2 个略呈长方形的斑。

生物学特性 河北一年发生1代。6月上旬见成虫。

槭隐头叶甲成虫

梨光叶甲

肖叶甲科
学名 *Smaragdina semiaurantiaca* (Fairmaire)

分布 河北、华北、东北、陕西、湖北、山东、江苏。

寄主和危害 梨、杏、苹果、榆。

形态特征 成虫体长 4.5~5mm。体长方形，两侧平行，蓝绿色，有金属光泽。头和体腹面被银白色毛；头小，密布刻点和白色短毛，刻点间缝隆起成斜皱纹，顶中央具浅纵沟。前胸背板横宽隆凸，光滑，侧缘弧形，后角尖锐。鞘翅两侧平行，刻点粗密无序，腹面密被白色短毛。

生物学特性 河北一年发生 1~2 代。5~7 月为危害盛期。

防治方法 发生初期喷洒 3% 高渗苯威乳油 3000 倍液。

梨光叶甲成虫

褐翅花萤 | 花萤科

学名 *Cantharis soeulensis* Pis

分布 河北、吉林；俄罗斯。

寄主和危害 成虫在毛茛科、菊科等小乔木、灌木、草本植物花上取食花粉、花瓣。

形态特征 成虫体长 11mm 左右，宽 3~3.5mm。触角丝状，11 节，基部 2 节黄褐色，其余褐色。复眼黑色，圆形。头部和胸部黄褐色，前胸背板近方形，有光泽，边缘上翘，有黄色短绒毛。鞘翅褐色，中缝和外缘黄褐色，两侧缘中部凹入，密被黄色短绒毛。足黄褐色，跗节及爪褐色。

生物学特性 花瓣 6~7 月可见成虫。

褐翅花萤成虫成虫

赤喙红萤 | 花萤科

学名 *Lycostomus* sp.

分布 全国各地。

寄主和危害 榆科植物。

形态特征 成虫暗红色为主，前胸背板带有黑色斑纹。

生物学特性 河北 6~7 月见成虫。

赤喙红萤成虫

赤喙红萤成虫交尾

黑斑黄背花萤

花萤科
学名 *Themus imperialis* Gorh

分布 河北、安徽等。

寄主和危害 小型昆虫。

形态特征 成虫体长约20mm。鞘翅绿色有金属光泽，前胸背板黄色上有2个单独黑色斑。

生物学特性 河北5月下旬至9月都可见成虫。

黑斑黄背花萤成虫

黑斑黄背花萤成虫交尾

黑斑红背花萤

花萤科
学名 *Themus* sp.

分布 河北。

寄主和危害 小型昆虫。

形态特征 成虫体长17mm左右。鞘翅暗黑蓝色光泽，前胸背板红黄色上有2个相连接黑色斑。

生物学特性 河北5月下旬至7月可见成虫。

黑斑红背花萤成虫

四斑露尾甲

露尾甲科
学名 *Librodor japonicus* Motschulsky

分布 河北及国内广泛分布。

寄主和危害 花卉。

形态特征 成虫黑色，触角棒状，前胸背板横宽，鞘翅末端露出腹部或盖住腹末。足基节左右隔离，跗节5节，第一、三节膨大。腹面具毛，可见腹板5节。

生物学特性 成虫有趋光性，常见于松散的树皮下。

防治方法 灯光诱杀成虫。

四斑露尾甲成虫

二星瓢虫

瓢甲科
学名 *Adalia bipunctata* (Linnaeus)

分布 河北、黑龙江、吉林、辽宁、新疆、宁夏、陕西，北京、山西、山东、河南、江苏、浙江、江西、福建、四川、云南、西藏。

寄主 桃粉蚜、棉蚜、槐蚜、麦二叉蚜、吹绵蚧、粉虱、瘿螨等。

形态特征 成虫体长4.5~5.3mm，宽3.1~4mm。体卵形，呈半圆形拱起，背面光滑无毛。头部黑色，复眼内侧各有一半圆形的黄白色斑。鞘翅橘红色至褐黄色，鞘翅中央有2个横长黑斑，鞘翅上的色斑变化很大，出现若干变型。

生物学特性 河北成虫见于4月下旬至8月中旬。

二星瓢虫成虫

奇变瓢虫

▶ 瓢甲科
学名 *Aiolocaria nurabilis* (Motschulsky)

分布 河北、吉林、内蒙古、四川。

寄主 是榆紫金花虫的一种重要的捕食性天敌。

形态特征 成虫体长9.7~10.2mm，宽8.6~8.7mm。虫体长卵形，突肩形拱起。头部黑色。前胸背板黑色，两侧各有一大型黄斑。小盾片黑色。鞘翅浅红褐色，周缘黑色，鞘缝黑色，中央自外而内有一黑色横带，中线上自基都有一黑斑伸达1/4而向内弯曲成短柄，在这里斑的外缘还有一黑色纵纹贯穿黑色的横带而达鞘翅的3/4处。腹面大部分黑色，仅腹部的外缘黄褐色。雌虫弧形突出。

生物学特性 河北一年发生2代，以成虫越冬。成虫取食榆紫金花虫的卵，幼虫取食榆紫金花虫的卵和幼虫。

奇变瓢虫成虫

奇变瓢虫成虫

灰眼斑瓢虫

▶ 瓢甲科
学名 *Anatis ocellata* Linnaeus

分布 河北、吉林、北京、黑龙江、辽宁；俄罗斯、美国、欧洲。

寄主 捕食松、柏上的蚜虫。成虫喜欢访问黄刺玫、东北羊角芹。

形态特征 成虫体长8~9.3mm，宽5.8~6.5mm。卵圆形，头部黑色，额有2个方形黄斑。前胸背板黄色，中央有黑色斑，小盾片黑色。鞘翅浅褐黄色，各有10个黑斑，黑斑常有浅色外缘，鞘翅缘折外缘黑色，其余部分为黄色。

生物学特性 河北6~8月可见成虫。

灰眼斑瓢虫成虫

十四星裸瓢虫

瓢甲科
学名 *Calvia quatuordecimguttata* Linnaeus

十四星裸瓢虫成虫

分布 河北、北京、吉林、甘肃、陕西、四川、西藏；日本、俄罗斯以及欧洲。

寄主 捕食针、阔叶树上的蚜虫。

形态特征 成虫体长5~6mm，宽4~4.7mm。翅棕黄色，每1个鞘翅上有7个乳白色斑，斑纹的形状和颜色有变化。

生物学特性 河北6月可见成虫。

红点唇瓢虫

瓢甲科
学名 *Chilocorus kuwanae* Silvestri

分布 河北、黑龙江、吉林、辽宁、陕西、甘肃、宁夏、北京、河南、山东、江苏、上海、浙江、江西、湖南、福建、广东、广西、云南、四川。

寄主 捕食介壳虫的种类很多，如柿绵蚧、龟蜡蚧、牡蛎蚧、桑白蚧等，以及蚜虫、木虱、叶蝉等。

形态特征 成虫体长3.4~4.4mm，宽3.3~4.0mm。虫体周缘近于圆形，背面黑色而有光泽。每一鞘翅的中央各有一褐黄色至红褐色的长圆形斑。腹面胸部及缘折黑色，腹部褐黄色。

生物学特性 河北一年发生1代。每年5月中旬红点唇瓢虫成虫迁至卫矛矢尖蚧危害的大叶黄杨上，进行取食并在其上产卵。5月末至6月上旬开始出现幼虫，幼虫经大量取食、2次蜕皮后于7月上旬生长发育至前蛹期并开始化蛹。蛹期6~7天，7月上旬蛹羽化为成虫。一般在晚上羽化，次日开始取食。8月上旬（末伏），成虫悄然迁往他处，越冬场所不明。

红点唇瓢虫成虫

红点唇瓢虫成虫

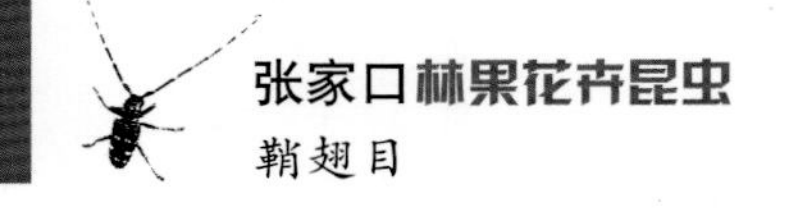

黑缘红瓢虫

瓢甲科
学名 *Chilocorus rubidus* Hope

分布 河北、北京、黑龙江、吉林、辽宁、内蒙古、宁夏、甘肃、陕西、河南、山东、江苏、浙江、湖南、四川、福建、海南、贵州、云南、西藏。

寄主 桃球蚧、沙里院蚧、油茶绵蚧、东方盔蚧等。

形态特征 成虫体长 5.2~7.0mm，宽 4.5~ 5.7mm。头部、前胸背板及鞘翅周缘黑色，背面中央枣红色，小盾片亦常为黑色，枣红色与黑色之间的分界不明显。胸、腹部亦为红褐色，但胸部中央色泽较深，趋于枣红色。虫体背面明显拱起。前胸背板两前角之间前伸的部分刻点较粗，且有白色短毛。

生物学特性 河北一年发生 1 代。新一代成虫出现后就进入了夏天，它们会找一个阴凉的地方蛰伏起来，一直到明年的早春。像其他瓢虫一样，对农药特别敏感。

黑缘红瓢虫成虫

黑缘红瓢虫捕食介壳虫

七星瓢虫

瓢甲科
学名 *Coccinella septempunctata* Linnaeus

七星瓢虫成虫

七星瓢虫成虫

分布 河北、北京、辽宁、吉林、黑龙江、山东、山西、河南、陕西、江苏、浙江、上海、湖北、湖南、江西、福建、广东、四川、云南、新疆、西藏、内蒙古等地。

寄主 是著名的害虫天敌，可捕食麦蚜、棉蚜、槐蚜、桃蚜、介壳虫、壁虱等害虫，可大大减轻树木、瓜果及各种农作物遭受害虫的损害，被人们称为“活农药”。

形态特征 成虫体长 6.5~7.5mm。翅鞘橙红色，左右各有 3 枚黑点，接合处前方尚有 1 枚更大的黑点。无近似种。雌虫体长 5.7~7mm，宽 4~5.6mm，呈半球形，背面光滑无毛。刚羽化时鞘翅嫩黄色，质软，3~4 小时后逐渐由黄色变为橙红色，同时两鞘翅上出现 7 个黑斑点，位于小盾片下方者为小盾斑，小盾斑被鞘缝分割成两半。另外，在每一鞘翅上各有 3 个黑斑，鞘翅基部靠小盾片两侧各有 1 个小三角形白斑。头黑色，额与复眼相连的边缘上各有 1 淡黄色斑。

生物学特性 河北一年发生多代。以成虫过冬，翌年 4 月出蛰。产卵于有蚜虫的植物寄主上。成虫和幼虫均以多种蚜虫、木虱等为食。系益虫，应予保护。

双七星瓢虫

瓢甲科
学名 *Coccinella quatuordecimpustulata* (Linnaeus)

分布 河北、黑龙江、吉林、辽宁、新疆、内蒙古、甘肃、宁夏、陕西、北京、山东、山西、河南、江西、四川；日本、朝鲜半岛至欧洲及北非。

寄主 捕食蚜虫。

形态特征 成虫体长 3.0~4.2 mm，宽 2.4~3.2mm。鞘翅黑色，各具 7 个黄色斑点，按 2-2-2-1 排列，或者说一排在鞘缝外，另一排在翅的边缘。

生物学特性 河北成虫见于 6~8 月。

双七星瓢虫成虫

双七星瓢虫成虫

马铃薯瓢虫

瓢甲科
学名 *Henosepilachna vigintioctomaculata* (Mots.)

分布 华北、东北、华东、西南以及陕西、甘肃。

寄主和危害 茄科植物，是马铃薯和茄子的重要害虫。成虫和幼虫均取食同样的植物，取食后叶片残留表皮，且成许多平行的牙痕。也能将叶吃成孔状或仅存叶脉，严重时全田如枯焦状，植株干枯而死。

形态特征 成虫体长 7~8mm。半球形，赤褐色，体背密生短毛，并有白色反光。前胸背板中央有 1 个较大的剑状纹，两侧各有 2 个黑色小斑（有时合并成 1 个）。两鞘翅各有 14 个黑色斑，鞘翅基部 3 个黑斑后面的 4 个斑不在一条直线上；两鞘翅合缝处有 1~2 对黑斑相连。

生物学特性 河北一年发生 2 代。以成虫在发生地附近的背风向阳的各种缝隙或隐蔽处群集越冬，树缝、树洞、石洞、篱笆下也都是良好的越冬场所。马铃薯瓢虫对马铃薯有较强的依赖性，其成虫不取食马铃薯，便不能正常的发育和繁殖，幼虫也如此。

马铃薯瓢虫成虫

马铃薯瓢虫成虫交尾

茄二十八星瓢虫

瓢甲科
学名 *Henosepilachna vigintioctopunctata* (Fabricius)

分布 北起黑龙江、内蒙古，南抵台湾、海南及广东、广西、云南，东起国境线，西至陕西、甘肃，折入四川、云南、西藏。长江以南密度较大。

寄主和危害 马铃薯、茄子、番茄、青椒等茄科蔬菜及黄瓜、冬瓜、丝瓜等葫芦科蔬菜，以茄子为主，此外，还见危害白菜。成虫和幼虫食叶肉，残留上表皮呈网状，严重时全叶食尽。

形态特征 成虫体长6mm。半球形，黄褐色，体表密生黄色细毛。前胸背板上有6个黑点，中间的2个常连成1个横斑。每个鞘翅上有14个黑斑，其中第二列4个黑斑呈一直线，是与马铃薯瓢虫的显著区别。

生物学特性 河北以成虫越冬。5月中下旬越冬成虫开始活动，先飞到杂草上栖居，以后转到茄子上危害。第二代幼虫于7月下旬出现，8月中旬为危害盛期，第二代成虫在8月中旬至10月上旬陆续羽化，并进行危害。6月中旬至8月中旬为产卵期。卵期一般5~11天，幼虫期16~26天，蛹期5~7天。

茄二十八星瓢虫成虫

多异瓢虫

瓢甲科
学名 *Hippodamia variegata* (Goeze)

分布 河北、吉林、辽宁、新疆、内蒙古、陕西、甘肃、宁夏、北京、河南、山东、山西、四川、福建、云南、西藏。

寄主 棉蚜、槐蚜、麦蚜、豆蚜等多种蚜虫。

形态特征 成虫体长4.0~4.7mm，宽2.5~3.0mm。头前部黄白，后部黑色，或颜面有2~4个黑斑，毗连或融合，有时与黑色的后面部分连接。前胸背板黄白色。两鞘翅上共有13个小黑斑，除鞘缝上小盾片下有一黑斑外，其余每一鞘翅上有黑斑6个；黑斑的变异甚大：向黑色型变异时黑斑相互连接或部分连接，向浅色型变异时部分黑斑消失。腹面黑色。

生物学特性 河北石家庄地区一年发生4代，部分个体5代，以成虫在杂草丛内、残枝落叶及土块下越冬。

多异瓢虫成虫

异色瓢虫

瓢甲科
学名 *Leis axyridis* (Pallas)

分布 河北、北京、内蒙古、山东、河南、四川、浙江、福建等地。

寄主 是一种“超级杀手”，能捕食多种蚜虫、蚧虫、木虱、蛾类的卵及小幼虫等，此外它还能捕食其他瓢虫。

形态特征 成虫体长5.4~8mm，其色彩、斑纹变化极多。头部除复眼外，有全部黄色以至全部黑色的种类。前胸背板黄色基色中央有4~5个小黑纹或“M”形黑纹，有的外缘阔，有的外缘至前缘角残留黄色部分。

生物学特性 具有成虫寿命长、产卵量大、年发生世代多、适应性强等优点，幼虫及成虫均捕食蚜虫。以成虫群集山上向阳背风的石洞和大石缝隙中越冬，因而每年的初冬在河北的山区可见大量的异色瓢虫在飞舞。平原地区常见在屋檐和窗檐下集体越冬。适宜越冬场所每年都有大量成虫迁去越冬。

异色瓢虫成虫

异色瓢虫成虫

异色瓢虫成虫

异色瓢虫成虫

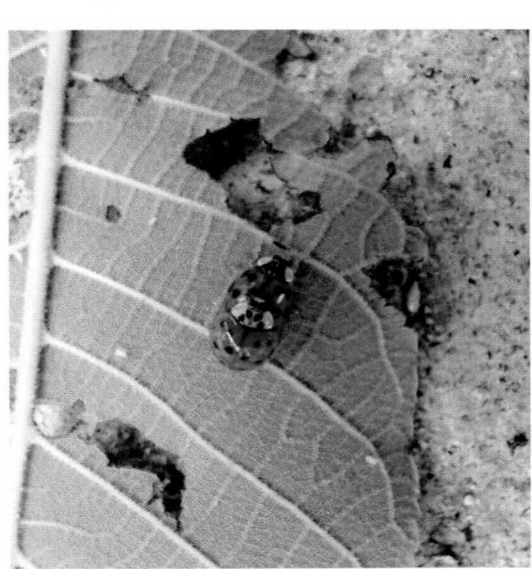
异色瓢虫成虫

异色瓢虫成虫

异色瓢虫成虫

十二斑巧瓢虫

瓢甲科
学名 *Oenopia bissexnotata* (Mulsant)

十二斑巧瓢虫成虫

分布 河北、黑龙江、吉林、辽宁、青海、新疆、北京、山东、湖北、甘肃、陕西、四川、贵州。

寄主 捕食蚜虫，生活于阔叶林或小灌木丛中。

形态特征 成虫体长4.0~5.2mm。复眼黑色或带浅色外环，内侧纵直平行，前部有内凹。前胸背板黑色，前缘黄色，中部向后伸出一黄纵纹。每鞘翅各有6个黄斑。

生物学特性 河北成虫见于5月上旬至8月下旬。

龟纹瓢虫

瓢甲科
学名 *Propylea japonica* (Thunberg)

分布 河北、黑龙江、吉林、辽宁、新疆、甘肃、宁夏、北京、河南、陕西、山东、湖北、湖南、江苏、上海、浙江、四川、台湾、福建、广东、广西、贵州、云南。

寄主 常见于农田杂草，以及果园树丛，捕食多种蚜虫。

形态特征 成虫体长3.4~4.5mm。外观变化极大，标准型鞘翅上的黑色斑呈龟纹状；无纹型鞘翅除接缝处有黑线外，全为单纯橙色；另外尚有四黑斑型、前二黑斑型、后二黑斑型等不同的变化。

生物学特性 在河北除了冬季外均可发现成虫，但早春特别多。会捕食蚜虫。常见种类，也是与大众甲壳虫车最像的瓢虫。斑纹多变 (10多种)，有时鞘翅全黑或无黑纹。耐高温。

龟纹瓢虫成虫

龟纹瓢虫成虫

红环瓢虫

瓢甲科
学名 *Rodolia limbata* Motschulsky

分布 河北、黑龙江、吉林、辽宁、陕西、北京、河南、山西、山东、江苏、浙江、广东、四川、贵州、云南、甘肃。

寄主 捕食草履蚧、吹绵蚧、桑芽蚧、桑虱等。

形态特征 成虫体长4.0~6.0mm，宽3.0~4.3mm。虫体长圆形，两侧近于平行，弧形拱起，披黄白色细毛。头部黑色，复眼黑色而常具浅色的周缘。前胸背板前缘及侧缘红色，小盾片黑色，每一鞘翅的周缘均为红色。腹面中央部分黑色，其余部分红色。

生物学特性 河北一年发生1代。以成虫越夏越冬。翌年2月下旬至3月上旬越冬成虫开始活动，并取食、交配。3月中旬至5月上旬为卵期；4月上旬至6月上旬为幼虫期；5月上旬至6月上旬为蛹期；5月中旬至翌年5月中旬为成虫期。

红环瓢虫成虫

红环瓢虫成虫

红环瓢虫捕食介壳虫

十二斑菌瓢虫

瓢甲科
学名 *Vibidia duodecimguttata* (Poda)

分布 河北、河南、北京、吉林、青海、陕西、甘肃、上海、湖南、四川、福建、广西、贵州、云南。

寄主 椿树白粉菌。常见于林内，阔叶林或针阔混交林。与其他瓢虫不同的是，它取食真菌，如植物白粉病的真菌孢子。

形态特征 成虫体长3.7~5mm，宽3~3.7mm。体椭圆形，半圆形拱起，背面光滑无毛。头部乳白色，无斑纹，复眼黑色，触角黄褐色。前胸背板和鞘翅基色褐色，前胸背板两侧各有一乳白色棕条，有时分为前角和基角两斑，后者四边形。鞘翅上各有6个乳白色斑点，1斑位于鞘翅基角，近方形，基部一边横平；2斑位于外缘1/6处，长圆形，一侧向外延伸接近外缘。腹面前中胸腹板及侧片乳白色。

生物学特性 河北成虫见于6月上旬至9月上旬。

十二斑菌瓢虫成虫

十二斑菌瓢虫成虫

花绒坚甲

穴甲科
学名 *Dastarcus helophoroides*（Fairmaire）

分布 河北、北京、陕西、宁夏、甘肃、辽宁、内蒙古、广东、上海、江苏、安徽、湖北、山东、山西、河南。

寄主 寄主星天牛类。

形态特征 成虫体长5~10mm，宽2~3mm。体鞘坚硬，深褐色。头凹入胸内，复眼黑色，卵圆形。头和前胸密布小刻点。腹板7节，基部2节愈合。鞘翅上有1个椭圆形深褐色斑纹，尾部沿中缝有1个粗“十”字斑，每翅表面有纵沟4条，沟脊由粗刺组成。

生物学特性 河北一年发生1－2代，以成虫越冬。

花绒坚甲成虫

圆顶梳龟甲

龟甲科
学名 *Aspidomorpha difformis* Motschulsky

分布 河北、辽宁、甘肃、浙江、福建、贵州、台湾；朝鲜、日本、俄罗斯。

寄主和危害 藜属、打碗花属植物。

形态特征 成虫体长6.5~8.6mm，宽5~7.2mm。椭圆形，前、后几近等圆，背面较不拱凸，边宽阔透明，外缘反翘。体由乳白至棕黄，深色个体，近中缝一带略染淡色，盘侧中桥常浅色。敞边及透明，乳白或淡黄，基部和中后部均有一深色条斑。腹面全部淡色，多少有些透明。

生物学特性 河北7月可见成虫。

圆顶梳龟甲成虫

泡桐龟甲

▶ 龟甲科
学名 *Basiprionota bisgnata* (Boheman)

分布 华北、华东、华中等地。

寄主和危害 楸、泡桐、梓树。将叶片吃成孔洞，发生严重时可将叶片全部吃成网状，严重影响树木的生长发育。

形态特征 成虫体长约12mm。椭圆形、橙黄色。前胸背板两侧及鞘翅外缘向外延展，形成明显的边沿，且在鞘翅两侧边沿近末端1/3处各有1个大型黑斑。鞘翅背面凸起，每鞘翅上有2条隆起线。

生物学特性 河北一年发生2代。以成虫越冬、翌年5月泡桐发芽后开始活动，飞到新萌发的叶片上取食、交配、产卵。6月中下旬至8月中旬发生第一代成虫，7月中旬至9月下旬为第二代成虫；于9月下旬至10月，先后潜伏在石块下、树皮缝内及地被物下或表土中越冬。

防治方法 1. 幼龄幼虫期喷洒3%高渗苯氧威乳油3000倍液。2. 人工捕杀成虫。3. 保护天敌（姬小蜂、瓢虫、蚂蚁）。

泡桐龟甲成虫

甜菜龟甲

▶ 龟甲科
学名 *Cassida nebulosa* Linnaeus

分布 河北、辽宁、吉林、湖北、山东、江苏、四川；朝鲜等。

寄主和危害 甜菜、莴苣。成虫和幼虫均危害甜菜，成虫在叶片上咀嚼叶肉，形成圆洞，幼虫在叶背面叶脉间咬食叶肉，仅留叶表。

形态特征 成虫前胸背板近半圆形，基侧角甚阔圆；表面满布粗密刻点，盘区中央具两个微隆凸块。鞘翅较胸基稍阔，敞边基缘向前弓出；两侧平行，驼顶平拱，顶端呈平塌横脊；基洼微显；刻点粗密深刻，行列整齐，一般阔于行距；行距隆起，第二行更为明显；敞边狭，刻点密，表面粗皱。

生物学特性 河北一年发生2代。以成虫在杂草或植株残体下越冬。翌年5月底、6月上中旬成虫出现。

甜菜龟甲成虫

小点细铁甲

铁甲科
学名 *Rhadinosa lebongensis* Maulik

分布 河北。

寄主和危害 禾本科植物。

形态特征 成虫体长12mm左右。

生物学特性 河北7月可见成虫。

小点细铁甲成虫

水龟虫

水龟虫科
学名 *Hydrous* sp.

分布 河北及世界各地。

寄主和危害 一般为植食性，幼虫为腐食性或肉食性，捕食蝌蚪和小鱼等动物，有些种类有危害水稻的记载。

形态特征 成虫体卵圆形，光滑，深褐或黑色。触角短，棍棒状，多毛。体呈流线型、背腹面拱起。

生物学特性 河北6月下旬至8月下旬可见成虫。

水龟虫成虫

白蜡窄吉丁

吉丁虫科
学名 *Agrilus planipennis* Fairmaire

分布 东北、华北以及山东。

寄主和危害 白蜡、水曲柳。

形态特征 成虫体长 11~14mm。楔形，背面蓝绿色，腹面浅黄绿色。

生物学特性 河北一年发生 1 代。以老熟幼虫在树干蛀道末端的木质部浅层内越冬。4 月上旬开始化蛹，蛹期止于 6 月上旬，4 月下旬至 6 月下旬为成虫期，羽化孔半圆或扁圆形，直径约 2mm。产卵期为 5 月下旬至 7 月下旬，卵散产。6 月中旬最早孵化的幼虫蛀入树体，在韧皮部和木质部浅表层蛀食，蛀食方向不定。幼虫蛀食部位的外部树皮裂缝稍开裂，此可作为内有幼虫的识别特征。

防治方法 1. 加强检疫，防止人为扩散蔓延。栽植混交林。伐除并烧毁受害严重的树木，减少虫源。2. 用无公害药剂喷干封杀即将羽化出孔的成虫，幼虫危害期根灌无公害内吸药剂。3. 保护和利用天敌，如白蜡吉丁柄腹茧蜂、白蜡吉丁啮小蜂、肿腿蜂、蒲螨等天敌昆虫和啄木鸟、白僵菌等。

白蜡窄吉丁成虫

白蜡窄吉丁成虫

白蜡窄吉丁成虫羽化

白蜡窄吉丁成虫羽化

臭椿窄吉丁

吉丁虫科
学名 *Agrilus* sp.

分布 河北、辽宁。

寄主和危害 臭椿。

形态特征 体长7~8mm，宽约2mm。体狭长形，头部青铜色，具金属光泽，密布细横皱纹；头顶中部稍凹；略现纵沟；复眼黑色，肾状。触角青铜色、光滑，第四节后呈锯齿状。前胸背板青铜色，具金属光泽，密布横皱纹，背视略为长方形；前胸宽后缘窄，宽约为长的1.3倍。鞘翅墨绿色，幽暗无光，腹面具金绿色光泽；鞘翅基部具凹窝。

生物学特性 河北一年发生1代。以幼虫在寄主干部蛀道内越冬。翌春继续危害，6月上旬开始化蛹，下旬开始羽化，羽化孔卵圆形。成虫产卵于树皮裂缝内。成虫喜光，喜在阳光充足的林木上活动。幼虫孵化后蛀入皮层蛀食危害。

防治方法 1. 加强检疫，杜绝人为调运和传播带虫苗木。2. 5月向有虫树木的干部注入内吸性农药，毒杀干内幼虫。3. 成虫羽化期，向枝干喷洒绿色威雷微胶囊剂，封杀出羽化孔成虫和触杀在枝干上活动的成虫。

臭椿窄吉丁成虫

臭椿窄吉丁羽化孔

细纹吉丁

吉丁虫科
学名 *Anthaxia reticulateaina* Kurosawa

分布 河北、吉林；日本。

寄主和危害 山刺玫、蒲公英。

形态特征 成虫体长5.8~7.5mm，宽2.3~3mm。黑褐色，前胸背板宽约长的2倍。两侧缘圆弧形，后缘角突出，中间具1条细纵纹，每侧具明显的2个凹坑。小盾片甚小，三角形。前翅基部与前胸背板近等宽，向后逐渐变窄。头部、前胸背板及鞘翅黑色，表面密布不规则的细刻点纹。

生物学特性 河北7~8月可见成虫。

细纹吉丁成虫

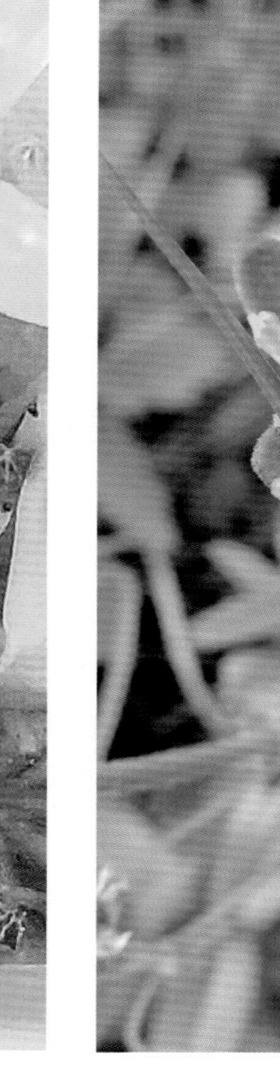

细纹吉丁成虫

六星铜吉丁

吉丁虫科
学名 *Chrysobothris affinis* Fabricius

分布 河北、吉林、辽宁、山东、陕西、甘肃、新疆。

寄主和危害 栎、梨、苹果、桃、枣、樱桃、糖槭、五角枫、杨。

形态特征 成虫体黑色，发紫铜色金属光泽。鞘翅上各有金黄色圆形坑 3 个，坑凹较深，每个鞘翅上有不太明显的隆脊 3 条。幼虫体扁，黄白色，前胸背板较宽。

生物学特性 河北一年发生 1 代。以幼虫在干内越冬。幼虫在韧皮部内蛀食，蛀道弯曲，充满虫粪和蛀屑，幼虫在木质部内化蛹。

防治方法 1. 人工捕杀成虫。2. 释放蒲螨寄生幼虫和成虫。3. 加强养护管理，提高树木生长势。

六星铜吉丁成虫

六星吉丁

吉丁虫科
学名 *Chrysobothris succedanea* Saunders

分布 河北、上海、山东、天津、江苏、湖南、宁夏、甘肃、陕西、吉林、辽宁、黑龙江等地。

寄主和危害 桃、杏、李、樱桃、苹果、梨、梅花、樱花、海棠、五角枫等花本。以幼虫蛀食皮层及木质部，严重时，可造成整株枯死。

形态特征 成虫体长10~1 3mm，墨绿色，有紫黑色光泽。头部带青蓝色，头顶中央有细的纵隆脊线。前胸有细的横皱纹。鞘翅有纵脊线，每一翅面上有排列成一行的3个白色圆形凹斑。

生物学特性 河北一年发生1代。以幼虫越冬。翌年春季4月下旬化蛹，5~6月羽化。中午觅偶交配。卵产在皮层缝隙叶中。幼虫孵化后蛀食植株皮层部，最后蛀入木质部，蛀孔道不规则。成虫也可食害枝条基部。10月中下旬幼虫在寄主枝条中越冬。

防治方法 1.成虫羽化前期，及时修剪虫枝和枯枝，集中烧毁，以消灭其中越冬幼虫。冬春季节，可将伤口处的老皮刮去，再用刀将皮层下的幼虫挖除之。2.成虫羽化盛期，可选喷5%吡虫啉乳油1500倍液。

六星吉丁成虫

六星吉丁成虫

桦双尾吉丁

吉丁虫科
学名 *Dicerca acuminate* (Pall)

桦双尾吉丁成虫

分布 华北、东北。

寄主和危害 桦、山楂。

形态特征 成虫体长14~22mm。黑色，表面古铜色发金属光泽。复眼椭圆形，黑色发金属光泽。前胸背板中间具隆起纵脊2条，两侧有短的隆起，侧沿凸起。鞘翅背面有刻点形成的纵沟多条，端部分离成两半叉形，较平齐。

生物学特性 河北一年发生1代。以幼虫越冬。翌年6月出现成虫。

防治方法 幼虫期释放蒲螨。

金缘吉丁

吉丁虫科
学名 *Lampra limbata* Gebler

分布 河北、北京以及东北等地。

寄主和危害 梨、苹果、沙果、杏、桃、山楂、沙果等多种果树植物。幼虫在树干皮下迂回串食，破坏形成层，轻者树皮变黑，重者整株枯死，树势衰弱，重者整株枯死。

形态特征 成虫体长 13~16mm。体翠绿色，有金属光泽。前胸背板上有 5 条蓝黑色条纹。鞘翅上有 10 多条黑色小斑组成的条纹，两侧有金红色带纹。

生物学特性 河北一年发生 1 代。以老熟幼虫在木质部越冬。翌年 3 月开始活动，4 月开始化蛹，5 月中下旬是成虫出现盛期。成虫羽化后，在树冠上活动取食，有假死性。6 月上旬是产卵盛期，多产于树势衰弱的主干及主枝翘皮裂缝内。幼虫孵化后，即咬破卵壳而蛀入皮层，逐渐蛀入形成层后，沿形成层取食，8 月幼虫陆续蛀进木质部越冬。

防治方法 1. 冬季刮除树皮，消灭越冬幼虫；及时清除死树、死枝，减少虫源。成虫期利用其假死性，于清晨振树捕杀。2. 成虫羽化出洞前用药剂封闭树干。

金缘吉丁成虫

金缘吉丁成虫

金缘吉丁产卵槽

金缘吉丁幼虫

金缘吉丁羽化孔

四斑黄吉丁

▶ 吉丁虫科
学名 *Ptosima chinensis* Marseul

分布 河北、陕西、湖南、江西、福建、四川、贵州；日本。

寄主和危害 桃树、李树等。

形态特征 成虫体长约11mm。长筒形，全体漆黑发亮，略带蓝色。鞘翅近末端具2条横形鲜黄色斑。头与身体垂直，触角略呈锯齿状。前胸背板方形。鞘翅狭长，翅端圆弧状，具不规则的细缘齿。

生物学特性 河北一年发生1代。

四斑黄吉丁成虫

泥红西槽缝叩甲

▶ 叩甲科
学名 *Agrypnus angillaceus* (Solsky)

分布 河北。

形态特征 成虫体长14mm左右。体被锈红色。

生物学特性 河北一年发生1代。成虫见于6月中旬至8月中旬。

泥红西槽缝叩甲成虫

沟金针虫 | 叩甲科

学名 *Pleonomus canaliculatus* Faldermann

沟金针虫成虫

沟金针虫幼虫

分布 河北、辽宁、山东、河南、陕西、甘肃、青海、江苏、安徽。

寄主和危害 杨、苹果、桑等。幼虫咬食种实、根和茎，或钻到茎内危害，造成缺苗断垄。成虫在补充营养期间，取食芽、叶，造成一定的危害。

形态特征 雌虫体长 16~17 mm，宽 4~5 mm；雄虫体长 14~18 mm，宽 3.5 mm。身体栗褐色，密被细毛。雌虫触角 11 节，略呈锯齿状，长约为前胸的 2 倍；前胸发达，中央有微细纵沟；鞘翅长为前胸的 4 倍，其上纵沟不明显，后翅退化。雄虫体细长，触角 12 节，丝状，长达鞘翅末端；鞘翅长约前胸的 5 倍，其上纵沟明显，有后翅。

生物学特性 河北 2~3 年发生 1 代。以成虫或幼虫在土中越冬。翌年 4 月上旬为成虫活动盛期。卵产于 3~7cm 深的土中。卵期 35 天左右。幼虫到第三年 8 月，老熟后作土室化蛹。成虫羽化后，于 10 月份在原土层中越冬。

防治方法 及时清除杂草，中耕松土，精耕细作，抑制其危害。

虎皮斑金龟 | 斑金龟科

学名 *Trichius fasciatus* Linnaeus

分布 河北。

寄主和危害 油松。

形态特征 成虫体长 11mm 左右。体黑色，密生黄色长绒毛。头部密布刻点，复眼大而突出，唇基略方形，前缘向内凹。触角暗褐色。前胸背板覆盖黄色长绒毛，中央呈球面凸起。小盾片亦被黄绒毛。鞘翅上有一倒写隶书的“北”字形黄褐色纹，翅面着生短而稀的黄毛，翅端平截形，腹端外露。腹面黑色具光泽。

生物学特性 河北 7~8 月见成虫。

虎皮斑金龟成虫

虎皮斑金龟成虫

斑青花金龟

花金龟科
学名 *Oxycetonia bealiae* (Gory et Percheron)

斑青花金龟成虫

分布 河北、北京、山西、河南、江苏、安徽、浙江、湖北、福建、广东、海南、广西、四川、贵州、云南等地。

寄主和危害 扶桑、含笑、海桐、杜鹃花、月季、桃、樱花、桑。

形态特征 成虫体长13~17mm，宽6~9mm。与小青花金龟相似，但体背基本不被绒毛，前胸背板、鞘翅各有1对大型色斑。前胸斑色黑，鞘翅斑赭色。鞘翅上有许多对白色小斑。

生物学特性 河北一年发生1代。成虫发生期8~9月。

防治方法 1.以防治成虫为主，最好采取联防，即在春、夏季开花期捕杀，必要时在树底下张单振落，集中杀死。2.花卉种植地捕堆积粪肥和垃圾。以减少虫源。

小青花金龟

花金龟科
学名 *Oxycetonia jucunda* Faldermann

分布 河北、陕西、四川、云南、内蒙古、北京、辽宁、吉林、黑龙江、山西、台湾以及华东、华中。

寄主和危害 榆、杨、栎、苹果、杏、桃、山楂、栗。

形态特征 成虫体长11~16mm，宽6~9mm。长椭圆形稍扁；背面暗绿或绿色至古铜微红及黑褐色，变化大，多为绿色或暗绿色；腹面黑褐色，具光泽，成虫体表密布淡黄色毛和刻点。头较小，黑褐或黑色，唇基前缘中部深陷。前胸背板半椭圆形，前窄后宽，中部两侧盘区各具白绒斑1个，近侧缘亦常生不规则白斑，有些个体没有斑点；小盾片三角状。鞘翅狭长，侧缘肩部外凸，且内弯；翅面上生有白色或黄白色绒斑，一般在侧缘及翅合缝处各具较大的斑3个；肩凸内侧及翅面上亦常具小斑数个；纵肋2~3条，不明显。臀板宽短，近半圆形，中部偏上具白绒斑4个，横列或呈微弧形排列。

生物学特性 河北一年发生1代。以幼虫越冬，成虫白天活动，春季10~15时、夏季8~12时及14~17时活动最盛，春季多群聚在花上，食害花瓣、花蕊、芽及嫩叶，致落花。成虫喜食花器，故随寄主开花早迟转移危害，成虫飞行力强，具假死性，幼虫孵化后以腐殖质为食，长大后危害根部，但不明显，老熟后化蛹于浅土层。

防治方法 1.以防治成虫为主，最好采取联防，即在春、夏季开花期捕杀，必要时在树底下张单振落，集中杀死。2.花卉种植地不堆积粪肥和垃圾。以减少虫源。

小青花金龟成虫

小青花金龟成虫

小青花金龟成虫

褐绣花金龟

花金龟科
学名 *Poegilophilides rusticola* Burmeister

褐绣花金龟成虫

分布 河北、江西、江苏。

寄主和危害 榆、杨、柳、栎及农作物。成虫吸食寄主伤口流出的汁液。

形态特征 成虫体长14~16mm。体较宽背腹扁平，深黄褐色具不规则的黑色花斑。头部黑色近方形，中央有1个黄褐色梨形斑，唇基与额愈合。前胸背板大，后缘弧形。鞘翅侧缘近基部明显收缩。腹面黑色，毛稀少，腹部分节明显，臀板横宽。前胫节外侧3齿。

生物学特性 河北夏季见成虫。

白星花金龟

花金龟科
学名 *Postosia brevitarsis* Leiwis

分布 东北、华北、华东、华中等地区。

寄主和危害 女贞、月季、梅、榆、海棠、杨、柳、椿、槐、苦楝、柑橘、葡萄、桃、梨、木槿、樱桃、无花果等。成虫常群集危害，取食植物的幼叶、芽、花和果实，尤以成熟的果实为主。

形态特征 成虫体长18~22mm，宽11~ 13mm。椭圆形，全体黑铜色，具古铜或青铜色光泽，体壁坚硬。前胸背板和鞘翅上散布很多不规则的白绒斑，其间有1个显著的三角形小盾片。腹部末端外露，臀板两侧各有3个小白斑。

生物学特性 河北一年发生1代。危害期较长，以中龄或近老熟幼虫在土中越冬，成虫5月上旬出现，6月底7月初至9月中旬是危害盛期。成虫多将卵产于粪堆、腐草堆下和鸡粪里，每处产卵多粒，幼虫群生，借助体背体节的蠕动向前行走。成虫具有趋化性、趋光性、假死性和较强的飞翔能力。

防治方法 1. 利用白星花金龟的趋光性，可使用杀虫灯诱杀成虫。2. 利用成虫的假死性，于清晨和傍晚人工捕捉，集中杀灭。3. 幼虫多数集中在未腐熟的粪堆中，春季施用时，翻倒粪堆，捡拾农家肥中的幼虫和蛹，降低成虫的危害基数。

白星花金龟成虫

白星花金龟成虫

多色异丽金龟

丽金龟科
学名 *Anomala chamaeleon* Fairmatre

分布 河北。

寄主和危害 柳。

形态特征 成虫体长 12~14mm。体色变异较大，有黄褐色、黑褐色等不同类型。触角 9 节，鳃部宽长，其长相当于触角全长的 1/2。头、胸、小盾片密布细刻点，前胸背板后缘无明显边框，内侧仅见浅宽横沟。

生物学特性 成虫见于 7 月至 8 月上旬。

多色异丽金龟成虫

多色异丽金龟交尾

铜绿异丽金龟

丽金龟科
学名 *Anomala corpulenta* Motschulsky

铜绿异丽金龟成虫

铜绿异丽金龟成虫

分布 除新疆、西藏无报道外，分布遍及全国各地。

寄主和危害 苹果、山楂、海棠、梨、杏、桃、李、梅、柿、核桃、草莓等。以苹果属果树受害最重，成虫取食叶片。

形态特征 成虫体长 16~22mm，宽 8.3~12mm。长椭圆形，背腹稍扁，体背面铜绿色具金属光泽，头、前胸背板及小盾片色较深。鞘翅色较浅，唇基前缘、前胸背板两侧呈浅褐色条斑。腹面黄褐色，胸腹面密生细毛。足黄褐色，胫节、跗节深褐色。头部密布刻点。鞘翅背面具 4 条纵隆线，缝肋显。臀板黄褐色，三角形，常具形状多变的古铜色、铜绿色斑点 1~3 个。前胸背板大，前缘稍直。

生物学特性 河北一年发生 1 代。以 3 龄幼虫在土中越冬。翌年 4 月上旬上升到表土危害，5 月开始化蛹，6 月中下旬至 7 月上旬为成虫羽化盛期，7 月可见卵，8 月幼虫孵化。

防治方法 1. 人工防治利用成虫的假死习性，早晚振落捕杀成虫。2. 诱杀成虫。利用成虫的趋光性，当成虫大量发生时，于黄昏后在果园边缘点火诱杀。有条件的果园可利用黑光灯大量诱杀成虫。

黄褐丽金龟

丽金龟科
学名 *Anomala exoleta* Fald.

分布 河北、黑龙江、辽宁、青海、宁夏、陕西、内蒙古、北京、天津、河南、山西、山东、安徽、江苏、甘肃。

寄主和危害 成虫取食杏树的花及杨、榆、柳、黄檗等，大豆等植物的叶片；幼虫危害麦类、玉米、高粱、大豆、花生、豆科牧草等作物的根部。

形态特征 成虫体长15~18mm，宽7~9mm。体黄褐色，有光泽，前胸背板色深于鞘翅。前胸背板隆起，两侧呈弧形，后缘在小盾片前密生黄色细毛。鞘翅长卵形，密布刻点，各有3条暗色纵隆纹。

生物学特性 河北一年发生1代。以幼虫越冬。在河北成虫5月上旬出现，6月下旬至7月上旬为成虫盛发期，成虫出土后不久即交尾产卵，幼虫期300天，主要在春、秋两季危害。5月化蛹，6月羽化为成虫。成虫昼伏夜出，傍晚活动最盛，趋光性强。成虫不取食，寿命短。

防治方法 1. 灯光诱杀成虫。2. 翻耕整地：春、秋翻地，特别是深翻耕耙，能明显减轻来年蛴螬危害。

黄褐丽金龟成虫

蒙古丽金龟

丽金龟科
学名 *Anomala mongolica* Faldermann

分布 东北、华北、西北。

寄主和危害 苹果、葡萄、黄檗、柞、杨、柳。

形态特征 成虫体椭圆形，背隆。体色有：背深绿色，腹紫铜色，金属闪光；背暗蓝色，腹蓝黑色，金属闪光。前胸背板以基部最宽，均具檐。鞘翅纵肋不太显，第一至第五腹节腹板两侧黄褐细毛成斑。幼虫老龄体节肛腹片后部覆毛区、中间区刺毛列由短锥状和长针状刺毛组成，其交界处有一段互相隔排区，左右两毛列呈梯形。

生物学特性 河北一年发生1代。以幼虫在土中越冬。5~6月和8~10月幼虫危害，取食叶片和根部。

防治方法 灯光诱杀成虫为主要防治手段。

蒙古丽金龟成虫

蒙古丽金龟成虫

粗绿丽金龟

丽金龟科
学名 *Mimela holosericea* Fabricius

粗绿丽金龟成虫

分布 河北、黑龙江、吉林、辽宁、内蒙古、青海。

寄主和危害 成虫危害油松。幼虫危害植物地下部分。

形态特征 成虫体长14~20mm，宽8.5~ 10.6mm。体中大型，体上面深铜绿色，有强烈的金属光泽；体表虽甚粗糙不平，但凸出部更见光泽锃亮。身体腹面及足部深紫铜色有铜绿色闪光。

生物学特性 河北一年发生1代。以3龄幼虫在土壤中越冬。每年4月中旬越冬幼虫开始上升危害，5月下旬老熟幼虫开始化蛹，蛹期平均18天，7月上中旬为成虫盛发期，6月下旬成虫开始产卵，卵期15天。1龄幼虫期16~27天，2龄幼虫期28~41天，3龄幼虫期265~290天。

防治方法 灯光诱杀成虫为主要防治措施。

琉璃弧丽金龟

丽金龟科
学名 *Popillia flavosellata* Fairmaire

分布 河北、黑龙江、吉林、辽宁、陕西、山东、安徽、江苏、浙江、湖北、湖南、江西、四川、贵州、云南、甘肃。

寄主和危害 成虫取食葡萄、梨、桑、榆、杨等植物的叶片及胡萝卜、玫瑰等植物的花。幼虫危害禾谷类、豆类作物的地下部分。

形态特征 成虫体长11~14mm，宽7~8.5mm。体椭圆形，棕褐泛紫绿色闪光。鞘翅茄紫有黑绿或紫黑色边缘，腹部两侧各节具白色毛斑区。头较小，唇基前缘弧形，表面皱，触角9节。前胸背板缢缩，基部短于鞘翅，后缘侧斜形，中段弧形内弯。小盾片三角形。

生物学特性 河北一年发生1代。以3龄幼虫在土中越冬。翌年3月下旬至4月上旬升到耕作层危害小麦等作物地下部。4月下旬末化蛹，5月上旬羽化，5月中旬进入盛期。6月下旬成虫产卵，6月下旬至7月中旬进入产卵盛期，卵历期8~20天，成虫寿命40天，

防治方法 1. 利用成虫交尾持续时间长，受惊后收足坠落等特点，组织人员对成虫进行捕杀。2. 对蛴螬发生严重的地块，在深秋或初冬翻耕土地，不仅能直接消灭一部分蛴螬，并且将大量蛴螬暴露于地表，使其被冻死、风干或被天敌啄食、寄生等。

琉璃弧丽金龟成虫

琉璃弧丽金龟成虫

无斑弧丽金龟

丽金龟科
学名 *Popillia mutans* Newman

分布 全国各地。

寄主和危害 成虫取食杨、梨、苹果、豆类等的叶片及玉米雌穗；幼虫危害玉米、小麦、豆类、花生、甘薯等作物的地下部分。

形态特征 成虫体长 12mm 左右，宽 7mm。体椭圆形，深蓝色略带紫，有蓝绿色闪光。前胸背板略拱起，光滑。鞘翅短宽，后缘明显收缩，翅面有纵列刻点。臀板外露，无白色毛斑。卵近球形，乳白色。老熟幼虫体长约 28mm，乳白色，俗称蛴螬。

生物学特性 河北一年发生 1 代。以 2 龄幼虫在土深 24~35cm 处越冬。危害草根。5 月中下旬开始化蛹，6 月上旬至 7 月上旬为化蛹盛期，蛹期 15 天左右。成虫羽化后需要补充营养。

防治方法 1. 灯光诱杀成虫。人工捕杀成虫。2. 大发生时喷洒 3% 高渗苯氧威乳油 2000 倍液。

无斑弧丽金龟成虫

无斑弧丽金龟成虫

中华弧丽金龟

丽金龟科
学名 *Popillia quadriguttata* (Fabricius)

分布 河北、黑龙江、吉林、辽宁、内蒙古、甘肃、陕西、山西、山东、河南、安徽、江苏、浙江、湖北、福建、台湾、广东、广西和贵州。

寄主和危害 栎、榆、杨、紫穗槐、苹果、黄檀、紫薇、荔枝、龙眼、桃、梅等。中国重要地下害虫之一。成虫食性极杂，可取食 19 科 30 种以上的植物。幼虫严重危害花生、大豆、玉米、高粱等作物。

形态特征 成虫体长 7.5~12mm，宽 4.5~6.5mm。小型甲虫，体长椭圆形，体色一般深铜绿色，有光泽。鞘翅浅褐色或草黄色，四缘常呈深褐色，足同于体色或黑褐色。臀板基部有 2 个白色毛斑，腹部每节侧端有一簇毛成斑。唇基短阔，梯形，密被刻点，前缘直，侧角圆，额部刻点紧密，点间成横皱，头顶刻点紧密。触角 9 节，鳃片部 3 节。前胸背板密布刻点，则缘后段两侧近平行。

生物学特性 河北一年发生 1 代。以 3 龄幼虫在土中约 60cm 处越冬。6 月幼虫老熟，在土中筑蛹室化蛹，7 月初成虫羽化，无趋光性，昼出夜伏，有群集性和假死性，受惊坠落。

防治方法 人工捕杀成虫。

中华弧丽金龟成虫

中华弧丽金龟成虫

苹毛丽金龟

丽金龟科
学名 *Proagopertha lucidula* Faldermann

分布 河北、辽宁、河南、山东、山西、陕西、内蒙古等地。

寄主和危害 除危害桃、李、杏、樱桃、苹果、梨等果树外，还危害杨、柳、榆等林木，寄主植物有 11 科 30 余种。成虫喜食花及嫩叶，尤其喜食苹果花及嫩叶。幼虫危害苗木根部，但危害小。

形态特征 成虫体卵圆形，长 10mm 左右。头胸背面紫铜色，并有刻点。鞘翅为茶褐色，具光泽。由鞘翅上可以看出后翅折叠成“V”字形。腹部两侧有明显的黄白色毛丛，尾部露出鞘翅外。后足胫节宽大，有长、短距各 1 根。

生物学特性 河北一年发生 1 代。以成虫在土中越冬。翌年 4 月中旬成虫开始出土，5 月未绝迹，历期约 30 天。5 月上旬田间开始见卵，产卵盛期为 5 月中旬，下旬产卵结束。5 月下旬至 8 月上旬为幼虫发生期。7 月底至 9 月中旬为化蛹期，8 月下旬蛹开始羽化为成虫。新羽化的成虫当年不出土，即在土中越冬。

防治方法 1. 利用成虫假死性，早、晚振枝，人工捕杀落地成虫。2. 成虫危害盛期，喷洒 48% 乐斯本乳油 4000 倍液。

苹毛丽金龟成虫

苹毛丽金龟危害梨花

宜蜉金龟

鳃金龟科
学名 *Aphodius rectus* Motschulsky

分布 河北、北京。

寄主和危害 兽粪便。

形态特征 成虫体长 5~6mm。头、胸黑褐色，鞘翅色浅褐，每鞘翅有一边缘不清楚的深色斑。触角片状部 3 节组成。头上额前有 3 个小瘤起。前胸背板散布深大刻点。小盾片显著。鞘翅有深纵沟，臀板全被鞘翅覆盖。中足基节紧挨，后足胫节有 2 个端距。

生物学特性 河北常发现于较潮湿的地方，傍晚成群飞舞。

宜蜉金龟成虫

宜蜉金龟成虫

红脚平爪金龟 | 鳃金龟科

学名 *Ectinohoplia rufipxs* (Motschulsky)

分布 河北。

形态特征 成虫体长 9mm 左右。鞘翅红褐色。

生物学特性 河北 5~8 月见成虫。

红脚平爪金龟成虫

红脚平爪金龟成虫

华北大黑金龟 | 鳃金龟科

学名 *Holotrichia oblita* (Faldermann)

分布 东北、华北、西北等地。

寄主和危害 杨、柳、榆、桑、核桃、苹果、刺槐、栎等多种果树。成虫取食果树和林木叶片，幼虫危害阔、针叶树根部及幼苗。

形态特征 成虫长椭圆形。体长 21~23mm，宽 11~12mm。黑色或黑褐色有光泽。胸、腹部生有黄色长毛，前胸背板宽为长的 2 倍，前缘钝角、后缘角几乎成直角。每鞘翅 3 条隆线。前足胫节外侧 3 齿，中后足胫节末端生有 2 端距。雄虫末节腹面中央凹陷、雌虫隆起。

生物学特性 河北一年发生 1 代。以成虫或幼虫越冬。越冬成虫约 4 月中旬左右出土活动直至 9 月入蛰，前后持续达 5 个月，5 月下旬至 8 月中旬产卵，6 月中旬幼虫陆续孵化，危害至 12 月以 2 龄或 3 龄越冬；翌年 4 月越冬幼虫继续发育危害。

防治方法 1. 灯光诱杀成虫。2. 用辛硫磷和甲基乙硫磷，在播种前将药剂均匀喷撒地面，然后翻耕或将药剂与土壤混匀，或播种时将颗粒药剂与种子混播，或药肥混合后在播种时沟施，或将药剂配成药液顺垄浇灌或围灌防治幼虫。

华北大黑金龟成虫

暗黑鳃金龟

鳃金龟科
学名 *Holotrichia parallela* Motschulsky

分布 河北、黑龙江、吉林、辽宁、北京、天津、河南、山西、山东、江苏、安徽、浙江、湖北、四川、贵州、云南、陕西、青海、甘肃。

寄主和危害 成虫可取食榆、加杨、白杨、柳、槐、桑、柞、苹果、梨等的树叶，最喜食榆叶，次为加杨。

形态特征 成虫体长17~22mm，宽9.0~11.5mm，窄长卵形，被黑色或黑褐色绒毛。前胸背板最宽处在侧缘中部以后，前缘具沿并布有成列的褐色边缘长毛，前角钝，弧形，后角直，后缘无沿。小盾片呈宽弧状三角形。鞘翅伸长，两侧缘几乎平行，靠后边稍膨大，每侧4条纵肋不显。前足胫节具3外齿，中齿显近顶齿。爪齿于爪下方中间分出与爪呈垂直状。腹部腹板具蓝青色丝绒色泽。

生物学特性 河北一年发生1代。以3龄老熟幼虫越冬。6~7月为成虫发生期，成虫昼伏夜出，有群集性。在辽宁，幼虫在春（5月）秋（8~10月）两季危害。

防治方法 1.结合农田基本建设，深翻改土，改变土壤的酸碱度，铲平沟坎荒坡，消灭地边、荒坡、田埂等处的蛴螬，杜绝地下害虫的孳生地。2.灯光诱杀成虫。3.可利用乳状菌防治。

暗黑鳃金龟成虫

黑星长脚鳃金龟

鳃金龟科
学名 *Hoplia aupeola* (Pallas)

黑星长脚鳃金龟成虫

分布 河北。

形态特征 成虫体长14mm左右。前胸背板、鞘翅背有黑色斑点。

生物学特性 河北5~7月见成虫。

围绿单爪鳃金龟

鳃金龟科
学名 *Hoplia cincticollis* (Faldermann)

分布 河北。

寄主和危害 杨、桦等。

形态特征 成虫体长12~15mm。头、胸及腹部黑褐色，鞘翅棕色。头上有银绿鳞片。前胸背板密布棕黄竖立鳞片，四周有银绿色鳞片，鳞片间散生纤毛。鞘翅密布卧生淡褐鳞片。臀板及腹下密被淡银鳞片。足强大，胫节无距，后足只有1个爪，前中足2个爪大小有异，较大爪端部分裂，小爪只有大爪的1/3强。

生物学特性 河北一年发生1代。成虫见于6月上旬至8月上旬。具有趋光性，成虫群集在叶片上取食，严重影响桦树的正常生长。

围绿单爪鳃金龟成虫

围绿单爪鳃金龟成虫

黄绿单爪鳃金龟

鳃金龟科
学名 *Hoplia communis* Waterhouse

分布 河北。

寄主和危害 丁香等。

形态特征 成虫体长14~23mm。

生物学特性 河北一年发生1代。成虫见于6月上旬至7月下旬。

黄绿单爪鳃金龟成虫

黄绿单爪鳃金龟成虫

黑绒鳃金龟

鳃金龟科
学名 *Maladera orientalis* Motschulsky

黑绒鳃金龟成虫

分布 河北、黑龙江、辽宁、吉林、北京、内蒙古、山西、甘肃、浙江、江西等地。

寄主和危害 榆、杨、桑、刺槐、枣、苹果、梨、杏等100多种植物。

形态特征 成虫体长7~8mm，宽4.5~5.0mm。体卵圆形，黑至黑褐色，具天鹅绒闪光。头黑、唇基具光泽。前缘上卷，具刻点及皱纹。胸腹板黑褐具刻点且被绒毛，腹部每腹板具毛1列。

生物学特性 河北一年发生1代。以成虫在20~40cm深的土中越冬。4月中下旬至5月初，开始出土，6月为产卵期，卵期约9天。6月中旬开始出现新一代幼虫，幼虫一般危害不大，仅取食一些植物的根和土壤中腐殖质。8~9月间，3龄老熟幼虫作土室化蛹，蛹期10天左右，羽化出来的成虫不再出土而进入越冬状态。

鳃金龟

鳃金龟科
学名 *Maladera* sp.

分布 河北。

形态特征 成虫体长9mm左右。似黑绒鳃金龟，但前胸背板前缘较平直，两侧弧度较小。

生物学特性 成虫见于5月上旬。

鳃金龟成虫

宽胫玛绢金龟

▶ 鳃金龟科
学名 *Maladera verticalis* (Fairmaire)

分布 河北、辽宁、河南、北京、内蒙古、陕西、云南。

寄主和危害 榆、杨、柳、梨、苹果等多种植物。

形态特征 成虫体卵圆形，赤褐色，具光泽。鞘翅满布纵列隆起带。胫节端距在前端两侧，外侧有棘刺群。

生物学特性 河北一年发生 1 代。以幼虫越冬。翌年 6 月化蛹，6 月末成虫羽化，7 月成虫交尾产卵，8 月后成虫减少。成虫昼伏夜出，取食苗叶，趋光性强，有假死性。卵散生，卵期约 12 天，幼虫活泼，在浅土层中活动。

防治方法 1. 灯光诱杀成虫。2. 成虫期向苗木喷洒 3% 高渗苯氧威乳油 3000 倍液或 10% 吡虫啉粉剂 1000 倍液。

宽胫玛绢金龟成虫

灰粉鳃金龟

▶ 鳃金龟科
学名 *Melolontha incanus* (Motschulsky)

分布 河北、天津、黑龙江、吉林、辽宁、内蒙古、山西、陕西、山东、河南、湖北、江西、四川、贵州。

寄主和危害 常见树种。成虫食树叶，幼虫食植物根。

形态特征 成虫体长 25mm 左右。棕色，被灰白色短毛如覆盖粉状物。头部近方形，密布刻点，唇基前缘近平直，触角 10 节，雄虫鳃叶部很大，由 7 节组成，略弯曲。前胸背板后缘中段弓形后扩。翅面上具 3 条纵隆带。腹面被有粉状物。

生物学特性 河北 2 年发生 1 代。以幼虫在 40cm 以下的土壤内越冬。翌年 4 月中旬越冬幼虫开始上升危害，成虫羽化盛期为 6 月下旬至 7 月上旬，在育苗地进行化学防治的最佳时间为 4 月中旬。

防治方法 灯光诱杀成虫。

灰粉鳃金龟成虫

灰粉鳃金龟成虫

小云斑鳃金龟

鳃金龟科
学名 *Polyphylla gracilicornis* Blanchard

小云斑鳃金龟成虫

小云斑鳃金龟成虫

分布 河北、辽宁、内蒙古、河南、山西、陕西、青海、宁夏、新疆、江西、四川、甘肃。

寄主和危害 幼虫危害各种农作物、牧草及杨、柳、栎、松、云杉等林木。成虫不取食，以幼虫危害根、茎。

形态特征 成虫体长28~30mm。本种与大云斑鳃金龟极相似，但本种体型显然较小，前胸背板无中央滑线，虫体底色为赤褐色，鞘翅花纹较稀（大云斑鳃金龟底色为紫黑色，鞘翅花纹较密）；雄虫臀斑上的毛灰褐色，宽短，分布稀；雄虫前足胫节外侧有齿1个（大云斑鳃金龟有2个）。

生物学特性 河北4年发生1代。以幼虫在土内越冬。越冬深度在冻土层以下，通常1m左右。幼虫期达1400多天，蜕皮2次，共3龄。1~2龄幼虫各经历1年，3龄幼虫近2年。越冬幼虫来年4月上升土表危害，已老熟的幼虫则开始做土室化蛹。蛹期25天左右。

防治方法 1. 耕地时人工随犁拾虫消灭。2. 土壤处理用50%辛硫磷乳剂，翻地前均匀撒于地面，随即翻地。此方法春秋季均可进行，秋翻处理时因虫龄小而效果更好。

大云斑鳃金龟

鳃金龟科
学名 *Polyphylla laticollis* Lewis

分布 河北、黑龙江、吉林、辽宁、宁夏、新疆、青海、内蒙古、北京、山西、陕西、山东、河南、江苏、安徽、浙江、福建、四川、贵州、云南、甘肃。

寄主和危害 取食松、榆、杨、云杉、柳，是农、林、果业生产的重要害虫，尤以四旁绿化、农田林网化搞得好的沙质地块受害严重。

形态特征 成虫体长35~40mm。棕黑色，有白色短毛组成的云斑。头大，具粗大点刻和皱纹，密生淡褐色和白色鳞片；头盾横长方形，前缘和外缘向上翻转。鞘翅布乳白色云状斑；鞘翅鳞片多呈椭圆形或卵圆形，组成云纹状斑纹，大斑之间有游散鳞片。雄虫前足胫节外侧有齿2个。

生物学特性 河北3~4年发生1代。以幼虫在土内越冬。越冬老熟幼虫于6月化蛹。6月末出现成虫。雄虫趋光性明显强于雌虫。成虫产卵于土中，产十余粒至数十粒，卵经20余天孵化，幼虫多栖于沿河沙地、林间沙壤土中。成虫趋光性较弱。

防治方法 1. 防治蛴螬，用50%辛硫磷乳油250mL，加水2.5kg，喷洒在20~30kg的细土上，拌匀施在667m^{2}苗床上，随即浅耕，将其翻入土中。2. 用绿僵菌感染和杀灭幼虫。

大云斑鳃金龟成虫

东方绢金龟

鳃金龟科
学名 *Serica orientalis* Motschulsky

东方绢金龟成虫

东方绢金龟成虫交尾

分布 全国各地。

寄主和危害 食性杂，杨、柳、榆、苹果、杏、桑、枣、梅等100余种植物。常群聚危害苗木、防护林、固沙林和果树的芽苞、嫩芽，造成严重损失。

形态特征 成虫体长6~9mm，宽3.1~5.4mm。小型甲虫，体卵圆形，黑色或黑褐色，也有棕色个体，微有虹彩闪光。头大，唇基长大粗糙而油亮，刻点皱密，有少数刺毛，中央多少隆凸、额唇基缝钝角形后折，与前缘几平行。触角9~10节，多数为9节，鳃片部3节。头面有绒状闪光层。前胸背板短阔，前后缘几平行，密布粗深刻点。

生物学特性 河北一年发生1代。以成虫越冬。越冬成虫于4月上旬开始出土活动。4~6月成虫盛发期，大量取食苗木嫩叶、嫩芽。5月成虫交尾后产卵于10~20cm深土中，卵期5~10天。7月成虫少，幼虫3龄，共需约80天，以腐殖质和少量嫩根为食，对苗木危害不大。老熟幼虫在土中化蛹，蛹期约10天。

防治方法 1.灯光诱杀成虫。2.成虫期向苗木喷洒3%高渗苯氧威乳油300倍液。

犀角粪金龟

蜣螂科
学名 *Catharsius molossus* Linnaeus

分布 河北、北京、台湾。

寄主和危害 兽类粪便。

形态特征 成虫体长30mm左右。卵形，黑色具光泽。头扇面状，密布粗大点刻，呈皱纹状；雄虫头具犀角状突起，大而较尖；雌虫较小。前胸背板中央横隆起，隆起线前方急向下倾斜，呈截面，隆起线近两端各具一犬状突起。鞘翅布满细小点刻，每翅有7条细纵线。腹面观，胸部具浓密的黄褐色毛。足着生稀而粗大的赤褐色毛。

生物学特性 河北5~10月均能见成虫。

犀角粪金龟雌雄成虫

犀角粪金龟雌成虫

犀角粪金龟雄成虫

臭蜣螂

蜣螂科
学名 *Copris ochus* Motschulsky

臭蜣螂成虫

分布 河北、北京、黑龙江、吉林、辽宁、内蒙古、河南、山东、山西、江苏；朝鲜、日本、蒙古等。

寄主和危害 兽类粪便。

形态特征 成虫体长25mm左右。体卵圆形，黑色具光泽。雄虫头顶有一角状突起，前胸背板强烈向后下方凹陷，并在凹陷边缘形成尖角。雌虫头部和前胸背板正常；鞘翅上有纵脊。

生物学特性 成虫见于5月下旬至9月上旬。有趋光性。

蜣螂

蜣螂科
学名 *Copris* sp.

别名 屎壳郎。

分布 全国各地。

寄主和危害 粪便。

形态特征 成虫体长5~30mm。体为略扁的椭圆形，体色大多为略带光泽的黑色，也有褐色的。头扁平。其虫深目高鼻，背负黑甲，状如武士，故有“铁甲将军”之称。

生物学特性 河北成虫见于7月下旬。屎壳郎推粪球是为了繁殖后代。别看粪便臭不可闻，对于屎壳郎的宝宝来说，可是维持生命必不可少的食物。处于繁殖期的雌蜣螂则会将粪球做成梨状，并在其中产卵。孵出的幼虫以现成的粪球为食，直到发育为成年蜣螂才破土而出。

蜣螂成虫

大蜣螂

蜣螂科
学名 *Scarabaeus sacer* Linnaeus

大蜣螂成虫

分布 河北、内蒙古、山西；朝鲜、埃及。

寄主和危害 粪便。

形态特征 成虫体长21~36mm。黑色，略带光泽。触角暗赤褐色，球杆部赤色。雌后胫节内侧寄生锈色毛，前额复眼间有2个小突起。前足胫节内侧基部有锯齿，雄1个、雌2个。

生物学特性 河北5月中旬至8月下旬可见成虫。

双斑锦天牛

天牛科
学名 *Acalolepta sublusca* (Thomson)

分布 辽宁、贵州、四川、以及华中、华北、华东。

寄主和危害 大叶黄杨、卫矛等。幼虫蛀食树干，危害轻的降低木材质量，严重的能引起树木枯梢和风折；成虫咬食树叶或小树枝皮和木质部。

形态特征 成虫体长11~23mm，宽5~7.5mm。体栗褐色。前胸密被棕褐色具丝光绒毛。鞘翅密被光亮淡灰色绒毛，翅基部中央具一圆形或近方形黑褐斑，肩下侧缘有一黑褐色长斑，翅中部之后处具一丛侧缘至鞘缝的棕褐色宽斜纹，腹面被灰褐色绒毛。雄虫触角超过体长1倍，雌虫的超过体长之半，柄节粗大，端疤内侧开放，第三节大于柄节或第四节。前胸前板宽胜于长。

生物学特性 河北一年发生1代。以幼虫在地表树干蛀道内越冬。越冬幼虫3月中下旬开始活动取食，4月中旬化蛹。5月上旬成虫开始羽化，5月中旬为羽化盛期，6月为产卵盛期。7月孵化为幼虫。11月幼虫进入越冬状态。

防治方法 1.晴天中午捕捉成虫。2.成虫产卵盛期向地表及干基部喷施10%吡虫啉可湿性粉剂2000倍液，杀死初龄幼虫。

双斑锦天牛成虫

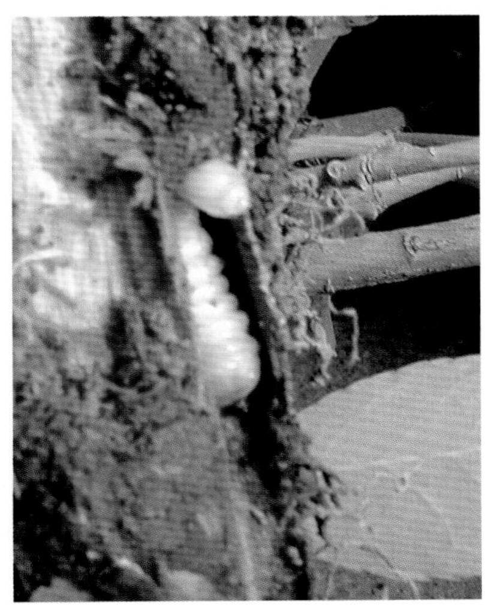
双斑锦天牛幼虫

双斑锦天牛危害状

小灰长角天牛

天牛科
学名 *Acanthocinus griseus* Fabricius

分布 河北、黑龙江、吉林、辽宁、陕西、河南、山东及甘肃南部。

寄主和危害 油松、华山松、红松、云杉、鱼鳞云杉、栎属。幼虫危害造成枯枝。

形态特征 成虫体棕红色，被灰绒毛，触角特长。前胸背板有许多黄脊线和粗刻点，前端有黄毛斑4个成一横列。鞘翅被黑褐色、褐色或灰色绒毛，在中部及末端各成一宽横带，显出2条横斑。

生物学特性 河北一年发生1代。以成虫在蛹室内越冬。翌年5月成虫咬一圆孔飞出，6月产卵于衰弱的寄主树干。新孵幼虫先在韧皮部蛀食，后蛀入木质部表层，于8月末开始化蛹，羽化成虫即在蛹室内不飞出而越冬。

防治方法 1. 及时清理虫害木，加强树木养护力度，提高树木抗性。2. 灯光诱杀或人工捕杀成虫。释放蒲螨寄生成、幼虫。

小灰长角天牛成虫

小灰长角天牛幼虫

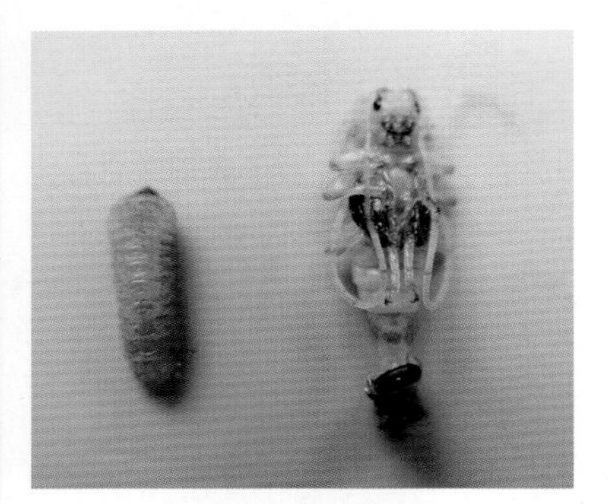
小灰长角天牛蛹

苜蓿多节天牛

天牛科
学名 *Agapanthia amurensis* Kraatz

分布 河北、北京、黑龙江、吉林、内蒙古、陕西、山东、湖北、浙江、江西、湖南、福建。

寄主和危害 苜蓿、松、刺槐等。

形态特征 成虫体长11.3~17.5mm，宽2.7~4.7mm。体金属深蓝或紫罗兰色，头、胸及体腹面近于黑蓝色，触角黑色，自第三节起的以下各节基部被淡灰色绒毛。额广阔，表面微拱凸，前缘有1条细横沟。雌、雄虫触角均长于身体，柄节较长，向端部逐渐膨大，第三节最长，柄节及第三节端部有毛刷状的簇毛，有时柄节端部仅下沿具浓密长毛，基部六节下沿有稀少细长缨毛。前胸背板长、宽近于相等或宽稍胜于长，两侧中部之后稍膨突。头、胸密布粗深刻点，每个刻点内着生黑色直立长毛。触角柄节刻点细密。

生物学特性 河北5~7月为成虫期。

防治方法 人工捕杀成虫。

苜蓿多节天牛雌成虫

苜蓿多节天牛雄成虫

苜蓿多节天牛成虫

阿尔泰天牛

天牛科
学名 *Amarysius altajensis* (Laxmann)

分布 河北、黑龙江、辽宁、吉林、内蒙古；蒙古、朝鲜。

寄主和危害 忍冬、锦鸡儿、小叶榆。

形态特征 成虫体长11~16mm，宽3~5mm。体窄长，黑色。头短，刻点粗糙而稠密，被棕色细毛，额阔，触角向后伸展。雌虫较短，接近鞘翅末端，雄虫超过体长约为体长2倍。鞘翅朱红色，中部有大黑斑，在中缝处连接呈长卵形，自小盾片后方伸展延至翅长的4/5处。鞘翅后部较前部宽，端缘圆形，翅面扁平。

生物学特性 河北一年发生1代。成虫见于6月中旬。

防治方法 人工捕杀成虫。

阿尔泰天牛成虫

阿尔泰天牛成虫

赤杨褐天牛

天牛科
学名 *Anoplodera rubra dichroa* (Blanch)

分布 河北、内蒙古、辽宁、吉林、黑龙江、陕西、浙江、湖南、四川。

寄主和危害 赤杨、松、杨、栎。

形态特征 成虫体长13~17mm，宽4~6mm。体黑色，前胸、鞘翅及胫节赤褐色。头部点刻密并有黄灰色竖毛，头顶及额正中具窄纵沟，后头呈圆筒状，下颚须深褐色，下唇须黄褐色。触角向后伸展，雌虫较短，接近鞘翅中部，雄虫超过中部。第三节最长，但雄虫的末1节与第三节略等长，第三、四节略呈圆筒形，第五至第十节末端肥大，外端角突出呈锯齿状，以雄虫为显著。前胸长度与宽度略等长，两侧缘呈浅弧形，前部最窄，中域隆起，后缘骤然凹陷。鞘翅肩部最宽，向后逐渐窄斜切，顶角尖锐。

生物学特性 河北一年发生1代。7月见成虫。成虫有趋光性。

防治方法 灯光诱杀成虫。

赤杨褐天牛成虫

赤杨褐天牛成虫

蓝突肩花天牛

天牛科
学名 *Anoploderomorpha cyanea* Gebler

分布 河北、黑龙江、吉林。

寄主和危害 幼虫取食衰弱木、腐朽木；成虫喜食毛莨科、菊科植物。

形态特征 成虫体长 10 mm，宽 3 mm。体型狭长，背面黑蓝色微带金属光泽；触角、足、小盾片、腹面均黑色。头部短，额近方形，平坦；唇基微隆，倒梯形，唇基与上唇之和等于额高。

生物学特性 河北7月可见成虫。以幼虫或蛹越冬。

蓝突肩花天牛成虫

光肩星天牛

天牛科
学名 *Anoplophora glabripennis* (Motsch.)

分布 全国各地。

寄主和危害 危害杨、柳、元宝枫、榆、复叶槭等树种。产卵刻槽呈圆形或扁圆形，严重被害时树干的树皮呈掌状陷落，树干局部中空，外部膨大呈长 30~70cm 的“虫疱”。

形态特征 成虫体黑色，有光泽，雌虫长 22~35mm，雄虫长 20~29mm。头部比前胸略小，自后头经头顶至唇基有 1 条纵沟。触角 11 节，是体长的 1.3~1.9 倍，自第三节开始各节基部灰蓝色，雌虫最后一节前胸两侧各有 1 个刺状突起。鞘翅上各有大小不等的由白色绒毛组成的斑纹 20 个左右，鞘翅基部光滑，无小突起。

生物学特性 河北一年发生 1 代。少数 2 年 1 代，卵、卵壳内发育完全的幼虫和蛹均可越冬。预蛹期平均 22 天，蛹期平均 20 天。成虫 5 月开始出现，7 月上旬为盛期，至 10 月上旬还可见到个别成虫活动。

防治方法 1. 营造混交林，切忌营造嗜食树种纯林。筛选和培育抗性树种，提高免疫能力。2. 在严重危害区，彻底伐除没有保留价值的严重被害木，运出林外及时处理，以控制扩散源头。对新发生区或孤立发生区要拔点除源，及时降低虫口密度，控制扩散。3. 防治幼虫比较消极被动，只能作为辅助措施，如树干注药、塞毒签和堵洞等。

光肩星天牛成虫

光肩星天牛刻槽及卵

光肩星天牛幼虫

光肩星天牛成虫交尾

桑天牛 | 天牛科

学名 *Apriona germari* (Hope)

分布 国内除黑龙江、内蒙古、宁夏、青海、新疆五省（自治区）外，其他各地均有发生。

寄主和危害 主要危害桑、无花果、山核桃、毛白杨等树种。嫩梢树皮可见成虫啃食形成的不规则条状伤疤，边缘残留绒毛状的纤维物，在树干的同一方位，可见有顺序向下排列的圆形排泄孔。

形态特征 成虫体长 34~46mm。体和鞘翅黑色，被黄褐色短毛。头顶隆起，中央有一纵沟。触角 11 节，比体稍长，柄节和梗节黑色，以后各节前半部黑褐色，后半部灰白色，前胸近方形，背面有横走的皱纹，两侧中央各具刺状突起 1 枚。鞘翅基部密生颗粒状小黑点，雌虫腹末 2 节下弯。

生物学特性 河北 2~3 年 1 代。此虫也称粒肩天牛、黄褐天牛，是多种林木和果树的重要害虫。以毛白杨受害最重，不危害欧美杨。以幼虫在被害枝干内越冬。幼虫经过 2 个冬季后，于第三年 4 月底 5 月初开始化蛹，5 月中下旬为化蛹盛期，6 月底结束。成虫出现于 6 月上旬至 8 月中旬。成虫必须取食桑科植物才能完成发育至产卵，取食 10~15 天后，交尾产卵，产卵期在 6 月中旬至 8 月上旬。卵期 8~15 天，幼虫历期 22~23 个月，危害期达 16~17 个月。蛹期 26~29 天，成虫羽化后，常在蛹室内静止 5~7 天，然后咬一直径约 14mm 的圆形羽化孔钻出。

防治方法 1. 在成虫期，清除杨树及其周围 100m 范围内的零星桑科植物，断绝成虫补充食料。2. 在卵和低龄幼虫期，锤击主干上的卵和未侵入木质部的幼龄幼虫。3. 在大龄幼虫期，采用插毒签、药剂塞孔（磷化铝片等）或用 40% 甲胺磷乳油注虫孔杀死幼虫。

桑天牛成虫

桑天牛幼虫

桑天牛蛹

桑天牛危害状

锈色粒肩天牛

天牛科
学名 *Apriona swainsoni* (Hope)

分布 河北、河南、山东、福建、广西、四川、贵州、云南、江苏、湖北、浙江等地。

寄主和危害 国槐、柳树、云实、黄檀、三叉蕨等植物。不规则的横向扁平虫道破坏树木输导组织，轻者树势衰弱，重者造成表皮与木质部分离，诱导腐生生物二次寄生，使表皮成片腐烂脱落，致使树木3~5年内整枝或整株枯死。

形态特征 成虫体长雌31~44mm，宽9~12mm；雄成虫略小。黑褐色，有光泽，体密被铁锈色绒毛。头、胸及鞘翅基部颜色较深。触角10节，1~4节下方具毛，第四节中部以后各节黑褐色。前胸背板宽大于长，有不规则的粗大颗粒状突起，前后横沟均为3条，侧刺突发达，先端尖锐。鞘翅肩角略突，无肩刺，翅端切状，内外端角刺状，缘角小刺短而钝，缝角小刺长而尖，翅基角1/5密布黑褐色光滑瘤状突起。中、后胸腹面两侧各有1~2个白斑。雄虫腹末节稍露鞘翅之外，背板中央凹入较浅。本种的相近种是灰绿粒肩天牛，主要区别是后者体背被褐绿色绒毛。

生物学特性 河北2年发生1代。以幼虫在枝干木质部虫道内越冬。二次越冬幼虫5月上旬开始化蛹，蛹期25~30天。6月上旬至9月中旬出现成虫，取食新梢嫩皮补充营养；雌成虫一生可多次交尾、产卵。产卵期在6月中下旬至9月中下旬，卵期10天。

防治方法 1. 严格检疫，防止人为传播。2. 特制灯光诱杀成虫。3. 羽化期人工捕捉成虫或喷洒药剂（绿色威雷）毒杀成虫。

锈色粒肩天牛虫道

锈色粒肩天牛成虫

桃红颈天牛

天牛科
学名 *Aromia bungii* (Faldermann)

分布 全国各地。

寄主和危害 桃、杏、李、梅、樱桃、苹果、梨等。

形态特征 成虫体长约28~37mm。体黑色，有光亮。前胸背板红色，背面有4个光滑疣突，具角状侧枝刺。鞘翅翅面光滑，基部比前胸宽，端部渐狭；有2种色型：一种是身体黑色发亮和前胸棕红色的“红颈型”，另一种是全体黑色发亮的“黑颈”型。

生物学特性 河北2年（少数3年）发生1代。以幼龄幼虫（第一年）和老熟幼虫（第二年）越冬。

成虫于 5~8 月间出现；各地成虫出现期自南至北依次推迟。

防治方法 1. 成虫出现期 (5~7 月) 在一个果园一般不超过 10 余天，并且比较整齐，在此期间捕打成虫，收效较大。2. 在成虫产卵前期进行树干及主枝涂刷白涂剂或石灰水，防止产卵。

桃红颈天牛成虫

桃红颈天牛幼虫

桃红颈天牛蛹

桃红颈天牛成虫交尾

杨红颈天牛

天牛科
学名 *Aromia moschata* (Linnaeus)

分布 河北、湖北、黑龙江、吉林、辽宁、内蒙古、甘肃、陕西、江西；日本、朝鲜。

寄主和危害 杨、柳。

形态特征 成虫体长 18~32mm。体深绿色。头部、触角蓝黑色，触角基部两侧各有 1 对瘤状突起。前胸背板橙红色，有光泽，具粗糙的刻点，中间有 1 条浅沟，近后缘处有 2 个瘤突；侧刺突明显。雄虫触角较体长，约超过体长 1/3；雌虫触角与体长相比略短。小盾片三角形，蓝色，具横皱纹，微向下凹。鞘翅布满刻点和皱纹，并各有 2 条纵隆线，在近翅端处消失。后胸侧片前上方有 1 个腺体，遇惊扰后常射出具有特殊气味的白色乳状物。足蓝黑色。

生物学特性 河北三年发生 1 代。以幼虫越冬，6 月出现成虫和产卵，7 月幼虫孵化，幼虫在干内一直危害到第四年的 5 月化蛹。卵产于树皮裂缝深处，每雌产卵 20~60 粒。

防治方法 1. 营造混交林，加强养护管理。2. 清除虫害木。3. 人工捕捉成虫。4. 保护和利用天敌，释放肿腿蜂。

杨红颈天牛成虫

松幽天牛

天牛科
学名 *Asemum amurense* Kraatz

松幽天牛成虫

分布 河北、黑龙江、吉林、内蒙古、陕西、浙江；朝鲜、俄罗斯、日本。

寄主和危害 油松、落叶松、赤松等。以幼虫蛀干危害松树，幼虫切断疏导组织，使整株落叶松树死亡。

形态特征 成虫体长 11~ 20mm。体黑褐色，密被灰白色绒毛，腹面有光泽。前胸背板两侧刺突呈圆形向外伸出，背板中央少许向下凹陷。小盾片长似舌形，黑褐色。鞘翅黑褐色，翅面上有 5 条纵隆起线，以第三条最为明显。足短，密生黄色绒毛。

生物学特性 成虫见于 6~8 月。

红缘天牛

天牛科
学名 *Asias halodendri* (Pallas)

分布 华北、东北、西北。

寄主和危害 枣、梅、榆叶梅、文冠果、槐、柽柳、枸杞、糖槭、锦鸡儿、白榆、茉莉等。

形态特征 成虫体长约 18mm。体狭长，黑色，体背有小刻点。鞘翅基部有朱红色斑，外缘有朱红色线带 1 条。

生物学特性 河北一年发生 1 代。以幼虫在蛀道内越冬。翌年春季幼虫危害，不向干外排粪，从外观不易见到危害状。5~6 月成虫羽化，补充营养后交尾产卵，卵期约 10 天。初孵幼虫先蛀食皮层，在韧皮部取食危害，一直到 10 月气温下降后幼虫蛀入木质部越冬。

防治方法 1. 重点放在消灭成虫上，在成虫期人工捕杀效果极佳，尤其交尾期。2. 在成虫产卵前期进行树干及主枝涂刷白涂剂或石灰水，防止产卵。也可喷洒绿色威雷 200 倍液防治成虫。

红缘天牛雌成虫

红缘天牛雄成虫

红缘天牛成虫交尾

多斑白条天牛 | 天牛科
学名 *Batocera horsfieldi* (Hope)

多斑白条天牛成虫

分布 东北、华北、华东、华中、华南和西南等地区。

寄主和危害 杨、核桃、桑、柳、榆、白蜡、泡桐、女贞、悬铃木、苹果和梨等林木和果树。成虫啃食被害树新枝嫩皮，幼虫蛀食被害树韧皮部和木质部。

形态特征 成虫体长 34~61mm，宽 9~15mm。黑褐色。触角较体略长。前胸背板中央有 1 对白色肾形斑，两侧各有 1 个突刺。小盾片半圆形，白色或浅黄色，周围布满大小不等的瘤状颗粒。每个鞘翅上有白色或浅黄色云片状斑纹，大小不一。体腹面两侧从复眼后至腹末端各有 1 条较宽的白色纵带。

生物学特性 河北两年发生 1 代。以幼虫和成虫在蛀道内越冬。越冬成虫 4 月中旬从羽化孔爬出补充营养、交尾和产卵；6 月为产卵盛期。

防治方法 1. 加强养护力度，提高树木生长势。成虫产卵前进行树干涂白。2. 成虫期人工捕捉成虫或喷洒药效期长的无公害药剂。

杨绿天牛 | 天牛科
学名 *Chelidonium quadricolle* Bates

分布 河北、吉林。

寄主和危害 杨、桐、板栗、榆、槭属、枫香。

形态特征 成虫体长 21~30mm，宽 6~7mm。体绿色，较窄长，前胸背板长大于宽，侧突较明显，各足黑色。鞘翅上宽下窄，后翅角较圆。雄成虫触角不达鞘翅尾部，雌成虫触角达鞘翅的一半左右。后足胫节不甚扁平及加宽，不宽于中足腿节棒状部。

生物学特性 河北成虫 5~6 月出现，草花上常见。

杨绿天牛成虫

刺槐绿虎天牛

天牛科
学名 *Chlorophorus diadema* Motschulsky

分布 华北、东北、华东、华中、西南以及陕西。

寄主和危害 刺槐、樱桃、桦、枣、柳。

形态特征 成虫体长8~14mm。体棕褐色。头、腹被灰黄色绒毛，头顶无毛而有深刻点。前胸背板球形，密布刻点。鞘翅茎部有少量黄绒毛，肩部前后有黄绒毛斑2个；靠小盾片沿内缘为一向外弯斜条斑，其外端与肩部第二斑几乎相连，中央稍后又有1条横带，末端黄绒毛横条形。

生物学特性 河北一年发生1代。以幼虫在蛀道内越冬。翌年3月开始活动,5月中旬在干内化蛹，蛹期25天左右，6月下旬开始羽化，卵散产于枯立木或刺槐干部腐烂处，每次产卵约10粒。每雌可产卵50粒，卵期17天，孵化幼虫即可向干内钻蛀，蛀道弯曲。

防治方法 1. 清除和烧毁有虫木。2. 产卵盛期向枝干喷洒3%高渗苯氧威乳油3000倍液。

刺槐绿虎天牛成虫

杨柳绿虎天牛

天牛科
学名 *Chlorophorus motschulskyi* (Ganglbauer)

杨柳绿虎天牛成虫

分布 华北以及陕西。

寄主和危害 柳、杨、国槐、苹果。

形态特征 成虫体长9~13mm。体细长，黑褐色，被有灰色绒毛。头布粗刻点，头顶光滑。触角基瘤内侧呈角状突起。前胸背板球形，密布刻点，除灰白色绒毛外，中区细长竖毛和中央黑色毛斑1个。鞘翅有灰白色条斑，基部沿小盾片及内缘有向后外方弯曲斜成狭细浅弧形条斑1个，肩部前后小斑2个，鞘翅中部稍后为一横条，其靠内缘一端较宽，末端为一宽横带。

生物学特性 河北一年发生1代。以幼虫在蛀道内越冬。翌年3月开始活动，5月化蛹，6月成虫开始羽化，卵散产于枯立木或国槐干部腐烂处，孵化幼虫向干内钻蛀弯曲蛀道。

防治方法 1. 加强树木养护管理，提高抗虫力。2. 清除和烧毁严重被害木。

六斑绿虎天牛

天牛科
学名 *Chlorophorus sexmaculatus* Motschulsky

分布 河北、内蒙古、陕西、云南、江西、青海、湖北、广西、新疆、甘肃、福建、四川及东北；朝鲜、日本、俄罗斯。

寄主和危害 枣、栎、板栗、油松、核桃、山杨、桑。

形态特征 成虫体长 11~13mm，宽 2~3mm。体黑色，被灰色绒毛。前胸背板长大于宽，中区有1个叉形黑斑，两侧各有1个黑斑点。鞘翅较短，每翅具6个黑斑，基部黑环斑纹在前端及后侧开放为2个斑，肩部1个，基部中央有1个纵形斑，中部有2个平行相近的黑斑。

生物学特性 河北5月下旬至7月可见成虫。

六斑绿虎天牛成虫

槐黑星虎天牛

天牛科
学名 *Clytobius davidis* (Fairmaire)

分布 河北、北京、山东、江苏等地。

寄主和危害 刺槐、国槐、桑、榆。

形态特征 成虫体长 13.5~19mm，宽 3.5~5mm。体扁平，黑色。头具粗糙刻点，密被浅色毛。前胸背板宽大长，两侧缘弧形，被浅黄褐色毛，胸面刻点粗糙，两侧具6个杏黄色小圆斑，中部具数个不明显瘤突。小盾片半圆形。鞘翅淡黄褐色，被稀疏浅色细毛，毛斑黑色，鞘翅两侧近于平行，端缘圆弧。雄虫腹部末节短阔，后缘微弧凹；雌虫腹部末节较长，露出鞘翅之外。足短，后足腿节不超出鞘翅末端。

生物学特性 河北4~5月见成虫。

槐黑星虎天牛成虫

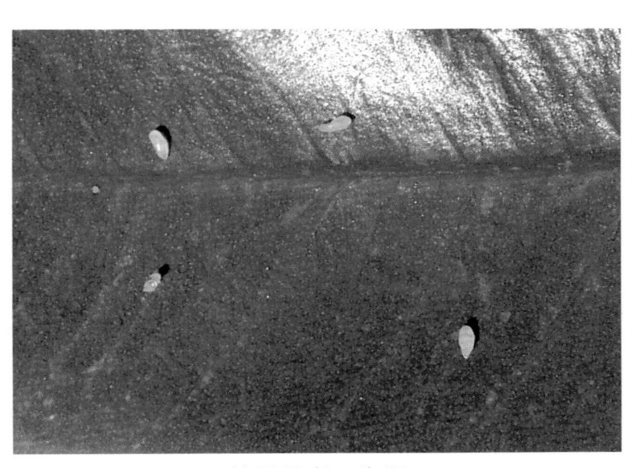

槐黑星虎天牛卵

钩突土天牛

天牛科

学名 *Dorysthenes sternalts* (Fairmaire)

分布 河北、四川、云南。

寄主和危害 榆。

形态特征 成虫体长 27mm，宽 12mm 左右。体黑褐色，有光泽，触角基瘤远离。基部 3 节光亮，4~11 节棕红色，3~10 节外端角较狭。头部向前突出，正中央有 1 条浅纵沟。前胸背板短阔，侧缘 2 齿，中齿尖锐，稍向后弯。鞘翅两侧大致平行，后端稍狭窄，肩圆形。

生物学特性 河北 7 月见成虫。

钩突土天牛成虫

二斑黑绒天牛

天牛科

学名 *Embrikstrandia bimaculata* White

分布 河北、陕西、江苏、浙江、福建、湖南、台湾、广东、广西、四川。

寄主和危害 吴朱萸，花椒。花椒枝干被害后有螺旋形隧道及成串通气排屑孔。

形态特征 成虫体长 21~27mm，宽 6.5~9mm。体中等，黑色。前胸背板无光泽。鞘翅黑色部分被黑色绒毛，黄褐斑纹被淡黄色绒毛。腹部着生少许银灰色绒毛。

生物学特性 河北两年发生 1 代，以卵或幼虫越冬。7 月可见成虫。

二斑黑绒天牛成虫

密条草天牛 | 天牛科

学名 *Eodorcadion virgatum* (Motschulsky)

分布 河北、北京、山西、上海。

寄主和危害 杨、刺槐、核桃。

形态特征 成虫体长 12~22mm，宽 5.5~ 9.5mm。体长卵形，黑色至黑褐色。头及前胸背板各有 2 条大致平行的淡灰或黄色绒毛纵纹；小盾片两侧具灰白色绒毛。每个鞘翅约有 9 条灰白或淡黄色绒毛条纹，条纹清楚不很窄，有时外侧条纹愈合，中缝光滑无毛。体腹面密被灰白或灰黄色绒毛，足被稀少绒毛。

生物学特性 河北 5~7 月为成虫期。

防治方法 人工捕杀成虫。

密条草天牛成虫

双带粒翅天牛 | 天牛科

学名 *Lamiomimus gottschei* Kolbe

分布 河北、北京、江苏、浙江、安徽、江西、湖北、四川、陕西及东北。

寄主和危害 柳、栎、槲、柞、杨、椿。

形态特征 成虫体长 34~38mm，宽 12~14mm。体黑色无光泽，被茶褐色或灰褐色绒毛。头部表面粗糙，多皱纹。触角黑褐色，端部稍淡。前胸背板布皱纹，中瘤明显凸起，其侧有 4 个瘤突，呈“八”字形分立于左右，前、后横沟较深，侧刺突壮大。小盾片密生淡色毛，基部有 1 个三角形黑色无毛小区。鞘翅基部布满瘤状小颗粒，占全翅 1/3 左右。

生物学特性 河北 7 月可见成虫。

双带粒翅天牛成虫

芫天牛

天牛科
学名 *Mantitheus pekinensis* Fairmaire

分布 河北、北京、河南、山西、内蒙古。

寄主和危害 刺槐、白皮松、圆柏、油松、白蜡等。

形态特征 成虫体长15~22mm，体宽4~ 6.5mm。黄褐色或黑褐色，有时前胸、肩、触角棕红色。雄虫鞘翅肩后色较淡，无光泽；雌虫鞘翅端部暗褐色，全身被疏细的淡色短毛。头略宽于前胸，复眼大，前额有凹穴；头部刻点粗大，头顶布细颗粒刻点。触角柄节粗短，第三节至第十节各节近于等长，长度相当于柄节的3倍。前胸背板近方形，表面密布刻点，中纵区光滑，无刻点。

生物学特性 河北两年发生1代，以幼虫在土中越冬。6~7月老熟幼虫开始化蛹，8月中旬至9月下旬成虫羽化。

防治方法 1. 羽化期人工捕杀成虫。2. 成虫产卵期在松树干上绑缚塑料环阻隔成虫上树产卵。

芫天牛成虫

栗山天牛

天牛科
学名 *Massicus raddei* (Blessig)

分布 华北、东北、华东、华中以及陕西、四川、云南。

寄主和危害 栗、栎、桑等。以幼虫在树干内钻蛀坑道危害林木，危害时间长达1000多天，柞树受害后木质腐烂，直至整株枯萎而死。

形态特征 成虫体长40~48mm。体大型，黑色，被灰黄色绒毛。触角及两复眼间纵沟延伸到头顶。前胸背板宽胜于长，两侧圆弧，胸面具不规则横皱。鞘翅两侧缘近于平行，端部略收缩，端缘圆弧，缝角短刺状。

生物学特性 河北四年发生1代。第一至第三年以不同龄期的幼虫越冬，第四年5月在蛀道末端筑蛹室化蛹，6月成虫羽化，产卵于树皮缝隙、枝条伤痕处，每处1粒，卵期7~10天。幼虫孵化后先取食树皮内侧，后蛀入木质部危害。

防治方法 1. 加强检疫，防止人为传播。2. 以消灭成虫为重点，人工捕杀或以特制灯光源诱杀成虫。

栗山天牛成虫

栗山天牛幼虫

栗山天牛成虫交尾

薄翅锯天牛

天牛科
学名 *Megopis sinica* Whiter

分布 全国各地。

寄主和危害 杨、柳、榆、松、杉、白蜡、梧桐、桑、苹果、山楂、枣、柿、栗、核桃等。幼虫于枝干皮层和木质部内蛀食，隧道走向不规律，内充满粪屑，削弱树势，重者枯死。

形态特征 成虫体长 30~52mm，宽 8.5~14.5mm。体略扁，红褐至暗褐色。头密布颗粒状小点和灰黄细短毛，后头较长。触角丝状 11 节，基部 5 节粗糙，下面具刺状粒。前胸背板前缘窄，略呈梯形，密布刻点、颗粒和灰黄短毛。鞘翅扁平，基部宽于前胸，向后渐狭，鞘翅上各具 3 条纵隆线，外侧 1 条不甚明显；后胸腹板被密毛。雌腹末常伸出很长的伪产卵管。

生物学特性 河北二至三年发生 1 代。以幼虫于隧道内越冬。寄主萌动时开始危害，落叶时休眠越冬。6~8 月间成虫出现。成虫喜于衰弱、枯老树上产卵。

防治方法 1. 加强综合管理增强树势，减少树体伤口以减少成虫产卵。2. 将磷化铝药剂塞入树洞中，密封洞口毒死害虫。

薄翅锯天牛雄成虫

薄翅锯天牛雌成虫

薄翅锯天牛幼虫

培甘天牛

天牛科
学名 *Menesia sulphurata* (Gebler)

分布 河北、吉林、辽宁、黑龙江、山东。

寄主和危害 山核桃。

形态特征 成虫体长 8mm,宽 2.5mm 左右。体小，棕栗至黑色。头顶大部被淡色毛。触角除柄节外为棕黄色，雌雄差别不大，超过体长 1/4，第三、四节近乎等长，各节下沿具缨毛。前胸节圆筒形，长宽略等，背板中区两侧具 2 个黑斑，但变异较大，有时 2 个黑斑合并为 1 个阔的黑斑。小盾片近方形，被黄色绒毛。鞘翅刻点粗密，不规则，每个翅具 4 个黄色大斑点，从基部到端区排成直行，有时彼此向内合并或前 2 个全部合并。足棕黄色。

生物学特性 河北 6 月成虫期。成虫有趋光性。

防治方法 人工捕杀成虫。

培甘天牛成虫

四点象天牛

天牛科
学名 *Mesosa myops* (Dalman)

分布 全国各地。

寄主和危害 柳、杨、榆、苹果、山楂、核桃、柞、槭属、柏、水曲柳等。成虫取食枝干嫩皮；幼虫蛀食枝干皮层和木质部。

形态特征 成虫体长8~15mm，宽3~6mm。体黑色，被灰色短绒毛，杂有金黄色毛斑。头部有颗粒及点刻。复眼小，分上下两叶，但其间有一线相连，下叶稍大。触角11节，丝状赤褐色。前胸背板有小颗粒及刻点，中央后方及两则有瘤状突起，中具4个略呈方形排列的丝绒状黑斑，每斑镶金黄色绒毛边。鞘翅上有许多不规则形黄色斑和近圆形黑斑。

生物学特性 河北二年发生1代。以幼虫或成虫于落叶层和干基各种缝隙内越冬。翌春5月初越冬成虫开始活动取食并交配产卵。卵多产在树皮缝、枝节、死节处，尤喜产在腐朽变软的树皮上。

防治方法 1. 适地适树，增强生长势，提高抗性。2. 在严重发生区清除落叶，杀灭越冬成虫。

四点象天牛成虫

四点象天牛幼虫

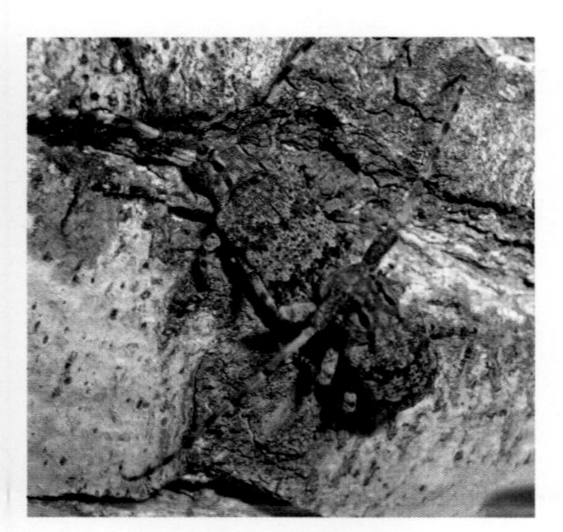
四点象天牛成虫交尾

双簇污天牛

天牛科
学名 *Moechotypa diphysis* (Pascoe)

分布 河北、黑龙江、吉林、辽宁、内蒙古、河南、陕西、江西、四川、甘肃、北京、山西、湖南、湖北、安徽、浙江、广西。

寄主和危害 栎属、柞、杨、核桃、栗、香椿、松、柏、花椒、青冈栎、竹类。

形态特征 成虫体长16~24mm，宽6~10mm。体阔，黑色，前胸背板和鞘翅多瘤状突起，体背黑色、灰色、灰黄色及黄色绒毛。鞘翅瘤突上一般被黑绒毛，淡色绒毛则在瘤突间，围成不规则的格子。腿节基部及端部、胫节基部和中部各有一火黄色或灰色毛环。触角自第三节起各节基部都有一淡色毛环。头部中央有纵纹1条。前胸背板粗糙，中央有1个“人”字形突起，两侧各有1个大瘤突。鞘翅宽阔，多瘤状突起。中足胫节无沟纹。

生物学特性 河北5~7月为成虫盛期。

防治方法 1. 人工捕杀成虫。2. 释放蒲螨寄生虫体。

双簇污天牛成虫

云杉大墨天牛

天牛科
学名 *Monochamus urussovi* Fisher.

分布 河北、内蒙古、山东、江苏、陕西以及东北。

寄主和危害 云杉、落叶松、红松、臭冷杉、白桦。幼虫危害伐倒木、生长衰弱的立木、风倒木以及贮木场中原木，形成粗大虫道；成虫啃食活树小枝嫩皮。

形态特征 成虫体长20~35mm。体黑色，带墨绿色或古铜光泽。雄虫触角长约为体长2~3.5倍，雌虫触角比体稍长。前胸背板有不明显的瘤状突3个，侧刺突发达。小盾片密被灰黄色短毛。鞘翅基部密被颗粒状刻点，并有稀疏短绒毛，愈向鞘翅末端，刻点渐平，毛愈密，末端全被绒毛覆盖，呈土黄色，鞘翅前1/3处有1条横压痕；雄虫鞘翅基部最宽，向后渐宽；雌虫鞘翅两侧近平行，中部有灰白色毛斑，聚成4块，但常有不规则变化。

生物学特性 成虫见于6月下旬至7月中旬。

云杉大墨天牛成虫

暗翅筒天牛

天牛科
学名 *Oberea fuscipennis* Chevrolat

分布 河北、河南、广东、江苏、湖南、浙江、广西、江西、西藏、四川、福建、台湾。

寄主和危害 榆、桑属。

形态特征 成虫体长14~18mm，宽2.8~ 3.5mm。体很长。触角与体等长，第三节稍长于第四节，明显长于柄节。头黄色；腹部腹板黄褐色；前胸背板宽大于长，触角全黑色；鞘翅淡暗灰色，侧缘及端部显著暗色。

生物学特性 河北5~7月出现成虫。

防治方法 人工捕杀成虫。

暗翅筒天牛成虫

暗翅筒天牛成虫

日本筒天牛

天牛科
学名 *Oberea japonica* (Thunberg)

分布 河北、辽宁、吉林、河南、江西、台湾。

寄主和危害 桑、桃、梅、杏、樱、苹果、梨、山楂、栗、榛等。

形态特征 成虫体长16~20mm，宽2~3mm。体狭长，橙黄色。头、触角和腹部末节黑色，鞘翅除基部外呈熏烟色，中、后胫节端部外方较黑。体被黄色、灰白或深棕色的绒毛，一般头部和鞘翅中区呈灰白色，被毛较密。

生物学特性 河北成虫见于6月中下旬。

日本筒天牛成虫

黑点粉天牛

天牛科
学名 *Olenecamptus clarus* Pascoe

分布 河北、上海、江苏、浙江、陕西、河南、江西、湖南、台湾、四川、贵州、云南以及东北。

寄主和危害 桑、桃。

形态特征 成虫体长8~17mm，宽2~4mm。体黑色，密被白色粉毛。触角及足棕黄色或棕红色。头顶后缘有3个长形黑斑。触角为体长的2(雌)~2.5(雄)倍。前胸背板具密细的皱纹。前胸两侧各有2个卵形小黑斑，背板中央有1个小黑斑。鞘翅上具3个黑斑点(肩上黑斑呈长形，翅中部2个圆点)；鞘翅刻点较密，末端钝切，外端角不显。腹面第一至第四腹节两侧各具1个小黑斑点。

生物学特性 河北一年发生1代。

防治方法 成虫期人工捕杀或灯光诱杀成虫。

黑点粉天牛成虫

黑点粉天牛成虫

苘麻天牛

天牛科
学名 *Paraglenea fortunei* (Saunders)

分布 河北、江苏、浙江、安徽、江西、福建、广西、广东、湖南、四川。

寄主和危害 桑、木槿、桂、苘麻。

形态特征 成虫体长 11.5~14mm，宽 4~5mm。体被极厚的淡色绒毛，呈淡草绿和淡蓝色，饰有黑色斑纹。头部一般淡色，头顶或多或少黑色，有时扩大到头面全部。触角黑色，基部 1、3、4 节多少被草绿色或淡蓝色绒毛，特别是下沿。前胸背板淡色，中区具 2 个圆形黑斑。每个鞘翅具 3 个黑斑，肩部至侧缘 1 个，中部之前为第二个，翅端 1/3 处为第三个，此斑中间有淡色斑，呈现两斑合并状，第二、三斑在沿缘折处由 1 条黑色纵斑相连接。上述斑纹常有很大变化，出现斑纹缩小，退色或 1、2 斑合并，甚至翅前半部同为黑色等。

生物学特性 河北 7 月见成虫。以幼虫越冬。

防治方法 1. 以消灭成虫为重点，人工捕杀成虫。2. 释放花绒寄甲寄生幼虫。

苘麻天牛成虫

白腰芒天牛

天牛科
学名 *Pogonocherus* (*Eupogonocherus*) *seminiveus* Bates

分布 河北、黑龙江、吉林、辽宁、台湾。

寄主和危害 榆属、山毛榉属、刺五加、水青冈属。

形态特征 成虫体长 4.5~9mm，宽 2~3.6mm。体色大部黑色。前胸背板有稀疏白绒毛，不呈斑纹。鞘翅上半部密被银灰色绒毛，遮盖底色，后半部绒毛稀而短，现出底黑色。鞘翅前白后黑。触角约与体等长，第四节较第 3 节长，前者微弯。前胸节具侧刺突，背板几无刻点，有皱纹，中区两侧各有瘤突 1 个，显然隆起。

生物学特性 河北 6~7 月为成虫期。

防治方法 1. 人工捕杀成虫。2. 释放蒲螨寄生虫体。

白腰芒天牛成虫

白腰芒天牛成虫

多带天牛

天牛科
学名 *Polyzonus fasciatus* (Fabricius)

分布 东北、华北以及陕西、浙江、江西、湖南、四川。

寄主和危害 杨、柳、刺槐、松、柏、玫瑰、菊花。以幼虫蛀食枝干、根颈及根部。

形态特征 成虫头、胸部黑蓝色、光泽鲜艳。前胸背板有不规则皱缩，着生圆锥形侧突1对。鞘翅蓝黑色，被白色短毛及刻点，中央有明显的黄色横带2条，每条横带上有相互平行的淡黄色纵带4条。中、后胸腹面密被灰白色绒毛。

生物学特性 河北2年发生1代。以幼虫在干内越冬。6月中旬成虫羽化，8月下旬出现初孵幼虫，翌年幼虫在干内活动，年内并再次越冬，第三年6月化蛹，羽化成虫。成虫对蜜源植物趋性很强，喜群集取食，卵多产于1~2年生玫瑰枝条基部1.5~5cm处的向阳面，每雌产卵约30粒，卵期31~47天，幼虫先环行上蛀，后向下回蛀至根颈处和根部，根部可蛀30cm以上，蛀道光滑，早根颈处蛀道内化蛹，蛹期11~16天。

防治方法 1. 人工捕杀成虫。2. 树干封闭熏蒸杀灭幼虫（有磷化铝片）。3. 释放蒲螨寄生虫体。

多带天牛成虫

多带天牛成虫

多带天牛成虫交尾

坡翅柳天牛

天牛科
学名 *Prerolophia rigida* (Bates)

分布 河北、吉林、辽宁、黑龙江、宁夏。

寄主和危害 柳、桑、榆、合欢、柿、漆树。

形态特征 成虫体长10mm，宽3.5mm左右。体褐黑或黑色，被黑色，淡棕色和灰色绒毛。额长方形，具刻点。复眼不大。触角第三节比第四节稍长，触角第三节起，每节基部毛色较淡，第四节大半淡色。前胸背板绒毛较密，中区后半部有2条淡色纵纹，无侧刺突，刻点小而密。鞘翅端坡的上半部被灰白色绒毛（亦混杂其他绒毛）；鞘翅刻点粗大而密。

生物学特性 河北6月为成虫期。

防治方法 1. 人工捕杀成虫。2. 释放蒲螨寄生虫体。

坡翅柳天牛成虫

坡翅柳天牛成虫

锯天牛

天牛科
学名 *Prionus insularis* Motschulsky

分布 河北、辽宁、吉林、黑龙江、内蒙古、四川、陕西、浙江。

寄主和危害 板栗、杨、柳、松、榆、柳杉、冷杉、柞、苹果等。

形态特征 成虫体长24~45mm，宽9.5~19.2mm。体扁平，棕栗色到黑褐色，微带金属光泽。跗节一般棕色。头部较短。前胸扁阔有金属光泽，宽为长的2倍，侧缘具2齿，中齿发达，略向后弯曲，2齿基部稍突。

生物学特性 河北2~4年发生1代。成虫6~8月出现，幼虫生活在衰弱的活树和残根里。

防治方法 雷雨后，成虫大量出土时，进行人工捕捉。

锯天牛成虫

突花天牛

天牛科
学名 *Pseudosieversia* sp.

突花天牛成虫

分布 河北、陕西。

寄主和危害 柳(黄色型)、山杨(黑色型)等。

形态特征 成虫体长13mm左右。全体栗红色，近眼黑色。

生物学特性 河北成虫见于6月。

帽斑天牛

天牛科
学名 *Purpuricenus petasifer* Fairmaire

帽斑天牛成虫

分布 河北、山西、内蒙古、北京、天津、吉林、辽宁、山东、陕西、甘肃。

寄主和危害 苹果、山楂、酸枣。成虫少量取食芽、叶；幼虫于枝干皮层、木质部内蛀食，削弱树势。

形态特征 成虫体长16~21mm。体扁长形，黑色。头部密布粗刻点。前胸背板横宽，朱红色，密布粗刻点，刻点间呈皱褶状，被灰白色长毛，两侧具侧刺突，缘中部具有黑斑5个（前2个较大圆形，后3个稍小）。鞘翅朱红色，密布粗刻点，有黑斑2对，前对圆形，后对帽形并密布黑绒毛，鞘翅两侧缘平行，后缘圆形。

生物学特性 河北一年发生1代。以幼虫在枝干内越冬。7月成虫出现。

防治方法 1. 成虫发生期捕杀成虫。2. 加强果园管理，增强树势可减受害。

蓝丽天牛

天牛科
学名 *Rosalia coelestis* Semenov-Tian-Shanskij

分布 河北、黑龙江、吉林、北京、河南、陕西。

寄主和危害 柳树、核桃、栎树、栗等。为板栗主要蛀干害虫之一。

形态特征 成虫体长18~29mm，宽4~8mm。体被淡蓝色绒毛具黑斑纹。触角柄节中部及雄虫端部数节，雌虫末节和足黑色。腿节中后有环状淡蓝色绒毛，后足胫节中部及跗节被覆淡蓝色绒毛。前胸背板中区有1个近方形的大黑斑，与前缘接触，两侧各有1个小黑点及1个小瘤突，有时两侧的小黑点与中央大黑斑连接。鞘翅肩无黑斑；每个鞘翅有3个黑色不规则横斑纹，分别位于肩之后、中部及端部之前，鞘翅基部散生细粒状黑色刻点。

蓝丽天牛成虫

生物学特性 河北两年发生1代。以老熟幼虫在虫道内越冬，翌年3月中旬开始化蛹，4月成虫外出活动，行补充营养、交尾产卵。卵期30~35天，初孵幼虫先在韧皮部与木质部交界处取食，随着虫龄的增大逐渐钻入木质部向上取食，幼早期最长，危害时间可达20个月之久。

防治方法 1. 及时清理虫害木，加强树木养护力度，提高树木抗性。2. 灯光诱杀或人工捕杀成虫。

蓝丽天牛交尾

青杨天牛

▶ 天牛科
学名 *Saperda populnea* (Linnaeus)

别名 青杨楔天牛、杨枝天牛、山杨天牛。

分布 河北、河南、江苏、安徽、天津、北京、山东、山西、陕西、宁夏、甘肃、新疆、内蒙古、吉林、辽宁、黑龙江。

寄主和危害 毛白杨、银白杨、北京杨、小叶杨、河北杨、二青杨、加杨、美杨、山杨、银柳、朝鲜垂柳、旱柳、重阳木等。以幼虫钻蛀寄主2~3年生枝条，形成纺锤形瘿瘤，严重时1根枝条上造成多个瘿瘤。

形态特征 成虫体长雌13mm，雄11mm左右。体黑色。前胸背板两侧各有黄褐色纵纹1条，被浅黄色绒毛，雄虫绒毛少，与雌体相比鞘翅较黑。鞘翅上绒毛斑有时消失。复眼黑色，椭圆形。触角鞭状，雄虫触角约与体长相等，雌虫稍短，柄节最短，第三节最长，其后各节逐渐减短。前胸背板近圆筒形，生有3条黄色茸毛纵带。

生物学特性 河北一年发生1代。以幼虫在2~3年生枝条及幼树干基部木质部隧道内越冬。老熟幼虫越冬后翌年3~5月化蛹，蛹期22~29天。4月中旬至7月中旬均可见到成虫。

防治方法 1. 加强营林措施。一是因地制宜，适地适树，选栽适宜当地生长的树种；二是要注意混交栽植，尽量不要大面积栽植单一树种。2. 人工防治。 结合修枝抚育，发现虫瘿枝及时剪除，集中销毁。

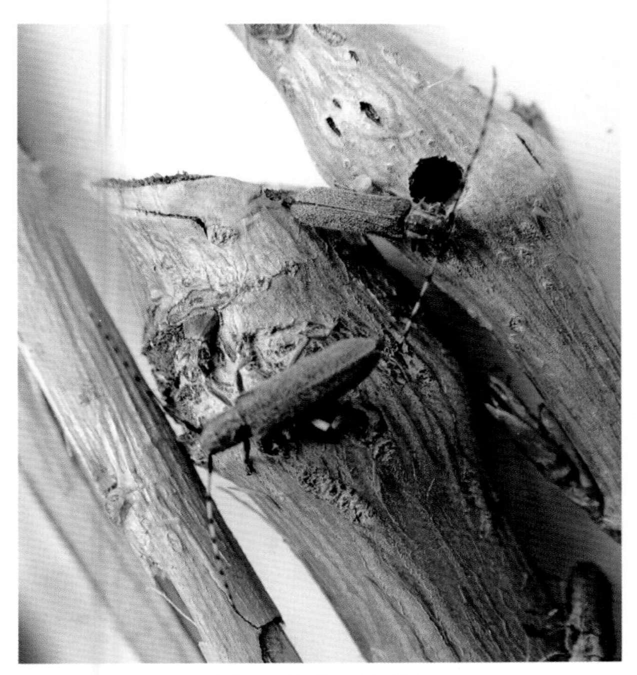

青杨天牛雌、雄成虫

青杨天牛危害状

青杨天牛雌成虫

青杨天牛幼虫

青杨天牛蛹

双条杉天牛

天牛科
学名 *Semanotus bifasciatus* (Motschulsky)

分布 华北、东北、东南、西南等地。

寄主和危害 主要危害侧柏、扁柏、罗汉松等树种。幼虫先在皮下蛀食，后钻入木质部蛀成弯曲的隧道，隧道绕树1周，被害部位以上的树干枯死。

形态特征 成虫体长9~15mm。体形扁，黑褐色。头部生有细密的刻点，雄虫的触角略短于体长，雌虫的为体长的1/2。前胸两侧弧形，具有淡黄色长毛，背板上有5个光滑的小瘤突，前面2个圆形，后面3个尖叶形，排列成梅花状。鞘翅上有2条棕黄色横带，前面的带后缘和后面的带颜色较浅，腹部末端微露于鞘翅外。

生物学特性 河北一年发生1代。少数两年1代，以成虫、蛹和幼虫越冬。成虫3月上旬至5月上旬出现，盛期为3月中旬至4月上旬。3月中旬开始产卵，下旬幼虫孵化，5月中旬开始蛀入木质部内，8月下旬幼虫在木质部内化蛹，9月上旬开始羽化为成虫进入越冬阶段。

防治方法 1. 加强肥、水、土等养护管理，增强树木抗虫能力。及时清除带虫死树、死枝，消灭虫源木。2. 树干涂白防止双条杉天牛产卵。于2月底用饵木（新伐直径4cm以上的柏树木段）堆积在林外诱杀成虫。

双条杉天牛成虫

双条杉天牛卵

双条杉天牛幼虫

双条杉天牛成虫交尾

台湾狭天牛

天牛科
学名 *Stenhomalus taiwanus* Matsushita

分布 河北、山东、山西、台湾等地。

寄主和危害 花椒。

形态特征 成虫体长 6~65mm，宽 15mm。体型小，狭长，栗褐色。头短小。复眼大而突出，小眼面粗粒。触角细，长于体，前胸背板狭长，中部两侧突出，前、后端缢缩呈颈状；胸面被黄色长毛。鞘翅黄褐色，从肩角到中缝 1/3 处、从侧缘中部到中缝 2/3 处各有 1 条栗褐色斜弧纹，两翅弧纹在中缝处相会合形成倒“人”字形，翅端缘具栗褐色斑纹。

生物学特性 河北一年发生 1 代。幼虫自花椒树干的皮层逐渐蛀入木质部，并以幼虫在木质部内越冬，翌年 6 月上旬始见成虫，成虫喜静息于枝叶上，产卵于衰弱或半枯死的枝条上；幼虫孵出后钻蛀树干，连续多年危害，直至寄主死亡。

台湾狭天牛成虫

台湾狭天牛幼虫

麻天牛

天牛科
学名 *Thyestilla gebleri* (Fald.)

分布 河北、黑龙江、吉林、辽宁、北京、山东、山西、陕西、江苏、浙江、安徽、湖北、四川、台湾等。

寄主和危害 桑、大麻、棉花、蓟。

形态特征 成虫体长 10~15mm，宽 3~5mm。体黑色或浅灰至黑棕色，身上被有浓密的黑、白相杂的绒毛和竖起的毛，色深个体被毛较稀。头顶有 1 条灰白色直线。触角第二节起每节基部浅灰色，雄虫触角长于雌性。前胸背板中央及两侧共有 3 条灰白色纵条。小盾片披灰白色绒毛。鞘翅沿中缝及肩角以下各有灰白色纵条 1 根。

生物学特性 河北一年发生 1 代。以幼虫在麻茬或植物秆中过冬，翌年 4~5 月间化蛹，6 月为成虫羽化盛期。成虫飞翔能力较差，迁移扩散能力不强，无趋光性。雌虫产卵于麻秆上的咬伤破口处，幼虫孵出后进入秆内危害。

麻天牛成虫

麻天牛成虫交尾

刺角天牛

天牛科
学名 *Trirachys orientalis* Hope

分布 河北、辽宁、山东、河南、陕西、山西、江苏、浙江、江西、福建、台湾、广东、四川。

寄主和危害 柳、柑橘、梨、杨、槐、榆、椿、泡桐、栎、银杏、合欢。中龄以上林木危害重，幼龄树少有危害。

形态特征 成虫体表被有闪光银灰色丝绒毛，触角长，雌雄的触角具有明显的角刺。

生物学特性 河北两年发生 1 代，少数 3 年发生 1 代。以幼虫和成虫在被害木内越冬，翌年 5~6 月间成虫羽化。成虫取食嫩枝皮层或叶片补充营养，将卵产于树干基部或树干上皮缝、伤口处、老虫排粪孔、缝隙或羽化孔的树皮下。幼虫孵化后，蛀入韧皮部与木质部之间取食危害，并排出虫粪和木屑，10 月中下旬停止危害，进入第一年的幼虫越冬阶段。翌年 3 月中下旬越冬幼虫开始活动危害，并排出大量的丝状粪屑，掉落在树干基部，4~5 月间从虫道上端向木质部中心蛀入并向下蛀一蛹室。7 月幼虫老熟后在虫道蛹室内化蛹。

防治方法 捕捉成虫：7 月成虫羽化盛期，雷雨或天气热的夜晚较活跃，在有伤口的衰弱的老树为多处理虫源。及时砍伐枯死或风折断的树枝，减少产卵场所。

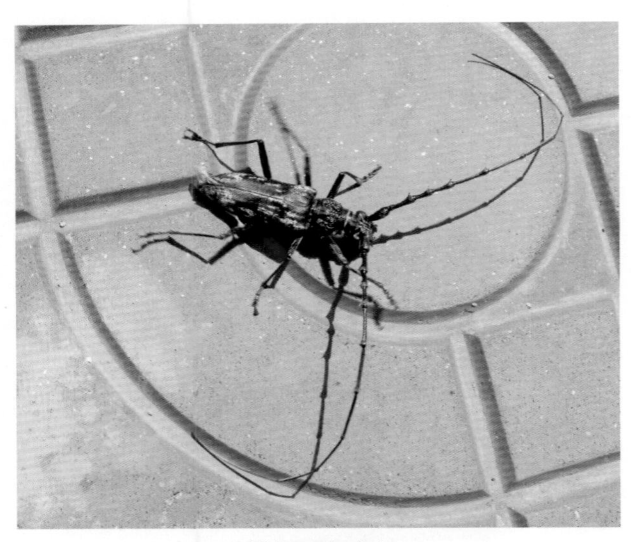

刺角天牛成虫

冷杉虎天牛

天牛科
学名 *Xylotrechus cuneipennis* (Kraatz)

分布 河北、辽宁、吉林、黑龙江。

寄主和危害 冷杉、榆。

形态特征 成虫体长 11~15mm，宽 3.5~4.5mm。体黑褐色，头、胸色较深。头部被刻点和绒毛，无光泽，额中央有 2 条隆线，至眼前缘附近合并直至唇基。触角短，超过前胸 3~5 节，第一节色暗，第二节最短，第三、四节约等长。前胸球面形，长略大于宽，两侧中央微凸，密被细小刻点与褐色绒毛，基部具 2 条白色细短纵条。小盾片圆形，黑褐色，密被同色绒毛。鞘翅基部宽，端部狭，后缘圆形，近基部两侧各有一淡黄色斑点，自小盾片沿鞘翅缝向后有同色直纹，至鞘翅中部分向两侧，波纹呈钝角，后部还有“人”字形斜纹。腹部与足黑色。

生物学特性 河北一年发生 1 代，7~8 月为成虫期，以幼虫越冬。

防治方法 1. 加强养护管理，提高冷杉、榆树的抗性。2. 人工捕杀在干上栖息的成虫。

冷杉虎天牛成虫

巨胸虎天牛

天牛科
学名 *Xylotrechus magnicollis* (Fairmaire)

分布 河北、吉林、黑龙江、陕西、浙江、福建、山东、河南、湖南、广东、广西、海南、四川、云南、台湾等地。

寄主和危害 国槐、栎树、柿树、核桃、杨等。以蛀食树木枝干危害为主，严重发生时可造成被害树木死亡。

形态特征 成虫体长 9~15mm。头圆形，额有 4 条分支纵脊。触角黑褐色，一般长达鞘翅肩部，雄虫触角略短。前胸背板较大，且多为红色，长度与宽度近等；翅基部、翅基 1/3 处与翅尾 1/3 处，各有 1 个淡黄色横斑；鞘翅肩部宽，端部窄，端部微斜切，外端角尖。

生物学特性 河北 8~10 月见成虫。以幼虫越冬。

防治方法 1. 加强养护管理，增强树木抗性。2. 人工捕杀成虫。

巨胸虎天牛成虫

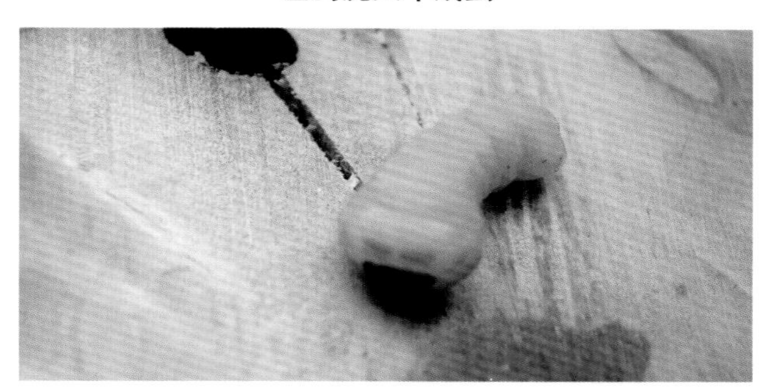

巨胸虎天牛幼虫

平行大粒象

象甲科
学名 *Adosopmus parallelocollis* Holler

分布 河北、黑龙江、吉林、辽宁、内蒙古、北京、山东、安徽。

寄主和危害 苜蓿科植物。

形态特征 成虫体长 12~15mm，宽 4~7mm。长椭圆形，体壁黑色，有白毛斑纹。喙粗短，长不足宽的 2 倍，向下弯，中隆线粗。触角沟近于喙端，背面可见，后端猛弯向眼下。触角较短，膝状。前胸宽略大于长。鞘翅略宽于前胸，有白色斑纹，自肩后斜向中后方的 1 条最长而规整，其他不规则；鞘翅和前胸散布大小不一的光亮颗粒，鞘翅后半部粒稀。

生物学特性 河北一年发生 1 代。成虫见于 7 月上中旬。

平行大粒象成虫

平行大粒象成虫

胖遮眼象

象甲科
学名 *Callirhopalus sellatus* Marshall

分布 河北、陕西、山西、甘肃。

寄主和危害 杏、李等。

形态特征 成虫体长3.5~7.2mm，宽3.1~4.2mm。体壁黑色，喙较粗短，基部窄，背面中部凹洼。中间有不明显的中隆线。喙和头部密被褐色鳞片，间有半倒伏状毛。触角沟背面可见。触角膝状，柄节长，端部粗。鞘翅卵形，强度隆起，肥胖样。

生物学特性 河北一年发生1代。成虫见于4月下旬至7月中旬。

防治方法 1. 人工捕捉。2. 保护和利用天敌，如鸟类。

胖遮眼象成虫

胖遮眼象成虫

金足绿象

象甲科
学名 *Chlorophanus auripes* Faust.

分布 河北、内蒙古、北京、山西、甘肃。

寄主和危害 柳。

形态特征 成虫体长10.2~11.1mm，宽3.6~4.1mm。体壁黑色，背面和腹面被覆均一的绿色闪光鳞片，鳞片间散布短而细的白毛。喙短宽，中隆线明显。触角红褐色，闪金光。复眼椭圆形、高突。各足腿节、胫节闪金光。

生物学特性 河北7月见成虫。

金足绿象成虫

金足绿象成虫

圆锥绿象 | 象甲科
学名 *Chlorophanus circumcinctus* Gyllenhyl

分布 河北、青海、内蒙古、甘肃。

寄主和危害 不详。

形态特征 成虫：本种似西伯利亚绿象，但本种特征：喙背面两侧不平行，基部宽，边隆线略显，后端未达背面，所以触角沟从背面只能看到端部，而不是从端部至复眼处都能看到。前胸背板平，无皱褶，不像西伯利亚绿象那样崎岖不平。鞘翅行纹刻点间距离小，明显连成沟状。足完全被覆绿色鳞片。

生物学特性 河北 7 月见成虫。

圆锥绿象成虫

西伯利亚绿象 | 象甲科
学名 *Chlorophanus sibiricus* Gyllenhyl

分布 河北、黑龙江、吉林、辽宁、青海、宁夏、陕西、内蒙古、北京、山西、四川、甘肃。

寄主和危害 苹果、柳、杨。

形态特征 成虫体梭形，黑色，密被淡绿色圆形和狭长鳞片；前胸两侧和鞘翅间鳞片黄色。前胸宽大于长，基最宽，后角尖，背有隆起线 3 条；背扁平，散布横皱纹。鞘翅端部锐突，行间刻点深，刻点纵列 10 条。

生物学特性 河北一年发生1代。6~8 月见成虫。成虫危害幼芽和叶片，以苗和幼树发生为重。

防治方法 成虫期喷洒 3% 高渗苯氧威乳油 1500 倍液。

西伯利亚绿象成虫

黑斜纹象

象甲科
学名 *Chromoderus declivis* Olivier

分布 华北、东北以及甘肃、青海、新疆。

寄主和危害 杨、柳。

形态特征 成虫体梭形，体壁黑色，被白至淡褐色披针鳞片；前胸背板和鞘翅两侧各有互连的黑白条纹1条，条纹在鞘中前后被白色鳞片所间断。前胸背板稍宽，两侧截断形。鞘翅两侧平行，中间以后略窄，顶端成小尖突，行间扁平，刻点不显。

生物学特性 河北一年发生1代。以成虫越冬，幼虫危害苗木根部，成虫取食叶部。

防治方法 向苗木床面浇灌或喷洒3%高渗苯氧威乳油1500倍液，杀灭土中幼虫或床面成虫。

黑斜纹象成虫

杨干象

象甲科
学名 *Crptorrhynchus lapathi* Linnaeus

分布 河北、辽宁、陕西。

寄主和危害 加拿大杨、中东杨、小叶杨、小青杨、小黑杨、小青黑杨、旱柳等树种。幼虫先在韧皮部和木质部之间蛀食，后蛀成圆形坑道，蛀孔处的树皮常裂开呈刀砍状，部分掉落而形成伤疤。

形态特征 成虫体长7~10mm。长椭圆形，黑褐色，体密被灰褐色鳞片。鞘翅末端密被白色鳞片。

生物学特性 河北一年发生1代。以卵及初龄幼虫越冬。翌年4月中旬少数幼虫开始活动危害，6月中下旬老熟幼虫在木质部蛀道中化蛹，7月下旬是成虫出现盛期，以嫩枝干或叶片作补充营养后交尾，将卵产在树干表皮木栓层中，卵在原处越冬。

防治方法 1. 严格执行苗木检疫，培育抗虫树种。2. 利用成虫假死性，人工振落捕杀。

杨干象成虫

杨干象幼虫

杨干象危害状

杨干象蛹

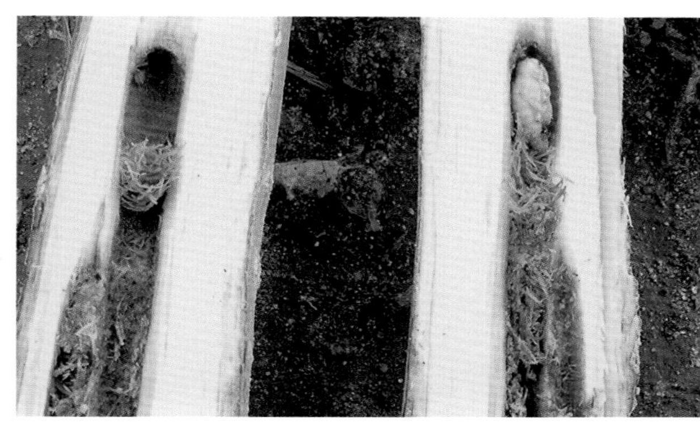

杨干象蛹

柞栎象

象甲科

学名 *Curculio arakawai* Matsumura et Kono

分布 河北、黑龙江、吉林、辽宁、北京、山东、陕西、河南、江苏、浙江；日本。

寄主和危害 柞栎、麻栎、栓皮栎、蒙古栎、辽东栎、板栗的种实。

形态特征 成虫体长5.5~9.8mm，宽3.3~4.6mm。体略呈菱形，体壁红褐至黑褐色，密被褐色、赤褐色和白色长形和针形鳞片。喙细长圆形，红褐色，端部黑褐，中间以前向下弯，雌虫喙与体等长，雄虫喙为体长的1/2。鞘翅前宽后窄。

生物学特性 成虫见于7月中旬至8月上旬。

柞栎象成虫

短带长毛象

象甲科
学名 *Enaptorrhinus convesxius-culsu* Herer

分布 河北、山东、辽宁等地。

寄主和危害 松、柞、枫杨、果树、悬钩子等。

形态特征 雄成虫体长 8.6~10.2mm，宽 2.2~2.6mm；雌成虫体长 8~10.5mm，宽 3~3.7mm。体黑色，雄虫被闪玫瑰色光的白鳞片，雌虫白鳞片不闪光。喙长于其端部之宽，触角沟短，急弯向下。鞘翅较扁平，鳞片稀，行间 1~3 在翅坡前有一密集鳞片组成的弓形带纹。雄虫后足胫节长毛黄色。

生物学特性 河北 7~9 月见成虫。

短带长毛象成虫

中华长毛象

象甲科
学名 *Enaptorrhinus sinensis* Waterhouse

分布 河北、北京、山东、浙江、山西。

寄主和危害 板栗、苹果、梨。

形态特征 成虫体长 7.4~8.6mm，宽 2~3.7mm。体细长，沥青样黑色，被白色至褐色鳞片。头部密布皱纹和刻点，喙短。触角褐色。

生物学特性 成虫见于 6 月下旬至 7 月上旬。

中华长毛象成虫

臭椿沟眶象 | 象甲科

学名 *Eucryptorrhynchus brandti* (Harold)

分布 河北、北京、黑龙江、吉林、辽宁、山西、河南、江苏、四川等地。

寄主和危害 臭椿、千头椿。初孵幼虫先危害皮层，导致被害处薄薄的树皮下面形成一小块凹陷，稍大后钻入木质部内危害。沟眶象常与臭椿沟眶象混杂发生。幼虫主要蛀食根部和根际处，造成树木衰弱以至死亡。

形态特征 成虫体长11.5mm左右，宽4.6mm左右。黑色或灰黑色。头部有小刻点，前胸背板及鞘翅上密被粗大刻点。前胸几乎全部、鞘翅肩部及后端部密被雪白鳞片。

生物学特性 河北一年发生1代。以幼虫或成虫在树干内或土内越冬。翌年4月下旬至5月上中旬越冬幼虫化蛹，6~7月成虫羽化，7月为羽化盛期。

防治方法 1. 加强检疫，严禁调入带虫植株；清除严重受害株及时烧毁。2. 7月是成虫集中发生期由于成虫多集中在树干上，从根茎起向上下均有分布。由于该虫不善飞翔，可人工捕捉成虫。

臭椿沟眶象成虫

臭椿沟眶象幼虫

臭椿沟眶象成虫交尾

沟眶象 | 象甲科

学名 *Eucryptorrhynchus chinensis* (Olivier)

分布 河北、北京、天津、河南、江苏、陕西、辽宁、甘肃、四川等地。

寄主和危害 臭椿、千头椿。其幼虫蛀食树皮和木质部，严重时造成树势衰弱以致死亡。危害症状是树干或枝上出现灰白色的流胶和排出虫粪木屑。

形态特征 成虫体长13.5~18mm。胸部背面、前翅基部及端部首1/3处密被白色鳞片，并杂有红黄色鳞片。前翅基部外侧特别向外突出，中部花纹似龟纹，鞘翅上刻点粗。

生物学特性 河北一年发生1代。以幼虫和成虫在根部或树干周围2~20cm深的土层中越冬。以幼虫越冬的，翌年5月化蛹，7月为羽化盛期；以成虫在土中越冬的，4月下旬开始活动。5月上中旬为第一次成虫盛发期，7月底至8月中旬为第二次盛发期。卵期8天左右，蛹期12天左右。

防治方法 1. 成虫盛发期，在距树干基部30cm处缠绕塑料布，使其上边呈伞形下垂，塑料布上涂黄油，阻止成虫上树取食和产卵危害。2. 人工捕杀成虫。

沟眶象成虫

沟眶象危害状

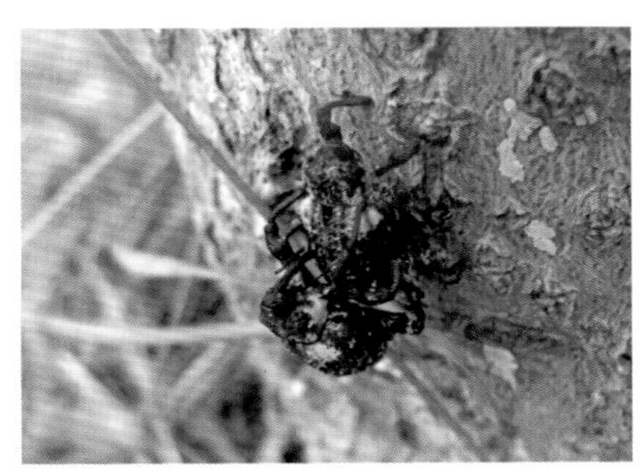
沟眶象成虫交尾

松树皮象

象甲科
学名 *Hylobius abietis haroldi* Faust.

分布 河北、黑龙江、辽宁、山西等。

寄主和危害 落叶松、油松、云杉、红松等。

形态特征 成虫体长6.3~9.5mm，宽2.8~4mm。体壁褐色至黑褐色，斑纹被白色至黄褐色披针状鳞片，鳞片易掉。喙较长。前胸长宽近等。鞘翅横带间通常具似“X”斑纹。

生物学特性 河北一年发生1代。成虫见于6月下旬至8月下旬。

松树皮象成虫

大菊花象

象甲科
学名 *Larinus kishidai* Kono

分布 河北、辽宁、山西、甘肃。

寄主和危害 菊科植物。

形态特征 成虫体长11~13mm，宽5.5~6mm。体卵形，黑色，前胸两侧、腹面及鞘翅的局部被灰白色毛。喙圆筒形，较长且直，略长于前胸，两侧密布微小刻点和稀疏大刻点，中隆线不明显。触角沟位于喙两侧。前胸宽大于长，前胸宽不及后缘的1/2，两侧较圆突，基部中间低洼，散布较大刻点，大刻点间密布小刻点。小盾片不明显。鞘翅前缘向前突，能遮盖前胸后缘。各足腿节棒形，胫节直，跗节第三节长于第二节，爪合生。

生物学特性 河北6~7月见成虫。

大菊花象成虫

大菊花象成虫

漏芦菊花象

象甲科
学名 *Larinus scabrirostris* Faldermann

分布 河北。

寄主和危害 菊科植物。

形态特征 成虫体长10mm左右。

生物学特性 成虫见于6月下旬。

漏芦菊花象成虫

波纹斜纹象

象甲科
学名 *Lepyrus japonicus* Roelofs

分布 东北、华北、西北、华中。

寄主和危害 杨、柳。主要以幼虫危害杨树、柳树等插穗的根部皮层。

形态特征 成虫全体灰黑色，体长10~12mm，头管长4~6mm。雌虫的个头较大，雄虫的个头稍小。密被黄褐色鳞片，每个鞘翅的中后部各有一个“N”字形的白色斑纹。头部延伸稍向下弯曲，成象鼻状。

生物学特性 河北一年发生1~2代。以蛹和成虫在土中越冬。翌年4月杨、柳发芽时即有成虫出现，成虫取食树叶（尤其是刚刚长出的嫩树叶）补充营养，开始危害。5月上旬成虫开始交配产卵。

防治方法 1. 人工捕杀于成虫活动期。2. 保护和利用天敌，有些鸟类常取食该虫。

波纹斜纹象成虫

波纹斜纹象成虫交尾

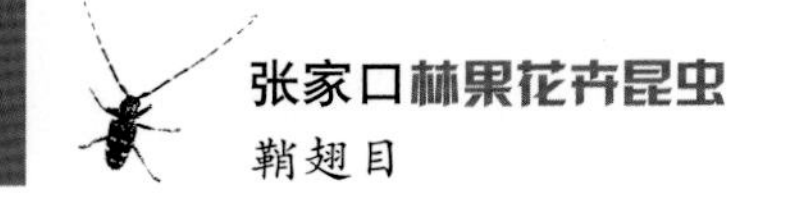

雀斑筒喙象

象甲科
学名 *Lixus ascanii* Linnaeus

分布 河北、内蒙古、北京、天津、江苏、甘肃。

寄主和危害 油菜、甘蓝、萝卜、白菜等十字花科植物。

形态特征 成虫：本种与油菜筒喙象形态极相似，主要区别是：本种喙略弯曲，触角着生处至额间平直；喙中隆线两侧外方的毛白色；前胸背板刻点较小而稀；前胸较鞘翅稍窄；前胸背板和鞘翅不被粉末；鞘翅末3行间的白毛稀。而油菜筒喙象喙弯曲较大，触角着生至额间弓隆；喙中隆线两侧外方的毛黄褐色；前胸背板的刻点较大而密，前胸和鞘翅被有赤锈色粉末。

生物学特性 河北7月见成虫。

雀斑筒喙象成虫

雀斑筒喙象成虫交尾

油菜筒喙象

象甲科
学名 *Lixus ochraceus* (Boheman)

分布 河北、内蒙古、辽宁、北京、山西、江西等地。

寄主和危害 油菜、白菜、萝卜、芥菜、甘蓝等十字花科蔬菜。越冬成虫取食油菜苗的幼嫩茎叶，重者咬断茎秆，造成全株死亡。

形态特征 成虫体长6.7~10.2mm，宽约3mm。长纺锤形，体壁黑色，被覆灰色短毛。体两侧、腹部和足有白毛，头和前胸背板褐色，布有不规则刻点，喙短于前胸背板"j"弯曲度较大，略粗于前足腿节。触角位于喙前端1/3处，膝形，端部呈膝状。前翅鞘质灰黑色，前胸和鞘翅被有赤锈色粉末；后翅膜质，灰白色。身体两侧、腹部和足被覆白色鳞片，腹部密布黑色刻点。

生物学特性 河北一年发生1代。以成虫在当年油菜根茬附近100~500m处的草埂、草滩、山坡的土石块下越冬，极少数在油菜的根茬中越冬，越冬多与其他象甲群居，翌年3月上旬，油菜返青后成虫开始活动，成虫于5月上中旬交尾，5月中旬进入交尾盛期，喜在9~10时交尾，成虫寿命50多天。

防治方法 1.越冬成虫迁移到油菜田尚未产卵前，喷洒48%乐斯本乳油1500倍液。2.及时收获，把虫消灭在越夏之前，油菜刚成熟马上连根拔出，这时幼虫或蛹还在茎或根茎内，脱粒时可把幼虫压死。

油菜筒喙象成虫

油菜筒喙象成虫

淡绿球胸象

象甲科
学名 *Piazomias breviusculus* (Fairmaire)

分布 河北。
寄主和危害 不详。
形态特征 成虫体长 14mm 左右。
生物学特性 河北成虫见于 5 月中旬至 6 月下旬。

淡绿球胸象成虫

淡绿球胸象成虫

大球胸象

象甲科
学名 *Piazomias validus* Motschulsky

分布 河北、陕西、北京、河南、山西、山东、安徽、甘肃。
寄主和危害 枣、椿、向日葵、甘草、苹果、梨、榆、泡桐、杨等。为暴食性害虫，因此，严重年份，造成大面积庄稼毁种，果树绝收。
形态特征 成虫体长 8.8~11mm，宽 3.2~5mm。体黑色，被淡绿色和白色鳞片，夹杂有金黄色鳞片，鞘翅鳞片较密，头、胸、腹、足鳞片较稀。喙短粗，端部向下弯曲，中沟宽而深，上端达额顶，触角沟斜向眼下。触角细较长。前胸膨大成球状，中间最宽，宽大于长，密布颗粒。小盾片不发达，鞘翅卵形，两侧中间外凸。前足的齿甚粗壮，爪合生。
生物学特性 河北一年发生 1 代，6~7 月见成虫。

大球胸象成虫

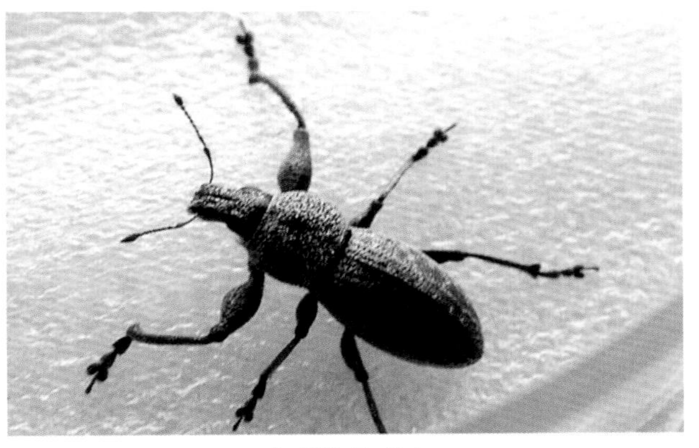
大球胸象成虫

杨潜叶跳象

象甲科
学名 *Rhynchaenus empopulifolis* Chen

分布 华北、辽宁、山东。

寄主和危害 杨。

形态特征 成虫体长2.3~3mm。体近椭圆形，黑至黑褐色，密被黄褐色短毛。喙粗短，黄褐色，略向内弯曲，表面被稀疏细小刻点。触角黄褐色，着生于喙基部近1/3处。眼大，彼此接近。前胸横宽，前缘平直，后缘略呈二凹形，被覆黄褐色内向尖细卧毛。小盾片被白色鳞毛，舌形。鞘翅各行间除1列褐长尖细卧毛外，还散布短细淡褐卧毛，行间隆，有横皱纹，刻点近方形。足黄褐色，后足腿节粗壮。

杨潜叶跳象成虫

生物学特性 河北一年发生1代。以成虫在树干基部、落叶层下、石块下、表土浅层中越冬。翌年4月上旬开始活动、交尾产卵，5月上旬卵盛期，4月下旬至6月上旬幼虫危害期，5月中旬化蛹盛期，5月下旬成虫羽化盛期。

防治方法 1. 加强检疫，严禁带虫苗木外调。2. 早春在杨树干上涂刷粘虫胶，粘上树成虫。

杨潜叶跳象虫苞

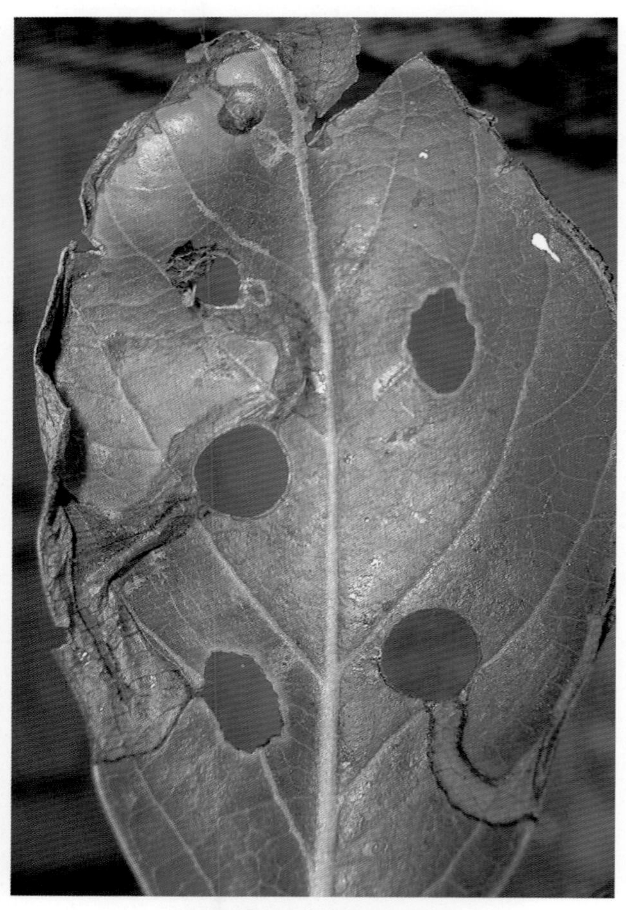
杨潜叶跳象危害状及虫道

北京灰象

象甲科
学名 *Sympiezomias herzi* Faust.

分布 河北、黑龙江、吉林、陕西、北京、山西、山东、甘肃。

寄主和危害 马铃薯、大豆、甜菜。

形态特征 雄虫体长 6.5~7.7mm，宽 2.9~3.3mm；雌虫体长 8.3~8.8mm，宽 3.7~4.1mm。体被褐色和白色鳞片。喙较粗短，翅宽近相等；中沟深，向上逐渐变窄浅，中沟两侧各有一纵沟，喙端部被白色闪光鳞片。复眼黑色，较凸。鞘翅卵形或椭圆形，鳞片灰褐色和白色，背面有云状褐色斑纹，刻点行较细，行间平坦。腹部腹面鳞片白色，闪红铜色光。各足鳞片闪光较强。

生物学特性 河北一年发生 1 代。7 月见成虫。

北京灰象成虫

北京灰象成虫

大灰象

象甲科
学名 *Sympiezomias velatus* (Chevrolat)

分布 河北、辽宁、内蒙古、北京、河南、山西、陕西、湖北、甘肃。

寄主和危害 棉花、麻类、豆类、瓜类、谷子、高粱、马铃薯、甜菜、烟草、蔬菜、果树苗木、桑、杨、榆、刺槐、核桃等。

形态特征 成虫体长 7.3~12.1mm，宽 3.2~5.2mm。灰黄至灰黑色，密被灰白带金黄色和褐色鳞片。复眼黑色，椭圆形。触角膝状，11 节，生于头管前端，端部 4 节膨大呈棒状。头管粗短，表面有 3 条纵沟，中间有 1 条黑色带。前胸稍长，前后缘较平直，两侧略呈圆形，背面中央有 1 条纵沟。鞘翅灰黄色，末端较尖，上有 10 条纵沟和不规则斑纹，中间具 1 条白色横带；后翅退化。

生物学特性 河北一年发生 1 代。以成虫在土中越冬；越冬成虫翌年 4 月开始出土活动，经取食补充营养后于 6 月下旬大量产卵。

防治方法 1. 人工防治。成虫发生期组织人力捕杀成虫。2. 树上喷药。成虫危害高峰期，往树上喷洒乐斯本 3500 倍液。

大灰象成虫

大灰象成虫

榛卷叶象

卷象科
学名 *Apoderus coryli* (Linnaeus)

分布 东北、华北以及陕西、江苏、四川。

寄主和危害 榛、柞、胡颓子、榆。

形态特征 成虫头、胸、腹、触角和足黑色，鞘翅红褐色，有变异。头长卵形，基部缩缢，细中沟明显，喙短。前胸宽大于长，后缘有窄隆线。鞘翅肩明显，两侧平行，刻点行明显，行纹3~4间有短刻点行2条。

生物学特性 河北一年发生2代，6~8月为成虫期。

防治方法 1. 成虫期喷洒3%高渗苯氧威乳油1500倍液。2. 人工摘除卷叶虫筒。

榛卷叶象成虫

榛卷叶象幼虫卷叶

苹果卷叶象甲

卷象科
学名 *Byctiscus betulae* Linnaeus

分布 河北、辽宁、黑龙江。

寄主和危害 梨、苹果。成虫食害果树新芽、嫩叶，当果树展叶后，成虫即卷叶产卵危害，树上挂有虫卷。随着时间的推移，叶卷逐渐干枯落地。

形态特征 成虫体长5.3~7.2mm，宽3.8~4mm。喙近方形，端部粗，鲜绿色，有金属光泽。鞘翅前后端有一紫红色大斑。触角非膝状，柄节与第一索节等长，头绿色或紫红色，额微凹，头顶后部有横皱纹。前胸绿色光亮，有的紫红色，密布细小刻点。鞘翅略成方形，后端圆突，密布刻点，基部有近三角形的、后部有近圆形的紫红色大斑，臀板紫红色外露。足为绿至紫红色，跗节黑色，爪褐色。

生物学特性 河北一年发生1代。以成虫在地面杂草或树冠下表土层的土室中越冬。果树发芽后陆续上树危害嫩芽、嫩叶和嫩梢，落花后陆续产卵。

防治方法 1. 人工摘除虫卷，集中烧毁。2. 5月中下旬成虫上树危害时喷药。

苹果卷叶象甲成虫

山杨卷叶象甲

卷象科
学名 *Byctiscus princeps* Sols.

分布 河北、辽宁、吉林、青海。

寄主和危害 杨、桦、椴、榆、梨、苹果、山楂、榛。

形态特征 成虫体长 6~8mm，宽 3.3~3.8mm。草绿色或深蓝色，有强烈的金属光泽。喙方形，向下弯，端部宽，满布刻点和纤毛，端部背面有数根粗壮长毛。鞘翅近方形，后端圆，肩部突起，密布成纵行的较大刻点和短毛，肩部刻点小，蓝色者各足与体同色，绿色者喙和足闪金红色光。

山杨卷叶象甲成虫

生物学特性 河北一年发生 1 代。以成虫在地面杂草或冠下表土中做土室越冬。翌年杨树放叶后陆续上树危害嫩叶、嫩芽和嫩梢，4 月中下旬为成虫发生盛期，产卵前雌虫咬伤 3~5 片叶的叶柄或嫩梢，叶片萎缩后将其卷成筒状，每筒产卵 2~5 粒，5 月初为产卵盛期，幼虫孵化后食叶，卷叶筒干枯变黑脱落，幼虫随之入土化蛹，8 月下旬部分成虫出土上树取食叶片上表皮，造成许多刻痕，而后越冬。

防治方法 人工捕杀成虫或喷洒 3% 高渗苯氧威 1500 倍液。

山杨卷叶象甲成虫交尾

圆斑卷叶象甲

卷象科
学名 *Paroplapoderus semiamulatus* Jelel

分布 华北、华东、华南、西南。

寄主和危害 连翘、栎、枫杨。

形态特征 成虫体长 7~8mm，宽 4~4.5mm。红褐至黄褐色，散布圆形黑斑。头圆形，基细，头顶中央具细纵沟 1 条，复眼间具黑斑 1 个，额上有六角形黑斑；喙短。前胸背板横宽，前端收窄，中央有细纵沟 1 条，基部具浅横沟 1 条，两侧各有圆形黑斑 1 个。鞘翅两侧略平形，端宽，盘区刻点粗大，行间 1、3、5、7、9、10 隆起成圆脊，每鞘翅各有圆形黑斑 10 个。小盾片后有小圆斑 1 个，第三行间后部 2 个，第五行间中央前一大一小，第五行后部、第八行端部、第九行前部及鞘翅端部各 1 个，斑点有时大，占几行。肩和背中黑斑有时形成瘤突。

生物学特性 河北一年发生 1 代。6~8 月成虫期，成虫卷叶成规则的圆柱形筒，产卵 1 粒于筒中，幼虫孵化后在筒内取食，老熟后破筒而出，落地化蛹，成虫上树危害。

防治方法 人工摘除卷叶虫筒，杀灭其中卵或幼虫，也可捕杀成虫。

圆斑卷叶象甲成虫

圆斑卷叶象甲成虫

日本双棘长蠹

长蠹科
学名 *Sinoxylon japonicus* Lesne

日本双棘长蠹成虫

日本双棘长蠹成虫

分布 华北、华东、华中以及陕西。

寄主和危害 国槐、刺槐、柿、栾树、白蜡等。以成虫和幼虫危害幼树主干和大树枝条，造成枝条枯死、风折，导致树势衰弱，甚至整株死亡。

形态特征 成虫体长6mm左右。体黑褐色，筒形。触角棕色，末端3节特化为单栉齿状。前胸背板发达，似帽状，可盖着头部。鞘翅密布初刻点，后端急剧向下倾斜，斜面有2个刺状突起。

生物学特性 河北一年发生1代。以成虫在枝干韧皮部越冬。翌年3月中下旬开始取食危害，4月下旬成虫飞出交尾。将卵产在枝干韧皮部坑道内，每坑道产卵百余粒不等，卵期5天左右，孵化很不整齐。5~6月为幼虫危害期，5月下旬有的幼虫开始化蛹，蛹期6天。6月上旬可始见成虫，成虫在原虫道串食危害，并不外出迁移危害。

防治方法 1. 设置人工鸟巢，招引益鸟灭虫。2. 加强管理。注意检疫工作；合理灌水和施肥，提高抗虫性。

洁长棒长蠹

长蠹科
学名 *Xylothrlps cathaicus* Reichardt

分布 华北、华东、华中、西南。

寄主和危害 紫薇、紫荆。

形态特征 成虫体长约7mm。长圆筒形，黑色。体壁坚硬；下口式口器。触角着生在复眼前，短，11节，末端3节呈锤状，两复眼间密生白色细长毛。前胸背板大，圆形，似帽盖，整板年凹入中胸背板内，被其包围，板平坦，上具很多棘齿小突起，中后胸背板伸出前胸背板前，红色，板光滑，其前缘有后倾棘刺，以前端两侧1、2齿较大，鞘翅后缘急剧倾斜呈截状，周围具角状突起8个。足短，前足基节突出，胫节有刺，跗节5节，中、后足基节彼此靠近；腹节腹面密生细毛。

生物学特性 河北一年发生1代。以成虫在蛀道内越冬。喜蛀入衰弱木，并产卵其上，在枝干内蛀食，化蛹和羽化。

防治方法 1. 加强树木养护管理，提高抗性。2. 及时烧毁严重被害木。

洁长棒长蠹成虫尾部特征

洁长棒长蠹羽化

洁长棒长蠹羽化

红脂大小蠹

小蠹科
学名 *Dendroctonus valens* LeConte

分布 河北、北京、山西、陕西、河南。

寄主和危害 油松、白皮松、华山松、云杉、冷杉、落叶松。主要危害已经成材且长势衰弱的大径立木，在新鲜伐桩和伐木上危害尤其严重。

形态特征 成虫体长5.3~9.2mm。体红褐色。头部额面具不规则小隆起，额区具稀疏黄色毛，头缝明显，口上缘片中部凹陷，头顶具稀疏刻点。前胸前缘中央稍呈弧形向内凹陷，密生细毛，前胸背板及侧区密布浅刻点和黄色毛。鞘翅基缘有明显锯齿突起约12个，鞘翅刻点沟8条，斜面第一沟不凸起。

生物学特性 河北一年发生1~2代。虫期不整齐，一年中除越冬期外，在林内均有红脂大小蠹成虫活动，高峰期出现在5月中下旬。雌成虫首先到达树木，蛀入内外树皮到形成层，木质部表面也可被刻食。雌虫向下蛀食，通常达到根部。侵入孔周围出现凝结成漏斗状块的流脂和蛀屑的混合物。各种虫态都可以在树皮与韧皮部之间越冬，且主要集中在树的根部和基部。

防治方法 1. 加强林木检疫和虫情普查，特别注意快速死亡树。伐倒木的根要及时彻底清除。2. 用性引诱剂监测和诱杀成虫。接种释放大唼蜡甲进行防治。

红脂大小蠹成虫

红脂大小蠹诱捕器

红脂大小蠹流胶

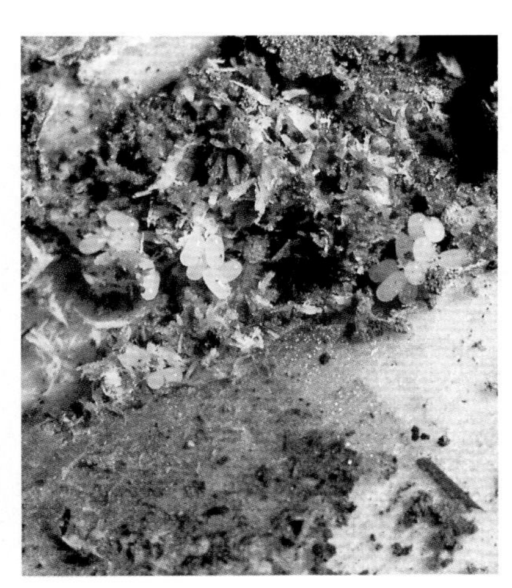
红脂大小蠹卵

红脂大小蠹幼虫

柏肤小蠹

小蠹科
学名 *Phloeosinus aubei* Perris

分布 河北、北京、山西、山东、河南、陕西、甘肃和宁夏等地。

寄主和危害 侧柏、圆柏、龙柏和柳杉等。成虫和幼虫蛀食危害衰弱枝梢，造成枝枯或死亡。

形态特征 成虫体长3mm左右，宽约1.3mm。体长筒形，略扁，赤褐色或黑褐色，无光泽。头小，藏于胸下。每个鞘翅上有纵纹9条。

生物学特性 河北一年发生1代。以成虫和幼虫在树皮蛀道内越冬。一年有2个危害高峰。4月成虫开始飞出，在衰弱柏树上蛀孔侵入皮下，雄虫跟踪而入，雌雄交尾后作母坑道，母坑道一般与被害枝干平行，并在坑道内产卵，每次产卵20~30粒，9月中小旬成虫再回到较粗枝干上潜入越冬。

防治方法 1. 加强养护管理，提高抗虫力。2. 及时摘除新枯死的带虫枝和伐除新枯死的带虫树，防止扩大蔓延。

柏肤小蠹幼虫

柏肤小蠹成虫

落叶松八齿小蠹

小蠹科
学名 *Ips subelongatus* Motschulsky

分布 河北、黑龙江、吉林、辽宁、山西、河南、云南等地。

寄主和危害 落叶松。此害虫主要危害落叶松，此虫不仅侵害衰弱木、新倒木，并能危害健康的林木。

形态特征 成虫体长 5~6 m。长圆柱形，黑褐色，有光泽。额上只有粗糙的颗粒和绒毛，无大的瘤起。鞘翅上的刻点清晰，由大而圆的刻点组成，鞘翅末端凹面部两侧各有 4 个齿，其中第三个最大。凹面边缘和虫体周缘被较长绒毛。

生物学特性 河北一年发生 1 代。春季世代的 5 月下旬越冬成虫开始出蛰、交尾、产卵，6 月上旬幼虫孵化，下旬化蛹，7 月上旬最早见到新成虫；各世代的成虫 10 月上旬均越冬蛰伏，主要在枯枝落叶层、伐根及原木树皮下越冬，少数以幼虫、蛹在寄主树皮下越冬。成虫具 3 次扬飞高峰期，即 5 月中旬、7 月中旬及 8 月中旬。

防治方法 1. 营造混交林，结合林区抚育夏季清除虫害木，冬季结合抚育伐除风倒木、被压木。2. 保护步行虫、寄生蜂、啄木鸟等天敌。

落叶松八齿小蠹成虫

落叶松八齿小蠹诱捕器

落叶松八齿小蠹幼虫

多毛小蠹

小蠹科
学名 *Scolytus seulensis* Murayama

分布 河北、河南、陕西、山西。

寄主和危害 仁用杏、山杏、桃、梨、樱桃、锦鸡儿、李等。

形态特征 成虫体长约 4mm。体黑色，头和前胸背板黑色，鞘翅黄褐色。头部短小，额部密生白色细毛，触角锤状。鞘翅上有纵列刻点。

生物学特性 河北成虫见于 6 月中旬至 7 月中旬。

多毛小蠹成虫

双 翅 目

花翅大蚊

大蚊科
学名 *Hexatoma* sp.

分布 河北等地。
寄主和危害 喜欢潮湿的地方。
形态特征 成虫体长 15mm 左右。体蓝黑色具光泽，腹部末端橘红色；触角只有 6~12 节，翅黄褐色，基部及前缘色浅；足黑色。
生物学特性 河北成虫见于 6 月中下旬。

花翅大蚊成虫

花翅大蚊成虫交尾

斯大蚊

大蚊科
学名 *Tipula* (*Vestplax*) *serricuda* Alexander

分布 河北。
寄主和危害 幼虫取食榆科等植物的根部。
形态特征 成虫体长 25~35mm。
生物学特性 河北一年发生 1 代。成虫见于 5 月中旬至 6 月上旬。

斯大蚊成虫交尾

大蚊

▶ 大蚊科

学名 *Tipula praepotens* Wiedmann

分布 全国各地。

寄主和危害 幼虫取食禾本科植物根部。

形态特征 成虫体长约18mm。体、足细长，头大，无单眼，雌虫触角丝状，雄虫触角栉齿状或锯齿状。主要特征是中胸背板有一“V”字形沟；翅狭长，Sc近端部弯曲，连接于R_1，Rs分3支，A脉2条。平衡棒细长。足细长，转节与腿节处常易折断。

生物学特性 河北6~8月可见成虫。大蚊看来像巨型的蚊子，似乎相当可怕，可是事实上，不会叮人或叮其他动物的。它们的幼虫通常生活在水中。大蚊的幼期一般生活在潮湿的泥土中，通常取食土壤中的腐烂物质。

大蚊成虫

大蚊成虫交尾

伊蚊

▶ 蚊科

学名 *Aedes* sp.

分布 河北、北京、江苏等。

寄主和危害 雌虫吸食人及其他哺乳动物血液，可传播疟疾大脑炎等疾病。

生物学特性 河北成虫见于7~8月。

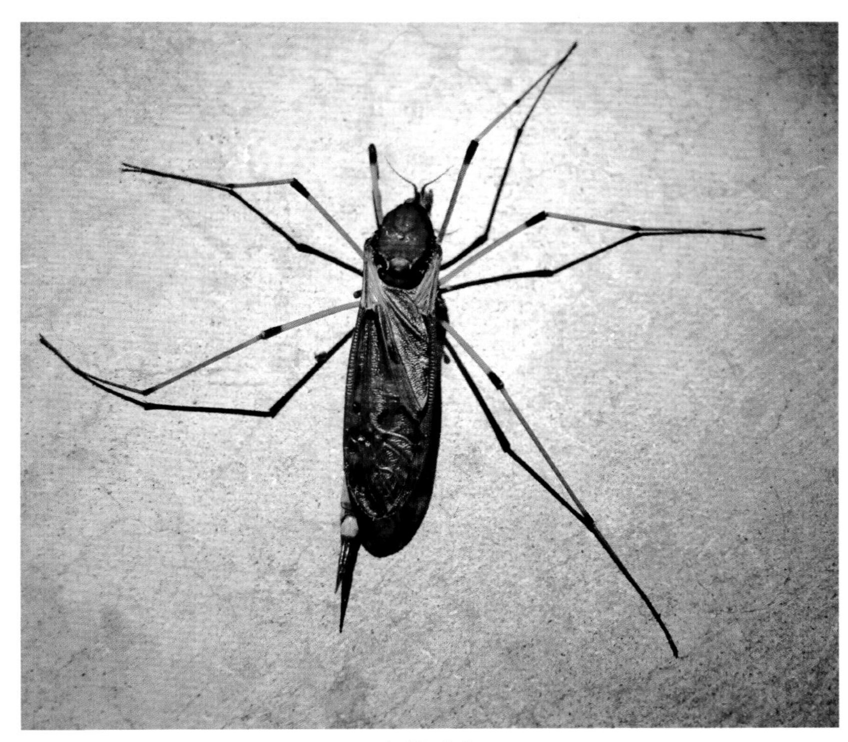

伊蚊成虫

刺槐叶瘿蚊

瘿蚊科
学名 *Obolodiplosis robiniae* (Haldemann)

分布 河北、华北、辽宁、山东。

寄主和危害 刺槐、香花槐等。

形态特征 成虫体长雌 3.2~3.8mm，雄 2.7~3.0mm。红褐色；头部复眼大而发达，触角细长，中部稍缢缩，念珠状。胸部背板红色；凸起，有黑色纵纹 3 条。前翅膜质，灰黑色，半透明，被微毛，纵脉 3 条；后翅特化成平衡棒，端部显著膨大。足细长，密被鳞片，前足胫节和中足胫节均白色。腹部红或红褐色。

生物学特性 河北一年发生 4~5 代。以老龄幼虫在表土做茧越冬。幼虫在刺槐叶背面沿叶缘取食，危害新、老叶，导致叶片组织增生肿大并沿侧缘向背面纵向褶卷成月牙形，数头幼虫群集其内危害和化蛹，被害叶片发黄，严重时大量叶片不能正常生长，嫩梢部受害叶两边缘纵向反卷，不能舒展，内居幼虫数头，造成树势衰弱，影响景观效果。翌年 4 月化蛹，蛹期 2~3 天，4 月越冬代成虫出现，以早晨为多，一年中约有 4 次危害高峰期。

防治方法 1. 成虫发生盛期，用网扫捕成虫。2. 幼虫期向叶背喷洒 3% 高渗苯氧威乳油 3000 倍液或 10% 吡虫啉可湿性粉剂 2000 倍液。

刺槐叶瘿蚊成虫

刺槐叶瘿蚊危害状

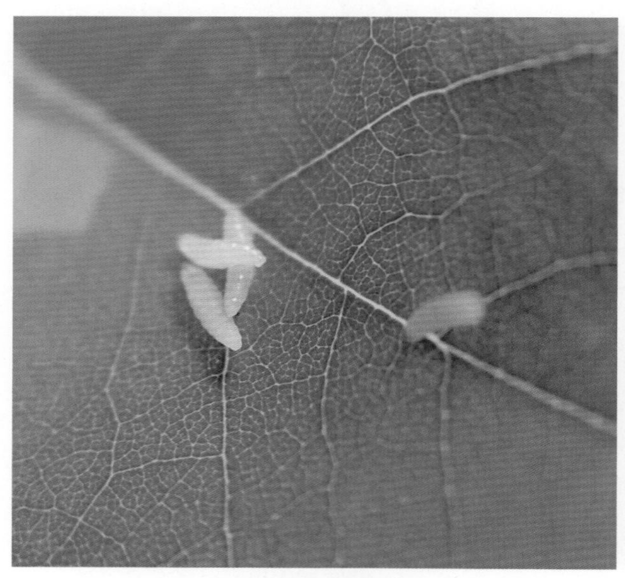
刺槐叶瘿蚊幼虫

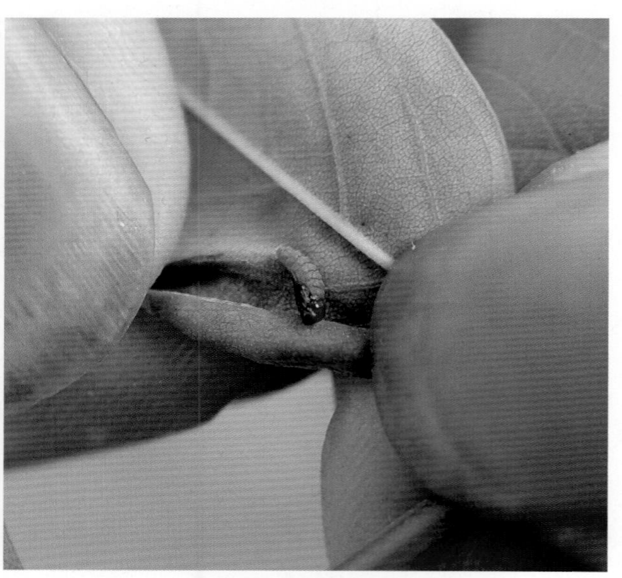
刺槐叶瘿蚊老龄幼虫

木虻

▶ 木虻科
学名 *Slova* sp.

分布 河北。

寄主和危害 捕食昆虫。

形态特征 成虫体长 10~15mm 左右。

生物学特性 河北 5~10 月可见成虫。

木虻成虫

木虻成虫

长吻虻

▶ 长吻虻科
学名 *Bombylius* sp.

分布 河北。

寄主和危害 昆虫。

形态特征 成虫小至中型。体多毛，为刺毛或绒毛。头半球形，眼大，触角 3 节，刺突小，仅 1~2 节。喙通常细长。翅发达。

生物学特性 河北 4 月可见成虫。

长吻虻成虫

绒蜂虻

长吻虻科
学名 *Villa* sp.

分布 全国各地。

寄主和危害 捕食昆虫。

形态特征 成虫体长约13mm。体被绒毛。头黑，喙长，胸部绒毛黄褐色，中胸背板毛稀疏。翅黑褐色。腹背具白色横带。

生物学特性 河北6~9月可见成虫。

绒蜂虻成虫

盗虻

食虫虻科
学名 *Antipalus* sp.

分布 河北。

寄主和危害 捕食昆虫。

形态特征 成虫前翅长15mm。体长形或细长，多细毛及刺毛。头顶在复眼间向下凹陷。触角3节，末端具1端刺。喙坚硬，角状。足长，爪间突刺状。

生物学特性 河北6~8月可见成虫。身体强壮、飞行快速，常常停休在草茎上，看到飞行的猎物时飞冲过去，用灵活、强大有力而多小刺的足夹住猎物，即使是强大的甲虫，也常常无法逃生。

盗虻成虫

阿谷食虫虻

食虫虻科
学名 *Neoitamus angusticornis* Loew

分布 全国各地。

寄主和危害 捕食昆虫。

形态特征 成虫体长18mm左右。

生物学特性 河北4~6月可见成虫。

阿谷食虫虻成虫

食虫虻

食虫虻科
学名 *Ommatius* sp.

分布 全国各地。

寄主和危害 捕食昆虫。

形态特征 成虫体长20mm左右。长着刺的腿、脸部有浓密的胡子状的鬃毛，2只大的复眼中间有3个单眼。

生物学特性 河北6~8月可见成虫。

食虫虻成虫

姬蜂虻 | 蜂虻科

学名 *Cephenius* sp.

分布 河北及华北部分地区。

寄主和危害 成虫多于中午时分访花。

形态特征 成虫体长21mm左右。光滑少毛，腹部细长，形似姬蜂。复眼蓝黑色。触角基部少数黄色，到端部足逐渐变深至黑色。胸黑，具黄斑。翅褐色。腹部黄褐色，各节端部较深。后足狭长。腹部橙黄色。体大型、侧扁、腹部极度延长且基部呈柄状而外观酷似姬蜂，因此取名为姬蜂虻。

生物学特性 河北成虫见于6~7月。

姬蜂虻成虫

姬蜂虻成虫

暗纹斑目食蚜蝇 | 食蚜蝇科

学名 *Enistalinus sepulchralis* (Linnaens)

分布 河北、安徽等地。

寄主和危害 蚜虫。

形态特征 成虫体长10mm左右。

生物学特性 河北一年发生1代。成虫见于7月上旬至8月下旬。

暗纹斑目食蚜蝇成虫

灰带管食蚜蝇

食蚜蝇科
学名 *Eristalis cerealis* (Fabricius)

分布 河北、安徽等地。

寄主和危害 粉虱、蚜虫、叶蝉等。

形态特征 成虫体长约12mm。头大，复眼褐色。黑色被毛的胸背前方和后方各有1条宽的黑粉横带。腹部基部的黑纹为“工”字形。

生物学特性 河北成虫3~10月发生，喜访花。

灰带管食蚜蝇成虫

灰带管食蚜蝇成虫

大灰食蚜蝇

食蚜蝇科
学名 *Metasyrphus corollae*

分布 河北、北京、河南、上海、江苏、浙江、福建、云南；日本。

寄主和危害 幼虫捕食棉蚜、棉长管蚜、豆蚜、桃蚜等。

形态特征 成虫体长9~10mm。眼裸。腹部黄斑3对。头部除头顶区和颜正中棕黑色外，大部均棕黄色，额与头顶被黑短毛，颜被黄毛。触角第三节棕褐到黑褐色，仅基部下缘色略淡。足大部棕黄色。腹部两侧具边，底色黑，第二至第四背板各具大型黄斑1对；雄性第三、四背板黄斑中间常相连接，第四、五背板后缘黄色，第五背板大部黄色，露尾节大，亮黑色；雌性第三、四背板黄斑完全分开，第五背板大部黑色。腹背毛与底色一致。

生物学特性 河北成虫见于7~8月。该虫各龄幼虫平均每天可捕食棉蚜120头，整个幼虫期每头幼虫可捕食棉蚜840~1500头。

大灰食蚜蝇成虫

拟蜂食蚜蝇

食蚜蝇科
学名 *Temnostoma* sp.

分布 河北及北方和西南地区。

寄主和危害 捕食各类蚜虫。成虫喜欢访花。

形态特征 成虫体长约8mm。头宽于胸，翅茶褐色，足粗壮，后足胫节略弯曲。腹部背面的斑纹类似胡蜂。

生物学特性 河北成虫见于6月中旬至7月下旬。

拟蜂食蚜蝇成虫

头蝇

头蝇科
学名 *Dorylas* sp.

分布 河北。

寄主和危害 捕食叶蝉、飞虱等。

形态特征 成虫体长10mm左右。触角芒着生在背面。复眼特别大，几乎占圆球形头的全部。

生物学特性 河北8月可见成虫。具趋光性。

头蝇成虫

红头丽蝇

蝇科
学名 *Calliphora vomitoria* Linnaeus

分布 河北。

寄主和危害 一般为腐食性，成虫污染食物，传染疾病。

形态特征 成虫体长约 12mm。

生物学特性 河北 7~8 月可见成虫。

红头丽蝇成虫

红头丽蝇成虫

茸毛寄蝇

寄蝇科
学名 *Servillia* sp.

分布 河北。

寄主和危害 寄生鳞翅目、鞘翅目、直翅目等昆虫。

形态特征 成虫体长 7mm 左右。体粗壮多毛和鬃，腹部鬃粗大。翅有腋瓣。

生物学特性 河北 4~5 月、7~8 月可见成虫。

茸毛寄蝇成虫

茸毛寄蝇成虫

鳞 翅 目

黄斑长翅卷叶蛾

卷蛾科
学名 *Acleris fimbriana* Thunberg

分布 全国各地。

寄主和危害 苹果、桃、杏、李、山楂等果树。幼虫吐丝连结数叶，或将叶片沿主脉间正面纵折取食，常造成大量落叶，影响当年果实质量和来年花芽的形成。

形态特征 成虫体长 7~9mm。夏型成虫前翅金黄色，上有银白色鳞毛丛，后翅灰白色，复眼红色；冬型成虫前翅暗褐色，后翅灰褐色，复眼黑色。

生物学特性 河北一年发生 3~4 代。以冬型成虫在杂草、落叶上越冬。翌年 3 月上旬，越冬成虫在苹果花芽萌动时即出蛰活动，3 月下旬至 4 月初为出蛰盛期，成虫白天活动、交尾。产卵于枝条芽的两侧，卵期 20 天，幼虫期 25 天。

防治方法 1. 消灭越冬虫源：冬季清理果园杂草、落叶，集中处理，消灭越冬成虫。2. 此虫防治的关键时期为 1~2 代卵孵化盛期，即 4 月上中旬和 6 月中旬。可使用 0.5% 苦参碱 500 倍液。

黄斑长翅卷叶蛾成虫

黄斑长翅卷叶蛾成虫

黄斑长翅卷叶蛾卵

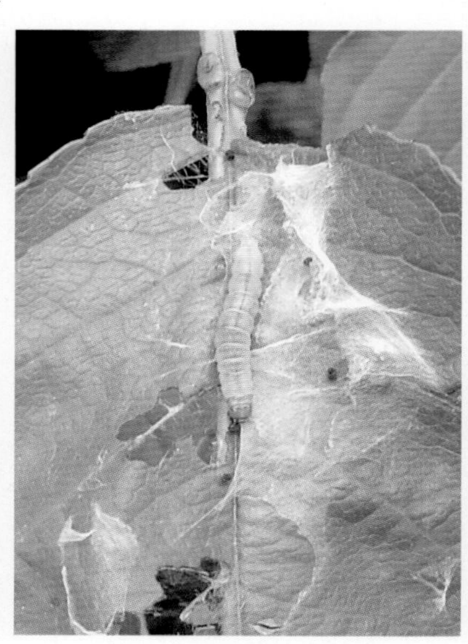
黄斑长翅卷叶蛾幼虫

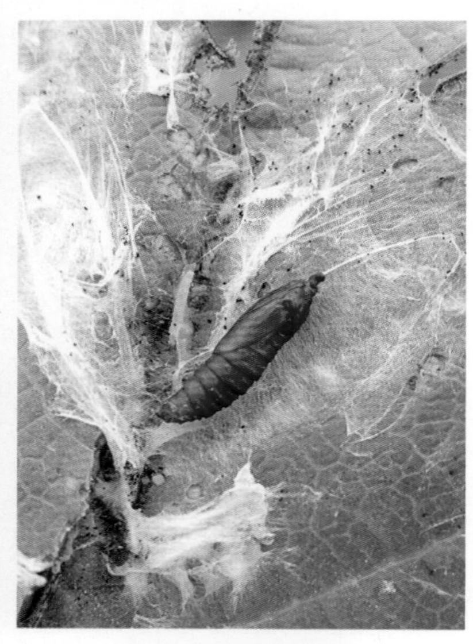
黄斑长翅卷叶蛾蛹

榆白长翅卷蛾

卷蛾科
学名 *Acleris ulmicola* Meyrick

分布 河北、黑龙江、吉林、辽宁、内蒙古、北京、河南、山东、宁夏、青海、陕西、甘肃。

寄主和危害 榆属植物。幼虫在中国危害榆属。

形态特征 成虫有多型现象，头、胸及前翅白色、灰色或淡棕色，前翅前缘中部有近三角形褐斑或翅前半部全褐色。基斑不太明显，中横带、端纹前半部色深，后半部淡，后翅灰褐色，缘毛淡白色。

生物学特性 河北一年发生 1 代，以蛹在地面枯枝落叶层下越冬，6 月成虫羽化，寿命 8~9 天，7 月出现幼虫，9 月幼虫进入枯枝下化蛹越冬。

防治方法 1. 灯光诱杀成虫。2. 幼虫期喷洒 20% 除虫脲悬浮剂 7000 倍液。

榆白长翅卷蛾成虫

苹小卷叶蛾

卷蛾科
学名 *Adoxophyes orana* (Fischer von Roslerstamm)

分布 全国各地。

寄主和危害 苹果、蔷薇、梨、悬钩子、樱花、桦、杨、柳、忍冬、赤杨。幼虫危害果树的芽、叶、果实。

形态特征 成虫体长 6~9mm。中体黄褐色，静止时呈钟罩形，前翅斑纹明显，基斑褐色。

生物学特性 河北一年发生 3 代。以初龄幼虫在果树的缝隙中、老皮下、潜皮蛾危害的暴皮下以及枯叶与枝条贴合处等场所，作白色薄茧越冬。桃花芽开绽时，越冬幼虫开始出蛰。并吐丝缠结幼芽、嫩叶和花蕾危害，长大后则多卷叶危害，老熟幼虫在卷叶中结茧化蛹。

防治方法 1. 春季果树发芽前，彻底刮除主干、侧枝上的老翘皮，带出园外烧毁。2. 释放赤眼蜂。在第一代成虫发生期，利用赤眼蜂防治。3. 利用成虫的趋光性和趋化性，诱杀成虫。在果园内利用苹小性诱芯或糖醋液诱杀成虫。

苹小卷叶蛾成虫

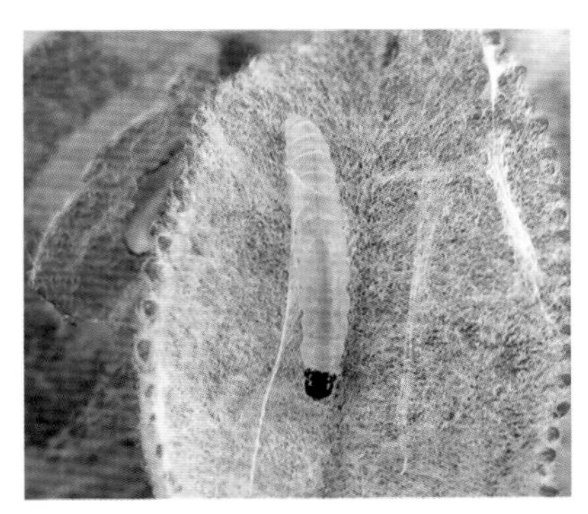

苹小卷叶蛾幼虫

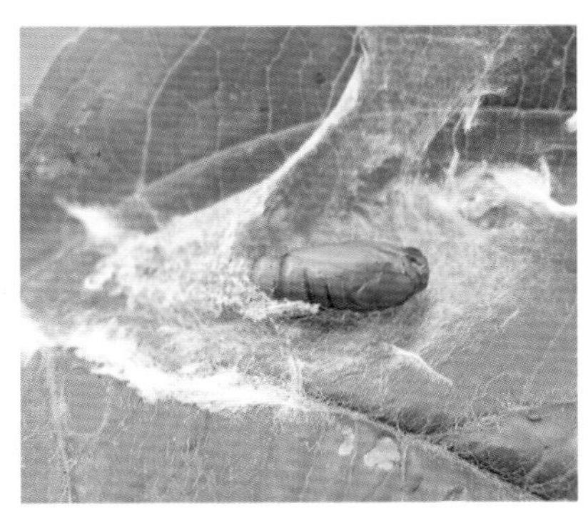

苹小卷叶蛾蛹

后黄卷蛾

卷蛾科
学名 *Archips asiaticus* Walsingham

分布 河北、北京、陕西、甘肃、宁夏、吉林、天津、河南、山东、江苏、浙江、安徽、江西、福建、湖南、广东、四川；朝鲜。

寄主和危害 幼虫取食苹果、李、日本樱花、梨、花楸等多种植物嫩叶和果实。

形态特征 成虫雌雄二型。雄蛾翅展20~24mm；下唇须短，上伸；前翅黄褐色，具红褐色斑纹，前缘褶大，长于前缘的1/3，亚端线弯月形，大，占前缘的1/3，延伸至翅外缘中部之后，外缘端半部及顶角处的缘毛黑褐色。雌蛾翅展23~28mm，前翅顶角强烈凸出，基斑和中带模糊。

生物学特性 河北8月可见成虫。具趋光性。

后黄卷蛾成虫

草小卷蛾

卷蛾科
学名 *Celypha flavipalpana* Herrich-Schaffer

草小卷蛾成虫

分布 河北、北京及全国大部分地区。

寄主和危害 幼虫取食百里香等。

形态特征 成虫翅展13~16mm。下唇须白色，稍上举，头浅黄褐色，头顶褐色，胸背及前翅具杂色的斑纹，翅近中部具一较宽的白色横带，带内可见不连续的黑褐细纹，有时可见3条，翅顶角处具5对白色钩状纹，其中基部的1对斜伸向翅外缘中部。

生物学特性 河北6~8月可见成虫。具趋光性。

国槐小卷叶蛾

卷蛾科
学名 *Cydia trasias* (Meyrick)

分布 河北、北京、天津、山东、山西、河南、安徽、陕西、宁夏、甘肃。

寄主和危害 国槐、龙爪槐。

形态特征 成虫体长约5mm，体黑褐色。前翅灰黑色，翅面前缘有自基部向端部渐宽的淡色带，上有3排短横纹，翅基部和胸部具蓝色闪光鳞片，胸部及足黄色。

生物学特性 河北一年发生2代。10月中旬以老熟幼虫在树皮缝或种子里越冬(极少数以蛹越冬)。翌年5月下旬羽化，成虫有趋光性，产卵于树冠外围的叶片、叶柄基部、小枝条等处，每处产1粒卵，卵期3~5天。

防治方法 1. 冬季剪除槐豆荚及带虫枝条，消灭越冬虫源。2. 灯光诱杀成虫。3. 发现枯萎复叶，消灭堆粪下蛀道内幼虫。

国槐小卷叶蛾成虫

国槐小卷叶蛾幼虫

国槐小卷叶蛾危害状

白钩小卷蛾

卷蛾科
学名 *Epiblema foenella* Linnaeus

分布 东北、华北。

寄主和危害 花卉植物。

形态特征 成虫体深褐色，后缘距基部1/3处有白带1条伸向前缘，至中室前缘即折近直角向臀角方向转，渐细，钩状；前缘近顶角处有钩状纹。幼虫白色，头褐色，前胸被黄色。

生物学特性 河北一年1~2代。以成虫越冬，幼虫在根和茎下部危害。

防治方法 1.灯光诱杀成虫。2.幼龄幼虫期喷洒20%除虫脲悬浮剂7000倍液。

白钩小卷蛾成虫

麻小食心虫

卷蛾科
学名 *Grapholitha delineana* Walker

麻小食心虫成虫

分布 河北、北京、陕西、甘肃、河南、山东、浙江、安徽、江西、福建、台湾、湖北、四川；日本、朝鲜、俄罗斯。

寄主和危害 幼虫取食大麻、草莓的叶子。

形态特征 成虫翅展 11~15mm，体翅茶褐色或灰褐色，有时翅中域具紫色光泽；前翅前缘具 9 或 10 个黄白色钩形纹，后缘中部具 4 条黄白色或白色的平行弧形纹。

生物学特性 河北一年发生 2~3 代。第一代幼虫在茎部形成虫瘿，2~3 代幼虫取食嫩果。河北 6~8 月可见成虫。

梨小食心虫

卷蛾科
学名 *Grapholitha molesta* Busck

分布 河北及我国各梨产区都有发生。

寄主和危害 梨、苹果、桃、杏、樱桃等果树。尤其是桃和梨毗连的果园发生更加严重。幼虫从梨萼、梗洼处蛀入，直达果心，高湿情况下蛀孔周围常变黑腐烂，俗称“黑膏药”。

形态特征 成虫体长 4.6~6.0mm，翅展 10.6~15mm。体灰褐色，无光泽。前翅前缘有 10 组白色斜纹，翅中央有一小白点；后翅浅茶褐色，腹部灰褐色。

生物学特性 河北一年发生 3~4 代。以老熟幼虫在枝干裂皮缝隙、树洞和主干根颈周围的土中结茧越冬，翌年春 4 月至 5 中旬开始化蛹，直到 6 月中旬。发生期很不整齐，造成世代重叠，完成 1 代需 40 天左右。在华北地区危害梨果主要是 3、4 代幼虫。

防治方法 1. 刮老树皮消灭越冬幼虫。春夏季剪掉梨小危害的桃梢。2. 成虫发生期利用梨小性诱剂诱杀成虫或迷向，同时进行测报。喷药适期在成虫高峰后 4 天。

梨小食心虫成虫

梨小食心虫幼虫

梨小食心虫危害果

梨小食心虫危害枝梢

杨柳小卷蛾

卷蛾科
学名 *Gypsonoma minutana* (Hübner)

分布 河北、辽宁、山东、陕西、甘肃等。

寄主和危害 杨、柳。以幼虫食害叶片。

形态特征 成虫体长约5mm，翅展13mm左右。前翅狭长，斑纹淡褐色或深褐色，基斑中夹杂有少许白色条纹，基斑与中带间有1条白色条纹，前缘有明显的钩状纹；后翅灰褐色。幼虫末龄体长约6mm，体较粗壮，灰白色，头淡褐色，前胸背板褐色，两侧下缘各有2个黑点，体节毛片淡褐色，上生白色细毛。

生物学特性 河北一年发生3~4代。以幼龄幼虫越冬。翌年4月杨树发芽后幼虫开始继续危害，4月下旬先后老熟化蛹、羽化，5月中旬为羽化盛期,5月底为末期。第二次成虫盛发期在6月上旬，这代成虫发生数量多，幼虫危害最重。以后世代重叠，各虫期参差不齐。

防治方法 1. 灯光诱杀成虫。2. 幼虫发生期喷洒48% 乐斯本乳油3500倍液。

杨柳小卷蛾成虫

杨柳小卷蛾幼虫

茶长卷蛾

卷蛾科
学名 *Homona magnanima* Diakonoff

分布 河北及南方各地。

寄主和危害 除茶树外，还危害油茶、柑橘、柿、梨、苹果、桃、枇杷、龙眼等植物。

形态特征 成虫雌体长10mm，翅展23~30mm；体浅棕色；触角丝状；前翅近长方形，浅棕色，翅尖深褐色，翅面散生很多深褐色细纹，有的个体中间具一深褐色的斜形横带，翅基内缘鳞片较厚且伸出翅外；后翅肉黄色，扇形，前缘、外缘色稍深或大部分茶褐色。雄成虫体长8mm，翅展19~23mm；前翅黄褐色，基部中央、翅尖浓褐色，前缘中央具一黑褐色圆形斑，前缘基部具一浓褐色近椭圆形突出，部分向后反折，盖在肩角处；后翅浅灰褐色。

生物学特性 河北一年3代。以幼虫蛰伏在卷苞里越冬。翌年4月上旬开始化蛹，4月下旬成虫羽化产卵。卵期17.5天，幼虫期62.5天。蛹期19天，成虫寿命3~18天。成虫多于清晨6时羽化，白天栖息在茶丛叶片上，日落后、日出前1~2小时最活跃，有趋光性、趋化性。

防治方法 1. 加强果园管理，科学修剪，及时中耕除草，使果园通风透光。2. 成虫发生期设置诱虫灯或糖醋液诱杀成虫。3. 卵期每亩释放赤眼蜂8万~12万头，寄生率可达70%~80%。

茶长卷蛾成虫

溲疏新小卷蛾

卷蛾科
学名 *Olethreutes electana* Kennel

分布 河北以及东北。

寄主和危害 光萼溲疏。

形态特征 成虫翅展16~19mm。头顶具有黄褐色毛丛，胸部黑褐色。腹部灰褐色。唇须灰白色，前伸或略下垂。前翅黑褐色，基斑外侧有1条淡黄色垂直带，中带上窄下宽，约占后缘的2/3，外侧被由前缘1/2处伸向臀角的1条弧线淡黄色，其中夹杂银色的条斑所隔，由前缘1/2到翅顶角共有4对淡黄色钩状纹，其基部彼此相通形成1条银色带止于外缘1/3处，端纹由4对钩状纹下方中间始斜向外缘中部，颜色由浅渐深；后翅褐色，顶角色深，缘毛灰白色。

生物学特性 河北一年发生1代，以幼虫越冬，翌年5月中旬活动，5月下旬化蛹，6月中旬羽化成虫。

防治方法 1. 灯光诱杀成虫。2. 幼虫期喷洒0.5%苦参碱800倍液。

溲疏新小卷蛾成虫

榛褐卷蛾

卷蛾科
学名 *Pandemis corylana* (Fabricius)

分布 河北、黑龙江、吉林、北京、甘肃以及华中。

寄主和危害 杞柳、榛、栎、桦、水曲柳、落叶松、山毛榉、鼠李、悬钩子及草本植物等。

形态特征 成虫触角第二节有凹陷。前翅淡黄到棕黑色，中带、端纹、各斑间网状纹和外缘均深褐色；后翅灰色，前缘及顶角淡黄色。

生物学特性 河北一年发生2代，以幼虫越冬。翌年5月幼虫开始活动，6月化蛹，7月出现越冬代成虫。9月出现第一代成虫。

防治方法 灯光诱杀成虫和摘除虫叶。

榛褐卷蛾成虫

苹褐卷蛾

卷蛾科
学名 *Pandemis heparana* Deni et Schiffermüller

苹褐卷蛾成虫

分布 东北、华北、华东、西北等地区都有发生。

寄主和危害 苹果、桃、李、杏、樱桃、梨等。此虫是果树卷叶蛾类中主要种类，除卷叶危害外，还啃食果面，造成虫疤，降低果品质量。

形态特征 成虫体长8~10mm，翅展18~ 25mm。体黄褐色。前翅褐色，基部斑纹浓褐色，中部有1条自前缘伸向后缘的浓褐色宽横带，上窄下宽，横带内缘中部凸出，外缘弯曲，超前缘外端半圆形斑浓褐色，各斑纹边缘有深色细线；后翅灰褐色。

生物学特性 河北一年发生3代。以幼龄幼虫结白色丝茧内越冬。老熟幼虫在荷叶重叠间化蛹。蛹经10天，卵期9天。

防治方法 1. 人工刮除树皮，集中清除，消灭越冬虫源。2. 灯光诱杀成虫。3. 幼虫幼龄期喷洒0.5%苦参碱500倍液。

环铅卷蛾

卷蛾科
学名 *Prycholoma lechena* Linnaeus

分布 河北、北京、陕西、宁夏、黑龙江、吉林、辽宁、湖南、河南；日本、朝鲜、俄罗斯。

寄主和危害 幼虫取食苹果、草莓、蔷薇、山楂、花椒、杨、柳、白蜡、落叶松等。

形态特征 成虫翅展19~23mm。额被黄褐色鳞片，头顶颜色稍深；胸及翅基片黑褐色，具铅色光泽。前翅较宽，端部扩展，基色红黄色，翅基、中带、外线及缘线黑色，外线，自中部伸向后角或中带，有的横带与外线相连。

生物学特性 河北6月可见成虫。具趋光性。

环铅卷蛾成虫

环铅卷蛾成虫

落叶松小卷蛾

卷蛾科
学名 *Zeiraphera lariciana* Kawabe

分布 河北以及东北。

寄主和危害 落叶松。具暴食性，能危害林木新生长点，造成林木枯梢，树势衰弱，直至死亡，是危害落叶松的主要害虫之一。

形态特征 成虫翅展9~15mm。体褐色。前翅黑褐色，有2条绝大部分由银灰色鳞片组成的横纹，外面的1条约位于翅长的1/3，内面的1条约位于翅长的1/2处，前缘有几条银灰色的短纹，缘毛灰褐色；后翅淡灰黑色，无斑纹，缘行毛长，灰褐色。

生物学特性 河北一年发生1代。以卵在树皮下或老球果内越冬,翌年4月下旬至5月上中旬孵化，幼虫期42~46天。

防治方法 利用烟雾剂喷烟防治。

落叶松小卷蛾成虫

密云草蛾

草蛾科
学名 *Ethmia cirrhocnemia* Lederer

分布 河北、北京、山西、河南以及西北。

寄主和危害 杂草、灌木。

形态特征 成虫翅展25mm左右。唇须黑色，第二节长，第三节末端尖，接近头顶；头部灰黑色，复眼灰白色，胸部灰色，有黑色圆斑4枚；腹部橘黄色；前、中足灰黑色。前翅灰黑色，翅面上有5枚黑色圆斑，从翅前缘端部开始，经顶角、外缘直到臀角，有一系列11枚黑色圆斑；后翅亦成灰黑色，较前翅略深。

生物学特性 河北5~6月为成虫期。

防治方法 灯光诱杀成虫。

密云草蛾成虫

密云草蛾成虫

桃小食心虫

蛀果蛾科
学名 *Carposina nipponensis* Walsingham

分布 河北、河南、山东、安徽、江苏、山西、陕西、甘肃、青海、新疆以及东北等果区。

寄主和危害 桃、梨、花红、山楂和酸枣等。

形态特征 成虫雌虫体长5~8mm，翅展16~18mm，雄虫略小。体灰白或灰褐色。前翅前缘中部有一蓝黑色三角形大斑，翅基和中部有7簇黄褐或蓝褐色斜立鳞毛；后翅灰白色。

生物学特性 河北一年发生1~2代。以幼虫在树干周围浅土内结茧越冬，3cm深左右的土中虫数最多。

防治方法 1. 及时摘除处理虫果，诱杀脱果幼虫等。秋、冬季翻耕树下土壤杀死越冬出土幼虫。2. 在成虫卵前对果实进行套袋保护。利用性引诱捕雄成虫。

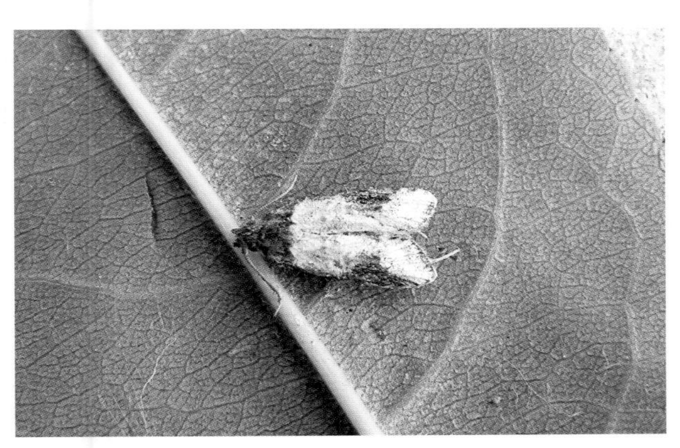

桃小食心虫成虫

桃小食心虫成虫

落叶松鞘蛾

鞘蛾科
学名 *Coleophora laricella* Hübner

分布 河北以及东北。

寄主和危害 落叶松。

形态特征 成虫翅展约15mm，翅宽不到1mm。唇须细长下垂末端尖；前、后翅银灰色，无斑纹，缘毛长。

生物学特性 河北一年发生1代。以卵越冬。翌年6月开始孵化危害。10月越冬，幼虫食害落叶松叶肉，使叶片成一薄筒，借以保护，筒随个体大而大，幼虫携带此同爬行。

防治方法 7月喷烟防治。

落叶松鞘蛾成虫

落叶松鞘蛾幼虫

苹果巢蛾

巢蛾科
学名 *Yponomeuta padella* Linnaeus

分布 河北、北京、山西、江苏、辽宁、吉林、宁夏；日本、朝鲜。

寄主和危害 苹果、山荆子和其他蔷薇科植物。

形态特征 成虫体长8mm，翅展20~23mm。触角白色。唇须白色下垂。头、胸部白色具丝光。肩片上各有1大黑点，中胸背板上有4个黑点。前翅白色具丝光，有20多个黑点，缘毛灰白色；后翅灰褐色无斑点，缘毛灰褐色。

生物学特性 河北一年发生1代。以第一龄幼虫在卵壳下越夏、越冬。翌年4月下旬开始危害，6月上旬结茧化蛹，6月下旬开始成虫羽化、产卵，7月产卵于枝条。

防治方法 1. 灯光诱杀成虫。2. 幼龄幼虫期喷洒0.5%苦参碱500倍液。

苹果巢蛾成虫

苹果巢蛾成虫

苹果巢蛾幼虫

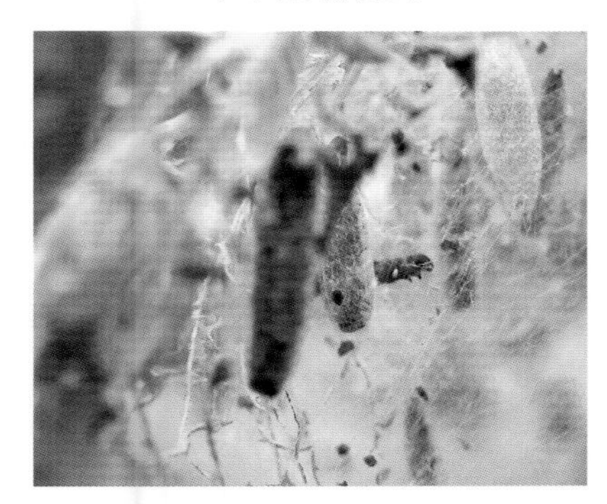

苹果巢蛾蛹

苹果巢蛾危害状

四点绢蛾

绢蛾科
学名 *Scythris sinensis* Felder et Rogenhofer

分布 河北。

寄主和危害 蒺藜。

形态特征 成虫翅展11mm，宽约1mm。下唇须短，下垂，末端尖。前翅黑褐色，在基部1/3处和翅顶各有一淡黄色圆斑。腹部杏黄色，背面有黑褐色斑纹。

生物学特性 河北8月见成虫。

四点绢蛾成虫

四点绢蛾成虫

核桃举肢蛾

举肢蛾科
学名 *Atrijuglans hetaohei* Yang

分布 河北、山西、山东、河南、陕西、四川、贵州。

寄主和危害 幼虫蛀食核桃、核桃楸。

形态特征 成虫体长4~7mm，翅展12~ 15mm。黑褐色有光泽，腹面银白。翅狭长披针状，缘毛长；前翅端部1/3处有一半月形白斑，后缘基部1/3处有一长圆白斑。后足长，栖息时向后侧上方举起，故名举肢蛾。胫节白色，中部和端部有黑色长毛束。

生物学特性 河北一年发生1代。以老熟幼虫于树冠下土中或杂草中结茧越冬，少数可在干基皮缝中越冬。翌年6月上旬至7月下旬越冬幼虫化蛹，蛹期7天左右，6月下旬至7月上旬为越冬代成虫盛发期，6月中下旬幼虫开始危害，30~45天老熟脱果入土越冬。卵期约5天，幼虫蛀果后，被害果渐变琥珀色。最后变黑，故称“核桃黑”。

防治方法 1. 秋末或早春深翻树盘，可消灭部分幼虫。及时摘除虫果和捡拾落果，集中处理。2. 成虫羽化出土前，树冠下地面喷施药剂。

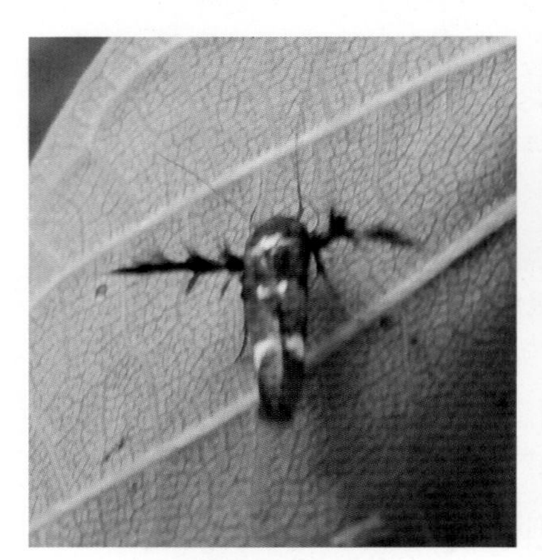
核桃举肢蛾成虫

核桃举肢蛾幼虫

核桃举肢蛾危害状

杨白潜叶蛾

潜叶蛾科
学名 *Leucoptera susinella* Herrich-Schaffer

分布 河北、河南、山东、辽宁、吉林、内蒙古、黑龙江等地。

寄主和危害 毛白杨、小青杨等。

形态特征 成虫体长3~4mm，翅展8~10mm，雌雄相似。前翅银白色，有光泽，前缘近1/2处有1条伸向后缘呈波纹状的斜带，带的中央黄色，两侧也有褐线1条，后缘角有1近三角形的斑纹，其底边及顶角黑色，中间灰色，沿此纹内有1条似缺环状开口于前缘的黄色带，两侧也有褐色线1条，内侧的一条在翅的顶角处颜色极深；后翅银白色，披针形，缘毛极长。

生物学特性 河北一年发生4代。以蛹在茧内越冬。翌年4月中旬，杨树放叶后，成虫陆续羽化，有趋光性。

防治方法 1. 利用冬闲季节，刷除在干上和建筑物上越冬的茧、蛹。2. 幼虫期向叶面喷洒1.8%阿维菌素3000倍液。

杨白潜叶蛾成虫

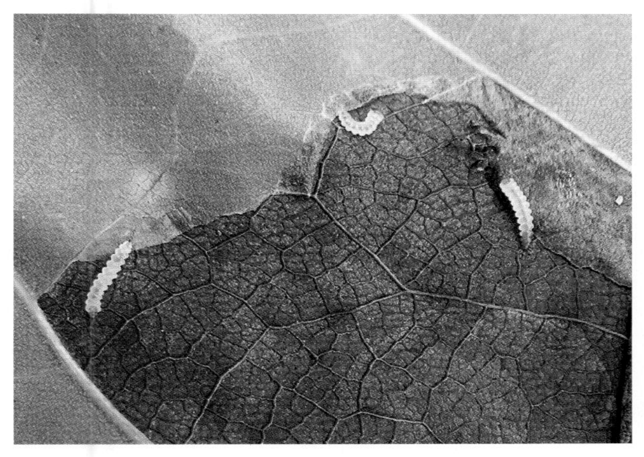

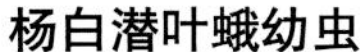
杨白潜叶蛾幼虫

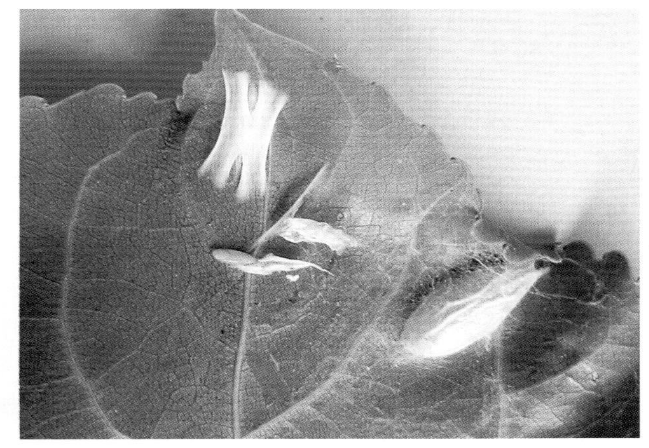

杨白潜叶蛾幼虫、茧、蛹

桃潜叶蛾

潜叶蛾科
学名 *Lyonetia clerkella* Linnaeus

分布 全国各地。

寄主和危害 李、梨、苹果、桃、杏等。幼虫在叶肉里蛀食呈弯曲隧道，致叶片破碎干枯脱落。

形态特征 成虫体长3mm，翅展5.5~7mm，夏型体及前翅的大部分为乳白色。前翅狭长，近端部有1长卵形边缘褐色的黄斑，黄斑外侧有4对斜的褐色斑，斑的端部缘毛上有黑色圆点和丛毛。冬型体偏大，前翅基部及后缘散生暗色鳞片，其余特征同夏型。

生物学特性 河北一年发生4~5代。以蛹在被害叶上的茧内越冬，翌年4月桃展叶后成虫羽化，成虫昼伏夜出。5月上旬始见第一代成虫。后每20~30天完成1代。发生期不整齐，10~11月以末代幼虫于叶上结茧化蛹越冬。

防治方法 1. 越冬代成虫羽化前清除落叶和杂草，集中处理消灭越冬蛹。2. 性信息素诱杀成虫。3. 保护天敌。幼虫初期，人工摘除虫叶，严重时喷洒0.5%苦参碱500倍液。

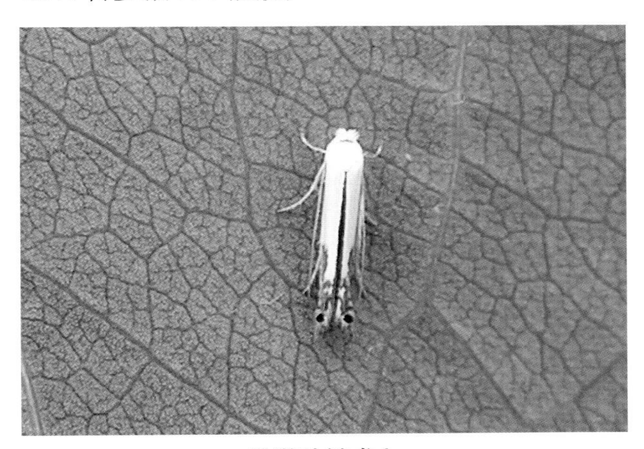

桃潜叶蛾成虫

桃潜叶蛾卵

桃潜叶蛾茧

桃潜叶蛾危害状

银纹潜叶蛾

潜叶蛾科
学名 *Lyonetia prunifolieaal* Hübner

分布 河北、山东、辽宁、陕西等地。

寄主和危害 苹果。幼虫在新梢叶片上表皮下潜食成线状虫通道，由粗到细，最后在叶缘常形成大块，枯黄色虫斑。虫斑背面有黑褐色细粒状虫粪。

形态特征 成虫体长3~4mm。夏型成虫前翅端部有橙黄色斑纹，围绕斑纹有数条放射状灰黑色纹，翅端一小黑点；冬型成虫前翅端部橙黄色部分不明显，前半部有波浪形黑色粗细纹。

生物学特性 河北一年发生4~5代。以冬型成虫在落叶、束草中越冬。翌年5月中下旬在新梢叶背面产卵。第一代成虫发生在6月中下旬，以后世代不整齐。

银纹潜叶蛾成虫

银纹潜叶蛾蛹

银纹潜叶蛾危害状

黑黄潜蛾

潜叶蛾科
学名 *Opagona nipponica* Stringer

分布 辽宁以及华北。

寄主和危害 蔷薇。

形态特征 成虫翅展14mm左右。头部较扁平，头顶和颜面有黄褐色鳞片。触角带褐色，基部长而膨大。唇须黄白色，外侧暗褐。前翅基半部土黄色，前缘1/6有灰褐条，端半部灰褐色，两者间有深褐色斑点3个；后翅披针形，灰褐色，缘毛长。足褐色，后足腿节上有长毛。

生物学特性 河北发生代数不详。7~8月见成虫。

防治方法 灯光诱杀成虫。

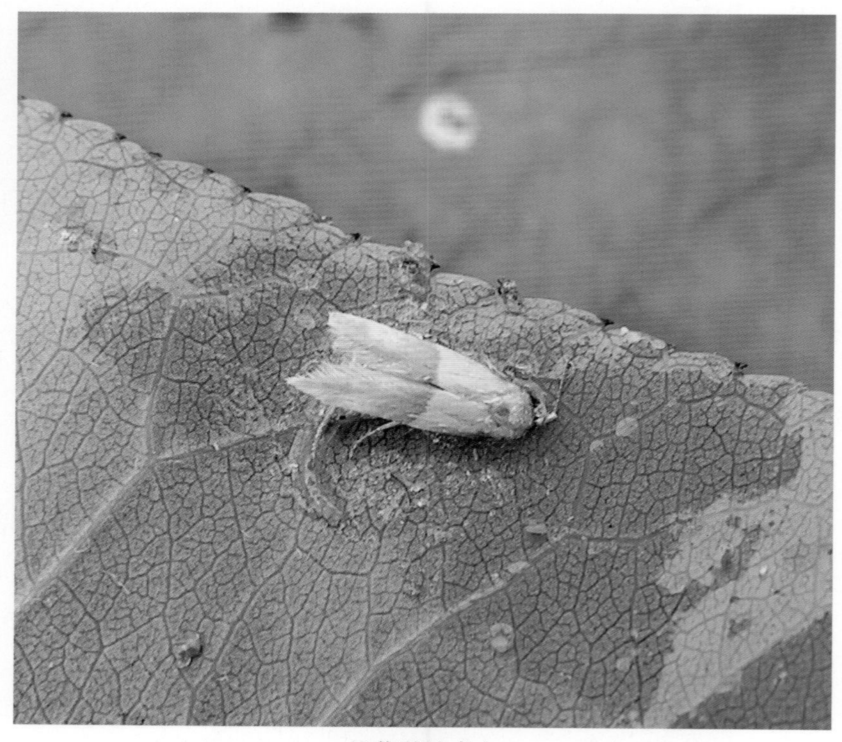
黑黄潜蛾成虫

杨银潜叶蛾

潜叶蛾科
学名 *Phyllocnistis saligna* Zeller

分布 华北、东北、华东、河南、甘肃、宁夏、四川等地。

寄主和危害 欧美杨的幼树和苗木。

形态特征 成虫体纤细，长3~4mm，翅展6~8mm。全身银白色。前翅中央有2条褐色纵纹，其间呈金黄色，前缘角的内方有2条斜纹，前翅有向外发出的放射状缘毛；后翅窄长，先端尖细，缘毛细长。腹部腹面可见6节，雄虫腹部尖细，雌虫肥大。

生物学特性 河北一年发生4~5代。以成虫在地表缝隙和枯枝落叶层中越冬，或以蛹在被害的叶片上越冬。翌年3月下旬成虫出蛰，产卵于顶芽尖端或嫩叶上。

防治方法 1. 冬初清除绿地内残叶，杀灭越冬虫蛹。2. 灯光诱杀成虫。3. 成、幼虫期向叶面喷洒10%吡虫啉可湿性粉剂2000倍液。

杨银潜叶蛾成虫

杨银潜叶蛾危害状

柳丽细蛾

细蛾科
学名 *Caloptilia chryadampra* (Meyrick)

分布 东北、华北、西北。

寄主和危害 柳。是危害垂柳、杞柳等柳属观赏植物的食叶害虫，由幼虫将柳叶自先端卷织成粽子状苞，虫体即在该苞内蚕食和发育。

形态特征 成虫体长约4mm。前翅淡黄色，近中段有1个白色三角形斑，后缘从翅基部至三角形斑处有淡灰白色条斑1个。缘毛较长，淡灰褐色，尖端的缘毛为黑色或带黑点。触角长过腹部末端。足色白褐相间。

生物学特性 河北发生代数不详。6月起柳树下垂枝下层叶的端部能见，将柳叶从尖端往背面卷叠数折，呈粽子状的虫苞，幼虫则在虫苞内啃食叶肉网状，7月上旬见蛹和成虫。

防治方法 虫量小时摘除虫苞。

柳丽细蛾成虫

柳丽细蛾成虫

槐织蛾

织蛾科
学名 *Depressaria pallidor* Stringer

槐织蛾成虫

分布 河北、东北。

寄主和危害 槐。

形态特征 成虫翅展28mm左右。头顶褐色，颜面棕色。触角深褐色。唇须褐色，第二节长是第三节的2倍，向上举，超过头顶。前翅棕色，有许多分散的小褐斑，其中在中室上缘有一较大的深褐色斑，中室中央还有一明显的黑褐圆斑；后翅淡灰褐色。腹部腹面有黑点，每节两侧各有1枚。

生物学特性 河北6~7月见成虫。

防治方法 灯光诱杀成虫。

梅木蛾

木蛾科
学名 *Odites issikii* Takahashi

分布 华北、华东以及辽宁、陕西。

寄主和危害 苹果、梨、樱桃、桃、李、梅、葡萄等。

形态特征 成虫体长6~7mm，翅展16~20mm。体黄白色，下唇须长上弯，复眼黑色，触角丝状，头部具白鳞毛。前胸背板覆灰白色鳞毛，端部具黑斑1个。前翅灰白色，近翅基1/3处具一近圆形黑斑，与胸部黑斑组成5个大黑点，前翅外缘具小黑点一列；后翅灰白色。

生物学特性 河北一年发生2代。以初龄幼虫在翘皮、裂缝中结茧越冬。翌年寄主萌动后，出蛰危害。5月中旬化蛹，越冬代成虫于5月下旬始见，6月下旬结束。

防治方法 1. 利用黑光灯或高压汞灯诱杀成虫。冬季刮除树皮、翘皮，消灭越冬幼虫。2. 幼虫期喷洒1.8%爱福丁3000倍液。

梅木蛾成虫

梅木蛾幼虫

梅木蛾蛹

菜蛾

▶ 菜蛾科
学名 *Plutella xylostella* (Linnaeus)

分布　全国各地。

寄主和危害　甘蓝、萝卜、花椰菜、白菜、芥菜、芜菁、油菜、番茄、马铃薯、姜、洋葱等40多种蔬菜。

形态特征　成虫体长6~8mm，翅展12~ 15mm。全体灰色。前翅窄长，前缘色略淡；后翅有黄白色的波状带纹，纹的前边缘作3次曲折，因而两前翅并拢后脊背部形成3个连串的斜方形黄白色纹；前后翅的缘毛都很长；雌虫前翅较黑，斑纹色白，色彩鲜明。

生物学特性　河北一年发生4~6代。世代重叠，幼虫、蛹、成虫各虫态均可越冬，无滞育现象。4~6月及8~9月出现2个危害盛期，以春季为主。

防治方法　性引诱剂诱杀成虫。

菜蛾成虫

合欢巢蛾

雕蛾科
学名 *Homadoula anisocentra* Meyrick

分布 河北、北京、辽宁、山东；日本。

寄主和危害 合欢、皂荚。

形态特征 成虫翅展 11~15mm。体背及前翅灰褐色，常具银色闪光。前翅具许多小黑斑，尤以翅外半部为多。

生物学特性 河北 6~8 月可见成虫。具趋光性。

合欢巢蛾幼虫

合欢巢蛾成虫

合雕巢蛾危害状

长角蛾

长角蛾科
学名 *Nemophora* sp.

分布 河北。

寄主和危害 不详。

形态特征 成虫翅展约 25mm。体黑褐色，有光泽。

生物学特性 河北 6~7 月可见成虫。

长角蛾成虫成虫

小黄长角蛾

长角蛾科
学名 *Nemophora staudingerella* Christoph

分布 河北、北京、青海、湖北、贵州以及东北；日本、俄罗斯。

寄主和危害 苜蓿。

形态特征 成虫翅展 17~20mm。雄蛾触角是翅长的 3 倍多，雌蛾约为 1.5 倍。翅近中部具一黄色横带，内外侧具银灰色边，翅端半部具大片紫色鳞片，

生物学特性 河北 6~7 月可见成虫。雌蛾具趋光性。

小黄长角蛾成虫

胡枝子麦蛾

麦蛾科
学名 *Agnippe albidorsella* Snellen

分布 河北、北京、陕西、宁夏、甘肃、山东、江苏、安徽、浙江、江西、西藏；日本、朝鲜、俄罗斯。

寄主和危害 幼虫取食胡枝子。

形态特征 成虫翅展 9~10mm。头白色，额两侧黑色，下唇须白色，但基部黑色，顶端褐色。胸及翅基片白色。前翅黑色，翅基 1/3 处具白色宽横带，向后缘扩大，翅 2/3 处前后各有 1 个三角形白斑。

生物学特性 河北 5~7 月可见成虫。具趋光性。

胡枝子麦蛾成虫

山楂棕麦蛾

麦蛾科
学名 *Dichomeris derasella* Denis et Schiffermüller

分布 河北、北京、陕西、甘肃、青海、宁夏、辽宁、河南、安徽、浙江、福建、湖南；朝鲜、俄罗斯。

寄主和危害 幼虫取食山楂、桃、樱桃、悬钩子。

形态特征 成虫翅展20~22mm。体长，黄棕色、棕色或灰棕色。下唇须第二节具鳞毛簇，前伸，第三节细长，镰刀形。前翅顶角尖，外缘斜直，翅中室及附近具褐色斑，有时仅翅中室基部斑点较为明显。

生物学特性 河北6月可见成虫。具趋光性。

山楂棕麦蛾成虫

红肩旭锦斑蛾

斑蛾科
学名 *Campylores romanovi* Leech

分布 河北、四川、云南。

寄主和危害 果树。

形态特征 成虫体长18mm，翅展68mm左右。体墨绿黑色，翅底浓黑，胸部肩板有1个红斑。前翅前缘红色，中室两侧有2条深红条带，靠近翅顶有3个白斑，其他斑点黄色，中室以下有3条橘黄色条带；后翅浓黑，前缘以下有一红色条带，中室左右有2条红色宽带，中间隔断，沿翅基部有4条黄色窄带，翅外缘有3个椭圆形纵斑。

生物学特性 河北一年发生1代。7月中下旬成虫期，成虫有较强趋光性。

防治方法 灯光诱杀成虫。

红肩旭锦斑蛾成虫

柄脉锦斑蛾

斑蛾科
学名 *Eterusia* sp.

分布 河北等地。

寄主和危害 不详。

形态特征 成虫翅展50~60mm，头。胸部蓝黑色，触角蓝黑色。后翅基角蓝黑色，翅中部有1条橙黄色宽横带。

生物学特性 河北成虫见于7月。

柄脉锦斑蛾成虫

榆斑蛾

斑蛾科
学名 *Illiberis ulmivera* Graeser

分布 河北、北京、陕西、甘肃、辽宁、天津、山西、河南、山东；俄罗斯。

寄主和危害 幼虫取食榆叶。

形态特征 成虫体长10~11mm左右，翅展27~28mm。体淡褐色至黑褐色。头胸部、翅具蓝色光泽。触角双节齿状，翅半透明，腹部背面各节后缘有黄褐色鳞片。

生物学特性 河北6~7月可见成虫。

榆斑蛾成虫

榆斑蛾幼虫

梨星毛虫

斑蛾科
学名 *Illiberis pruni* Dyar

别名 梨叶斑蛾。

分布 河北、黑龙江、吉林、辽宁、山西、山东、江苏、浙江、江西、湖南、陕西、甘肃、宁夏、青海、四川、广西、云南等地。

寄主和危害 梨、苹果、沙果、海棠、李、杏、桃、樱桃、山楂、榅桲和枇杷。越冬幼虫先危害花芽、叶芽、花蕾及嫩叶。花谢后幼虫在叶苞中蚕食叶肉，使之残留一层表皮和叶脉，形成早期落叶。

形态特征 全体黑色。翅黑色，半透明，前翅和后翅中室有一主干通过。雌成虫翅展24~34mm，触角锯齿状；雄成虫翅展18~25mm，触角短，羽状。

生物学特性 河北一年发生1代。以幼虫在树干裂缝处结茧越冬。6月上中旬羽化为成虫。

防治方法 1.冬季刮树皮并集中烧掉，消灭越冬幼虫。2.大力敲振枝干，将幼虫和成虫振落后消灭；人工摘除虫苞，降低虫口密度。3.在越冬幼虫出蛰上芽危害时，喷洒0.5%苦参碱500倍液。

梨星毛虫卵

梨星毛虫幼虫

梨星毛虫蛹

梨星毛虫成虫交尾

白杨透翅蛾

透翅蛾科

学名 *Parathrene tabaniformis* (Rottenberg)

分布 河北、陕西、甘肃、宁夏、新疆等地。

寄主和危害 幼虫蛀害1~2年生杨树树干、侧枝、顶梢、嫩芽，造成枯萎、秃梢，风吹倒折死亡。

形态特征 成虫体长11~21mm，翅展23~39mm。外形似胡蜂。头半球形，头和胸部之间有橙黄色鳞片围绕，头顶有米黄色鳞片。前翅纵狭，有赭色鳞片，中室与后缘略透明；后翅透明，缘毛灰褐色。腹部圆筒形，黑色，有5条橙黄色环带。

生物学特性 河北一年发生1代。以幼虫在枝干隧道内越冬。翌年4月初取食危害，4月下旬幼虫开始化蛹，成虫5月上旬开始羽化，盛期在6月中到7月上旬，10月中旬羽化结束。

白杨透翅蛾成虫

白杨透翅蛾成虫

白杨透翅蛾幼虫

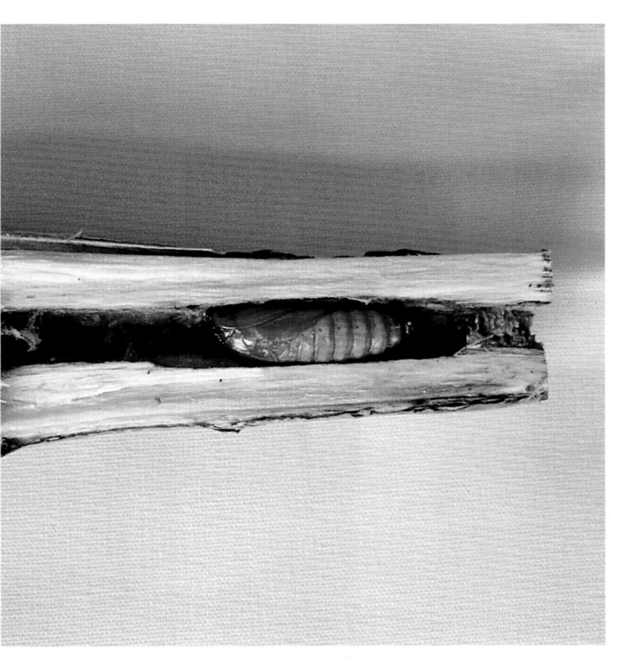

白杨透翅蛾蛹

胡枝子小羽蛾 | 羽蛾科

学名 *Fuscoptilia emarginata* Snellen

分布 河北、北京、陕西、甘肃、内蒙古、黑龙江、吉林、辽宁、山西、河南、山东、江苏、安徽、江西、福建、四川、贵州；日本、朝鲜、俄罗斯、蒙古。

寄主和危害 胡枝子、截叶胡枝子。

形态特征 成虫翅展17~25mm。前翅面基部和裂口之间的1/2和3/5处各具1个黑褐斑，前斑近后缘；后斑近前缘，有时此2斑不明显。裂口前具1黑褐斑，缘毛白色，每叶顶角、臀角具黑褐色缘毛。

生物学特性 河北6~8月可见成虫。具趋光性。

胡枝子小羽蛾成虫

艾蒿滑羽蛾 | 羽蛾科

学名 *Hellinsia lienigiana* Zeller

分布 河北、北京、陕西、河南、山东、上海、浙江、安徽、江西、福建、台湾、湖北、湖南、四川、贵州；日本、朝鲜、俄罗斯等欧洲国家。

寄主和危害 菊科的北艾、艾草和滨菊等。

形态特征 成虫翅展15~17mm。触角约为前翅长的1/2，腹部每节后缘具清楚或不清楚的黑褐色点。前翅散布黑褐色鳞片，在4/7处开裂，在未开裂部分的2/5处正中央具一褐色斑点，裂后前具较大的褐色斑，第一叶前缘基部具一长方形褐斑，其他地方散布褐斑。

生物学特性 河北6~9月可见成虫。

艾蒿滑羽蛾成虫

小褐羽蛾 | 羽蛾科
学名 *Nippoptilia minor* Hori

分布 河北以及华东、华中。

寄主和危害 葡萄科的乌敛莓。

形态特征 成虫翅展 11mm 左右。触角呈黑白色环，唇须淡黄褐色，细长，向上曲，末节色泽较深，末端尖。头部有黄褐色冠毛。体褐色，腹面发白。前、后翅有褐斑。足细长，有长距和毛刺，各足胫、跗节上有黑褐色和白色斑纹。

生物学特性 河北 6 月见成虫。成虫具趋光性。

防治方法 灯光诱杀成虫。

小褐羽蛾成虫

甘薯羽蛾 | 羽蛾科
学名 *Pterophorus monodactylus* Linnaeus

分布 华北。

寄主和危害 甘薯。幼虫危害甘薯叶片，留下一面表皮呈半透明斑，也可咬成孔洞。

形态特征 成虫体长约 9mm，翅展 20~22mm。体灰褐色。前翅分成二叉状，灰褐色，翅面有 2 个较大的黑斑，一个位于中室中央偏基部，另一个位于中室顶端 2 支分叉处；后翅分 3 支，深灰色，四周有缘毛。腹部前端有近三角形白斑，背线白色，两侧灰褐色，各节后缘有棕色斑点。

生物学特性 河北一年发生 2 代，以蛹越冬。成虫有趋光性。卵期 3~4 天；幼虫期 14~19 天；蛹期 5~7 天。

防治方法 灯光诱杀成虫。

甘薯羽蛾成虫

栎距钩蛾

钩蛾科
学名 *Agnidra scabiosa fixseni* Bryk

分布 河北、北京、陕西、甘肃、黑龙江、吉林、辽宁、江苏、浙江、福建、台湾、湖北、湖南、广西、四川；日本、朝鲜。

寄主和危害 幼虫取食多种栎类，如蒙古栎、麻栎、板栗等。

形态特征 成虫翅展18~35mm。触角茶褐色，雄蛾双栉形，雌额丝状。前翅中线附近有灰白色散斑，形成1条由多个灰色椭圆点组成的宽线，中室内有1白点，前翅外缘有时暗褐色；后翅中室部位有较前翅小的灰白色散纹。

生物学特性 河北8月可见成虫。具趋光性。

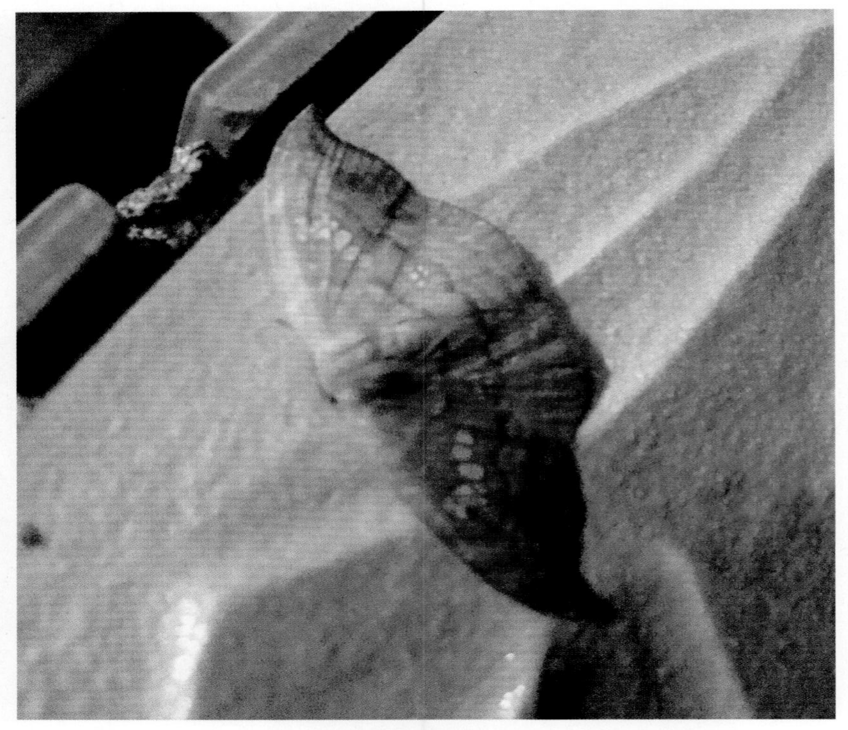
栎距钩蛾成虫

六点钩蛾

钩蛾科
学名 *Betalbara acuminata* (Leech)

分布 河北、四川。

寄主和危害 桦。

形态特征 成虫翅展29~34mm。体、翅黄褐色。前翅顶角尖锐，显著突出，顶角内侧有长三角形白纹，内线弯曲度大，棕褐色，中线棕色较粗斜向顶角，直达后缘与后翅贯连，亚外缘线略弯曲，端线自顶角至臀角呈"S"形，中室端有黑褐点2个；后翅色略浅，中线较粗，靠近前缘附近有一褐色圆点；前翅及后翅上布满褐色网状横纹。

生物学特性 河北7月见成虫。

防治方法 灯光诱杀成虫。

六点钩蛾成虫

赤杨镰钩蛾

钩蛾科
学名 *Drepana curvatula* (Borkhausen)

分布 东北、华北。

寄主和危害 赤杨、青杨。

形态特征 成虫体焦枯至暗黄褐色。前翅顶角弯曲成镰刀状，顶角下方紧贴外缘有黑色弧行线 1 条；前、后翅各有斜波纹 5 条，以第三条最清晰，从顶角斜线到后缘 2/3 处，与后翅相应的 1 条连接；前翅横翅处有黑点 2 个，中室黑点 1 个；后翅中室及上方黑点各 1 个。

生物学特性 河北一年发生 1 代。6~8 月幼虫期。

防治方法 1. 灯光诱杀成虫。2. 幼虫期喷洒 0.5% 苦参碱 500 倍液。

赤杨镰钩蛾成虫

赤杨镰钩蛾成虫

古钩蛾

钩蛾科
学名 *Palaedrepana harpagula* (Esper)

分布 河北、北京、四川等。

寄主和危害 栎、赤杨。

形态特征 成虫体黄褐色。前翅顶角尖，内线褐色弯曲，中带深褐色，内有浅黄斑，外线弯曲，外有波状斑纹；后翅色淡，中室下方有浅黄色斑，斑下有小点，两翅反面土黄色。

生物学特性 河北一年发生 1 代。7 月出现成虫。

防治方法 灯光诱杀成虫。

古钩蛾成虫

古钩蛾成虫

三线钩蛾

钩蛾科
学名 *Pseudalbara parvula* (Leech)

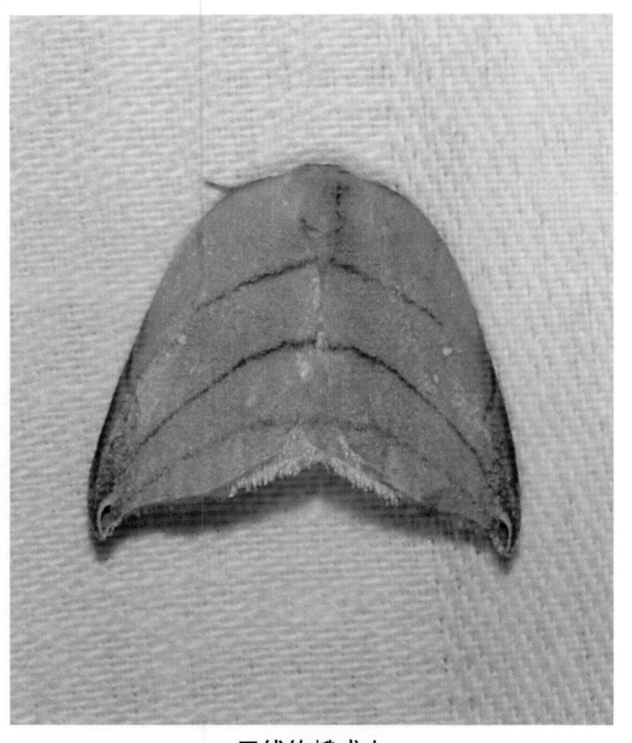
三线钩蛾成虫

分布 河北、北京、陕西、甘肃、黑龙江、浙江、江西、福建、湖北、湖南、广东、四川；日本、朝鲜、俄罗斯。

寄主和危害 幼虫取食核桃、山核桃及壳斗科树木的叶片，有时成为核果实的主要害虫。

形态特征 成虫体长 6~8mm，翅展 18~22mm。头紫褐色，下唇须中等长度呈褐色触角黄褐，雄单栉，雌丝状；体形细，背面灰褐色，腹面淡褐色。前翅灰紫褐色，有 3 条深褐色斜纹，中部 1 条最为明显，中室端有 2 个灰白色小点，上面 1 个略大，顶角尖，向外突出，内方有一灰白色眼形纹；后翅色浅呈灰白色，中室端有 2 个不太明显的小点；前翅有小室。

生物学特性 河北 6~8 月可见成虫。具趋光性。

荚蒾钩蛾

钩蛾科
学名 *Psiloreta pulchripes* (Butler)

荚蒾钩蛾成虫

分布 河北、浙江、云南。

寄主和危害 荚蒾。

形态特征 成虫翅展 34~42mm。头橘红色，触角橘黄色，胸足及身体腹面红色，体侧有米黄色鳞毛。前翅赤褐色，散布有棕褐色斑点，顶角较钝，后方近前缘处有棕黑色斑，横线不明显，外线自顶角斜向后缘。有些个体成 1 条宽黄带，外缘黑褐色，近后角处有一黑点；后翅基部及前缘淡黄色，中室内方有赤褐色宽横带，横带至外缘间黄色，顶角有一赤褐斑。

生物学特性 河北一年发生 1 代。6~7 月为成虫期。成虫有趋光性。

防治方法 灯光诱杀成虫。

青冈树钩蛾

钩蛾科
学名 *Zanclalbara scabiosa* (Butler)

分布 河北、四川、台湾。

寄主和危害 青冈。

形态特征 成虫翅展27~30mm。体灰茶褐色。前翅前缘黄褐色，内线、中线及外线不明显，亚外缘线灰褐色，波浪状较明显，在中线附近有灰白色散斑，中室内有白点1个；后翅内线、中线及外线褐色，中室部位有较前翅大的灰白色散斑。

生物学特性 河北7月见成虫。

防治方法 灯光诱杀成虫。

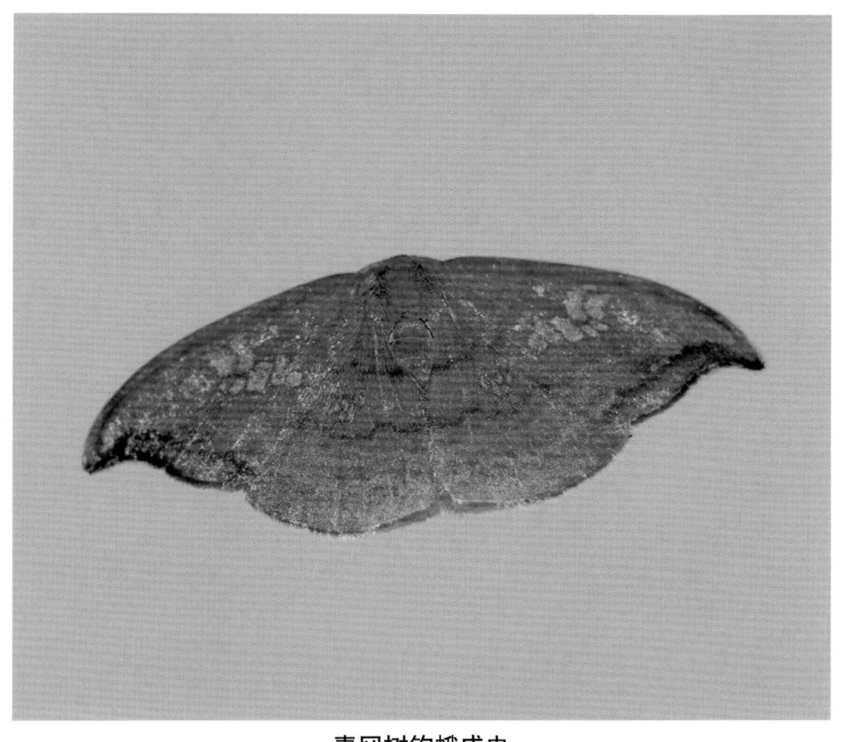

青冈树钩蛾成虫

广鹿蛾

鹿蛾科
学名 *Amata emma* (Butler)

分布 河北、陕西、山东、江苏、浙江、福建、江西、湖北、湖南、广东、广西、台湾、四川、云南、贵州等。

寄主和危害 野皂角、荆条。

形态特征 成虫翅展24~36mm。头、胸黑褐色，颈板黄色。触角端部白色，其余部分黑褐色。前翅有6个透明斑，基部1个近方形或稍长，中部2个，前斑梯形，后斑圆形或菱形，端部3个斑狭长形；后翅后缘基部黄色，前缘区下方具一较大透明斑，翅顶黑色较宽。腹部黑褐色，各节背面和侧面具黄带。

生物学特性 河北7~10月见成虫。

防治方法 灯光诱杀成虫。

广鹿蛾成虫

广鹿蛾成虫交尾

黑鹿蛾

鹿蛾科

学名 *Amata ganssuensis* (Grum-Grshimailo)

黑鹿蛾成虫

分布 河北、黑龙江、青海、陕西、内蒙古、山西、山东、甘肃、福建。

寄主和危害 桑、胃菊。

形态特征 成虫翅展26~36mm。体黑色，带有蓝绿或紫色光泽。触角全部黑色。下胸具2黄色侧斑。翅黑色，带蓝紫或红色光泽；前翅具6个白斑，后翅具2个白斑，翅斑大小变异较大。腹部第一、五节上有橙黄带。

生物学特性 河北9月见成虫。

防治方法 灯光诱杀成虫。

尖尾网蛾

网蛾科

学名 *Thyris fenestrella* Scopoli

分布 河北、北京、新疆、黑龙江、吉林、江苏、浙江、湖北、福建；俄罗斯以及欧洲。

寄主和危害 幼虫取食牛蒡等植物。

形态特征 成虫翅展14~16mm。头胸部棕色，或体黑褐色。翅黑褐色；前翅具数个棕色斑，前翅中室端具1个白斑，长方形，下方具1个三角形白斑；后翅具3个大白斑，后2个常相连；翅面具许多小棕斑；缘毛白色和黑色相间。雄性腹末尖。

生物学特性 河北7月可见成虫，常白天吸食花蜜。

尖尾网蛾成虫

尖尾网蛾成虫

黄胸木蠹蛾

木蠹蛾科
学名 *Cossus chinensis* Rethschild

黄胸木蠹蛾成虫

分布 河北、北京、陕西、甘肃、宁夏、山东、江苏、福建、湖南、四川、云南。

寄主和危害 柳、柑橘等。

形态特征 成虫翅展雄虫60~89mm，雌虫90mm。头顶毛丛及领片赭黄色，翅基片及胸背上褐色，后胸具黑横带，其前方为银灰色。触角单栉状，栉齿宽大。前翅顶角尖，基色暗褐，布满网状细纹，无明显粗横纹，在顶角及翅中具白云状斑。

生物学特性 河北7~8月可见成虫。具趋光性。

芳香木蠹蛾

木蠹蛾科
学名 *Cossus cossus orientalis* Gaede

分布 东北、华北、西北等地。

寄主和危害 杨、柳、榆、国槐、白蜡、栎、核桃、苹果、香椿、梨等。幼虫孵化后，蛀入皮下取食韧皮部和形成层，以后蛀入木质部，向上向下穿凿不规则虫道，被害处可有十几条幼虫，蛀孔堆有虫粪，幼虫受惊后能分泌一种特异香味。

形态特征 成虫体长24~40mm，翅展56~80mm。体灰乌色，触角扁线状，头、前胸淡黄色，中后胸、翅、腹部灰乌色，前翅翅面布满呈龟裂状黑色横纹。

生物学特性 河北2~3年1代。以幼龄幼虫在树干内及末龄幼虫在附近土壤内结茧越冬。5~7月可见成虫。

防治方法 及时发现和清理被害枝干，消灭虫源。保护益鸟如啄木鸟等。

芳香木蠹蛾成虫

芳香木蠹蛾幼虫

小线角木蠹蛾

木蠹蛾科
学名 *Holcocerus insularis* Staudinger

分布 河北、北京、天津、山东、江苏、安徽、江西、福建、湖南、辽宁、吉林、黑龙江、内蒙古、陕西、宁夏等地。

寄主和危害 幼虫蛀食山楂、海棠、银杏、白玉兰、丁香、樱花、榆叶梅、紫薇、白蜡、香椿、黄刺玫、五角枫、栾树等花木枝干木质部。

形态特征 成虫体长22mm左右，翅展50mm左右。体灰褐色，翅面上密布许多黑色短线纹。中室前缘一带颜色较深，亚外缘线黑色、明显，外缘具一些褐纹与缘毛上的褐斑相连。

生物学特性 河北2年发生1代（跨3个年度）。以幼虫在枝干蛀道内越冬。翌年3月幼虫开始复苏活动。幼虫化蛹时间很不整齐，6~8月为成虫发生期。

防治方法 1. 加强检疫。调运花木要严格办理检疫手续。2. 诱杀成虫。用环保防护型农林杀虫灯或黑光灯诱杀成虫。

小线角木蠹蛾成虫

小线角木蠹蛾危害状

榆木蠹蛾

木蠹蛾科
学名 *Holcocerus vicarious* Walker

分布 河北、北京、陕西、甘肃、宁夏、内蒙古、黑龙江、吉林、辽宁、山西、河南、山东、江苏、上海、安徽、四川；日本、朝鲜、俄罗斯。

寄主和危害 蛀食多种阔叶树如榆、柳、丁香、刺槐等树干。

形态特征 成虫体长23~40mm，翅展46~86mm。体灰褐色，触角丝状，不达前翅前缘的1/2。头顶毛丛、领片和翅基暗褐灰色。中胸白色，后缘具一黑色横带。前翅暗褐色，翅端具许多黑色网纹，中室及其上方为煤黑色，中室端上具1个明显白斑。

生物学特性 河北2~3年发生1代。5~9月可见成虫。

榆木蠹蛾成虫

六星黑点豹蠹蛾

木蠹蛾科

学名 *Zeuzera leuconotum* Butler

六星黑点豹蠹蛾成虫

分布 华北。

寄主和危害 白蜡、国槐、椿、杨、柳、悬铃木、海棠、石榴、金叶女贞、黄杨等。

形态特征 成虫前胸背板有蓝黑斑点6个。前翅散生许多大小不等的青蓝色斑点。

生物学特性 河北一年发生1代。以幼虫在枝干内越冬。4月上旬越冬幼虫开始活动，5月中旬开始化蛹，6月上旬成虫羽化、交尾和产卵。

防治方法 1. 人工剪除有虫枝、枯萎枝。2. 灯光诱杀成虫。3. 幼虫期释放蒲螨寄生幼虫。

多斑豹蠹蛾

木蠹蛾科

学名 *Zeuzera multistrigata* Moore

分布 东北、华北、华东、华中、西南以及陕西。

寄主和危害 榆、杨、梨、苹果、枣、杏、核桃、桦、栎、枫等。

形态特征 成虫体长24~33mm，翅展44~68mm。胸背部有黑斑6个，每侧3个。腹部白色，每节均有黑横带，第一腹节背板黑斑2个。前翅底色白，有极多闪蓝光的黑斑点，条纹多列，前翅基黑斑很大；后翅白色，斑稍稀。

生物学特性 河北一年发生1代。以幼虫在干枝内越冬。4月上旬越冬幼虫开始活动，继续危害。5月下旬开始化蛹，6月上旬成虫羽化、交尾和产卵。10月幼虫越冬。

防治方法 1. 灯光诱杀成虫。2. 喷洒0.5%苦参碱500倍液、10%吡虫啉可湿性粉剂2000倍液杀灭幼虫。

多斑豹蠹蛾成虫

多斑豹蠹蛾成虫

阿泊波纹蛾

波纹蛾科
学名 *Bombycia ampliata* Butler

阿泊波纹蛾成虫

分布 河北、黑龙江、吉林、辽宁、浙江、江西。

寄主和危害 不详。

形态特征 成虫翅展40~45mm。头部暗黑褐色，颈板白棕黄色，其后缘有棕褐色纹。胸部褐灰色。腹部基部暗棕灰色，腹部黑褐色。前翅白灰色，微带暗黑色，翅基部和中部白色，翅顶有一近三角形白斑，内线为一浅黑棕色带，由4条黑色波状横线组成，线间色淡，外线黑色双重；后翅暗褐灰色，外线浅灰色，带状，外缘色暗，缘毛白色。

生物学特性 河北6月为成虫期。

防治方法 灯光诱杀成虫。

沤泊波纹蛾

波纹蛾科
学名 *Bombycia ocularis* Linnaeus

分布 河北、黑龙江、吉林、辽宁、青海、甘肃。

寄主和危害 杨、山杨。幼虫取食树木和灌木叶子，暴露或缀叶取食。

形态特征 成虫翅展32~40mm。头部暗灰褐色，颈板灰白色，前缘有一黑褐色线，后缘有一暗红褐色线。胸部灰棕色，前半部略带玫瑰棕色。腹部基部白棕灰色，腹部其余部分浅棕灰色。前翅白灰色，带玫瑰棕色，亚基线灰白，内线和外线双线，在前缘相平行，两线相邻一线黑色，另一线暗褐色，内线内侧和外线外侧各有一相平行的暗褐色线，亚端线白色，翅顶角有一黑色斜线和一灰白色斑，环纹淡黄白色，下半部中央有一黑点，肾纹“8”字形黄白色有2个黑点。

生物学特性 河北6~7月为成虫期。

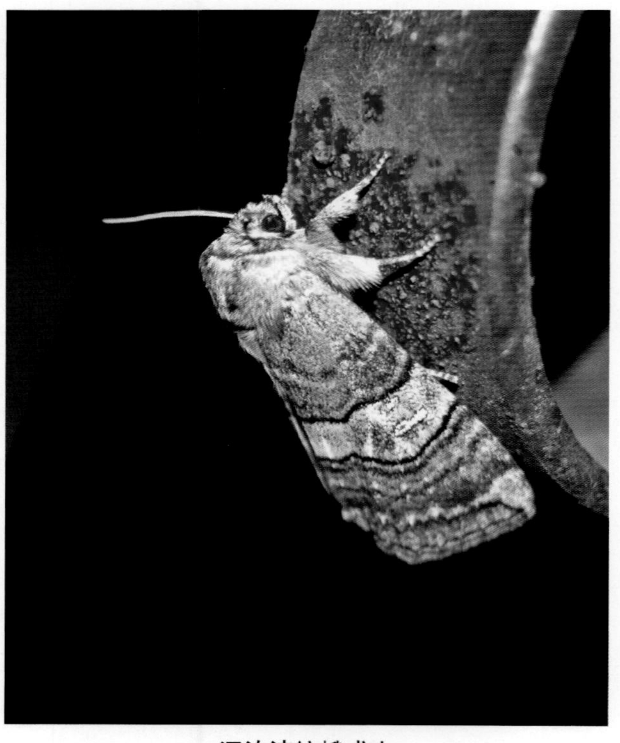
沤泊波纹蛾成虫

阔浩波纹蛾

波纹蛾科
学名 *Habrosyne conscripta* Warren

分布 河北、青海、西藏、甘肃。

寄主和危害 多种林木。

形态特征 成虫翅展39mm。全体黑赤褐色。前缘有一白色带和一褐黑色线，内线与亚基线间的中室上有一三角形白斑。

生物学特性 河北6~7月为成虫期。

阔浩波纹蛾成虫

宽太波纹蛾

波纹蛾科
学名 *Tethea ampliata* (Butler)

别名 阿泊波纹蛾。

分布 河北、北京、陕西、甘肃、内蒙古、山西、浙江、江西、台湾、湖北、湖南、四川、云南以及东北；日本、朝鲜、俄罗斯。

寄主和危害 幼虫取食槲栎叶片。

形态特征 前翅长18~23mm，前翅灰白色或灰褐色，顶角处具1个浅色的三角形斑，斑的下方在翅脉上常具剑形黑褐斑，肾形纹长椭圆形，黑褐边，下半部中间具一黑褐色纵线，环纹小，呈1个小圆点。

生物学特性 河北6月可见成虫，成虫具趋光性。

宽太波纹蛾成虫

波纹蛾

波纹蛾科
学名 *Thyatira batis* Linnaeus

波纹蛾成虫

分布 河北、黑龙江、吉林、辽宁、浙江、江西、云南、四川、西藏。

寄主和危害 草莓。

形态特征 成虫翅展32~45mm。体灰褐色，腹面黄白色，颈板和肩板有淡红色纹。腹部背面有一暗褐色毛丛。足黄白色，前足和中足胫节和跗节基后足跗节暗褐色，跗节和节末端有一黄白色点。前翅暗浅黑棕色，有5个带白边的桃红色斑，斑上涂棕色，其中基部的斑最大，后缘中间有一近半圆形斑，内线、外线和亚端线纤细，浅黑色，波浪形；后翅暗褐色，外线和缘毛色暗。

生物学特性 河北一年发生1代。6月见成虫。

防治方法 灯光诱杀成虫。

斜线燕蛾

燕蛾科
学名 *Acropteris iphiata* Guenee

分布 河北、北京、陕西、黑龙江、吉林、辽宁、江苏、浙江、福建、湖北、广西、四川、贵州、云南、西藏；日本、朝鲜、印度。

寄主和危害 幼虫取食萝藦、七层楼等萝藦科植物。

形态特征 成虫翅展25~32mm。翅银白色，顶角略尖，具锈色斑，由此多条褐纹伸达翅后缘，缘毛褐色至黑褐色。

生物学特性 河北6~9月可见成虫在白天活动，也可见于灯下。

斜线燕蛾成虫

元参棘趾野螟

▶ 螟蛾科
学名 *Anania verbascalis* Denis et Schiffermüller

分布 河北、北京、陕西、青海、山西、河南、江苏、安徽、福建、湖南、广东、四川、贵州、云南；日本、朝鲜、俄罗斯等。

寄主和危害 幼虫取食菊类、元参等植物。

形态特征 成虫翅展20~22mm。前翅内线在中后部曲折，外线前半部钩形，后稍波形伸达后缘；中室斑点形，中室端斑条形，其外侧常常具云状不规则黑褐色纹；亚端缘线锯齿形，有时亚缘线以外黑褐色，可见黄色的窗形纹；缘毛白色，基小部或大部黑褐色。

生物学特性 河北6~9月可见成虫。具趋光性。

元参棘趾野螟成虫

盐肤木黑条螟

▶ 螟蛾科
学名 *Arippara indicator* Walker

分布 河北、北京、福建、江西、海南、台湾；朝鲜、印度等。

寄主和危害 幼虫取食盐肤木。

形态特征 成虫翅展22~34mm。体背及翅红褐色或灰褐色。前翅具2条横线，内线稍弧形，外线弧形，在臀角处波形明显，两横线间颜色较浅，中室端黑斑明显；后翅仅具外线，其外红褐色或灰褐色，其内浅灰色，无中室斑。

生物学特性 河北7月可见成虫。具趋光性。

盐肤木黑条螟成虫

杨黄卷叶螟

螟蛾科
学名 *Botyodes diniasalis* Walker

杨黄卷叶螟成虫

杨黄卷叶螟蛹

分布 全国各地。

寄主和危害 杨树、柳树的重要食叶害虫之一。幼虫在嫩叶上吐丝、缀叶危害，缀连呈饺子状或筒状，发生严重时，可将叶片吃光，尤其是幼树受害严重。

形态特征 成虫体长12mm，翅展约30mm。体鲜黄色，头褐色，两侧有白条。复眼淡蓝色。触角淡褐色，丝状较长。雄成虫腹末有1束黑毛。翅黄色；前翅亚基线不明显，内横线穿过中室，中室中央有1个小斑点，斑点下侧有1条斜线伸向翅内缘，中室端脉有1块暗褐色肾形斑及1条白色新月形纹，外横线暗褐色波状，亚缘线波状；后翅有1块暗色中室端斑，有外横线和亚缘线；前、后翅缘毛基部有暗褐色线。

生物学特性 河北一年发生4代。以幼虫在落叶、树皮缝及土缝中结茧越冬。翌年4月杨树萌芽后开始取食危害，5月底老熟幼虫化蛹，6月上中旬越冬代成虫出现。

防治方法 及时清理落叶等废弃物，集体烧毁，减少虫害。保护和利用天敌。成虫后的卵期，释放赤眼蜂。利用成虫的趋光性，用黑光灯诱杀。

白点暗野螟

螟蛾科
学名 *Bradina atopalis* Walker

白点暗野螟成虫

分布 河北、北京、陕西、辽宁、山东、河南、上海、浙江、福建、台湾、广东、四川。

寄主和危害 幼虫取食禾本科植物。

形态特征 成虫翅展19~24mm。体背淡褐色，腹部各节后缘色淡。翅暗灰褐色，前翅中室内具一黑褐色小点，中室端具月形黑褐斑，外侧具圆形白斑，内、外横线和缘线黑褐色；双翅缘毛端大部分白色，基部黑褐色。雄性腹部细长。

生物学特性 河北7~8月可见成虫。具趋光性。

毛锥岐角螟

▶ 螟蛾科
学名 *Cotachena pubescens* Warren

毛锥岐角螟成虫

分布 河北、北京、山东、湖北、福建、台湾、广东、广西、海南、云南；日本、朝鲜。

寄主和危害 栎、苜蓿等。

形态特征 成虫翅展17~23mm。体背黄白色。前翅前缘及中域黑褐色，中室中央具1个方形白斑，内侧具1个小白斑，中室端外侧具1个新月形白斑，其内下方具1个方形白斑，各白斑的两侧颜色深、黑褐色或黑色，外缘线黑褐色，缘毛黄色；后翅外横线褐色，弯曲、不完整。

生物学特性 河北7~8月可见成虫。成虫具趋光性。

瓜绢野螟

▶ 螟蛾科
学名 *Diaphania indica* (Saunders)

分布 河北、河南、江苏、浙江、湖北、江西、四川、贵州、福建、台湾、广东、广西、云南、甘肃。

寄主和危害 木槿、桑、梧桐、冬青、常青藤。以幼虫危害植株叶部，初龄幼虫先在叶背上取食叶肉，被害叶片上呈现出灰白色斑；3龄以后常将叶片左右卷起，以丝连缀；虫体栖居其中；取食时伸出头、胸部；蛹也在卷叶中。

形态特征 成虫翅展20~30mm。体白色，带丝绢般闪光。头、胸部浓墨绿色。触角灰褐色，线形，约与翅等长。胸部领片及翅基片深褐色。翅白色，半透明，闪金属紫光，前翅沿前缘及外缘各有1条淡墨褐色带，翅面其余部分为白色三角形，后翅外缘有1条墨褐色带，前、后翅缘毛墨褐色。腹末两侧各有一束黄褐色鳞毛丛。

生物学特性 河北一年发生4~5代。以老熟幼虫在枯卷叶片中越冬；翌春5月成虫羽化。该虫世代不整齐，在每年7~9月间，成虫、卵、幼虫和蛹同时存在。10月以后吐丝结茧越冬。

防治方法 1.冬季清除并烧毁地面上的落叶、枯枝、杂草，以消灭其中越冬幼虫。2.悬挂黑光灯，捕杀成虫。在幼虫发生期，进行人工捕杀，摘除卷叶深埋或烧毁。

瓜绢野螟成虫

白蜡绢野螟

螟蛾科

学名 *Diaphania nigropunctalis* (Bremer)

分布 河北、陕西、云南以及东北、华东。

寄主和危害 白蜡、梧桐、丁香、女贞、橄榄科、木犀科。

形态特征 成虫体乳白色，带闪光。翅白色，半透明，有光泽；前翅前缘有黄褐色带，中室内靠近上缘有小黑斑2个，中室有新月状黑纹，外缘内侧有间断暗灰褐色线；后翅中室端有黑色斜斑纹，下方有黑点1个，各脉端有黑点。

生物学特性 河北一年发生1代。6~8月幼虫危害盛期。

防治方法 1. 灯光诱杀成虫。2. 幼龄期喷洒Bt乳剂（100亿孢子/mL）倍液。

白蜡绢野螟成虫

黄杨绢野螟

螟蛾科

学名 *Diaphania perspectalis* (Walker)

黄杨绢野螟成虫

黄杨绢野螟幼虫

分布 河北、陕西、江苏、浙江、山东、上海、湖北、湖南、广东、福建、江西、四川、贵州、西藏等地。

寄主和危害 黄杨、雀舌黄杨、庐山黄杨、朝鲜黄杨等。幼虫常以丝连接周围叶片作为临时性巢穴，在其中取食，发生严重时，将叶片吃光，造成整株枯死。

形态特征 成虫体长20~30mm，翅展40~50mm。全体被白色鳞毛。前胸，前翅基部、前缘、外缘及后翅外缘，腹部末端被黑褐色鳞毛，故称此虫为“黑缘螟蛾”。触角丝状，褐色，有百余节，其长可达腹部末端。翅面半透明，有紫红色闪光，中室内有2个白点，其中1个细小，1个呈新月形。雌雄虫极易区别，雌虫翅缰2枚，腹部较粗大，腹末无毛丛；雄虫翅缰1枚，腹部较瘦，腹部末端有黑色毛丛。

生物学特性 河北一年发生2代。以2龄幼虫粘合2叶结包越冬，第二年3月末开始出包危害，4月下旬开始出现成虫，6月出现第一代幼虫，8月出现第二代成虫，9月幼虫结包准备越冬。

防治方法 1. 成虫期灯光诱杀。2. 幼虫期喷施灭幼脲Ⅲ号悬浮剂2000倍液或48%乐斯本1500倍液。

桑绢野螟

▶ 螟蛾科
学名 *Diaphania pyloalis* (Walker)

分布 河北、辽宁、河南以及华东、华中、华南、西南。

寄主和危害 桑。夏秋季幼虫吐丝缀叶成卷叶或叠叶，幼虫隐藏其中咀食叶肉，残留叶脉和上表皮，形成透明的灰褐色薄膜，后破裂成孔，称“开天窗”。

形态特征 成虫体长10mm，翅展20mm。体茶褐色，被有白色鳞毛，呈绢丝闪光。头小，两侧具白毛，复眼大，黑色，卵圆形。触角灰白色鞭状。胸背中间暗色，前后翅白色带紫色反光。前翅具浅茶褐色横带5条，中间1条下方生一白色圆孔，孔内有一褐点；后翅沿外缘具宽阔的茶褐色带。

生物学特性 河北一年发生2代。以老熟幼虫在落叶及杂草间吐丝结茧越冬。幼虫吐丝缀叶或卷叶取食叶肉。

防治方法 1. 成虫期灯光诱杀。2. 幼龄幼虫期向叶面喷洒20%除虫脲悬浮剂7000倍液或森得保可湿性粉剂20克/亩（1亩=1/15hm^2）。

桑绢野螟成虫

桑绢野螟幼虫

四斑绢野螟

▶ 螟蛾科
学名 *Diaphania quadrimaculalis* (Bremer et Grey)

分布 河北、黑龙江、吉林、辽宁、青海、山东、浙江、湖北、福建、广东、四川、贵州、云南、甘肃。

寄主和危害 柳。

形态特征 成虫头淡黑色，两侧有细白条。触角黑褐色。下唇须向上伸，下侧白色，其他黑褐色。胸、腹黑色。前翅黑色，有白斑4个，最外侧一个延伸成小白点4个；后翅白色，有闪光，沿外缘有黑色宽缘。

生物学特性 河北一年发生1代。6~8月为幼虫期。9月可见成虫。

防治方法 1. 灯光诱杀成虫。2. 幼虫期喷洒Bt乳剂500倍液或20%除虫脲悬浮剂7000倍液。

四斑绢野螟成虫

四斑绢野螟幼虫

桃蛀螟

蜈蛾科
学名 *Dichocrocis punctiferalis* (Guenee)

分布 河北、黑龙江、内蒙古、台湾、海南、广东、广西、山西、陕西、宁夏、甘肃、四川、云南、西藏。

寄主和危害 桃、柿、核桃、板栗、无花果、松树、高粱、玉米、粟、向日葵、蓖麻、姜、棉花等。

形态特征 成虫体长12mm，翅展22~25mm。黄至橙黄色，体、翅表面具许多黑斑点似豹纹：胸背有7个；腹背第一和第三至六节各有3个横列，第七节有时只有1个。

生物学特性 河北一年发生3代。均以老熟幼虫在玉米、向日葵、蓖麻等残株内结茧越冬。

防治方法 1.保护天敌，天敌有黄眶离缘姬蜂、广大腿小蜂。2.诱杀成虫。在果园内适当设置黑光灯网点，诱杀成虫，效果也很好。

桃蛀螟成虫

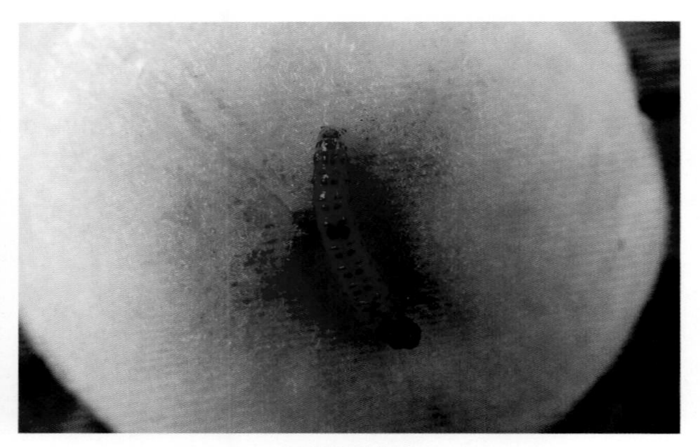
桃蛀螟幼虫

旱柳原野螟

螟蛾科
学名 *Euclasta stoetzneri* (Caradja)

旱柳原野螟成虫

分布 河北、黑龙江、内蒙古、北京、河南、山西、山东、陕西、湖北、四川、甘肃。

寄主和危害 旱柳、垂柳、红柳、杜梨。幼虫危害旱柳。

形态特征 成虫翅展26~38mm。体灰白色。头部褐色，有3条白色纵条纹。胸部白褐色。触角细环状。前翅底色雪白，沿前缘到中室上侧棕褐色，1条雪白色宽带从翅基穿过中室伸到翅外缘，沿中室以下灰褐色，各翅脉脉纹深褐色，缘毛基部白色，端部褐色；后翅底色雪白，外缘靠近翅上角褐色。

生物学特性 河北7月见成虫。

夏枯草展须野螟

▶ 螟蛾科
学名 *Eurrhyparodes hortulata* Linnaeus

分布 河北、吉林、青海、陕西、山西、甘肃、江苏、广东、云南。

寄主和危害 夏枯草等唇形科植物。

形态特征 成虫翅展27~30mm。头部黄褐色。下唇须向前伸，末端尖锐，下面黄色，上面黑褐色。触角丝状，褐色。胸部背面黄褐色，肩处有黑褐色点。前后翅白色，斑纹褐色至黑褐色，前翅前缘黑褐色，中室中部和端部各有一斑，中室下方近翅基处有2斑，内侧者圆，外者如弓形，缘毛黑褐色；后翅中室有一斑，外缘及其内侧也有两排斑列，缘毛基部黑褐，端部白色。腹部背面黑褐色，各节末端黄白色，有黄白色毛丛。

生物学特性 河北6~8月见成虫。

夏枯草展须野螟成虫

夏枯草展须野螟成虫

黑缘犁角野螟

▶ 螟蛾科
学名 *Goniorhynchus butyrosus* (Butler)

分布 河北、北京、江苏、浙江、福建、台湾、湖北、广东、广西、四川、云南；日本。

寄主和危害 不详。

形态特征 成虫翅展17~21mm。头额部黑色，头顶淡黄色。下唇须黑色，但下侧白色。翅黄色，前翅前缘及外缘黑色，中室内具1黑点，中室端脉上具“K”形黑纹，有时翅面的黑纹变细。

生物学特性 河北8月可见成虫。具趋光性。

黑缘犁角野螟成虫

灰双纹螟 | 螟蛾科

学名 *Herculia glaucinalis* Linnaeus

灰双纹螟成虫

分布 河北、黑龙江、吉林、辽宁、江苏、湖北、广东。

寄主和危害 牲畜干饲草。

形态特征 成虫体长8~10mm，翅展20~24mm。头部淡黄褐色，额圆形披鳞毛，下唇须黄色，斜向上方、末节短小前伸。触角橙黄色、丝状、具纤毛。胸部背面橄榄灰色。前翅灰褐色，前缘橙黄色，间有紫红色，内线和外线黄白色，缘毛淡褐色；后翅灰褐色，有2条白色横线；翅背面褐色，各节端部近白色。

生物学特性 河北6月为成虫期。

防治方法 灯光诱杀成虫。

甜菜螟 | 螟蛾科

学名 *Hymenia recurvalis* Fabricius

甜菜螟成虫

分布 河北及北起黑龙江、内蒙古，南、东向靠近国境线，黄河中下游发生多。

寄主和危害 甜菜、苋菜、黄瓜、青椒、大豆、玉米、甘薯、甘蔗、茶等。幼虫吐丝卷叶，在其内取食叶肉，留下叶脉。

形态特征 成虫翅展24~26mm。体棕褐色。头部白色，额有黑斑。触角黑褐色。下唇须黑褐色向上弯曲。胸部背面黑褐色，腹部环节白色。翅暗棕褐色；前翅中室有1条斜波纹状的黑缘宽白带，外缘有1排细白斑点；后翅也有1条黑缘白带，缘毛黑褐色与白色相间；双翅展开时，白带相接呈倒“八”字形。

生物学特性 河北一年发生1~3代。以老熟幼虫吐丝做土茧化蛹，在田间杂草、残叶或表土层中越冬。翌年7月下旬开始羽化，直到9月上旬，历期40余天。

防治方法 灯光诱杀成虫。幼虫大量发生时，采用化学杀虫剂，如辛硫磷、杀灭菊酯等常规浓度均有效。

蜂巢螟

▶ 螟蛾科
学名 *Hypsopygia mauritalis* Boisduval

分布 河北、浙江、湖南、江西、台湾、广东；日本、缅甸、印度。

寄主和危害 幼虫寄生于胡蜂巢内取食蜂仔。

形态特征 成虫翅展20mm左右。体鲜红或紫红色，头顶橘黄。前翅中室内有1不明显深中室斑，从前缘向后伸出2条弯曲波纹状横线，近外缘的1条沿翅前缘并有1橘黄斑；后翅有1黄色斑；前后翅缘毛鲜黄。

生物学特性 河北8月可见成虫。具趋光性。

蜂巢螟成虫

褐巢螟

▶ 螟蛾科
学名 *Hypsopygia regina* Butler

分布 河北、北京、陕西、甘肃、内蒙古、河南、浙江、江西、福建、台湾、湖北、湖南、广东、广西、海南、贵州、云南；日本等。

寄主和危害 不详。

形态特征 成虫翅展15~20mm。体背及前翅紫褐色，下唇须向上伸。前翅内外横线橘黄色，波状，外横线前缘具较大橘黄斑，中域前缘具1列黄点；后翅紫红色；前后翅缘毛黄色，基部紫红色。

生物学特性 河北7~8月可见成虫。具趋光性。

褐巢螟成虫

黑点蚀叶野螟

蜈蛾科
学名 *Nacoleia commixta* (Butler)

分布 河北、北京、湖北、福建、台湾、广东、海南、四川、云南;日本、朝鲜、越南、马来西亚、印度、斯里兰卡。

寄主和危害 榆。

形态特征 成虫翅展18~20mm。头部白色。下唇须下侧白色,其余褐色。触角黄褐色基部黑褐色。胸背面及肩片淡褐色,有黑斑。胸部背面淡褐色有黑色鳞片,腹部末端有1个黑斑。翅黄色;前翅前缘除横线和翅端黑褐色外黄色,中部具1个黑色环纹,翅面具白色斑,有时黑褐色斑纹减少;前后翅缘毛灰褐色,基部黑褐色,但后角处具灰白色缘毛。

生物学特性 河北5~8月可见成虫。具趋光性。

黑点蚀叶野螟成虫

麦牧野螟

蜈蛾科
学名 *Nomophila noctuella* (Denis et Schiffermüller)

分布 河北、北京、陕西、宁夏、河南、山东、江苏、福建、台湾、广东、四川、云南、贵州、西藏;日本、印度、俄罗斯、欧洲。

寄主和危害 幼虫取食小麦、柳、苜蓿等。

形态特征 成虫翅展23~24mm。体翅灰褐色或棕褐,具黑色或黑褐色斑纹。前翅中室基、中室中部及下方、中室外侧各具圆形或肾形纹,前缘中部外至顶角具5个黑褐斑,有时这些斑均不明显;后翅灰白色,外侧稍深。

生物学特性 河北7~10月可见成虫。具趋光性。

麦牧野螟成虫

黑斑蚀叶野螟

螟蛾科
学名 *Lamprosema sibirialis* (Milliere)

分布 河北、北京、黑龙江、湖北、江西、福建、四川、贵州；日本、朝鲜。

寄主和危害 禾本科植物。

形态特征 成虫前翅17~22mm。体背及翅淡黄色，具黑褐色斑纹。前翅前缘除横线和翅端黑褐色外黄色，无黑色环纹；前后翅缘毛灰白色，基部黑褐色，但后角处具白色缘毛。

生物学特性 河北6~8月可见成虫。成虫具趋光性。

黑斑蚀叶野螟成虫

艾锥额野螟

螟蛾科
学名 *Loxostege aeruginalis* Hübner

分布 河北、北京、青海、天津、山西、河南、湖北；日本、朝鲜、俄罗斯。

寄主和危害 幼虫取食艾蒿叶。

形态特征 成虫翅展22~25mm。体及翅白色，具烟黑色斑纹。前翅中室内具1个长卵形斑，内后侧具1个斜生"V"字斑，外侧另具1大斑，亚缘线和缘线明显；后翅白色，具外线、亚缘线和缘线。

生物学特性 河北5~6月见成虫。具趋光性。

艾锥额野螟成虫

草地螟

螟蛾科

学名 *Loxostege sticticalis* Linnaeus

草地螟成虫

分布 河北、吉林、内蒙古、黑龙江、宁夏、甘肃、青海、山西、陕西、江苏等地。

寄主和危害 甜菜、大豆、向日葵、亚麻、高粱、豌豆、扁豆、瓜类、甘蓝、马铃薯、茴香、胡萝卜、葱、洋葱、玉米等。初孵幼虫取食叶肉，残留表皮，长大后可将叶片吃成缺刻或仅留叶脉，使叶片呈网状。

形态特征 成虫体长8~12mm，翅展24~26mm。体、翅灰褐色。前翅有暗褐色斑，翅外缘有淡黄色条纹，中室内有1个较大的长方形黄白色斑；后翅灰色，近翅基部较淡，沿外缘有2条黑色平行的波纹。

生物学特性 河北一年发生2~4代。以老熟幼虫在土内吐丝做茧越冬。翌春5月化蛹及羽化。成虫飞翔力弱，喜食花蜜。

防治方法 及时清除田间杂草，可消灭部分虫源，秋耕或冬耕还可消灭部分在土壤中越冬的老熟幼虫。

三环狭野螟

螟蛾科

学名 *Mabra charonialis* (Walker)

分布 河北、北京、黑龙江、山东、江苏、浙江、湖南、福建、四川；日本、朝鲜。

寄主和危害 甜菜、苜蓿等植物。

形态特征 成虫翅展17~20mm。胸腹背黄色至黄褐色。前翅底色黄褐色，内、外横线黑褐色，其中外线在近后缘时曲折，前缘内外横线间具2个黑环纹，中室内具1个黑色环纹，与内横线相接，中室外具1个斜向近长方形斑，3条边黑褐色，此纹内侧下方具1个圆形黑环纹，前后缘毛白色。

生物学特性 河北7~8月可见成虫。具趋光性。

三环狭野螟成虫

豆荚野螟

▶ 螟蛾科
学名 *Maruca testulalis* Geyer

分布 河北、陕西、内蒙古、北京、河南、山西、山东、甘肃、江苏、浙江、湖北、江西、湖南、福建、台湾、广东、海南、四川、贵州。

寄主和危害 大豆、菜豆、四季豆、红豆、豌豆、豇豆、扁豆、绿豆、洋刀豆等豆科植物。以幼虫危害花、荚和豆粒，严重时整个豆粒被吃空。

形态特征 成虫体长10~12mm，翅展20~24mm。头部、胸部褐黄色。前翅褐黄，沿翅前缘有1条白色纹，前翅中室内侧有棕红金黄宽带的横线；后翅灰白，有色泽较深的边缘。

生物学特性 河北一年发生2~3代。以老熟幼虫在寄主植物附近土表下5~6cm深处结茧越冬。翌春，越冬代成虫在豌豆、绿豆或冬种豆科绿肥作物上产卵发育危害，一般以第二代幼虫危害春大豆最重。

防治方法 设黑光灯诱杀成虫。成虫产卵盛期释放赤眼蜂灭卵，效果很好。

豆荚野螟成虫

豆荚野螟羽化孔

杨芦伸喙野螟

▶ 螟蛾科
学名 *Mecyna tricolor* (Butler)

杨芦伸喙野螟成虫

分布 河北、北京、甘肃及全国大部分地区。

寄主和危害 幼虫取食齿叶蔬。

形态特征 成虫翅展22~24mm。体背灰褐色。腹部各节末具白色环纹。前翅具3个淡黄色斑，其中中室内具一方形小斑，其下方另有一斑，中室外具一肾形斑，最大；后翅中部具一淡黄色宽带，在中部向外凸出；双翅缘毛黑褐色，基部具白色细线，臀角处缘毛白色。

生物学特性 河北6~8月可见成虫。成虫趋光性强。

楸蠹野螟

▶ 螟蛾科
学名 *Omphisa plagialis* Wileman

分布 华北、华东、华南以及辽宁、山西、陕西。

寄主和危害 楸树、黄金树。

形态特征 成虫体长约15mm，翅展约36mm。体灰白色，头胸、腹各节边缘略带褐色。翅白色；前翅基有黑褐色锯齿状二重线，内横线黑褐色，中室及外缘端各有黑斑1个，下方有近于方行的黑色大斑1个，外缘有黑波纹2条；后翅有黑横线3条。

生物学特性 河北一年发生2代。以老熟幼虫在枝梢内越冬。翌年3月下旬开始活动，4月上旬开始化蛹，5月上旬出现成虫。10月下旬老熟幼虫越冬。

防治方法 1. 剪掉受害枝灭幼虫。2. 初孵幼虫可喷洒1000倍除虫脲。

楸蠹野螟成虫

红云翅斑螟

▶ 螟蛾科
学名 *Oncocera semirubella* (Scopoli)

红云翅斑螟成虫

分布 河北、北京及全国大部分地区。

寄主和危害 幼虫取食苜蓿、百脉根。

形态特征 成虫翅展24~32mm。前翅前缘具1条白色纵带，中间具明显的桃红色宽带，翅后缘鲜黄色，有时桃红色宽带缩小，甚至仅翅缘及缘毛桃红色；后翅灰白色。

生物学特性 河北6~9月可见成虫。

三条扇野螟

螟蛾科
学名 *Pleuroptya chlorophanta* (Butler)

分布 河北、北京及全国大部分地区。

寄主和危害 幼虫取食栗、栎、柿、泡桐、梧桐等。

形态特征 成虫前翅翅展28~34mm。体翅背面黄色；前翅中室端斑稍弯曲，黑褐色，中室的圆斑或明显，或减弱或消失，外线黑褐色，中段1/3外凸，后1/3位于中室端斑的下方，缘线黑褐色；后翅的外线与前翅相似。

生物学特性 河北成虫见于7月。

三条扇野螟成虫

印度谷斑螟

螟蛾科
学名 *Plodia interpunctella* Hübner

分布 河北及全国各地。

寄主和危害 幼虫为常见的居家、仓库害虫，食害大米、小米、面粉等，幼虫吐丝结网，把食物连缀成团，居中取食。

生物学特性 成虫翅展13~18mm。头胸部红褐色，具紫红色闪光鳞片。前翅基部2/5灰白色，其余红褐色，具3条明显暗红褐色横斑，其中中间1条略呈三角形；后翅淡灰色，无斑。

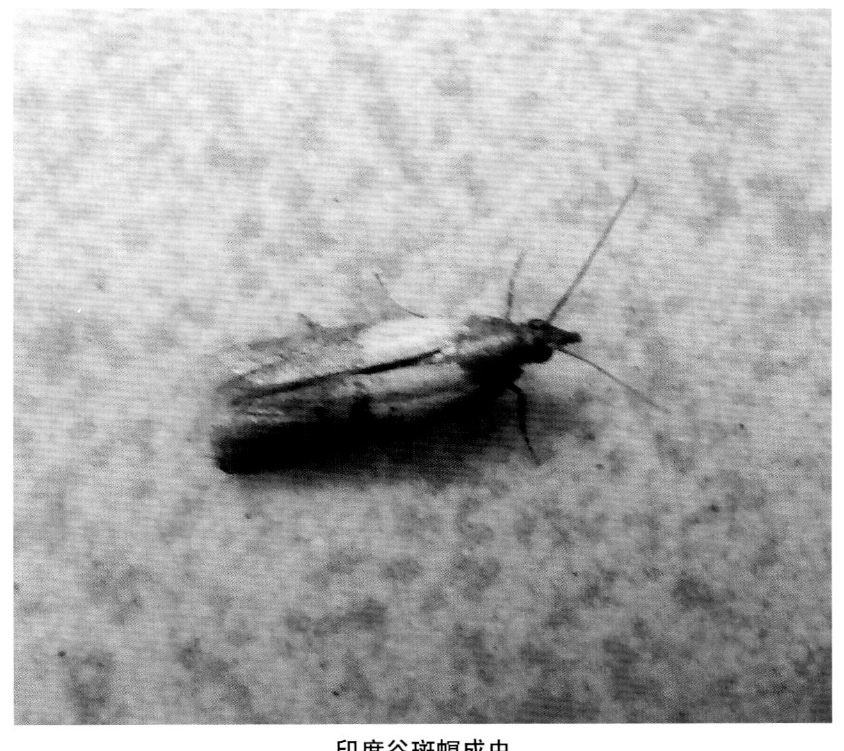

印度谷斑螟成虫

条螟

蟆蛾科
学名 *Proceras venosatum* (Walker)

条螟成虫

分布 河北、河南、山东、江苏、湖北、福建、台湾、广东、甘肃。

寄主和危害 粟、高粱、玉米、甘蔗、麻。以幼虫蛀害高粱茎秆，受害茎秆遇风易折倒影响产量和品质。

形态特征 成虫体长10~14mm，翅展24~34mm。雄蛾浅灰黄色。头、胸背面浅黄色，下唇须向前方突出，长。复眼暗黑色。前翅灰黄色，中央具一小黑点，外缘略呈一直线，内具7个小黑点，翅面具黑褐色纵线20多条；后翅色浅。雌蛾近白色。腹部、足黄白色。条螟前翅上纵纹较深，前翅外缘顶角、臀角较宜，体型稍大。

生物学特性 河北一年发生2代。以老龄幼虫在高粱、玉米或甘蔗秸秆中越冬，个别在玉米穗轴中越冬。5月下旬至6月上旬羽化。

防治方法 1. 及时处理秸秆，结合不同用途对秸秆进行粉碎、烧、沤、铡、泥封等，彻底处理越冬寄主，以减少虫源。2. 应用赤眼蜂进行生物防治。

眼斑脊野螟

螟蛾科
学名 *Proteurrhypara ocellalis* Warren

分布 河北、北京、天津、黑龙江；日本、朝鲜。

寄主和危害 不详。

形态特征 成虫翅展约32mm。体及翅灰褐色。前翅中室圆斑和中室端斑黑褐色，二者之间为淡黄斑，后中线淡黄色，锯齿形，在前缘处扩大。

生物学特性 河北6~7月可见成虫。具趋光性。

眼斑脊野螟成虫

豹纹卷野螟

▶ 螟蛾科
学名 *Pycnarmon pantherata* (Butler)

分布 河北、江苏、浙江、四川、陕西、台湾；朝鲜、日本。

寄主和危害

形态特征 成虫翅展21~26mm。头部及触角淡褐色。前翅暗褐色，基部有深黑褐色斑点，中室白色透明有闪光，中室中央有一褐缘黄斑，中室外侧沿中室端脉有一方形黄斑，四周镶黑边，中室端脉到外缘线有白色透明半圆形斑，外缘线暗褐色较宽，缘毛褐色；后翅暗褐色。

生物学特性 河北7~8月可见成虫。具趋光性。

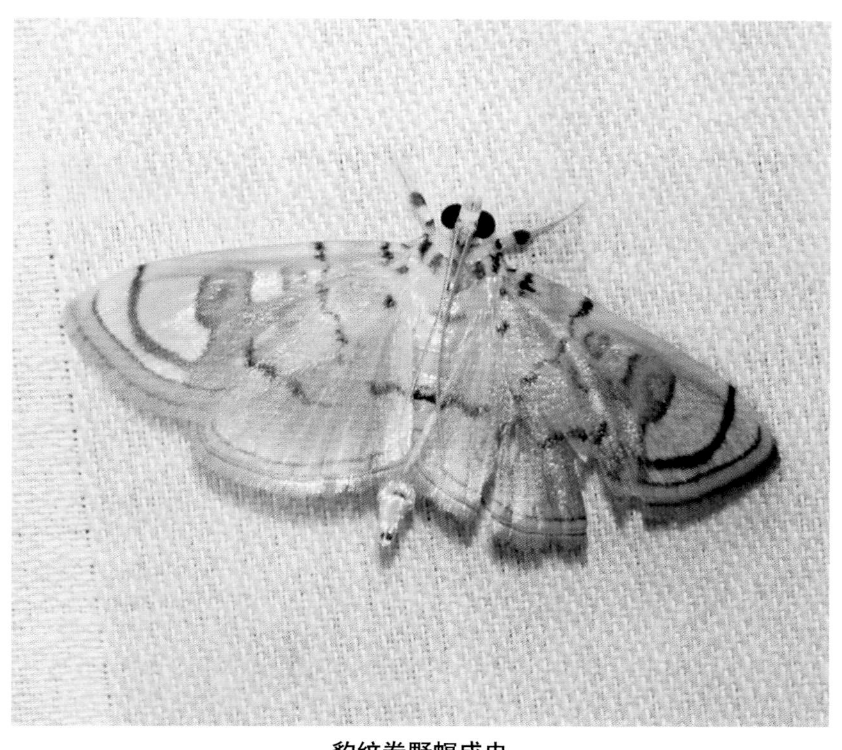

豹纹卷野螟成虫

紫斑谷螟

▶ 螟蛾科
学名 *Pyralis farnalis* Linnaeus

紫斑谷螟成虫

分布 除西藏外，广布全国各地及全世界。

寄主和危害 小麦、稻谷、大米、玉米、花生仁、稻糠、麦麸、干草、干果等。群集的幼虫吐丝缀粮粒或碎屑成巢，潜伏在巢中危害。

形态特征 雌成蛾体长12~15mm，翅展25mm左右；雄蛾小。复眼黑褐色表面具灰白色网纹，下唇须发达。前翅宽大呈三角形，翅上近内横线和外横线各具一白色波状纹，纹的中段外突，内横线以里、外横线以外赤褐色，两线间浅黄色；后翅浅黄褐色，也生2条白色波状线。

生物学特性 河北一年发生1~2代。以幼虫在仓库缝隙中或食物里做硬薄茧越冬，翌春化蛹，6月越冬代成虫出现。

防治方法 1. 刮除虫茧，堵缝隙。2. 幼虫发生严重时，喷洒0.5%苦参碱乳油800倍液。

拟紫斑谷螟

螟蛾科
学名 *Pyralis lienigialis* (Zeller)

分布 河北、北京、陕西、甘肃、山东、江苏、浙江、江西、福建、台湾、湖北、湖南、广东、广西、四川、云南；世界广泛分布。

寄主和危害 幼虫取食储藏的粮食。

形态特征 成虫翅展 14~18mm。头灰褐色，胸部紫灰褐色。前翅基部及外缘紫灰褐色，具 2 灰白色横线，内线稍波形，外线大波形，两线之间上半部灰褐色，下半部带紫色；后翅灰白色，具许多暗褐色斑纹。

生物学特性 河北春秋室内可见成虫，白天不活跃，6~7 月室外可见成虫。具趋光性。

拟紫斑谷螟成虫

玉米螟

螟蛾科
学名 *Pyrausta nubilalis* (Hübner)

玉米螟成虫

分布 河北、北京、河南、四川、广西及东北等地。

寄主和危害 杨、柳、菊花等农作物。各地的春、夏、秋播玉米都有不同程度受害，尤以夏播玉米最重。

形态特征 成虫黄褐色。雄蛾体长 10~13mm，翅展 20~30mm；体背黄褐色，腹末较瘦尖；触角丝状，灰褐色；前翅黄褐色，有 2 条褐色波状横纹，两纹之间有 2 条黄褐色短纹，后翅灰褐色。雌蛾形态与雄蛾相似，色较浅，前翅鲜黄，线纹浅褐色，后翅淡黄褐色，腹部较肥胖。

生物学特性 河北一年发生 2 代。通常以老熟幼虫在玉米茎秆、穗轴内或高粱、向日葵的秸秆中越冬，翌年 4~5 月化蛹，蛹经过 10 天左右羽化。成虫夜间活动，飞翔力强，有趋光性。

防治方法 1. 冬季或早春虫蛹羽化之前处理玉米秸秆、穗轴、根茬，杀灭越冬幼虫，减少虫源。2. 人工摘除卵块和田间释放天敌赤眼蜂，也可减轻危害。成虫期灯光诱杀。

黄斑紫翅野螟

蜈蛾科
学名 *Rehimema phrymealis* Walker

分布 河北、北京、天津、河南、江苏、浙江、安徽、台湾、湖北、广东、云南、海南；朝鲜。

寄主和危害 不详。

形态特征 成虫翅展 17~21mm。头背及下唇须橘黄色，胸腹背及翅暗紫褐色。前翅内横线橘黄色，宽大，前缘处更宽，顶角处具一黄色大斑，外缘中部及缘毛黄色。

生物学特性 河北 6~8 月可见成虫。具趋光性。

黄斑紫翅野螟成虫

柳阴翅斑螟

螟蛾科
学名 *Sciota adelphella* Fischer von Roslerstamm

别名 杨云斑螟。

分布 河北、北京、陕西、甘肃、青海、内蒙古、辽宁、河南、山东、安徽、江西、福建、四川；日本、朝鲜、俄罗斯、欧洲。

寄主和危害 幼虫取食杨、柳叶片。

形态特征 成虫翅展 21~24mm。体灰褐色。触角基部膨大，下唇须粗壮，上翘。前翅杂有灰褐色鳞片，外横线锯齿形，灰白色，两侧常暗褐色；内横线灰白色，前半段模糊，漫生黑鳞，中足胫节端 2/3 处具 1 个黑褐斑。

生物学特性 河北 4~8 月可见成虫。具趋光性。

柳阴翅斑螟成虫

黄翅双突野螟

▶ 螟蛾科
学名 *Sitochroa umbrosalis* Warren

分布 河北、北京、青海、山西、河南、浙江、广东、广西、海南、贵州；日本、朝鲜。

寄主和危害 草本。

形态特征 成虫翅展21~23mm。体黄色，下唇须短小，稍上举。前翅较宽大，无斑纹；后翅浅灰褐色，周缘黄色，或大或小。

生物学特性 河北6~8月可见成虫。具趋光性。

黄翅双突野螟成虫

尖锥额野螟

▶ 螟蛾科
学名 *Sitochroa verticalis* (Linnaeus)

分布 河北、北京、陕西及全国大部分地区。

寄主和危害 大豆、苜蓿、甜菜、苜蓿等，以丝缀叶，幼虫藏在其中，取食叶片。

形态特征 成虫翅展26~28mm。前翅具黑褐色或褐色斑纹，内线波状，中室内和中室端具斑纹，外线和亚缘线小锯齿状，两线的纹路较为一致；后翅具黑褐色的外线和亚缘线。

生物学特性 河北5、7、9月可见成虫。成虫具趋光性。

尖锥额野螟成虫

棉卷叶野螟

蟆蛾科
学名 *Sylepta derogata* Fabricius

棉卷叶野螟成虫

分布 全国各地。

寄主和危害 木槿、椴、蜀葵、大花秋葵、大红花、木棉、女贞、海棠、梧桐、绣球等。初孵幼虫仅吃叶肉，留下表皮，3 龄以后吐丝卷叶，隐藏叶内取食，虫粪排在卷叶内。

形态特征 成虫体长 10~14mm，翅展 22~30mm。全体黄白色，有闪光。胸背有 12 个棕黑色小点排列成 4 排，第一排中有 1 毛块。雄蛾尾端基部有 1 黑色横纹，雌蛾的黑色横纹则在第八腹节的后缘。前后翅的外缘线、亚外缘线、外横线、内横线均为褐色波状纹。

生物学特性 河北一年发生 3~5 代，以老熟幼虫在杂草及寄主植物枯叶、残株中越冬。翌年 4 月间化蛹，5 月羽化为成虫，6~8 月间成虫均能羽化。成虫交尾后，产卵于寄主植株上。成虫有趋光性。

防治方法 1. 成虫羽化盛期，点灯诱杀成虫。2. 少量发生时，用人工摘除幼龄虫叶。

细条纹野螟

蟆蛾科
学名 *Tabidia strigiferalis* Hampson

分布 河北、北京、陕西、甘肃、黑龙江、浙江、安徽、福建、海南、四川；朝鲜，俄罗斯。

寄主和危害 不详。

形态特征 成虫翅展 20~24mm。前足腿节具黑色条纹，胫节近中部具黑环。腹部背面无黑点，或除末节外各节具黑色纵条。前翅基部、中室内、中室端及中室下各具有 1 黑斑，中室外侧具 1 排黑色短纵纹，排列叶圆弧形，亚外缘线由黑斑排列成弧形。

生物学特性 河北 8 月可见成虫。具趋光性。

细条纹野螟成虫

拟三纹环刺蛾

刺蛾科
学名 *Birthosea trigrammoidea* Wu et Fang

分布 河北、北京、辽宁、陕西、河南、山东、浙江。

寄主和危害 幼虫取食柞树。

形态特征 成虫翅展 20~35mm。体黄褐至暗褐色。前翅褐色，具 3 条细灰褐或灰白色带，前 2 条带近于平行，线内的褐色带明显宽于浅色带，后 1 条在翅缘，伸向翅臀角上方。

生物学特性 河北 7~8 月可见成虫。

拟三纹环刺蛾成虫

长腹凯刺蛾

刺蛾科
学名 *Caissa longisaccula* Wu et Fang

分布 河北、北京、辽宁、河南、山东、浙江、福建、湖北、湖南、广西、四川、贵州。

寄主和危害 幼虫取食柞树、榛和茶。

形态特征 成虫体翅 21~28mm。体翅浅黄色，具褐色或黑褐色区域；前翅中部具黑褐色横带，前宽后窄，带中部灰白色；休息时上翘腹末。

生物学特性 河北 7~8 月可见成虫。具趋光性。

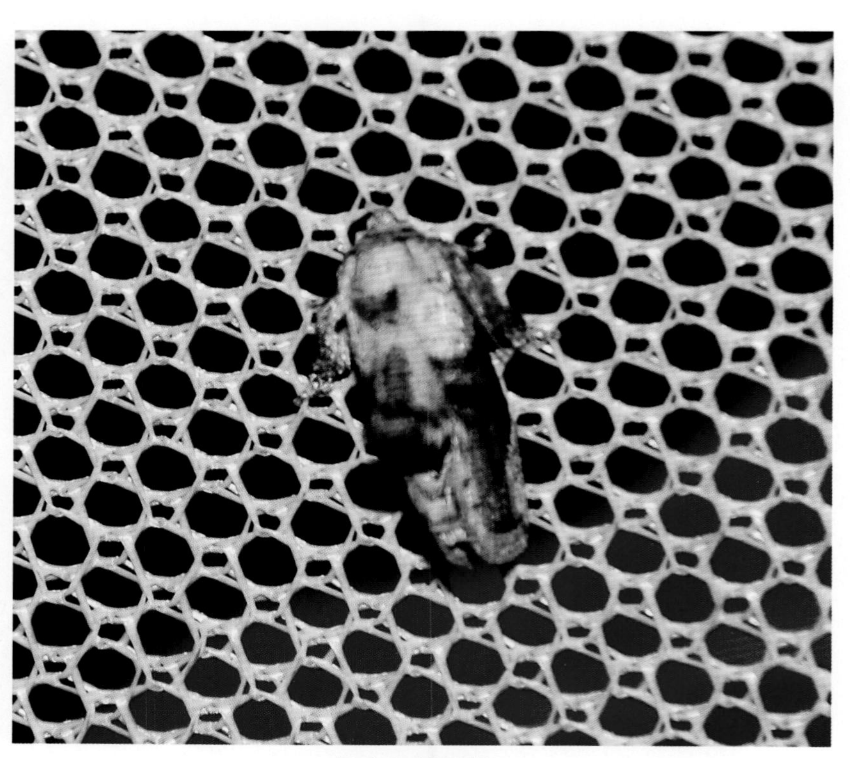

长腹凯刺蛾成虫

客刺蛾

▶ 刺蛾科
学名 *Ceratonema retractatum* Walker

分布 吉林、辽宁以及华北、华东、华中、华南、西南。

寄主和危害 榆叶梅、榆、枫香、泡桐、白栎。

形态特征 成虫翅展20~23mm。体和前翅赭色。前翅有暗褐色横线3条，中线直斜从前缘中央稍后一点伸至后缘中央，外线波浪形；后翅浅黄色，靠近臀角有赭色纵纹1个。

生物学特性 河北一年发生1代。以幼虫在浅土层或落叶中结茧越冬。翌春5月化蛹，6月成虫羽化。9月幼虫陆续下树结茧越冬。

防治方法 1. 灯光诱杀成虫。保护茧蜂等天敌。摘除虫叶。2. 幼虫严重发生期喷洒0.5%苦参碱500倍液。

客刺蛾成虫

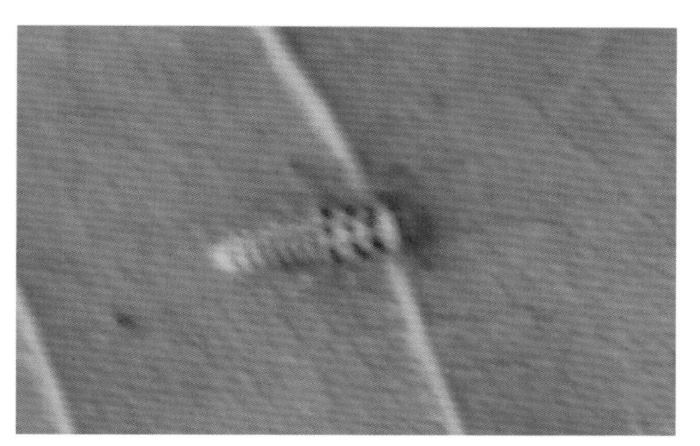

客刺蛾幼虫

黄刺蛾

▶ 刺蛾科
学名 *Cnidocampa flavescens* Walker

分布 除宁夏、新疆、贵州、西藏四省（自治区）外，其他各省份均有分布。

寄主和危害 杨、柳、榆、槐、枫、苹果、梨等树种，幼龄幼虫取食叶下表皮和叶肉，形成圆形透明小斑，随着危害程度的增加，小斑连接成块。老熟幼虫取食叶片，形成孔洞甚至将叶片全部吃光，仅留叶脉。

形态特征 成虫体橙黄色。前翅黄褐色，自顶角有1条细斜线伸向中室，斜线内侧为黄色，外侧为褐色，在褐色部分有1条深褐色细线自顶角伸至后缘中部，中室部分有1个黄褐色圆点；后翅呈灰黄色。

生物学特性 河北一年发生1代，以老熟幼虫在枝干或皮缝结茧越冬。6~7月上旬出现成虫，卵散产于叶背，卵期6天，幼虫期约30天。

防治方法 1. 冬季人工摘除越冬虫茧。灯光诱杀成虫。2. 幼虫发生初期喷洒20%除虫脲悬浮剂7000倍液，Bt乳剂500倍液等无公害药剂。3. 保护天敌。如广肩小蜂、紫姬蜂等。

黄刺蛾成虫

黄刺蛾幼虫

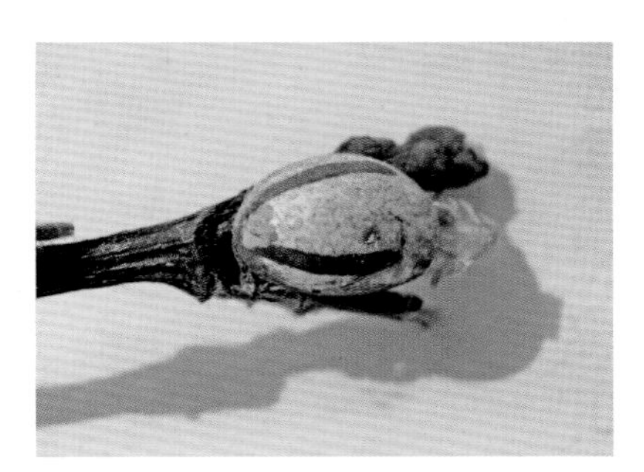

黄刺蛾茧

汉刺蛾

刺蛾科
学名 *Hampsonella dentata* (Hampson)

分布 河北、山西。

寄主和危害 板栗。

形态特征 成虫体长 12~15mm，翅展 34~38mm。体暗红褐色至暗褐色。前翅红褐色被厚鳞粉，内横线和中横线黑褐色，此两线之间充满黑紫色，中横线外侧有 1 个浅红褐色大斑，大斑中央为浅黄褐色，浅黄褐色外缘呈明显锯齿状，缘线黄褐色，内缘有黑线纹，缘毛长；后翅暗褐色。

生物学特性 河北一年发生 1 代。以蛹在树下的石块或根部附近 10cm 土中越冬。7~9 月可见成虫。

汉刺蛾成虫

汉刺蛾幼虫

汉刺蛾蛹

汉刺蛾蛹壳及蛹

双齿绿刺蛾 | 刺蛾科

学名 *Latoia hilarata* Standinger

分布 河北、北京、山东、河南、江苏、吉林、辽宁、黑龙江等。

寄主和危害 荆、日本晚樱、桃、山杏、山茶、珍珠梅、金橘、核桃、白蜡、柿、海棠、苹果等。

形态特征 成虫体长 9~11mm，翅展 23~26mm。体黄色，头小，复眼褐色。前翅浅绿色或绿色，基部及外缘棕褐色，外缘部分的褐色线纹呈波状；后翅浅黄色，外缘渐呈淡褐色。

生物学特性 河北一年发生 1 代。以老熟幼虫在树干基部、树干伤疤处、粗皮裂缝或枝杈处结茧越冬，有时在一处有几头幼虫聚集结茧。越冬幼虫在翌年 6 月上旬化蛹，6 月下旬至 7 月上旬出现成虫。

防治方法 1. 人工刮除枝干上的茧。2. 幼虫发生严重时喷洒 0.5% 苦参碱 800 倍液。

双齿绿刺蛾幼虫

双齿绿刺蛾成虫交尾

白眉刺蛾 | 刺蛾科

学名 *Narosa edoensis* Kawada

分布 河北、河南、山东、江浙、四川和云贵等地。

寄主和危害 紫荆、羊蹄甲、梅花、茶花、月季、石榴、核桃、板栗、辽东梅杏、日本樱花和红花碧桃等。

形态特征 成虫体长为 7mm，翅展为 23mm 左右。全体白色，翅面上散生灰黄色云状小斑，有 1 个近“S”形黑色线纹，近外缘处有列小黑点。

生物学特性 河北一年发生 2 代。以老熟幼虫在寄主枝干上结茧越冬。5~6 月成虫羽化，有趋光性。

防治方法 1. 人工防治结合养护管理刮除枝干上的越冬茧。摘除带虫叶片。2. 幼虫危害严重时喷施 0.5% 苦参碱溶液 800 倍液防治。3. 灯光诱杀成虫。

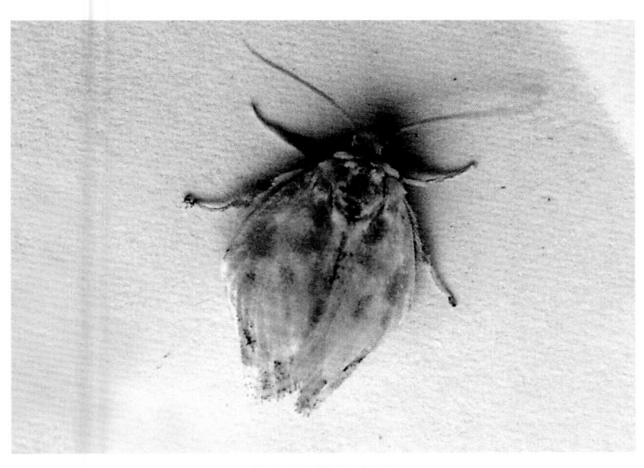

白眉刺蛾成虫

白眉刺蛾幼虫、蛹

梨娜刺蛾

刺蛾科
学名 *Narosoideus flavidorsalis* Staudinger

分布 河北、北京、陕西、黑龙江、吉林、山西、河南、山东、江苏、浙江、江西、福建、台湾、湖北、湖南、广东、广西、四川、贵州、云南；日本、朝鲜、俄罗斯。

寄主和危害 幼虫取食苹果、梨、柿子、板栗、樱花等。

形态特征 成虫翅展30~35mm。体背黄色，腹端黄褐色。前翅棕褐色或暗褐色，后缘基部1/3黄色，外横线暗褐色或黑褐色，明显，广弧形；翅面具银白色鳞片，有时分布广，外线外侧及内侧中室端处具无银色鳞区。

生物学特性 河北7~8月可见成虫。具趋光性。

梨娜刺蛾成虫

梨娜刺蛾成虫

褐边绿刺蛾

刺蛾科
学名 *Parasa consocia* Walker

分布 全国各地。

寄主和危害 桑、杨、柳、悬铃木、榆、香樟、梧桐、大叶黄杨、月季、海棠、桂花、牡丹、芍药、苹果、梨、桃、柑橘、李、杏、梅、樱桃、枣、柿、核桃、石榴、美人蕉、珊瑚树、无患子、板栗、山楂等。幼虫取食叶片，仅残留叶脉。

形态特征 成虫体长15~17mm，翅展约36mm。头、胸部绿色，复眼黑色。触角褐色，雌蛾丝状，雄蛾栉齿状，基部2/3为短羽毛状。胸部中央有1条暗褐色背线。前翅大部分绿色，基部暗褐色，外缘部灰黄色，其上散布暗紫色鳞片，内缘线和翅脉暗紫色，外缘线暗褐色。腹部和后翅灰黄色。

生物学特性 河北一年发生1代。以老熟幼虫在桑树枝干的中下部或土中结茧越冬。翌年5月下旬陆续化蛹，6~7月为成虫发生期，成虫白天潜伏，夜晚活动，有趋光性。

防治方法 1.人工防治：冬季结合清园、翻地等，清除树干下部和树周表土中的蛹茧，可明显减少越冬虫量。2.灯光诱杀：利用成虫的趋光性，可结合防治其他害虫，在6~8月盛蛾期，设诱虫灯诱杀成虫。

褐边绿刺蛾成虫

褐边绿刺蛾幼虫

褐边绿刺蛾成虫交尾

中国绿刺蛾

▶ 刺蛾科
学名 *Parasa sinica* Moore

分布 全国各地。

寄主和危害 蔷薇科以及槭属、桑、杨、刺槐、石榴、枣、梧桐等。小幼虫啃食叶肉，稍大后即食全叶，发生量大时可吃光全叶，局部成灾。

形态特征 成虫体长约 12mm。头、胸及前翅绿色。翅基与外缘褐色，外缘带内侧有齿形突 1 个；后翅灰褐色，缘毛灰黄色，腹部灰褐色，末端灰黄色。

生物学特性 河北一年发生 1 代。以老熟幼虫结茧在枝干或浅土中越冬，6 月中下旬成虫羽化。成虫产卵于叶背成块，卵块含卵 30~50 粒。幼虫群集，1 龄在卵壳上不食不动，2 龄以后幼虫食叶成网状，老龄幼虫食叶成缺刻。

防治方法 1. 冬季砸茧，杀灭越冬幼虫。2. 幼龄幼虫期摘去虫叶或喷洒 20% 除虫脲悬浮剂 7000 倍液。

中国绿刺蛾成虫

中国绿刺蛾幼虫

中国绿刺蛾蛹茧

桑褐刺蛾

▶ 刺蛾科
学名 *Setora postornata* (Hampson)

分布 河北、山东、江苏、浙江、江西、湖南、福建、台湾、广东、四川、云南等地。

寄主和危害 除桑树外，还可危害杨、柳、刺槐、悬铃木、柿、梨、桃、香樟、杜仲、银杏、葡萄、枣、柑橘、板栗、苹果、核桃、蜡梅、海棠、玉兰、月季等。初孵幼虫群居啃食花木叶肉，残存叶表皮。4 龄后分散蚕食叶片。

形态特征 成虫体长约 18mm，翅展 38mm 左右。体褐色，前翅自前缘中部有 2 条暗褐色横带，似“八”字形伸向后缘。

生物学特性 河北一年发生 1 代。以幼虫在树干附近土中做茧越冬。翌年 6 月化蛹，下旬成虫羽化。7 月上旬幼虫孵化，8 月下旬幼虫结茧越冬。

防治方法 1. 灯光诱杀成虫，保护天敌。2. 幼龄幼虫尚未分散期人工摘除虫叶或喷洒 0.5% 苦参碱乳油 800 倍液。

桑褐刺蛾成虫

桑褐刺蛾幼虫

扁刺蛾

刺蛾科
学名 *Thosea sinensis* (Walker)

分布 东北、华北、华东、中南地区以及四川、云南、陕西等地均有发生。

寄主和危害 茶、桑、麻类、桃、李、梨、柑橘、杧果、乌桕、油桐、栎等。以幼虫取食叶片危害，发生严重时，可将寄主叶片吃光，造成严重减产。

形态特征 雌蛾体长13~18mm，翅展28~35mm。体暗灰褐色，腹面及足的颜色更深。前翅灰褐色，稍带紫色，中室的前方有一明显的暗褐色斜纹，自前缘近顶角处向后缘斜伸，雄蛾中室上角有一黑点（雌蛾不明显）；后翅暗灰褐色。

生物学特性 河北一年发生1代。以老熟幼虫在寄主树干周围土中结茧越冬。成虫5月中旬至6月初羽化。6月中旬至8月中旬初孵幼虫期，8月危害最重。成虫单产卵粒于叶背。

防治方法 1.冬耕灭虫。结合冬耕施肥，将根际落叶及表土埋入施肥沟底，或结合培土防冻，在根际30cm内培土6~9cm，并稍予压实，以扼杀越冬虫茧。2.卵孵化盛期和幼虫低龄期喷洒1500倍25%灭幼脲Ⅲ号。

扁刺蛾成虫

扁刺蛾幼虫

扁刺蛾蛹

醋栗金星尺蛾

尺蛾科
学名 *Abraxas grossulariata* Linnaeus

分布 华北、东北以及山东、陕西。

寄主和危害 醋栗、榛、柳、榆、稠李、桃、李、杏等。

形态特征 成虫体长13mm左右，翅展37mm左右。体黄褐色。触角黑褐色，丝状。前翅白色，密布黑带与椭圆形黑斑，翅基大片黑色，中间有1条黄色横线自前缘外突弯向后缘，翅中部留有较大的不规则白斑及白色横带，再外侧为黑色宽带，带的外侧衬1条黄色横带，黄带外侧为1条由近10个椭圆形黑斑组成的宽带。

生物学特性 河北一年发生1代。以蛹越冬，7~8月开始出现成虫。

防治方法 1. 灯光诱杀成虫。2. 幼虫低龄期喷洒25%灭幼脲悬浮剂2500倍液。

醋栗金星尺蛾成虫

罗藤青尺蛾

尺蛾科
学名 *Agathia carissima* Butler

分布 河北、黑龙江、吉林、辽宁、北京、陕西、四川。

寄主和危害 幼虫危害萝藦、隔山消等药用植物。

形态特征 成虫前翅长17mm~28mm，头顶白色，后有褐色和绿色边。前胸背绿色，中后胸背黄褐色有绿斑。翅翠绿；前翅基部褐色，中线白褐两色斜贯于翅中央，白色的外线外为宽的紫褐色带，顶角处有几块翠绿色斑，前缘区白色；后翅外线白色波状，外方亦为紫褐色宽带，散有小绿斑，内缘褐色，缘毛白色；翅反面粉绿色，有紫褐色带纹。腹背黄褐色，有绿斑和一系列黑褐色毛束。足白色。

生物学特性 河北5~8月间成虫活动。

防治方法 灯光诱集消灭成虫。

罗藤青尺蛾成虫

罗藤青尺蛾成虫

桦霜尺蛾 | 尺蛾科

学名 *Alcis repandata* Linnaeus

分布 河北、北京、青海、吉林、山西、江西、湖北、四川；俄罗斯、欧洲。

寄主和危害 不详。

形态特征 成虫前翅长约22mm。触角雌蛾线状，雄蛾双栉状。体翅灰褐色，密布小黑点；斑纹多变，外线黑色，在近中部及后缘具2个向外突的钝齿，外线和中线间色浅，亚端线白色，锯齿形，腹部第一节背面常带灰白色。

生物学特性 河北7~8月可见成虫。具趋光性。

桦霜尺蛾成虫

桦霜尺蛾成虫

锯翅尺蛾 | 尺蛾科

学名 *Angerona glandinaria* Motschulsky

分布 河北、东北、内蒙古。

寄主和危害 桦、柳、李、木莓、忍冬等。

形态特征 成虫前翅长25~26mm。雌蛾浅黄色，雄蛾焦黄色。前翅中线宽，黑褐色，中室长形黑点明显；前后翅外缘锯齿形，中线宽，外线细。

生物学特性 河北一年发生2代，以幼虫越冬。5~6月和8~9月分别为各代成虫期。

防治方法 灯光诱杀成虫。

锯翅尺蛾成虫

李尺蠖

▶ 尺蛾科
学名 *Angerona prunaria* (Linnaeus)

分布 华北、东北。

寄主和危害 李、稠李、桦、山楂、榛、榆、柏、落叶松。

形态特征 成虫翅展65mm。体淡灰、橙黄或暗褐色，翅面布满碎条纹。

生物学特性 河北一年发生1代，以幼虫越冬。6~7月出现成虫。

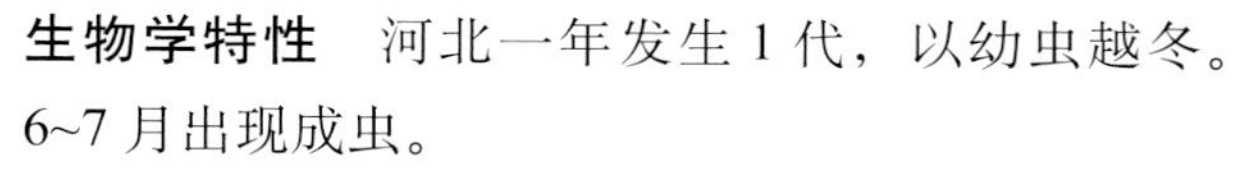

防治方法 1. 灯光诱杀成虫。2. 幼虫期喷洒20%除虫脲7000倍液。

李尺蠖成虫

李尺蠖幼虫

罴尺蛾

▶ 尺蛾科
学名 *Anticypella diffusaria* Leech

分布 河北、北京、甘肃、黑龙江、辽宁、河南、四川；朝鲜、俄罗斯。

寄主和危害 不详。

形态特征 成虫翅展56mm。雄蛾触角双栉形，末端一小端无栉形；雌蛾线形。翅宽大，外缘波状，前翅横线微弱，内、中外横线隐约可见，在前缘可见黑斑，中横线在后缘可见黑斑，亚缘线呈大的暗褐斑，尤其在近臀角最为明显。

生物学特性 河北7~8月可见成虫。具趋光性。

罴尺蛾成虫

罴尺蛾成虫

春尺蛾

尺蛾科
学名 *Apocheima cinerarius* Erschoff.

别名 沙枣尺蛾、梨尺蛾等。

分布 河北、北京、山东、内蒙古、陕西、宁夏、青海、新疆等地。

寄主和危害 主要危害沙枣、杨、柳、国槐等。初孵幼虫取食幼芽及花蕾，大龄幼虫取食叶片。被害叶片轻者残缺不全，重者全部被吃光。

形态特征 雌成虫体长 7~19mm，无翅，体灰褐色，触角丝状，腹部各节背面有数量不等的成排黑刺，刺尖端圆钝，腹末端臀板有突起和黑刺列。雄成虫体长 10~15mm，翅展 28~37mm，触角羽毛状，前翅淡灰褐色至黑褐色，从前缘至后缘有 3 条褐色波状横纹，中间 1 条不明显，成虫体色因寄主不同而不同。

生物学特性 发生期早，危害期短，幼虫发育快，食量大，常爆发成灾。河北一年发生 1 代，以蛹在地面土中越夏、越冬。

防治方法 于早春成虫羽化前在树干基部绑喇叭形塑料薄膜或粘虫胶或胶带（光面冲外）防治成虫上树产卵，或者在山谷干基部涂毒环毒杀上树成虫。

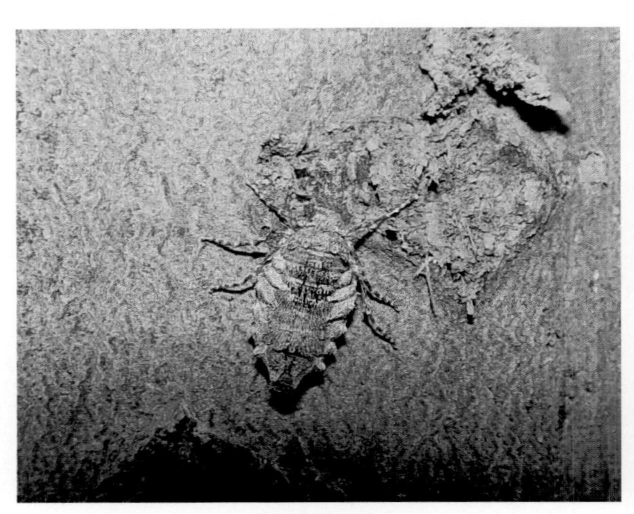

春尺蛾雌成虫

春尺蛾雄成虫

春尺蛾卵

春尺蛾幼虫

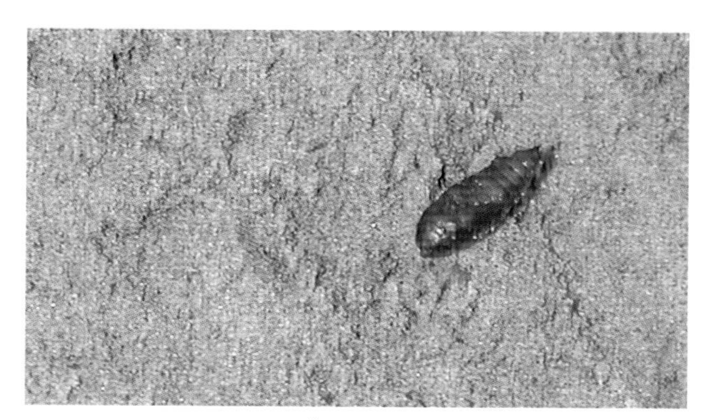
春尺蛾蛹

大造桥虫

尺蛾科
学名 *Ascotis selenaria* Schiff. et Denis

分布 全国各地。

寄主和危害 月季、蔷薇、葡萄、椴、扁担木、菊花、萱草等。幼虫食芽叶及嫩茎，严重时食成光杆。

形态特征 成虫体长15~20mm，翅展38~45mm。体色变异很大，有黄白、淡黄、淡褐、浅灰褐色，一般为浅灰褐色。翅上的横线和斑纹均为暗褐色，中室端具一斑纹，前翅亚基线和外横线锯齿状，其间为灰黄色，有的个体可见中横线及亚缘线，外缘中部附近具一斑块；后翅外横线锯齿状，其内侧灰黄色，有的个体可见中横线和亚缘线。雌触角丝状，雄羽状，淡黄色。

生物学特性 河北一年发生2~3代。以蛹在土中或杂草丛中越冬。全年6~7月受害最重。成虫昼伏夜处，飞翔力和趋光性极强，产卵于枝杈及叶背处，每雌产卵200~1000粒。初孵幼虫吐丝下垂，随风扩散，自叶缘向内蚕食。

防治方法 1. 秋季人工挖蛹。2. 成虫期灯光诱杀成虫。

大造桥虫成虫

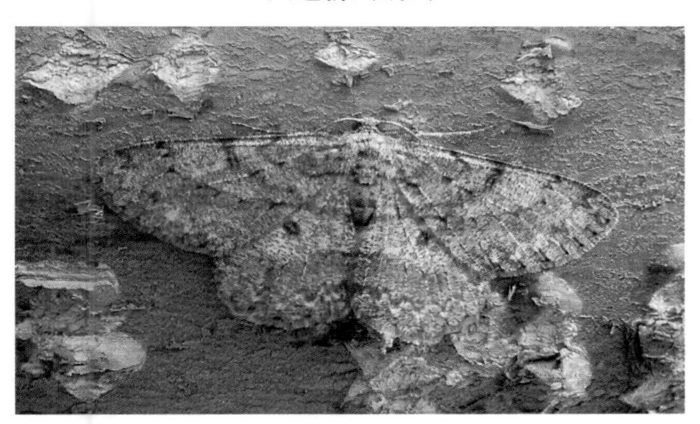
大造桥虫成虫

大造桥虫幼虫

山枝子尺蛾

尺蛾科
学名 *Aspitates geholaria* Oberthür

分布 河北、北京、陕西、内蒙古、吉林、辽宁、山西、山东。

寄主和危害 幼虫取食山枝子、草苜蓿、刺槐等。

形态特征 成虫翅展34~37mm。体背及翅白色，具黑褐色条纹；腹部各节具横纹。前翅前缘散布褐色碎斑，前翅具3条黑横纹，中室端具黑线；后翅纹较细，中室端具1黑斑。

生物学特性 河北一年发生1代。7、8月可见成虫。具趋光性。

山枝子尺蛾成虫

渝津尺蛾

尺蛾科
学名 *Astegania honesta* Prout

分布 河北、北京、内蒙古、天津、山东；俄罗斯。

寄主和危害 幼虫取食榆树叶。

形态特征 成虫翅展24~29mm。体背及翅黄褐色、淡褐色或橙灰色。前翅前缘具2个明显黑斑，中线和外线浅黄褐色，外线先斜伸向外，后折向内侧。

生物学特性 河北4~8月见成虫。

渝津尺蛾成虫

单网尺蛾（白尺蛾）

尺蛾科
学名 *Asthena phurilinearis* Moore

分布 河北、四川。

寄主和危害 胡枝子等。

形态特征 成虫翅展13mm左右。翅面带有规则的鳞片状褐色线条。

生物学特性 河北成虫见于5~8月。强趋光性。

单网尺蛾（白尺蛾）成虫

娴尺蛾

尺蛾科
学名 *Auaxa cesadaria* Walker

分布 河北；日本。

寄主和危害 牵牛草、锦鸡儿等。

形态特征 成虫翅展35~45mm。翅黄色，前翅外缘前半部具大锯齿，前后外线外颜色深。

生物学特性 河北成虫见于7月上旬。

娴尺蛾成虫

桦尺蛾 | 尺蛾科

学名 *Biston betularia* Linnaeus

分布 河北、新疆、青海、宁夏、陕西、内蒙古、北京、河南、山东及东北。

寄主和危害 桦、杨、椴、栎、柳、榆、槐、椤、苹果、梧桐、山毛榉、黄檗、染料木、艾、蒿、黑莓、落叶松、羽扇豆等。主要是幼虫危害叶片。

形态特征 成虫体翅颜色变化很大，一般淡灰褐色，散布黑色小点。翅上线纹黑色明显。

生物学特性 河北一年发生2代，6~8月为幼虫期。

防治方法 1. 灯光诱杀成虫。2. 幼虫期喷洒20%除虫脲悬浮剂7000倍液。

桦尺蛾成虫

桦尺蛾成虫

焦边尺蛾 | 尺蛾科

学名 *Bizia aexaria* Walker

分布 河北、福建及东北。

寄主和危害 桑。

形态特征 成虫翅展42~52mm。体粉黄色。前翅外缘及后翅顶角焦枯色；前翅前缘有较大焦斑2个，顶角附近有焦点2~3个；前、后翅中部附近各有暗黄色横带1条；后翅有不清楚的外横线1条，翅反面比正面清楚。

生物学特性 河北一年发生1代。以蛹在土中越冬，翌年6月成虫羽化，有趋光性。

防治方法 1.灯光诱杀成虫。2.幼虫期喷洒0.5%苦参碱乳油800倍液。

焦边尺蛾成虫

褐线尺蛾

尺蛾科
学名 *Boarmia castigataria* Bremer

分布 河北、北京、吉林、甘肃。

寄主和危害 绣线菊。

形态特征 成虫前翅长16mm。触角雌蛾线状，雄蛾双栉状，末端线状。体翅黄白色，密布小褐点，横线褐色。前翅外缘褐色，外线较直，与外缘平行，亚端线为向外的弧形，有顶角弧弯至臀角，内线在前缘向内折曲，中室端有长形黑褐条，中线有时在前缘区较明显；后翅外缘波状褐色，外线显著，亚端线很淡，与外线大体平行，中室端有褐点，中线、内线均不清晰。

生物学特性 河北6月成虫期。成虫趋光性强。

防治方法 灯光诱杀成虫。

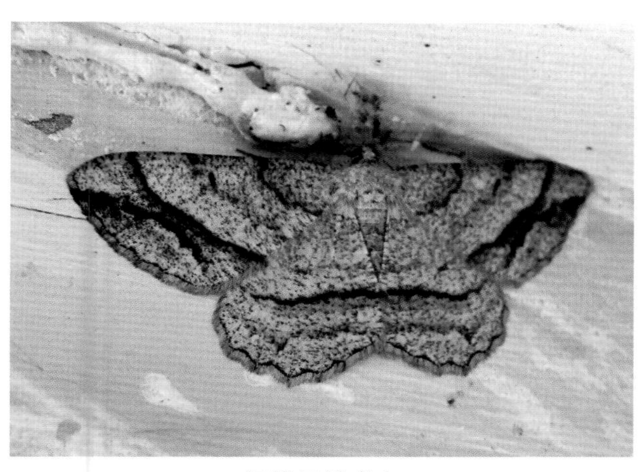
褐线尺蛾成虫

褐线尺蛾成虫

疏角枝尺蛾

尺蛾科
学名 *Buzura recursaria uperans* Butler

疏角枝尺蛾成虫

分布 河北、北京、陕西、东北、华中。

寄主和危害 卫矛、正木。

形态特征 成虫体灰褐色。前翅前缘端部各有深茶色掌状斑1个，内线以内也是深茶色，亚缘线浅白色，中、内线黑色，雄蛾触角栉齿特长。

生物学特性 河北一年发生1代。以蛹越冬。6月成虫期。

防治方法 1.灯光诱杀成虫。2.幼虫期喷洒0.5%苦参碱乳油800倍液。

丝棉木金星尺蛾

▶ 尺蛾科
学名 *Calospilos suspecta* Warren

分布 华北、华东、西北、东北等地。

寄主和危害 丝棉木、卫矛、大叶黄杨、榆、槐、杨、柳等多种植物。食叶害虫，常暴发成灾，短期内将叶片全部吃光。引起小枝枯死或幼虫到处爬行，既影响绿化效果，又有碍市容市貌。

形态特征 雌虫体长12~19mm，翅展34~44mm。翅底色银白，具淡灰色及黄褐色斑纹；前翅外缘有1行连续的淡灰色纹，外横线成1行淡灰色斑，上端分叉，下端有1个红褐色大斑，中横线不成行，在中室端部有1大灰斑，斑中有1个圆形斑，翅基有1深黄、褐、灰三色相间花斑；后翅外缘有1行连续的淡灰斑，外横线成1行较宽的淡灰斑，中横线有断续的小灰斑，斑纹在个体间略有变异。雄虫翅上斑纹同雌虫。

生物学特性 河北一年发生2代。以蛹在土中越冬。翌年5月成虫羽化，第一代成虫7月中旬至9月上旬发生，第二代成虫9月中旬至10月中旬发生。

防治方法 1. 人工防治：冬季松土灭蛹；利用吐丝下垂习性，可振落收集幼虫捕杀。2. 黑光灯诱杀成虫，人工摘除卵块。

丝棉木金星尺蛾雄成虫

丝棉木金星尺蛾雌成虫

丝棉木金星尺蛾幼虫

丝棉木金星尺蛾蛹及幼虫

丝棉木金星尺蛾危害状

紫条尺蛾

▶ 尺蛾科
学名 *Calothysanis comptaria* Walker

分布 河北、北京等。

寄主和危害 危害柳、萹蓄。

形态特征 成虫小型，浅褐色。前、后翅中部各有一斜纹伸出，暗紫色，连同腹部背面的暗紫色，形成1个三角形的两边，后翅外缘中部显著突出，前、后翅外缘均有紫色线。幼虫前3对腹足退化，通常模仿树枝的样子，其爬动的时候，身体弯曲呈拱形。

生物学特性 河北7月见成虫。

防治方法 灯光诱杀成虫。

紫条尺蛾成虫

网目尺蛾

▶ 尺蛾科
学名 *Chiasmia clathrata* (Linnaeus)

分布 河北、辽宁、吉林、黑龙江、内蒙古。

寄主和危害 苜蓿等豆科植物。

形态特征 成虫前翅长13~15mm。触角纤毛状。头、胸部、足均暗褐色，散布大小不等的白斑点。翅白色，沿着翅脉有褐纹，与5条褐色横带交织，组成网目状斑纹，其间散有一些小褐点；翅反面斑纹同，基部稍带黄色。腹部和足暗褐色，散布大小不等的白斑点，腹部背、腹面每节有白色细边。

生物学特性 河北一年发生1代。6~7月为成虫期。成虫有趋光性。

防治方法 灯光诱杀成虫。

网目尺蛾成虫

网目尺蛾成虫

格庶尺蛾

尺蛾科
学名 *Chiasmia hebesata* Walker

分布 河北、北京、青海、甘肃、山西、河南、江苏、湖南、福建、台湾、广西、贵州；日本、韩国、俄罗斯。

寄主和危害 幼虫取食胡枝子。

形态特征 成虫前翅长12~13mm。体背及翅灰褐色，翅面着生众多小褐点，尤其翅基为多。前翅具3条褐色横条，外线近顶端明显外凸，臀角处常深褐色；后翅具2条横线，外线中部外侧常具褐斑，前后翅中室斑点明显。

生物学特性 河北5~8月可见成虫。具趋光性。

格庶尺蛾成虫

枣尺蛾

尺蛾科
学名 *Chihuo zao* Yang

分布 河北、辽宁、陕西、华东。

寄主和危害 枣、酸枣、苹果、梨、桃、花椒、杏、李、葡萄、杨、柳、榆、刺槐、花生、甘薯、豆类、小蓟、甜根草等植物。

形态特征 雄虫体长12~13mm，翅展约35mm。体淡灰褐色，深浅有差异。触角双栉状、棕色。胸部粗壮，密生长毛及鳞，前胸领片后缘有黑边，肩片被灰色长毛。前翅灰褐色，两者之间色较浅，中横线不明显，中室端有黑纹；后翅中部有1条明显的黑色波纹横线，其内外还各有1条，但不明显。

生物学特性 河北一年发生1代。以蛹在树冠下0.7~1cm深的土层中越冬。3月下旬至4月上旬，当柳树发芽、榆树开花时，成虫羽化出土，此时进入盛期。

防治方法 1. 人工土中挖蛹。树干上绑缚塑料环，阻隔雌蛾上树。2. 灯光诱杀成虫。

枣尺蛾雄成虫

枣尺蛾雌成虫

枣尺蛾蛹

双肩尺蛾

▶ 尺蛾科
学名 *Cleora cinctaria* Schiffermüller

分布 河北、辽宁。

寄主和危害 落叶松。

形态特征 成虫前翅长 15~17mm。灰白色微黄。前翅内线双行黑色，外线黑色微呈齿形，中线淡色，亚端线白色波浪形，端线白色锯齿形，齿间有黑点，腹基有一黑白横条；后翅纹大致与前翅相似；翅反面浅灰色，条纹不显，只前后中室上显黑点。

生物学特性 河北一年发生 1 代。6~7 月为成虫期，成虫趋光性强。

防治方法 灯光诱杀成虫。

双肩尺蛾成虫

紫斑绿尺蛾

▶ 尺蛾科
学名 *Comibaean nignomacularia* Leech

分布 河北、黑龙江、浙江、福建、四川。

寄主和危害 栎、柞。幼虫危害栎类的叶片。

形态特征 成虫前翅长 11~13mm。体青绿色。前翅内线、外线及亚端线白色显著，后角附近有一血色斑；后翅顶角上有一更大的血色斑；前、后翅中室上均各有一小黑点。

生物学特性 河北 6 月为成虫期。

防治方法 灯光诱杀成虫。

紫斑绿尺蛾成虫

肾纹绿尺蛾

尺蛾科
学名 *Comibaena procumbaria* Pryer

分布 河北、北京、甘肃、山西、河南、山东、上海、浙江、江西、湖北、湖南、福建、台湾、广西、四川；日本、朝鲜。

寄主和危害 幼虫取食荆条、胡枝子、茶、罗汉松、杨梅等。

形态特征 成虫翅展20~25mm。体背及翅绿色。前翅前缘白色，臀角处具白斑，外围褐色；后翅顶角处具一类似的斑；前后翅外缘具波浪形褐线，中室各有一黑点;有时前翅可见2条白色横线。

生物学特性 河北6~8月可见成虫。趋光性强。

肾纹绿尺蛾成虫

双斜线尺蛾

尺蛾科
学名 *Conchia mundataria* Cramer

分布 河北、北京、黑龙江、江苏、内蒙古等。

形态特征 成虫前翅长18~22mm。触角双栉状，雄的栉节比雌的长得多，触角干白色，栉节黑色。头、胸白色。翅白色具丝光。前翅顶角尖，前缘具褐色条，从翅基部向前缘顶角1/5处具一褐色斜条，顶角至后缘基部2/3处另有一褐色斜条，外缘褐色，缘毛白色；后翅从顶角至后缘基部2/3处有一褐色直线，外缘褐色，缘毛白色；翅反面线条同正面。腹部第一节白色，其余各节黄褐色有灰褐色边。

防治方法 灯光诱杀成虫。

双斜线尺蛾成虫

双斜线尺蛾成虫

木橑尺蠖

尺蛾科
学名 *Culcula panterinaria* (Bremer et Grey)

分布 河北、山东、内蒙古、山西、河南、陕西、四川、云南、广西、浙江、台湾等地。

寄主和危害 黄栌、核桃、石榴、山楂、合欢、刺槐、臭椿、榆叶梅、黄连木等170多种植物。食性很杂，幼虫对黄连木、刺槐、核桃等食害十分严重，大发生时，一棵大树的叶片几天内就可被吃光。

形态特征 成虫体长18~22mm。复眼，深褐色。胸部背面具有棕黄色鳞毛，中央有1个明显浅灰色斑点。前翅基部有一近圆形的黄棕色斑纹，前后翅的中央各有1个明显浅灰色的斑点。

生物学特性 河北一年发生1代。以蛹在堰根下或梯田石缝内、树干周围的土内越冬；如在荒坡上，则以杂草、碎石堆中较多。翌年5月上旬平均气温达25℃左右开始出现成虫，7月中下旬为成虫盛发期，8月底为末期。

防治方法 1. 发生严重的地区，可在秋季结冻前和早春解冻后进行人工挖蛹。2. 在成虫发生期每天早晨人工捕杀成虫，发生量大的地区可在成虫盛发期于晚间堆火诱杀。

木橑尺蠖成虫

木橑尺蠖幼虫

木橑尺蠖蛹

红足青尺蛾

尺蛾科
学名 *Culpinia diffusa* Walker

分布 河北、吉林、黑龙江、辽宁、浙江、四川、陕西、台湾、北京；日本、朝鲜、俄罗斯。

寄主和危害 幼虫取食白爪草、艾蒿等。

形态特征 成虫前翅长11~15mm。触角雌线状，雄双栉状，黄色。头顶白色，额和下唇须红褐色。后头和胸背淡绿色。翅淡青绿色，外线白色，缘毛白色；前翅还有白色细而弯曲的内线，前缘具细的黄边。

生物学特性 河北6月中旬至7月上旬可见成虫。具趋光性。

红足青尺蛾成虫

枞灰尺蛾

尺蛾科
学名 *Deileptenia ribeata* Clerck

分布 河北、黑龙江、台湾。

寄主和危害 桦、栎、杉等。

形态特征 成虫前翅长26mm左右。体翅灰白至灰褐色，散布细褐点。前翅内线黑褐色弧形，中室端有黑褐色圆圈，与中线相连；外线黑褐色锯状弧弯，在后缘中部与中线间颜色较浅；亚端线波状灰白色，两侧衬黑褐带；外缘有1列黑褐点。

生物学特性 河北5月开始出现成虫。

防治方法 灯光诱杀成虫。

枞灰尺蛾成虫

黄缘伯尺蛾

尺蛾科
学名 *Diaprepesilla flavomarginaris* Bremer

分布 河北、北京、甘肃、内蒙古、东北、山西、湖南；韩国、俄罗斯。

寄主和危害 不详。

形态特征 成虫前翅长约21mm。胸部各节具2黑斑，腹部浅黄色。翅白色，具众多灰黑斑，前后翅基部和外缘黄色，外缘黄色区内散布灰黑色小斑。缘毛黄黑色相间。

生物学特性 河北7~8月可见成虫。具趋光性。

黄缘伯尺蛾成虫

八角尺蛾

尺蛾科
学名 *Dilophodes elegans sinica* Prout

分布 河北、广西、内蒙古。

寄主和危害 幼虫危害八角和茴香。

形态特征 成虫雄蛾触角上有一纤毛撮，基节下方及腹部下方有毛丛，胸部及腹末有黄色毛，前翅沿外缘有3行黑斑，中室上有1圆形黑斑，中间略空。

生物学特性 河北8月可见成虫。具趋光性。

八角尺蛾成虫

幔折线尺蛾

尺蛾科
学名 *Ecliptopera silaceata* (Denis et Schiffermüller)

分布 河北、北京、内蒙古、黑龙江；俄罗斯、日本、朝鲜、欧洲。

寄主和危害 锦鸡儿等植物。

形态特征 成虫翅展12~13mm。体背棕褐色，前翅暗褐色，内线黄白色，前缘斜出，后波折。中线与内线较近，中部具向外的凸齿，较钝；外线前半较直，后半锯齿形，外缘前半具近三角形大黑斑。

生物学特性 河北6、8月可见成虫。趋光性强。

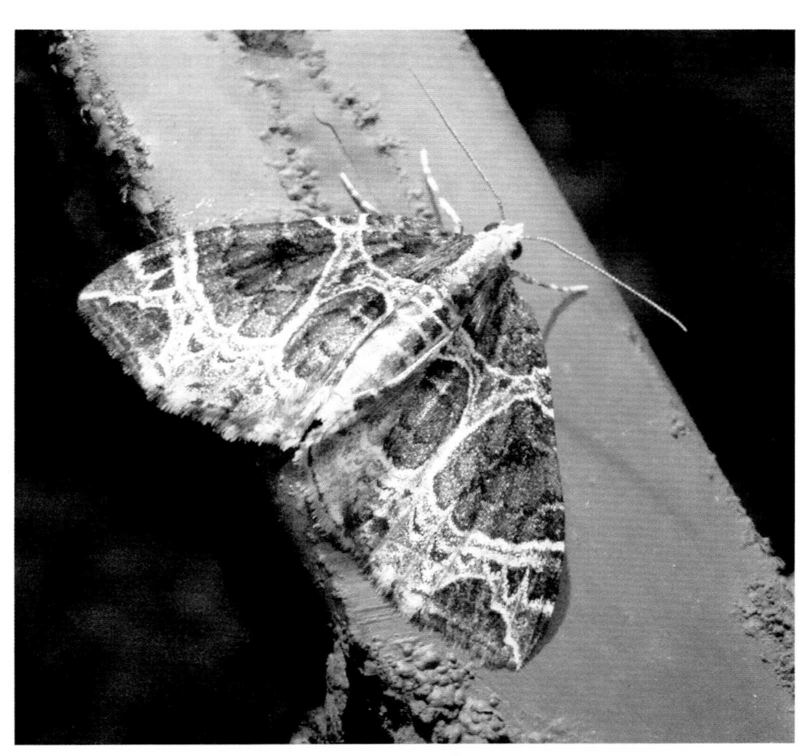

幔折线尺蛾成虫

桦秋枝尺蛾

尺蛾科
学名 *Ennomos autumnaria sinia* Yang

分布 河北、内蒙古。
寄主和危害 杨、柳。
形态特征 成虫前翅长24~26mm。触角雌蛾线状，雄蛾双栉状。体淡黄色，头胸被黄毛，尤其是胸背的毛长而密。翅黄色带有橙黄色，翅端部颜色较深，翅上有程度不同的小褐斑，外缘锯齿状；前翅有内、外2条淡褐色横线，在前缘区形成2个褐纹；后翅可见内线及中室端褐斑。
生物学特性 河北6月成虫期。
防治方法 灯光诱杀成虫。

桦秋枝尺蛾成虫

胡桃尺蛾

尺蛾科
学名 *Ephorla arenosa* Butler

分布 河北、吉林。
寄主和危害 核桃楸。
形态特征 成虫翅底杏黄色，有赭色碎纹，雌蛾较淡；前翅上角暗斑中有1个黄斑及1个白斑，后翅外线和中线明显。
生物学特性 河北一年发生1代。6~7月成虫期。成虫趋光性强。
防治方法 灯光诱杀成虫。

胡桃尺蛾成虫

胡桃尺蛾成虫

北京尺蛾

尺蛾科
学名 *Epipristis transiens* Sterneck

分布 河北、内蒙古、北京、甘肃等。

寄主和危害 梧桐。

形态特征 成虫前翅长17~19mm。体翅灰白色。翅上散布褐色小点，缘毛灰白色，外缘有向内的黑色锯齿状边；外线暗褐色为向外的锯齿状，其外方有暗褐色和赤褐色不规则形斑；后翅中室星斑比前翅的大；前翅前缘近基部1/3处另有一黑斑；翅反面灰白色，仅中室黑斑和外缘黑边明显。

生物学特性 河北6~8月成虫活动。

防治方法 灯光诱杀成虫。

北京尺蛾成虫

葎草州尺蛾

尺蛾科
学名 *Epirrhoe supergressa albigressa* Prout

分布 河北、北京；俄罗斯、日本、朝鲜。

寄主和危害 幼虫取食葎草等。

形态特征 成虫翅展13~14mm。头部黄褐色。胸、腹部灰白色杂有褐鳞,腹背有2列小褐点（每列2个）。翅灰白色。前翅基线双线黑褐色，内线灰褐色较宽，内线和中线间有一黄褐色细线，中线褐色颜色最深最宽，外线为一黄褐色细线，亚端线灰褐色较宽，顶角下靠外缘有一近三角形褐斑。

生物学特性 河北成虫见于6~8月下旬。趋光性强。

葎草州尺蛾成虫

落叶松尺蛾

尺蛾科
学名 *Erannis defoliaria gigantea* Inoue

分布 河北、内蒙古、东北。

寄主和危害 云杉、落叶松。是华北落叶松的主要害虫之一，暴发时几乎能将落叶松针叶全部吃光，还危害云杉新生针叶。

形态特征 成虫：前翅长20mm左右。触角：雌蛾丝状，雄蛾短栉齿状。雌蛾体纺锤形，翅退化，仅有鳞片状突起。雄蛾体翅浅黄色，腹部背面各节有褐色环，翅面有枯褐色细点纹，尤以前翅的大而多。前翅内线前半较明显，由密集的枯褐色细点纹组成；中室有明显的褐色圆点；外线暗褐色，外线外有2个褐色星斑；外缘有1列褐点；后翅中室有小褐点。腹部背面各节有褐色环。

生物学特性 河北一年发生1代。以卵在落叶松主干基部皮缝内或上年生旧球果鳞片内越冬。越冬卵在翌年5月中旬开始孵化，幼虫共6龄，老熟幼虫6月下旬开始吐丝下垂入土，预蛹10天左右，蛹期达40天左右。9月始见成虫。

防治方法 1. 在蛹期和成虫期人工挖蛹和捕捉成虫。2. 保护利用捕食性和寄生性天敌。

落叶松尺蛾雌成虫

落叶松尺蛾雄成虫

落叶松尺蛾幼虫

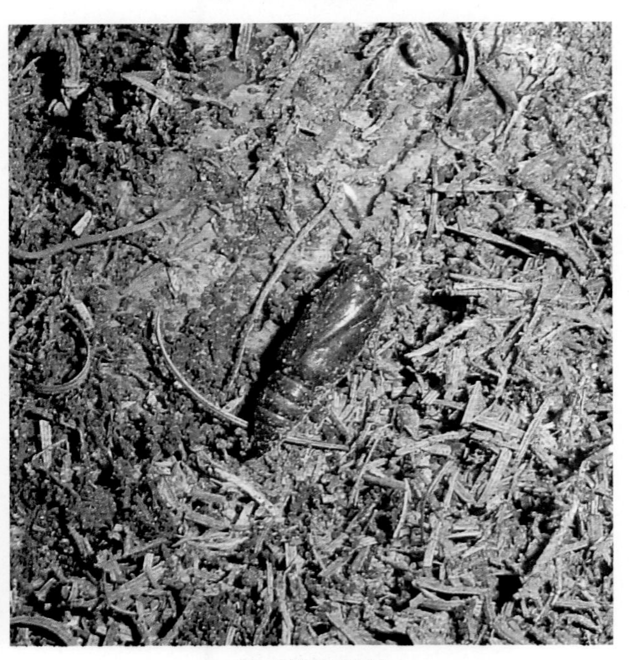

落叶松尺蛾蛹

树形尺蛾 | 尺蛾科
学名 *Erebomorpha consors* Butler

分布 河北、四川、广东。

寄主和危害 栎。

形态特征 成虫前翅长35mm左右。雌、雄蛾触角均双栉齿状，只是雌蛾的栉齿短些。体翅黑棕色，全翅布满黄色细横条纹。展翅后，前后翅的白色纹相连似树形；后翅的外线白纹似树干，基部向外伸出一枝，枝外有3个三角尖，前翅的4条白纹似树枝。

生物学特性 河北6月见成虫。成虫生活在低、中海拔山区。夜晚具趋光性。

防治方法 灯光诱杀成虫。

树形尺蛾成虫

北花波尺蛾 | 尺蛾科
学名 *Eupithecia bohatschi* Staudinger

分布 河北、北京、甘肃、青海、内蒙古、黑龙江、山西、四川、云南、西藏；朝鲜、俄罗斯。

寄主和危害 不详。

形态特征 成虫翅展18mm。头褐色，胸部前端黑褐色，胸其余部分及腹末节白色。前翅灰褐色，中室及前缘白色连成一片，中室端具明显黑点；后翅黑，可见5条平行的白色横线。

生物学特性 河北8月可见成虫。具趋光性。

北花波尺蛾成虫

刺槐外斑尺蛾

尺蛾科
学名 *Extropis excellens* Butler

刺槐外斑尺蛾成虫

分布 华北、东北。

寄主和危害 刺槐、榆、杨、柳、栗、栎、苹果、梨、山楂、波斯菊。以危害刺槐为主，大发生年份可危害枣树及农作物。该虫具有暴食性，短时间能将整枝、整树叶片食光。

形态特征 成虫体和翅黄褐色，翅面散布许多褐点。前翅内横线褐色，弧形，中、外横线波状，中部有黑褐色圆形大斑1个，外缘黑色条斑1列，前缘各横线端均有褐色大斑；后翅外横线波状。第一至第二腹节背各有1对横列毛束。

生物学特性 河北一年发生3代。以蛹在表土中越冬。翌年4月上旬开始羽化，交尾产卵，卵期15天，幼虫期25天左右，5月上旬开始入土化蛹，蛹期10天左右羽化第一代成虫，成虫寿命5天左右。7月上中旬出现第二代成虫。8月中下旬出现第三代成虫。

唐松草尺蛾

尺蛾科
学名 *Gagitoder sagittata* Fabricius

分布 河北、北京、内蒙古、黑龙江、辽宁、山东；日本、朝鲜、俄罗斯、欧洲。

寄主和危害 幼虫取食唐松草种实。

形态特征 成虫翅展24~29mm。体背黄褐色。腹第一节基部深褐色，各节背中具黑褐点。前翅淡黄褐色，翅基及翅中具深褐色横带，外围白色；后翅淡灰褐色。有时翅中具细褐线。

生物学特性 河北7~8月见成虫。具趋光性。

唐松草尺蛾成虫

亚枯叶尺蛾

尺蛾科
学名 *Gandaritis fixseni* Bremer

分布 河北、辽宁、黑龙江、吉林、陕西。

寄主和危害 葡萄。幼虫危害葡萄。

形态特征 成虫前翅长32mm，形状和颜色似枯黄的树叶。前翅3条横线均褐色，内线以内黄褐色，内线和中线间黄色，有暗斑，前翅端部有1个三角形黄斑；后翅无白色，3条横线波形，黄褐色至黑褐色，各线间均为黄色。

生物学特性 河北一年发生1代。以蛹在土中越冬。成虫出现于夏季，生活在低、中海拔山区。夜晚具趋光性。

防治方法 1. 灯光诱杀成虫。2. 幼虫幼龄期喷洒0.5%苦参碱乳油800倍液。

亚枯叶尺蛾成虫

白带青尺蛾

尺蛾科
学名 *Geometra sponsaria* Bremer

白带青尺蛾成虫

分布 河北、北京、甘肃、内蒙古、黑龙江、上海、浙江、湖南、四川、日本、俄罗斯。

寄主和危害 幼虫取食槲树。

形态特征 成虫翅展34~43mm。体及翅绿色或淡绿色，额棕色，头顶白色。前翅前缘淡黄绿色，内外横线直、淡黄绿色、前缘棕色；后翅中央具1条直的横线，或不明显。

生物学特性 河北8月可见成虫。具趋光性。

贡尺蛾

尺蛾科
学名 *Gonodontis aurata* Prout

分布 河北、浙江、四川。

寄主和危害 苹果、栗、马褂木等。

形态特征 成虫前翅长27mm。土黄色，前翅外缘锯齿形，共三齿，愈后愈大，外线明显，灰黄两色，内线灰色不明显，中室上有一灰圆点，中空；后翅淡黄，外线浅黄，上部不很明显，中室圆点比前翅上的略大；翅反面略浅灰，斑纹同正面。

生物学特性 河北5~6月为成虫期。

防治方法 灯光诱杀成虫。

贡尺蛾成虫

茶贡尺蛾

尺蛾科
学名 *Gonodontis bilinearia coryphodes* Wehrli

分布 河北、甘肃、贵州、云南、西藏。

寄主和危害 茶。

形态特征 成虫前翅长23~25mm。体色杏黄。前翅黄褐有散点，外角下方有两凹陷呈锯齿形，中室有一半圆圈，中心灰白，内缘灰黑晕，内线灰色隐约；后翅较淡，中室圈较浅，外有散点。

生物学特性 河北6月见成虫。

防治方法 灯光诱杀成虫。

茶贡尺蛾成虫

茶贡尺蛾成虫

角顶尺蛾

尺蛾科
学名 *Hemerophila emaria* Bremer

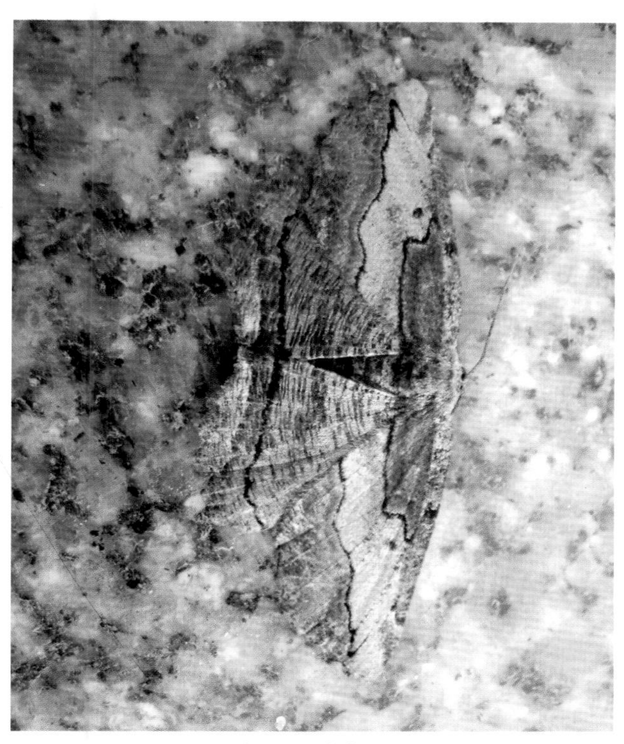
角顶尺蛾成虫

分布 河北、辽宁、吉林、黑龙江、内蒙古、北京、山西。

寄主和危害 杨、核桃、枣。

形态特征 成虫前翅长18~20mm。触角雌蛾线状，雄蛾双栉状。体翅灰褐色，翅上散布褐色细纹，尤以后翅横向细纹多而明显；前翅外缘向外弧弯过顶角，外线黑色，在近顶角处向外折成锐角几达翅外缘，中室端有黑褐点，内线黑色，在中室端黑褐点内侧曲折斜向后缘基部1/4处，前缘区黑褐色，近顶角处有一近三角形褐斑，内、外线间色淡，外缘波状；后翅外线黑色显著，其外侧有褐色长条，外缘波状；翅反面色暗，外线为1列弧形排列的黑点。

生物学特性 河北一年发生1代。5~6月见成虫。

防治方法 灯光诱杀成虫。

白线青尺蛾

尺蛾科
学名 *Hemistola veneta* (Butler)

分布 河北、甘肃。

寄主和危害 危害多种林木的叶片。

形态特征 成虫前翅长16~19mm。体翅粉绿色，头顶白色，额红褐色。触角双栉状，雌蛾栉状较短，干白色，枝黄色。下唇须和喙黄色。前翅前缘黄色，内线白色不清晰，外线白色较直，斜伸至后缘，缘毛白色;后翅有一白色横线，缘毛白色，足基节和腿节青绿色；前足带褐色，余为白色。

生物学特性 河北6月成虫期。

防治方法 灯光诱杀成虫。

白线青尺蛾成虫

蝶青尺蛾

尺蛾科
学名 *Hipparchus papilionaria* Linnaeus

分布 华北、东北。

寄主和危害 桦、杨、榛、桤木等。

形态特征 成虫前翅长27mm~30mm。触角黄色，胸、腹草黄色。翅翠青或草黄色，反面粉翠色，前翅白月牙纹白线2条；后翅1条。足基节、腿节绿色，其余黄色。幼虫体色似树枝，后变绿色。

生物学特性 河北以幼虫越冬。

防治方法 灯光诱杀成虫。

蝶青尺蛾成虫

直脉青尺蛾

尺蛾科
学名 *Hipparchus valida* Felder

分布 河北、黑龙江、吉林、北京、陕西、山西。

寄主 栎、橡等。

形态特征 成虫前翅长30mm。翅粉青色，前翅外线细，较直；后翅一线从前缘中部达后缘中间，尾突较显著；身体粉白色。

生物学特性 河北6~8月幼虫发生盛期。

直脉青尺蛾成虫

暮尘尺蛾

尺蛾科
学名 *Hypomecis roboraria* Denis et Schiffermüller

分布 河北、北京、黑龙江、吉林、浙江、江西、湖北、广西、西藏；日本。

寄主和危害 幼虫取食冷杉、落叶松、云杉、桦、柳、栎等多种林木。

形态特征 成虫前翅长19~22mm。雄蛾触角双栉状，端部线状；雌蛾触角线状。体色、斑纹有变化。体翅灰白色至灰褐色，散布褐至黑褐点，外线黑褐色，锯齿形，在近后缘常与中线相接，此后常形成一黑褐斑，亚端线波状，灰白色，两侧衬黑褐带；后翅内线较宽直，外线锯齿弯曲，亚端线和外线同前翅。

生物学特性 河北6~8月可见成虫。具趋光性。

暮尘尺蛾成虫

小红姬尺蛾

尺蛾科
学名 *Idaea muricata* Hüfnagel

分布 河北、北京、辽宁、山东、湖南；日本、朝鲜、俄罗斯。

寄主和危害 幼虫取食禾本科植物。

形态特征 成虫翅展约9mm。体背桃红色。头额部、触角及足黄白色。外缘及缘毛黄色。前翅基部及后翅中部各具黄色大斑，前翅中部具2个黄斑，近外缘具暗褐色横线。

生物学特性 河北6~8月可见成虫。趋光性强。

小红姬尺蛾成虫

青辐射尺蛾

尺蛾科
学名 *Iotaphora admirabilis* Oberthür

青辐射尺蛾成虫

分布 河北、黑龙江、吉林、辽宁、陕西、北京、浙江。

寄主和危害 核桃楸、桦、榛、桤木等树叶。

形态特征 成虫前翅长28mm。体翅青黄色。触角雌蛾锯状，雄蛾双栉状，触角干白色，栉棕色。颜面灰白色，头顶粉白色。下唇须白色而背面黑色。前翅内线弧形，黄白两色，中室端有黑纹，外线黄白两色，外线以外有10余条辐射状黑短线；后翅除无内线外，斑纹大体同前翅。足白色，前足腿节背面和胫节上有黑斑。

生物学特性 河北一年发生1代。在地面乱叶中化蛹越冬。翌年7~8月羽化。主要生活在中海拔山区。夜晚具有趋光性。

防治方法 灯光诱杀成虫。

黄辐射尺蛾

尺蛾科
学名 *Iotaphora iridcolor* Butler

分布 河北、黑龙江、山西、四川、西藏。

寄主和危害 核桃楸。

形态特征 成虫前翅长27mm，颜灰黄色，头顶粉黄色，下唇须外侧黑色。翅淡黄色，有杏黄条纹，外缘较白，有辐射形黑线纹，前；后翅中室上各有一黑纹。

生物学特性 河北一年发生1代。以蛹在地面枯枝落叶中越冬。7~8月见成虫。成虫趋光性强。

防治方法 灯光诱杀成虫。

黄辐射尺蛾成虫

中华黧尺蛾

尺蛾科
学名 *Ligdia sinica* Yang

分布 河北、北京。

寄主和危害 不详。

形态特征 成虫翅展21~25mm。头胸部黑色。腹部白色具黑斑，末端黑褐色。翅白色，外缘具较宽的黑褐带；前翅基部1/3为一大黑斑，中部具明显的黑点，其上方具黑褐斑。

生物学特性 河北5~8月可见成虫。趋光性强。

中华黧尺蛾成虫

中华黧尺蛾成虫

缘点尺蛾

尺蛾科
学名 *Lomaspilis marginata amurensis* Heydemann

分布 河北、黑龙江、吉林、内蒙古、宁夏。

寄主和危害 苹果、杨、柳、桦、榛等。幼虫啃食叶片。

形态特征 成虫前翅长12~13mm。头和胸、腹背面灰黑色，腹面有白鳞。翅白色，有黑灰色斑；前翅前缘基部有长方形斑，其长度约为前翅长的2/5，中线由3个近圆形斑组成，前缘区1个；后缘中部1个，外线弯曲，其外方全部灰黑色，似由3个半圆形斑拼接而成；后翅前缘基部灰黑色，中线处有2~3个大小不等的圆点，外线以外亦由3个半圆形黑斑拼接成的曲带；翅反面斑同正面。

生物学特性 河北一年发生1代。6~8月见成虫。

防治方法 灯光诱杀成虫。

缘点尺蛾成虫

葡萄迴纹尺蛾

尺蛾科
学名 *Lygris ludovicaria* Oberthür

分布 华北、西北。

寄主和危害 葡萄。

形态特征 成虫体色粉白。前翅上有棕色回纹，后角上有杏黄色及灰蓝色斑纹；后翅中室上端的斑点在反面比正面清晰。

生物学特性 河北 6~7 月成虫期。

防治方法 1. 灯光诱杀成虫。2. 幼虫期喷洒 0.5% 苦参碱乳油 800 倍液。

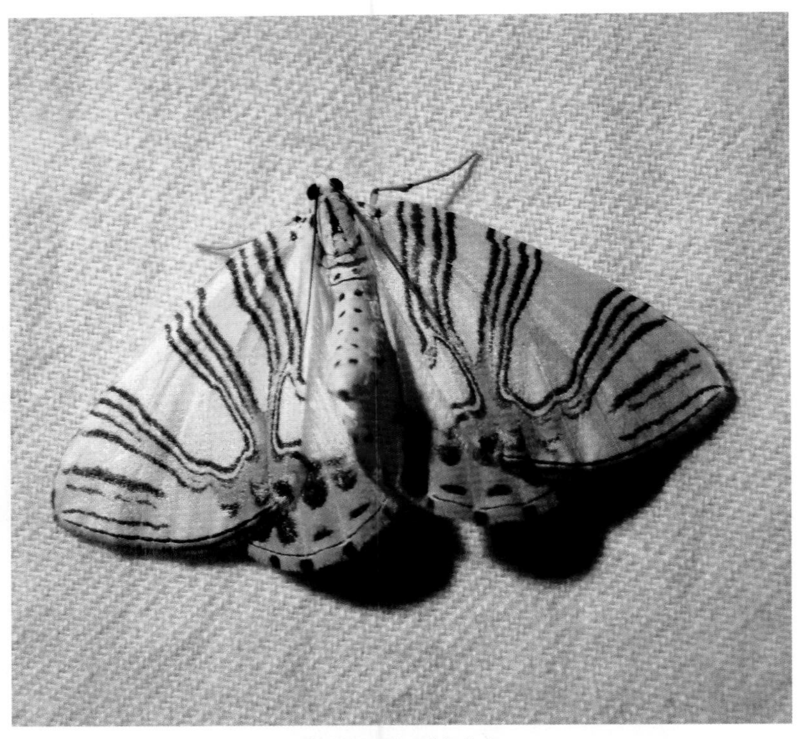

葡萄迴纹尺蛾成虫

黑岛尺蛾

尺蛾科
学名 *Melanthia procellata inexpectata* Wamecke

分布 河北、北京、内蒙古、黑龙江、吉林、辽宁、山西、浙江、台湾、湖北、湖南、四川；日本。

寄主和危害 幼虫取食铁线莲。

形态特征 成虫翅展 27~32mm。头胸背面深褐色。第一腹节白色，后面的腹节污黄至土褐色。前翅白色，翅基和中域各有 1 个深褐色大斑，外端具褐色宽带，在中部外侧具 1 个大白斑；后翅白色，外侧具 3 条黄褐至深灰褐色弱波状线。

生物学特性 河北 7~8 月可见成虫。

黑岛尺蛾成虫

亚美尺蛾 | 尺蛾科

学名 *Metacrocallis vernalis* Beljaev

分布　河北、北京、安徽；俄罗斯。

寄主和危害　枣树。

形态特征　成虫前翅长 19~20mm。雄蛾触角双栉状，雌蛾触角线状。头胸部具厚灰色绒毛。前翅颜色及斑纹有变化，中域略深，中点黑色，似有几个斑组成，外缘具 1 列黑点，缘毛长；后翅色浅，呈灰色，外线不清晰，中点比前翅小；前后翅反面均可见明显的黑色中点。

生物学特性　河北 3~4 月可见成虫。具强趋光性。

亚美尺蛾成虫

凸翅小盅尺蛾 | 尺蛾科

学名 *Microcalicha melanosticta* Hampson

分布　河北、北京、陕西、甘肃、河南、山东、浙江、福建、台湾、湖北、湖南、广东、广西、海南、四川。

寄主和危害　不详。

形态特征　成虫前翅长 12~17mm。雄蛾触角双栉形，末端约 1/5 无栉齿；雌蛾触角线形，头顶、体背和翅灰褐色。前翅外缘中部略凸出，翅面散布褐鳞，前缘有 3 或 4 个深褐色小斑，其中顶角内侧 1 个较大，臀角处为一大褐斑，有时缩小为一褐点并远离臀角；后翅外缘波曲。

生物学特性　河北 7~8 月可见成虫。具趋光性。

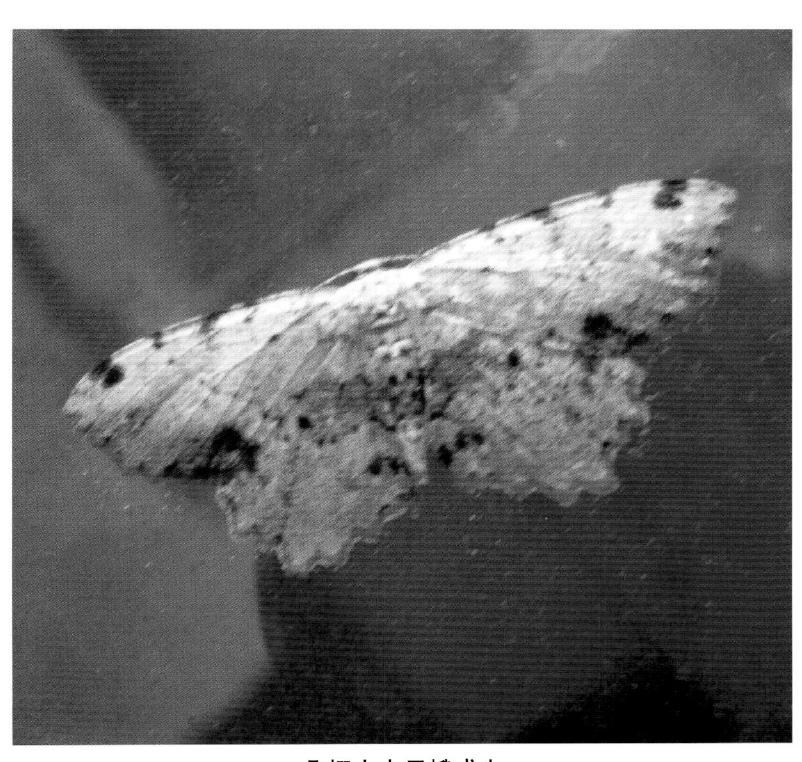

凸翅小盅尺蛾成虫

女贞尺蛾

尺蛾科
学名 *Naxa seriaria* (Motschulsky)

分布 东北、华北。

寄主和危害 丁香、女贞、水曲柳。幼虫吐丝结网,在网内取食。虫口多时结成大丝网,罩于全树,食尽树叶,影响林木生长以致使树木枯死。

形态特征 成虫体长12~15mm,翅展31~40mm。体翅白色,具绢丝光泽。翅外缘具2对黑点,外列在脉间、内列在脉上;前翅在中室上端有1个较大的黑斑,翅基在脉上有3个黑点。

生物学特性 河北一年发生1代。以幼虫在地下越冬,翌春寄主放叶时越冬幼虫上树,6月在丝网处化蛹,蛹期约17天,6月下旬开始出现成虫,产卵于丝网上,7月出现幼虫。幼虫有吐丝结网和群栖习性,被害叶剩下网状叶脉。

防治方法 1.早春幼虫上树时,在树干上绑缚塑料薄膜环,阻隔和杀灭上树幼虫。2.此虫一生离不开丝网,可以拉除丝网,消灭蛹、卵。3.灯光诱杀成虫。

女贞尺蛾幼虫

女贞尺蛾成虫

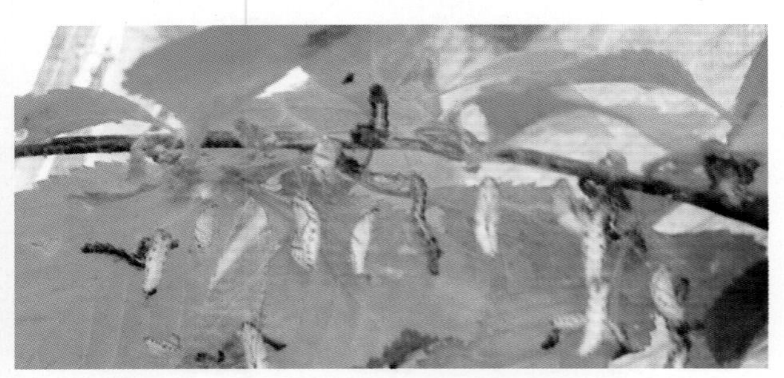

女贞尺蛾蛹

女贞尺蛾成虫交尾

女贞尺蛾危害状

泼墨尺蛾

尺蛾科
学名 *Ninodes splendens* Butler

分布 河北、北京、甘肃、内蒙古、山东、上海、福建、湖北、湖南、四川；日本。

寄主和危害 幼虫取食朴。

形态特征 成虫翅展16~18mm。体背灰黄或黑褐色。翅灰黄色，前翅基半部在中室以下和后翅基半部黑色或黑褐色，深色区具银色鳞片，有时深色区黑色鳞片密集。

生物学特性 河北8月可见成虫。

泼墨尺蛾成虫

短刺四星尺蛾

尺蛾科
学名 *Ophthalmitis brevispina* Jiang, Xue et Han

分布 河北、北京、甘肃。

寄主和危害 核桃楸。

形态特征 成虫前翅长26~35mm。前后翅中的眼斑较小，前翅前缘具4个黑斑，外线在脉上呈黑点，亚缘线在脉间呈箭头形，部分脉间消失。

生物学特性 河北6月可见成虫。具趋光性。

短刺四星尺蛾成虫

核桃四星尺蛾

▶ 尺蛾科
学名 *Ophthalmodes albosignaria* (Bremer et Grey)

分布 河北、黑龙江、吉林、辽宁、陕西、北京、河南、山西、安徽、浙江、湖北、江西、湖南、四川、云南、甘肃。

寄主和危害 幼虫多食性，危害核桃最为严重。

形态特征 成虫前翅长 29~32mm。前、后翅上 4 个黑斑较大而显著，中有钻头纹，尤其翅的反面较白，黑色边缘宽大，4 个黑斑也大而显著。

生物学特性 河北 6~8 月幼虫发生期。

防治方法 灯光诱杀成虫。

核桃四星尺蛾成虫

核桃四星尺蛾成虫反面

核桃四星尺蛾幼虫

雪尾尺蛾

▶ 尺蛾科
学名 *Ourapteryx nivea* Butler

分布 河北、北京、浙江、陕西、青海。

寄主和危害 栓皮栎、冬青、朴树等叶片。

形态特征 成虫前翅雌 31mm，雄 25~27mm。雌、雄触角均为线状，颜面橙褐色，体白色，腹部稍黄。翅白色，具丝样光泽，散布黄灰色横短细纹，外缘灰黑色，外缘缘毛橙黄色，内缘缘毛白色；前翅内线和外线均黄灰色较细，直而向外斜伸，中室端由一黄灰色的短直纹；后翅有一条斜伸的黄灰色直线，不达前缘和外缘。

生物学特性 河北一年发生 1 代。以幼虫越冬。翌年 4~5 月蛹期，6 月成虫出现。

防治方法 灯光诱杀成虫。

雪尾尺蛾成虫

雪尾尺蛾成虫

驼尺蛾

▶ 尺蛾科
学名 *Peluga comitata* (Linnacus)

分布 河北、北京、甘肃、青海、新疆、内蒙古、黑龙江、吉林、辽宁、四川；日本、朝鲜等。

寄主和危害 幼虫取食藜、滨藜的花和种实。

形态特征 成虫翅展25~30mm。体黄褐色。翅面颜色多变，额圆丘形突出，前胸前半部凸起呈驼峰状；前翅顶角弯突，具一灰褐色斑，外线中部具一大锯齿。

生物学特性 河北一年发生1代。以蛹越冬。6~7月见成虫。趋光性强。

驼尺蛾成虫

柿星尺蛾

▶ 尺蛾科
学名 *Percnia girafjata* (Guenée)

分布 河北、河南、山西、四川、安徽、台湾。

寄主和危害 柿、核桃、木橑、榆、杨、桑、柳、李、杏、梨、山楂、酸枣、花椒、槐。幼虫食叶成缺刻和孔洞，严重时食光全叶。影响果树的光合作用，造成果树减产。

形态特征 成虫体长约25mm，翅展约75mm，雄蛾体较小，头部黄色，有4个小黑斑，前、后翅均白色，且密布许多黑褐色斑点，以外缘部分较密。复眼及触角黑褐色。触角丝状、前胸背板黄色，有一近方形黑色斑纹。腹部金黄色，有不规则的黑色横纹；背面有灰褐色斑纹。后足有距2对。

生物学特性 河北一年发生2代。以蛹在土壤中越冬。翌年5月下旬温湿度适宜时越冬蛹开始羽化，6月下旬至7月上旬为羽化盛期。

柿星尺蛾成虫

柿星尺蛾幼虫

柿星尺蛾老熟幼虫

槭烟尺蛾

尺蛾科
学名 *Phihonosema invenustaria* Leech

分布 河北及我国西部。

寄主和危害 幼虫危害槭、柳、卫矛、六道木、漆树等。

形态特征 成虫前翅长32mm左右。体翅茶褐色。前翅内线黑褐色，仅前缘和后半部明显，内线以内褐色，中线淡褐色，很弱，中室端有灰褐斑，外线黑褐色波形，外侧有淡褐带；后翅的中线、中室斑点和外线似前翅，但内线不显；翅反面有明显的中室斑点和外线。

生物学特性 在河北省7月见成虫。

防治方法 灯光诱杀成虫。

槭烟尺蛾成虫

锯线尺蛾

尺蛾科
学名 *Phthonsema serratilinearia* Leech

分布 河北、北京、陕西、甘肃、山东、江苏、浙江、湖北、湖南、四川、贵州。

寄主和危害 幼虫取食多种植物叶片。

形态特征 成虫翅展25~38mm。前翅灰色，中线可辨，在后缘处稍接近外线，外线深锯齿状，前翅内线内侧和外线外侧黄褐色明显，并常在外线外侧近后缘处形成1个明显的黄褐斑。缘线为1列黑点，有时消失。

生物学特性 河北7~8月可见成虫。具趋光性。

锯线尺蛾成虫

斧木纹尺蛾

尺蛾科
学名 *Plagodis dolabraria* Linnaeus

分布 河北、北京、甘肃、江苏、浙江、湖北、湖南、四川；日本、俄罗斯。

寄主和危害 幼虫取食悬钩子、栎叶片。

形态特征 成虫翅展22~32mm。头顶及前胸灰褐色至黑褐色，中后胸及腹末棕色，余体背及翅黄褐色，前翅基部前缘及臀部锈褐色，翅面具许多褐色横纹，外缘中部凸突呈“》”形，虫体休息时腹部上举。

生物学特性 河北5~6月可见成虫。具趋光性。

斧木纹尺蛾成虫

长眉眼尺蛾

尺蛾科
学名 *Problepsis changmei* Yang

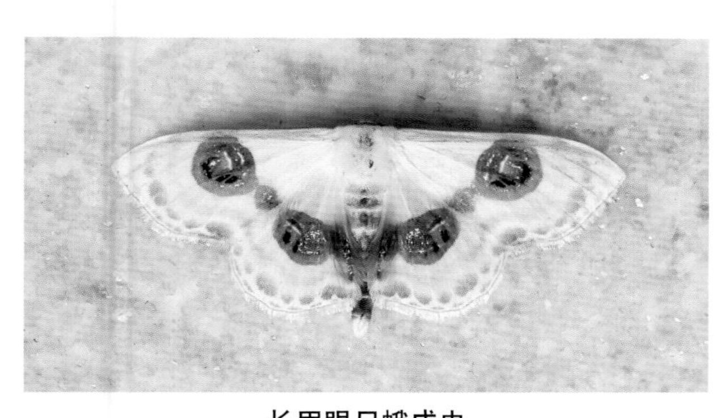

长眉眼尺蛾成虫

长眉眼尺蛾成虫

分布 河北、北京、陕西。

寄主和危害 不详。

形态特征 成虫体长14~16mm，翅展34~ 38mm。头黑色，下唇须背面黑而腹面白；触角基部和两角间的头顶密被白毛；胸部密被白色长毛，腹部背面黑褐色，各节后缘白色。翅白色有大眼状斑；前翅眼斑大而较圆，中室横脉处白色，斑内有不完整的黑和银灰色鳞组成的环，翅前缘有黑褐色边，自翅基至眼斑外侧而与外横线相连，外横线淡褐为均匀的弧形，亚缘斑为7个大小不等的斑，外缘斑则很小且在臀角处与外缘相接；后翅眼斑长椭圆形与翅内缘褐斑相连。

生物学特性 河北一年发生1代。以蛹在土中越冬。成虫在6~8月活动。

防治方法 1. 翻树下土，破坏越冬场所。2. 灯光诱杀成虫。

大白带黑尺蛾

尺蛾科
学名 *Rheumaptera hecata* Butter

分布 河北等地。

寄主和危害 不详。

形态特征 成虫翅展约40mm。体黑褐色，前翅暗褐色。

生物学特性 河北成虫见于7月。

大白带黑尺蛾成虫

麻岩尺蛾

尺蛾科
学名 *Scopula nigropunctata subcandidata* Walker

分布 河北、北京；日本、朝鲜、俄罗斯以及欧洲。

寄主和危害 苹果等。

形态特征 成虫翅展23~28mm。体翅颜色有白色型和暗色型2种。翅面散布小黑鳞，中室端的黑点小且多不明显，横线淡灰褐色，中线粗而倾斜，外线与之平行，内线不明显。

生物学特性 河北成虫见于5~6月。

麻岩尺蛾成虫

奥岩尺蛾 | 尺蛾科

学名 *Scopula ornate subornata* Porout

分布 河北。

寄主和危害 不详。

形态特征 成虫翅展约23mm。体土白色，前翅具内、中、外横线，其中外线明显，外侧具黑褐色云纹。

生物学特性 河北8月可见成虫。

奥岩尺蛾成虫

岩尺蛾 | 尺蛾科

学名 *Scopula* sp.

岩尺蛾成虫

分布 河北、北京等地。

寄主和危害 刺槐。

形态特征 成虫前翅长12mm。雄蛾触角纤毛状。头部额区和下唇须黑褐色，两触角间密被白鳞。体翅白色有光泽。翅面散布稀疏的小黑鳞，以前缘带和臀区较多;有淡黄色的波状横线，前翅5条，后翅4条；前后翅中室端黑点明显，均位于内线和中线间；外缘黑点列仅前翅顶角有几个小黑点；缘毛白色；翅反面半纹不明显，外缘顶角下黑点列不见，中室端黑点也小；前翅后缘区白色，其余带黄褐色；后翅白色。

生物学特性 河北6~7月成虫活动。

防治方法 灯光诱杀成虫。

颐和岩尺蛾

尺蛾科
学名 *Scopula yihe* Yang

分布 河北、北京。

寄主和危害 杨。

形态特征 成虫前翅长12~13mm。触角雌蛾线状、雄蛾纤毛状。头部额区和下唇须黑褐色，头顶在触角间被白鳞，胸部白色。翅上散有小黑鳞，前翅横线5条，黄褐色明显，均斜向而略平行，中室端黑点明显，位于中线内侧，外缘有小黑点列，缘毛黄褐色；后翅有黄褐色横线4条，中室端黑点位于中线外侧，外缘黑点列前端更明显；翅反面、前翅大部黄褐色，仅后缘区白色，后翅白色，中室黑点明显。腹部白色，后足胫节无距。有黄白色长毛束。

生物学特性 河北一年发生1代。5~6月见成虫。

防治方法 灯光诱杀成虫。

颐和岩尺蛾成虫

国槐尺蛾

尺蛾科
学名 *Semiothisa cinerearia* Bremer et Grey

分布 华北、华东、华中、辽宁、陕西、甘肃等地。

寄主和危害 国槐、龙爪槐、蝴蝶槐等。初龄幼虫仅取食嫩芽、嫩叶，叶片被剥食成圆形网状。2龄幼虫取食叶片，被害叶片呈缺刻状。3龄后幼虫可以将叶片吃成较大缺刻，最后仅留少量中脉。

形态特征 雌成虫体长12~15mm，翅展30~45mm；雄成虫体长14~17mm，翅展30~43mm。雌雄相似，体灰黄褐色，触角丝状，长度约为前翅的2/3。前

国槐尺蛾成虫

国槐尺蛾卵

国槐尺蛾幼虫

国槐尺蛾蛹

翅亚基线及中横线深褐色，近前缘处均向外缘转急弯成一锐角。亚外缘线黑褐色，由紧密排列的 3 列黑褐色长形斑块组成，M_1-M_3 脉间消失，近前缘处成单一褐色三角形斑块。顶角浅黄褐色。雌雄区别主要是雄虫后足胫节最宽处为腿节的 1.5 倍，其基部与腿节约相等。雌虫后足胫节最宽处等于腿节，但其基部则明显小于腿节。

生物学特性 国槐尺蛾也称槐尺蛾、吊死鬼。食性杂，主要危害国槐，近年常爆发成灾。河北一年发生 3~4 代，以蛹在地面土中越冬。翌年 4~5 月间，成虫陆续羽化。

红双线尺蛾

尺蛾科
学名 *Syrrhodla oblique* Warren

分布 河北、北京、四川、贵州。

寄主和危害 杨。

形态特征 成虫前翅长 17~18mm。触角雌蛾线状，雄蛾双栉状。体翅污黄色。翅上密布淡红色碎纹而使翅带一层红色；后翅中部均有 2 条大体平行的淡红色横线，前翅的 2 条线间较窄，后翅的 2 条线间较宽，两线间颜色偏黄；在外线外侧有暗影斑，有时较明显，特别是后翅顶角处有一淡红圆斑；前翅中室有红条；前、后翅外缘均锯齿形。

生物学特性 河北一年发生 1 代。5~6 月为成虫期。

防治方法 灯光诱杀成虫。

红双线尺蛾成虫

黄灰呵尺蛾

尺蛾科
学名 *Tephrina flavescens* (Alphéraky)

分布 河北、北京等。

寄主和危害 苜蓿。幼虫啃食叶片。

形态特征 成虫前翅长12~13mm。雌、雄蛾触角均为线状。体翅黄褐色。翅上密布褐色短碎纹，内线褐色细而曲折，中部有1条宽的褐色横带，其两侧有褐影而显得不规则，中室端褐纹不明显，亚端线为1列褐色斑点，缘毛褐色。

生物学特性 河北6~8月可见成虫。

防治方法 灯光诱杀成虫。

黄灰呵尺蛾成虫

黄灰呵尺蛾成虫

四点波翅青尺蛾

尺蛾科
学名 *Thalera lacerataria* Graeser

分布 河北、北京、陕西、黑龙江、吉林、四川、云南；日本、朝鲜、俄罗斯。

寄主和危害 不详。

形态特征 成虫前翅长13~14mm。雌、雄触角均为双栉状；体背及翅面黄绿色至浅绿色，腹基半红褐色。前后翅锯齿形，中部内凹，尤以后翅为明显，中室具黑褐斑点。

生物学特性 河北7月可见成虫，具趋光性。

四点波翅青尺蛾成虫

四点波翅青尺蛾成虫

绿叶碧尺蛾

尺蛾科
学名 *Thetidia chlorophllaria* (Hedyemann)

绿叶碧尺蛾成虫

分布 河北、黑龙江、山西、内蒙古、山东、青海、北京。

寄主和危害 榛、栎。

形态特征 成虫前翅长15mm。触角雌蛾锯状，雄蛾双栉状，干白色，枝黄色。头、胸绿色，下唇须白色，有绿鳞。前翅碧绿，内线白色弧形，外线白色较直，内外线均明显；缘毛内层绿色，外层白色；前缘白色。后翅亦为绿色，前缘区有宽的白色部分；亚端线和端线均为细的白色线，缘毛同前翅，翅反面、前翅外线、后翅亚端线均白色清晰。腹部淡绿色微白。

生物学特性 河北6~8月成虫活动。

防治方法 灯光诱杀成虫。

曲紫线尺蛾

尺蛾科
学名 *Timandra comptaria* Walker

分布 河北、北京、黑龙江、山东；日本、朝鲜、俄罗斯。

寄主和危害 幼虫取食酸模、萹蓄等。

形态特征 成虫翅展19~25mm。浅褐色。雄蛾触角双栉形，雌蛾触角线形。前后翅各具1条暗紫色条纹，亚缘线及缘线褐色或紫褐色。

生物学特性 河北8月可见成虫。具趋光性。

曲紫线尺蛾成虫

桑褶翅尺蛾

尺蛾科
学名 *Zamacra excavata* Dyar

分布 河北、北京、河南、陕西、宁夏等地。

寄主和危害 幼虫危害苹果、桃、梨、李等果树及毛白杨、槐、桑、榆、刺槐、枣等林木。幼虫食害嫩叶、芽及幼果成缺刻状。3 龄后食量最大，严重时可将叶片全部吃光，影响树势和观赏效果。

形态特征 成虫体长约 16mm。体灰褐色至黑褐色。前翅狭长，银灰色，翅面有灰褐色带 3 条，静息时 4 翅皱叠竖起。

生物学特性 河北一年发生 1 代。以蛹在树干基部土下紧贴树皮的茧内过冬。翌年 2 月下旬开始羽化，3 月中旬为羽化盛期。成虫出土后当夜即可交尾。

防治方法 1. 人工防治 3 月中旬至 4 月中旬集中烧毁卵枝，雨后燃柴草诱杀成虫。2. 用黑光灯诱杀成虫。3. 喷洒 Bt 乳剂 500 倍液、20% 除虫脲悬浮剂 7000 倍液防治幼虫。

桑褶翅尺蛾成虫

桑褶翅尺蛾成虫及卵

桑褶翅尺蛾老熟幼虫

银刀奇舟蛾

舟蛾科
学名 *Altata argyropeza* (Oberthür)

分布 河北、浙江、福建、广西、陕西、云南、四川。

寄主和危害 不详。

形态特征 成虫体长 15~16mm，翅展 40~43mm。触角 2/3 双栉形，两侧栉齿同长。头和胸背红褐色，颈板浅灰黄褐色，中央有一暗褐色横线，后胸背有 2 个灰白点。前翅中室以上的前半部苍褐色，后半部暗红褐色，基部和外缘中央近黑色，中室下缘外半部有一近刀形银斑，内侧伴一小银点，内外线黑褐色双道锯齿形，前半段只有 2 列黑点可见，前缘中央到横脉有一暗褐色影状斜带；

后翅灰褐色，缘毛色较浅。腹部灰褐色。

生物学特性 河北6月成虫期。强趋光性。

防治方法 灯光诱杀成虫。

银刀奇舟蛾成虫

黑带二尾舟蛾 | 舟蛾科

学名 *Cerura felina* Butler

分布 河北、辽宁、北京、甘肃。

寄主和危害 多种杨、柳。

形态特征 成虫体灰白色，头和翅基片黄白色，胸背中线明显，有“八”字形黑纵带2条和黑斑10个；腹背黑色，中线不清，每节中央有大灰三角形斑1个，斑内有黑纹2条，前后连成黑线2条，腹末节背有黑纵纹1条。前翅灰白色，亚基部有暗色宽横带，内横线双道波浪形，中横线深锯齿形，与外横线平行，从后缘伸至M脉，外衬平行的灰黑线1条；后翅外缘线由7个黑点组成。

生物学特性 河北一年2代。以蛹在硬茧中于干上越冬。翌年5月成虫羽化、交尾、产卵，出现第一代幼虫。幼虫期约30天，7月结茧化蛹，蛹期10~15天，出现第二代成虫，再产卵，于7月下旬出现第二代幼虫，9月化蛹结硬茧越冬。

防治方法 1. 秋、冬季人工砸灭干上在硬茧内越冬的蛹，杀灭虫源。2. 灯光诱杀成虫。

黑带二尾舟蛾成虫

黑带二尾舟蛾幼虫

杨二尾舟蛾

舟蛾科
学名 *Cerura menciana* Moore

杨二尾舟蛾成虫

分布 华北、东北、西北、东南地区。

寄主和危害 危害杨、柳叶片，虫体较大，食量大，易暴发成灾，常将整株叶片吃光，似火烧状。

形态特征 成虫体长22~29mm，翅展54~76mm。胸背有6个黑点并排2列。翅基片有2个黑点，前翅灰白微带紫褐色，翅脉黑褐色，所有斑纹呈黑色，基部有3个呈鼎立状排列的黑点。

生物学特性 河北一年2代。以蛹结茧在枝干上越冬，茧由丝胶粘树皮构成，坚硬如木，紧贴于树干，色灰褐色如树皮，不易辨认。每年4月下旬越冬代成虫出现，5月下旬第一代幼虫孵化，6月下旬至7月上旬幼虫盛发，幼虫期约30天，老熟幼虫多在树干1m以下树皮上结茧化蛹。蛹期10~15天。7月中下旬第二代成虫发生。

防治方法 1. 秋、冬季人工砸灭干上在硬茧内越冬的蛹，杀灭虫源。2. 灯光诱杀成虫。3. 幼虫发生严重时期，喷洒20%除虫脲悬浮剂7000倍液。

杨二尾舟蛾卵

杨二尾舟蛾幼虫

杨二尾舟蛾蛹

短扇舟蛾

舟蛾科
学名 *Clostera albosigma curtuloides* Erschoff

分布 河北、北京、陕西、甘肃、青海、黑龙江、吉林、山西、云南；日本、朝鲜、俄罗斯、北美。

寄主和危害 幼虫取食山杨、日本山杨。

形态特征 成虫翅展27~38mm。头顶和胸部中央具1个暗红色斑，臀毛簇棕黑色或暗棕红色。前翅灰红褐色，顶角处具大型暗红色斑，斑的内缘具白色边缘。

生物学特性 河北4~8月可见成虫。具趋光性。

短扇舟蛾成虫

杨扇舟蛾

舟蛾科
学名 *Clostera anachoreta* Fabricius

分布 全国各地。

寄主和危害 危害杨、柳的重要害虫，幼虫吐丝结苞危害杨树叶片，常常在7~8月间猖獗成灾。

形态特征 成虫体长12~17mm，翅展27~38mm。前翅灰褐色，翅面有4条灰白色波状横纹，顶角处有一暗褐色扇形斑。外横线穿过扇形斑一段，呈斜伸的双翅形，后翅呈灰褐色。

生物学特性 河北一般一年3~4代。个别有5代出现，以蛹在地面枯叶、墙缝、地被物或表土内越冬。每年3月中旬越冬代成虫出现，4月下旬第一代幼虫孵化，6月上中旬第一代成虫开始羽化，第二代成虫出现于7月上中旬，第三代成虫于8月发生，然后出现第四代幼虫，危害至9月后，陆续化蛹过冬。

防治方法 1. 人工摘除幼龄幼虫虫叶或化蛹虫苞，也可结合冬季清除落叶时消灭越冬蛹。2. 黑光灯诱杀成虫。3. 喷洒Bt乳剂500倍液或25%灭幼脲Ⅲ号2500倍液防治幼虫。保护和释放黑卵蜂和赤眼蜂。

杨扇舟蛾成虫

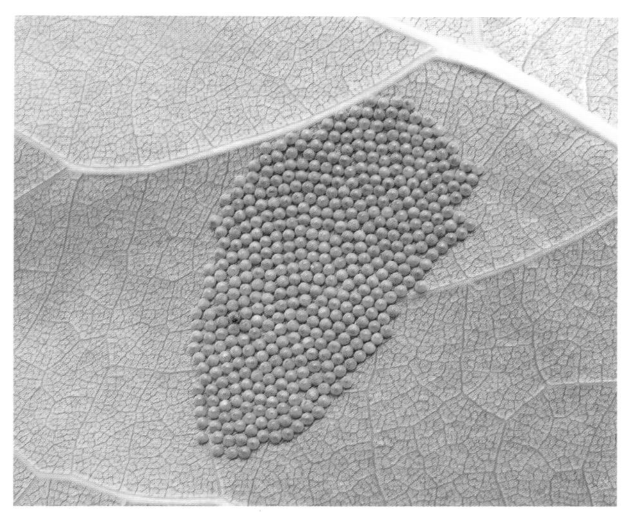
杨扇舟蛾卵

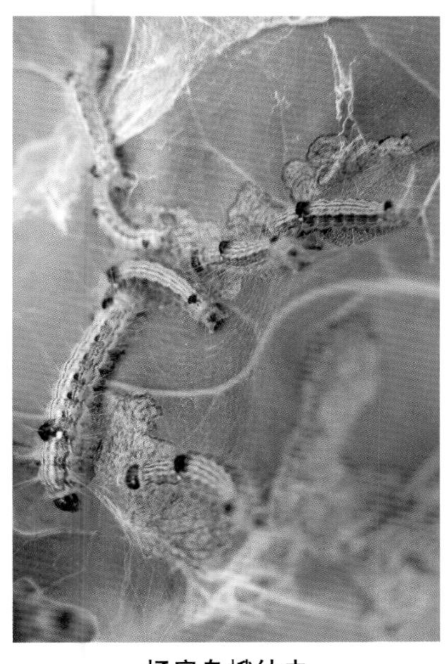
杨扇舟蛾幼虫

杨扇舟蛾老熟幼虫

杨扇舟蛾蛹

杨扇舟蛾成虫交尾

杨分月扇舟蛾

舟蛾科
学名 *Clostera anastomosis* (Linnaeus)

分布 河北、黑龙江、吉林、辽宁、新疆、青海、陕西、内蒙古、安徽、江苏、浙江、湖北、江西、湖南、福建、云南、四川、甘肃。

寄主和危害 杨、柳。以幼虫取食叶片。由于该虫繁殖力强、幼虫食量大，容易爆发成灾。

形态特征 成虫体长 12~18mm，翅展 27~46mm。体翅灰褐色，头顶和胸背中央黑棕色。前翅 3 条灰白色横线，扇形斑模糊，红褐色，亚外缘线由 1 列黑点组成。

生物学特性 河北一年发生 2 代。以蛹越冬。翌年 4 月下旬开始羽化。幼虫啃食芽鳞和嫩枝皮，随着展叶而取食叶片。5 月中下旬幼虫老熟化蛹。5 月中旬至 6 月上旬成虫羽化，8 月下旬第二代幼虫出现；9 月底越冬。卵被赤眼蜂寄生较多。

防治方法 1. 消灭成虫。利用黑灯光诱杀成虫；人工摘除虫叶。2. 喷洒 Bt 乳剂 500 倍液、20% 除虫脲悬浮剂 7000 倍液。

杨分月扇舟蛾成虫

杨分月扇舟蛾幼虫

高粱舟蛾

舟蛾科
学名 *Dinara combusta* (Walker)

高粱舟蛾成虫

分布 河北、山东、辽宁、湖北、台湾、云南。

寄主和危害 高粱、玉米、甘蔗。

形态特征 成虫体长 20~25mm，翅展 49~68mm。头红棕色，颈板、前胸背面灰黄色，翅基片灰褐色内衬红棕色边，腹背橙黄色或褐黄色，每节两侧各具一黑点，雄蛾腹末第二、三节后缘各具黑褐色横线 1 条，雌蛾腹末至第二节黑褐色。前翅浅黄色，前缘下翅脉上、中室内具暗灰色细纹。

生物学特性 河北一年生 1 代。以蛹在土下 6.5~10cm 处越冬，翌年 6 月下旬至 7 月中旬羽化为成虫。成虫白天隐蔽，夜间活动、交尾。

防治方法 1. 人工捕杀。幼虫个体较大，活动性较差，容易捕杀。2. 幼虫发生时，可喷洒 0.5% 苦参碱乳油 800 倍液。

黑蕊尾舟蛾

舟蛾科
学名 *Dudusa sphingiformis* (Moore)

分布 河北、北京、山东、四川、陕西、安徽、湖北、云南；朝鲜、印度、缅甸、日本。

寄主和危害 幼虫咬食栾树、槭树新梢嫩叶。

形态特征 成虫体长23~37mm，翅展70~89mm。头、触角黑褐色。触角呈双栉状分枝超过中部，雌蛾分枝较雄蛾短，尾端线形。前翅灰黄褐色，基部有一黑点，呈一大三角形斑，亚基线、内线和外线灰白色，内线呈不规则锯齿形，外线清晰，斜伸双曲形，亚端线和端线均由脉间月牙形灰白色形组成，缘毛暗褐色；后翅暗褐色，前缘基部和后角灰褐色，亚端线同前翅。

生物学特性 河北7月可见成虫。具趋光性。

黑蕊尾舟蛾成虫

黄二星舟蛾

舟蛾科
学名 *Euhampsonia cristata* (Butler)

分布 河北、黑龙江、吉林、辽宁、陕西、北京、山西、内蒙古、河南、山东、安徽、江苏、浙江、湖北、海南、四川、云南、甘肃。

寄主和危害 柞树、栎树、栗。与柞蚕争食柞叶。

形态特征 成虫黄褐色，胸部背面有冠形毛簇。触角线形(雌)或双栉形(雄)。前翅有2条深褐色横纹，横脉纹由2个大小相同的黄色圆点组成。

生物学特性 河北一年发生1~2代。以蛹于地表土层内越冬。5月下旬开始出现成虫，雄蛾比雌蛾羽化略早，均有趋光性，飞翔力较强。

防治方法 1. 成虫期用黑光灯诱杀。2. 保护天敌有麻雀、大星步甲、青虫菌等。

黄二星舟蛾雌成虫

黄二星舟蛾雄成虫

银二星舟蛾 | 舟蛾科
学名 *Euhampsonia splendida* (Oberthür)

分布 河北、黑龙江、吉林、陕西、北京、河南、山东、浙江、湖北、湖南、甘肃。

寄主和危害 蒙古栎。

形态特征 成虫头、颈板灰白色，胸背柠檬黄色，腹背淡褐黄色。前翅灰褐色，前缘灰白色，内外线暗褐色，呈“V”形汇合于后缘中央，横脉纹由2个银白色圆点组成；后翅暗灰褐色，前缘灰白色。

生物学特性 河北一年发生1代。以蛹在土中越冬。

防治方法 1. 灯光诱杀成虫。2. 幼虫期喷洒25%灭幼脲悬浮剂2000倍液。

银二星舟蛾成虫

燕尾舟蛾 | 舟蛾科
学名 *Furcula furcula sangaica* Moore

分布 河北、黑龙江、吉林、新疆、宁夏、陕西、内蒙古、山西、江苏、浙江、湖北、四川、云南、甘肃。

寄主和危害 杨、柳。

形态特征 成虫头、颈灰色。胸背有黑带4条，带间赭黄色。腹背黑色，每节后缘灰白横线。前翅灰色，内线为中间收缩的黑宽带，两侧衬红、黄色，外线双道；后翅白色。幼虫头浅红褐色，体绿色，背部两侧各有红纵带1条，在腹背呈弧形，尾角长，红色。

生物学特性 河北一年发生2代。以蛹越冬，4月和7月为各代成虫期，6月和8~9月为幼虫危害期。

防治方法 黑光灯诱杀成虫。

燕尾舟蛾成虫

燕尾舟蛾成虫

基线仿舟蛾

舟蛾科
学名 *Fusadonta basilinea* Wileman

分布 河北、北京、浙江、湖北；日本、朝鲜。

寄主和危害 幼虫取食栎属植物。

形态特征 成虫翅展52~54mm。前翅暗灰褐色，外线波状，外衬黄色边；翅脉纹暗色，外围浅黄色。

生物学特性 河北8月可见成虫。具趋光性。

基线仿舟蛾成虫

钩翅舟蛾

舟蛾科
学名 *Gangarides dharma* Moore

分布 河北、辽宁、陕西、湖北、江西、浙江、福建、湖南、广东、广西、四川、云南。

寄主和危害 榛类。

形态特征 成虫翅展雄62~69mm，雌72~83mm。全身和前翅灰黄色，满布褐色雾点，头顶、胸背和前翅带浅红色。前翅有暗褐色横线5条，中线在横脉外曲，横脉纹为一白点；后翅灰黄褐带浅红色，有地模糊暗褐色外带。

生物学特性 河北一年发生1代，7月中旬成虫期，成虫具趋光性。

防治方法 灯光诱杀成虫。

钩翅舟蛾成虫

杨谷舟蛾

舟蛾科
学名 *Gluphisia crenata* Esper

分布 河北、北京、甘肃、黑龙江、吉林、辽宁、山西、浙江、湖北、四川、云南；日本、朝鲜、俄罗斯、欧洲、北美。

寄主和危害 幼虫取食杨叶。

形态特征 成虫翅展20~34mm。体暗褐色，腹背灰褐色。前翅灰色至烟灰色，具3条明显的黑褐色横带；亚基线大锯齿状，外衬灰白边，内线稍直，外线锯齿形，外衬灰白边；亚缘线不明显。

生物学特性 河北5~7月可见成虫。具趋光性。

杨谷舟蛾成虫

角翅舟蛾

舟蛾科
学名 *Gonoclostera timoniorum* Bremer

分布 河北、北京、陕西、甘肃、黑龙江、吉林、辽宁、山东、江苏、上海、安徽、浙江、江西、湖北、湖南；日本、朝鲜、俄罗斯。

寄主和危害 幼虫取食多种柳树。

形态特征 成虫翅展29~33mm。胸部棕褐色至深棕褐色。前翅褐黄至棕褐色，带紫色，内外线之间具暗三角形斑，后角接近翅后缘，暗褐色，离内线越近颜色越浅。

生物学特性 河北5月、7月、8月可见成虫。具趋光性。

角翅舟蛾成虫

怪舟蛾

舟蛾科
学名 *Hagapteryx admirabilis* Staudinger

分布 河北、黑龙江、浙江、江西、湖北、福建、甘肃；日本、俄罗斯。

寄主和危害 核桃。

形态特征 成虫翅展 39~43mm。头和胸部暗红褐色，腹部黄褐色。前翅红褐色，其上有黑色和驼色形成的散乱斑纹，翅缘齿状，其上的斑纹极似突起的尖刺，翅中央可见 2 个大型椭圆斑；后翅灰褐色为主，杂有其他颜色。

生物学特性 河北 7 月可见成虫。具趋光性。

怪舟蛾成虫

栎枝背舟蛾

舟蛾科
学名 *Harpyia umbrosa* Staudinger

分布 河北、北京、黑龙江、山西、山东、江苏、浙江、湖北、湖南、四川、云南；日本、朝鲜、俄罗斯。

寄主和危害 幼虫取食板栗、麻栎。

形态特征 成虫翅展 48~56mm。前翅外半部的翅脉黑色，缘毛黑色，但在翅脉的延伸处为白色，翅基半部中央具白色纵带，有时白色带不明显。

生物学特性 河北 7~8 月可见成虫。具趋光性。

栎枝背舟蛾成虫

弯臂冠舟蛾 | 舟蛾科
学名 *Lophocosma nigrilinea* Leech

分布 河北、北京、陕西、甘肃、吉林、内蒙古、山西、浙江、四川、广西；日本、朝鲜、俄罗斯。

寄主和危害 桦树。

形态特征 成虫翅展46~65mm。头及胸基部暗红褐色至黑褐色。前翅灰褐色，翅中具1条黑色条纹斜伸至近翅中央后，再伸向翅缘，翅前缘内侧尚有2个黑斑。

生物学特性 河北7月可见成虫。具趋光性。

弯臂冠舟蛾成虫

杨小舟蛾 | 舟蛾科
学名 *Micromelalopha troglodyte* Greaeser

分布 河北、河南、山东、安徽、浙江、江西、四川以及东北地区。

寄主和危害 杨、柳。幼虫啃食杨树叶片危害，幼虫有群集性，常群集危害，将叶片食光，仅留下叶表皮及叶脉。老熟幼虫吐丝缀叶化蛹。影响植株叶片光合作用。

形态特征 成虫体长9~10mm，翅展24~26mm。体色多变，有黄褐色、红褐色、暗褐色等。前翅

杨小舟蛾成虫

杨小舟蛾卵

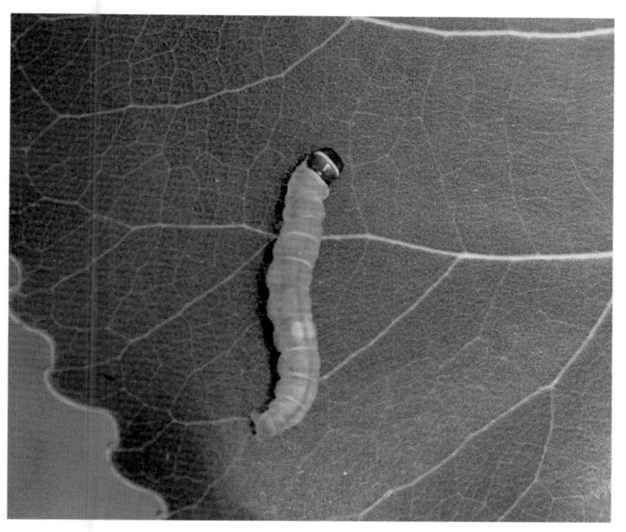

杨小舟蛾幼虫

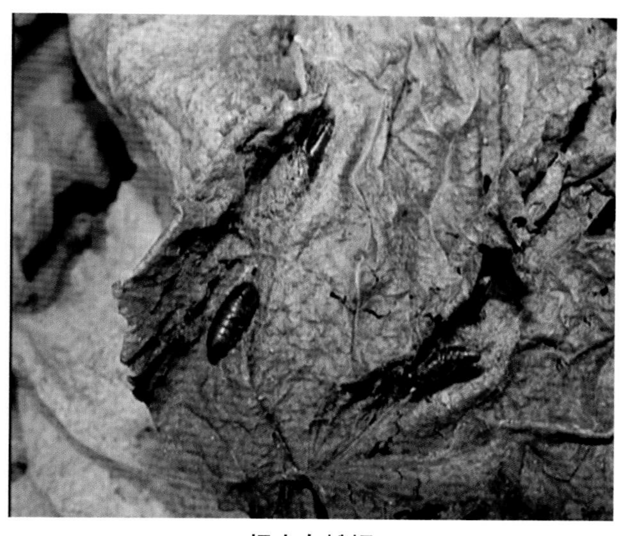

杨小舟蛾蛹

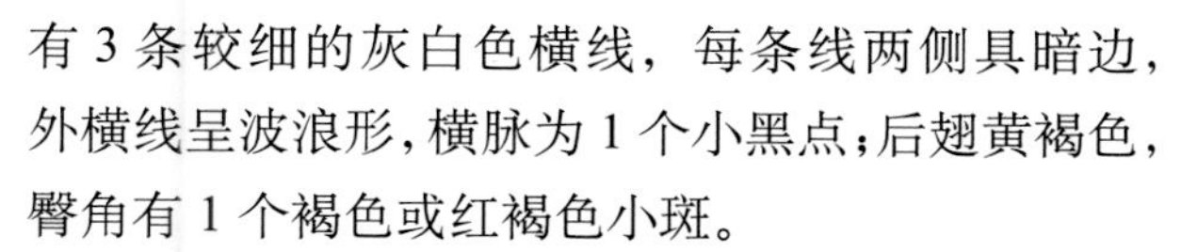

有3条较细的灰白色横线，每条线两侧具暗边，外横线呈波浪形，横脉为1个小黑点；后翅黄褐色，臀角有1个褐色或红褐色小斑。

生物学特性 河北一年发生3~4代。以蛹在地面枯叶下表土内越冬。每年4月中下旬越冬代成虫出现，5月上旬第一代幼虫孵化，第二代幼虫出现于6月中旬至7月上旬，第三代发生于7月下旬至8月上旬，第四代幼虫于9月上中旬发生，危害至10月中下旬，陆续化蛹过冬。

防治方法 1. 黑光灯诱杀成虫。2. 喷洒Bt乳剂500倍液或25%灭幼脲Ⅲ号2500倍液防治幼虫。

榆白边舟蛾

舟蛾科
学名 *Nerice davidi* Oberthür

分布 河北、北京、陕西、甘肃、黑龙江、吉林、内蒙古、山东、山西、江苏；日本、朝鲜、俄罗斯。

寄主和危害 幼虫取食榆叶。

形态特征 成虫翅展33~45mm。头及前胸暗褐色。前翅前半部暗褐色，后半部在分界处白色，白色区内具1个月牙形暗褐色斑，外侧暗色斑尖形后突。

生物学特性 河北5~9月可见成虫。具趋光性。

榆白边舟蛾成虫

榆白边舟蛾成虫

仿白边舟蛾

舟蛾科
学名 *Nerice hoenei* Kiriakoff

分布 河北、北京、陕西、甘肃、吉林、辽宁、山西、山东；朝鲜。

寄主和危害 幼虫取食苹果、桃。

形态特征 成虫翅展49~61mm。头及前胸暗褐色，前翅前半部暗褐色，后半部在分界处白色，后渐变成灰褐色，中部具1个暗褐色斑。

生物学特性 河北7~8月可见成虫。具趋光性。

仿白边舟蛾成虫

大齿白边舟蛾

舟蛾科
学名 *Nericoides upina* Alphéraky

分布 河北、北京、山西、陕西、青海、云南。

寄主和危害 蔷薇科植物。

形态特征 翅展约47mm。前翅前半部暗棕褐色，其后云边缘中央呈一大梯形曲伸达亚中褶，在中室外2~3脉间呈拱形；后翅色稍浅。

生物学特性 河北7月可见成虫。具趋光性。

大齿白边舟蛾成虫

烟灰舟蛾

舟蛾科
学名 *Notodonta torva* (Hübner)

分布 河北、黑龙江、吉林、陕西、内蒙古、北京、山西、湖北、甘肃。

寄主和危害 杨、桦属、榛属等。

形态特征 成虫翅展40~47mm。身体灰褐色。前翅暗灰褐色，所有斑纹暗褐色，内外线不清晰，分别衬灰白色内外边，外线锯齿形，在6脉上呈钝角形曲，2脉以后稍外曲，横脉纹肾形，边灰白色；后翅浅灰褐色具灰白色外带。

生物学特性 河北7~8月见成虫。

防治方法 灯光诱杀成虫。

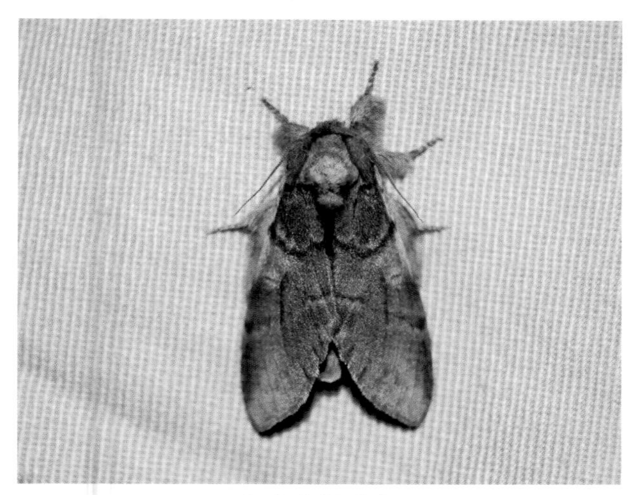
烟灰舟蛾成虫

烟灰舟蛾成虫

厄内斑舟蛾

舟蛾科
学名 *Peridea elzet* Kiriakoff

分布 河北、北京、陕西、甘肃、辽宁、山西、江苏、浙江、江西、福建、湖南、四川、云南;日本、朝鲜。

寄主和危害 幼虫取食栎属。

形态特征 成虫翅展45~54mm。头胸部灰褐色，具黑色条纹和暗红斑。前翅暗灰色，翅基具锈黄色斑，内线波浪形，与外线的距离远，亚端线模糊，由1列暗红色点组成；翅后缘中部的齿形毛簇黑褐色。

生物学特性 河北8月可见成虫。具趋光性。

厄内斑舟蛾成虫

厄内斑舟蛾成虫

赭小内斑舟蛾 | 舟蛾科

学名 *Peridea graeseri* Staudinger

分布 河北、北京、陕西、内蒙古、黑龙江、吉林、山西、湖北；日本、朝鲜、俄罗斯。

寄主和危害 幼虫取食春榆、桦树等。

形态特征 成虫翅展54~70mm。前翅灰褐色，亚基线双曲波形，内线波浪形，内衬灰白边，横脉外赭褐色，周缘浅色，前缘近顶角处具赭褐色斑。

生物学特性 河北8月可见成虫。具趋光性。

赭小内斑舟蛾成虫

赭小内斑舟蛾成虫

侧带内斑舟蛾 | 舟蛾科

学名 *Peridea lativitta* Wileman

分布 河北、北京、陕西、黑龙江、吉林、辽宁、山西、山东、浙江、湖北、四川；日本、朝鲜、俄罗斯。

寄主和危害 幼虫取食蒙古栎。

形态特征 成虫翅展53~65mm。头胸灰褐色，具黑色鳞片。前翅灰褐色，翅基具锈黄色斑，内线波浪形，在后缘与中线较为接近，由1列暗红色点组成，翅后缘中部的齿形毛簇黑褐色。

生物学特性 河北4月、7~9月可见成虫。具趋光性。

侧带内斑舟蛾成虫

卵内斑舟蛾

▶ 舟蛾科
学名 *Peridea moltrechti* Oberthür

分布 河北、黑龙江、吉林、辽宁、陕西、湖南、四川。

寄主和危害 山毛榉、榆。

形态特征 成虫头、颈板灰色，胸背和翅基片黑褐色，腹背黄褐色。前翅灰褐微带暗红色，前缘内半部灰白色，基部有卵形黑大斑 1 个，斑外缘较暗，呈弧形带；后翅苍褐色，外线、亚端线灰褐色。

生物学特性 河北一年发生1代。以蛹在土中越冬。8 月可见成虫。具趋光性。

卵内斑舟蛾成虫

苹掌舟蛾

▶ 舟蛾科
学名 *Phalera flavescens* (Bremer et Grey)

分布 河北、北京、黑龙江、吉林、辽宁、河南、山东、山西、陕西、四川、广东、云南、湖南、湖北、安徽、江苏、浙江、福建、台湾。

寄主和危害 槲树、榆、苹果、梨、杏、桃、李、梅、樱桃、山楂、榅桲、火棘、海棠、沙果、核桃、板栗、枇杷。幼虫食害叶片。

形态特征 成虫体长 22~25mm，翅展 49~52mm。头胸部淡黄白色，腹背雄虫残黄褐色，雌蛾土黄色，末端均淡黄色，复眼黑色球形。触角黄褐色，丝状，雌触角背面白色，雄各节两侧均有微黄色茸毛。前翅银白色，在近基部生 1 个长圆形斑，外缘有 6 个椭圆形斑，横列成带状，各斑内端灰黑色，外端茶褐色，中间有黄色弧线隔开，翅中部有淡黄色波浪状线 4 条，顶角上具 2 个不明显的小黑点；后翅浅黄白色，近外缘处生 1 条褐色横带，有些雌虫消失或不明显。

生物学特性 河北一年发生 1 代。以蛹在寄主根部或附近土中越冬。成虫最早于翌年 6 月中下旬出现；7 月中下旬羽化最多，一直可延续至 8 月上中旬。

防治方法 1. 灯光诱杀成虫。2. 初孵幼虫扩散前，人工摘除带虫叶片，并集中消灭。3. 发生严重时喷洒 Bt 乳剂 500 倍液或 48% 乐斯本乳油 3500 倍液。

苹掌舟蛾成虫

苹掌舟蛾幼虫

榆掌舟蛾

舟蛾科
学名 *Phalera takasagoensis* Matsumura

分布 河北、陕西、北京、山东、江苏、湖南、台湾、甘肃。

寄主和危害 栗、核桃、苹果、梨、榆、糙叶树。初孵幼虫群集取食，叶片呈箩网状，严重影响树木生长。

形态特征 成虫体黄褐色，体长 18~22mm，翅展 48~58mm。头顶淡黄色。胸背前半部黄褐色，后半部灰白色并有 2 条暗红褐色横纹。腹背黄褐色。前翅灰褐色，具银色光泽，前半部较暗，后半部较明亮，顶角有一醒目的浅黄色掌形斑，边缘黑色。

生物学特性 河北一年发生 1 代。以蛹在土中越冬。翌年 5~6 月成虫羽化。

防治方法 利用成虫的趋光性，在 5~6 月间用黑光灯诱杀成虫。

榆掌舟蛾成虫

榆掌舟蛾幼虫

杨剑舟蛾

舟蛾科
学名 *Pheosia rimosa* Packard

分布 河北、黑龙江、吉林、新疆、陕西、内蒙古、北京、山西、甘肃、台湾。

寄主和危害 桦、柳、杨。

形态特征 成虫体褐色，翅白色具褐纹。前翅基部近后缘有土黄色斑 1 个，外缘亚中褶前方有白楔纹 1 个，前缘外侧 3/4 灰黑色，中央有斑 2 个，6~8 脉间有黑斜纹 2 条，外线内衬白边；后翅灰白带褐色。

生物学特性 河北一年发生 2 代。以蛹在土中越冬。5 月下旬至 6 月，8 月分别为各代成虫期，6~7 月和 8~10 月为各代幼虫期。

防治方法 1. 灯光诱杀成虫。2. 初孵幼虫期喷洒 20% 除虫脲悬浮剂 7000 倍液。

杨剑舟蛾成虫

金纹舟蛾

舟蛾科
学名 *Plusiogamma aurisigna* Hampson

金纹舟蛾成虫

分布 河北、湖北、陕西、四川、云南、甘肃。

寄主和危害 山杨、柳。

形态特征 成虫体长 11~13mm，翅展 31~ 35mm。头和胸背棕黑色，胸腹面和腹背面灰褐色。前翅深猪肝色，有 2 个醒目的金斑：一个在基部，由 2 个小斑点连接而成；另一个在中央，从前缘内侧约 1/3 斜伸到中室下角，由断续的 3 个小斑点组成。内线不清晰，只在后缘中央隐约可见，横脉外有 1 条宽的灰色影状带，外线在宽带内，亚端线不清晰，暗褐色波浪形；后翅灰红褐色，具模糊外带。

生物学特性 河北 6~7 月见成虫。

防治方法 灯光诱杀成虫。

灰羽舟蛾

舟蛾科
学名 *Pterostoma griseum* Bulter

分布 河北、北京、陕西、甘肃、黑龙江、内蒙古、四川；日本、朝鲜、俄罗斯。

寄主和危害 幼虫取食山杨、朝鲜槐。

形态特征 成虫翅展 52~68mm。下唇须灰褐色，很长，长度与胸部相近。前翅灰褐色，翅脉黑褐色，后缘具锈红色斑，有时斑不明显。

生物学特性 河北一年发生1代。7月、8月可见成虫，具趋光性。

灰羽舟蛾成虫

槐羽舟蛾

舟蛾科
学名 *Pterostoma sinicum* Moore

分布 河北、黑龙江、辽宁、陕西、北京、山西、山东、安徽、江苏、上海、浙江、湖北、江西、湖南、四川、云南、西藏、甘肃。

寄主和危害 杨、国槐、刺槐、紫藤、朝鲜槐。易与国槐尺蠖同期发生，严重时，常将叶片食光。

形态特征 成虫体长为29mm左右，翅展为62mm左右。体暗黄褐色。前翅灰黄色，其后缘中部略内凹，翅面有双条红褐色齿状波纹。

生物学特性 河北一年发生2代。以蛹在土中、墙根和杂草丛下结粗茧越冬。翌年4月下旬至5月上旬成虫羽化，有趋光性。

防治方法 1. 灯光诱杀：采用黑光灯诱杀成虫；人工防治：结合树木养护管理消灭蛹。2. 幼虫危害期喷施生物制剂Bt乳剂500倍液。

槐羽舟蛾成虫

槐羽舟蛾卵

槐羽舟蛾幼虫

沙舟蛾

舟蛾科
学名 *Shaka atrovittatus* (Bremer)

沙舟蛾成虫

分布 河北、黑龙江、辽宁、吉林、陕西、北京、江西、湖南、台湾、四川、云南、甘肃。

寄主和危害 槭属。

形态特征 成虫头、胸灰褐色，翅展雄47~57mm，雌60~64mm。腹部浅灰黄褐色。前翅青灰带棕色，中室下方有棕黑色大条纹，从基部伸至脉后，但不达外缘，基线双齿形，外线外侧近翅间和4~6脉间有棕黑斑1个；后翅灰褐色。

生物学特性 河北一年发生1代。7~8月幼虫期。

防治方法 1. 秋冬组织人力刮除树干虫茧。2. 成虫羽化盛期可用环保防护型昆虫趋性诱杀器（YW-3型）或黑光灯诱杀。3. 注意保护黄鹂。

艳金舟蛾

舟蛾科
学名 *Spatalia daerriesi* Graeser

分布 河北、北京、陕西、内蒙古、黑龙江、吉林、湖北、四川；日本、朝鲜、俄罗斯。

寄主和危害 幼虫取食蒙古栎、紫椴。

形态特征 成虫翅展39~48mm。胸部两侧毛丛通常为赭红色毛。前翅后缘具纵向排列的银斑，其中中间1个大，三角形。

生物学特性 河北7月可见成虫。具趋光性。

艳金舟蛾成虫

茅莓蚁舟蛾

舟蛾科
学名 *Stauropus basalis* Moore

分布 河北、北京、陕西、甘肃、山西、山东、江苏、浙江、上海、江西、福建、湖北、四川、贵州、云南、台湾；日本、朝鲜、俄罗斯。

寄主和危害 幼虫取食茅莓、千金榆。

形态特征 成虫翅展35~47mm。头胸部灰褐色。前翅暗灰色，翅基灰白色，内具1个黑点，中线为1条波形横带，具暗棕色鳞片，亚端线和端线由棕黑色点组成。

生物学特性 河北7月可见成虫。具趋光性。

茅莓蚁舟蛾成虫

核桃美舟蛾

舟蛾科
学名 *Uropyia meticulodina* (Oberthür)

分布 河北、吉林、辽宁、陕西、北京、山东、江苏、浙江、湖北、江西、湖南、福建、广西、四川、云南、甘肃。

寄主和危害 核桃、核桃楸。

形态特征 成虫头赭色，胸和前翅暗棕色。前翅前后缘各有大黄斑1个，前者几乎占中室以上整个前缘区，大刀形，后者半椭圆形，每斑内暗褐横线4条；后翅淡黄色，后缘稍暗。

生物学特性 河北一年发生2代。以幼虫吐丝缀叶做茧化蛹越冬。翌年5~6月和7~8月分别羽化为各代成虫。卵散产。6月和8~9月出现幼虫，散居，静止时龙舟形。

防治方法 1. 黑光灯诱杀成虫。幼虫期喷洒3%高渗苯氧威乳油3000倍液

核桃美舟蛾成虫

核桃美舟蛾成虫

核桃美舟蛾幼虫

白钩毒蛾

毒蛾科
学名 *Arctornis l-nigrum* (Müller)

分布 东北、华北、华东、四川、云南。

寄主和危害 榉、榆、栎、榛、桦、苹果、山楂、杨、柳。

形态特征 成虫体和翅白色，翅横脉纹黑色，呈“L”字形。幼虫体黑色，两侧黄或红褐色，腹部背毛刷红褐色，第一、二、六、八腹节背毛丛白色。

生物学特性 河北一年发生1代。以3龄幼虫在卷叶越冬。6月下旬化蛹，7月出现成虫，产卵于枝、叶上，卵期8~10天，7月出现幼虫。

防治方法 1. 于7~8月黑光灯诱杀成虫。2. 春、秋幼虫期喷洒20%除虫脲悬浮剂7000倍液。

白钩毒蛾成虫

结丽毒蛾

毒蛾科
学名 *Calliteara bunulata* Butler

分布 河北、北京、陕西、黑龙江、吉林、辽宁、浙江、福建、台湾、湖北、湖南、广东；日本、朝鲜、俄罗斯。

寄主和危害 幼虫取食栎、板栗等。

形态特征 成虫翅展雄 45~56mm，雌 65~80mm。后胸背面中部具黑毛，足跗节黑色，胸背及前足着生灰褐色长毛。前翅内缘在前缘呈扣状黑褐色条纹，中线、外线和亚缘线黑褐色，锯齿形，中室端具肾形纹，有时这些纹可不明显。

生物学特性 河北 7 月可见成虫。具趋光性。

结丽毒蛾成虫

连丽毒蛾

毒蛾科
学名 *Calliteara conjuncta* Wileman

分布 河北、北京、陕西、内蒙古、黑龙江、吉林、辽宁、山东、安徽、江西、湖北、湖南、四川、云南；日本、朝鲜、俄罗斯。

寄主和危害 幼虫取食栎、刺槐、杨、椴、枫香、木荷。

形态特征 成虫翅展 37~50mm。前翅黑灰色，中区前半部灰白色，亚基线双线黑色，内横线前缘黑色，曲折明显，外横线双线，内 1 线黑色，外 1 线灰褐色，中室后具 1 纵线，连接内、外横线，端线黑色，上半部较直，后半部锯齿形。缘毛棕色与黑色相间。

生物学特性 河北 5~6 月可见成虫。具趋光性。

连丽毒蛾成虫

丽毒蛾

毒蛾科
学名 *Calliteara pudibunda* Linnaeus

分布 河北、北京、陕西、黑龙江、吉林、辽宁、山西、河南、山东、台湾；朝鲜、俄罗斯。

寄主和危害 幼虫取食多种果树和林木，如苹果、梨、山楂、桦、栎、杨、柳等。

形态特征 成虫翅展35~60mm。胸部常有黑毛簇。前翅内线双线，较宽和直，黑褐色，横脉纹黑褐色，外线双线、波状，亚端线不完整。

生物学特性 河北6~7月可见成虫。具趋光性。

丽毒蛾成虫

折带黄毒蛾

毒蛾科
学名 *Euproctis flava* Bremer

分布 河北、北京、陕西、甘肃、内蒙古、东北、山西、河南、山东、江苏、安徽、浙江、福建、湖北、湖南、广东、广西、四川、贵州、云南；日本、朝鲜、俄罗斯。

寄主和危害 幼虫取食樱桃、梨、苹果、桃、梅、李、海棠、蔷薇、栎类、石榴、茶、刺槐、柏、松等多种树木。

形态特征 成虫翅展25~42mm。体黄色；前翅黄色，内线和外线浅黄色，两者在近中部弯折；两线之间布黄褐色鳞片；顶角处具2个黑褐色斑点，有时1个消失或2个消失。

生物学特性 河北6~7月可见成虫。具趋光性。

折带黄毒蛾成虫

折带黄毒蛾幼虫

戟盗毒蛾

毒蛾科
学名 *Euproctis pulverea* Leech

分布 河北、辽宁、山东、甘肃、浙江、湖北、江西、福建、台湾、广西、四川。

寄主和危害 刺槐、茶、柑橘、桃。以幼虫咬食叶片危害。

形态特征 成虫体长5~12mm，翅展20~33mm。体淡橙黄色。前翅黄褐色，前缘和外缘淡橙黄色，黄褐色部分布满黑褐色鳞片或减少，外缘部分鳞片带银色反光，并在端部和中部向外凸出，或达外缘；后翅黄色，基半部棕色或黄色。

生物学特性 河北一年发生2代。以幼虫越冬。4~6、8~9月可见成虫。具趋光性。

防治方法 灯光诱杀成虫。

戟盗毒蛾成虫

戟盗毒蛾幼虫

幻带黄毒蛾

毒蛾科
学名 *Euproctis varians* (Walker)

分布 河北、安徽、山东、江苏、浙江、湖北、湖南、江西、福建、台湾、广东、广西。

寄主和危害 柑橘、茶、油茶、枇杷、山茶。

形态特征 成虫翅展雄18mm，雌30mm。体橙黄色。前翅黄色，内线和外线黄白色，近平行，外弯，两线间色较浓；后翅浅黄。

生物学特性 河北一年发生1代。以蛹在土中越冬。7~8月成虫期。

防治方法 1. 灯光诱杀成虫。2. 幼虫期喷洒Bt乳剂500倍液或25%阿克泰水分散粒剂5000倍液。

幻带黄毒蛾成虫

幻带黄毒蛾成虫交尾

榆黄足毒蛾

毒蛾科
学名 *Lvela ochropoda* Eversmann

分布 东北、华北、西北、华东、华中。

寄主和危害 白蜡、榔榆、月季、馒头柳等。初龄幼虫只食叶肉，残留表皮及叶脉，以后则吃成孔洞及缺刻，严重时将叶片吃光。

形态特征 成虫触角栉齿状，黑色，体和翅呈纯白色。前翅密生大而粗的鳞毛，翅脉白色，翅顶较圆。前足腿节前半部至跗节以及中、后足胫节前半部和跗节均为橙黄色。

生物学特性 河北一年发生2代。以初龄幼虫在树皮下或缝隙中、树洞内结茧越冬。第二年4~5月出蛰取食危害，6月中旬老熟幼虫在叶背面或树下灌木杂草丛上吐丝化蛹，蛹期10天左右，6月下旬，成虫羽化。成虫夜间活动，有趋光性。

防治方法 1.灯光诱杀成虫。利用成虫的趋光性，在6月下旬、9月初成虫出现期用黑光灯诱杀成虫。2.人工防治。在6月中旬、8月中旬幼虫化蛹期，除取树冠下杂草，降低成虫的数量，减少危害。

榆黄足毒蛾成虫

榆黄足毒蛾卵

榆黄足毒蛾幼虫

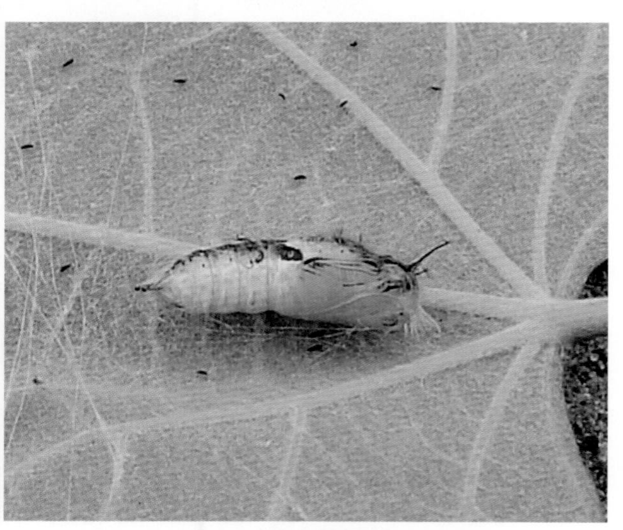
榆黄足毒蛾蛹

舞毒蛾

毒蛾科
学名 *Lymantria dispar* (Linnaeus)

别名 秋千毛虫、柿毛虫、杨树毛虫、松针黄毒蛾、苹果毒蛾。

分布 河北、辽宁、吉林、黑龙江、河南、江苏、四川、台湾、内蒙古、陕西、宁夏、甘肃、新疆、青海、湖南、山西、山东、贵州等地；日本、朝鲜及美洲、欧洲。

寄主和危害 幼虫可危害贴梗海棠、梨、苹果、柿、桃、李、杏、山楂、桑、梅、樱花、樱桃、榆、杨、柳、油松、落叶松、云杉等500多种花果树木的叶片，幼虫轻者将叶片咬成缺刻，重者全树吃光。

形态特征 成虫体长雌30mm、雄20mm，翅展雌87~112mm、雄40~54mm。雌雄异形。雌蛾体淡黄色，前翅黄白色，横线淡褐色，后翅淡黄色，前后翅外缘均有1列深褐色斑点。雄蛾触角羽状，体翅暗褐色，前翅基线、内线、中线和外线呈明显波曲状，暗褐色，内、外两线均双重，横线有时消退，中室中央有1个黑点，外缘部色泽较暗；后翅有横脉纹，外缘较暗。

生物学特性 河北一年发生1代，以发育成熟的幼虫在卵内越冬。翌年4月中旬幼虫开始出壳，成虫6月底开始羽化，7月中下旬为羽化盛期。成虫有趋光性。

防治方法 1. 人工防治。一是在秋、冬或早春刮除卵块，集中深埋销毁；二是利用早晨摘除尚未分散危害的1龄幼虫；三是利用2~5龄幼虫昼伏夜出上下树危害的习性，在树干上涂粘虫胶虫粘杀上下树的幼虫。2. 注意保护山雀、杜鹃等鸟类和其他天敌。

舞毒蛾雌成虫

舞毒蛾雄成虫

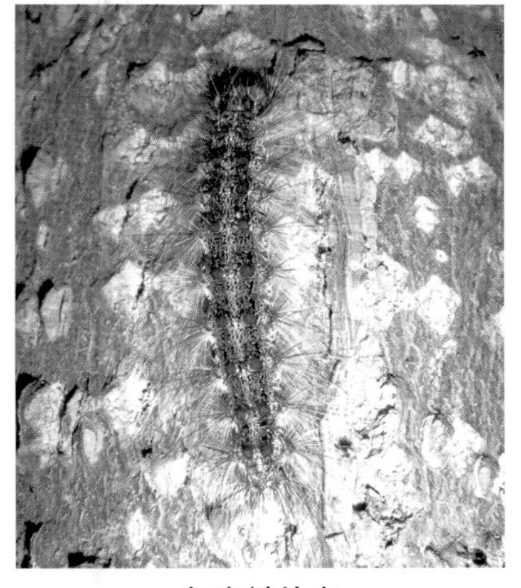
舞毒蛾幼虫

舞毒蛾幼虫

舞毒蛾成虫交尾产卵

黄斜带毒蛾

毒蛾科
学名 *Numenes disparilis* Staudinger

黄斜带毒蛾成虫

分布 河北、浙江、湖北、四川、陕西、黑龙江。

寄主和危害 鹅耳枥、铁木、榉树等。

形态特征 成虫体长16mm，翅展47mm左右。头、胸橙黄色带黑褐色毛鳞。前翅黑褐色，基部有1条白横带，另有1个岔形白斑从翅后角发出，伸达翅前缘。后翅橘黄色，有2个黑色斑块。

生物学特性 河北一年发生1代。7月中旬成虫期。成虫具强趋光性。

防治方法 灯光诱杀成虫。

古毒蛾

毒蛾科
学名 *Orgyia antique* (Linnaeus)

古毒蛾成虫成虫

分布 河北、内蒙古、山西、辽宁、吉林、黑龙江、山东、河南、西藏、甘肃、宁夏等地。

寄主和危害 月季、蔷薇、杨、槭、柳、山楂、苹果、梨、李、栎、桦、桤木、榛、鹅耳枥、石杉、松、落叶松等。

形态特征 成虫雌雄异型。雌体长10~22mm，翅退化，体略呈椭圆形，灰色到黄色，有深灰色短毛和黄白色茸毛，头很小，复眼灰色。雄体长8~12mm，体灰褐色，前翅黄褐色到红褐色。

生物学特性 河北一年发生3代。以卵在茧内越冬。雌蛾将卵产在茧内，偶有产于茧上或附近的。

防治方法 1. 灯光诱杀成虫。冬、春季人工摘除茧壳外卵块。2. 利用寄生蜂防治卵。

角斑古毒蛾

毒蛾科
学名 *Orgyia gonostigma* (Linnaeus)

分布 河北、黑龙江、辽宁、北京、河南、陕西、四川、江苏。

寄主和危害 贴梗海棠、紫荆、白玉兰、山茶、月季、玫瑰、梅花、美人蕉、江南槐、梨、杏梅、芙蓉等多种花卉和观赏花木。幼虫取食花卉的幼芽、嫩叶和花冠。

形态特征 成虫雌雄异型。雌蛾体长约为17mm，长椭圆形，只有翅痕；体上有灰和黄白色绒毛。雄蛾体长约15mm，翅展约32mm；体灰褐色，前翅红褐色，翅顶角处有个黄斑，后缘角处有个新月形白斑。

生物学特性 河北地区一年发生2代。以幼虫在花木的皮缝、落叶层下、杂草丛中越冬。翌年4月越冬在植株上危害嫩叶幼芽。5月化蛹，蛹期约15天。6月成虫羽化，

防治方法 1. 河北地区6月、8月在蛹和成虫期检查花木上的蛹和卵块，进行人工捕杀蛹和卵块。2. 灯光诱杀成虫。

角斑古毒蛾雄成虫

角斑古毒蛾雌成虫

角斑古毒蛾幼虫

角斑古毒蛾茧

侧柏毒蛾 | 毒蛾科
学名 *Parocneria furva* (Leech)

侧柏毒蛾成虫

侧柏毒蛾卵块

分布 河北、黑龙江、吉林、辽宁、青海、宁夏、甘肃、陕西、北京、河南、山东、安徽、江苏、浙江、湖北、湖南、广西、四川。

寄主和危害 侧柏、圆柏、黄桧等柏类。

形态特征 成虫体成褐色，体长 14~20 mm，翅展 17~33 mm。雌虫触角灰白色呈短栉齿状；前翅浅灰色，翅面有不显著的齿状波纹，近中室处有一暗色斑点，外缘较暗，布有若干黑斑；后翅浅黑色，带花纹。雄虫触角灰黑色，呈羽毛状，体色较雌虫深，为深近灰褐色，前翅花纹完全消失。

生物学特性 河北一年发生 2 代。以初龄幼虫在树皮缝内越冬。翌年 3 月幼虫出蛰，6 月中旬羽化为成虫。成虫具趋光性。

防治方法 1. 灯光诱杀成虫。2. 苗圃小苗地可人工捕捉幼虫和蛹。保护、利用追寄蝇、广大腿小蜂、胡蜂等。

盗毒蛾 | 毒蛾科
学名 *Porthesia similis* (Fueszly)

分布 河北、黑龙江、吉林、辽宁、青海、内蒙古、河南、山东、甘肃、江苏、浙江、湖北、江西、湖南、福建、台湾、广西、四川。

寄主和危害 杨、柳、桦、榛、桤木、山毛榉、栎、蔷薇、李、山楂、苹果、梨、花楸、石楠、桑、黄檗、忍冬、马甲子、桃、杏、梅、樱、榆、刺槐、梧桐、泡桐等。

形态特征 成虫雌体长 18~20mm，雄体长 14~16mm，翅展 30~40mm。触角干白色，栉齿棕黄色。下唇须白色，外侧黑褐色。头、胸、腹部基半部和足白色微带黄色，腹部其余部分黄色。前、后翅白色，前翅后缘有 2 个褐色斑，有的个体内侧褐色斑不明显；前、后翅反面白色，前翅前缘黑褐色。

生物学特性 河北一年发生 2 代。以 3 龄或 4 龄幼虫在枯叶、树杈、树干缝隙及落叶中结茧越冬。翌年 4 月开始活动，危害春芽及叶片。5 月化蛹，6 月上旬出现第一代成虫。

防治方法 1. 灯光诱杀成虫。幼虫期用无公害药剂防治。2. 结合修剪、剥芽等其他养护措施，摘除虫茧。

盗毒蛾成虫

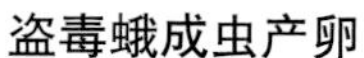

盗毒蛾成虫产卵

盗毒蛾幼虫

杨毒蛾（杨雪毒蛾）

毒蛾科
学名 *Stilpnotia candida* Staudinger

分布 华北、东北、西北和东南地区。

寄主和危害 主要危害杨树，也危害白桦和榛子。

形态特征 雌成虫体长19~23mm，翅展48~52mm；雄成虫体长14~18mm，翅展35~42mm。全身被白色绒毛，稍有光泽。复眼漆黑色。触角主干黑色，有白色或灰白色环节。足黑色，胫节、跗节具有白色环纹。

生物学特性 河北一年发生1代。以3龄幼虫越冬，翌年4月下旬杨树展叶时上树危害。6月中旬即有成虫羽化，羽化时间多在晚上8~9时，有较强的趋光性。

防治方法 1.在幼虫下树越冬之前，用麦草在树干基部捆扎20cm宽的草脚，第二年3月初检查草脚上的幼虫并烧毁。2.幼龄幼虫期喷洒Bt可湿性粉剂300~500倍液防治。

杨毒蛾成虫

杨毒蛾蛹

杨毒蛾幼虫

杨毒蛾成虫交尾

柳毒蛾（雪毒蛾）

毒蛾科
学名 *Stilpnotia salicis* (Linnaeus)

分布 华北、东北、西北地区。

寄主和危害 主要危害杨树、柳树，其次危害白蜡、槭、榛等树种。小幼虫群集隐于叶背，只取食叶肉；3龄后取食整个叶片，严重时将叶片全部食光。

形态特征 成虫体长11~20mm，翅展33~55mm。全身被白色绒毛，复眼黑色。雌蛾触角主干白色，雄蛾触角干棕灰色。足胫节、跗节有黑白相间环纹，前翅反面前缘脉近肩角处长5mm左右为黑色。

生物学特性 河北一年发生2~3代，以2~3龄幼虫越冬，翌年4月下旬上树危害。5月上中旬为越冬代幼虫危害盛期。5月中旬幼虫开始化蛹，下旬出现成虫并交尾产卵。6月中下旬为第一代幼虫危害期，8月上中旬为第二代幼虫危害期。

防治方法 1. 灯光诱杀成虫。2. 幼龄幼虫期喷洒Bt可湿性粉剂300~500倍液防治。

柳毒蛾危害状

柳毒蛾成虫

柳毒蛾幼虫

柳毒蛾成虫交尾

头橙华苔蛾

▶ 灯蛾科

学名 *Agylla gigantea* Oberthür

头橙华苔蛾成虫

分布 河北、黑龙江、辽宁、陕西、山西、浙江、甘肃。

寄主和危害 幼虫取食地衣。

形态特征 成虫翅展32~44mm。头、颈板橙黄色。胸部灰褐色。翅灰褐色，前翅前缘区黄色、较宽，至翅顶渐尖削，前缘基部有细的黑边。腹部灰褐色，肛毛簇及腹面黄色。

生物学特性 河北6~8月为成虫期。

红缘灯蛾

▶ 灯蛾科

学名 *Amsacta lacinea* (Cramer)

分布 全国各地。

寄主和危害 桑、柿、柳、乌桕、悬铃木、苦楝等。初龄幼虫群集危害，3龄以后分散，可将叶片吃成缺刻，严重时吃光叶片。

形态特征 成虫体长约25mm。头颈部红色，腹部背面橘黄色，腹面白色。前翅白色，前缘鲜红色，中室上角有1个黑点；后翅横纹为黑色新月形，外缘有1~4个黑斑。雌雄差异在于雄虫后翅具2个黑点，雌虫则有4个。无近似种。

生物学特性 河北一年发生1代。以蛹越冬。翌年5~6月开始羽化，成虫晚间活动，有趋光性。

防治方法 1. 冬季前及时耕翻，铲除杂草。用黑光灯诱杀成虫。2. 在卵盛期或幼虫初孵期及时摘除，集中消灭。

红缘灯蛾成虫

红缘灯蛾成虫

豹灯蛾

灯蛾科
学名 *Arctia caja* (Linnaeus)

分布 河北、黑龙江、吉林、辽宁、新疆、青海、内蒙古、北京、天津、河南、山西、陕西、宁夏、甘肃。

寄主和危害 桑、菊、醋栗、接骨木等。

形态特征 成虫体色和花纹变异很大。头、胸褐色，腹红或橙黄色，腹面黑褐色。前翅红褐色，亚基线在中脉处折角，前缘在内、中线处有白斑，外线在外方折角，斜向后缘，亚端带从翅顶斜向外缘；后翅红或橙黄色，翅中近基部有蓝黑色大圆斑，亚端线大圆斑3个。

生物学特性 河北一年发生1代。以幼虫在杂草或落叶下越冬。早春幼虫危害桑叶。豹灯蛾由于所吃的植物身上有一股难闻的味道，因而能避免被鸟类捕食。

防治方法 1. 灯光诱杀成虫。2. 早春幼虫期喷洒20%除虫脲悬浮剂7000倍液。

豹灯蛾成虫

豹灯蛾幼虫

豹灯蛾成虫交尾

米艳苔蛾

灯蛾科
学名 *Asura megala* Hampson

米艳苔蛾成虫

分布 河北、北京、甘肃。

寄主和危害 不详。

形态特征 成虫翅展雌28~40mm，雄26~32mm。赭黄至赭色，前翅前缘区颜色较深。前翅前缘基部黑边，翅基部和中室端各有1个黑点，亚端线1列黑点，M脉上的黑点距端部远，M脉下方的点列斜置。

生物学特性 河北6~8月为成虫期。

花布丽灯蛾

灯蛾科
学名 *Camptoloma interiorata* (Walker)

分布 河北、辽宁、吉林、河南、山东、江苏、浙江、福建、湖南、四川等。

寄主和危害 幼虫群集危害取食栓皮栎、辽东栎、槲栎、柞栎、蒙古栎、板栗、柳等树木的芽苞、叶片，严重发生时可将被害树叶片全部吃光。

形态特征 成虫体长10~14mm，体橘黄色。头金黄色，触角栉齿形、黑色，基节为黄色；下唇须、胸及足为黄色，足具黑带；腹部金黄色，雌蛾腹部末端3节均为红色，着毛簇厚而密。前翅黄色、有光泽。翅前缘从翅基至顶角有6条黑纹斜向臀角，后缘及臀角上方有1个红色斑纹，红色斑纹向翅基呈放射状，外缘下部有3个黑点；后翅为金黄色。

生物学特性 河北一年发生1代。以春季危害为主，并以3龄幼虫在叶芽、树干、枝杈、树干基部或枯枝落叶中的虫苞内越冬。6月上中旬成虫羽化。

防治方法 1. 人工刮除树干枝杈上、清除枯枝落叶中的虫苞和卵块，集中销毁。成虫期设置黑光灯诱杀防治。2. 低龄幼虫期使用除虫脲5000倍液、灭幼脲1500倍液，高龄幼虫期使用苦参碱800倍液等喷雾防治；使用苦参碱等喷烟防治。

花布丽灯蛾成虫

花布丽灯蛾幼虫苞

蛛雪苔蛾

灯蛾科
学名 *Chionaema ariadne* Elwes

分布 河北、江苏、浙江、江西、湖北、四川。

寄主和危害 豆科植物。

形态特征 成虫翅展29~45mm。前翅亚基线红色，在中脉下方折角，向后缘尖细，内线红色，从前缘至中室下方向内折角，然后再向外弯，横脉纹上2个黑点，外线红色，向前缘尖细且向内弯；后翅端区淡红色。

生物学特性 河北7月下旬至8月中旬可见成虫。

蛛雪苔蛾成虫

血红雪苔蛾

灯蛾科
学名 *Chionaema sanguinea* (Motschulsky)

分布 河北、山西、陕西、河南、湖北、台湾、四川、云南。

寄主和危害 不详。

形态特征 成虫翅展24~34mm。体白色。雄蛾前翅亚基线短，红色，前缘基部有1条红带与红色内线相接，内线从前缘斜向中脉,在中室与1条短红带相接，然后垂直，中室上、下角各有1个黑点，外线红色，端线红色，在翅顶成弧形，在前缘下方与外线相接；后翅红色，基部白色，缘毛黄色；前翅反面暗褐，具红边。雌蛾前翅中室无红带，端线在翅顶不成弧形。

生物学特性 河北成虫见于7~8月。

血红雪苔蛾成虫

排点灯蛾

灯蛾科
学名 *Diacrisia sannio* (Linnaeus)

分布 河北、黑龙江、吉林、辽宁、新疆、青海、陕西、内蒙古、山西、四川、甘肃。

寄主和危害 山柳菊属、山萝卜属等。

形态特征 成虫翅展37~43mm。雄蛾黄色，触角干上方红色；前翅前缘暗褐色、向翅顶红色，后缘具红带，中室端具红和暗褐斑，缘毛红色；后翅浅黄色，基部通常染暗褐色，横脉纹暗褐色，亚端点为一排成弧形的暗褐色斑点，缘毛红色。腹部浅黄色。雌蛾橙黄色;下唇须、额、触角红色，翅脉红色，前翅中室端有或多或少的暗褐色斑腹部背面和侧面一列黑点 。

生物学特性 河北6~8月为成虫期。

排点灯蛾成虫

排点灯蛾成虫

灰土苔蛾

灯蛾科
学名 *Eilema griseola* Hübner

分布 河北、黑龙江、吉林、山西、山东、福建、陕西、河南、云南、西藏；日本、朝鲜。

寄主和危害 地衣、干枯叶片。

形态特征 成虫翅展27~33mm。头浅黄色，胸、腹部灰色，腹部末端及腹面黄色。前翅前缘黄色，常很窄，前缘基部黑边，翅顶缘毛常为黄色；后翅黄灰色，端部及缘毛黄色。

生物学特性 河北7月中旬可见成虫。

灰土苔蛾成虫

日土苔蛾

灯蛾科
学名 *Eilema japonica* (Leech)

分布 河北、青海、陕西、北京、山西、浙江、云南、四川、甘肃。

寄主和危害 苹果。

形态特征 成虫翅展23~30mm。暗褐灰色。头、颈板基部、翅基片外侧黄色，颈板端部、翅基片其余大部分及胸部褐灰色。前翅褐灰色，前缘区黄色，至翅顶渐尖细，缘毛黄色；后翅黄色，中部染灰色。腹部灰色，端部及腹面黄色。

生物学特性 河北6~8月为成虫期。

日土苔蛾成虫

乌土苔蛾 | 灯蛾科

学名 *Eilema ussurica* Daniel

分布 河北、黑龙江、吉林、辽宁、陕西、山西、江苏、浙江、湖南、云南、甘肃。

寄主和危害 不详。

形态特征 成虫翅展25~36mm。头、颈板、翅基片灰黄色。前翅浅棕灰色，前缘区黄色；后翅淡黄色；前翅反面除前缘及外缘区外为棕色。

生物学特性 河北6~8月为成虫期。

乌土苔蛾成虫

雅灯蛾 | 灯蛾科

学名 *Eucharia festiva* (Hüfnagel)

分布 河北、新疆。

寄主和危害 大戟等植物。

形态特征 成虫翅展44~64mm。触角黑色，触角干具粗鳞片脊。头、胸蓝黑色，颈板边缘红色。前翅蓝黑色，基线、内线、中线、外线及亚端线为白色或黄白色带，外带与亚端带之间有一短带相连；后翅红色，中线、亚端线黑色带，亚端带中间断裂，横脉纹黑色；前、后翅缘毛黑色。腹部蓝黑色；有的个体除中央具黑点及端部黑色外，为红色横带。

生物学特性 河北6~8月为成虫期。

雅灯蛾成虫

黄灰佳苔蛾

灯蛾科
学名 *Hypeugoa flavogrisea* Leech

分布 河北、山西、陕西、甘肃、江西、浙江、江苏、四川。

寄主和危害 不详。

形态特征 成虫翅展35~51mm。头、胸灰色，混有暗黑鳞片。触角褐色。前翅灰色，散布暗褐点，中带很宽、暗黑色、向后缘变窄，其内边在前缘下方和中室向外折角、其外边微齿状，亚端线为不规则齿纹；腹部和后翅褐色，后翅散布暗褐鳞片。

生物学特性 河北7月见成虫。成虫具强趋光性。

防治方法 灯光诱杀成虫。

黄灰佳苔蛾成虫

四点苔蛾

灯蛾科
学名 *Lithosia quadra* (Linnaeus)

分布 河北、黑龙江、吉林、辽宁、陕西、内蒙古、云南、甘肃。

寄主和危害 苹果、樟子松、地衣等。

形态特征 成虫雄性体橙色，前翅灰色，前缘区具闪光蓝黑带，端区暗，后翅橙黄色。雌性体橙黄色，前翅前缘中央及肘脉中部各有发光的蓝绿色点1个。

生物学特性 河北一年发生1代。6~8月成虫期，成虫具较强趋光性。

防治方法 1. 灯光诱杀成虫。2. 幼虫期喷洒25%除虫脲悬浮剂1500倍液。

四点苔蛾成虫

异美苔蛾

灯蛾科
学名 *Miltochrista aberans* Butler

分布 河北、北京、陕西、黑龙江、吉林、辽宁、河南、江苏、浙江、安徽、江西、福建、台湾、湖北、湖南、广东、海南、四川；日本、朝鲜。

寄主和危害 幼虫取食地衣。

形态特征 成虫翅展20~28mm。体背及前翅暗红色。头部颜色稍浅。前足基节染红色，胫节具黑带。有翅具黑色基点，中室下方具2个黑斑，内线在中室折角，并与中线相连，外线为不规则齿状，亚端线为黑端纹，有些与齿相接；后翅黄色，染有红色。

生物学特性 河北8月可见成虫。具趋光性。

异美苔蛾成虫

美苔蛾

灯蛾科
学名 *Miltochrista miniata* Forster

分布 河北、北京、内蒙古、黑龙江、吉林、辽宁、山西；日本、朝鲜、俄罗斯、欧洲。

寄主和危害 幼虫取食地衣。

形态特征 成虫翅展24~32mm。体背及翅黄褐色至淡红褐色，雄蛾腹端染黑色。前翅前缘及外缘常染红色，前翅前缘基部具黑边，黑色内线仅在翅前缘明显，后大部常消失；中线亦仅前部明显；外线黑色，强锯齿形，其外具1列黑点；中室端具黑点。后翅淡黄色，外缘区染红色。

生物学特性 河北7~8月可见成虫。具趋光性。

美苔蛾成虫

优美苔蛾

▶ 灯蛾科
学名 *Miltochrista striata* Bremer et Grey

分布 河北、陕西、江苏、浙江、江西、湖南、福建、广东、四川、甘肃。

寄主和危害 地衣、大豆。

形态特征 成虫翅展雄 28~45mm，雌 37~52mm。头、胸黄色，颈板及翅基片黄色红边。前翅底色黄或红色，雄蛾红色，雌蛾黄色占优势；后翅底色雄蛾淡红，雌蛾黄或红色；前翅亚基点、基点黑色，内线由黑灰色点连成，中线黑灰色点状，外线黑灰色，较粗；前、后翅缘毛黄色。

生物学特性 河北 6~8 月见成虫。

优美苔蛾成虫

斑灯蛾

▶ 灯蛾科
学名 *Pericallia matronula* (Linnaeus)

分布 河北、黑龙江、吉林、辽宁、甘肃。

寄主和危害 柳、忍冬、车前、蒲公英。

形态特征 成虫头黑褐色，有红斑；胸红色，具黑褐色宽纵带；腹部红色，背侧面各有黑点 1 列，亚腹面黑斑 1 列。前翅暗褐色，中室基部有黄斑 1 块，前缘区有黄斑 3~4 个；后翅橙色，横脉纹黑色，新月形，中室外黑斑 1 列。

生物学特性 河北一年发生 1 代。6~7 月成虫期，成虫具趋光性。

防治方法 1. 灯光诱杀成虫。2. 幼虫期喷洒 48% 乐斯本乳油 3500 倍液。

斑灯蛾成虫

斑灯蛾成虫

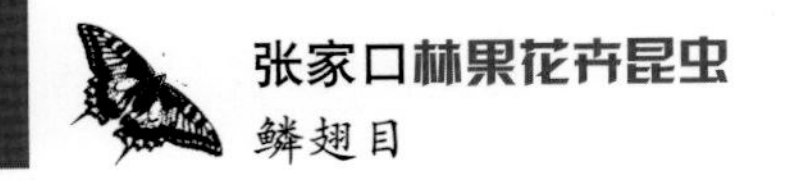

亚麻篱灯蛾

灯蛾科
学名 *Phragmatobia fuliginosa* (Linnaeus)

分布 河北、黑龙江、吉林、辽宁、新疆、青海、陕西、内蒙古、甘肃。

寄主和危害 杨、亚麻、十字花科蔬菜、甜菜、酸模属、蒲公英、勿忘草属。

形态特征 成虫前翅咖啡色，中室距外缘之间有黑斑 1 个；后翅粉红色，中室外缘有黑斑 2 个，沿翅缘有大黑斑 4 个。

生物学特性 河北 6~7 月成虫期。幼虫食叶，老熟后于叶上吐丝做薄茧化蛹。成虫趋光性强。

防治方法 1.灯光诱杀成虫。2.幼虫期喷洒惠新净乳油 3000 倍液。

亚麻篱灯蛾成虫

肖浑黄灯蛾

灯蛾科
学名 *Rhyparioides amurensis* (Bremer)

分布 河北、陕西、广西、四川、东北、华东、华中。

寄主和危害 栎、柳、榆。

形态特征 成虫雌雄有差异。雄性深黄色，腹部红色，前翅前缘有黑边，中室下角和中线前、后均有黑点，中室点新月形黑纹，翅反面红色。雌性前翅黄褐色，黑点消失，中央有暗大褐斑。

生物学特性 河北一年发生 1 代。6~8 月成虫期。成虫趋光性强。

防治方法 1.灯光诱杀成虫。2.幼虫期喷洒 0.5% 苦参碱乳油 800 倍液。

肖浑黄灯蛾成虫

污灯蛾

▶ 灯蛾科
学名 *Spilarcria lutea* Hüfnagel

分布 河北、吉林、黑龙江、陕西。

寄主和危害 车前属、薄荷属和酸模属等植物。

形态特征 成虫翅展31~40mm。体黄色。额两边黑色。下唇须上方黑色，下方红色。前翅内线在前缘处有一黑点，在2A脉上方有一黑点，中室上角一黑点，翅顶至中脉上方有时有一斜列黑点，2A脉上下方各有一黑点，位于臀角前、斜列黑点的下方，反面横脉纹黑色；后翅色稍淡，中室端一黑点，臀角上方有时有黑点。腹部背面黄或红色。

生物学特性 河北6~8月成虫期。

污灯蛾成虫

黄臀污灯蛾

▶ 灯蛾科
学名 *Spilarctia caesarea* (Goeze)

分布 河北、黑龙江、吉林、辽宁、青海、陕西、内蒙古、山西、山东、江苏、江西、湖南、四川、云南、甘肃。

寄主和危害 柳、蒲公英、车前、珍珠菜等。

形态特征 成虫头、胸、第一腹节及其腹面黑褐色，腹部其余各节橙黄色，背侧有黑点列。翅黑褐色，后翅臀角有橙黄色斑。幼虫体黑色，具暗褐色毛，背线橙红色。

生物学特性 河北一年发生1代。6~7月见成虫。成虫具趋光性。

防治方法 1. 灯光诱杀成虫。2. 早春幼虫期喷洒3% 啶虫脒乳油1000倍液。

黄臀污灯蛾成虫

黄臀污灯蛾成虫反面

淡黄污灯蛾

灯蛾科
学名 *Spilarctia jankowskii* (Oberthür)

分布 河北、山西、陕西、东北、华东。

寄主和危害 榛、珍珠梅。

形态特征 成虫腹部背面红色，腹面及基端节白色，背、侧面具黑点列。前翅淡橙黄色，中室有褐点 1 个；后翅白色，杂黄色。

生物学特性 河北一年发生 1 代。7~8 月成虫期。成虫趋光性强。

防治方法 1. 灯光诱杀成虫。2. 幼虫期喷洒 20% 康福多浓可溶剂 3000 倍液。

淡黄污灯蛾成虫

淡黄污灯蛾成虫

人纹污灯蛾

灯蛾科
学名 *Spilarctia subcarnea* (Walker)

分布 华北、华东、华南及西南地区。

寄主和危害 桑、蔷薇、榆、杨、槐、月季、菊花、石竹、碧桃、蜡梅、金盏菊、荷花等。

形态特征 雄虫体长 17~20mm，翅展 46~50mm；雌虫体长 20~ 23mm，翅展 55~58mm。雄虫触角短、锯齿状；雌虫触角羽毛状。头、胸黄白色，腹部背面呈红色。前翅黄白色，后翅红色或白色，前后翅背面均为淡红色。

人纹污灯蛾成虫

人纹污灯蛾卵

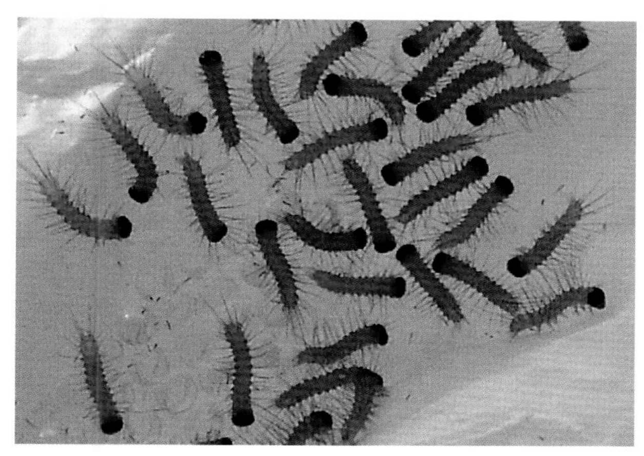
人纹污灯蛾初孵幼虫

人纹污灯蛾成虫交尾

生物学特性 河北一年发生2代。以幼虫在地表落叶或浅土中吐丝粘合体毛做茧越冬。翌年5~6月成虫羽化，趋光性很强。

防治方法 1.灯光诱杀成虫。冬耕，杀灭越冬幼虫。2.幼虫活动期，可喷施40%乐斯本乳油1500倍液，或1%灭虫灵乳油1000~2000倍液，或24%百灵水剂800~1500倍液。

净雪灯蛾

灯蛾科

学名 *Spilosoma album* Bremer et Grey

分布 河北、陕西、浙江、江西、福建、湖北、湖南、四川；朝鲜。

寄主和危害 不详。

形态特征 成虫翅展雌62~77mm，雄48~52mm。体白色。触角、下唇须端部及额两边黑色。肩角具黑点，肩角及翅基部下方具红带。前足基节红色具黑点。前翅基部具黑点，前缘及半部黑边，中室下角外方具黑点；后翅中室端点黑色。腹部背面红色，中间几节的背面、侧面具黑点。

生物学特性 河北6月可见成虫。

净雪灯蛾成虫

净雪灯蛾成虫

白雪灯蛾

▶ 灯蛾科
学名 *Spilosoma niveus* (Ménétriès)

白雪灯蛾成虫

白雪灯蛾幼虫

分布 河北、黑龙江、吉林、辽宁、内蒙古、陕西、山东、河南、浙江、福建、江西、湖北、湖南、广西、四川、云南等地。

寄主和危害 苹果、海棠、山丁子、车前、蒲公英等。幼虫食叶成缺刻或孔洞。

形态特征 雄蛾翅展55~70mm，雌蛾70~80mm。体白色。下唇须基部红色，第三节黑色，触角栉齿黑色。前足基节红色有黑斑，前、中、后足腿节上方红色，前足腿节具黑纹，翅白色无斑纹，腹部白色，侧面除基部及端节外具红斑，背面、侧面各具黑点一列；

生物学特性 河北一年发生1代。以高龄幼虫越冬，并以越冬幼虫在苗期危害最重。成虫趋光性较强，幼虫龄期多，爬行迅速，有明显的假死性。

防治方法 1. 灯光诱杀成虫。2. 幼虫期喷洒25%除虫脲悬浮剂3000倍液。

稀点雪灯蛾

▶ 灯蛾科
学名 *Spilosoma urticae* Esper

分布 河北、黑龙江、江苏、浙江；欧洲。

寄主和危害 酸模属、薄荷属植物。

形态特征 成虫翅展约42mm。体白色。下唇须下方白色，上方黑色。触角端部黑色。足具黑带，腿节上方黄色。腹部背面除基节、端节外橙黄色，背面、侧面、亚侧面各具黑点列。前翅白色，或中室角具黑点，或内、外线及亚端线具有或多或少的黑点；后翅无斑纹。

生物学特性 河北7月下旬至8月中旬可见成虫。

稀点雪灯蛾成虫

星白雪灯蛾

灯蛾科
学名 *Spilosoma menthastri* (Esper)

分布 河北、黑龙江、吉林、辽宁、青海、陕西、内蒙古、安徽、江苏、浙江、湖北、江西、福建、四川、贵州、云南、甘肃。

寄主和危害 桑、甜菜、蒲公英、薄荷、蓼等。以幼虫食叶，严重时仅存叶脉；也危害花、果。

形态特征 成虫体白色，腹背有红或黄色 2 种类型。前翅或多或少布满黑点，数不定；后翅中室端点黑色，黑色亚端点或多或少。

生物学特性 河北一年发生 2~3 代。食性杂，以蛹在土中越冬。6~8 月幼虫期。

防治方法 1. 灯光诱杀成虫。2. 幼虫期喷洒 Bt 乳剂 500 倍液，或 20% 除虫脲悬浮剂 7000 倍液。

星白雪灯蛾成虫

星白雪灯蛾幼虫

星白雪灯蛾成虫交尾

黄痣苔蛾

灯蛾科
学名 *Stigmatophora flavancta* Bremer et Grey

分布 河北、黑龙江、吉林、辽宁、新疆、陕西、山西、山东、江苏、浙江、湖北、江西、湖南、福建、广东、四川、贵州、云南、甘肃。

寄主和危害 桑、玉米、高粱、桑树、牛毛毡及杂灌木等。

形态特征 成虫体黄色。前翅前缘橙黄色，基部和亚基点黑色，内线处黑点 3 个，外线处黑点 6~7 个；前翅反面中央散布暗褐色斑。

生物学特性 河北一年发生1代。6~8月成虫期，成虫趋光性强。

防治方法 1. 灯光诱杀成虫。2. 幼虫期喷洒 20% 康福多浓可溶剂 3000 倍液。

黄痣苔蛾成虫

明痣苔蛾

灯蛾科
学名 *Stigmatophora micans* Bremer et Grey

分布 河北、北京、陕西、甘肃、黑龙江、吉林、辽宁、内蒙古、山西、河南、山东、江苏、湖北、四川；朝鲜。

寄主和危害 幼虫取食禾本科。

形态特征 成虫翅展32~43mm。足胫节于跗节具黑带。前翅淡黄白色，前缘及外缘橙黄色，除翅基有1个黑点外，外侧具3个黑点，有时部分黑点会变小或消失。

生物学特性 河北8月可见成虫。具趋光性

明痣苔蛾成虫

玫痣苔蛾

灯蛾科
学名 *Stigmatophora rhodophila* Walker

分布 河北、北京、山西、黑龙江、吉林、陕西、河南、山东、浙江、江西、福建、湖北、湖南、广西、四川、云南；日本、朝鲜、俄罗斯。

寄主和危害 幼虫取食牛毛毡。

形态特征 成虫翅展22~27mm。前翅黄色染有红色，尤以前缘和外缘为明显，或橙红色，前翅基部具2个黑点，内线处具4或5条黑褐短带，翅中部以外具有许多横带，其中中室处的横带不相连。

生物学特性 河北6~9月可见成虫。具趋光性。

玫痣苔蛾成虫

黄修虎蛾

虎蛾科
学名 *Seudyra flavida* Leech

黄修虎蛾成虫

黄修虎蛾幼虫

分布 河北、陕西、四川、贵州、湖北、甘肃。

寄主和危害 葡萄属植物。

形态特征 成虫体长20~22mm，翅展55~60mm。头部棕黄色；复眼黑色；触角棕黄色，丝状。胸部棕黑，颈板基半部红棕色；腹面杏黄色。腹部杏黄色，其背板各节均有1个黑点，并形成1列背线。前翅灰色，布满棕色细点，中室有1条紫色肾形纹，其下方有一同色的环形纹，中脉至2脉后下方及后缘大部分为暗紫色或赭红色，内、外线均为黑色并呈波浪形，顶角内方及其下方和外线前、后端各有1个枣红色斑，端线呈暗棕色纹；后翅杏黄色，前缘和翅脉褐色。

生物学特性 河北一年发生2代。成虫在6~8月为盛发期。幼虫危害葡萄属植物。

防治方法 灯光诱杀成虫。

葡萄虎蛾

虎蛾科
学名 *Seudyra subflava* Moore

葡萄虎蛾成虫

分布 河北、黑龙江、辽宁、山东、河南、山西、湖北、江西、贵州、广东等地。

寄主和危害 幼虫食害葡萄、常春藤、爬山虎的叶成缺刻与孔洞、严重时仅残留叶柄和粗脉。

形态特征 成虫体长18~20mm，翅展44~47mm。头胸部紫棕色，腹部杏黄色，背面中央有1纵列棕色毛簇达第七腹节后缘。前翅灰黄色带紫棕色散点，前缘色稍浓，后缘及外线以外暗紫色，其上带有银灰色细纹、外线以内的后缘部分色浓；外缘有灰细线，中部至臀角有4个黑斑；内、外线灰至灰黄色；肾纹、环纹黑色，围有灰黑色边。

生物学特性 河北一年发生2代，以蛹在根部及架下土内越冬，5月羽化为成虫，傍晚和夜间交尾并产卵，卵散产于叶片及叶柄等处。

桃剑纹夜蛾

夜蛾科
学名 *Acronycta intermedia* Warren

分布 河北、北京、新疆、甘肃、陕西、青海、宁夏、山西、江苏、安徽、福建、广西、四川、云南；日本、朝鲜、俄罗斯。

寄主和危害 危害杨、桃、苹果梨、梅、樱桃、杏等，幼虫啃食叶片。

形态特征 成虫体长16~18mm，翅展39~44mm。头胸部灰褐色，腹部灰色。前翅淡灰色，中室内的环纹椭圆形，黑边，肾形纹大，带黑褐色边，此两纹接近，有黑鳞相连或连接，外缘的剑形纹接近。

生物学特性 河北一年发生2代。以蛹越冬。河北4月、6~9月可见成虫。

防治方法 灯光诱杀成虫。

桃剑纹夜蛾成虫

桑剑纹夜蛾

夜蛾科
学名 *Acronycta major* Bremer

分布 华北、东北以及湖北、四川。

寄主和危害 山楂、桃、李、杏、梅、柑橘、桑、香椿等。幼虫食叶成缺刻或孔洞，严重的吃光全树叶片。

形态特征 成虫体长27~29mm，翅展62~69mm。体深灰色，腹面灰白色。前翅灰白色至灰褐色，剑纹黑色，翅基剑纹树枝状，端剑纹2条，肾纹外侧1条较粗短，近后缘1条较细长，2条均不达翅外缘；外线为锯齿形双线，外侧者黑色，内侧者灰白色，缘线由1列小黑点组成。

生物学特性 河北一年发生1代。以茧蛹于树下土中和梯田缝隙中滞育越冬。7月上旬羽化，7月下旬进入盛期。

防治方法 1.幼虫下树前疏松树干周围表土层，诱集幼虫结茧化蛹后挖茧灭蛹。2.黑光灯诱杀成虫，结合果园管理捕杀群集幼虫。

桑剑纹夜蛾成虫

桑剑纹夜蛾幼虫

梨剑纹夜蛾

夜蛾科
学名 *Acronycta rumicis* Linnaeus

分布 东北、西北、华北、华东、华中。

寄主和危害 杨、柳、梨、月季、玫瑰、榆叶梅、木槿、丁香等。主要危害植物叶，幼虫食害叶片呈缺刻或孔洞状，有的仅剩叶柄。

形态特征 成虫体长约14mm。前翅暗棕色间以白色斑纹，基横线成一黑短粗纹，内横线黑色弯曲，环纹有黑边，翅外缘有一列三角形黑点。

生物学特性 河北一年发生2代。以蛹在土中越冬。第二年5月羽化出第一代成虫，6~7月间为第一代幼虫危害期。第二代成虫8月中下旬出现，继而产卵，孵化的幼虫继续危害，至9月下旬开始老熟，入土做茧化蛹越冬。

防治方法 1. 利用成虫强趋光性，灯光诱杀成虫。2. 幼虫期喷洒3%啶虫脒乳油1000倍液。

梨剑纹夜蛾成虫

梨剑纹夜蛾幼虫

国剑纹夜蛾

夜蛾科
学名 *Acronycta strigosa* (Denis et Schiffermüller)

学名 **分布** 河北、北京、东北、山西、福建、广西、四川、贵州、云南。

寄主和危害 幼虫取食山楂、梨、桃、杏、李。

形态特征 成虫翅展37~40mm。前翅灰黑色，后缘区常较暗，具明显的基剑纹、中剑纹，肾状纹灰白色，内侧暗褐色；前缘脉中部至肾状纹具1条黑色斜线。

生物学特性 河北5、8月可见成虫。具趋光性。

国剑纹夜蛾成虫

枯叶夜蛾 | 夜蛾科
学名 *Adris tyrannus* Guenee

枯叶夜蛾成虫

分布 河北、吉林、辽宁、山西、山东、河南、陕西、湖北、四川、广西、江苏、浙江、台湾等地。

寄主和危害 无花果、紫藤、柑橘、橙、柿、苹果和通草。以成虫吸食寄主接近成熟或已成熟的果实汁液。

形态特征 成虫体长35~37mm，翅展98~100mm。头部和胸部棕黑色，腹部背面橙黄色。前翅枯叶褐色，翅脉有1列黑点，内线黑褐色、内斜，顶角至后缘凹处有1条黑褐色斜线，环纹为1个黑点，肾纹黄绿色；后翅橘黄色，亚端区有1条牛角形黑带，中后部有1个肾形黑斑。

生物学特性 河北一年发生2~3代。以成虫、卵及幼虫均可越冬。发生世代重叠明显。成虫在整个植物生长季节均有发生，以7~8月最多。

防治方法 1. 清理果园内外的枯枝落叶、杂草等，消灭越冬成虫，降低翌年害虫繁殖基数。2. 于成虫发生盛期在果园边设置黑光灯或利用糖醋液、烂果汁诱杀成虫。

枯叶夜蛾幼虫

枯叶夜蛾成虫

枯叶夜蛾幼虫

小地老虎 | 夜蛾科
学名 *Agrotis ipsilon* Hüfnagel

小地老虎成虫

分布 全国各地。

寄主和危害 幼虫取食众多粮棉作物、蔬菜及幼苗的嫩叶。

形态特征 成虫翅展44~48mm。体背及前翅褐色至黑褐色。前翅环形纹小，扁圆形，黑边，肾外黑边，其外侧具1条黑色楔形纹，指向外缘，而亚缘线上具2个黑色楔形纹，指向内侧，有时楔形纹不明显，仅留痕迹；后翅白色，前缘、顶角、端线和翅脉褐色。

生物学特性 河北一年发生3代。3月可见成虫活动。成虫对黑光灯及糖、醋、酒等趋性很强。

黄地老虎 | 夜蛾科

学名 *Agrotis segetum* Denis et Schiffermüller

黄地老虎成虫

分布 全国各地。

寄主和危害 果树苗木、农作物、蔬菜。幼虫多从地面上咬断幼苗，主茎硬化可爬到上部危害生长点。

形态特征 成虫体长 14~19mm，翅展 3l~43mm。全体淡灰褐色，雄蛾触角双栉形。前翅灰褐色，基线与内横线均双线褐色，后者波浪形，剑纹小，黑褐边，环纹中央有 1 个黑褐点，黑边，肾纹棕褐色，黑边，中横线褐色，前半明显，后半细弱，波浪形，外横线褐色，锯齿形，亚缘线褐色，外侧衬灰色，翅外缘有一列三角形黑点；后翅白色半透明，前、后缘及端区微褐，翅脉褐色。雌蛾色较暗，前翅斑纹不显著。

生物学特性 河北一年发生 3~4 代。均以幼虫在 10cm 以上的表土层内越冬。4~5 月、9~10 月可见成虫。成虫昼伏夜出，取食花蜜及发酵物。对黑光灯趋性很强。

暗杂夜蛾 | 夜蛾科

学名 *Amphipyra erebina* Butler

分布 河北、北京、黑龙江、湖南；日本、朝鲜、俄罗斯。

寄主和危害 幼虫取食栎类植物。

形态特征 成虫翅展 41~46mm。头胸褐色至黑褐色。触角基部有白环。前翅浅褐色至褐色，基大部深色，有时黑褐色，环纹为 1 个白斑，有时内有 1 个小黑点，肾纹不显，外线黑棕色，锯齿形，中部稍后外突明显，亚端线微白，内侧暗褐色，前端色更浓，端线具 1 列白点或为 1 列衬白的黑条。

生物学特性 河北 7~8 月可见成虫。具趋光性。

暗杂夜蛾成虫

庐山鹿铗夜蛾

夜蛾科
学名 *Antoculeora locuples* Oberthür

分布 河北、北京、陕西、吉林、江西、云南；日本、朝鲜、俄罗斯。

寄主和危害 不详。

形态特征 成虫前翅长约20mm。前翅中部具2银斑，分离、接近或相连；前翅后缘区中部可见翅脉，且略见细小网络；前翅顶角下方具1条斜暗褐纹。

生物学特性 河北6月可见成虫。具趋光性。

庐山鹿铗夜蛾成虫

二点委夜蛾

夜蛾科
学名 *Athetis lepigone* Möschler

分布 河北、北京、山西、河南、山东、江苏、安徽；日本，朝鲜。俄罗斯。

寄主和危害 幼虫咬食玉米幼苗的根茎。

形态特征 成虫翅展20~28mm。体背及前翅灰白色至灰褐色；前翅无光泽，中室内的环纹为一横向的黑斑，肾形纹明显或不明显，其外侧具一小白斑；后翅银灰色。

生物学特性 河北4~5月、7月、9月可见成虫。具趋光性。

二点委夜蛾成虫

隐丫纹夜蛾

夜蛾科
学名 *Autographa crypta* Dufay

分布 河北、北京、甘肃、四川；尼泊尔。

寄主和危害 不详。

形态特征 成虫前翅长17mm左右。头胸部红棕色，杂有紫灰及褐色鳞片。前翅棕灰色，杂有紫灰色，翅基具一黑斑，环纹斜置，棕色银边，后方有一弯丫银纹，肾纹外侧内凹，凹内及上下具黑纹。

生物学特性 河北8月可见成虫。具趋光性。

隐丫纹夜蛾成虫

黑点丫纹夜蛾

夜蛾科
学名 *Autographa nigrisigna* Walker

分布 河北、浙江、山东、陕西、四川、西藏。

寄主和危害 豌豆、白菜、甘蓝、苜蓿、天竺葵、泡桐、香豌豆、羽衣甘蓝。

形态特征 成虫体长17mm左右，翅展34mm左右。身体灰褐色，颈板后缘白色。前翅灰褐色，基线、内线及外线色浅，内外线间在中室后方褐色，环纹黑色斜窄，其后一褐心银斑，斑后另一扁银斑，肾纹灰色银边，外缘凹，外侧一黑斑，亚端线锯齿形，两侧带闪亮褐色；后翅淡褐色，端区色暗。

生物学特性 河北6月见成虫。

防治方法 灯光诱杀成虫。

黑点丫纹夜蛾成虫

冷靛夜蛾

▶ 夜蛾科
学名 *Belciades vireana* Buter

冷靛夜蛾成虫

分布 河北、黑龙江、吉林。

寄主和危害 草类。

形态特征 成虫体长 13~15mm，翅展 35~37mm。头部及颈板白色杂褐色及黑色，颈板基部一黑条纹，胸部海蓝色有黑斑，翅基片端半部黑色。前翅大部分褐绿色，内线内方及外线带有红褐色或黑褐色；基线双线黑色内斜，内侧绿色；内线双线黑色，波浪形内斜，内一线在中室前向内伸一黑纹；肾纹不清，隐约可见，白边，中线黑色；外线双线黑色，波浪形；亚端线蓝绿色，衬黑色；端线为 1 列内侧蓝绿色的黑点；缘毛红褐色。后翅褐色，外线黑棕色衬白色，亚端线仅在亚中褶端部有一白纹，端线黑色。腹部灰赤褐色。

生物学特性 河北一年发 1 代，6~7 月成虫期。成虫趋光性强。

防治方法 灯光诱杀成虫。

污卜馍夜蛾

▶ 夜蛾科
学名 *Bomolocha squalida* Butler

分布 河北、安徽、江西、四川。

寄主和危害 不详。

形态特征 成虫体长 13mm 左右，翅展 20mm 左右。头部及胸部暗褐色；腹部灰褐色。前翅外线黑色衬白，波浪形外弯，中部外突，在 1 脉处内伸并前伸至中脉基部，此线内为黑褐色区，线外色较灰，亚端线由黑色衬白的曲点组成，前后端内侧各一黑褐色约呈三角形斑，顶角有一褐色斜纹，环纹为一黑点，肾纹黑色新月形，端线为 1 列衬白的黑点。

生物学特性 河北 6 月成虫期。

防治方法 灯光诱杀成虫。

污卜馍夜蛾成虫

胞短栉夜蛾

夜蛾科
学名 *Brevipecten consanguis* Leech

分布 河北、北京、甘肃、山东、江苏、湖北、湖南、福建、台湾、广东、广西、海南、四川、云南；日本、印度。

寄主和危害 幼虫取食野豌豆。

形态特征 成虫翅展26~29mm。雄性触角基半部羽状，雌性触角丝状。翅中部前端具1个黑棕斑，外侧近端部凹入，斑的外缘具白边，前缘近翅端具棕色三角形斑。

生物学特性 河北5~7月可见成虫。具趋光性。

胞短栉夜蛾成虫

红晕散纹夜蛾

夜蛾科
学名 *Callopistria replete* Walker

分布 河北、北京、陕西、黑龙江、山西、浙江、湖北、湖南、四川、广西；日本、朝鲜。

寄主和危害 幼虫取食蕨类植物。

形态特征 成虫翅展33~40mm。雄蛾触角中部明显弯曲，雌蛾触角直。前翅棕黑，间有红赭色、褐色和白色，内线双线白色，线间黑色，环纹斜，黑色黄边，肾纹乳黄色，中间具双2条黑纹，外线双线白色，线间黑色，较直，仅在近前缘呈折角。

生物学特性 河北8月可见成虫。具趋光性。

红晕散纹夜蛾成虫

北海道壶夜蛾

夜蛾科
学名 *Calyptra hokkaida* Wileman

分布 河北、北京、吉林、浙江；日本、朝鲜、俄罗斯。

寄主和危害 幼虫取食刻叶紫堇、海滨黄堇、东亚唐松草，成虫吸食水果。

形态特征 成虫前翅长27mm左右。头胸及前翅褐色，稍带紫色。唇须短粗，密被毛；从翅的顶角到翅后缘中部具1条斜带，红棕色，内衬暗褐色，此斜带内具3条棕褐色宽斜带，翅面及胸部具众多浅色波纹。

生物学特性 河北7~8月可见成虫。具趋光性。

北海道壶夜蛾成虫

平嘴壶夜蛾

夜蛾科
学名 *Calyptra lata* Butler

分布 河北、北京、内蒙古、黑龙江、吉林、辽宁、山东、福建、云南；日本、朝鲜、俄罗斯。

寄主和危害 幼虫取食紫堇。

形态特征 成虫翅展46~49mm。下唇须土黄色，下缘具长毛，前端常成平截状。前翅黄褐色带淡紫红色，呈枯叶状，顶角至后缘中部具1条红棕色斜线，前翅外缘细波浪状。

生物学特性 河北8月可见成虫。具趋光性。

平嘴壶夜蛾成虫

苹刺裳夜蛾

夜蛾科
学名 *Catocala bella* Butler

分布 河北、北京、甘肃、内蒙古、黑龙江、吉林、山西；日本、朝鲜、俄罗斯。

寄主和危害 幼虫取食苹果、海棠、山荆子。

形态特征 成虫翅展58~65mm。体背及前翅灰褐色，前翅内线黑色，呈3个大波浪形，外线前半大锯齿形，其中一大一小外突，后半部波浪形，倒数第二个外突明显，倒数第一个向内缩。肾纹明显或不显，前翅反面黑褐色，具2条白色宽横带；后翅黑色，中基部具大型黄色"U"形纹。

生物学特性 河北8月可见成虫。具趋光性。

苹刺裳夜蛾成虫

鸽光裳夜蛾

夜蛾科
学名 *Catocala columbina* Leech

分布 河北、北京、浙江、湖北、四川；日本。

寄主和危害 幼虫取食多种绣线菊。

形态特征 成虫翅展46~51mm。体及前翅暗灰色，染有淡绿或银灰等色。基线黑色，仅达一半，内线黑色，波浪形，肾纹黑色，具不完整的灰白圈，下方具1个黑边的灰斑，外线黑色，近中部2齿最突出，有时各横线外具金色鳞片。端线为黑点，内侧灰白色，前翅反面具2条黄色宽带，后翅黄色，具较宽的黑色中带和端带。

生物学特性 河北7月、9月可见成虫。具趋光性。

鸽光裳夜蛾成虫

显裳夜蛾

▶ 夜蛾科
学名 *Catocala deuteronympha* Staudinger

分布 河北、北京、内蒙古、黑龙江、吉林；日本、朝鲜、俄罗斯。

寄主和危害 幼虫取食杨、榆、柳。

形态特征 成虫翅展45~61mm。前翅翅脉暗褐色，翅中央具1个黑边灰白卵形斑，前翅反面具2条黄或淡黄色宽带；后翅基部中央及近外缘具同样颜色的斑纹和宽带。

生物学特性 河北7~8月可见成虫。具趋光性。

显裳夜蛾成虫

意裳夜蛾

▶ 夜蛾科
学名 *Catocala ella* Butler

分布 河北、北京、内蒙古；日本、朝鲜、俄罗斯。

寄主和危害 幼虫取食桦木科赤杨和毛赤杨。

形态特征 成虫翅展60mm。前翅暗褐色带褐色，内线黑色、波形，外线黑色、锯齿形，近中部2个锯齿一大一小，明显外突；后翅橘黄色，端带黑色，外缘顶角处橘黄色。

生物学特性 河北7~8月可见成虫。具趋光性。

意裳夜蛾成虫

缟裳夜蛾

▶ 夜蛾科
学名 *Catocala fraxini* Linnaeus

分布 黑龙江、吉林、辽宁、新疆、青海、宁夏、陕西、内蒙古、北京、河北、山西、甘肃、安徽。

寄主和危害 杨、柳、柏、槭、榆和其他许多种乔木。

形态特征 成虫翅展90mm左右。头部及胸部灰白色间杂黑褐色。前翅灰白色，密布黑色细点，并有多组波浪形纹；后翅黑棕色，中带粉蓝色，外缘黑色波浪形，缘毛白色。

生物学特性 河北7月见成虫。

防治方法 灯光诱杀成虫。

缟裳夜蛾成虫

光裳夜蛾

▶ 夜蛾科
学名 *Catocala fulminea* Scopoli

分布 河北、北京、黑龙江、吉林、浙江；日本、朝鲜、俄罗斯。

寄主和危害 幼虫取食梅、梨、山楂、槲栎等植物。

形态特征 成虫翅展53~56mm。前翅灰白至灰褐色，内线黑色，内侧棕褐色，外线黑褐，在近翅中部具2个大齿纹和2个较小齿纹，后回旋至翅中部勺形；后翅黑色，具黄色斑纹。

生物学特性 河北7~8月可见成虫。具趋光性。

光裳夜蛾成虫

光裳夜蛾成虫

柿裳夜蛾

▶ 夜蛾科
学名 *Catocala kaki* Ishizuka

分布 河北、北京、陕西、山东、云南。

寄主和危害 幼虫取食杨、榆。

形态特征 成虫前翅长37~39mm。头胸灰褐色，前胸部颜色较深。前翅缘线具黑褐点列；后翅橙黄色，中部及外缘呈黑色宽带，但顶角处具1个橙黄色大斑。

生物学特性 河北7~8月可见成虫。具趋光性。

柿裳夜蛾成虫

柿裳夜蛾成虫

裳夜蛾

▶ 夜蛾科
学名 *Catocala nupta* Linnaeus

分布 河北、北京、新疆、内蒙古；日本、朝鲜、欧洲。

寄主和危害 幼虫取食杨、柳。

形态特征 成虫翅展70~80mm。头胸部及前翅灰褐色，颈板中部具1条黑横线。前翅基线黑色，内线双线、波浪状，肾纹黑灰色，黑边，中央具1条黑纹，外线黑色，近前缘具2个外突锯齿，近后缘具“m”纹，中间的齿内突，连接1条棒形纹，位于肾纹后方；后翅红色，中部及外缘呈黑色宽带。

生物学特性 河北8月可见成虫。具趋光性。

裳夜蛾成虫

丹日明夜蛾

夜蛾科
学名 *Chasmina sigillata* Ménétriès

丹日明夜蛾成虫

分布 河北、黑龙江、陕西、浙江、四川。

寄主和危害 核桃。

形态特征 成虫体长15mm左右，翅展39mm左右。头部及胸部白色，下唇须上缘及额暗褐色，翅基片基部有一暗褐斑。腹部灰黄色，基部稍白。前翅白色，散布褐色细点，内线褐色、波浪形，肾纹窄，褐边，外线褐色，在肾纹前后可见，亚端区有一大棕褐斑，其内缘较直，外缘较尖，近似桃形；后翅白色带赭色，端区色较深。

生物学特性 河北一年发生2代。成虫出现于春、夏二季，生活在低、中海拔山区。夜晚具趋光性。

防治方法 1. 灯光诱杀成虫。2. 幼虫期喷洒0.5%苦参碱乳油800倍液。

白夜蛾

夜蛾科
学名 *Chasminodes albonitens* Bremer

分布 河北、北京、陕西、黑龙江、山西、江苏、浙江、湖南；日本，朝鲜，俄罗斯。

寄主和危害 幼虫取食椴树。

形态特征 成虫前翅长12~14mm。体翅白色，触角除基部白色外褐色。前翅外缘具1列小黑点，有时中室端部具1至数个小黑点，或无小黑点。

生物学特性 河北7、8月可见成虫。具趋光性。

白夜蛾成虫

稻金斑夜蛾

夜蛾科
学名 *Chrysaspidia festucae*（Linnaeus）

分布 河北、黑龙江、宁夏、江苏；日本，朝鲜。

寄主和危害 弯嘴苔、宽叶香薄、稻。

形态特征 成虫体长13~9mm，翅展32~37mm。头部红褐色，胸背棕红色，腹部浅黄褐色。前翅黄褐色，基部后缘区、端区具浅金色斑，内横线、外横线暗褐色，翅面中间具大银斑2个，缘毛紫灰色。

生物学特性 河北一年发生2~3代。以幼虫在麦株基部等处越冬。成虫有趋光性。

稻金斑夜蛾成虫

客来夜蛾

夜蛾科
学名 *Chrysorithrum amata* (Bremer et Grey)

分布 河北、黑龙江、辽宁、吉林、陕西、内蒙古、北京、河南、山西、甘肃、山东、安徽、浙江、湖南、福建、云南。

寄主和危害 胡枝子。

形态特征 成虫头、胸深褐色，腹灰褐色。前翅灰褐色，密布细点，基线、内线白色，外弯，线间深褐色成宽带，中线细弯曲，外线前半部外弯，后回升至顶角，外线与亚端线间呈“Y”字形。

生物学特性 河北一年发生1代。6~7月成虫期。成虫趋光性强。

防治方法 1. 灯光诱杀成虫。2. 幼虫期喷洒20%除虫脲悬浮剂7000倍液。

客来夜蛾成虫

客来夜蛾成虫

筱客来夜蛾

夜蛾科
学名 *Chrysorithrum flavomaculata* (Bremer)

筱客来夜蛾成虫

分布 河北、黑龙江、吉林、陕西、内蒙古、甘肃、浙江、云南。

寄主和危害 刺槐等豆科植物。

形态特征 成虫体长20~22mm，翅展50~57mm。全体暗褐色，颈板端部灰白色。前翅基部、中区及端区带灰色，基线灰色外弯，内线大波浪形外斜，后端折向内前方，内线与基线间棕黑色，环纹小，黑色灰边，中线黑色、微曲外斜，外线及亚端线曲度与客来夜蛾相似，线间棕黑色，形似“Y”字形，其内臂前端成一黑色三角形，外臂端在前缘后为一褐棕色半圆形斑；后翅暗褐色，中部一大橙黄色肾形斑。腹部背面带灰色。

生物学特性 河北6~7月见成虫。

防治方法 灯光诱杀成虫。

柳残夜蛾

夜蛾科
学名 *Colobochyla salicalis* Schiffermüller

分布 华北、东北以及新疆。

寄主和危害 柳、杨。

形态特征 成虫头、胸灰褐色，腹色稍淡。前翅褐灰色，内线暗褐色，在前缘脉后折角直线内斜，中横线褐色衬黄，较直内斜，1条褐线自顶角微曲内斜至后缘，内侧衬黄色，外侧较暗，缘线为黑点1列；后翅淡黄褐色，端区暗，臀角处分明。

生物学特性 河北一年发生1代。5~6月成虫期，趋光性强。

柳残夜蛾成虫

褐恋冬夜蛾

夜蛾科
学名 *Conistra castaneofasciata* Motschulsky

分布 河北、北京、黑龙江、吉林、辽宁、云南；日本、朝鲜、俄罗斯。

寄主和危害 幼虫取食麻栎。

形态特征 成虫翅展34~40mm。体、翅黄褐色或红褐色。头顶及胸部具绒毛。前翅具大小不等的黑褐斑，翅外缘及缘毛中间各具1列斑点。

生物学特性 河北一年发生2代。以成虫越冬。3月和8月可见成虫。具趋光性。

褐恋冬夜蛾成虫

白斑孔夜蛾

夜蛾科
学名 *Corgatha costimacula* Staudinger

分布 河北、北京、黑龙江；日本、朝鲜、俄罗斯。

寄主和危害 苜蓿类植物。

形态特征 成虫前翅长10mm左右。头顶白色。前翅前缘具白斑，内、外线褐色，其中外线前缘近直角形折弯，缘线具小黑点列。

生物学特性 河北7~8月可见成虫。具趋光性。

白斑孔夜蛾成虫

女贞首夜蛾

夜蛾科
学名 *Craniophora ligustri* Denis et Schiffermüller

分布 河北、北京、黑龙江、吉林、辽宁；日本、俄罗斯及欧洲。

寄主和危害 幼虫取食女贞、白蜡、榛属及桤木植物。

形态特征 成虫翅展30~37mm。体色及前翅颜色有变化。头胸白色，杂有黑色。前翅内线双线黑色、波浪形，外线双线黑色，前半锯齿形外弯，其内侧为白色大斑。

生物学特性 河北4月、7月、8月可见成虫。具趋光性。

女贞首夜蛾成虫

银纹夜蛾

夜蛾科
学名 *Ctenoplusia agnate* Staudinger

分布 河北、北京、陕西、山东、福建、台湾、云南等地。

寄主和危害 幼虫取食大豆、十字花科蔬菜，成虫吸食果汁。

形态特征 成虫翅展32~36mm。颜色变异较大，或暗褐色，头胸部灰褐色，胸部具毛簇。前翅深褐色，翅中具1条银色斜线，在外侧呈褐色实心的“U”字形，其他具实心银斑，外线在近实心银斑后侧方明显呈大锯齿形内凹，前翅后缘及外缘区闪金光。

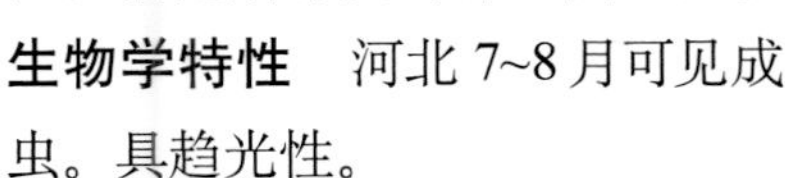

生物学特性 河北7~8月可见成虫。具趋光性。

银纹夜蛾成虫

褐纹冬夜蛾

夜蛾科
学名 *Cucullia amota* Alphéraky

分布 河北、北京、内蒙古、黑龙江、吉林、辽宁、西藏；俄罗斯、蒙古。

寄主和危害 幼虫取食苦买菜。

形态特征 成虫翅展40~43mm。头胸灰色，头顶具1簇毛丛。前翅灰褐色，内横线双线，呈深锯齿状，翅中部近前缘具土黄色纵线1条。

生物学特性 河北7月可见成虫。具趋光性。

褐纹冬夜蛾成虫

莴苣冬夜蛾

夜蛾科
学名 *Cucullia fraternal* Butler

分布 河北、北京、内蒙古、新疆、东北、浙江、江西；日本。

寄主和危害 幼虫取食莴苣、苦荬菜。

形态特征 成虫翅展44~47mm。头、胸灰褐色；头顶具1簇毛丛，似鸡冠，冠丛两侧基部具黑色细线。前翅灰褐色，翅面具银色光泽，翅脉黑色，亚中褶基部有黑色纵线1条，内横线黑色呈深锯齿状。

生物学特性 河北6~7月可见成虫。具趋光性。

莴苣冬夜蛾成虫

斑冬夜蛾

▶ 夜蛾科
学名 *Cucullia maculosa* Staudinger

分布 河北、北京、黑龙江；日本、朝鲜、俄罗斯。

寄主和危害 幼虫取食艾草。

形态特征 成虫翅展39~43mm。头胸及前翅灰色，内线大锯齿形，环纹和肾纹界限不明，两纹下方具黑斑，其外侧还有1条黑色纵纹。缘线黑色，在各脉端处间断。

生物学特性 河北8月可见成虫。具趋光性。

斑冬夜蛾成虫

三斑蕊夜蛾

▶ 夜蛾科
学名 *Cymatophoropsis trimaculata* Bremer

分布 河北、北京、黑龙江；日本，朝鲜。

寄主和危害 幼虫取食鼠李叶片。

形态特征 成虫体长15mm左右，翅展35mm左右。停息时体（包括翅）背具5个大斑，周缘白色，中央暗褐色。

生物学特性 河北一年发生1代。以老熟幼虫入土筑室化蛹越冬。翌年5月成虫羽化，成虫趋光性强。卵单产于叶梢上。幼虫白天栖息于枝条，晚上取食。

三斑蕊夜蛾成虫

碧金翅夜蛾

夜蛾科
学名 *Diachrysia nadeja* Oberthür

分布 河北、北京、陕西、甘肃、青海、内蒙古、黑龙江、吉林；日本、朝鲜、俄罗斯。

寄主和危害 幼虫取食虎杖、菊科的刺儿菜等。

形态特征 成虫翅展37~40mm。头淡黄褐色，胸部黄褐色，具褐色毛簇。前翅紫褐色，内外区各具1条黄金色宽带，并在中部以宽带相连。

生物学特性 河北7~8月可见成虫。具趋光性。

碧金翅夜蛾成虫

窄金翅夜蛾

夜蛾科
学名 *Diachrysia stenochrysis* Warren

分布 河北、北京、吉林；日本、朝鲜、俄罗斯。

寄主和危害 幼虫取食荨麻属植物。

形态特征 成虫翅展32~38mm。头淡黄褐色，胸部黄褐色，具褐色毛簇。前翅紫褐灰色，内外区各具1条黄金色宽带，前翅中部相连的金色带较窄，环纹和肾纹明显。

生物学特性 河北7月可见成虫。具趋光性。

窄金翅夜蛾成虫

基角狼夜蛾

夜蛾科
学名 *Dichagyris triangularis* Moore

分布 河北、北京、甘肃、台湾、四川、云南、西藏；日本、蒙古。

寄主和危害 幼虫取食菊科蜂斗菜、百合科玉竹。

形态特征 成虫翅展37~45mm。胸部前端黑色。前翅黑褐色，前缘基2/3具黄褐色纵纹，内、外线波浪形，亚端线前端具黑斑，下面具数个小黑点，肾形纹明显，内侧黄褐色，有时翅黑化，可见浅色纵纹、肾形纹和浅色外缘。

生物学特性 河北6~7月可见成虫。具趋光性。

基角狼夜蛾成虫

东北巾夜蛾

夜蛾科
学名 *Dysgonia mandschuriana* Staudinger

分布 河北、北京、吉林、山东；日本，朝鲜，俄罗斯。

寄主和危害 幼虫取食叶萩。

形态特征 成虫前翅长21mm。体背及前翅灰褐色。前翅具3个明显的黑斑，黑斑外缘具灰白色曲线，而内侧渐浅，基斑的外缘山峰形，位于中部的下方，中斑外缘2个山峰，顶角处的黑斑较小，外缘常具黑色小斑点。

生物学特性 河北4月、6~8月可见成虫。具趋光性。

东北巾夜蛾成虫

小折巾夜蛾

夜蛾科
学名 *Dysgonia obscura* Bremer et Grey

分布 河北、北京、黑龙江、辽宁、山东、江苏;朝鲜、俄罗斯。

寄主和危害 幼虫取食刺槐等豆科植物。

形态特征 成虫翅展23~30mm。前翅内横线灰白色，外弯，横线以内暗褐色，外横线3曲，顶角具黑斑。

生物学特性 河北5月可见成虫。具趋光性。

小折巾夜蛾成虫

柳金刚夜蛾

夜蛾科
学名 *Earias pudicana* Staudinger

分布 东北、华北、华东以及四川。

寄主和危害 柳、杨。

形态特征 成虫头、颈板黄白色带青，翅基片及胸背白色带粉红,腹部灰白色。前翅绿黄色，前缘从基部起约1/2白色带粉红色，外缘毛褐色；后翅白色。

生物学特性 河北一年发生2代。以蛹在茧内于枯枝上越冬。6~8月成虫期，成虫具较强趋光性。

防治方法 1.灯光诱杀成虫。2.幼虫期喷洒25%阿克泰水分散粒剂5000倍液。

柳金刚夜蛾成虫

玫缘钻夜蛾

夜蛾科
学名 *Earias roseifera* Butler

分布 河北、北京、黑龙江、江苏、江西、湖北、台湾、四川；日本、俄罗斯、印度。

寄主和危害 幼虫取食杜鹃叶片。

形态特征 成虫翅展18~21mm。头胸部黄绿色，触角、下唇须及前中足染有桃红色。前翅绿色，翅中央玫瑰红色，或大或小外缘及缘毛褐色或黄绿色。

生物学特性 河北5~7月可见成虫。具趋光性。

玫缘钻夜蛾成虫

钩白肾夜蛾

夜蛾科
学名 *Edessena hamada* Felder et Felder

钩白肾夜蛾成虫

分布 河北、江西以及华东。

寄主和危害 核桃楸。

形态特征 成虫体长17~19mm，翅展40~41mm。全体灰褐色。下唇须扁平，向上曲伸，成镰刀形，第二节宽，鳞片紧密，第三节尖，长度为第二节的1/2。前翅内线暗色，肾纹白色，后半向外折而突出，外线暗褐色、波浪形，亚端线暗褐色、波浪形，与外线曲度相似；后翅很大，横脉纹暗褐色。

生物学特性 河北6月见成虫。成虫趋光性强。

防治方法 灯光诱杀成虫。

旋皮夜蛾

夜蛾科
学名 *Eligma narcissus* (Cramer)

分布 河北、黑龙江、吉林、辽宁、青海、陕西、北京、天津、河南、山西、山东、甘肃、安徽、江苏、上海、浙江、湖北、江西、湖南、福建、广东、广西、四川、贵州、云南。

寄主和危害 臭椿、桃。主要以幼虫危害臭椿以及红叶椿、千头椿等植物的叶片，造成缺刻、孔洞或将叶片吃光。

形态特征 成虫体长26~28mm，翅展67~80mm。头及胸部为褐色，腹面橙黄色。前翅狭长，翅的中间近前方自基部至翅顶有一白色纵带，把翅分为两部分，前半部灰黑色，后半部黑褐色。足黄色。

生物学特性 河北一年发生2代。已包在薄茧中的蛹在树枝、树干上越冬。翌年4月中下旬(臭椿树展叶时)，成虫羽化，有趋光性，

防治方法 1.于冬春季在树枝、树干上寻茧灭蛹。成虫期灯光诱杀成虫。2.幼虫期可用一些低毒、无污染农药及生物农药，如阿维菌素、Bt乳剂等。

旋皮夜蛾成虫

旋皮夜蛾成虫

谐夜蛾

夜蛾科
学名 *Emmelia trabealis* (Scopoli)

谐夜蛾成虫

谐夜蛾成虫

分布 河北、黑龙江、新疆、青海、陕西、内蒙古、江苏、广东。

寄主和危害 大豆、棉花、甘薯、田旋花。幼虫啃食叶片，低龄幼虫啃食叶肉，形成小孔洞，3 龄后沿叶缘食成缺刻，影响产品质量。

形态特征 成虫体长 8~10mm，翅展 19~22mm。头部与胸部暗赭色，下唇须黄色，额黄白色，颈板基部黄白色，翅基片及胸部背面有淡黄纹。腹部黄白色，背面微带褐色。前翅黄色，中室后及 A 脉处各有一黑纵条伸至外横线，环纹与肾纹各为 1 个黑点，外横线黑灰色，较粗，自 M_1 至后缘，前缘区有 4 个小黑斑，顶角有一黑斜条为亚缘线前段，其后间断，在 M_2 处有 1 个小黑点，在臀角处有 1 条曲纹，缘毛白色，有 1 列小黑斑；后翅烟褐色。

生物学特性 河北一年发生 2 代。以蛹在土室内越冬。翌年 7 月中旬羽化为成虫，产卵于寄主幼嫩叶的背面，单产。初孵幼虫黑色，3 龄后花纹逐渐明显。幼虫十分活跃。

达光裳夜蛾

夜蛾科
学名 *Ephersia davidi* Oberthür

达光裳夜蛾成虫

分布 河北、黑龙江。

寄主和危害 桦。

形态特征 成虫翅展 48~50mm。前翅灰色或暗褐灰色，布有黑棕色细点，基线棕色或不明显，内线棕黑色、波浪形，中线棕黑色、波浪形，肾纹灰黄色、黑棕边，中央有黑棕色条纹，端线为 1 列黑点；后翅金黄色，后缘与亚中褶各有一黑纵条，端带黑色，在亚中褶后中断，缘毛中段有 1 列小黑斑。

生物学特性 河北 8 月可见成虫。具趋光性。

栎光裳夜蛾

夜蛾科
学名 *Ephesia dissimilis* Bremer

分布 黑龙江、河北、吉林、辽宁、陕西、河南、湖北、云南。

寄主和危害 蒙古栎等栎类。

形态特征 成虫体长20~22mm，翅展47~51mm。头及胸部黑棕色，头与颈板杂有白色。前翅灰黑色，内线以内色深，基线黑色，内线粗、黑色，内侧衬灰色，外侧有一灰白斜斑，较模糊，肾纹黑边，不清晰，外线黑色、锯齿形，外线外侧衬白色，亚端线白色锯齿形，两侧衬黑色，端线为黑白并列的点组成；后翅黑棕色，顶角白色；前翅反面棕黑色，有2条斜带及翅尖1个白斑；后翅反面棕黑色，基半部色较淡，腹部暗褐色。足黑色，跗节上有灰环。

生物学特性 河北7月见成虫。

防治方法 灯光诱杀成虫。

栎光裳夜蛾成虫

钩尾夜蛾

夜蛾科
学名 *Eutelia hamulatrix* Draudt

钩尾夜蛾成虫

分布 河北、北京、陕西、甘肃、青海、河南、安徽、浙江、台湾、湖北、四川；朝鲜。

寄主和危害 幼虫取食臭椿。

形态特征 成虫翅展31~33mm。体及前翅灰棕色至灰褐色。前翅内横线双线黑色、波形，环形纹和肾形纹均为灰白色有黑边，肾形纹中有褐纹，外横线双线黑色，在中部呈2个外突齿，翅顶角及外缘颜色明显浅，在外线两侧刺突间具1个明显黑斑。

生物学特性 河北4~5月、7~8月可见成虫。具趋光性。

丫纹哲夜蛾

夜蛾科
学名 *Gerbathodes ypsilon* Butler

分布 河北。

寄主和危害 苹果。

形态特征 成虫体长 11mm，翅展 31mm 左右。头部褐黄色杂黑褐色。下唇须外侧黑色，额有黑纹。胸部灰色有黑点，翅基片有黑色斜纹，毛簇有黑条。前足胫节及跗节有白环。腹部暗灰色。前翅灰色，外线外方带有褐色光泽，无剑纹及环纹，基线黑色，只前端及中室处可见，内线黑色细弱、波浪形，肾纹白色黑边，前宽后窄，中部凹，中线为弯曲黑带，前端宽，斜弯至肾纹后，与黑色外线相交成“丫”字形，外线锯齿形，在 1~3 脉处为内凹的曲弧，亚端线黑色、锯齿形，前端粗，端线为 1 列黑色长点；后翅污褐色。

生物学特性 河北 7 月见成虫。

防治方法 灯光诱杀成虫。

丫纹哲夜蛾成虫

苏角剑夜蛾

夜蛾科
学名 *Gortyna amurensis* Staudinger

分布 河北、黑龙江。

寄主和危害 蒲葵。

形态特征 成虫体长 20~22mm，翅展 46~51mm。头部及胸部暗棕色，触角上缘灰白色。腹部灰色带暗棕色。前翅暗棕色，外线与亚端线间色较淡，基线黑棕色，内线黑棕色，在中室成一内凸齿，剑纹只隐约一暗棕色轮廓，环纹斜圆，内外侧黑褐边，肾纹灰褐色，黑褐边，中线黑棕色，外弯，外线黑棕色，沿前缘脉后缘外伸，亚端线褐色，不清晰，锯齿形，端线为 1 列黑棕色新月形点；后翅淡黄色带褐色，翅脉及端线黑棕色。

生物学特性 河北 6~7 月见成虫。

防治方法 灯光诱杀成虫。

苏角剑夜蛾成虫

歧梳跗夜蛾

夜蛾科
学名 *Hadena aberrans* Eversmann

分布 河北、北京、黑龙江；日本、朝鲜、俄罗斯。

寄主和危害 幼虫取食杜鹃类植物叶片。

形态特征 成虫翅展30~32mm。头至胸部被长毛，白色略带褐色。前翅黄褐色具黑色鳞片，基部及外缘乳白色，基线黑色，环纹斜圆形白色黑边，中央大部分褐色，肾形白色，中有黑曲纹，黑边；后翅淡褐色，外缘色稍深。

生物学特性 河北7~8月可见成虫。具趋光性。

歧梳跗夜蛾成虫

斑盗夜蛾

夜蛾科
学名 *Hadena confuse* Hüfnagel

分布 河北、北京、青海、新疆、内蒙古、黑龙江、山西、山东；蒙古等。

寄主和危害 幼虫取食石竹、白玉草等。

形态特征 成虫翅展33~39mm。体色多变，棕色至黑色有白斑，斑纹特殊。

生物学特性 河北6~8月可见成虫。具趋光性。

斑盗夜蛾成虫

棉铃虫

▶ 夜蛾科
学名 *Helicoverpa armigera* Hübner

分布 世界各地。

寄主和危害 棉、玉米、小麦、大豆、烟、番茄、辣椒、茄子、甘蓝、白菜、芝麻、万寿菊、向日葵、南瓜、苘麻、枸杞、苜蓿。棉铃虫以幼虫蛀食植株的花蕾、花器、果实、种荚。也钻蛀茎秆、果穗、菜球等。

形态特征 成虫体长 14~18mm，翅展 30~ 38mm。头部、胸部及腹部淡灰褐色或青灰色。前翅淡红褐色或淡青灰色，基线双线，内横线双线褐色、锯齿形，环纹褐边，中央有 1 个褐点，肾纹褐色，中央有 1 块深褐色肾形斑，肾纹前方的前缘脉上有 2 条褐纹，中横线褐色、微波浪形，外横线双线褐色、锯齿形，齿尖在翅脉上为白点，亚缘线褐色、锯齿形，与外横线间为 1 条褐色宽带，端区各翅脉间有黑点；后翅黄白色或淡褐黄色，端区褐色或黑色，翅脉色暗。

生物学特性 河北一年发生 4 代。幼虫 6 龄，老熟幼虫入土做土室化蛹。成虫对糖浆及紫外光有正趋性。

防治方法 1. 少量危害时，人工捕捉幼虫或剪除有虫花蕾。2. 幼虫蛀果时喷洒 Bt 乳剂 500 倍液或 20% 除虫脲悬浮剂 7000 倍液防治。3. 蛹期可人工挖蛹。用性诱剂或黑光灯诱杀成虫。

棉铃虫成虫

棉铃虫成虫

棉铃虫幼虫

烟实夜蛾

▶ 夜蛾科
学名 *Helicoverpa assulta* (Guenée)

分布 全国各地。

寄主和危害 烟草、棉花、麻、玉米、高粱、番茄、辣椒、南瓜等。幼虫主要危害烟株顶端嫩叶，食成缺刻或孔洞。

形态特征 成虫翅展 27~35mm。前翅黄褐色，内线双线褐色，波形，环纹褐边，中央常具一褐点，肾纹褐边，中央具 1 个新月形褐纹；中线褐色，单线；外线双线褐色；亚端区颜色常较深，缘线脉间具细小黑点。后翅棕黑色。

生物学特性 河北一年发生 3~4 代。以蛹在 7~13cm 土中越冬。成虫寿命 5~7 天，白天潜伏在叶背或草丛中，夜间或阴天活动，有趋光性。

防治方法 1. 深翻灭蛹。秋、冬深翻烟田，切断蛹的羽化道，可减少虫源。2. 苗期于早晨或阴天，看到有新鲜虫粪时可人工捕捉或放鸡、鸭啄食之。

烟实夜蛾成虫

网夜蛾

▶ 夜蛾科
学名 *Heliophobus reticulate* (Goeze)

分布 河北、内蒙古、新疆。

寄主和危害 报春、麦瓶草、酸模等植物。

形态特征 成虫体长17mm，翅展40mm左右。头、胸部褐色杂黑色及灰色。前翅暗褐色，翅脉白色，基线白色达A脉，两侧黑色，内线白色，在亚前缘脉处折成一大突齿然后内弯，在中室后又外斜，环纹斜圆，白色，中央黑色，肾纹白色，中央有扁黑圈，剑纹大，黑边，外线白色，两侧衬黑，细波浪形，外弯，再向内弯，亚端线白色，内侧有1列齿形黑纹，端线为1列黑色长点；后翅褐色，端区较暗。腹部暗褐色。

生物学特性 河北7月见成虫。

防治方法 灯光诱杀成虫。

网夜蛾成虫

苜蓿夜蛾

▶ 夜蛾科
学名 *Heliothis viriplaca* Hüfnagel

分布 河北、黑龙江、吉林、辽宁、新疆、青海、宁夏、陕西、天津、河南、江苏、云南、甘肃。

寄主和危害 苜蓿、豌豆、大豆、玉米、大麻、亚麻、马铃薯、棉花、甜菜、牧草、苹果、柳穿鱼、矢车菊、芒柄花等。食性很杂。

形态特征 成虫体长约15mm，翅展约35mm。前翅灰褐色带青色，缘毛灰白色，沿外缘有7个新月形黑点，近外缘有浓淡不均的棕褐色横带，翅中央有1块深色斑，有的可分出较暗的肾状纹，上有不规则小点；后翅色淡，有黄白色缘毛，外缘有黑色宽带，带中央有白斑，前部中央有弯曲黑斑。

生物学特性 河北一年发生2代。以蛹在土中越冬。6月间出现成虫。成虫白天在植株间飞翔。吸食花蜜，产卵在叶片背面。8月间出现第一代成虫。9月间幼虫开始入土化蛹越冬。

防治方法 可用纱网、布袋等顺豆株顶部扫集，或利用幼虫假死性，用手振动豆株，使虫落地，就地消灭。

苜蓿夜蛾成虫

阴卜夜蛾

▶ 夜蛾科
学名 *Hypena stygiana* Butler

分布 河北、北京、吉林、辽宁、浙江、江西、西藏；日本、朝鲜、俄罗斯。

寄主和危害 幼虫取食溲疏、蓖麻。

形态特征 成虫翅展33~35mm。前翅内横线灰色，外斜，外横线在中部稍外凸，在近后缘时斜与基部外斜线相连，外线外的浅色区明显宽，大于翅长的1/3。

生物学特性 河北5~7月可见成虫。具趋光性。

阴卜夜蛾成虫

苹梢鹰夜蛾

▶ 夜蛾科
学名 *Hypocala subsatura* Guenee

分布 河北、北京、辽宁、河南、山东、江苏、浙江、台湾、湖北、广东、广西、四川、云南；日本、印度。

寄主和危害 幼虫危害苹果、柿子、栎等，在顶梢缀叶取食，常可转梢。

形态特征 成虫翅展34~38mm。体色和斑纹多变化。前翅棕褐色或紫褐色为主，密布黑褐色细点，内外线波浪形，棕色，其中外线外弯，在肾纹后端折向后，或前翅具大型黑褐或紫褐纹，有时斑纹不明显；后翅棕黑色，具数个橙黄色斑。

生物学特性 河北5月、6月、8月可见成虫。具趋光性。

苹梢鹰夜蛾成虫

黑肾蜡丽夜蛾

夜蛾科
学名 *Kerala decipiens* Butler

分布 河北、北京、黑龙江、山西；日本、俄罗斯。

寄主和危害 幼虫取食毛赤杨、岳桦等。

形态特征 成虫翅展32~38mm。下唇须及额暗红褐色。头顶淡黄棕色，前胸淡红棕色，基部具黑色带，中后胸及前翅灰褐色，稍带绿色，环斑呈一黑点，肾纹呈“C”字形或一稍弯曲纵黑纹。翅后缘具灰白色纵纹，内具黑褐色相间的黑点。

生物学特性 河北8月可见成虫。具趋光性。

黑肾蜡丽夜蛾成虫

异安夜蛾

夜蛾科
学名 *Lacanobia aliena* Hübner

分布 河北、北京、甘肃、新疆、黑龙江；日本、俄罗斯。

寄主和危害 幼虫食性广，多取食豆科和菊科植物。

形态特征 成虫前翅长17.5mm。前翅翅基具黑色纵纹，肾纹、环纹和剑纹具不完整的黑边，肾纹仅具黑色内边，环纹具黑线内、外边。

生物学特性 河北6月可见成虫。具趋光性。

异安夜蛾成虫

肖毛翅夜蛾 | 夜蛾科

学名 *Lagoptera juno* Dalman

分布 河北、黑龙江、辽宁、北京、河南、山东、甘肃、安徽、浙江、湖北、湖南、江西、福建、海南、四川、贵州、云南、青海。

寄主和危害 幼虫取食李、桦、木槿等植物的叶子，成虫吸食柑橘、苹果、李、梨、桃、葡萄等的果汁。

形态特征 成虫头赭褐色，胸和腹红色。前翅赭褐色或褐色，布满黑点，前后缘红棕色，基线达中褶，内线前段弯，后外斜，外线直线内斜，顶角至臀角有一曲弧线。

生物学特性 河北一年发生 2 代。以蛹卷叶越冬。6 月和 8 月可见成虫。成虫趋光性强。

防治方法 1. 灯光诱杀成虫。2. 幼龄幼虫期喷洒惠新净 3000 倍液。

肖毛翅夜蛾成虫

肖毛翅夜蛾成虫

肖毛翅夜蛾幼虫

肖毛翅夜蛾蛹

钩纹金翅夜蛾 | 夜蛾科

学名 *Lamprotes caureum* Knoch

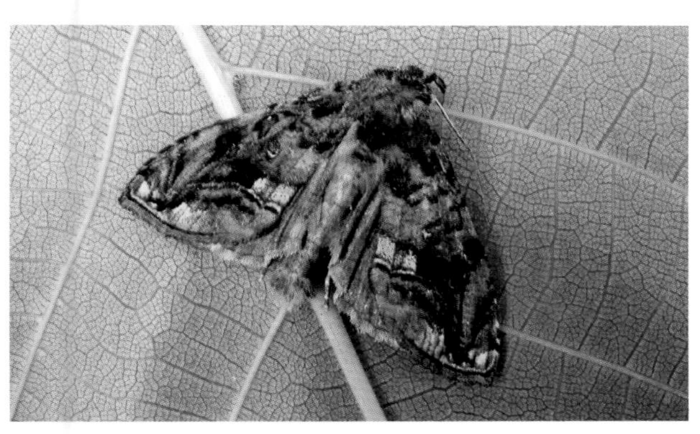
钩纹金翅夜蛾成虫

分布 河北、北京；俄罗斯、蒙古、欧洲。

寄主和危害 幼虫取食多种唐松草、欧耧斗菜。

形态特征 成虫前翅长 17mm。体背及前翅暗褐色，具紫色、金色光泽。前翅中室具 1 个小钩状金纹，外线在前半折向外，后斜伸向后缘，线外侧仅在后缘具大块金色区。

生物学特性 河北 7 月可见成虫。具趋光性。

弯勒夜蛾

夜蛾科
学名 *Laspeyria flexula* (Denis et Schiffermüller)

分布 河北、北京；日本，朝鲜，俄罗斯。
寄主和危害 幼虫取食树干或树枝上的地衣。
形态特征 成虫翅展23~27mm。头及领棕褐色。翅面灰褐色，前翅顶角下明显内凹，其内侧染锈红色，内外线黄白色，近前缘具明显的折角，外缘具黑点列。
生物学特性 河北8月可见成虫，以幼虫越冬。

弯勒夜蛾成虫

弯勒夜蛾成虫

白钩黏夜蛾

夜蛾科
学名 *Leucania proxima* Leech

分布 河北、河南、四川、云南、西藏、甘肃、青海。
寄主和危害 小麦、谷子、糜子。
形态特征 成虫体长12mm，翅展29mm。头、胸部褐色杂有灰色，颈板有3条黑横线，翅基片边缘黑棕色。前翅褐赭色，布有黑点，亚中褶基部有一黑纵纹，其上有一小白点，中脉端部为一白色短纹，在横脉处向前钩，似为一白色小钩，后缘区中部有一黑纵纹，外线黑色锯齿形，在亚中褶处有一黑纹内伸，亚端线淡黑色，自顶角内斜然后外弯，其外侧色暗褐，内侧各脉间有黑纹，端线为1列黑色长点；后翅淡褐色，端区色暗。腹部褐色，节间有金黄色纹。
生物学特性 河北6月成虫期。趋光性强。
防治方法 灯光诱杀成虫。

白钩黏夜蛾成虫

比夜蛾

夜蛾科
学名 *Leucomelas juvenilis* Bremer

分布 河北、黑龙江。

寄主和危害 幼虫取食锦鸡儿。

形态特征 成虫翅展33~35mm。头部、胸部及腹部棕黑色杂少许灰色。前翅黑棕色，外区有1条乳白色外斜带，后端达臀角，前缘脉近顶角处有一黄白点；后翅黑棕色，外区有1条黄白色带。

生物学特性 河北6~7月可见成虫。

比夜蛾成虫

亭俚夜蛾

夜蛾科
学名 *Lithacodia gracilior* Drauda

分布 河北、陕西。

寄主和危害 不详。

形态特征 成虫翅展23~25mm。头、胸部淡绿白色。前翅白色带绿霉色，基线黑色，剑纹端部有一斜三角形黑斑纹，环纹大，白色，中央有一霉绿圈；肾纹大，色同环纹，两纹间有黑斑。

生物学特性 河北7月可见成虫。

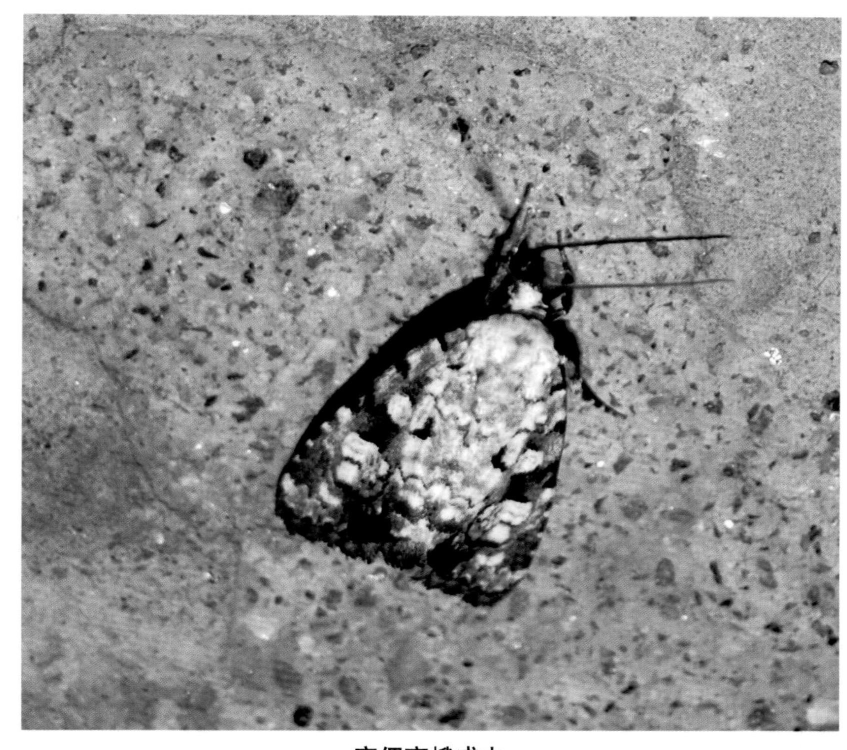

亭俚夜蛾成虫

小冠夜蛾

▶ 夜蛾科
学名 *Lophomilia polybapta* (Butler)

分布 河北、北京、山东、江苏、浙江、台湾；日本，朝鲜。

寄主和危害 幼虫取食麻栎、板栗。

形态特征 成虫翅展25mm。前翅内线棕色，后半部斜伸向翅基，外线白色，内侧黄褐色，中室内侧上1小白点，外侧具小黑点，亚缘近端处常具明显的黑斑。腹背基部具竖立的毛丛。

生物学特性 河北7月可见成虫。具趋光性。

小冠夜蛾成虫

放影夜蛾

▶ 夜蛾科
学名 *Lygephila craccae* Denis et Schiffermüller

分布 河北、北京、新疆；日本、朝鲜、俄罗斯、蒙古等。

寄主和危害 幼虫取食豆科野豌豆属、小冠花属等植物。

形态特征 成虫翅展40~46mm。头褐色。两触角基部连线间具1条灰白色横带，头顶及颈板黑色。前翅浅灰褐色，横带仅在翅前缘暗褐色，肾形纹脚印形，中央灰褐色。

生物学特性 河北8月可见成虫。具趋光性。

放影夜蛾成虫

巨影夜蛾

夜蛾科
学名 *Lygephila maxima* Bremer

分布 河北、北京、黑龙江、吉林、山东、福建、湖北；日本、朝鲜、俄罗斯。

寄主和危害 幼虫取食野麦、莎草科植物。

形态特征 成虫翅展55~60mm。头褐色，头顶及颈板黑色。前翅浅灰褐色，布有暗褐色横细纹，肾形纹脚印形，中央灰褐色，内侧常呈“L”形黑纹，亚端线有时具1列黑点。

生物学特性 河北8~10月可见成虫。具趋光性。

巨影夜蛾成虫

巨影夜蛾成虫

瘦银锭夜蛾

夜蛾科
学名 *Macdunnoughia confusa* Stephens

分布 河北、黑龙江、浙江、陕西、江西、上海。

寄主和危害 菊花、牛蒡、胡萝卜、大豆等。幼虫咬食寄主叶片，成缺刻或孔洞。

形态特征 成虫体长11~13mm，翅展31~34mm。头部、胸部灰色带褐，腹部灰褐色。前翅灰褐色，内、外横线间在中室后方红棕色，前翅斑纹凹槽形银斑稍瘦。

生物学特性 河北一年发生2代。以蛹在树冠下杂草、石块越冬。翌年5月羽化，6月下旬危害绿叶蔬菜、菜用大豆、牛蒡等。7月中旬化蛹，8月上旬羽化为成虫。

瘦银锭夜蛾成虫

甘蓝夜蛾

夜蛾科
学名 *Mamestra brassicae* Linnaeus

甘蓝夜蛾成虫

分布 全国各地。

寄主和危害 食性极杂，已知寄主达 45 科 100 余种，除大田作物、果树、野生植物外，蔬菜主要有甘蓝、花椰菜、白菜、萝卜、油菜、茄果类、豆类、瓜类、马铃薯等。

形态特征 成虫体长 15~25mm，翅展 30~50mm。翅和身体为灰褐色，复眼为黑紫色。在前翅的中间部位，靠近前缘附近有 1 个灰黑色的环状纹和一个相邻的灰白色的肾状纹；后翅灰白色。

生物学特性 河北一年发生 3~4 代。以蛹在土表下 10cm 左右处越冬，成虫对糖醋味有趋性，对光没有明显趋性。

防治方法 1. 做好预测预报。根据以上提供的时间和数据，应做好预测预报，特别是春季预报。2. 秋季认真耕翻土地，消灭部分越冬蛹，及时清除杂草和老叶，创造通风透光良好环境，以减少卵量。

摊巨冬夜蛾

夜蛾科
学名 *Meganephria tancrei* Graeser

分布 河北、北京、陕西、黑龙江、吉林、内蒙古；朝鲜、俄罗斯。

寄主和危害 杏。

形态特征 成虫翅展 47~51mm。前翅宽，暗灰棕色，基线双线黑色，短，内线黑色，明显，外线及亚端线稍不明显，肾纹、环纹和环下纹宽大，明显，具黑边。

生物学特性 河北 9~10 月可见成虫。

摊巨冬夜蛾成虫

白肾灰夜蛾

夜蛾科
学名 *Melanchra persicariae* (Linnaeus)

分布 河北、黑龙江、吉林、青海、内蒙古、北京、河南、山西、甘肃、四川、云南。

寄主和危害 多食性，取食多种低矮草本植物，但秋季也危害柳、桦、楸等木本植物。

形态特征 成虫体、胸黑色，腹褐色。前翅黑色，基线、内线双黑线，环纹黑色，肾纹明显白色，中央有1条曲纹，亚端线白色；后翅白色。

生物学特性 河北一年发生1代。以老熟幼虫入土做茧化蛹越冬。翌年5月成虫羽化，趋光性强。幼虫危害地被草木，秋季危害林木，白天隐居茎上，头及胸抬起，夜间取食性强。

防治方法 1. 灯光诱杀成虫。2. 幼虫期喷洒48%乐斯本乳油3500倍液。

白肾灰夜蛾成虫

白肾灰夜蛾幼虫

宽胫夜蛾

夜蛾科
学名 *Melicleptria scutosa* Schiffermüller

分别 河北、辽宁、内蒙古、江苏。

寄主和危害 艾属、藜属。幼虫食叶。

形态特征 成虫体长11~15mm，翅展31~35mm。头部及胸部灰棕色，下胸白色，腹部灰褐色。前翅灰白色，大部分有褐色点，基线黑色，只达亚中褶，内线黑色波浪形，后半外斜，后端内斜，剑纹大，褐色黑边，中央一淡褐纵线，环纹褐色黑边，肾纹褐色，中央一淡褐曲纹，黑边，外线黑褐色，外斜至4脉前折角内斜，亚端线黑色，不规则锯齿形，外线与亚端线间褐色，成一曲折宽带，中脉及2脉黑褐色，端线为一列黑点；后翅黄白色，翅脉及横脉纹黑褐色，外线黑褐色，端区有一黑褐色宽带，2~4脉端部有二黄白斑，缘毛端部白色。

生物学特性 河北5~8月成虫期。以蛹越冬。成虫趋光性强。雌蛾产卵数百粒。

防治方法 1. 灯光诱杀成虫。2. 幼虫期喷洒48%乐斯本乳油3500倍液。

宽胫夜蛾成虫

懈毛胫夜蛾

夜蛾科
学名 *Mocis annetta* Butler

懈毛胫夜蛾成虫

分布 河北、北京、吉林、山东、江苏、浙江、福建、台湾、湖北；日本、朝鲜、俄罗斯。

寄主和危害 幼虫取食葛，成虫吸食果汁。

形态特征 成虫翅展40~47mm。头胸部棕褐色。前翅淡棕色，内线外斜，外侧深棕色，中线波曲，外线黑褐色，在达后缘约1/3时内折并弧形伸向后缘，内外线之间具数个褐色圆斑。

生物学特性 湖北7~8月可见成虫。具趋光性。

缤夜蛾

夜蛾科
学名 *Moma alpium* Osbeck

分布 河北、黑龙江、吉林、甘肃、湖北、江西、四川、云南。

寄主和危害 栎、桦、山毛榉、米心树。

形态特征 成虫胸及前翅绿色。前翅内线为黑带，中线黑色锯齿形，肾纹白色，外线双黑色，内、外线间有白色宽条，外线外方黑色；后翅褐色。幼虫头黄色，两侧隆起，体褐赭，有几条不规则黄线，第三至第十一节背黑色，第一、三、六腹节背中有扁圆白斑，各体节有较长的暗黄色毛簇，第八腹节亚背面有白斑1对。

生物学特性 河北一年发生1代。8月幼虫老熟，在地表落叶下结丝茧化蛹越冬。幼龄幼虫群居，老熟后分散于同株上危害，咬食叶片呈孔洞。成虫趋光性强。

防治方法 1. 成虫期灯光诱杀。2. 幼虫期喷洒25% 灭幼脲悬浮剂2000倍液。

缤夜蛾成虫

大光腹夜蛾

夜蛾科
学名 *Mythimna grandis* (Butler)

大光腹夜蛾成虫

分布 河北、黑龙江、辽宁。

寄主和危害 地杨梅属植物。

形态特征 成虫体长19~20mm，翅展45~48mm。头、胸部褐色杂有黑色；前翅赭褐色，布有细黑点及褐细纹，内线黑色，略呈括弧状，肾纹黄白色，环纹不显，外线黑色，细锯齿形，端线为1列黑点；后翅赭黄色，端区带有红褐色，缘毛橙黄色。腹部黑褐色，各节端部有一圈赭黄色毛圈。

生物学特性 河北7月见成虫。成虫有强趋光性。

防治方法 灯光诱杀成虫。

黏虫

夜蛾科
学名 *Mythimna separata* (Walker)

黏虫成虫

分布 河北及全国各地。

寄主和危害 麦、稻、粟、玉米等禾谷类粮食作物及棉花、豆类、蔬菜等16科104种以上植物。幼虫食叶。

形态特征 成虫体长15~17mm，翅展36~40mm。头部与胸部灰褐色，腹部暗褐色。前翅灰黄褐色、黄色或橙色，变化很多，内横线往往只现几个黑点，环纹与肾纹褐黄色，界限不显著，肾纹后端有1个白点，其两侧各有1个黑点，外横线为1列黑点，亚缘线自顶角内斜至Mz，缘线为1列黑点；后翅暗褐色，向基部色渐淡。

生物学特性 河北一年发生2~3代。迁飞性害虫，老熟幼虫在根际表土1~3cm做土室化蛹。

防治方法 1. 灯光诱杀成虫。2. 在幼虫低龄期，及时控制其危害，喷洒Bt乳剂500倍液。

密夜蛾

夜蛾科
学名 *Mythimna turca* Linnaeus

分布 河北、北京、黑龙江、湖北、江西、四川；日本、欧洲。

寄主和危害 幼虫取食禾本科的拟麦子草、荻、芦苇。

形态特征 成虫翅展40~43mm。头胸部红褐色。前翅红褐色，散布黑色鳞片，内线黑色，稍曲折，肾纹黑色，窄斜，后端有1个白点，有时肾纹并不明显，外线黑色，斜直，端线为1列小黑点。

生物学特性 河北7月可见成虫。具趋光性。

密夜蛾成虫

绒黏夜蛾

夜蛾科
学名 *Mythimna velutina* Eversmann

分布 河北、北京、青海、甘肃、新疆、内蒙古、黑龙江；俄罗斯、蒙古。

寄主和危害 不详。

形态特征 成虫体长20mm，翅展42mm。前翅淡灰褐色；翅脉白色，除前缘区外各脉间具黑褐纹，亚端区常具黑褐色剑形纹，指向内侧。

生物学特性 河北7月灯下可见成虫。

绒黏夜蛾成虫

绿孔雀夜蛾

夜蛾科
学名 *Nacna malachitis* Oberthür

分布 河北、黑龙江、辽宁、四川等地。

寄主和危害 小灌木。

形态特征 成虫体长13mm左右，翅展32~40mm。头部与翅基片白色间青色。下唇须暗褐色，第二、三节尖端白色。颈板粉青色及褐色。胸部背面粉色间褐色，跗节有白环。腹部褐色间白色。前翅翠绿色，基部有一褐纹，后端与中带相遇，中带黑褐色，宽而外弯，中室有一黑环，顶角与臀角各有一白纹，其中各有一黑环，此二白纹外的缘毛白色，其余缘毛翠绿色；后翅白色，顶角处有淡褐纹，雌蛾此褐纹成为较完整的端带。

生物学特性 河北成虫出现于3~9月。生活在低、中海拔丘陵山区。

防治方法 灯光诱杀成虫。

绿孔雀夜蛾成虫

绿孔雀夜蛾成虫

葎草流夜蛾

夜蛾科
学名 *Niphonyx segregate* Butler

分布 河北、北京、陕西、黑龙江、内蒙古、山西、河南、山东、江苏、浙江、福建、云南；日本、朝鲜、俄罗斯。

寄主和危害 幼虫取食葎草和啤酒花的叶，初龄食叶肉，后咬成小孔状，大龄蚕食。

形态特征 成虫翅展26~30mm。前翅褐色，中部具暗褐色宽带，具灰白边，近顶角处具一暗褐斑，斑内近下方具1个或2个黑斑，斑的内侧后方具1个或2个黑斑，有时斑纹会减少。

生物学特性 河北一年发生2代。4~9月可见成虫。具趋光性。

葎草流夜蛾成虫

雪疽夜蛾

夜蛾科
学名 *Nodaria niphona* Butler

分布 河北以及华东、西南。

寄主和危害 桃、花卉。

形态特征 成虫体长11mm，翅展31mm。头部及胸部黄褐色。下唇须上伸，成镰刀形，第二节超过头顶，雄蛾第三节后缘常有毛簇。雄蛾触角有纤毛和黑毛，中部有疖状构造。前翅黄褐色，内线和外线为褐色曲线，肾纹褐色，亚端线黄白色，很明显，其他斑纹不明显，翅尖略成直角，外缘曲度平稳、有副室；后翅灰黄色，斑纹较淡。腹部灰黄色。足黄褐色。

生物学特性 河北6~9月见成虫。

防治方法 灯光诱杀成虫。

雪疽夜蛾成虫

苹美皮夜蛾

夜蛾科
学名 *Nolathripa lactaria* Graeser

分布 河北、陕西、山东、浙江、江西、湖北、四川；日本、朝鲜、俄罗斯。

寄主和危害 幼虫取食苹果、核桃楸。

形态特征 成虫翅展24~27mm。头部白色。胸部背面具2个圆形黑褐色斑。前翅基半部银白色，端半部黄褐色，中室基部具2簇凸起的黑色鳞片，外线黑色，后半部具竖起的黑色鳞片。

生物学特性 河北5~8月可见成虫。具趋光性。

苹美皮夜蛾成虫

歌梦尼夜蛾

夜蛾科
学名 *Orthosia askoldensis* Staudinger

分布 河北、北京、黑龙江；日本、俄罗斯。

寄主和危害 幼虫取食栎、柳、山楂等多种植物。

形态特征 成虫翅展30~35mm。前翅紫褐灰色，基部具2个小黑斑，翅中部具“儿”字形黑斑，有时其中的“L”形纹中间断裂，或黑斑消失。

生物学特性 河北5月可见成虫。具趋光性。

歌梦尼夜蛾成虫

浓眉夜蛾

夜蛾科
学名 *Pangrapta perturbans* Walker

分布 河北、江苏、浙江、贵州；日本、朝鲜、印度。

寄主和危害 幼虫取食水蜡树。

形态特征 成虫前翅长15~17mm。头灰褐色。胸部暗褐色。前、后翅黄褐色，具黑褐色斑纹；前翅前缘近顶角具1个三角形灰白色斑，前缘具3个小白点；前、后翅中室均无白斑。

生物学特性 河北7~8月可见成虫。具趋光性。

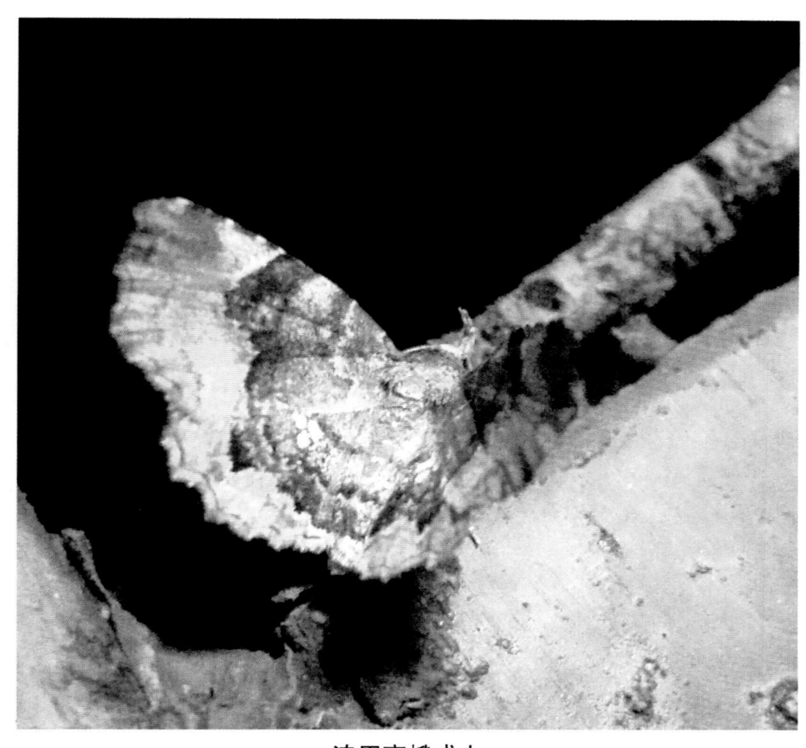

浓眉夜蛾成虫

点眉夜蛾

夜蛾科
学名 *Pangrapta vasava* Butler

分布 河北、山东、江苏、安徽、江西、福建、台湾；日本、朝鲜、俄罗斯。

寄主和危害 幼虫取食黑榆。

形态特征 成虫翅展25~28mm。唇须上伸并向后弯曲。前翅褐色，外缘端半部齿形，外横线前端具浅灰褐色三角斑；后翅中室具4个小白斑。

生物学特性 河北7~8月可见成虫。具趋光性。

点眉夜蛾成虫

点眉夜蛾成虫

短喙夜蛾

夜蛾科
学名 *Panthauma egregia* Staudinger

分布 河北、北京、内蒙古、黑龙江；朝鲜、俄罗斯。

寄主和危害 幼虫啃食幼苗、成虫刺吸果实。

形态特征 成虫翅展52~62mm。胸背灰褐色，杂有白黑、黑绿缘毛。前翅灰褐色，布有大量墨绿鳞片，翅基具1个剑形黑斑，中线双线，黑色，波纹，前缘内侧具1个大黑褐斑，肾纹具白边，明显，外线双线，黑色，前半弧形外凸，后波形，前缘外线外具1个大黑褐斑，亚端线锯齿形，白色，缘线由1列三角形黑斑组成。

生物学特性 河北7~8月可见成虫。具趋光性。

短喙夜蛾成虫

曲线奴夜蛾

夜蛾科
学名 *Paracolax tristalis* Fabricius

分布 河北、北京、黑龙江、吉林；日本、朝鲜、俄罗斯。

寄主和危害 幼虫取食松类植物。

形态特征 成虫翅展23~26mm。体背及前翅黄褐色至灰褐色，唇须长，前翅稍上翘。前翅布满褐色，内线褐色，弧形外凸，外线稍波形，中室端具1个褐斑，条形，外侧衬锈褐色，亚端线或隐约可见，较粗，缘线细，褐色。

生物学特性 河北7~8月可见成虫。具趋光性。

曲线奴夜蛾成虫

围连环夜蛾

夜蛾科
学名 *Perigrapha circumducta* Lederer

分布 河北、北京、甘肃、新疆、黑龙江、山东、山西、河南；日本、朝鲜、俄罗斯。

寄主和危害 幼虫取食绣线菊。

形态特征 成虫翅展48~54mm。颈板后缘及胸背中毛簇具白边。前翅环纹与大剑纹相连（有时不连），呈蘑菇状，并与肾纹相靠，外线灰白色，弧形。

生物学特性 河北3~6月可见成虫。具趋光性。

围连环夜蛾成虫

扁连环夜蛾 | 夜蛾科

学名 *Perigrapha hoenei* Pungelerr

分布 河北、北京、新疆、黑龙江；日本。

寄主和危害 幼虫取食枹栎、麻栎、李属、樱属、落叶松等。

形态特征 成虫翅展50~55mm。前翅基部具2或3个黑斑，其中1个三角形，较大，外线波形，亚端线灰白色，缘线由小黑点组成。

生物学特性 河北3月、6月可见成虫。具趋光性。

扁连环夜蛾成虫

唳灰夜蛾 | 夜蛾科

学名 *Polia cucubali* Schiffermüller

分布 河北、黑龙江、浙江、四川。

寄主和危害 麦瓶草属、剪秋罗属植物。

形态特征 成虫体长15mm，翅展34mm。头、胸部褐色杂灰和黑色。前翅褐色带紫，基线双线达于亚中线，内线双线黑色、波浪形，剑纹肥大黑边，环纹、肾纹褐色，边缘淡黄色与黑色，网纹后端相连，外线双线黑色锯齿形，内一线粗，有新月形黑纹组成，亚端线淡黄色；后翅淡黄带褐色，外半色暗。腹部灰褐色。

生物学特性 河北6月成虫期。强趋光性。

防治方法 灯光诱杀成虫。

唳灰夜蛾成虫

鹏灰夜蛾

▶ 夜蛾科
学名 *Polia goliath* Oberthür

分布 河北、黑龙江、湖北、四川。

寄主和危害 绣线菊等灌木。

形态特征 成虫体长 23~25m，翅展 60mm 左右。头部及胸部白色，下唇须第二节外侧有黑纹，额有黑条。前翅黄白色，外线外侧及端区布有细黑点，后缘有一黑纹，内线双线黑色波浪形外斜，在中室前缘有一短线接双线；前后缘黄白色，边缘黑色，肾形大，中央黑色，其余黄白色，黑边，中线黑色前端粗，后半锯齿形，外线双线黑色锯齿形，外一线齿尖为黑点；后翅污白色，翅脉、横脉纹黑色，外缘黑色。腹部白色，各节背面有灰色宽条，毛簇端部黑色。

生物学特性 河北一年发生 1 代。7 月下旬至 8 月上旬见成虫，

防治方法 灯光诱杀成虫。

鹏灰夜蛾成虫

鹏灰夜蛾成虫

红棕灰夜蛾

▶ 夜蛾科
学名 *Polia illoba* (Butler)

红棕灰夜蛾成虫

分布 东北、华北、华东等地。

寄主和危害 月季、蔷薇、香石竹、菊花、紫苏、樱花、桑等园林植物。主要是以幼虫蚕食叶片，食害嫩茎，造成叶片残缺不全。

形态特征 成虫体长 15~17mm，翅展 38~41mm。头胸及前翅红褐色，腹部及后翅灰褐色。前翅环纹和肾状纹较粗，灰色，外缘隐约可见锯齿形，端线色浓而粗，曲度平衡。

生物学特性 河北一年发生 2 代。以蛹在土中越冬，翌年 5 月上中旬羽化，卵产于叶面或嫩梢上，块状，到 6 月开始食害叶片。幼虫有假死性，遇惊扰即卷缩身体呈环状。

防治方法 1. 冬季翻土，消灭土中蛹，以减少来年虫口基数，幼虫初龄期，剪除叶片，消灭幼虫。2. 保护和利用天敌。

灰夜蛾

夜蛾科
学名 *Polia nebulosa* Hüfnagel

分布 东北、华北、西北。

寄主和危害 桦、柳、榆。

形态特征 成虫头、胸白色杂褐色，腹灰黄色。前翅灰白带淡褐色，散布细黑点，剑纹黑灰色，黑边，环纹近方形，黄白色，两边黑色，肾纹大，黄白色，黑边，中央有褐圈，外线黑色，双线锯齿形，端线为三角形黑点1列。

生物学特性 河北一年发生1代。以蛹越冬，6月成虫出现，成虫趋光性强。

防治方法 黑光灯诱杀成虫。

灰夜蛾成虫

霉裙剑夜蛾

夜蛾科
学名 *Polyphaenis oberthüri* Staudinger

分布 河北、黑龙江、湖北、四川；朝鲜。

寄主和危害 不详。

形态特征 成虫翅展约39mm左右。头、胸部霉绿色杂有黑毛。前翅霉绿色并具黑细点，基线黑色双线波浪形，前翅肾纹白色并向外扩展；后翅杏黄色基部黑褐色，后缘一黑褐窄带，端区有一黑褐宽带，其内缘不规则弯曲。腹部黑棕色，节间黄色。

生物学特性 河北8月可见成虫。具趋光性。

霉裙剑夜蛾成虫

石榴巾夜蛾

▶ 夜蛾科
学名 *Prarlleila stuposa* Fabricius

分布 河北、江苏、浙江、江西、上海、广东、湖北、四川、台湾。

寄主和危害 是专以石榴叶为食的重要害虫之一。幼虫食害芽和叶，成虫吸食果汁。

形态特征 成虫体褐色，长20mm左右，翅展46~48mm。前翅中部有一灰白色带，中带的内、外均为黑棕色，顶角有2个黑斑；后翅中部有一白色带，顶角处缘毛白色。

生物学特性 河北一年发生4~5代。以蛹在土中越冬。翌年4月石榴萌芽时越冬蛹羽化为成虫，生活史很不整洁，世代重叠。

防治方法 冬季翻耕，消灭越冬蛹。幼虫幼龄期喷药防治。

石榴巾夜蛾成虫

石榴巾夜蛾低龄幼虫

石榴巾夜蛾幼虫

饰夜蛾

▶ 夜蛾科
学名 *Pseudoips prasinanus* Linnaeus

分布 河北、北京、内蒙古、黑龙江、吉林、湖南；日本、朝鲜、俄罗斯。

寄主和危害 幼虫取食栎类。

形态特征 成虫翅展34~39mm。前翅葱绿色，具2条斜白线，有时亚端线隐约可见。

生物学特性 河北7月可见成虫。具趋光性。

饰夜蛾成虫

双纹阎夜蛾

夜蛾科
学名 *Pyrrhia bifasciata* Staudinger

分布 河北、北京、黑龙江、台湾；日本、朝鲜、俄罗斯。

寄主和危害 幼虫取食毛泡桐、核桃楸、枫杨。

形态特征 成虫翅展30mm左右。体翅灰褐色。前翅除翅基外具2条明显的土黄色横带，在翅后缘收近；后翅外缘具暗褐色区域。

生物学特性 河北6月可见成虫。具趋光性。

双纹阎夜蛾成虫

棘翅夜蛾

夜蛾科
学名 *Scoliopteryx libatrix* (Linnaeus)

棘翅夜蛾成虫

分布 河北、黑龙江、辽宁、陕西、河南、甘肃、云南。

寄主和危害 柳、杨。

形态特征 成虫翅展35mm。头部褐色。雄蛾触角双栉形，下唇须第三节细长。胸部背面褐色。前翅灰褐色，布有黑褐色细点，翅基部、中室端部及中室后橘黄色，密布血红色细点，内线白色，自前缘脉外斜至中室的缘折向后，至中室后缘折角近呈直线外斜，环纹只现一白点，肾纹窄，灰色，不清晰，前后部各有一黑点，外线双线白色，线间暗褐色，在前缘脉上为一模糊白粗点，其后沿9脉强外伸折成一锐齿内斜，至中褶后稍内弯，3脉后较直后行，亚端线白色。

生物学特性 河北一年发生2代。以蛹越冬。6月成虫期。成虫趋光性强。6~8月幼虫期。

防治方法 1. 成虫期黑光灯诱杀。2. 幼虫期喷洒20%除虫脲悬浮剂7000倍液。

袭夜蛾

▶ 夜蛾科
学名 *Sidemia bremeri* Erschoff

分布 河北、北京、陕西、黑龙江；日本、朝鲜、俄罗斯。

寄主和危害 幼虫取食苜蓿。

形态特征 成虫前翅长19~24mm。前翅淡褐色至暗褐色，具黑色区域，内线双线黑色，线间白色，后半稍弧形，外线白色，前半弧形外突，后斜伸向后缘；后翅淡灰褐色，端区稍深。

生物学特性 河北8月可见成虫。具趋光性。

袭夜蛾成虫

胡桃豹夜蛾

▶ 夜蛾科
学名 *Sinna extrema* (Walker)

分布 河北、黑龙江、吉林、陕西、北京、山东、江苏、浙江、湖北、江西、湖南、福建、四川、甘肃。

寄主和危害 核桃科的核桃属、枫杨属、青钱柳属、山核桃属、黄杞属、化香属以及玄参科的泡桐属植物。以幼虫取食叶片危害。

形态特征 成虫体长15mm，翅展32~40mm。头部及胸部白色，颈板、翅基片及前后胸上有橘黄色斑纹。前翅白色，被互相交错并弯曲的橘黄色纹分成若干不规则的白色块，外线橘黄弯曲，顶角白色，内有4个黑点，外缘后半部有3个黑点；后翅白色微带淡褐色。腹部黄白色，背面微带褐色。

生物学特性 河北一年发生4代。以老熟幼虫在矮小灌木、杂草及枯枝落叶中结茧化蛹越冬。成虫羽化期分别为5月中旬、7月中旬、8月中旬、9月中旬。成虫具有较强趋光性。

防治方法 1. 灯光诱杀。利用成虫晚上活动且具较强趋光性的特点，在各代成虫发生期间安装频振杀虫灯进行诱杀。2. 于低龄幼虫期选用0.5%苦参碱800倍液，进行树冠叶片喷雾防治。

胡桃豹夜蛾成虫

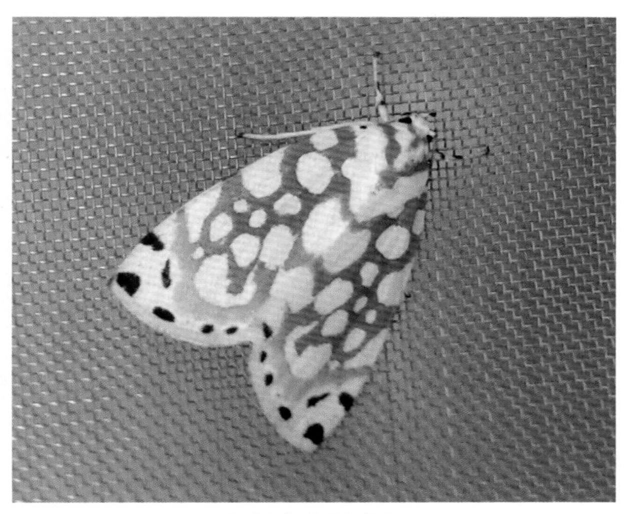

胡桃豹夜蛾成虫

旋目夜蛾

夜蛾科
学名 *Speiredonia retorta* Linnaeus

分布 河北、辽宁、江苏、浙江、湖北、江西、四川、福建、云南、广东。

寄主和危害 合欢。还可危害苹果、葡萄、梨、桃、杏、李、杧果、木瓜、番石榴、红毛榴莲等植物的果实。

形态特征 成虫体长约20mm，雌雄体色显著不同。雌蛾褐色至灰褐色，颈板黑色，第一至六腹节背面各有一黑色横斑，向后渐小，其余部分为红色；前翅蝌蚪形黑斑尾部与外线近平行，外线黑色波状，其外侧至外缘还有4条波状黑色横线，其中1条由中部至后缘；后翅有白色至淡黄白色中带，内侧有3条黑色横带；中带外侧至外缘有5条波状黑色横线，各带、线间色较淡。雄蛾紫棕色至黑色，前翅有蝌蚪形黑斑，斑的尾部上旋与外线相连，外线至外缘尚有4条波状暗色横线，上端不达前缘。

生物学特性 河北7月中旬可见成虫。

防治方法 灯光诱杀成虫。

旋目夜蛾雌成虫

旋目夜蛾雄成虫

旋目夜蛾幼虫

克析夜蛾

夜蛾科
学名 *Sypnoides kirbyi* Butler

克析夜蛾成虫

分布 河北、北京、浙江、湖南、广东、海南、四川。

寄主和危害 不详。

形态特征 成虫前翅长30mm左右。体翅暗褐色。前翅基线灰白，翅中具淡粉绿横带，在前半分叉，外侧叉线基大部具棕色条纹，端线由小白点组成，有时只剩臀角处明显白点。

生物学特性 河北7月可见成虫。具趋光性。

日美东夜蛾

▶ 夜蛾科
学名 *Tiliacea japonago* (Wileman et West)

分布 河北、北京、黑龙江；日本、朝鲜、俄罗斯。

寄主和危害 不详。

形态特征 成虫前翅长17~19mm。胸背橙黄或橙红色，中线黑褐色。前翅橙黄或橙红色，具基线、内线、中线、外线和亚端线，其中中线最粗，色深，且与内线在后缘相遇。环纹和肾纹明显，肾纹被中线穿过，亚端线锯齿形。

生物学特性 河北8~10月可见成虫。具趋光性。

日美东夜蛾成虫

平紫脖夜蛾

▶ 夜蛾科
学名 *Toxocampa lubrica* Freyer

分布 河北、新疆；俄罗斯、蒙古。

寄主和危害 不详。

形态特征 成虫体长16~19mm，翅展43~49mm。头部及胫板黑色。前翅灰色稍带紫色，密布黑色细纹，外线外方带褐色，内线黑褐色，前粗后细，肾纹褐色，边缘为一些黑点，外线不显，约呈外曲弧形，亚端线灰色。

生物学特性 河北7月可见成虫。具趋光性。

平紫脖夜蛾成虫

陌夜蛾 | ▶ 夜蛾科 学名 *Trachea atriplicis* Linnaeus

分布 河北、黑龙江、江西。

寄主和危害 杂食性、危害酸模、蓼及其他多种植物。幼虫取食叶片。

形态特征 成虫体长20mm左右，翅展50mm左右。头部及胸部黑褐色，额带灰色，跗节有灰白环，颈板有黑线及绿纹，翅基片基部及内缘绿色。腹部暗灰色。前翅棕褐色带铜绿色，尤其内线内侧、亚前缘脉及亚端区更显，基线黑色，在中室后双线，线间白色，内线黑色，环纹中央黑色，有绿环及黑边，后方有一戟形白纹，沿2脉外斜，2脉在其中显黑色，肾纹绿色带黑灰色，有绿环，后内角有一三角形黑斑，外线黑色，在翅脉上间断，后端与黑色中线相遇，亚端线绿色，后半微白，在3~4脉间及7脉处成大折角，在亚中褶成内突角，外线与亚端线间另一黑褐线，端线黑色；后翅基部白色，上半较暗褐，2脉端部有一白纹。

生物学特性 河北一年发生1代。6~8月成虫期，成虫趋光性强。

防治方法 1. 成虫期灯光诱杀。2. 幼虫期喷洒100亿孢子/mL Bt乳剂500倍液。

陌夜蛾成虫

角后夜蛾 | ▶ 夜蛾科 学名 *Trisuloides comelia* Staudinger

角后夜蛾成虫

分布 河北、黑龙江；俄罗斯、

寄主和危害 不详。

形态特征 成虫翅展约42mm。头部深褐色。触角雄双栉状，雌微锯齿状。胸部暗褐色。跗节有白环。腹部黑褐色。前翅黑褐色稍带紫灰色，基线仅中室前有几个黑斑纹，内线双线黑色，在中室前，外侧在亚中褶处有1个三角形白纹与外线连接，环纹和肾纹黑色具白圈，外围黑色，中线粗而模糊，外线在肾纹前不显，在肾纹后内弯；后翅杏黄色，端线及缘毛黑色。

生物学特性 河北7月可见成虫。具趋光性。

π鲁夜蛾 | 夜蛾科
学名 *Xestia ditrapezium* Denis et Schiffermüller

分布 河北、黑龙江、江西、云南、新疆、内蒙古、吉林、山东、四川、北京；日本、朝鲜、俄罗斯。

寄主和危害 幼虫取食柳、杨、桦、悬钩子、酸模。

形态特征 成虫翅展35~42mm。胸浅紫棕色，基线内侧具3个黑斑，外侧具一大一小2个黑斑，内线双线、黑褐色，肾形纹暗褐色，大；中室内具1个“π”纹，有时不相连，外线双线黑色，细锯齿形，亚端线灰色，前缘为1个黑斑，端线由1列三角形黑点组成。

生物学特性 河北7月见成虫。

防治方法 灯光诱杀成虫。

π鲁夜蛾成虫

大三角鲁夜蛾 | 夜蛾科
学名 *Xestia kollari* Lederer

分布 河北、北京、新疆、黑龙江、浙江、江西、湖南、云南；日本、朝鲜、俄罗斯。

寄主和危害 幼虫取食各种植物的幼苗。

形态特征 成虫翅展47~52mm。胸部灰色杂褐色，颈板近端部有1条白横线。前翅基线黑色，外侧衬白，后端外侧有1条黑纹，内线双线黑色，线间白色，环纹斜圆，前端开放，肾纹褐色，灰边，中室外半黑色，外线双线黑色，锯齿形，近顶角处具一个黑斑；后翅污褐色。

生物学特性 河北8月可见成虫。具趋光性。

大三角鲁夜蛾成虫

金齐夜蛾

夜蛾科
学名 *Zekelita phusioides* Butler

分布 河北、北京、云南；日本、朝鲜。

寄主和危害 幼虫取食角苔、地衣。

形态特征 成虫翅展20~23mm。下唇须粗大，前伸，第三节上折。前翅灰白色，具橙色、黑褐色鳞片或斑，外横线在前缘向外延伸，并在中室端弯折剧烈，后伸向翅后缘中部，其折角外侧具3个黑斑。

生物学特性 河北5月、7月、8月可见成虫。具趋光性。

金齐夜蛾成虫

芝麻鬼脸天蛾

天蛾科
学名 *Acherontia styx* Westwood

分布：河北、湖南、福建、台湾、广东、海南、广西、云南、甘肃。

寄主和危害 茄科、马鞭草科、木犀科、紫葳科、唇形科等植物。幼虫取食新梢叶片及嫩茎。

形态特征 成虫体长50mm左右，翅展100~125mm。胸部背面有骷髅形纹，眼斑以上具灰白色大斑。腹部黄色，各环节间具黑色横带，背线青蓝色较宽，第五腹节后盖满整个背面。前翅黑色，具微小白色斑点，间杂有黄褐色鳞片，内、外横线各由数条深浅不同颜色的波纹组成，顶角附近有较大的茶褐色斑，中室具一灰白色小点；后翅杏黄色，中部、基部及外缘处具较宽的3条横带，后角附近有1块灰蓝色斑。

生物学特性 河北一年发生1代。以蛹越冬。成虫7月间出现。飞翔力不强，常隐蔽在寄主叶背，趋光性强。成虫把卵产在寄主叶背的主脉附近，卵散产，幼虫于夜间活动。

防治方法 成虫盛发期可用灯火诱杀。

芝麻鬼脸天蛾成虫

芝麻鬼脸天蛾成虫

白薯天蛾

▶ 天蛾科
学名 *Agrius convolvuli* (Linnaeus)

分布 河北、河南、山西、山东、安徽、甘肃、浙江、广东、台湾。

寄主和危害 白薯、牵牛花、旋花、扁豆、赤小豆、番杏（蕹菜）等旋花科、豆科、茄科植物。

形态特征 成虫体长43~52mm，翅展90~120mm。头部暗灰色，胸部背面灰褐色，中间有如钟状白斑。前翅灰褐色，内横线、中横线和外横线为双线锯齿状纹；后翅淡灰色，有4条黑褐色带。腹部背面中央有暗灰色纵纹，各节两旁顺次有白、红、黑横带3条。

生物学特性 河北一年发生1代。以老熟幼虫在土中5~10cm深处做室化蛹越冬。5月、6月、8月、9月可见成虫。

防治方法 1. 利用成虫的趋光性，成虫期设灯诱杀。2. 利用成虫喜食糖蜜习性，在成虫期用糖液毒饵诱杀。

白薯天蛾成虫

白薯天蛾成虫

黄脉天蛾

▶ 天蛾科
学名 *Amorpha amurensis* Staudinger

分布 东北、华北以及甘肃、新疆。

寄主和危害 幼虫取食马氏杨、小叶杨、山杨、柳、桦、椴、梣树叶片。

形态特征 成虫体长33~40mm，翅展80~90mm。头及复眼小。头顶及肩板灰褐色，下唇须端节尖，向前伸出。触角腹面黄色，背面黄白色，顶端弯度小，肩板内缘有较浅的灰黄色纵线。前翅灰褐色，翅脉黄色明显，披黄褐色鳞毛，外缘呈宽波状，臀角圆凸，斑纹不明显；后翅颜色与前翅相同，宽而略圆，顶角凹陷。

生物学特性 河北一年发生2代。以蛹在土中越冬。越冬代成虫发生期为4月中旬至6月中旬。第一代卵期9~12天，幼虫期37~42天，蛹期10~15天，第一代成虫发生期为6月下旬至8月中旬。第二代卵期7~8天，幼虫期27~30天。成虫寿命一般5~7天。成虫昼伏夜出，有趋光性。幼虫共5龄。

防治方法 灯光诱杀成虫。

黄脉天蛾成虫

葡萄天蛾

天蛾科

学名 *Ampelophaga rubiginosa* Bremer et Grey

分布 河北、黑龙江、吉林、辽宁、宁夏、陕西、河南、山西、山东、甘肃、安徽、江苏、浙江、湖北、江西、湖南、广东、四川。

寄主和危害 葡萄、爬山虎、黄荆、乌敛莓等。此虫小幼虫可将叶片吃成孔洞或缺刻，大幼虫可将叶片吃光仅留主脉和叶柄。受害葡萄架下常有大粒虫粪，可依此发现幼虫，人工捕捉。

形态特征 成虫体长45mm左右，翅展90mm左右。体翅茶褐色，背面色暗，腹面色淡，近土黄色。体背中央自前胸到腹端有1条灰白色纵线，复眼后至前翅基部有1条灰白色较宽的纵线。缘毛色稍红。翅中部和外部各有1条暗茶褐色横线，翅展时前、后翅两线相接，外侧略呈波纹状。

生物学特性 河北一年发生1代。以蛹于表土层内越冬。翌年5月底至6月上旬开始羽化，6月中下旬为盛期，7月上旬为末期。成虫白天潜伏，夜晚活动，有趋光性，于葡萄株间飞舞。

防治方法 1. 挖除越冬蛹。结合葡萄冬季埋土和春季出土挖除越冬蛹。2. 结合夏季修剪等管理工作，寻找被害状和地面虫粪捕捉幼虫。3. 可用黑光灯诱捕成虫。

葡萄天蛾成虫

葡萄天蛾卵

葡萄天蛾幼虫

葡萄天蛾蛹

榆绿天蛾

▶ 天蛾科
学名 *Callambulyx tatarinovi* (Bremer et Grey)

分布 东北、华北、西北、华中。

寄主和危害 榆、柳、刺榆。以幼虫食害叶片。

形态特征 成虫体长30~33mm，翅展75~79mm。翅面粉绿色，胸背墨绿色。前翅顶角有1个较大的三角形深绿色斑，内横线外侧连成1块深绿色斑，外横线呈2条弯曲波状纹；后翅红色，近后角黑绿色，外缘淡绿色。

生物学特性 河北一年发生2代。以蛹在土内越冬。来年4月中旬出现越冬代成虫，产卵于叶背。第一代幼虫孵化后，蚕食叶片，老熟幼虫入土化蛹，6~7月间出现第一代成虫。第二代幼虫危害至10月间，先后老熟入土化蛹越冬。

防治方法 灯光诱杀成虫。

榆绿天蛾成虫

榆绿天蛾幼虫

猫眼赛天蛾

▶ 天蛾科
学名 *Celerto costata* Nordm

分布 河北、北京、内蒙古、黑龙江、吉林。

寄主和危害 猫儿眼。

形态特征 成虫体长24~35mm，翅展59~80mm。触角背面白色，体背茶褐色，头胸两侧有白条，肩片的内侧也有白边。前翅茶褐色，外缘黄白色，翅脉上也有黄白色细纹，翅中自顶角至后缘近基部有1条较整齐的黄白色斜带，其前缘很不规则，中室端有黑点，翅基后半有黑斑；后翅基部黑色，中部红色，外缘为较宽的淡红黄色带，亚端线为黑带，臀角处白色，缘毛白色。

生物学特性 河北6~7月见成虫。

防治方法 灯光诱杀成虫。

猫眼赛天蛾成虫

猪秧赛天蛾

天蛾科
学名 *Celerio gallii* (Rottemburg)

分布 河北、北京、陕西、甘肃、云南。

寄主和危害 茜草、凤仙花、大戟、柳叶菜、猫儿眼等。

形态特征 体长30~35mm，翅展67~85mm。体背茶褐色至暗褐色。触角黑褐色仅末端白色。头及胸两侧有白色绒毛，肩片在白条内还有黑纹。前翅暗褐色，前缘茶褐色，翅基黑色有白色鳞毛，自顶角至后缘基部有污黄色斜带，其前缘不整齐，后缘波状弯曲；后翅基部黑色，中部有污黄色横带，横带外侧黑色，端线黄褐色，缘毛黄色，后角内有白斑，斑的外缘有暗红色斑。

生物学特性 河北7月见成虫。

防治方法 灯光诱杀成虫。

猪秧赛天蛾成虫

豆天蛾

天蛾科
学名 *Clanis bilineata tsingtauica* Mell

分布 除西藏未见外，其他各省区均有发生。

寄主和危害 豇豆、大豆等豆科作物。幼虫食叶，严重时将全株叶片吃光，使其不能结荚。

形态特征 成虫体长40~45mm，翅展100~120mm。体、翅黄褐色，头及胸部有较细的暗褐色背线，腹部背面各节后缘有棕黑色横纹。前翅狭长，前缘近中央有较大的半圆形褐绿色斑，中室横脉处有1个淡白色小点，内横线及中横线不明显，外横线呈褐绿色波纹，顶角有1条暗褐色斜纹，将顶角分为二等分；后翅暗褐色，基部上方有黑褐色斑。

生物学特性 河北一年发生1代。以老熟幼虫在9~12cm土层越冬。翌春移动至表土层化蛹。

防治方法 1.及时秋耕、冬灌，降低越冬基数。2.水旱轮作，尽量避免连作豆科植物，可以减轻危害。

豆天蛾成虫

豆天蛾幼虫

灰斑豆天蛾

天蛾科
学名 *Clanis undulosa* Moore

灰斑豆天蛾成虫

分布 河北、陕西、辽宁、山西、浙江、台湾、湖北、四川；朝鲜、俄罗斯、东南亚国家。

寄主和危害 幼虫取食胡枝子。

形态特征 成虫翅展100~120mm。前翅赭黄色，具6或7条波状纹，前缘中央具半圆形浅色斑；后翅黑色区域大，外侧具波形纹。

生物学特性 河北7~8月可见成虫。

红天蛾

天蛾科
学名 *Deilephila elpenor* Linnaeus

分布 河北、吉林、北京、甘肃、四川、台湾。

寄主和危害 幼虫取食凤仙花、千屈菜、蓬子菜、柳兰、葡萄叶片。

形态特征 成虫体长33~40mm，翅展55~70mm。翅、体为红色，有黄绿色闪光。头部两侧及背部有2条纵行红色带，腹部的背线及两侧为红色。前翅豆绿色，后翅近基部的一半为黑褐色，靠外缘的一半红色。

生物学特性 河北一年发生2代。以蛹越冬，在翌年4~5月羽化成虫，开始活动危害，成虫有趋光性。

防治方法 冬季翻耕土壤，消灭越冬蛹。幼虫危害期可进行人工捕杀。保护和利用天敌。可进行黑光灯诱杀。

红天蛾成虫

星绒天蛾

天蛾科
学名 *Dolbina tancrei* Staudinger

分布 河北、北京、黑龙江、甘肃。

寄主和危害 主要为木犀科的女贞、水蜡树、榛皮等。食量大，可食尽全叶。

形态特征 成虫体长 26~34mm，翅展 50~82mm。体背灰白色，有黄白色斑纹。前翅灰褐色，中室端部有 1 个白色斑点，斑外有黑色晕环，内、外横线各由 3 条锯齿状褐色横纹组成，翅基也有褐色带组，亚外缘线白色，外缘有褐斑列，顶角处褐斑最大；后翅棕褐色。腹部背中线黑色，两侧有褐色短斜纹。

生物学特性 河北一年发生 2~3 代。以蛹于土中越冬。成虫羽化、交尾、产卵多于夜间进行。有趋光性。卵多分散产于叶背面。每叶 1 粒，个别 2 粒。

防治方法 灯光诱杀成虫。利用幼虫受惊易掉落的习性，在幼虫发生期将其击落，或根据地面粪粒捕捉树上的幼虫。

星绒天蛾成虫

星绒天蛾成虫

后黑边天蛾

天蛾科
学名 *Haemorrhagia alternata* Butler

后黑边天蛾成虫

分布 河北、辽宁、甘肃、浙江。

寄主和危害 花卉。

形态特征 成虫翅展 54mm 左右。体灰黑色，下唇须白色，胸部背面及腹面有污黄色鳞毛。腹部第五、六节两侧有灰黄色斑，腹部腹面灰色。前翅透明，端线与亚端线之间呈灰褐色，翅框有锯齿纹；后翅端线较窄，翅基至后角间色稍淡。

生物学特性 河北一年发生 1 代。7~8 月见成虫。

防治方法 灯光诱杀成虫。

松黑天蛾

天蛾科
学名 *Hyloicus caligineus sinicus* Rothschild et Jordan

分布 河北、黑龙江、北京、甘肃、上海。

寄主和危害 松、桦。

形态特征 成虫翅暗灰色，颈板及肩板棕褐色线，腹背及两侧有棕褐色纵带。前翅内、外线不明显，中室附件有倾斜的棕黑色纹 5 条。幼虫绿色，尾角黑色。

生物学特性 河北一年发生 2 代。以蛹在土中越冬。5 月和 7 月出现成虫。趋光性强。9 月中旬幼虫陆续下树入土化蛹。

防治方法 1. 灯光诱杀成虫。2. 幼龄幼虫期向松树喷洒 20% 除虫脲悬浮剂 7000 倍液。

松黑天蛾成虫

松黑天蛾幼虫

白须天蛾

天蛾科
学名 *Kentrochrysalis sieversi* Alphéraky

分布 河北、北京、黑龙江、浙江、福建、云南、四川；朝鲜、俄罗斯。

寄主和危害 幼虫取食白蜡树。

形态特征 成虫翅展 88~90mm。头灰白色。触角近端部具黑斑，后缘有黑、白斑各 1 对。腹部背线棕黑色，两侧具较宽的黑色纵带。前翅中室具 1 个近三角形的白斑。

生物学特性 河北一年发生 1 代。成虫见于 4 月下旬至 8 月中旬。

白须天蛾成虫

锯翅天蛾

天蛾科
学名 *Langia zenzeroides* Moore

分布 河北、北京、浙江、福建、台湾、湖北、广东、四川、云南、西藏；朝鲜。

寄主和危害 幼虫取食桃、杏、樱桃、李、梅等蔷薇科植物果树叶片。

形态特征 成虫翅展130~156mm。体灰色，肩片具黑色纵条。腹端背面鳞片细小，光滑，具3条灰白色纵条。前翅外缘锯齿状。臀角尖突。

生物学特性 河北5月见成虫。具趋光性。

锯翅天蛾成虫

小豆长喙天蛾

天蛾科
学名 *Macroglossum stellatarum* Linnaeus

分布 河北、北京、河南、山东、山西、甘肃、四川、广东。

寄主和危害 毛条、锦鸡儿、小豆、茜草科、蓬子菜、土三七等植物。以吸食花蜜为主。

形态特征 成虫体长25~30mm，翅展48~50mm。触角棒状，末节细长。前翅灰褐色，有黑色纵纹，内线及中线弯曲棕黑色，外线不甚明显，中室上有一黑色小点，外缘色较深，缘毛棕黄色；后翅橙黄色，外缘和基部暗褐色；翅的反面前大半暗褐色，后小半橙色。腹部暗灰色，两侧有白色及黑色斑，末端毛丛黑色如雀尾。

生物学特性 河北10月见成虫。

小豆长喙天蛾成虫

小豆长喙天蛾成虫

小豆长喙天蛾成虫

枣桃六点天蛾

天蛾科
学名 *Marumba gaschkewitschi* (Bremer et Grey)

分布 河北、北京、河南、山西、山东、甘肃。

寄主和危害 枣、桃、杏、梨、苹果、樱桃、李、葡萄、枇杷、海棠等。

形态特征 成虫体长约36mm，翅展84~110mm。全体黄褐至灰褐紫色，略有金属光泽。触角淡灰黄色，栉齿状，末端弯曲成钩状。后翅橘黄至粉红色，脉纹黄褐色。臀角有2个紫黑色斑，黑斑前方色稍淡。

生物学特性 河北一年发生2代。以蛹在地下5~10cm深的穴中越冬。越冬代成虫5月上旬开始羽化出土，5月中旬为盛期。

防治方法 1. 秋季耕翻树盘，翻出越冬蛹使其风干、冻死或被鸟禽啄食。2. 成虫发生期灯光诱杀。

枣桃六点天蛾成虫

栗六点天蛾

天蛾科
学名 *Marumba sperchius* Ménétriès

分布 河北、北京、甘肃、湖南、海南、台湾以及东北、华南。

寄主和危害 栗、栎、核桃、槠树。

形态特征 成虫翅展90~120mm。体翅淡褐色，从头顶到尾端有1条暗褐色背线。前翅各线呈不明显暗褐色条纹，内线、外线各有3条组成，后角内向前上方2脉中部有圆形暗褐色纹2块，沿外缘绿色较浓；后翅暗褐色，近后角处有一暗褐色圆斑。

生物学特性 河北一年发生2代。以蛹在浅土中越冬。7~8月出现幼虫，卵散产于叶背，卵期7~10天。成虫趋光性强。

防治方法 1. 秋季在寄主植物周围挖掘和杀灭越冬蛹。灯光诱杀成虫。

栗六点天蛾成虫

菩提六点天蛾

▶ 天蛾科
学名 *Marumba jankowskii* (Oberthür)

分布 河北、吉林、辽宁、黑龙江、浙江。

寄主和危害 菩提树、枣、椴。

形态特征 成虫体长30mm，翅展65~80mm。体翅灰黄褐色，头胸部及背线暗棕褐色，腹部各节间有灰黄色环。前翅内线由3条较深纹组成，外线由2条纹组成，内、外线之间有较宽的黄褐色横带，亚端线色淡，顶角下方至后角在亚端线外侧有一块暗褐色区，后角近后缘处有一暗褐色纹，稍上方有一暗褐色圆斑；后翅淡褐色，后角附近有2个连在一起的暗褐色纹。

生物学特性 河北6月成虫期。

防治方法 灯光诱杀成虫。

菩提六点天蛾成虫

菩提六点天蛾成虫

日本鹰翅天蛾

▶ 天蛾科
学名 *Oxyambulyx japonica* Rothachild

分布 河北、陕西、四川、台湾。

寄主和危害 槭科树木。

形态特征 成虫体长40mm，翅展100mm左右。体翅粉灰色；颜面白色；头部下方褐绿色；肩板及后胸两侧呈褐绿色。前翅基部有一墨绿色小圆点，内线褐绿色呈宽带状，中线为2条较细的褐色波状线组成，外线黑褐色，外线至外缘呈弓形灰褐色宽带，中室端横脉上有一黑点；后翅灰橙色，有棕黑色横线2条，外缘呈棕黑色宽带；前、后翅反面橙灰色，前缘及基部色淡，中线以外有散生的褐黄色点，外缘灰白色。腹部背线不明显，第六、七节两侧有绿褐色斑。

生物学特性 河北6月见成虫。生活在低、中海拔山区。夜晚具趋光性。

防治方法 灯光诱杀成虫。

日本鹰翅天蛾成虫

鹰翅天蛾

天蛾科
学名 *Oxyambulyx ochracea* Butler

鹰翅天蛾成虫

分布 河北、辽宁、山西、陕西、山东、河南、湖北、江苏、浙江、福建、台湾及华南各地。

寄主和危害 槭科、核桃科植物。

形态特征 成虫体长38~48mm，展翅85~110mm。体翅橙褐色。胸部背面黄褐色，两侧浓绿至褐绿色；第六腹节后的各节两侧有褐黑色斑；胸及腹部的腹面为橙黄色。前翅暗黄色，内线不明显，中线及外线绿褐色并呈波状纹，顶角尖向外下方弯曲而形似鹰翅，前缘及后缘处有褐绿色圆斑2个，后角内上方有褐绿色及黑色斑；后翅黄色，有较明显的棕褐色中带及外缘带，后角上方有褐绿色斑；前、后翅反面橙黄色。腹部末段有3个黑点。

生物学特性 河北6~8月为成虫盛发期。以蛹在土内的茧内过冬。成虫趋光性强。幼虫危害核桃及其他槭科植物。

防治方法 灯光诱杀成虫。

盾天蛾

天蛾科
学名 *Phyllosphingia dissimilis* Bremer

分布 河北、北京、山东、黑龙江、浙江、台湾。

寄主和危害 核桃、山核桃。

形态特征 成虫体长45mm，翅展90~110mm。体翅棕褐色，下唇须红褐色，胸背中线较宽棕黑色，腹部背中线较细黑紫色。前翅前缘中部有一大型紫色斑，周围色较深，外缘色较深呈显著的波浪形，外缘齿较紫光盾天蛾为浅；后翅有3条深色波浪状横带，反面无白色中线；体翅没有紫红色光泽。

生物学特性 河北成虫出现于6~8月。生活在低、中海拔山区。夜晚具有趋光性。

防治方法 灯光诱杀成虫。

盾天蛾成虫

紫光盾天蛾

天蛾科
学名 *Phyllosphingia dissimilis sinensis* Jordan

分布 河北、北京、山东、黑龙江以及华南。

寄主和危害 核桃、山核桃。

形态特征 成虫体长50mm，翅展105~115mm。体翅棕褐色，全身有紫红色光泽，愈是浅色部愈明显。胸部背线较宽，棕黑色。腹部背线较细，紫黑色。前翅基部色稍暗，前缘中央有较大的紫色盾形斑1块，盾斑周围色显著加深，外缘色较深呈显著的波浪形；后翅有3条深色波浪状横带；前、后翅缘毛和翅的颜色相同。

生物学特性 河北6月成虫期。成虫趋光性强。

防治方法 灯光诱杀成虫。

紫光盾天蛾成虫

丁香天蛾

天蛾科
学名 *Psilogramma increta* Walker

丁香天蛾成虫

别名 霜天蛾。

分布 河北、北京、陕西、辽宁、山西、河南、山东、上海、江苏、浙江、江西、福建、湖北、湖南、广东、海南、四川、云南、贵州、台湾；日本、朝鲜。

寄主和危害 丁香、梧桐、女贞、白蜡等。

形态特征 成虫翅展108~126mm。前胸肩板两侧具黑色纵线，内侧上方具白斑。白斑下具黄白色条斑；前翅中部具3条黑色条纹，顶角处具一弯曲的黑纹，有时翅中的黑色条纹增加，或扩大成片状的黑色区域。腹部腹面白色。

生物学特性 河北一年发生1代。成虫六七月间出现，白天隐藏于树丛、枝叶、杂草、房屋等暗处，黄昏飞出活动，交尾、产卵在夜间进行。10月后，老熟幼虫入土化蛹越冬。

丁香天蛾成虫交尾

丁香天蛾幼虫

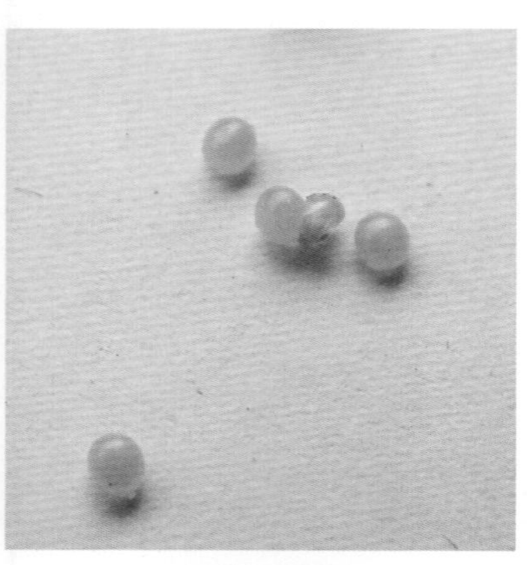
丁香天蛾卵

蓝目天蛾 | 天蛾科

学名 *Smerinthus planus* Walker

分布 河北、河南、山西、山东、宁夏、内蒙古、甘肃、黑龙江、吉林、辽宁及长江流域。

寄主和危害 苹果、桃、沙果、李、海棠、梅、樱桃、杨、柳。

形态特征 成虫体长32~36mm，翅展85~92mm。体翅黄褐色。胸部背面中央有1个深褐色大斑。前翅外缘翅脉间内陷成浅锯齿状，亚外缘线、外横线、内横线深褐色，肾状纹清晰，灰白色，基线较细，弯曲，外横线、内横线下段被灰白色剑状纹切断；后翅淡黄褐色，中央有1个大蓝目斑，斑外有1个灰白色圈，最外围蓝黑色，蓝目斑上方为粉红色。

蓝目天蛾成虫

生物学特性 河北一年发生2代。以蛹在根际土壤中越冬。翌年5~6月羽化为成虫，有明显的趋光性，成虫晚间活动，觅偶交尾，交尾后第二天晚上即行产卵。老熟幼虫在化蛹前2~3天，体背呈暗红色，从树上爬下，钻入土中55~115mm处，做成土室后即蜕皮化蛹越冬。

防治方法 1. 人工挖越冬蛹。黑光灯诱杀成虫。2. 发生不重时可人工捕杀一次，尽量不喷药剂，以保护天敌。3. 发生严重时喷洒0.5%苦参碱1000倍液。

蓝目天蛾幼虫

钩翅目天蛾 | 天蛾科

学名 *Smerinthus tokyonis* Matsumura

钩翅目天蛾成虫

分布 河北、北京。

寄主和危害 白杨、槲栎等。

形态特征 成虫体长29mm，翅展60~70mm。体翅灰褐色，头顶及肩板灰色。前翅狭长，顶角弯突呈钩状，后角凸出，后缘凹入，基部色淡，有灰黑色近圆形的斑；后翅臀角处的眼斑较扁，有蓝黑色连贯的外圈，上部桃红色，2条横带明显。腹部有褐斑列。

生物学特性 河北一年发生1代。7月见成虫。

防治方法 灯光诱杀成虫。

鼠天蛾

▶ 天蛾科
学名 *Sphinguhus mus* Staudinger

鼠天蛾成虫

分布 河北、北京、陕西、甘肃、黑龙江、山西、河南、山东、浙江、湖北；朝鲜、俄罗斯。

寄主和危害 幼虫取食暴马丁香。

形态特征 成虫翅展58~60mm。体灰色。胸背无斑纹；腹背中线为不明显的灰褐色细线，两侧有褐斑列。前翅灰色，中室端具明显的白点，外横线呈锯齿状，缘毛白色有褐斑列。

生物学特性 河北5~7月可见成虫。具趋光性。

红节天蛾

▶ 天蛾科
学名 *Sphinx ligustri* Linnaeus

分布 东北、华北及甘肃。

寄主和危害 水蜡、丁香、山梅、橘子、榛皮。

形态特征 成虫体长34~41mm，翅展79~ 98mm。头灰褐色，下唇须棕色。触角外侧黑色，被覆白鳞。颈板及肩板外侧灰色。胸部背面棕黑色，后胸背有成丛的黑基白梢鳞毛。前翅灰黑色，基部色浅，内线及中线不明显，外线呈棕黑波状纹，外侧衬浅色，中室有较细的纵横交叉黑纹；后翅烟黑色，基部粉褐色，中央有浅粉色宽带，外缘及缘毛黄褐色，中央有1条黑色斜带，腹面灰白色，中央有黑纵纹。

生物学特性 河北一年发生1代。8月见成虫。

防治方法 灯光诱杀成虫。

红节天蛾成虫

雀斜纹天蛾

天蛾科
学名 *Theretra japonica* (Orza)

分布 全国各地。

寄主和危害 葡萄、爬山虎、常春藤、麻叶绣球、大花绣球等。

形态特征 成虫体长约40mm，翅展67~72mm。体绿褐色。头胸部两侧、背中央有灰白色绒毛；背线两侧有橙黄色纵纹，各节间有褐色条纹。前翅黄褐色，有暗褐色斜条纹6条；后翅黑褐色，后角附近有橙灰色三角斑纹。

生物学特性 河北一年发生1代。以蛹在土中越冬。6~7月成虫羽化，趋光性强。产卵于叶背，幼虫在叶背取食。

防治方法 1.成虫羽化期用黑光灯诱杀。2.幼虫期可喷洒0.5%苦参碱1000倍液等无公害药剂。

雀斜纹天蛾成虫

双线斜天蛾

天蛾科
学名 *Theretra oldenlandiae* (Fabricius)

双线斜天蛾成虫

分布 河北、北京、黑龙江、辽宁、吉林、陕西、河南、山东、浙江、江西、安徽、广东、四川、湖北等地。

寄主和危害 芋头、白薯、凤仙花、天南星、葡萄属、山核桃、半夏、黄麻等。

形态特征 成虫体长32~39mm，翅展60~75mm。体背茶褐色。头及胸部两侧有灰白色条，肩片中有一细白纵线，胸部背线灰褐色。前翅灰褐色，自顶角至后缘有1条白色斜带，其上下各有2条宽窄不同的黑色斜带，此外还有几条灰色细线，中室端有一小黑点。后缘中部白色；后翅茶褐色。腹部背面有2条白色背线触。

生物学特性 河北6~7月成虫期。

西伯利亚松毛虫

枯叶蛾科
学名 *Dendrolimus sibiricus* (Tschetverikov)

分布 河北、北京、内蒙古、黑龙江、吉林、辽宁、新疆；朝鲜、蒙古、俄罗斯、哈萨克斯坦。

寄主和危害 幼虫取食落叶松、红松、云杉、冷杉等多种针叶树。

形态特征 翅展雄蛾57~72mm，雌蛾69~85mm。体色灰白色至黑褐色。前翅内及亚端线深褐色至黑色，外横线锯齿状，中室端白斑大而明显，亚端线有时由1列黑斑组成，其中近后角的一斑明显外移。

生物学特性 河北一年发生1代。6~7月可见成虫，趋光性强。

西伯利亚松毛虫成虫

落叶松毛虫

枯叶蛾科
学名 *Dendrolimus superans* Butler

分布 东北、华北、新疆。

寄主和危害 主要危害落叶松，也取食红松、樟子松、云杉和冷杉针叶，严重时叶全部被食光。

形态特征 雄性成虫体长25~35mm，翅展57~72mm，触角栉齿状。雌性体长28~38mm，翅展69~85mm，触角短栉齿状。体翅灰色或棕褐色，但以灰色占优势；前翅较宽，外缘较直，近截形，中室有一明显白斑，前翅有3条黑色或褐色横线，外横线和亚外缘线向翅端靠近，中横线向翅基部靠近。雌虫前翅亚外缘（斑列）最后两斑相互垂直排列，如在这两斑中间引一直线常与翅外缘略平行；后翅单色，淡棕色，体被灰色。

生物学特性 河北一年发生1代。幼虫7~9龄。一年发生1代的龄期多。以3~4龄或5~6龄幼虫在树干基部周围落叶层下卷叶过冬。越冬幼虫上树危害；6~7月老熟幼虫，主要在树冠上做茧化蛹。7~8月羽化为成虫，卵块产在枝叶上，8~10月新幼虫出现，9月幼虫下树越冬。

防治方法 1. 加强预测预报，对灾区要定期进行虫情调查。实行人工摘茧，诱蛾，采卵及用喷粉袋喷杀群集的初孵幼虫。2. 利用放烟的方法进行大面积防治，在郁闭度较好、无风，最好是能形成逆温的天气进行放烟。一般每亩为0.5~1kg的药量。3. 在越冬幼虫上树前的初孵幼虫每年4月下旬至5月上旬在树干涂毒环捆扎塑料布隔带等方法阻止幼虫上树。

落叶松毛虫成虫

落叶松毛虫幼虫

落叶松毛虫茧

落叶松毛虫蛹

落叶松毛虫交尾

油松毛虫

▶ 枯叶蛾科
学名 *Dendrolimns tabulaeformis* Tsai et Liu

分布 华北及辽宁、陕西、山东等地。

寄主和危害 幼虫危害油松外，还危害黑松、红松、樟子松、华山松、白皮松和落叶松，是松树的毁灭性害虫。常把松针吃光，影响松树正常生长，致使幼株死亡。

形态特征 雌成虫体长为 28mm 左右，翅展 70mm 左右；雄蛾比雌蛾略小。体褐色。翅面上有数条深褐色波状横纹，亚外缘线由 7~9 个黑点组成“3”字形纹；后翅为棕色或灰褐色。

生物学特性 河北一年发生 1 代。以 2~3 龄幼虫在落叶、杂草丛下或土壤中越冬。翌年 3 月上旬越冬幼虫开始上树危害。5 月中旬至 7 月上旬结茧化蛹，蛹期约 20 天。6 月上旬至 8 月上旬为成虫羽化和产卵期，成虫有趋光性。

防治方法 消灭越冬幼虫。结合管理，清除落叶和杂草。对于大苗，春季幼虫上树危害之前，在树干上用塑料毒环阻止或毒杀越冬幼虫上树。

油松毛虫成虫

油松毛虫卵

油松毛虫幼虫

油松毛虫茧

油松毛虫蛹

油松毛虫成虫交尾

杨枯叶蛾 | 枯叶蛾科

学名 *Castropacha populifolia* Esper

分布 河北、辽宁、北京、河南、山西、安徽、青海等地。

寄主和危害 杨、旱柳、苹果、李、梨、杏等。幼虫危害叶片，该虫食量大。

形态特征 雌蛾翅展60~76mm，雄蛾翅展45~ 56mm。雌蛾触角丝状，雄蛾羽毛状。体黄褐色。前翅狭长，橙黄色，有5条黑色波状横纹；后翅有3条明显黑色斑纹。

生物学特性 河北一年发生2代。以幼虫贴伏树干上越冬。翌年3月中下旬开始活动。4月中旬陆续老熟做茧化蛹；5月上旬越冬代成虫陆续羽化，卵块状产于叶背或枝干上。5月中旬第一代幼虫孵化；6月中旬开始化蛹；6月底、7月初第 一代成虫羽化、产卵。7月中旬第二代幼虫陆续孵化，危害到9月中下旬陆续贴伏树干越冬。

防治方法 人工捕杀枝干上幼虫。黑光灯诱杀成虫。

杨枯叶蛾成虫

杨枯叶蛾卵

杨枯叶蛾越冬幼虫

杨枯叶蛾幼虫

杨枯叶蛾成虫交尾

李枯叶蛾 | 枯叶蛾科

学名 *Gastropacha quercifolia* Linnaeus

分布 河北、黑龙江、吉林、辽宁、青海、陕西、内蒙古、北京、河南、山东、甘肃、安徽、江苏、浙江、江西、湖南、台湾、广西。

寄主和危害 苹果、梨、李、杏、桃、樱桃、沙果、梅、柳、杨等。幼虫食嫩芽和叶片，食叶造成缺刻和孔洞，严重时将叶片吃光仅残留叶柄。

形态特征 雄成虫翅展42~66mm，雌成虫翅展62~81mm。体色变化较大，有黄褐色、褐色、赤褐色、茶褐色等。触角双栉状，唇须向前伸出，蓝黑色。前翅有波状横线3条，外缘近臀角处成齿状弧形，后缘较短；后翅有3条蓝褐色斑纹，前缘区橙黄色，静止时后翅肩角和前缘部分突出，形似枯叶状。

生物学特性 河北一年发生1代，以幼虫紧贴树皮或枝条上越冬；翌春5月开始活动，继续取食，一般白天静伏，晚上活动；6~7月间在枝条背面做茧化蛹，7月下旬至8月上旬羽化；成虫产卵在枝条上，有趋光性。

防治方法 1.结合整枝、修剪，剪除越冬幼虫。悬挂黑光灯，诱捕成蛾。2.幼虫发生严重时喷洒20%除虫脲悬浮剂7000倍液。

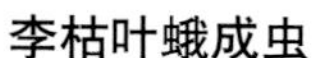

李枯叶蛾成虫

李枯叶蛾成虫

黄褐天幕毛虫

▶ 枯叶蛾科

学名 *Malacosoma neustria testacea* Motschulsky

分布 河北、黑龙江、吉林、辽宁、新疆、青海、宁夏、陕西、内蒙古、北京、河南、山东、安徽、江苏、浙江、湖北、江西、湖南、四川、云南、甘肃。

寄主和危害 杨、柳、榆、栎、桦、桑、梨、杏、桃、苹果、沙枣等林木、果树。

形态特征 雄成虫体长约 15mm，雌成虫体长约 20mm；翅展长为 24~32mm。全体淡黄色。前翅中央有 2 条深褐色的细横线，两线间的部分色较深，呈褐色宽带，缘毛褐灰色相间。

生物学特性 河北一年发生 1 代。以卵越冬，卵内已经是没有出壳的小幼虫。翌年 5 月上旬当树木发叶的时候便开始钻出卵壳，危害嫩叶，以后又转移到枝杈处吐丝张网。

防治方法 灯光诱杀法。在 7 月上旬到中旬期间可以利用黑光灯、频振灯进行诱杀黄褐天幕毛虫成虫。

黄褐天幕毛虫成虫

黄褐天幕毛虫卵

黄褐天幕毛虫幼虫

黄褐天幕毛虫危害状

桦天幕毛虫

枯叶蛾科
学名 *Mlacosoma rectifascia* Lajonquiere

分布 河北、山西。

寄主和危害 山杨、黄刺玫、沙棘、辽东栎。此虫在桦树林危害较普遍，经常将树叶吃光。

形态特征 成虫翅展雌 33~38mm，雄 26~30mm。雌蛾体翅黄褐色；前翅中间有 2 条平行的褐色横线，外缘在 7~8 脉间明显外突，缘毛外突处褐色，凹陷处灰白色；后翅中间有一深色斑纹。雄蛾触角鞭节黄褐色，羽枝褐色；体翅赤褐色，前翅中间呈深赤褐色宽带，宽带内外侧衬以浅黄褐色线纹；后翅斑纹不明显。

生物学特性 河北一年发生 1 代。以幼虫在卵壳内越冬，翌年 5 月开始出壳，5 月下旬全部出来并取食。7 月上旬开始化蛹，蛹期 10~15 天；7 月末出现成虫，8 月上旬羽化盛期，中旬羽化结束，成虫寿命 5~8 天。

防治方法 灯光诱杀成虫。冬季摘除卵块。

桦天幕毛虫成虫

桦天幕毛虫成虫产卵

桦天幕毛虫幼虫

苹毛枯叶蛾

枯叶蛾科
学名 *Odonestis pruni* Linnaeus

苹毛枯叶蛾成虫

分布 东北、华北、华东及河南、陕西等地。

寄主和危害 苹果、梨、李、梅、樱桃等。

形态特征 成虫体长 25~30mm。雄蛾翅展 45~ 58mm；雌蛾翅展 58~73mm，全体赤褐色或橙褐色。触角黑褐色。前翅内、外横线黑褐色，呈弧形，亚缘线深褐色，较细，呈波纹状，中室端有一明显的近圆形银白色斑点；后翅色泽较浅，具 2 条不太明显的深色横纹，停息时形似枯叶状。卵直径约 1.5mm，短椭圆形，初产时稍带绿色，后变为白色。

生物学特性 河北一年发生 1 代。以幼龄幼虫紧贴在树干上或在枯叶内越冬。幼虫体色似树皮，故不易发现。

防治方法 灯光诱杀成虫。幼龄幼虫期喷洒 48% 乐斯本乳油 3500 倍液。

东北栎枯叶蛾

枯叶蛾科
学名 *Paralebeda plagifera femorata* (Ménétriès)

分布 东北、华北。

寄主和危害 落叶松、栎、榛、杨。

形态特征 成虫体雌性灰褐色，雄性赤褐色。前翅中部斜行横带较窄，前端不超过3脉，止于2脉，亚外缘斑波状线纹，斑列黑色；后翅淡褐色，雄性有明显斑纹。

生物学特性 河北一年发生1代。7~8月成虫期，趋光性强。

防治方法 1. 避免落叶松与栎混交。黑光灯诱杀成虫。2. 幼虫发生期喷洒20%除虫脲悬浮剂7000倍液。

东北栎枯叶蛾成虫

东北栎枯叶蛾成虫

松栎枯叶蛾

枯叶蛾科
学名 *Paralebeda plagifera* Walker

分布 河北、陕西、四川、江西、浙江、西藏。

寄主和危害 华山松、马尾松、云南松、金钱松、水杉、栎、杨、榛、连翘。

形态特征 成虫翅展雌性80~110mm，雄性69~81mm。雌性褐色，前翅较宽广，胸背具灰色长鳞毛；前翅中间斜行腿状横斑较宽大，上端延伸达11脉，大斑外缘镶嵌灰色线纹，顶端双重，大斑中部至顶角区具暗褐、赤褐、灰褐色斑块；后翅中间具不明显横带。

生物学特性 河北一年发生1代。以幼虫越冬，翌年3月下旬幼虫开始活动危害，7月粘卷叶化蛹，8月成虫羽化产卵，9月幼虫孵化，幼龄群居，3龄后分散。11月越冬。成虫飞翔力强，有趋光性。卵散产或成堆产于干、叶上。

防治方法 1.避免落叶松与栎混交。灯光诱杀成虫。2. 幼龄幼虫期喷洒3%高渗苯氧威乳油3000倍液。

松栎枯叶蛾成虫

松栎枯叶蛾成虫

竹黄枯叶蛾

枯叶蛾科
学名 *Philudoria divisa sulphurea* Aurivillius

竹黄枯叶蛾成虫

分布 河北、辽宁、湖南、江西、江苏、浙江、云南、台湾、北京。

寄主和危害 栗、栎类、苹果、海棠、石榴、核桃、咖啡等树种以及芦苇。

形态特征 成虫翅展56~80mm。体型雌大于雄，触角均双栉齿状，但雄蛾栉节长于雌蛾。雌、雄色斑相似，但个体变异较大。体黄色或带红色，前胸及肩片较暗。前翅前缘弧弯，顶角尖突，外缘和后缘连成弧形，臀角部明显，由翅顶角到翅基有一弧形黑褐色纹将前翅分为两部分，前半橙黄色至栗褐色，中室端一块大白斑，斑内散有褐鳞，其上方有一小白斑，2个斑均环以黑褐色边，后半部大部分紫褐色有暗斑带一列，臀区黄色；后翅颜色同腹部，黄或带红色，前缘区橙黄或棕色。

生物学特性 河北一年发生1代。7月下旬见成虫，成虫有趋光性。

防治方法 灯光诱杀成虫。

白杨枯叶蛾

枯叶蛾科
学名 *Pyrosis idiota* Graeser

分布 河北、北京、内蒙古、黑龙江、吉林、辽宁、河南、安徽、湖北、广东；日本、朝鲜、俄罗斯。

寄主和危害 幼虫取食杨、榆、柳、苹果、沙果、梨等叶片。

形态特征 成虫翅展41~64mm。体密被黑褐或褐色长毛。前翅中室末端具1个明显的白斑，具2条平行的内线，2条平行的外线和亚端线，均波形，灰白色；后翅具2条灰白色横线。

生物学特性 河北8月可见成虫。具趋光性。

白杨枯叶蛾成虫

月斑枯叶蛾

▶ 枯叶蛾科
学名 *Somadasys lunatus* Lajonquiere

分布 河北、陕西、山西。

寄主和危害 栎类。

形态特征 雄成虫翅展36~41mm。体翅淡黄褐色，触角黄褐色。前翅中间有深色宽带，中室端呈银白色新月状大斑，发金属光泽，外侧有淡色宽带；后翅内半部呈深色斑纹。

生物学特性 河北一年发生1代。成虫6~7月出现。成虫有趋光性。

防治方法 灯光诱杀成虫。

月斑枯叶蛾成虫

栗黄枯叶蛾

▶ 枯叶蛾科
学名 *Trabala vishanou gigantina* Yang

分布 河北、陕西、河南、江苏、浙江、台湾、福建、上海、江西、云南、四川。

寄主和危害 幼虫取食柳、榆、枫、海棠、石榴、月季。

形态特征 成虫翅展70~95mm。虫体黄绿色。前翅中室有1个褐色斑纹，其下有近四方形褐色大斑，亚外缘线为8~9个黑褐色斑点；后翅有2条褐色横线。

生物学特性 河北8月可见成虫。

栗黄枯叶蛾成虫

绿尾大蚕蛾

大蚕蛾科

学名 *Actias selene ningpoana* Felder

分布 河北、吉林、辽宁、河南、甘肃、江苏、浙江、湖北、湖南、江西、广东、福建、海南、四川、广西、云南、西藏、台湾、青海。

寄主和危害 核桃、枫杨、乌桕、樟、杨、柳、栗、木槿、樱桃、苹果、梨、樟、沙枣、杏、石榴、喜树、赤杨、鸭脚木、桤木等果树和林木。以幼虫食叶危害，低龄幼虫将叶片吃成缺刻或孔洞，稍大后便把全叶吃光，仅残留叶柄或粗叶脉。

形态特征 成虫体长35~40mm，翅展122mm左右。体表具有深厚白色绒毛。翅粉绿色；前翅经前胸紫褐色，翅中央有一眼状斑纹；后翅尾状突起，长40mm。

生物学特性 河北一年发生2代。老熟幼虫结茧于枯草或树枝上，蛹越冬。通常在树枝上做茧。

防治方法 绿尾大蚕蛾越冬蛹很大，便于人工捕杀。高龄幼虫可长达80mm，抗性强且食量惊人，化学防治比较困难，可以采取人工捕捉的方法。

绿尾大蚕蛾成虫

绿尾大蚕蛾成虫

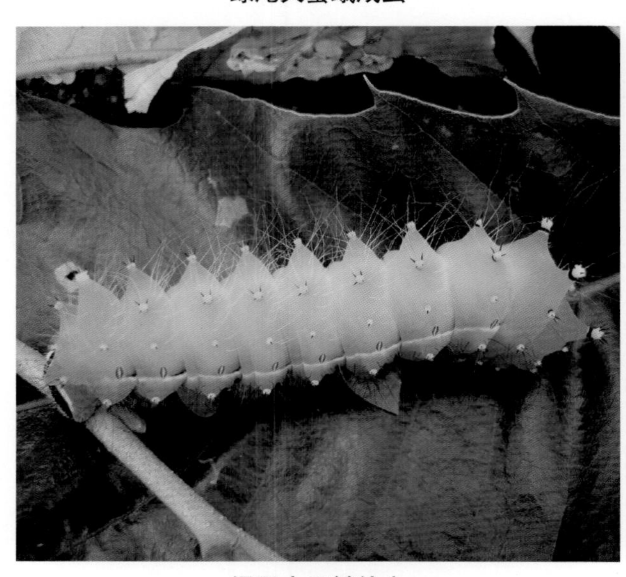

绿尾大蚕蛾幼虫

绿尾大蚕蛾成虫交尾

丁目大蚕蛾 | 大蚕蛾科

学名 *Agliatau amurensis* Jordan

丁目大蚕蛾成虫

分布 河北、黑龙江、辽宁、吉林。

寄主和危害 桦、栎、桤木、榛、椴。

形态特征 成虫翅长32~36mm，体长20~25mm。头污黄色。雄触角双栉形，黄褐色；雌齿栉形，色稍深。胸部色浓呈棕褐，腹部色浅，背线及各节间色稍深。体、翅茶褐色。前翅内线及中线略深于体色，内线内侧伴有灰白色条纹，外缘线棕褐色呈圆弧形，亚外缘线至外缘间呈茶褐色，翅脉灰褐色，明显可见，中室端有桃形黑色眼斑，斑内中央有白色半透明“丁”字形纹，顶角内侧有灰褐色斑；后翅基部色稍深，外线暗褐色呈弓形，外侧灰白色，近顶角处有灰白色斑，中室端的眼形纹大于前翅，“丁”字形纹也更明显。

生物学特性 河北一年发生1代。7月成虫期。成虫有趋光性。

防治方法 灯光诱杀成虫。

柞蚕 | 大蚕蛾科

学名 *Ahtheraea pernyi* Guerin-Meneville

分布 河北、北京、辽宁、吉林、黑龙江、河南、山东、江苏、浙江、湖北、贵州等地。

寄主和危害 柞、栎、核桃、山楂。小蚕喜食嫩叶，大蚕喜食适熟叶。

形态特征 成虫翅展110~137mm。体翅大多黄褐色。触角羽状，各节有暗色环。前胸、中胸前缘及肩片基部的紫褐色带。前翅顶角外伸较尖，内线褐色，内侧有白边，中室端有透明眼状斑，环以黄、褐、白、紫、黑轮廓，外线为褐色暗带，通过眼状斑，亚端线褐色，外有白边，顶角处白色更清楚；后翅斑纹基本同前翅，只是眼斑较大，内线、外线和亚端线的颜色较浅。

生物学特性 河北一年发生1代。1头蚕从孵化到结茧，春蚕期约50~54天，食叶30~35g左右，秋蚕期约46~50天，食叶55~50g。

防治方法 灯光诱杀成虫。

柞蚕成虫成虫

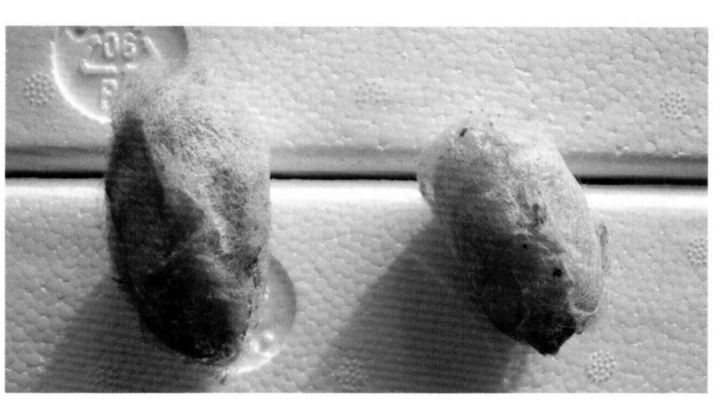

柞蚕蛹茧

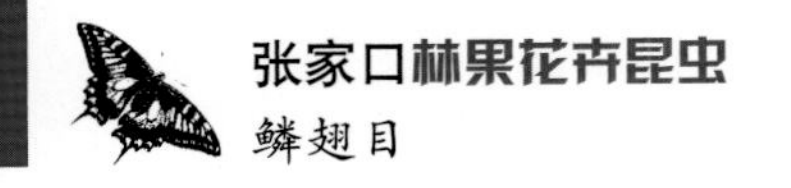

蒙蚕蛾 | 大蚕蛾科

学名 *Caligula boisduvalii* Everismann

蒙蚕蛾成虫

分布 河北、黑龙江、内蒙古、陕西、台湾等地。

寄主和危害 栎、椴、榛、胡枝子、核桃楸等。

形态特征 成虫翅展 75~107mm。体黄褐色。头部很小，从正面几乎看不到。雄蛾触角羽状，前胸及中胸前缘灰白，中胸和肩片基部棕褐色，中胸后缘白色。前翅基部及内线靠近，内、外线间灰白色；中室端眼状斑大而圆，中部棕色，内侧有白边，外围黑圈，顶角有斜长黑纹，外线外黄色。雌蛾斑纹大体同雄蛾，仅体色较浅，触角的栉节较短，体型较大。

生物学特性 河北 7 月见成虫。

防治方法 灯光诱杀成虫。

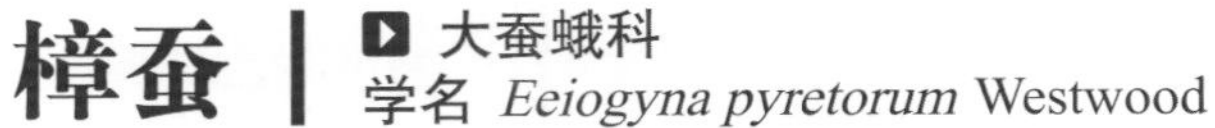

樟蚕 | 大蚕蛾科

学名 *Eeiogyna pyretorum* Westwood

樟蚕雄成虫

分布 河北、黑龙江、吉林、辽宁、江西、浙江、湖南、湖北、四川、广东、广西、福建等地。

寄主和危害 板栗、沙梨、枫香、枇杷、枫杨、野蔷薇等树种。

形态特征 雌蛾体长 32mm，翅展 115mm；雄蛾体长 30mm，翅展 9mm。全体密被细毛及鳞片，体翅灰褐色；前翅基部三角形处呈暗褐色，其外侧有 1 褐纹，此方的内缘略呈紫红色，内缘有 2 条波状深褐色犬牙纹，翅前缘为粉红灰白色，顶端外侧有 2 条鲜明的紫红纹，内侧有 2 条深黑褐短纹；后翅和前翅略相同，但色较淡，鳞片较少，眼状纹较小。

生物学特性 河北一年发生 1 代。以蛹在茧内越冬。翌春 2 月开始羽化，3 月中旬为羽化盛期，3 月底成虫终见。成虫趋光性强。

防治方法 3 月刮卵，人工刮除树枝、树干上的卵块；5 月以后，幼虫下树寻找结茧场所，可在此时捕杀，减少其越冬基数；冬季摘除越冬蛹茧。3 月中下旬，在成虫羽化盛期用黑光灯或卤素灯诱杀。

樟蚕雌成虫

黄豹大蚕蛾 | 大蚕蛾科 学名 *Loepa katinka* Westwood

分布 河北、青海、宁夏、甘肃、安徽、浙江、江西、福建、广东、海南、广西、四川、云南、西藏。

寄主和危害 白粉藤及其他藤本植物。

形态特征 成虫翅展70~90mm。翅膀底色黄色，中央具有波浪形黑褐色细线，各翅表面中央附近具有1枚明显眼纹，眼纹中央有明显黑色弧线和白色斑纹。雄虫触角羽毛状，雌虫触角双栉齿状。

生物学特性 成虫出现于春季至秋季，广泛生活在低、中海拔山区。夜晚具有趋光性，成虫无缀食习惯。

防治方法 灯光诱杀成虫。

黄豹大蚕蛾成虫

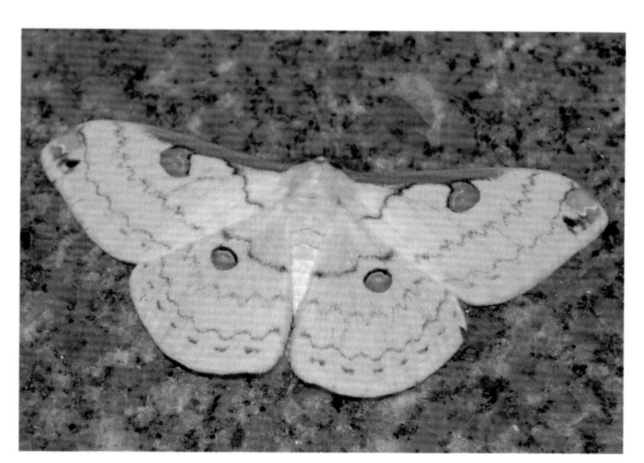
黄豹大蚕蛾成虫

蓖麻蚕 | 大蚕蛾科 学名 *Pyilosamia cynthia rinthia* Donovan

分布 全国各地。

寄主和危害 蓖麻、木槿等。

形态特征 成虫翅展95~100mm。体棕褐色，肩板四周有白色缘毛。胸背棕褐色。腹部末端有棕褐色毛，各节有灰白色较长茸毛。前翅内线在中室附件显著四折达到翅基后缘部分，外线白色，外侧灰黄色，端线黑色，在顶角下方有1个向内的大弧形弯，外线和端线间有较宽的褐色横带，顶角红褐色，下方有1个黑斑，上方有白色月牙形纹；后翅色同前翅。

生物学特性 河北8月中下旬可见成虫。

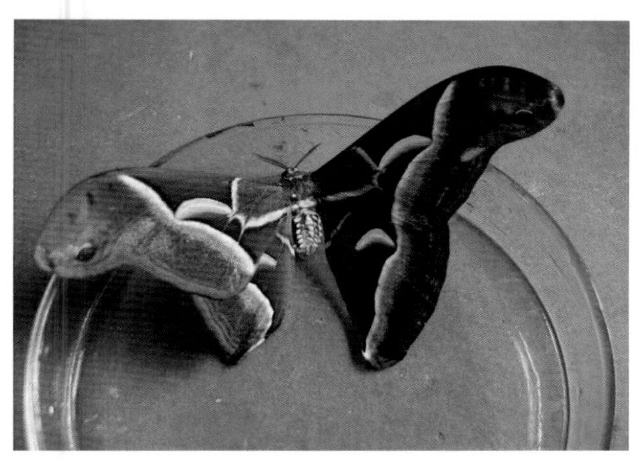
蓖麻蚕成虫

蓖麻蚕成虫

樗蚕

大蚕蛾科
学名 *Samia cynthia cynthia* (Drurvy)

分布 河北、吉林、辽宁、陕西、河南、山西、山东、甘肃、安徽、江苏、浙江、湖北、江西、湖南、福建、台湾、广东、海南、广西、四川、贵州、云南、西藏。

寄主和危害 乌桕、臭椿、香椿、含笑、樟树、梧桐、冬青、野鸭椿、黄檗、黄栎、泡桐、臭樟、喜树、虎皮楠、核桃、悬铃木、盐肤木、黄檗、黄连木。

形态特征 成虫体长25~30mm，翅展110~130mm。体青褐色。头部四周、颈板前端、前胸后缘、腹部背面、侧线及末端都为白色。腹部背面各节有白色斑纹6对，其中间有断续的白纵线。前翅褐色，前翅顶角后缘呈钝钩状，顶角圆而突出，粉紫色，具有黑色眼状斑，斑的上边为白色弧形，前后翅中央各有1个较大的新月形斑，新月形斑上缘深褐色，中间半透明，下缘土黄色，外侧具1条纵贯全翅的宽带，宽带中间粉红色、外侧白色、内侧深褐色、基角褐色，其边缘有1条白色曲纹。

生物学特性 河北一年发生2代。以蛹在树上结茧越冬。5月成虫羽化、交尾和产卵，产卵于叶背，卵成堆，卵约经12天孵化幼虫，初龄幼虫群集危害，5~6月和9~11月分别是各代幼虫期，幼虫在树上缀叶结茧，越冬幼虫多在杂灌木上结茧。成虫飞翔力强，有趋光性。

樗蚕幼虫

樗蚕越冬蛹茧

樗蚕蛹

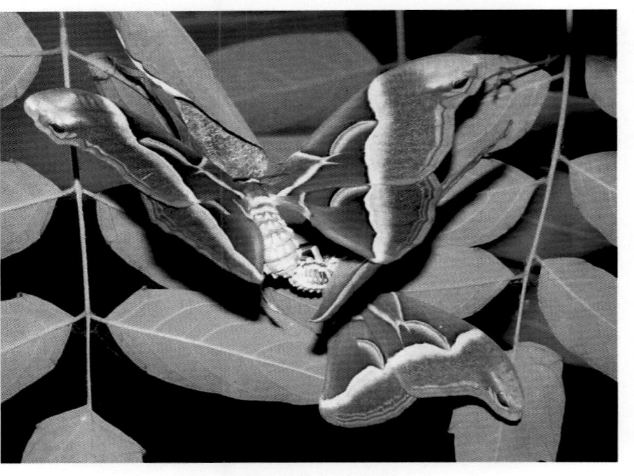
樗蚕成虫交尾

黄波花蚕蛾

蚕蛾科
学名 *Oberthüria oaeca* Oberthür

分布 河北、北京、黑龙江、辽宁等地。

寄主和危害 栎、桑。

形态特征 成虫翅展38~41mm。体黄色。触角灰黄色，背面白色，栉状。腹部暗黄色，各体间色较深。前翅黄色，顶角外伸呈钩状，下方内陷，并有半圆形深色斑1个，内线和中线棕褐色呈波浪纹，外线较直，中室有褐色圆点1个；后翅前半污黄色，后半橙黄色，有棕褐色波状横线2条，内线不明显。后缘有棕灰色斑点，缘毛皱褶。

生物学特性 河北一年发生1代，以卵越冬。7~8月是幼虫的孵化盛期。成虫有趋光性。

防治方法 1.灯光诱杀成虫。2.人工杀灭越冬卵。

黄波花蚕蛾成虫

波水腊蛾

箩纹蛾科
学名 *Brahmaea undulate* (Bremer et Grey)

分布 华北。

寄主和危害 梣。

形态特征 成虫体型较大，棕黑色，翅上箩纹黑色。后翅中线在后缘略向外倾或很直，基部（尤其反面）深黑色。

生物学特性 河北一年发生1代。幼虫散栖在隐蔽及潮湿处，7~8月幼虫危害梣属植物，在苔藓或石下化蛹，7月出现成虫。成虫有趋光性。

防治方法 灯光诱杀成虫。

波水腊蛾成虫

波水腊蛾成虫

枯球箩纹蛾

▶ 箩纹蛾科
学名 *Brahmophthalma wallichii* Gray

分布 河北、云南、四川、湖北、台湾；印度。

寄主和危害 木犀科植物。

形态特征 成虫体长 45~50 mm，翅展 150~162 mm。体黄褐色。触角双栉齿状，雌蛾触角栉齿比雄蛾的短。前翅端部为一枯黄球，斑外具一小黑斑，其中 3 根翅脉上有许多白色“人”字纹，外缘有 7 个青灰色半球形斑，其上方有 2 个黑斑；后翅中线曲折，外缘有 3~4 个半球形斑，其余成曲线形。

生物学特性 河北一年发生 1 代。以蛹越冬。雄成虫寿命 11~21 天，雌成虫 19~30 天。卵多单粒散产于较嫩叶背，偶尔一叶上亦有 2~3 粒。

枯球罗纹蛾成虫

金凤蝶

▶ 凤蝶科
学名 *Papilio machaon* Linnaeus

分布 浙江、江西、四川、贵州、福建、广东、广西及东北、华北、西北。

寄主和危害 柴胡、当归、防风、茴香、白芷、杜仲、沙参等。幼虫食叶和花蕾成缺刻或孔洞，受害严重时，仅剩下花梗和叶柄。

形态特征 成虫春型体长 24~26mm，翅展 80~94mm；夏型体长 32mm，翅展 88~100mm。体黄色，背脊为黑色宽纵纹。前、后翅具黑色及黄色斑纹，前翅中室基部无纵纹；后翅近外缘为蓝色斑纹并在近后缘处呈一红斑。

生物学特性 河北一年发生 2 代。以蛹在灌木丛树枝上越冬。翌春 4~5 月间羽化，第一代幼虫发生于 5~6 月，成虫于 6~7 月间羽化，第二代幼虫发生于 7~8 月间。

金凤蝶成虫

金凤蝶幼虫

柑橘凤蝶

凤蝶科
学名 *Papilio xuthus* Linnaeus

分布 除新疆未见外，全国各地均有分布。

寄主和危害 柑橘、花椒、黄檗、枸橘等。幼虫食芽、叶，初龄食成缺刻与孔洞，稍大常将叶片吃光，只残留叶柄。苗木和幼树受害较重。

形态特征 成虫翅面浅黄绿色，脉纹两侧黑色。前后翅外缘有黑色宽带，宽带中有月形斑。臀角一般有1个带黑点的橙色圆斑。翅展61~95mm。

生物学特性 河北一年发生2~3代。以蛹在枝条、建筑物等处越冬。4月中下旬成虫羽化，卵散产于嫩芽、叶背，5月第一代幼虫孵化，咬食嫩芽、叶片，6月上旬第一代成虫羽化，7月下旬第二代成虫羽化。成虫喜访花。

柑橘凤蝶成虫

柑橘凤蝶卵

柑橘凤蝶幼虫

柑橘凤蝶蛹

丝带凤蝶

凤蝶科
学名 *Sericinus montelus* Grey

分布 华北、东北、西北、华中、华东等地的部分地区。全世界仅1种（中国有3个亚种），只分布在东亚，是我国非常珍贵的蝶种，在国内曾被列为14种珍贵蝴蝶种类之一。

寄主和危害 多种植物的花粉、花蜜、汁液。

形态特征 成虫翅展42~71mm。雌雄异型。雄蝶翅面白色，有黑色斑纹，前后翅外缘有断续的红色。雌蝶翅面黄色有黑褐色斑纹。

生物学特性 河北一年发生3~4代。成虫4~8月间出现，飞行轻缓。

丝带凤蝶幼虫

丝带凤蝶春型成虫

丝带凤蝶夏型成虫

红珠绢蝶

绢蝶科
学名 *Parnassius bremeri* Bremer

红珠绢蝶成虫

分布 河北、黑龙江、吉林、辽宁、内蒙古、山西、河南、山东、陕西、甘肃、宁夏、新疆。

寄主和危害 景天科植物。

形态特征 成虫体长24~26mm，翅展58~88mm。翅白色，半透明；前翅翅基及前缘布有一层黑色鳞片，中室中部及横脉处各有1个黑色斑；后翅外缘有淡黑色断续带纹。

生物学特性 河北一年发生1代。7月成虫期。分布于海拔1700m以上的亚高山草甸。成虫喜访花，飞行缓慢，常滑翔。在受到惊吓时会猛地打开翅膀，露出红色圆斑恐吓天敌。

冰清绢蝶

▶ 绢蝶科
学名 *Parnassius glacialis* Butler

分布 河北、黑龙江、吉林、辽宁、河南、山东、山西、陕西、甘肃、贵州、云南、浙江、安徽；日本、朝鲜。

寄主和危害 紫堇、马兜铃、延胡索等。

形态特征 成虫翅展65~70mm。前后翅面无红色斑；前翅前缘区、中室中部和中室端部有稀疏黑鳞；后翅后缘区有橘黄色斑。

生物学特性 河北7月上旬至10上旬可见成虫。

冰清绢蝶成虫

小红珠绢蝶

▶ 绢蝶科
学名 *Parnasiius nomion* Fischir et Waldheim

分布 河北、黑龙江、吉林、新疆、青海；俄罗斯、朝鲜。

寄主和危害 景天科植物。

形态特征 成虫翅展55~80mm。翅白色，雌蝶略黑。红斑大而有白点。后翅中室下部有1个钩状黑斑。

生物学特性 河北7月中旬至8月下旬可见成虫。

小红珠绢蝶成虫

酪色苹粉蝶

粉蝶科
学名 *Aporia bien* Oberthür

分布 河北、陕西、青海、四川及东北。

寄主和危害 幼虫主要危害小檗科植物。

形态特征 成虫体长18~24mm，翅展55~72mm。体背黑色，被灰黄色绒毛。翅面黄白色，但比苹粉蝶稍黄；前翅中室端横脉纹两侧有黑色鳞，构成暗色条状斑纹，翅反面、前翅前缘、顶角、外缘前大半部及后翅均为黄色；后翅基橙黄色。雌体稍大，翅面色略淡。

生物学特性 河北一年发生1代。6~8月成虫期。成虫喜访花；大都飞行较为缓慢。

酪色苹粉蝶成虫

绢粉蝶

粉蝶科
学名 *Aporia crataegi* Linnaeus

分布 河北、山东、陕西、山西、四川、青海、甘肃、宁夏、新疆、内蒙古、辽宁、吉林、黑龙江、浙江、安徽、湖北、西藏；日本、朝鲜。

寄主和危害 幼虫取食苹果、梨、桃、杏、李、山楂、樱桃、栎、榆、杨、花椒、毛榛。

形态特征 成虫体长20~24mm，翅展56~67mm。体背黑色，密被灰白色绒毛。触角黑色，锤端黄褐色。翅面白色微黄，无斑纹，脉纹黑色；前翅中室前缘和前后翅外缘及脉端，具黑色鳞片，端线黑色，无缘毛；雌蝶翅面鳞片稀少，呈半透明状；翅反面黄白色；后翅具黑色鳞片。

生物学特性 河北5月下旬至7月下旬可见成虫。

绢粉蝶成虫

绢粉蝶成虫

小檗绢粉蝶

粉蝶科
学名 *Aporia hippia* (Bremer)

分布 河北、黑龙江、吉林、青海、宁夏、陕西、河南、山西、江西、广西、台湾、云南、贵州、西藏；日本、朝鲜。

寄主和危害 大叶小檗等。

形态特征 成虫翅展55~65mm。后翅里暗赭色，有一黄色基斑；两翅的翅脉和前翅中室端横脉附近有较宽的黑色条纹，外缘黑色，向内呈深锯齿状。

生物学特性 河北一年发生1代。幼虫有群居现象，以低龄幼虫筑巢越冬，每年春季3~4月开始出巢，4龄后幼虫分散生活。成虫常在6~7月发生，较普遍。

小檗绢粉蝶成虫

小檗绢粉蝶蛹

斑缘豆粉蝶

粉蝶科
学名 *Colias erate errata* Esper

分布 河北、陕西、辽宁、吉林、黑龙江、山西、浙江、福建、云南、新疆、西藏；日本、朝鲜。

寄主和危害 幼虫取食大豆、苜蓿、百脉根、小巢菜等豆科植物。

形态特征 成虫体长16~21mm，翅展42~58mm。头顶、触角及前胸背桃红色。翅面黄色或淡黄绿色，基部散布黑色鳞片，缘毛桃红色；前翅中室端有一近圆形黑斑，顶角及外缘有较宽的黑色区；后翅中室端圆斑橙色或橙黄色，斑中央色淡，其上方有1个同样颜色的小斑点，有的不明显，外缘有1列黑斑。

生物学特性 河北4月下旬至9月上旬可见成虫。

斑缘豆粉蝶成虫

尖钩粉蝶

粉蝶科
学名 *Gonepteryx mahaguru* Gistel

分布 河北、黑龙江、吉林、辽宁、北京、浙江、四川等地。

寄主和危害 苜蓿等豆科植物。

形态特征 成虫翅展58~63mm。雄蝶前翅浓黄色，顶角突出成钩状，翅中室端部各有1个橙黄色斑点；雌蝶的翅面颜色较之雄蝶要淡。

生物学特性 河北一年发生1代。成虫发生期在5月。

尖钩粉蝶成虫

突角小粉蝶

粉蝶科
学名 *Leptidea amurensis* Ménétriès

分布 河北、陕西、山东、山西、河南、甘肃、宁夏、新疆；日本、朝鲜。

寄主和危害 幼虫取食碎米芹、山野豌豆。

形态特征 成虫体长14~17mm，翅展40~50mm。触角背面黑色。腹面白色，节间具白色环纹，端部圆钝，红褐色。体纤细，体背黑色，腹部覆盖白色鳞毛。翅面白色；前翅外缘极倾斜，顶角明显突出，中室及前缘具黑鳞粉，顶角黑斑大而明显，但春型较淡；后翅无斑纹。

生物学特性 河北4月上旬至8月下旬可见成虫。

突角小粉蝶成虫

荠小粉蝶

▶ 粉蝶科
学名 *Leptidea gigantean* (Leech)

分布 河北、陕西、黑龙江等地。

寄主和危害 幼虫危害碎米荠。

形态特征 成虫体长14~17mm，翅展46~53mm。前翅较宽，顶角圆钝，微突，黑色斑纹较浅淡；后翅面白色，无斑纹；翅反面，前翅同正面，后翅白色，中部常有1条暗色带，春型较明显。雌体稍大，颜色较淡。

生物学特性 河北成虫见于6~7月。

荠小粉蝶成虫

荠小粉蝶成虫反面

暗脉粉蝶

▶ 粉蝶科
学名 *Pieris napi* (Linnaeus)

分布 黑龙江、吉林、河北、陕西、甘肃等地。

寄主和危害 十字花科蔬菜、牧草。

形态特征 成虫体长14~19mm，翅展40~44mm。翅面白色微黄，翅脉附近黑色鳞片稀疏，色较淡；前翅基部及前缘黑色，后缘带纹雄性较明显；翅反面，前翅顶角及后翅黄色稍淡；后翅基半部前缘黄色。

生物学特性 河北6~7月成虫期。

暗脉粉蝶成虫

菜粉蝶

粉蝶科
学名 *Pieris rapae* Linnaeus

分布 全国各地。

寄主和危害 十字花科、菊科、旋花科、百合科、茄科、藜科、苋科等9科35种，主要危害十字花科蔬菜，尤以芥蓝、甘蓝、花椰菜等受害比较严重。

形态特征 成虫体长12~20mm，翅展45~55mm。雄虫体乳白色；雌虫略深，淡黄白色。雌虫前翅正面近翅基部灰黑色，约占翅面1/2，顶角有1个三角形黑斑，翅中下方有2个黑色圆斑，后翅正面前缘离翅基2/3处有1个黑斑；雄虫前翅正面灰黑色部分较小，翅中下方的2个黑斑仅前面1个较明显。

生物学特性 河北一年发生4~5代。各地均以蛹越冬，有滞育性。越冬场所多在秋菜田附近的房屋墙壁、篱笆、风障、树干上，也有的在砖石、土缝、杂草或残株落叶间，一般在干燥背阴面。越冬蛹羽化时间，4月下旬至7月上旬可见成虫。

防治方法 1.及时清洁田园，集中处理残株落叶、深翻菜地，减少虫源。2.生物防治。一是保护利用天敌，少用广谱和残效期长的农药，放宽防治指标，避免杀伤天敌。二是人工释放广赤眼蜂。

菜粉蝶成虫

云粉蝶

粉蝶科
学名 *Pontia daplidice* Linnaeus

云粉蝶成虫

分布 河北、河南、山东、山西、辽宁、黑龙江、陕西、青海、四川、云南、内蒙古、西藏；日本、朝鲜。

寄主和危害 幼虫取食萝卜、白菜、甘蓝、荠菜、花旗杆等十字花科植物。

形态特征 成虫体长13~20mm，翅展30~52mm。翅面白色或白色微黄。荠菜中室端斑黑色，为淡色横纹分割，亚端线区前半部3个黑斑较大，外缘1列黑色圆斑6个，第六个常不清晰或缺。后翅基部色暗，中室中部圆形斑淡黄，外缘具2列黑斑，每列5个，内列斑楔形，较大。

生物学特性 河北4月中旬至9月上旬可见成虫。

阿芬眼蝶 | 眼蝶科

学名 *Aphantopus hyperanthus* Linnaeus

分布 河北、黑龙江、河南。

寄主和危害 各种草类。

形态特征 成虫翅展约 50mm。胸深褐色。前翅具 2~3 个眼斑，后翅显 2 个眼斑；翅反面眼斑更明显而且大，前翅 2 个眼斑，后翅 5 个眼斑；雌比雄颜色深；翅反面颜色褐至土黄色。

生物学特性 河北一年发生 1 代。成虫喜欢在阴暗的林下活动，飞行速度缓慢，常采取跳跃式飞翔，从海拔 800~2300m 都能见其活动，发生期数量很多。7 月下旬至 8 月中旬可见成虫。

阿芬眼蝶成虫

贝眼碟 | 眼蝶科

学名 *Boeberia parmenin* (Bober)

分布 河北、辽宁、吉林、黑龙江、内蒙古；俄罗斯。

寄主和危害 取食绣线菊亚科植物。

形态特征 成虫翅展 42~60mm。体黄褐色至浅褐色。亚缘区有眼斑 4~5 个，前翅顶角处 2 个眼斑相连。翅反面、前翅中后部棕红色，后翅亚缘区有 5 个眼斑，中域具 2 条齿状横线，脉纹白色。翅面眼斑数量有变化。

生物学特性 河北一年发生 1 代。成虫见于 7~8 月。

贝眼碟成虫

艳眼蝶

▶ 眼蝶科
学名 *Callerebia* sp.

分布 河北、陕西、四川、云南。

寄主和危害 不详。

形态特征 成虫翅展60~65mm。体背面黑褐色，下胸灰色。翅暗红褐色；前翅亚顶部黑底金黄，圈大眼斑1个，具有2个蓝心，黄圈下部尚有1小黑点；后翅白心黑底土红色圈小眼斑1个位于1b室。前翅反面色较正面淡，眼斑如正面，黄圈下部无黑点，翅顶部散布灰白色；后翅反面衬浅灰色，以后缘区及后中域以外的亚端区为甚；中室红褐斜带从前缘达亚中褶，红褐外带从前缘中部直达6脉，向外折至5脉近基部后再向后直达亚中褶，端区红褐色，端线浅灰色。

生物学特性 河北7月中旬可见成虫。

艳眼蝶成虫

爱珍眼蝶

▶ 眼蝶科
学名 *Coenonympha oedippus* Fabricius

分布 河北、黑龙江、吉林、辽宁、陕西、甘肃、河南、北京、浙江、新疆；朝鲜。

寄主和危害 芦苇、莎草、马唐等。

形态特征 成虫翅展36~40mm。前、后翅的正面无眼斑；翅反面的眼斑多少有变化，前翅有眼斑2~4个，后翅有眼斑5~6个。雌蝶眼纹内侧常有1条青白色横带纹。

生物学特性 河北一年发生1代。成虫常在草丛中活动，飞行较慢。6~8月可见成虫飞舞。

爱珍眼蝶成虫

爱珍眼蝶成虫

小红眼蝶 | 眼蝶科
学名 *Erebia medusa* Linnaeus

分布 河北、黑龙江、内蒙古、吉林。

寄主和危害 不详。

形态特征 成虫翅展约 35mm。

生物学特性 河北 6 月下旬至 7 月中旬可见成虫。

小红眼蝶成虫

小红眼蝶成虫

云带红眼蝶 | 眼蝶科
学名 *Erebia* sp.

分布 河北、黑龙江。

寄主和危害 不详。

形态特征 成虫翅展 42~55mm。褐色。前翅顶角有青白色斑域，其内侧具 1 个黑眼斑，2 个瞳点，斑外具黄环；反面，前翅眼斑更明显，后翅基部和中域各具 1 条白色云状带，为其重要依据。

生物学特性 河北 6 月下旬至 7 月上旬可见成虫。

云带红眼蝶成虫

云带红眼蝶成虫

斗眼蝶 | 眼蝶科

学名 *Lasiommata deidamia* (Eversman)

分布 河北、黑龙江、吉林、辽宁、甘肃、青海、宁夏、陕西、北京、河南、山东、山西、湖北、福建、四川。

寄主和危害 鹅冠草、糠穗、野青茅等禾本科牧草。

形态特征 成虫翅展52~55mm。体翅黑褐色。前翅基部1条脉明显膨大，顶角内方有一黑眼纹，瞳点白色，眼纹具黄褐圈，斑心有白点，眼斑后方有2条稍相错开的短带纹；后翅具和前翅同样但较小的眼斑；翅反面较正面色较淡，前翅斑纹同正面，后翅亚端区6个眼斑，第三个最小，第六个斑心2个白点，眼斑内侧有1条黄白色弧形带纹，其宽窄变化较大。雌性翅面色略淡，黄白带纹明显清晰，前翅外缘近圆；雄性则明显向内斜截。

生物学特性 河北一年发生2代。5~7月成虫期。成虫少见访花，喜欢在岩壁上停息，停息时会不时扇动翅膀；常贴近地面飞翔，飞行迅速有力。

斗眼蝶成虫

斗眼蝶成虫

黄环链眼蝶 | 眼蝶科

学名 *Lopinga achine* Scopoli

黄环链眼蝶成虫

分布 河北、陕西、青海、黑龙江、辽宁、吉林、河南、甘肃、湖北；日本、朝鲜。

寄主和危害 禾本科、莎草科植物。

形态特征 成虫体长16~18mm，翅展51~58mm。体背黑色，翅面黑褐色，缘毛白色。前翅中室端外侧有1条不规则的淡褐色带，亚端区具5个黑色斑，后2个大，均有淡褐色环，淡斑心白点多不明显；后翅中室外具1条弯曲的淡褐色横带纹，常不清晰，外侧前后6个眼斑，第三个最小，第一和第六色淡；翅反面，前、后翅中室中部均具1条淡色横细纹，端线2条，淡褐色，眼斑与带纹同正面。

生物学特性 河北7月上旬至8月下旬可见成虫。

白瞳舜眼蝶

眼蝶科
学名 *Loxelebia saxicolam* Oberthür

白瞳舜眼蝶成虫

分布 河北、山西、陕西、辽宁、内蒙古。

寄主和危害 羊齿类植物。

形态特征 成虫翅展45~50mm。黑褐色。前翅近顶角处具1个黑色眼斑，内有2个小白点，斑外围有暗黄色环；后翅雄性无斑纹，雌雄后部有1个小眼斑，有时隐约可见；翅反面褐色，有浅色云状宽斑带，与翅正面对应的斑纹更清晰。

生物学特性 河北一年发生1代。成虫喜欢在潮湿、阴暗的林下活动，飞行慢，常在阴暗的岩壁或叶片上停息。6月下旬至8月中旬可见成虫。

白眼蝶

眼蝶科
学名 *Melanargia halimede* (Ménétriès)

分布 河北、黑龙江、吉林、辽宁、青海、宁夏、陕西、河南、山西、山东、甘肃、湖北、江西、贵州。

寄主和危害 水稻、竹等禾本科植物。

形态特征 成虫体长15~20mm，翅展51~65mm。体背黑褐色。触角黑色。翅底白色，脉纹黑褐色；前翅中室端部至顶角间有2条不规则的黑褐色斜带，顶角及端带黑色，缘毛黑白相间呈齿，后缘具较宽的黑褐带；后翅大部分白色，亚端区有1条中断的黑褐带，外缘2条并行的黑褐线内侧，有1列淡色月形斑。翅反面：前翅白色，顶角色淡，2条斜带及后缘带纹稍狭细，色略淡；后翅黄白，翅中部有1条褐曲线纹，淡黑褐色亚端带内有6个眼状斑，眼斑具黄褐色环。变异型斑纹与之相同，但色略淡，斑纹较宽阔。

生物学特性 河北一年发生1代。5~6月见成虫。成虫喜访花，常在阴处活动，飞行缓慢。

白眼蝶成虫

黑纱白眼蝶

眼蝶科
学名 *Melanargia lugens* Honrath

分布 河北、浙江、陕西。

寄主和危害 堇菜科植物。

形态特征 成虫翅展55~61mm。本种似白眼蝶，但翅面的黑色区域均较大，而且黑色又相对较浅，似罩上一层黑纱。

生物学特性 河北6月下旬至7月中旬可见成虫。

黑纱白眼蝶成虫

蛇眼蝶

眼蝶科
学名 *Minois dryas* Linnaeus

分布 河北、陕西、青海、四川、黑龙江、吉林、辽宁。

寄主和危害 芸草、结缕草等禾本植物。

形态特征 成虫体长18~21mm，翅展65~71mm。体背黑色，被暗褐色绒毛。触角背黑褐色，腹面白环显著，锤部黄褐色。翅面黑褐色，日光下呈黄、绿、紫闪光；前翅亚端区有2个具蓝白心的黑色眼状斑，前斑稍小，淡色环隐约可见，缘毛深褐，外缘呈波状；后翅近臀角有1个同样的眼斑，但显著小，端部同前翅，但较宽，外缘波状；翅反面色稍淡，前后翅端带内侧均具1条褐色带纹。

生物学特性 河北一年发生1代。以1龄幼虫越冬。6~8月成虫期。成虫活动范围比较广，平原到山地都可见其活动，常采取跳跃式飞翔，飞行缓慢。

蛇眼蝶成虫

蛇眼蝶成虫

蛇眼蝶成虫

玄裳眼蝶

眼蝶科
学名 *Satyrus ferula* Fabricius

分布 河北、新疆、内蒙古；俄罗斯。

寄主和危害 喜访各种草花。

形态特征 成虫翅展约60mm。体翅黑褐色。前翅亚缘区有4~5个小白斑，隐约可见2个黑圈，有的清晰并围有黄环；翅反面、前翅亚端区可见2个明显的眼斑，大小4~5个小白斑，后翅亚端线和中线为灰色。

生物学特性 河北7月上旬至8月下旬可见成虫。

玄裳眼蝶成虫

玄裳眼蝶成虫

东北矍眼蝶

眼蝶科
学名 *Ypthima argus* Butler

分布 河北、辽宁、黑龙江、吉林、四川、云南、贵州、河南、浙江、江西、湖南、福建、广东、广西、海南；日本、朝鲜。

寄主和危害 幼虫取食结缕草、芒等禾本科植物。

形态特征 成虫又名黑波六眼蝶。翅展38~42mm。体翅暗褐色。下唇须发达而上翘，末节细长。触角背黑褐，节间具白环，锤部红褐色。前翅顶角内侧有1个大型的黑色眼状斑，斑心有2个青白色小点，外具黄褐环；后翅亚端线由5个眼状斑组成，前2个较小，最后1个最小并常由2个小眼斑愈合而成，后翅前2个眼状斑多不清晰。

生物学特性 河北6月下旬至7月上旬可见成虫。

东北矍眼蝶成虫

矍眼蝶

▶ 眼蝶科
学名 *Ypthima balda* Fabricius

分布 河北、陕西、青海。

寄主和危害 结缕草、芒等禾本科植物。

形态特征 成虫体长 11~13mm，翅展 38~42mm。体翅赭黑色，前翅亚端线上端有 2 个大眼斑，黑眼斑内有 2 个蓝白色瞳点；前翅中室区及其附近为赭色；后翅亚外缘有 6 个不太明显的黑色眼斑，有的消失。

生物学特性 河北一年发生 1 代。6~7 月成虫期。

矍眼蝶成虫

荨麻蛱蝶

▶ 蛱蝶科
学名 *Aglais urticae* (Linnaeus)

分布 河北、黑龙江、山西、陕西、甘肃、青海、新疆、四川、西藏、云南、广西、广东；日本、朝鲜。

寄主和危害 荨麻科植物。

形态特征 成虫翅展 50~57mm。翅橘红色；前翅前缘黄色，有 3 块黑斑，后缘中部有一大黑斑中域有 2 个较小黑斑，后翅基半部灰色，两翅亚缘黑色带中有淡蓝色三角形斑列，后面前翅黑赭色，3 个黑色前缘斑与正面一样，顶角和端缘带黑色；后翅褐色，基半部黑色，外缘有蓝色的新月纹。

生物学特性 河北一年发生 1 代。6~9 月可见成虫。

荨麻蛱蝶成虫

荨麻蛱蝶成虫反面

大闪蛱蝶

▶ 蛱蝶科
学名 *Aparura schrenckii* Ménétriès

大闪蛱蝶成虫

分布 河北、陕西、吉林、黑龙江、辽宁、甘肃、湖北、湖南、河南、云南、贵州。

寄主和危害 大果榆。

形态特征 成虫翅展76~89mm。翅面黑褐色；前翅顶角有2个白色斜列小斑，中室外有1条白色斜带，近后角有橙色斑，后缘中央有2个白斑呈三角形向上尖出；后翅前角有2个白色小斑，中室外有卵圆形大白斑，其外缘具有闪光蓝灰色鳞片，雌蝶近臀角有橙色斑。反面颜色及图案与正面全然不同：前翅外缘有褐色带，顶角银白色，中室灰蓝色，内具二黑点，其他斑纹较正面大而鲜明；后翅全为银灰色，中部卵形大斑白色，外侧有1个橙褐色横带镶黑色齿状纹，前、后翅外缘均有黑色边的褐色带。

生物学特性 河北一年发生1代。7~8月成虫期。活动范围大，从海拔800~1800m的山区都有分布。成虫飞行迅速，常活动于树顶和潮湿的岩壁，喜欢吸食树汁。

柳紫闪蛱蝶

▶ 蛱蝶科
分布 *Apatura ilia* (Denis et Schiffermüller)

分布 河北、黑龙江、辽宁、吉林、甘肃、新疆、青海、宁夏、陕西、河南、山西、山东、江苏、浙江、江西、福建、四川、贵州、云南。

寄主和危害 柳、杨。成虫喜欢吸食树汁或畜粪，飞行迅速。

形态特征 成虫翅展59~64mm。翅黑褐色，翅膀在阳光下能闪烁出强烈的紫光；前翅约有10个白斑，中室内有4个黑点，反面有1个黑色蓝瞳眼斑，围有棕色眶；后翅中央有1条白色横带，并有1个与域前翅相似的小眼斑；反面白色带上端很宽，下端尖削成楔形带，中室端部尖出显著。

生物学特性 河北一年发生1代。以幼虫在树干缝隙内越冬，7~8月出现成虫，8月中旬产卵，卵单产于叶片背部，刚孵化的幼虫啃食自己的卵壳，卵经5天孵化，1龄幼虫约4天，2龄幼虫龄期6天，3龄幼虫龄期约200天，4龄幼虫龄期约15天。6月下旬化蛹，蛹期约9~12天，幼虫期较长。7月上旬成虫羽化。

柳紫闪蛱蝶成虫

柳紫闪蛱蝶成虫

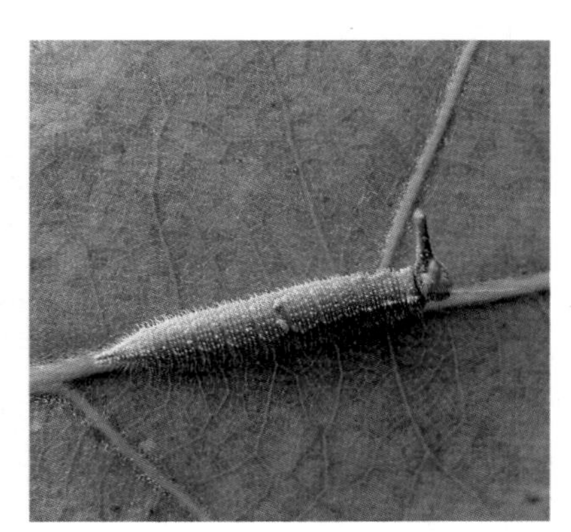
柳紫闪蛱蝶幼虫

曲带闪蛱蝶

▶ 蛱蝶科
学名 *Apatura laverna* Leech

分布 河北、辽宁、吉林、陕西、河南、四川、云南。

寄主和危害 杨、柳。

形态特征 成虫翅展55~60mm。翅橘黄色，白斑明显退化成橘黄色；前翅中室斑域下2个斑点显著退化；后翅中央横带上端中央内凸，末端缩小使其内缘弯曲，与前翅后缘不连接，其外缘的2条黑色带平行，后翅基部有1块深色区。

生物学特性 河北一年发生1代。成虫见于7月下旬。

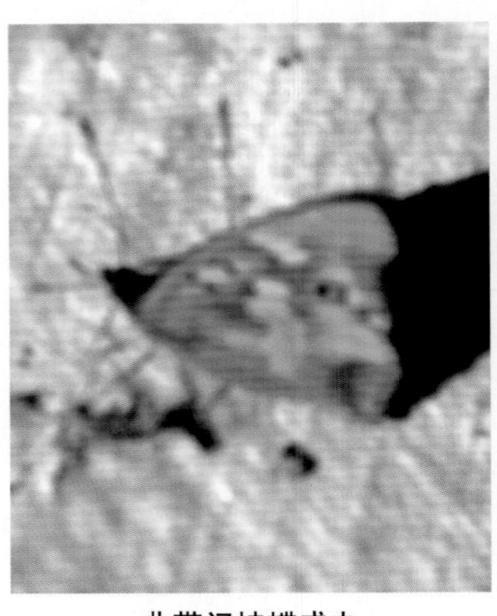
曲带闪蛱蝶成虫

曲带闪蛱蝶成虫

曲带闪蛱蝶成虫

福豹蛱蝶

▶ 蛱蝶科
学名 *Argynnis charlottea* (Linnaeus)

福豹蛱蝶成虫

分布 河北、青海、四川、黑龙江；朝鲜、日本。

寄主和危害 幼虫取食堇菜科植物。

形态特征 成虫翅展58~68mm。翅面斑纹均略小；前翅外缘平直稍向内斜截，顶角外缘圆形，外突不明显，端区和亚端区共3列斑，内列圆形，中列排列较直多为三角形，外列和端线串在一起；前、后翅端线双重多不明显；后翅中室倒"U"形纹内侧无小黑点。

生物学特性 河北一年发生1代。成虫见于7月中旬。

绿豹蛱蝶

蛱蝶科
学名 *Argynnis paphia* (Linnaeus)

分布 河北、黑龙江、辽宁、吉林、河南、新疆、宁夏、陕西、甘肃、浙江、四川、西藏、湖北、江西、福建、广西、广东、云南、台湾；欧洲、日本、朝鲜、非洲等。

寄主和危害 吸食悬钩子、蓟及矢车菊属的花蜜，以及蚜虫的蜜露。

形态特征 成虫雌雄异型：雄蝶翅橙黄色，雌蝶暗灰色至灰橙色，黑斑较雄蝶发达。翅端部有3列黑色圆斑，后翅基部灰色，又1条不规则波状中横线及3列圆斑。

生物学特性 在河北，雌蝶不会在叶子或茎上产卵，反而是在林地地面高1~2m的树皮上产卵。当卵于8月孵化后，毛虫会立即冬眠至春天。醒来后会掉到地上，以紫罗兰为食物。于6月成蝶。

绿豹蛱蝶成虫

绿豹蛱蝶成虫

老豹蛱蝶

蛱蝶科
学名 *Argyronome laodice* (Pallas)

分布 河北、陕西、青海、四川、辽宁、黑龙江；朝鲜、日本以及欧洲。

寄主和危害 幼虫取食华山松、紫花地丁等堇菜科植物、豆科植物。

形态特征 成虫翅展59~67mm。翅面斑纹为黑色；前翅中室4个横纹端部1个膨大呈三角形，中室外侧和后方共有6个斑，其后方3个较大，外缘3列平行斑；后翅中室端及外侧几个斑色较深，呈圆形、长椭圆形，但不连成线状或波纹，沿外缘具有和前翅同样的3列斑纹。

生物学特性 河北成虫见于7~8月。雄蝶飞翔迅速而且能持久，尤其在丘陵山区是这样，而雌蝶较慢，飞不长距离即停歇。

老豹蛱蝶成虫

龙女宝蛱蝶

蛱蝶科

学名 *Boloria pales* Denis et Schiffermüller

龙女宝蛱蝶成虫

分布 河北、黑龙江。

寄主和危害 不详。

形态特征 成虫翅展约 40mm。

生物学特性 河北 8 月上旬可见成虫。

小豹蛱蝶

蛱蝶科

学名 *Brenthis daphne*（Deniset et Schiffermüller）

分布 河北、陕西、东北。

寄主和危害 地榆类植物。

形态特征 成虫体长 18~23mm，翅展 45~64mm。翅橙黄色至橙红色，斑纹黑色；前翅中室 4 条横纹，除靠基部 1 个较短外，其余 3 个常连成“S”形，中室端 1 个横纹下端膨大，中室端外有由 7~8 个斑纹组成的“3”字形斑列，中室基部有 1 个粗钉子形斑，外缘 3 列斑平行，内 1 列近圆形，斑纹明显较大；后翅中室近基部 1 个暗色斑，其外侧由横曲纹和脉纹交织成不规则的网状，端区有与前翅相同的 3 列斑纹。反面，前翅色较淡，顶角淡黄褐微带绿色，斑纹色极淡，不明显，端区只 2 列平行斑；后翅基部及前缘黄绿色。雄虫较小、翅色较鲜艳，斑纹较细小。

生物学特性 河北 6~7 月见成虫。

小豹蛱蝶成虫

小豹蛱蝶成虫

伊诺小豹蛱蝶

蛱蝶科
学名 *Brenthis ino* Rottemburg

分布 河北、黑龙江、新疆、浙江；日本、朝鲜、俄罗斯。

寄主和危害 幼虫取食地榆、悬钩子等。

形态特征 成虫翅展40~48mm。翅橘红色；脉黄褐色，脉端内侧有圆形横斑列，基部多斑有线斑相连，成曲折条纹；中室域有4~6条横纹,反面比正面色淡；后翅基部有1条不规则的黄白斑组成的横带，亚端宽带白色，其内侧锯齿状。

生物学特性 河北6月上旬至8月上旬。

伊诺小豹蛱蝶成虫

曲纹银豹蛱蝶

蛱蝶科
学名 *Childrena zenobia* Leech

分布 华北、西北、西南的部分地区。

寄主和危害 成虫喜欢访花。

形态特征 成虫翅展80~88mm。雌雄异型。雄蝶前翅橙黄色，雌蝶青橙色。翅外缘内侧有2列大小较一致的近圆形黑色斑；反面前翅淡橙色，顶角暗绿色，两侧有白色斑，后翅暗绿色，全部被多条不规则白色细纹分割。

生物学特性 河北一年发生1代。6~8月可见成虫。

曲纹银豹蛱蝶成虫

曲纹银豹蛱蝶成虫

青豹蛱蝶

蛱蝶科
学名 *Damora sagana* (Doubleday)

分布 黑龙江、吉林、陕西、河南、浙江、江西、福建、广东、广西、贵州、甘肃。

寄主和危害 堇菜科植物。

形态特征 成虫雌雄异型，雄蝶两翅正面橙黄色，前翅中室内有黑色纹，中室外至亚外缘各室散布有一些黑色斑，后3条纵脉均有黑色鳞毛；后翅中室外有一黑色波纹，亚外缘各室有3列黑色斑，其外还有2条浅色波纹。雌蝶两翅正面蓝色，两翅中域均有白色宽弧纹。

生物学特性 河北5~7月见成虫。

青豹蛱蝶成虫

青豹蛱蝶成虫

明窗蛱蝶

蛱蝶科
学名 *Dlipa fenestra* Leech

分布 河北、辽宁、陕西、山西、河南、河北、浙江。

寄主和危害 幼虫取食朴树编织叶片筑巢。

形态特征 成虫翅展55~60mm。体黑色。翅黄色有黑色斑纹；前翅前缘和端线黑色，顶区黑斑内有一大一小共2个无鳞片半透明白斑，在臀角上方、中区近前缘和中内区近前缘处各有1个黑斑；后翅翅脉黄白色，端线和亚端线黑色。

生物学特性 河北一年发生1代。以蛹越冬。5月上旬可见成虫。

明窗蛱蝶成虫

捷福蛱蝶

蛱蝶科
学名 *Fabriciana adippe vorax* Butler

捷福蛱蝶成虫

分布 河北、陕西、吉林、四川。

寄主和危害 幼虫取食堇菜科植物。

形态特征 成虫翅展56~67mm。前翅顶角处稍向外突出，外缘中部以后略向内斜截，翅面色稍淡，斑纹较细小。

生物学特性 河北成虫见于6月下旬至8月上旬。

蟾豹蛱蝶

蛱蝶科
学名 *Fabriciana nerippe* (Felder et Felder)

分布 河北、黑龙江、吉林、宁夏、河南、陕西、甘肃、浙江、湖北、江西。

寄主和危害 堇菜科植物、马尾松等。

形态特征 成虫翅橙黄色，雌蝶翅色较暗。前、后翅黑色圆斑大而稀疏，后翅外缘的黑色纹成“M”形。雌蝶翅顶角黑褐色，中有2个橙黄色斑，内外侧有几个小白斑。翅反面，雄蝶前翅淡黄橙色，顶角淡绿色，后翅黄绿色，外缘有1列新月形斑纹；雌蝶前翅顶角深绿色，白斑显著比正面大，外缘有1条白色宽带，带中间有断裂的绿色细线，后翅淡绿色，外缘有2列银白色斑，内侧为深绿色带，中部M_2、M_1室各有2个白斑（各室1个），且大明显。

生物学特性 河北5~7月见成虫。

蟾豹蛱蝶成虫

黑脉蛱蝶

蛱蝶科
学名 *Hestina assimili* Linnaeus

分布 河北、陕西、广东、台湾、黑龙江、辽宁、山东、河南、甘肃、贵州、浙江、福建、广西、湖南、湖北、江西、四川、云南、西藏；日本、朝鲜。

寄主和危害 幼虫取食朴树等。

形态特征 成虫翅展73~82mm。复眼红褐色。喙橙黄色。触角黑色，端尖微淡。头顶前后各1个白斑。颈部侧上方各有1个白斑。体背被黄绿色绒毛，中胸、前胸2条黑线于后胸合并，延伸至腹端，腹部腹面2条黑线。翅底黄绿色，脉纹两侧黑色；前翅中室内有2个黑横纹，靠里1个前半部色深，后半部色极淡，翅端半部有3条黑色横带纹与脉纹相交，构成黄绿色斑纹4列，外2列小而整齐，内2列则大而不规则；后翅中室内无斑纹，亚点区2条黑色带与黑色端线构成2列小斑，内列斑前3个黄绿色。

生物学特性 河北8月下旬可见成虫。

黑脉蛱蝶成虫

黑脉蛱蝶成虫

孔雀蛱蝶

蛱蝶科
学名 *Inachis io* (Linnaeus)

分布 河北、黑龙江、吉林、辽宁、甘肃、新疆、青海、宁夏、陕西、山西、云南。

寄主和危害 荨麻、葎草、榆等。

形态特征 成虫翅展53~63mm。体背黑褐，被棕褐色短绒毛。触角棒状明显，端部灰黄色。翅呈鲜艳的朱红色；翅反面暗褐色，并密布黑褐色波状横纹。前翅表面有2个眼状斑纹，下方的眼纹较大，而上方眼纹的上缘常有另一个更小的圆斑。后翅表面则有1枚面积很大的眼纹，下方尚有1枚很小的眼纹。翅膀腹面底色为淡橙黄色，斑纹位置和表面大致相同，但后翅上方的眼纹明显较表面小很多。后翅腹面中央尚有1条米白色纵带。雌雄蝶外形差异不大，但于秋末起出现的冬型个体外观不同，前后翅外缘均具有较明显的尖角，且腹面的眼纹完全消失，底色则为淡褐色，外观拟态成枯叶状。

生物学特性 河北一年发生1代。5~10月见成虫。低龄幼虫群居，以成虫越冬。

孔雀蛱蝶成虫

孔雀蛱蝶成虫

孔雀蛱蝶幼虫

枯叶蛱蝶 | 蛱蝶科

学名 *Kallima inachus* Doubleday

分布 陕西、四川、江西、湖南、浙江、福建、台湾、广东、海南、广西、云南、西藏。

寄主和危害 不详。

形态特征 成虫翅褐色或紫褐色，有藏青色光泽；前翅顶角尖锐，斜向外上方，中域有1条宽阔的橙黄色斜带，亚顶部和中域各有1个白点；后翅1A+2A脉伸长成尾状；两翅亚缘各有1条深色波线；翅反面呈枯叶色，静息时从前翅顶角到后翅臀角处有1条深褐色的横线，加上几条斜线，酷似叶脉，是蝶类中的拟态典型。本种为世界著名的拟态昆虫，为各国收藏家所珍爱。国内分布较广，但数量稀少。

生物学特性 在森林中飞翔，色泽艳丽，突然静止，停息树干，树枝上则戛然不见踪影，实乃静立时，翅竖立于背，全然一片枯叶而觉察不到所至。成蝶飞高且速，加之拟态不易捕获。

枯叶蛱蝶成虫

暗线蛱蝶 | 蛱蝶科

学名 *Limenitis ciocolatina* Poujade

暗线蛱蝶成虫

分布：河北、吉林、陕西、新疆、江西、西藏。

寄主和危害 杨树。

形态特征 成虫翅展54~56mm。翅黑褐色；前翅近顶角处有2个小白斑；后翅外缘有暗蓝色线3条，外侧2条较清楚；臀斑橙色，有2个黑点。翅反面红褐色，前翅中室内有白斑2个，围黑边，中室外侧有1条弧形白色斑带，顶角处2个白斑较正面清楚；后翅基部有几条不规则黑线纹，围成斑块，中部有1条白带纹，前、后翅端区有白色线纹2条，臀斑同正面。

生物学特性 河北6月见成虫。以低龄幼虫在杨树枝杈间筑丝巢越冬。

扬眉线蛱蝶

▶ 蛱蝶科
学名 *Limenitis helmanni* Lederer

扬眉线蛱蝶成虫

分布 河北、陕西、青海、四川、黑龙江、山西、河南、新疆、湖北、江西、浙江、福建；日本、朝鲜、俄罗斯。

寄主和危害 幼虫取食忍冬。

形态特征 成虫翅展48~59mm。体背及翅面黑褐色，斑纹白色。前翅中室基部至中部有1个棒形斑，端部有1个三角形斑，中室外有由5个斑组成的斜带纹，后缘中部稍外2个斑，第二个斑很细小，顶角内有3~4个小斑，第二个斑最大，第三、四个斑很小或极不显著；前、后翅亚端区有1条被黑脉纹切割的细线纹；后翅的白色最明显。

生物学特性 河北6月上旬至8月上旬可见成虫。

缘线蛱蝶

▶ 蛱蝶科
学名 *Limenitis latefasciata* Ménétriès

分布 河北、陕西。

寄主和危害 小灌木。

形态特征 成虫体长19~22mm，翅展60~65mm。前翅中室端部“一”字形白斑明显，中室基部至中部还有1条淡色的棒形纹，顶角内有3个白斑，第三个最小，常不显著，翅中部同样有1条由5个白斑组成的斜带纹，后缘中部靠外仍具1个和后翅中央横带纹相连接的白斑，沿外缘内侧有1条淡色细线纹，多不明显；后翅外缘内侧的细线较明显呈虚线状。翅反面颜色与折线蛱蝶相同，但后翅外缘白色带较宽阔。

生物学特性 河北5~7月见成虫。

缘线蛱蝶成虫

缘线蛱蝶成虫

折线蛱蝶

▶ 蛱蝶科

学名 *Limenitis sydyi* Lederer

分布 河北、黑龙江、吉林、辽宁、山西、陕西、甘肃、新疆、浙江、湖北、江西、四川、云南。

寄主和危害 绣线菊。幼虫危害绣线菊叶。

形态特征 成虫体长19~24mm，翅展60mm左右。体背及翅面黑褐色。前翅中室端部有一淡色“一”字形纹，中室外侧有1列由6个白斑组成的斜斑带，第一个斑细线状，常不明显，第二、三、四斑相近，第四、五两斑近圆形略分离，顶角内有2个小白斑，后缘中部靠外有一较大的白斑，与后翅中间白横带相连接；前、后翅外缘各为1条微淡色的宽带，中间夹1条黑色细线纹。翅反面，前翅暗黄褐色，后翅基部及前缘青灰白色。雌体较大，前翅外缘平截，雄性则稍内凹。

生物学特性 河北一年发生1代。成虫飞行迅速，喜在河边湿地处吸水，6~8月可见，发生期数量很多。在河北的各个山地都有。

折线蛱蝶成虫

折线蛱蝶成虫

帝网蛱蝶

▶ 蛱蝶科

学名 *Melitaea diamina* Lang

分布 河北、黑龙江、陕西、山西、河南、甘肃、青海、宁夏、云南；日本、朝鲜、俄罗斯。

寄主和危害 不详。

形态特征 成虫翅展45~47mm。胸腹背面黑色。翅黄色，具褐色斑纹，翅端线黑色双线，其内具黑带5条，其中前翅亚基线黑宽。雌雄性的斑纹略有差异。

生物学特性 河北7月可见成虫。

帝网蛱蝶成虫

网蛱蝶

蛱蝶科
学名 *Melitaea protomedia* Ménétriès

分布 河北、北京、山西、宁夏、河南等；俄罗斯、朝鲜等地。

寄主和危害 成虫取食花蜜。

形态特征 成虫翅展40mm左右。翅正面主色橙色至黄褐色，翅底和脉纹黑色；前、后翅的外缘有1列月牙形斑，亚外缘和中域有2列宽带状斑纹，不规则斑纹，中室内有飞鸟型图案，翅基部有不规则斑纹。翅反面，前翅顶角处斑纹色淡，后翅有2条不规则褐色横带。

生物学特性 河北一年发生1代。成虫7~8月出现。

网蛱蝶成虫

云豹蛱蝶

蛱蝶科
学名 *Nephargynnis anadyomene* (Felder et Felder)

分布 河北、黑龙江、吉林、辽宁、山东、山西、陕西、河南、宁夏、甘肃、湖北、湖南、江西、浙江、福建；日本、朝鲜、俄罗斯。

寄主和危害 喜欢访花，也喜欢在叶片上停息。

形态特征 成虫翅展65~75mm。翅橙黄色，除两翅基部外布满黑色圆斑，外缘脉端前斑呈菱形，雌蝶前翅顶角有1个三角形白色小斑。翅反面色淡，前翅中室内有3个黑色纹，中室外有2大1小黑色斑纹；后翅无黑斑，端半部淡绿色，有灰白色云状纹，中部4个暗色斑中有白色小点。

生物学特性 河北一年发生1代。6月可见成虫。

云豹蛱蝶成虫

重环蛱蝶

▶ 蛱蝶科
学名 *Neptis alwina* (Bremer et Grey)

分布 河北、陕西、青海、四川、山东、北京、黑龙江、吉林、辽宁；蒙古、朝鲜、日本。

寄主和危害 幼虫危害杏、李、梅等。

形态特征 成虫翅展59~75mm。翅表黑褐色，斑纹白色；前翅中室纵带伸出室外，且前缘不光滑，中带呈“3”形弯曲与后翅中带相接，亚外缘斑纹中部缺，顶角有一白斑；后翅中带直，亚外缘斑纹近似“M”形。翅里茶褐色，斑纹似翅表。

生物学特性 河北成虫见于6月中旬至8月下旬。

重环蛱蝶成虫

重环蛱蝶雌成虫

重环蛱蝶成虫反面

伊洛环蛱蝶

▶ 蛱蝶科
学名 *Neptis ilos* Fruhstorfer

分布 河北、吉林、辽宁、四川、台湾。

寄主和危害 不详。

形态特征 成虫翅展60mm左右。似黄环蛱蝶，但本种前翅反面镜纹内有淡色斑，与周围的深色对比，镜纹内的斑明显，且前翅顶角斑不同。

生物学特性 河北6月下旬可见成虫。

伊洛环蛱蝶成虫

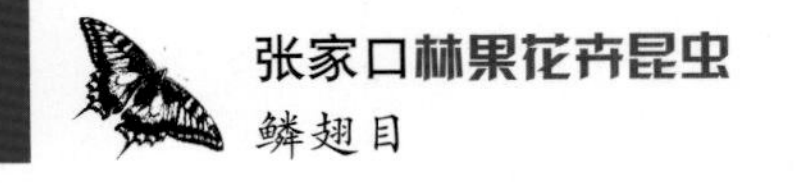

单环蛱蝶

蛱蝶科
学名 *Neptis rivularis* (Scopoli)

分布 河北、黑龙江、吉林、辽宁、陕西、青海、四川、内蒙古。

寄主和危害 绣线菊、胡枝子。

形态特征 成虫体长16~18mm，翅展46~56mm。体背和翅面黑色，斑纹白色。前翅中室基中部有1条细纵纹和1个短横斑，中室端斑和外侧至后缘5个斑组成半环形纹，中间2个斑最大，最后2个斑最小，前缘中部靠外有2个斑，前1个细线状，多不明显，顶角内有4个斜列小斑，最后1个最小，明显靠内；后翅中央由长方形斑组成的横带与前翅中室内外斑纹构成1个马蹄形环纹，缘毛白色，脉端黑色。翅反面栗褐色，前翅中室基半部有几个小斑，后翅基部前有1条纵带纹。

生物学特性 河北5月上旬至7月中旬可见成虫。

单环蛱蝶成虫

单环蛱蝶成虫

黄环蛱蝶

蛱蝶科
学名 *Neptis themis* Leech

分布 河北、吉林、宁夏、陕西、甘肃、湖北、江西、贵州、四川、云南。

寄主和危害 杨、绣线菊。

形态特征 成虫体长19~25mm，翅展58~84mm。体大小变幅较大。体背及翅面黑褐色。前翅中室内有1条由基部伸向中室端横脉的黄色纵条纹，中室外侧至后缘2/3处有3个黄斑，第一个长形较大，第二个靠外，第三斑与后翅黄色中带前端相连接，上述斑纹构成1个马蹄形环纹，前缘中部略靠外有2个小黄色或白色斑，前、后翅亚端线暗黄褐色；后翅明显粗大。两翅外缘均波状，翅反面红褐色。

生物学特性 河北一年发生1代。5~8月见成虫。成虫飞行较快，常贴地飞翔。

黄环蛱蝶成虫

海环蛱蝶

蛱蝶科
学名 *Neotis thetis* Leech

分布 河北、陕西、四川、云南、福建。

寄主和危害 不详。

形态特征 成虫翅展约60mm。体翅黑色，斑纹黄色。前翅顶角斜列3块黄斑，自翅基至后缘端部2/5的黄环由4个斑块组成；后翅中区内1条较宽黄带，中区外1条较窄淡色带。

生物学特性 河北7月中旬可见成虫。

海环蛱蝶成虫

海环蛱蝶成虫

长眉蛱蝶

蛱蝶科
学名 *Pantoporia* sp.

分布 河北、陕西、青海。

寄主和危害 榆、蔬菜类。

形态特征 成虫体长25mm，翅展71mm。体背、翅面黑色，斑纹白色。前翅中室内有1条由基部伸至端横脉、两端略细尖的狭纵纹，中室端外有1个由6个斑组成的斜斑带，第一个斑在前缘极狭细，多不明显，顶角内有3个向外斜列的小斑，后缘中部稍外有2个斑，上方1个近圆形明显大，后1个明显小而与后翅中带相邻近。

生物学特性 河北一年发生1代。5~6月为成虫期。

长眉蛱蝶成虫

中华线蛱蝶

蛱蝶科
学名 *Patsuia sinensis* Oberthür

分布 河北、陕西、青海、甘肃、河南、山西、云南。

寄主和危害 不详。

形态特征 成虫翅展57~63mm。体翅黑褐色，翅面斑纹淡黄褐色；前翅中室中部和端部各有1椭圆形斑，端部斑纹较大，中室端外侧有3个不清晰的小细条纹，亚端区有1列不整齐的斑纹，前段4个斑向外缘斜列，第一个斑最狭小，靠近前缘，后段3个斑；后翅近基部有1个大斑，亚端带由7个斑组成，端带同前翅。

生物学特性 河北7月上旬至8月上旬可见成虫。

中华线蛱蝶成虫

中华线蛱蝶成虫

白钩蛱蝶

蛱蝶科
学名 *Polygonia c-album* Linnaeus

分布 河北及全国大部分地区。

寄主和危害 大麻、黄麻、朴、榆、忍冬。

形态特征 成虫翅展49~54mm。体背黑褐色，被棕褐色长毛。触角背黑褐色，腹面基部及外侧有白色鳞片，端部黄褐。翅面橙红色，斑纹黑色，外缘呈不规则的锯齿状；前翅中室中央有2个近圆形斑，端部1个较大，中室后部3个斑，顶角内侧仅前缘及后角内侧近后缘各具1个斑，端部色略淡；后翅中部3个斑纹。翅反面斑纹色泽变化较大，后翅中央有1个明显的白色“L”字形状。

生物学特性 河北4月上旬至5月下旬可见成虫。

白钩蛱蝶成虫

白钩蛱蝶成虫

白钩蛱蝶蛹

黄钩蛱蝶

蛱蝶科
学名 *Polygonia c-aureum* (Linnaeus)

分布 除西藏外全国都有。

寄主和危害 榆、忍冬、柳、栎、凌霄。

形态特征 成虫翅展44~48mm。雌雄差异不大，雌蝶色泽略偏黄色，但雄蝶前足跗节只有1节而雌蝶有5节。翅面黄褐色，翅缘凹凸分明；前翅中室内有3个黑斑；后翅腹面中域有一银白色“C”形图案。

生物学特性 河北一年发生2代。发生期3~11月，成虫主要发生在春末—夏季，动作敏捷。幼虫体表布满枝刺，颜色非常漂亮，以桑科的葎草为食。

黄钩蛱蝶雌成虫

黄钩蛱蝶雄成虫

黄钩蛱蝶成虫

黄钩蛱蝶蛹

小红蛱蝶

蛱蝶科
学名 *Vanessa cardui* (Linnaeus)

分布 河北、黑龙江、吉林、辽宁、山东、浙江、江西、福建、湖北、湖南、陕西、宁夏、青海、四川、广东及台湾。

寄主和危害 牛蒡、大蓟、小蓟等多种药材。幼虫将叶片卷起取食，严重时将叶片吃成网状。

形态特征 成虫体长约16mm，翅展54mm左右。前翅黑褐色，翅中央有红黄色不规则的横带，基部与后缘密生暗黄色鳞片；后翅基部与前缘暗褐色，密生暗黄色鳞片，其余部分红黄色，沿外缘有3列黑斑，内侧1列最大，中室端部有1条褐色横带；前翅反面和正面相似，顶角为青褐色，中间的横带为鲜红色。

生物学特性 河北一年发生2~3代。以蛹在枯枝落叶等隐蔽处越冬。幼虫于8~9月间大量出现，成虫喜在花间吸食蜜液。

小红蛱蝶雌成虫

小红蛱蝶雄成虫

小红蛱蝶雄成虫

大红蛱蝶

蛱蝶科
学名 *Vanessa indica* Herbst.

分布 东北、华北、西北、华东、华中、华南。

寄主和危害 榆。

形态特征 成虫体长19~25mm，翅展50~70mm。体黑色。翅红黄褐色，外缘锯齿状，有黄斑和黑斑，前翅外半部有小白斑数个，中部有不规则的宽广云斑横纹；后翅正面前缘中部黑斑外侧具白斑，亚外缘黑带窄，上无青绿色鳞片，外缘赤橙色，其中列生黑斑4个，内侧与橙色交界处有黑斑数个；后翅反面中室“L”白斑明显，有网状纹4~5个。

生物学特性 河北一年发生2代。以成虫在树洞、石缝、杂草叶中越冬和越夏。翌年4月成虫开始活动和交尾，5月初产卵于叶上，幼虫孵化后取食叶片，严重时能将全株叶片食光。幼虫5龄，1~2龄群居结网，3龄后分散危害。6月下旬在枝干上倒挂化蛹，蛹期约10天。9月第二代老龄幼虫期。

大红蛱蝶成虫

中华爱灰蝶

灰蝶科
学名 *Aricia mandschurica* Staudinger

分布 东北、华北、华中等地。

寄主和危害 幼虫寄主植物为牻牛儿苗。

形态特征 成虫翅展28~32mm。体翅黑褐色；前翅中室端有1个黑斑，前、后翅近外缘有1列橙色斑。翅反面灰褐色，除近外缘的1列红色斑纹外，有许多黑色斑点。前、后翅亚缘区有橙色斑带1列。缘毛白色，间有黑点。

生物学特性 河北一年2代。成虫发生期为4~7月。成虫喜欢访花，多接近地面飞行。

中华爱灰蝶成虫

中华爱灰蝶成虫

琉璃灰蝶

灰碟科
学名 *Celastrina angiolus* Linnaeus

分布 河北、陕西、青海、四川、台湾、黑龙江、辽宁、山东、河南、山西、甘肃、江西、福建、浙江、云南；朝鲜、日本等。

寄主和危害 幼虫取食桦、刺槐、醋栗、苹果、山楂、李、悬钩子、胡枝子、蚕豆、山绿豆、慈竹。

形态特征 成虫体长10~12mm，翅展29~34mm。翅面蓝灰色，有闪光，缘毛白色；雄翅面无斑纹，暗褐色端带较狭；雌翅前缘及暗褐色端带很宽，闪光性差。翅反面青灰白色，外缘内侧有3列黑褐色细的斑纹，内列前翅3~4个近长圆斑，在后翅排列不整齐，中列为新月形，外列斑圆而小。雌蝶的翅反面色略深，斑外与雄蝶相同。

生物学特性 河北5月上旬至6月中旬可见成虫。

琉璃灰蝶成虫

琉璃灰蝶成虫

蓝灰蝶

▶ 灰蝶科
学名 *Everes argiades* Pallas

分布 河北、山西、四川、辽宁、黑龙江、吉林、河南、山东、西藏、云南、浙江、福建、台湾、海南；日本、朝鲜以及北美、北欧。

寄主和危害 幼虫取食青杠、苜蓿、紫云英、豌豆、苦参、车前子、大巢菜等。

形态特征 成虫体长6~9mm，翅展18~25mm。雌雄异色，又有春、夏型之别。雄蝶翅蓝紫色，外缘黑色，缘毛白色；前翅中室端部有微小暗色纹；后翅沿外缘有1列黑色小点，除 M_3 与 Cu_1 室的2个明显外，其余愈合成带状；尾状突起很细，黑色，末端白色。雌蝶夏型翅黑褐色，前翅无斑纹，后翅近臀角有2~4个橙黄色斑及黑色圆点；雌蝶春型前翅基后部及后翅外部多青蓝色鳞片。雌、雄蝶翅的反面灰白色；前翅中室端部有暗色纹，外缘附近有3列小黑点，最里面的1列特别清楚；后翅除有3列黑点外，还有3~4个橙黄色小斑，第三列黑点很不整齐，中室内和前缘也有1黑点。

生物学特性 河北一年发生4代以上。以幼虫越冬。成虫见于4月中旬至8月下旬。

蓝灰蝶成虫

蓝灰蝶成虫

艳灰蝶

▶ 灰蝶科
学名 *Favonius orientalis* Murray

艳灰蝶成虫

分布 河北、河南、陕西、青海。

寄主和危害 幼虫危害栎、橡、榛、板栗等植物。

形态特征 成虫体长14~15mm，翅展36~40mm。体背及翅面黑褐色。雄翅面满布金绿色鳞片，具紫蓝色闪光，无斑纹；翅缘具黑色线，端线较粗，缘毛白色；后翅端线黑色较宽，尾状突黑色，尖端白色；翅反面灰白微褐，前翅中室端具1个暗褐色细横线纹，亚端线为褐白双线，后翅有显著的白色“W”形纹，中室端具不明显的淡褐色线纹，沿外缘有1条白色细线，其内侧有2条平行的白色波状粗线纹，臀角端黑色，2个橙色斑内具黑点。雌翅面黑褐色，金绿鳞片少，闪光较差，色较暗，但斑纹与雄性相同。

生物学特性 河北7月见成虫。主要分布在针阔混交林带。

银灰蝶

灰碟科
学名 *Graucopsyche lycormas* Butler

分布 河北、陕西、四川、黑龙江、辽宁、吉林；朝鲜、日本。

寄主和危害 幼虫取食蚕豆、野豌豆、山黧豆。

形态特征 成虫体长9~11mm，翅展26~32mm。体背黑褐。雄前翅青蓝，微带紫色，端带暗褐色，缘毛青白色；雌前翅黑褐，近基部常具少许青白色鳞片，中室等均具细的黑短细线，雄的不明显；后翅无斑纹。翅反面灰白色，雌的较暗，基部散布有青白色鳞，后翅较多；前后翅中室端均具黑色细横纹，前翅较明显，前翅亚端线由7个黑点组成，后翅基部近前缘有1个黑点，亚端区1列黑斑排列弯曲。

生物学特性 河北5月上旬至6月中旬可见成虫。

银灰蝶成虫

银灰蝶成虫

褐红珠灰碟

灰蝶科
学名 *Lycacides subsolana* (Eversmann)

分布 河北、辽宁、吉林、黑龙江、陕西、甘肃；日本、朝鲜。

寄主和危害 豆科植物。

形态特征 成虫翅展32~36mm。雌雄异色。雄性翅面深蓝色并有比同类多的褐色，基部有金属光泽；雌性黑褐色，外缘具黑边。翅反面灰色，亚端线橙黄色。

生物学特性 河北成虫见于5月下旬至8月中旬。

褐红珠灰碟成虫

褐红珠灰碟成虫

茄纹红珠灰蝶

灰碟科
学名 *Lycaeides cleobis* Bremer

分布 河北、陕西、甘肃；日本、朝鲜。
寄主和危害 苜蓿。
形态特征 翅展30~35mm。雌雄颜色有异。雄翅褐色有蓝色鳞片；雌翅褐色，后翅外缘隐约可见1列黑点。翅反面，雌性颜色较深，两性黑色点斑排列基部相同，前、后翅反面亚端线均为橘黄色宽带。
生物学特性 河北6月可见成虫。

茄纹红珠灰蝶成虫

茄纹红珠灰蝶成虫

霾灰蝶

灰碟科
学名 *Maculinea arion* Linnaeus

分布 河北、黑龙江、内蒙古、甘肃；朝鲜。
寄主和危害 百里香、蚁卵和蛴螬。
形态特征 成虫又叫黑星琉璃小灰蝶。翅展34~36mm。翅面浅蓝色，前翅外缘及后翅前缘、外缘有黑色带，雌性的外缘边较宽，个体及前后翅的中域斑略小。翅反面前翅中室内有斑点2个，后翅中基部有闪蓝区域，翅面类型有地域性变化。
生物学特性 河北7月可见成虫。

霾灰蝶成虫

斗灰蝶

灰蝶科
学名 *Plebejus argus* Linnaeus

分布 河北、陕西、青海、四川、山西、内蒙古、黑龙江、吉林、辽宁。

寄主和危害 苜蓿、紫云英、黄芪、大蓟、小蓟及豆科植物和菊科植物。

形态特征 成虫体长 9~13mm，翅展 27~33mm。雌雄异型，雄翅面蓝，闪光，端带暗黑褐，脉间有黑色小斑，缘毛白色较长；前翅前缘多白色鳞片；后翅后缘基部具灰蓝色长毛，端带内脉具 1 列小斑，但较前翅斑纹大而明显；翅反面暗灰白色，基部青绿色，前翅中室 1 个小黑圆斑。

生物学特性 河北 7~8 月成虫期。

斗灰蝶成虫

霓纱燕灰蝶

灰蝶科
学名 *Rapara nissa* Kollar

分布 河北、黑龙江、陕西、湖北、江西、浙江、河南、广西、云南、台湾。

寄主和危害 不详。

形态特征 成虫翅展约 31mm。翅红褐至蓝黑色；前翅基半部和后翅大部有紫色闪光，中室端外有时有红斑；后翅臀角呈叶状，有蓝色斑，其中臀角有镶白边，围突细长。

生物学特性 河北 7 月中旬至 8 月下旬可见成虫。

霓纱燕灰蝶成虫

彩燕灰碟

灰碟科
学名 *Rapala selira* (Moore)

彩燕灰碟成虫

分布 河北、陕西、青海、黑龙江、甘肃、浙江、云南、西藏。

寄主和危害 成虫喜访花，吸食花粉、花蜜、植物汁液。

形态特征 成虫体长 11~ 13mm，翅展 34~36mm。翅棕褐色，前、后翅基半部均有紫色闪光；前翅中室外有 1 个大型橙红色斑；后翅臀角附近橙红色，臀角圆形突出，尾突细长。翅反面青白色，中室端部有 2 条褐色短纹；中横线褐色两侧镶有白线，上宽下窄，亚缘有 1 条褐色线；后翅有“W”字形纹，褐色镶有白线；外缘线白色，近臀角有橙色斑，其上有 2 个黑点。

生物学特性 河北成虫见于 6 月上旬。

珞灰蝶

灰碟科
学名 *Scolitantides orion* Pallas

分布 河北、陕西、辽宁、黑龙江、山西、河南、甘肃、新疆、西藏、湖北、福建、云南；日本、朝鲜、俄罗斯。

寄主和危害 幼虫取食景天科植物。

形态特征 成虫体长 11~14mm，翅展 28~32mm。体翅背面黑褐色，闪蓝光；中室端 1 个黑斑及外缘 1 列黑斑，前翅隐约，后翅较明显，缘毛黑白相间。翅反面灰白色，但雄的为淡灰褐色，斑纹黑色较大而明显。

生物学特性 河北 5 月中旬至 8 月中旬可见成虫。

珞灰蝶成虫

乌洒灰蝶

▶ 灰蝶科
学名 *Stryrium pruni* Linnaeus

分布 河北、山西、内蒙古、北京、天津、河南、陕西、青海、黑龙江、吉林、辽宁。

寄主和危害 榆、栎、山毛榉、槭、苹果。

形态特征 成虫体长9~11mm，翅展27~31mm。翅面黑褐，无斑纹。雄前翅中室端靠前有1个近椭圆形的淡色区；后翅尾状突起尖细，端尖白色。翅反面色较正面淡，前翅亚端线白色较细，其内侧附近有1个黑褐色细纹，其外侧有不明显的橙色带痕迹；后翅有“W”形白线纹，白纹内侧饰有黑褐色细线，端线橙红色，其内侧具黑色新月形斑1列，其外侧具黑色点，近臀角2个黑点大而显著，外缘有1条细白线。

生物学特性 河北一年发生1代。以卵越冬。7月成虫期。成虫喜访荆条花。

乌灰蝶成虫

线灰蝶

▶ 灰碟科
学名 *Thecla betulae* Linnaeus

线灰蝶成虫

分布 河北、黑龙江、吉林、浙江；朝鲜。

寄主和危害 樱桃属、榆叶梅属植物。

形态特征 成虫翅展38~40mm。雄性体翅棕褐色，前翅中室端可见黑斑，臀角内外具橘红色斑2个。雌性体翅黑褐色，前翅中区具6个橘红色斑斜向相连；后翅外缘锯齿状。翅反面，雄性灰黄色，雌性橘红色，翅的中部和前部各具1条横带。

生物学特性 河北7月可见成虫。

橙灰蝶

灰蝶科
学名 *Thersamonia dispar* Haworth

橙灰蝶成虫

分布 河北、北京、陕西、青海。

寄主和危害 黄杨、柏树以及酸模等蓼科植物。

形态特征 成虫体长约13mm，翅展35~40mm。体背黑色，被棕色毛。翅面橙红色；前翅顶角前缘及外缘有窄黑带；翅反面斑纹透过翅面，隐约可见；后翅只外缘1列黑斑与黑带相嵌，于带内侧显露，中室内2个黑斑，端横斑长圆形，端带灰褐，内侧有2列黑斑，内列前3个斑外斜，外列斑较大；后翅淡灰褐色，端带橙黄，基部5个黑斑，中室端横纹细长，沿外缘3列黑斑。雄性腹部有黑纵线纹，节间有黄棕色毛。

生物学特性 河北一年发生2代。6~8月见成虫。成虫喜停落于水边宽大叶片上晒太阳。

小黄斑银弄蝶

弄蝶科
学名 *Carterocephalus argyostigma* Eversmann

分布 河北、内蒙古、黑龙江、四川、甘肃。

寄主和危害 不详。

形态特征 成虫翅展22~25mm。褐色，斑纹黄色。前翅斑纹较大而成块状；后翅斑点除基部有白点外，中域和亚缘有由3~4个黄斑组成的斑列。前、后翅反面顶角色较浅，其他斑纹同正面。

生物学特性 河北5月中旬可见成虫。

小黄斑银弄蝶成虫

白斑银弄蝶

▶ 弄蝶科
学名 *Carterocephalus dieckmanni* Graeser

白斑银弄蝶成虫

分布 华北、东北、华中、西北、西南等地的部分地区。

寄主和危害 阔叶灌木。

形态特征 成虫翅展 32mm 左右。翅正面主色浓黑褐色，斑纹银白色。前翅前缘基部 1/3 处强烈外凸，缘毛褐色但顶角白色，前翅斑纹中室基部和室端各 1 个，中室外侧 2 个，近顶角 3 个，中域斑 4 个；后翅外缘后半段混有白色毛，中央有 1 个大斑，翅反面基部与顶角淡褐色，中部黑褐色，前翅缘毛基段白色，后翅缘毛同正面。前翅顶角有 1 个白色斑。

生物学特性 河北一年发生 1 代。5~6 月成虫期。成虫飞行迅速，常在溪边或湿地上吸水。

黑弄蝶

▶ 弄蝶科
学名 *Daimio tethys* Ménétriès

黑弄蝶成虫

分布 河北、陕西、四川、辽宁、吉林、黑龙江、山东、山西、甘肃、河南、浙江、湖南、江西、福建、海南、台湾、云南；日本。

寄主和危害 幼虫取食芋、薯蓣等。

形态特征 成虫体长 15mm，翅展 38mm。体背及翅面黑色，斑纹和缘毛白色。前翅中部由大小不等、形状各异的 5 个斑组成弧形横带，最前 1 个斑圆形、最小，第二个位于中室端、最大，第三个较小、明显外离，第四、五 2 个向内斜列，顶端内侧有 5 个小白斑，第三个向外斜列、较大，后 2 个向内斜列、明显小；后翅中部具 1 条边缘不整齐的宽横带，带后部外侧缘有 1 个近方形的黑斑。翅反面，前翅同正面；后翅基半部蓝灰色，近中部前缘有 3 个圆形黑斑。

生物学特性 河北 5 月下旬至 8 月上旬可见成虫。成虫喜欢访花，飞行迅速，静止时翅水平展开。

双带弄蝶

弄蝶科
学名 *Lobocla bifasciata* Bremer et Grey

分布 河北、陕西、四川。

寄主和危害 苜蓿。

形态特征 成虫体长16~19mm，翅展35~37mm。体背及翅面，雄的棕褐色，雌的黑褐色，斑纹均为白色。前翅后缘淡灰褐色，中部由前缘斜向臀角由5个斑块组成1条宽带纹：第一斑近前缘较细长，第三斑靠外，第五斑最小，近顶角内侧有3个小斑与宽带平行排列，雌的则常为4个小斑列，但第一个极细小；后翅无斑。翅反面较正面色稍淡，斑纹同正面，但后翅有紫褐色及灰白色鳞片，形成不明显的云状纹。

生物学特性 河北一年发生1代。6~7月见成虫。成虫喜访荆条的花，也常积聚在水边吸水，飞行迅速，多分布在海拔1000m以下的山地。

双带弄蝶成虫

双带弄蝶成虫

白斑赭弄蝶

弄碟科
学名 *Ochlodes subhyalina* (Bremer et Grey)

白斑赭弄蝶成虫

分布 河北、陕西、辽宁、吉林、山东、北京、河南、浙江、江西等。

寄主和危害 幼虫取食莎草等。

形态特征 成虫体长15~17mm，翅展31~33mm。体背黑褐色。前翅基部、顶角及后翅黑褐斑连成黑褐区，中室端外侧有1个前部分叉的黑褐斑；后翅周缘黑褐区域较大。

生物学特性 河北一年发生1代。6~7月可见成虫。

小赭弄蝶

弄蝶科
学名 *Ochlodes venata* Bremer et Grrey

分布 河北、黑龙江、吉林、山东、山西、河南、陕西、甘肃、四川、西藏、江西、福建；日本、朝鲜、蒙古、俄罗斯。

寄主和危害 不详。

形态特征 成虫翅展约30mm。雌雄异型。翅赭黄色；前翅中横斑列由不透明的黄白色斑连续而成；后翅亦有1列不透明的黄白色中横带；雄性在中室下有黑色性标。翅反面色较正面淡，斑纹也小。

生物学特性 河北一年发生1代。成虫常在叶片上停息。6~8月中下旬可见成虫。

小赭弄蝶雌成虫

小赭弄蝶雄成虫

直纹稻弄蝶

弄蝶科
学名 *Pamara gutata* Bremer et Grey

分布 河北、陕西、四川、辽宁、吉林、黑龙江、宁夏、甘肃、山东、河南、江苏、安徽、浙江、湖北、江西、湖南、福建、台湾、广东、广西、贵州、云南；日本、朝鲜等。

寄主和危害 幼虫取食柏、云杉、马尾松、水稻、狗尾草、苇、竹。

形态特征 成虫体长15~19mm，翅展3~47mm。体翅黑褐色；前翅中部靠前有7~8个排列成半环形状的白色小斑，近中室端1个最大，且在环状纹最下边；后翅外线处有4个小白斑排成整齐一斜列，最外一斑最小。翅反面色略淡，斑纹同正面。

生物学特性 河北一年发生1代。8月中旬至9月下旬可见成虫。

直纹稻弄蝶成虫

花弄蝶

▶ 弄蝶科
学名 *Pyngus maculates* Bremer et Grey

花弄蝶成虫

花弄蝶成虫

分布 河北、陕西、辽宁、吉林、黑龙江、内蒙古、山西、山东、河南、浙江、江西、湖北、福建、广东、四川、云南；日本、朝鲜、俄罗斯。

寄主和危害 绣线菊、委陵菜等。

形态特征 成虫体长12~14mm，翅展27~40mm。体背及翅面黑色，翅基及后翅内缘区被灰绿色细绒毛。前翅中部有7个白斑组成横列，中室端2个最大，近前缘2个最小，极不明显，中室端外侧有1条细而不明显的横短线纹，亚端区由前缘至后缘有由9个大小不一的白斑排成弯曲的1列斑纹，缘毛较长，黑色相间；后翅中央有3个白斑相同，其外侧有4~6个1列微小的淡色点，极模糊不清。翅反面，基部暗褐色，顶角红褐色，外缘淡黄褐色，内有1列圆形褐斑，其余斑纹发达、排列同正面。

生物学特性 河北一年发生2代。5月中旬至8月下旬可见成虫。

点弄蝶

▶ 弄蝶科
学名 *Syrichtus* sp.

分布 河北、陕西、山西、内蒙古、吉林、辽宁、黑龙江。

寄主和危害 不详。

形态特征 成虫翅展33mm左右。翅黑褐色，外缘有黑白相间锯齿状斑，亚缘有完整的白斑列，中域白斑列不规则；后翅有1个基斑。翅反面白斑大，同正面。

生物学特性 河北7月中旬可见成虫。

点弄蝶成虫

星点弄蝶

弄蝶科
学名 *Syrichtus tessellum* (Hübner)

分布 河北及华北部分地区、东北和西北部分地区。

寄主和危害 取食花蜜。

形态特征 成虫翅展25~36mm。翅正面黑褐色，白斑大，缘毛黑白相间；前、后翅有完整的外横斑1列，不规则的中横斑1列，亚顶端斑3个；翅反面淡橄榄色，前翅基部黑色，白斑同正面。

生物学特性 河北一年发生2代。成虫常在花间飞行。海拔800~2300m都有分布，但数量少。

星点弄蝶成虫

星点弄蝶成虫

黑豹弄蝶

弄蝶科
学名 *Thymelicus sylvaticus* (Bremer)

分布 河北、陕西、黑龙江、吉林、辽宁、广东。

寄主和危害 幼虫危害禾本科植物。

形态特征 成虫体长14~15mm，翅展28~32mm。体背黑褐色。翅面黄褐色，脉纹黑褐色，放射状显著；前翅黑褐色端带往臀角渐宽，中室端部前方和外侧前方有边缘模糊的黑褐色斑，翅基后半部及后缘黑褐色；后翅中室外侧黄褐区明显较大，其周围暗褐色。翅反面黄褐色，脉纹及外缘细线黑褐色，其余斑纹同正面，但除翅基后半部外，色均极淡，后翅淡黄褐色，仅中室外侧呈条斑状露出黄色纹。雌性体略大，翅较宽阔。

生物学特性 河北一年发生1代。7~8月成虫期。成虫少有访花。飞行迅速，路线不规则，活动于林下明亮处。

黑豹弄蝶成虫

黑豹弄蝶成虫

膜 翅 目

松阿扁叶蜂

扁叶蜂科
学名 *Acantholyda posticalis* Matsumura

分布 河北、黑龙江、山东、山西、河南。

寄主和危害 油松、赤松、樟子松。常常造成严重危害。以幼虫取食针叶，大发生时针叶受害率达80%以上，枝梢上布满残渣和粪屑，林分似火烧一般。

形态特征 雌成虫体长13~15mm，雄成虫体长10~12mm。体黑色，背腹面高度扁平，有侧脊，腹部腹面黄色，头胸部具黄色块斑。触角丝状，柄节及鞭节端部黑色，中间黄色。翅淡灰黄色，透明，翅痣黄色，翅脉黑褐色，顶角及外缘有凸饰，色较暗，微带暗紫色光泽。头及腹部黄色斑块较淡，腹部末端被包含锯状产卵管的鞘所分裂。

生物学特性 河北一年发生1代。各虫态发育相对整齐，老熟幼虫在树冠投影下5~15cm深的土室中以预蛹越冬。越冬幼虫翌年3月下旬开始化蛹，4月中旬为化蛹盛期，蛹期13~17天。5月上旬成虫大量羽化，并开始产卵。

防治方法 1.营造混交林，加强天然次生林的抚育管理，提高郁闭度；对大面积油松纯林，要营造防虫、防火林带，补种阔叶树种，改善林分结构，提高抗虫害能力。2.在成虫羽化高峰、产卵盛期前，在林区内按25m×26m间距布置放烟点，用烟剂，于上午10时以前或下午16时以后组织放烟防治。

松阿扁叶蜂成虫

松阿扁叶蜂幼虫

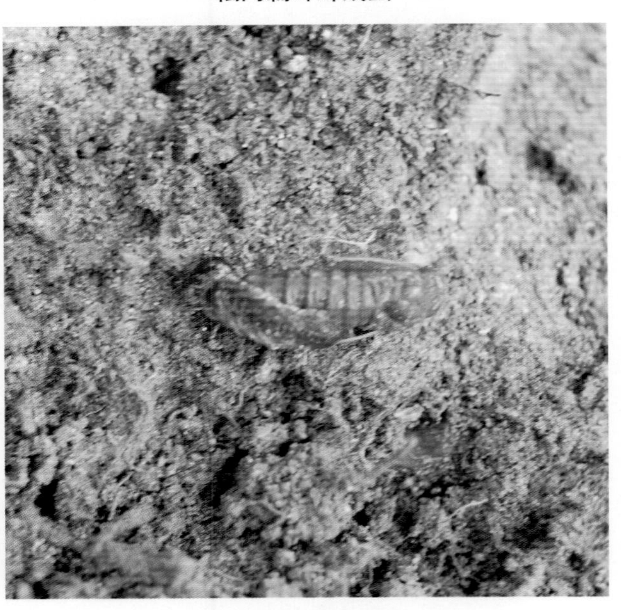
松阿扁叶蜂蛹

落叶松腮扁叶蜂

扁叶蜂科
学名 *Cephalcia lariciphila* (Wachtl)

分布 河北、黑龙江、山西。

寄主和危害 华北落叶松、落叶松、兴安落叶松。

形态特征 成虫体长雌 10~12mm，雄 8~9mm。头部黑色。触角23节，触角柄节大部分、梗节背面黑色；鞭节红褐色，其端部色较深。胸部黑色；翅基片均黄白色。翅半透明，略带淡黄色，顶角及外缘稍带烟褐色；翅痣及翅脉黑褐色；翅痣下有一淡烟褐色横带直达翅后缘。足胫节及跗节黄色，其余各节黑色。腹部黑色；背板两侧、第二至第八背板后缘、腹板后缘均黄色。

生物学特性 河北一年发生 1 代。以预蛹于土内越冬。少数预蛹有滞育现象，可在 1 年以后羽化。落叶松开始发芽，此虫开始化蛹；落叶松全部发芽，雌球花开放时，化蛹达到高峰；落叶松针叶放出一半，即约 1cm，成虫开始羽化；白桦树开始放叶，羽化达到高峰。产卵高峰较羽化高峰晚 1~2 天。

防治方法 1. 幼虫高峰使用喷烟机喷烟防治。2. 保护天敌。

落叶松腮扁叶蜂成虫

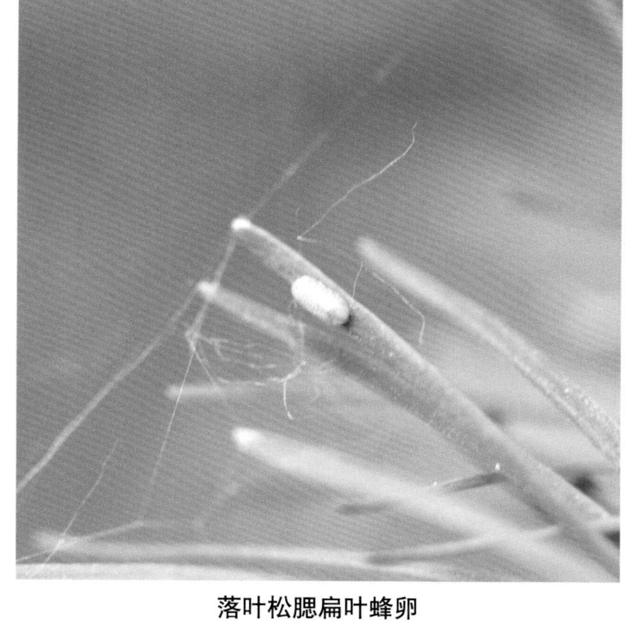

落叶松腮扁叶蜂卵

落叶松腮扁叶蜂幼虫

落叶松腮扁叶蜂蛹

月季切叶蜂

叶蜂科
学名 *Megachile nipponica* Cockerell

分布 东北、华北及华东。

寄主和危害 月季、蔷薇、玫瑰。成虫把月季或蔷薇的叶缘剪切成许多很规则的椭圆形切口，造成叶残花疏，影响观赏。

形态特征 雌成虫体长15mm，前翅长10mm左右，黑色有光泽，头胸部具棕灰色长毛。头刻点密，后缘略凹，额上部至头顶凹平；复眼黑褐色，单眼浅褐色；触角12节黑色；唇基长大于宽；上颚黑色强大，端具4齿；胸背刻点粗圆且浅。翅浅褐色半透明，黑褐色脉纹不达外缘，前翅具1个闭锁的肘室。足黑褐色，中胫端距1根。后胫端距2根；第一跗节宽扁且长，大于第二至第五跗节长之和。腹部可见6节，各节前部2/3处刻点疏粗，后部细密。雄成虫体长10mm，头、胸部被浓密黄毛，腹节间毛带黄色，无腹毛刷；上颚发达具齿。

生物学特性 河北一年发生3~4代。世代重叠，以老熟幼虫在枯木树洞、石洞及其他天然洞穴中筑巢做茧越冬。第二年春化蛹，蛹期10~15天。越冬代发生集中而整齐。成虫4月中旬至5月初出现，5月中旬为成虫出现高峰期。成虫寿命约20~25天；卵期3~4天，幼虫期约20天。

防治方法 1. 成虫出现高峰期以网捕捉，减少虫源。产卵期摘除有卵叶片。2. 发生量大可在成虫出现高峰期或幼虫发生期向植物上喷洒0.5%苦参碱500倍液。

月季切叶蜂成虫

月季切叶蜂幼虫

月季切叶蜂老熟幼虫

北京杨锉叶蜂

叶蜂科
学名 *Pristiphora beijingensis* Zhou et Zhang

分布 河北、辽宁、华北。

寄主和危害 杨。

形态特征 成虫体长雌 5.8~7.6mm，头、胸、体背黑色，腹面淡黄褐色，唇基黄褐色翅痣，中央淡黄色，前胸背板两侧、翅基片淡黄褐色，中胸侧板前缘稍具褐色，翅上密生淡褐色细毛。

生物学特性 河北一年发生约 8 代。以老龄幼虫结茧在土内越冬，个体群聚集分布。孤雌生殖后代为雌性，两性生殖后代为雌或雄性。雄性 4 龄，雌性 5 龄。温度是种群变化的决定因素。

防治方法 人工摘除虫叶。幼虫期喷洒 25% 除虫脲悬浮剂 7000 倍液。

北京杨锉叶蜂成虫

北京杨锉叶蜂幼虫

橄榄绿叶蜂

叶蜂科
学名 *Tenthredo olivacea* Klug

分布 东北、华北。

寄主和危害 杨、柳、玫瑰。

形态特征 成虫体绿色，复眼、触角、胸背黑色。头短，横宽。触角 9 节，中胸小盾片发达，前足胫节端距 1 对。

生物学特性 河北一年发生 1 代。以老龄幼虫结茧在土中越冬。6 月化蛹，7~8 月成虫发生。

防治方法 1. 秋末和春初挖灭越冬茧蛹。2. 剪除产卵枝和扫除落叶。

橄榄绿叶蜂成虫

橄榄绿叶蜂成虫

烟角树蜂

树蜂科
学名 *Tremex apicalis* Matsumura

烟角树蜂成虫产卵

分布 辽宁、陕西以及华北、华东。

寄主和危害 柳、杨。

形态特征 成虫体长16~43mm，翅展18~46mm；前胸背板、中胸背板、产卵管鞘红褐色；足节黑黄色相间；腹部第2~6节及第8节前缘黄色，其余黑色。足节部分红褐色。翅淡黄褐色，透明。

生物学特性 河北数年发生1代。5月上旬成虫从干中大量飞出，很快交尾。

防治方法 1. 于5月上旬成虫在干上产卵期人工击杀成虫。2. 保护天敌。加强树木养护，增强树势。

泰加大树蜂

树蜂科
学名 *Urocerus gigas taiganus* Beson

分布 河北、黑龙江、吉林、辽宁、山东、山西、甘肃、青海、新疆。

寄主和危害 落叶松、云杉、冷杉重要的蛀干害虫之一。主要危害林中的濒死木、枯立木及新伐倒的原木、伐根。

形态特征 雌成虫翅展34.1~54.2mm，圆筒形，黑色有光泽；头胸部密布刻点，仅颊和眼上区刻点稀疏；触角丝状，22节，深黄色或黄褐色，端部色较深；复眼棕褐色，眼后有2块黄褐色斑；胸部黑色。翅膜质透明，淡黄褐色，翅脉茶褐色。雄成虫翅展22.5~51.5mm；体色与雌虫相似，但触角柄节黑色，其余各节红褐色；腹部颜色变化较大，第一、二节及第六、七节至第九节背板黑色，第三至第六节背板为红褐色，第八节背板后缘中央黑色，第九节背板两侧各具一大块黄色圆斑，其余特征同雌成虫。

生物学特性 河北7月出现成虫。成虫对伐倒木有趋性。7月产卵，多产于濒死木，枯立木或新伐倒木的冠基树干上，新孵幼虫沿树干纵轴向上斜行穿蛀虫道，蛀入心材后又返回向外钻蛀，蛀道长约200mm，蛀径约6mm，蛀道内充满紧密的细木屑。老熟幼虫在蛀道末端筑室化蛹，成虫咬径约6mm的圆形羽化孔从干内飞出。

防治方法 1. 饵木诱集成虫产卵并杀灭初孵幼虫。2. 保护和利用马尾姬蜂寄生蜂。

泰加大树蜂成虫

白蜡哈氏茎蜂

茎蜂科
学名 *Hartigia viatrix* Smith

白蜡哈氏茎蜂成虫产卵

分布 河北及我国东北中南部。

寄主和危害 白蜡。

形态特征 雌成虫体长13~15mm，黑色，有光泽，分布有均匀的细刻点；触角丝状，27节，鞭节褐色；翅透明，翅痣、翅脉黄色。雄成虫体长8.5~10mm，触角24~26节，其余特征同雌虫。

生物学特性 河北一年发生1代。以幼虫在当年生枝条髓部越冬。3月上旬至3月底（白蜡芽萌动前后）陆续化蛹，4月上中旬开始羽化，4月中下旬，初孵幼虫从复叶柄处蛀入嫩枝髓部危害，5月初，可见受害萎蔫青枯的复叶。幼虫一直在当年生枝条内串食危害并越冬。

防治方法 1.冬季树木修剪，消灭越冬幼虫。2.白蜡哈氏茎蜂成虫有较强的飞翔能力，防治时应在一定的区域范围内，进行联防联治，封锁成虫的生存空间，缩小扩散范围。最佳防治期掌握在4月上中旬。

白蜡哈氏茎蜂幼虫

白蜡哈氏茎蜂蛹

白蜡哈氏茎蜂正在羽化

月季茎蜂

茎蜂科
学名 *Neosyrista similis* Mulk

月季茎蜂成虫

分布 华北、华东各地。

寄主和危害 幼虫在茎内蛀食月季、蔷薇、玫瑰、十姐妹等花卉。

形态特征 成虫体长20~25mm，翅展45mm，体翅灰黑色，有蓝黑斑点。雌虫触角丝状，胸部背面有并列3列蓝色斑点，前翅散生多个蓝黑短斜斑点，外缘有8个近圆形蓝色斑点，后翅外缘有1列蓝黑色斑点，翅中部有1个较大蓝黑斑，腹部末端有3根尾刺。雄虫腹部细长。

生物学特性 河北一年发生1代。以幼虫在被害枝干内越冬。翌年3月下旬开始活动，从枝条钻出，转蛀新枝。先在木质部与韧皮部之间环食1周，再沿髓部向上蛀食，隔一定距离咬1个圆形排粪孔，被害枝叶枯萎折断。5月上旬成虫羽化。到11月后幼虫就在被害枝梢内越冬。

防治方法 1.当发现枝梢枯萎，可在产卵痕下2cm处剪除，清除其中的虫卵。2.在越冬代成虫羽化初期（柳絮盛飞期）喷施杀虫剂。

月季茎蜂幼虫

鲜卑广蜂

广蜂科
学名 *Megalodontes spiraeae* (Klug)

分布 河北、黑龙江、吉林、辽宁、内蒙古、新疆、陕西、甘肃。

寄主和危害 菊科、伞形花科植物。

形态特征 成虫体长 10~13mm。体黑色，具暗蓝色金属光泽。头部后眶部，前胸背板、腹部基部和中部背板具黄色横带斑。翅烟黑色，具紫色虹彩。翅痣和翅脉均黑色。

生物学特性 河北一年发生 1 代。成虫夏天活动，喜欢访花，经常在伞形花科植物的花序上栖息、交配，活动性差，飞行缓慢。

鲜卑广蜂成虫

鲜卑广蜂成虫

黄胸木蜂

木蜂科
学名 *Xylocopa appendiculata* Smith

分布 河北、辽宁、甘肃、河北、山西、陕西、河南、山东、江苏、浙江、安徽、江西、湖北、湖南、福建、广东、海南、广西、四川、贵州、云南、西藏。

寄主 苜蓿、荆条、木槿、蜀葵、珍珠梅、黄刺玫、千屈菜、小蓟、阳春豆蔻、向日葵、紫藤等。

形态特征 雌成虫体长 24~25mm，黑色，胸部及腹部第一节背板被黄毛。头宽于长；上颚 2 齿，额脊明显；颊最宽处稍宽于复眼；唇基前缘及中央光滑，唇基及颜面刻点密且大；颅顶及颊刻点稀少；中胸背板中盾沟可见，中胸背板中央光滑；翅褐色，端部较深，稍闪紫光；颜面被深褐色毛；颅顶后缘、腹部末端后缘被黑毛。雄成虫体长 24~26mm。

生物学特性 河北一年发生 1 代。独居生活，常在干燥的木材上蛀孔营巢，对木材、桥梁、建筑、篱笆等危害很大。

黄胸木蜂成虫

黄胸木蜂成虫

赛氏沙泥蜂 | 泥蜂科
学名 *Ammophila sickmanni* Kohl

分布 河北、北京、山东、吉林、辽宁、陕西、山西、甘肃、湖北、广西。

寄主和危害 鳞翅目昆虫幼虫。

形态特征 成虫体长15~20mm。前翅长9mm左右。体黑色，腹部第一节背板大部和第二节背板红黄色，第三节背板基部和第二节腹部多为红黄色。足黑色。

生物学特性 河北6~8月可见成虫。

赛氏沙泥蜂成虫

沙泥蜂 | 泥蜂科
学名 *Ammophila* sp.

分布 河北、北京。

寄主和危害 捕猎鳞翅目幼虫或膜翅目幼虫。在其上产卵。

形态特征 成虫体长20mm左右。复眼内框直或稍弓形，下部内倾。雌虫上颚中部或亚端部有1~3齿，雄虫为1~2齿，口器长。

生物学特性 河北7~8月可见成虫。

沙泥蜂捕食

银毛泥蜂

泥蜂科
学名 *Sphex umbrosus* Christ

分布 河北、山东、陕西、浙江、四川、广东、广西、台湾。

寄主和危害 捕猎（寄生）直翅目幼虫，雌蜂将其麻痹的直翅目幼虫带入事先挖好的地洞内囤积，并在其上产卵。

形态特征 成虫体长20~30mm。体黑色，头部被银白色毡毛，胸部背板软毛较稀；上颚宽大，具2内齿，唇基横宽，端缘圆，光滑；头顶具分散的刻点；唇基和前额密被毛。

生物学特性 河北7月可见成虫。

银毛泥蜂成虫

柞蚕马蜂

马蜂科
学名 *Polistes gallicus gallicus* Linnaeus

分布 河北、黑龙江、吉林、山西、新疆、甘肃、江苏；日本。

寄主和危害 柞蚕等幼虫。

形态特征 雌成虫体长约16mm。体黑色，头、胸、腹部均有黄色斑。头部较胸部略窄，额沟明显，上有黑色横斑。复眼后各有1个黄色横斑。前胸背板前缘基本截状，呈黄色，与中胸背板相邻处亦为黄色。小盾片隆起，矩形，前缘具1对黄色横斑。中央有1对黄色纵斑，两侧面各有1个点状黄斑。

生物学特性 河北5月上旬至8月上旬可见成虫。

柞蚕马蜂成虫

惟阿青蜂

青蜂科
学名 *Chrysis* (*Jetrachrisis*) *viridula apicata* Uchidae

分布 河北。

寄主和危害 刺蛾的幼虫、蛹。

形态特征 成虫体长13mm左右。头顶中央至后头绿色有光泽。翅褐色。第二腹节及第三腹节背板大部分具紫红色。

生物学特性 河北6月中旬至7月下旬可见成虫。

惟阿青蜂成虫

惟阿青蜂成虫

眼斑驼盾蚁蜂

蚁蜂科
学名 *Trogaspidia oculata* Fabricius

分布 河北及我国中东部、南部地区。

寄主和危害 寄生性，多寄生于蜜蜂、胡蜂、泥蜂的幼虫和蛹。

形态特征 成虫体长7mm。胸部赤褐色，足黑褐色，头部、胸部背面及腹部黑色部位的毛多为黑褐色至黑色。腹部第二背板横列的圆形斑及第三背板后缘宽横带上的毡状毛黄褐色。

生物学特性 河北7月可见成虫。

眼斑驼盾蚁蜂成虫

依姬蜂

姬蜂科
学名 *Ichneumon* sp.

分布 河北。
寄主和危害 不详。
形态特征 成虫体长15mm左右。
生物学特性 河北7~9月可见成虫。

依姬蜂成虫

扁蜂

扁蜂科
学名 *Pamphiliidao* sp.

分布 河北。
寄主和危害 松属植物。
形态特征 成虫体长15mm左右。体扁平。中胸小盾片具显著跗片。前翅翅脉曲折。腹部极扁平，两侧具锐利边缘。
生物学特性 河北7~8月可见成虫。

扁蜂成虫

条蜂 | 条蜂科
学名 *Anthophora* sp.

分布 河北、安徽。
寄主和危害 盗寄生性。
形态特征 成虫体长 13~17mm。
生物学特性 河北 5 月中旬可见成虫。

条蜂成虫

黑木工蚁 | 蚁科
学名 *Componotus japonicus* Mayt.

分布 河北、山东、江苏、浙江。
寄主和危害 取食膜翅目、鳞翅目、鞘翅目等昆虫。
形态特征 成虫:工蚁有大、中、小 3 型。大型的体长 11~13mm，体黑色，具细密网状刻点；头胸绒毛短，腹部茸毛密而长，并散生粗刺毛，绒毛、刺均棕褐色；头大，而两侧凸，后头具凹缘，侧角不凸出，唇基稍凸，不具隆线，前缘双凹。前胸较宽，凸圆，后胸扁窄，上面稍凸，后胸后半部陡截。腹部较短，椭圆形。足粗壮。
生物学特性 河北 5 月上旬至 8 月下旬可见成虫。

黑木工蚁成虫

毛 翅 目

缺叉等翅石蛾

等翅石蛾科
学名 *Chimarra* sp.

分布 河北、重庆。
寄主和危害 不详。
形态特征 成虫体黑褐色。触角约与体等长。
生物学特性 河北7月可见成虫。

缺叉等翅石蛾成虫

瘤石蛾

瘤石蛾科
学名 *Goera* sp.

分布 河北、重庆。
寄主和危害 不详。
形态特征 成虫体粗壮，黄褐色至黑褐色。触角位于眼与头壳前缘之中央。前胸背板宽大于长。
生物学特性 河北6月可见成虫。

瘤石蛾成虫

参考文献

范迪 . 山东林木昆虫志 [M]. 北京 ：中国林业出版社 ,1993.
高士武 . 北京平原地区林业有害生物 [M]. 哈尔滨 ：东北林业大学出版社 ,2012.
何俊华 , 等 . 中国林木害虫天敌昆虫 [M]. 北京 ：中国林业出版社 ,2006.
何时新 . 中国常见蜻蜓图说 [M]. 杭州 ：浙江大学出版社 ,2007.
华立中 , 奈良一（日）,G A 塞缪尔森（美）, 等 . 中国天牛彩色图鉴 . 广州 ：中山大学出版社 ,2009.
李宽胜 , 时全昌 , 奥恒毅 . 陕西林木病虫图志 [M]. 西安 ：陕西科学技术出版社 ,1984.
林美英 . 常见天牛野外识别手册 [M]. 重庆 ：重庆大学出版社 ,2015,7.
林晓安 , 裴海潮 , 黄维正 , 等 . 河南林业有害生物防治技术 [M]. 郑州 ：黄河水利出版社 ,2005.
孟庆繁 , 高文韬 . 长白山访花甲虫 [M]. 北京 ：中国林业出版社 ,2008.
邱强 . 原色苹果病虫图谱 [M]. 北京 ：中国科学技术出版社 ,1996.
邱强 . 原色枣、山楂、板栗、柿、核桃、石榴病虫图谱 [M]. 北京 ：中国科学技术出版社 ,1996.
屈朝彬 , 徐志华 . 公路绿化植物病虫害防控图谱 [M]. 北京 ：中国林业出版社 ,2008.
唐志远 . 常见昆虫 [M]. 北京 ：中国林业出版社 ,2008.
王小奇 . 辽宁昆虫原色图鉴 [M]. 沈阳 ：辽宁科学技术出版社 ,2012,6.
王心丽 . 夜幕下的昆虫 [M]. 北京 ：中国林业出版社 ,2008.
王绪捷 . 河北森林昆虫图册 [M]. 石家庄 ：河北科学技术出版社 ,1985.
王焱 . 上海林业病虫 [M]. 上海 ：上海科学技术出版社 ,2007.
王直诚 . 原色中国东北天牛志 [M]. 长春 ：吉林科学技术出版社 ,1999.
萧采瑜 , 等 . 中国蝽类昆虫鉴定手册 [M]. 北京 ：科学出版社 ,1977.
肖刚柔 . 中国森林昆虫 [M]. 北京 ：中国林业出版社 ,1992.
徐公天 , 杨志华 . 中国园林害虫 [M]. 北京 ：中国林业出版社 ,2007.
徐天森 , 舒金平 . 昆虫采集制作及主要目科简易识别手册 [M]. 北京 ：中国林业出版社 ,2015.
徐志华 , 郭书彬 , 彭进友 . 小五台山昆虫资源一、二卷 [M]. 北京 ：中国林业出版社 ,2013.
杨集昆 . 华北灯下蛾类图志 (上 , 中) [M]. 北京 ：华北农业大学 ,1978.
杨星科 , 刘思孔 , 崔俊芝 . 身边的昆虫 [M]. 北京 ：中国林业出版社 ,2005.
虞国跃 . 北京蛾类图谱 [M]. 北京 ：科学技术出版社 ,2015.
张培毅 . 雾灵山昆虫生态图鉴 [M]. 哈尔滨 ：东北林业大学出版社 ,2013,1.
张巍巍 , 李元胜 . 中国昆虫生态大图鉴 [M]. 重庆 ：重庆大学出版社 ,2011.
张巍巍 . 昆虫家族 [M]. 重庆 ：重庆大学出版社 ,2014.
张治良 . 等 . 沈阳昆虫原色图鉴 [M]. 沈阳 ：辽宁民族出版社 ,2009.
朱弘复 , 王平远 , 方承莱 , 等 . 中国蛾类图鉴 [M]. 北京 ：科学技术出版社 ,1982.

中文名称索引

D

E

F

G

H

J

K

L

M

N

O

P

Q

R

S

T

W

X

Y

Z

拉丁学名索引

A

D

M

N

O

P

Q

R

S

T